COURS

D'EXPLOITATION DES MINES.

COURS

D'EXPLOITATION DES MINES

PAR

Alfred HABETS,

Professeur ordinaire à la Faculté technique

de l'Université de Liége

(Écoles spéciales des Arts & Manufactures & des Mines)

TOME I

Bureaux de la *Revue universelle des mines*, etc.

PARIS, H. LE SOUDIER, 174, Boulevard Saint-Germain

LIÉGE, 55, Rue des Champs

1902

LIÉGE

Imprimerie H. VAILLANT-CARMANNE,

Rue St-Adalbert, 8.

PRÉFACE

Le cours d'exploitation des mines de l'École de Liége a été
créé par A. B. de Vaux et L. Trasenster. Leur enseignement
a porté les fruits les plus féconds dans l'industrie minière,
tant en Belgique qu'à l'étranger, et nous n'avons eu qu'à suivre
la méthode qu'ils nous ont léguée, pour chercher à mettre ce
cours au niveau des progrès actuels de l'art des mines.

Autrefois, les exemples choisis dans nos bassins houillers
pouvaient en général suffire pour donner une forme concrète
aux principes. A part l'Angleterre, la grande industrie
houillère n'existait chez nos voisins immédiats qu'à l'état
naissant, tandis que dans ces dernières années, c'est surtout
en France et en Allemagne, que se sont créées des installations
nouvelles, qui mettant à profit l'expérience passée, se sont

élevées d'emblée à une ampleur inconnue. Si nos houillères belges, sauf de rares exceptions, ne présentent pas l'aspect luxueux des installations récentes du Pas-de-Calais et de la Westphalie, elles sont loin cependant d'avoir déserté la cause du progrès et les difficultés de tous genres y étant plus grandes que partout ailleurs, c'est le plus souvent à elles qu'il faut encore revenir pour apprendre à les vaincre. Mais elles ne sont plus seules aujourd'hui à fournir des exemples, et si nos voisins viennent encore étudier chez nous les moyens de lutter contre les difficultés engendrées par la profondeur des gisements, la faible épaisseur des couches, la présence du grisou et de l'eau, nous devons souvent aller chez eux pour nous rendre compte de la manière dont ils ont su profiter de l'expérience acquise pour édifier de toutes pièces des installations parfois grandioses. Ce sont ces considérations qui nous ont guidé dans le choix des exemples méthodiquement coordonnés sans lesquels un cours d'exploitation ne saurait être compris.

On trouvera néanmoins dans cet ouvrage de nombreux rappels des vestiges les plus anciens de l'art des mines, et notamment de l'ancienne exploitation liégeoise, dont nous avons conservé scrupuleusement les dénominations restées dans le langage courant de nos mineurs. Nous avons cru ces rappels nécessaires, parce qu'à l'étranger, l'ingénieur des mines est trop souvent obligé de recourir aux moyens rudimentaires que comportent les conditions locales où il se trouve. C'est dans cette pensée que nous avons été conduits à reproduire un assez grand nombre de constructions qui peuvent être considérées aujourd'hui comme surannées dans nos centres miniers, mais qui sont encore d'actualité dans ceux où l'exploitation commence.

Nous avons cherché d'autre part, à multiplier les croquis, sans recourir aux planches d'ensemble qui doivent être réservées à des ouvrages présentant un but différent du nôtre. L'enseignement doit se borner aux schemas caractéristiques sauf à renvoyer, pour plus de détails, aux ouvrages dont les planches constituent le principal intérêt.

Nous n'avons cependant pas voulu étendre les notes bibliographiques ; nous n'aurions pu faire mieux à cet égard que ne l'ont fait, dans leurs cours publiés, M. Haton de la Goupillière, en France, et M. Köhler, en Allemagne. Les notes bibliographiques qui se trouvent au bas de nos pages, n'ont d'autre but que d'indiquer à quelle source le lecteur pourra puiser des renseignements plus circonstanciés ou plus complets.

Le plus grand nombre de ces notes cite la *Revue universelle des mines*, etc., qui rédigée en grande partie par les professeurs et les ingénieurs de l'École de Liége, forme le répertoire qui alimente le plus naturellement son enseignement technique et plus spécialement celui de l'art des mines. Le caractère de cette publication est si nettement dessiné que le *Bulletin de l'Association des élèves de l'École de Liége* a cru utile de dresser une liste des principales questions traitées dans la *Revue*, qui se rapportent directement à notre cours d'Exploitation des mines, en ajoutant l'index des articles similaires publiés dans les *Annales des mines de Belgique*. Nous reproduisons ici cette bibliographie, en ce qui concerne les matières contenues dans ce premier volume.

Première Section.

Excavations souterraines et travaux d'art.

Explosifs de sécurité : Les expériences de Schalke et la théorie des explosifs de sécurité (3, 44, 1898 ([1])); calcul de la température de détonation (A. M. 1, 1896 ([2])); expériences de Schalke (A. M. 1, 1896); nouvelles expériences de Schalke (A. M. 3, 1898); magasin de sûreté Gathoye (A. M. 2, 1897); Exposition de 1889 (3, 12, 1890).

Perforatrices : Thomas (3, 32, 1895); Elliott (3, 1, 1888; 3, 2, 1888); Dubois-François ancien type (1, 33, 1843); Id. nouveau type (3, 39. 1897); Id. autre type (2, 7, 1880); Ferroux (2, 1, 1877); Sergeant (3, 12, 1890); New-Ingersoll (3, 56, 1901); Dulait-Forget (3, 51, 1900) et dessin schématique (A. M. 4, 1899); Siemens et Halske (3, 56, 1901); Brandt (3, 56, 1901); Ratchett (A. M. 3, 1898); Exposition de 1878 (2, 7, 1880); Id. 1889 (3, 12, 1890); Id. 1900 (3, 56, 1901).

Affuts : Dubois-François (1, 33, 1873); Id. pour la perforation verticale (2, 8, 1880); Brandt (3, 42, 1898).

Mise en œuvre des explosifs : Cartouche Settle (3, 2, 1888); tirage des mines par l'électricité (3, 4, 1888; 3, 7, 1889); Exposition de 1878 (2, 7, 1880); Id. 1889 (3, 12, 1890).

Suppression des explosifs : Procédé à la chaux (2, 12, 1885); aiguilles-coins (3, 33, 1897); brise-roches Thomas (3, 38, 1897; A. M. 1, 1896); machine à découper les roches Stanley (3, 2, 1888); fil hélicoïdal (3, 56, 1901); haveuse à pic Ingersoll-Sergeant (3, 12, 1890; 3, 56, 1901); haveuses à disque (3, 12, 1890; 3, 56, 1901); excavateur (3, 50, 1900); Exposition de 1900 (3, 56, 1901).

Galeries : Bétonnage d'un chargeage (3, 50, 1900); soutènements (3, 12, 1890; 3, 56, 1901; 2, 8, 1880; 2, 4, 1879).

Creusements de puits : Creusement et muraillement simultanés par les procédés Tomson (3, 9, 1890), Badiou (3, 56, 1901), Durieu (3, 32, 1895; revêtement monolithe d'un puits au charbonnage d'Ougrée (3, 48, 1899).
Cuvelage en pierres de taille d'Alstaden (1, 1, 1857); réfection des cuvelages en bois (2, 12, 1882); procédé Portier par injection de ciment (3, 55, 1901).

([1]) 3, 44, 1898 signifie *Revue universelle des mines*. 3e série. T. 44, année 1898.
([2]) A. M. 1. 1896 signifie *Annales des mines de Belgique*. T. 1, année 1896.

Creusement des puits dans les terrains ébouleux ou aquifères : procédé Haase (3, 3, 1890); tour monolithe en béton du charbonnage de Bonne-Espérance à Herstal (A. M. 5, 1900).

Creusement des puits à niveau plein : par l'air comprimé au charbonnage des Produits (3, 25, 1894); par plongeurs à Bjuf en Suède (3, 25, 1894); par congélation à la mine d'Auboué (3, 56, 1901); par congélation à la fosse de Vicq (A. M. 3, 1898); procédé Kind-Chaudron : chute libre, appareils Lippmann, cuvelage et perfectionnements divers (2, 5, 1879); trépans du charbonnage de Preussen (3, 24, 1893); cuvelage à tête noyée de M. Tomson (3, 9, 1890). Procédé Honigmann (3, 33, 1896).

Exposition de 1878 (2, 8, 1880); Id. de 1889 (3, 12, 1890).

DEUXIÈME SECTION.

Transport et extraction.

TRANSPORT.

Voie, matériel roulant : Exposition de 1878 (2, 11, 1882); Id. de 1889 (3, 14, 1891).

Locomotives souterraines : à eau surchauffée (3, 8, 1889); à air comprimé (2, 11, 1882); électrique des mines de Marles (3, 19, 1892; A. M. 4, 1899); électrique du charbonnage d'Amercœur (3, 27, 1894; A. M. 4, 1899); à benzine (A. M. 4, 1899).

Transports par chaîne : Poulie Briart (3, 9, 1890); traînage des mines de Mariemont et de Bascoup (2, 3, 1878).

Câbles sans fin : Poulie Champigny (3, 14, 1891); transport par câble, système Heckel (3, 39, 1897); Id. système Dinnendahl et Förster (3, 40, 1897); systèmes anglais divers (3, 2, 1888).

Transports aériens : système Hodgson (3, 4, 1888); système Roe (3, 4, 1888); système de Patience et Beaujonc (3, 14, 1891); système Brunot-Heuschen (3, 28, 1894); système Beer (3, 3, 1888).

Plans automoteurs : Poulie Vanhassel (3, 31, 1895); poulie Préat (3, 49, 1900); transport automoteur de Bascoup (2, 3, 1878; 3, 14, 1891); dispositifs de sécurité du charbonnage du Hasard (3, 9, 1890); Id. Jaumin (3, 49, 1900); autres systèmes, cliches de sûreté, etc. (2, 17, 1885; 2, 20, 1886).

Exposition de 1878 (2, 11, 1882); Id. de 1889 (3, 14, 1891).

EXTRACTION.

Matériel : Guidonnage Lambert (1, 33, 1873); Id. Briart (2, 4, 1878
3, 41, 1898); mains roulantes Soupart (3, 19, 1892).

Taquets Stauss (2, 21, 1887); taquets Reumeaux (3, 19, 1892); recettes
mobiles système Tomson (3, 41, 1898); balance Briart (3, 54, 1901).

Câble décroissant de M. Vertongen (3, 54, 1901).

Extraction par le système atmosphérique Blanchet (2, 11, 1882).

Équilibre des câbles : système Koepe (2, 5, 1879; 3, 41, 1898); pince
Baumann pour l'attache des cages sur câble sans fin (3, 11, 1890); tambour
spiraloïde de Cockerill (2, 11, 1882); système Lindenberg (A. M. 2, 1897);
tambour spiraloïde double de M. Tomson (3, 41, 1898).

Machines d'extraction : emploi de la détente dans les machines
d'extraction (2, 11, 1882; 3, 15, 1891); emploi du régulateur (1, 29, 1871);
détentes variables Maroquin (3, 15, 1891); Goffint (3, 15, 1891); Brialmont
et Kraft (1, 33, 1873); Guinotte (2, 3, 1878).

Exposition de Vienne 1873 (2, 3, 1878); Id. de Paris 1878 (2, 11, 1881);
Id. de Paris 1889 (3, 19, 1892).—Voir aussi, pour la théorie des machines
d'extraction, l'article de M. H. Dechamps sur les machines de mines à
l'Exposition de 1889 (3, 15, 1891).

* * * *

Aux articles d'intérêt général, déjà indiqués, nous ajouterons les
suivants : Notice sur les progrès réalisés dans les engins d'extraction, par
Jules Havrez, (1, 33, 1873); les accidents dans les mines et l'Exposition
générale allemande pour la protection contre les accidents, par M. Paul
Habets (3, 9, 1890 et 3, 11, 1890); l'Exploitation à grande profondeur, par
M. E. Tomson (3, 41, 1898); les mines à l'Exposition de Bruxelles 1897
(A. M. 3, 1898).

COURS

D'EXPLOITATION DES MINES.

1. L'exploitation des mines est l'art de rechercher les minéraux utiles et de les extraire de leurs gisements. L'utilité doit être prise dans son acception économique. La mesure économique de l'utilité d'un objet est sa valeur. Les minéraux utiles sont ceux dont la valeur est supérieure au prix de revient, car le but de toute opération industrielle est de réaliser un bénéfice.

2. L'exploitation des mines est un art technique, mais son étude ne peut être abordée qu'en possédant des connaissances scientifiques très complexes. La connaissance des sciences mathématiques et physiques est le point de départ des nombreux problèmes de mécanique et de construction spéciaux à l'exploitation des mines. Les sciences naturelles, et tout spécialement le groupe des sciences minérales, ont une importance capitale pour l'ingénieur des mines, non seulement dans les travaux de recherches qui sont exclusivement basés sur la minéralogie, la géologie et la paléontologie, mais encore dans l'exploitation proprement dite, dont la méthode dépend de la forme géométrique des gisements, que la géologie apprend à connaître. La connaissance des sciences chimiques est nécessaire pour l'étude et l'analyse de l'atmosphère des mines, pour l'étude des explosifs, etc. Des notions de physiologie ne sont même pas inutiles, puisque dans certains cas on peut être conduit à faire travailler des hommes dans des conditions qui ne sont pas celles de la vie ordinaire, par exemple dans l'air comprimé ou dans des milieux irrespirables. L'étude des sciences économiques doit marcher de pair avec celle de l'exploitation des mines, de manière à fournir les principes d'une bonne organisation ouvrière et

administrative. Enfin l'étude des arts qui mettent en œuvre des produits minéraux, tels que la métallurgie et la chimie industrielle inorganique, peuvent seuls donner au mineur une juste idée de la valeur des produits qu'il extrait.

3. Un cours d'exploitation des mines se compose d'une suite de monographies dont l'ordre présente un enchaînement logique.

Nous serons conduit à nous départir en certains points de cet enchaînement, pour nous conformer aux nécessités de l'enseignement de l'Ecole des mines de Liége. Le cours d'exploitation des mines y est, en effet, divisé en deux années.

Nous avons cru pouvoir nous dispenser, dans cet enseignement, d'une introduction comprenant les *généralités sur les gisements minéraux* que l'on trouve en tête de presque tous les cours d'exploitation des mines, en raison du développement donné à l'étude des gisements dans les cours de géologie pure et appliquée professés à l'Ecole.

Nous aborderons immédiatement, en conséquence, la première SECTION qui comprendra l'étude des *Excavations souterraines et des Travaux d'art* auxquelles elles donnent lieu.

L'ordre logique exigerait qu'après l'étude des travaux qui sont nécessaires pour avoir accès au gisement de matière utile, nous passions directement à l'exploitation de ce gisement.

Nous nous départirons de cet ordre, en traitant d'abord dans une 2ᵉ SECTION du *Transport et de l'Extraction*, à cause du fruit que l'élève est appelé à retirer, dès la première année, des visites d'installations minières. Il est utile d'autre part que l'étude des transports précède celle des méthodes d'exploitation, à cause de l'influence des moyens de transport sur ces dernières.

Le programme de la seconde année comprendra les sections suivantes :

3ᵉ SECTION. *Recherches et Exploitation proprement dite.*
4ᵉ   »   *Administration.*
5ᵉ   »   *Epuisement.*
6ᵉ   »   *Translation du personnel dans les puits.*
7ᵉ   »   *Manutention des produits au jour.*
8ᵉ   »   *Aérage, Éclairage et Sauvetage.*

SECTION I.

Excavations souterraines et Travaux d'art.

4. Avant d'aborder l'étude des excavations souterraines, nous devons nous rendre familier le vocabulaire du mineur et, comme nous nous trouvons dans le pays de Liége, nous emprunterons à son ancien idiôme wallon, un certain nombre d'expressions techniques qui y sont conservées dans le langage usuel du mineur ([1]).

Nous nous demanderons tout d'abord ce que c'est qu'une *mine*, car il est difficile d'en donner une définition quelque peu précise, si l'on sort des généralités.

Les mines affectent, en effet, des formes essentiellement différentes suivant l'allure et la nature du gisement exploité. C'est ainsi que l'on désigne sous le nom de *mines*, des exploitations à *ciel ouvert*, à *flanc de coteau* ou *souterraines ;* si l'on réserve plus particulièrement la dénomination de *carrière* aux exploitations à ciel ouvert, ce terme s'applique cependant plus souvent dans le langage usuel aux exploitations de pierres, qu'à celles de minerais ou de charbon. Certaines exploitations ont pour objet des substances liquides, telles que les eaux salines, les pétroles. Bien que ces exploitations ne présentent rien de commun avec les exploitations souterraines de matières solides, on les désigne aussi sous le nom de *mines*.

5. Une *mine métallique* est d'ailleurs elle-même très différente d'une *mine de houille*. Au commencement du siècle dernier, l'exploitation des mines métalliques présentait, d'une manière

---

([1]) Voir le *Vocabulaire des houilleurs liégeois*, par S. BORMANS, *Bulletin* de la Société liégeoise de littérature wallonne, Tome VI, 1863.

générale, une ampleur plus grande que celle des mines de houille et c'était là que se présentaient les plus grandes difficultés techniques. Aujourd'hui les rôles sont renversés et ce sont les houillères qui servent principalement de types, parce qu'elles présentent les plus grands perfectionnements comme outillage et comme procédés. C'est là que nous prendrons en conséquence la plupart de nos exemples, en raison de la facilité que la situation topographique de l'Ecole de Liége nous fournira d'en contrôler le plus grand nombre *de visu*.

6. L'exploitation de la houille sur le continent parait remonter au commencement du XIIe siècle, à Rolduc près d'Aix-la-Chapelle (¹).

Peu de temps après, elle s'est étendue au pays de Liége et doit avoir débuté dans les collines de la rive gauche de la Meuse où venaient affleurer de nombreuses couches de houille. On a exploité d'abord ces affleurements au moyen de galeries à flanc de coteau ou de puits inclinés. Dans le premier cas, les eaux trouvaient un écoulement naturel vers la vallée; dans le second, elles se rassemblaient au fond des puits et devenaient une gêne pour l'extraction. Pour permettre de porter celle-ci à une profondeur correspondante au niveau de la Meuse, on a créé des galeries d'écoulement aux niveaux inférieurs. Ces galeries étaient souvent creusées par des particuliers ou des sociétés qui ne prenaient pas part à l'exploitation, mais recevaient des exploitants une redevance en raison du service rendu. Ces galeries portaient le nom d'*arènes* ou de *xhorres* où l'on retrouve la racine du mot *exhaure* dont on se sert fréquemment encore pour désigner l'épuisement des eaux. L'ouverture d'une galerie de ce genre s'appelait l'*œil de xhorre*.

Une partie de ces anciennes arènes subsiste encore et alimente de nombreuses fontaines dans la ville de Liége, comme elles le faisaient dès le XVe siècle, ainsi qu'il résulte d'un édit de l'an 1600 du prince Ernest de Bavière qui défendait, sous peine de mort, de toucher aux arènes franches alimentant les fontaines publiques de la ville.

(¹) *Revue universelle des mines*, etc., 3e série, Tome XLI, 1898.

Les arènes permettaient non seulement d'exploiter au-dessus de leur niveau, c'est-à-dire en *amont-pendage*, mais elles permettaient aussi, dans de certaines limites, de faire de l'exploitation en dessous, c'est-à-dire en *aval-pendage*, ce que la Paix de Saint-Jacques de 1487, premier essai de législation minière au pays de Liége, exprimait en disant que le *cens d'arène* (redevance) était dû pour les travaux effectués « *tant deseur que dessous* ». Les exploitations qui se faisaient en contre-bas des galeries d'écoulement portaient le nom de *gralles* que l'on a conservé à Liége pour désigner une galerie percée suivant l'inclinaison de la couche, en contre-bas du niveau d'exploitation. On emploie dans le même sens, les expressions françaises : exploitation en *vallée* ou en *défoncement*. Les anciens sont ainsi descendus jusqu'à des profondeurs souvent insoupçonnées, à l'aide de pompes à bras qui rejetaient les eaux au *niveau de xhorre*. Ces anciens travaux remplis d'eau, forment ce que l'on appelle des *bains;* il en est souvent résulté des catastrophes, désignées sous le nom de *coups d'eau*, lorsque des exploitations modernes *perçaient aux bains*, c'est-à-dire s'approchaient des travaux anciens au point que la paroi de charbon, les séparant des bains, cédait sous la pression hydraulique. Ces accidents deviennent de plus en plus rares, parce que les exploitations actuelles ont généralement dépassé la région dangereuse.

Dans certains cas aussi, l'on atteignait des niveaux inférieurs au moyen d'un puits intérieur désigné sous le nom de *bouxhtay* (Liége) ou de *beurtial, touret* (Hainaut). Les Allemands ont une expression caractéristique pour désigner ces puits, ils les appellent des *puits aveugles (Blindschächte)*, parce que leur orifice ne voit pas le jour.

Les profondeurs devenant trop grandes, on a dû recourir à des puits verticaux, foncés sur les plateaux, pour atteindre les parties plus profondes du gisement. La plupart des exploitations modernes se font ainsi par puits verticaux.

7. Les travaux souterrains se représentent par projections et coupes. La figure 1 représente schématiquement une mine de houille théorique n'exploitant qu'une seule couche, en plan, coupe et projection verticale.

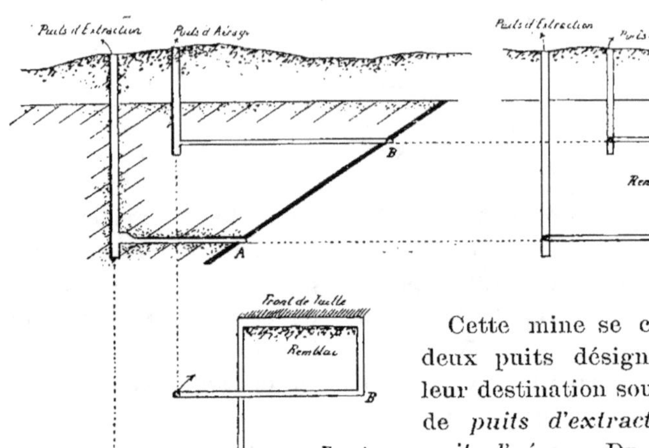

Fig. 1.

Cette mine se compose de deux puits désignés suivant leur destination sous les noms de *puits d'extraction* et de *puits d'aérage*. Du fond de ces puits se détachent, perpendiculairement à la direction des stratifications, des galeries qui rencontrent la couche en A et B. De ces points qui limitent une *hauteur d'étage,* on s'enfonce dans la couche suivant sa direction par deux galeries entre lesquelles se trouve la *taille* ou *chantier* où l'on exploite le charbon, en le remplaçant ordinairement par un remblai de pierres.

Telle serait une mine de houille ramenée à ses éléments les plus rudimentaires.

Dans la plupart d'entre elles, on exploite simultanément plusieurs couches que l'on recoupe de la même manière, en prolongeant les galeries perpendiculaires à la direction.

Lorsque l'exploitation d'un étage est arrivée aux limites du champ d'exploitation, on prend un second étage inférieur, en approfondissant les puits, en perçant de nouvelles galeries au niveau de l'étage suivant et ainsi de suite.

Les galeries, comme les puits, tirent en général leurs noms de leur destination.

Les galeries recoupant les stratifications sont dites *galeries à travers bancs, bacnures* (Liége), *bouveaux* (Hainaut), *bowettes* (nord de la France). On distingue le *travers-bancs* ou *bacnure de roulage* à la partie inférieure de l'étage et le *travers-bancs* ou *bacnure d'aérage* à la partie supérieure.

Les galeries tracées en direction dans la couche portent le nom de *voies* et l'on distingue de même la *voie de roulage* et la *voie d'aérage* d'un étage. Les voies sont souvent aussi désignées sous les noms de *voies de niveau, voies d'allongement, voies coistresses* (Hainaut).

. L'endroit où des ouvriers travaillent à l'excavation, prend le nom de *front de taille* ou de *vif-thier*. On distingue le front de taille ou vif-thier d'une bacnure et le *front de taille* proprement dit, expression qui, sans complément, désigne le front du chantier d'abatage de la houille.

Le remblai porte à Liége le nom de *stapes*, d'où l'on a fait *restapler*, synonyme liégeois de remblayer.

8. ***Classification des roches.*** — Au point de vue de la plus ou moins grande résistance à l'attaque des outils, les roches peuvent se classer de la manière suivante, d'après leur dureté et leur cohésion :

1° Les roches *très dures* (dont la résistance est représentée par 100); tels sont les granites, granulites, diorites, porphyres, basaltes, quartzites, grès durs (*cuerelles* ou *querelles*).

2° Les roches *dures* (résistance représentée par 70) ; tels sont les gneiss, micaschistes, trachytes, psammites, dolomies, calcaires, poudingues, grès ordinaires.

3° Les roches *assez dures* ou fissurées (résistance représentée par 40); tels sont encore certains micaschistes, les serpentines, certains calcaires et psammites, les schistes, la craie, la houille.

4° Les roches *tendres et compactes* (résistance représentée par 20); tels sont le gypse, le granit altéré, la marne, l'asphalte, le sel gemme.

5° Les roches *non compactes ou molles* (résistance représentée par 10); tels sont les argiles, graviers et sables.

6° Les roches *meubles ou pulvérulentes* (résistance représentée par 5); tels sont certains sables et graviers sans cohérence, la terre végétale.

7° Les liquides et les gaz, tels que l'eau, les solutions salines, le pétrole, le gaz naturel.

9. Les moyens d'attaque des roches dépendent en premier

lieu de la nature de la roche, mais ils diffèrent aussi de la vitesse d'attaque que l'on veut obtenir.

L'attaque des roches se fait directement au moyen d'*outils*; mais souvent la dureté des roches ou la vitesse à obtenir oblige à recourir de plus à l'emploi des explosifs. Les outils manuels sont souvent remplacés alors par des machines dites *perforatrices*, lorsqu'on veut atteindre des résultats que ne peut plus donner la force humaine; on a quelquefois recours à des *machines d'excavation* spéciales sans explosifs, lorsque la nature de la roche permet d'obtenir ainsi des effets supérieurs à ceux des explosifs. On peut également avoir recours à des outils, à des machines ou à des agents physiques spéciaux, lorsque la présence du grisou interdit l'usage des explosifs.

Nous examinerons successivement ces divers moyens d'action.

I. — OUTILS DU MINEUR.

10. Les outils employés dans les mines n'ont pas changé depuis des siècles. Les parties métalliques des outils trouvées dans les anciennes mines de la région méditerranéenne diffèrent peu de celles des outils actuels, et les outils représentés dans les anciens traités d'exploitation des mines sont très semblables aux nôtres ([1]).

Les perfectionnements modernes portent uniquement sur la fabrication des manches d'outil. Ces manches sont ordinairement en frêne. La forme en a été spécialement étudiée en Amérique où l'on a inauguré la fabrication mécanique des manches d'outil, fabrication analogue à celle des bois de fusil. Les perfectionnements portent sur la diminution du poids mort et sur la situation plus rationnelle du centre de gravité de l'outil, qui doit se trouver sur le manche.

Un autre perfectionnement qui n'a guère eu d'influence sur la forme de l'outil, est l'emploi de l'acier qui se substitue de plus en plus au fer, au grand avantage de l'effet utile de l'ouvrier et de la moindre usure des outils.

([1]) Agricola; De re metallica. Basilea, 1657.

11. Les outils doivent être étudiés au point de vue de la forme, des dimensions, du prix et du poids mort.

Les outils à considérer sont les *pelles*, les *pics*, les *coins*, les *marteaux*, les *leviers* et la *hache*.

12. Les *pelles* comprennent différentes catégories :

1° Les *pelles à ramasser* ou *charger* que l'on désigne sous le nom d'*escoupes* : pour l'intérieur des mines, le manche doit être court ; quelquefois on le recourbe en arrière, pour rendre l'outil plus maniable dans des galeries de peu de hauteur. Les escoupes pèsent de 1 à 3 kg. suivant leurs dimensions. Celles-ci dépendent du poids de la charge et de la distance où l'on charge ; cette dernière dimension détermine la longueur du manche. Il est à remarquer que l'effort de l'homme représenté par le produit de la charge par le bras de levier est constant. Si l'on augmente le bras de levier, il faut donc diminuer la surface de la pelle. L'emploi de l'acier a permis de diminuer l'usure et de réduire le poids mort de cet outil.

Dans certains cas, on emploie une pelle à claire-voie qui laisse passer le menu et permet de ne charger que le gros.

2° Les *pelles coupantes* : tels sont la *bêche* du terrassier et le *louchet* de l'ouvrier des tourbières. Ce dernier outil est une bêche à un ou deux ailerons latéraux.

3° Aux pelles se rattachent des outils que l'on rencontre encore dans certaines mines allemandes. Ce sont l'auge et le rable (*Trog* et *Kratze*) employés dans des excavations basses pour charger et transporter les produits de mains en mains. L'auge en bois ou en tôle permet un transport à de plus grandes distances que la pelle et présente une capacité plus grande. Dans les pays du Midi, l'auge est remplacée par le *couffin*, panier en sparte flexible et très résistant.

13. Les *pics* sont les outils par excellence du mineur. Ils affectent des formes très diverses suivant leur destination. La partie métallique est généralement de section transversale rectangulaire et présente un œillet conique dans lequel s'introduit un manche de même forme.

La pointe du pic est souvent en acier, si même l'outil n'est pas entièrement en ce métal. On distingue de nombreuses catégories de pics :

1° La *pioche* est un pic double en arc de cercle présentant une pointe à une extrémité et un tranchant à l'autre. C'est l'outil principal du terrassier et du mineur en roches tendres, molles ou meubles.

2° Le pic en *bec de canne* est spécialement employé dans les roches molles.

3° Le pic de *carrière* est gros et court, il sert souvent comme levier pour déplacer de gros blocs.

4° Le pic de *bosseyement* (fig. 2) sert à *couper les voies* dans les mines de houille, opération désignée en Belgique sous le nom de *bosseyement* [1].

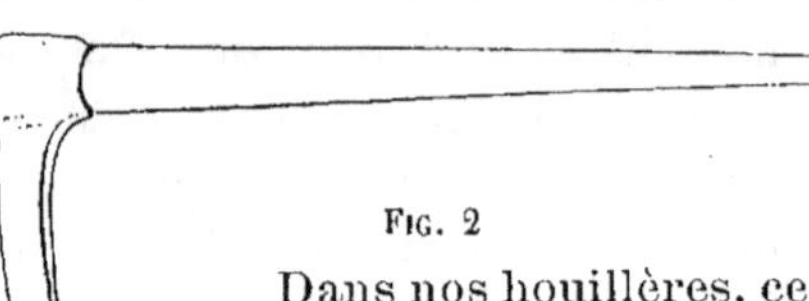

Fig. 2

Dans nos houillères, ce pic pèse 1 1/2 kg.; fabriqué à la mine, il coûte environ fr. 0.85 dont fr. 0.40 de main d'œuvre. Ce pic présente souvent, du côté opposé à la pointe, une masse servant à fractionner les blocs ou à caler les boisages (fig. 3).

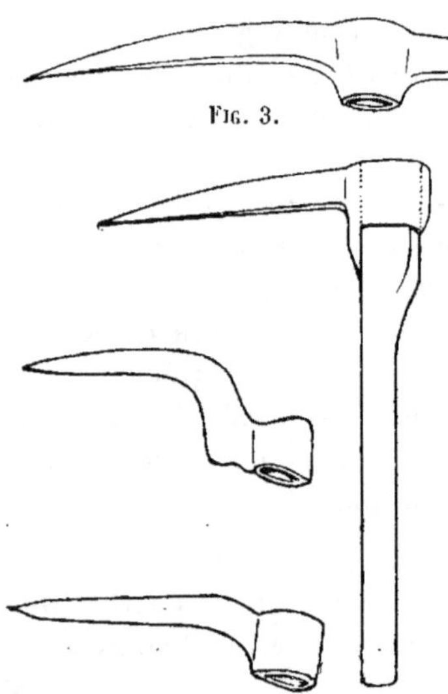

Fig. 3.

5° Le pic *d'avaleresse* [2], est caractérisé par ses grandes dimensions, afin de permettre aux ouvriers qui travaillent au fond d'un puits en creusement, d'attaquer la roche sous une couche d'eau de certaine hauteur.

6° La *haveresse* est l'outil principal de nos ouvriers houilleurs. Son nom vient de l'opération du *havage*, creusement d'une rainure dans la couche, soit en entamant le charbon, soit en enlevant une intercalation de schiste tendre ; cependant la haveresse n'est pas en

Fig. 4

---

[1] Le bosseyement consiste, dans l'exploitation des couches de houille, à donner leur forme aux galeries en direction.

[2] Une avaleresse est un puits en creusement.

général le pic qui sert à cette opération. Il est plutôt employé à dépecer la houille.

La haveresse est un pic de section étroite, présentant un œillet ovale. Sa forme est extrêmement variable suivant les localités (fig. 4) et il arrive que certaines formes ne peuvent se justifier que par tradition. Les plus rationnelles sont celles à faible courbure. Dans le bassin de Seraing, la haveresse a en son milieu une section transversale de 40 sur 10 mm. Elle pèse un kg, et, fabriquée à la mine, elle vaut fr. 0.60 dont 0.30 de main-d'œuvre.

On emploie quelquefois des haveresses à deux pointes (fig. 5), afin de dispenser l'ouvrier de prendre avec lui un nombre double de haveresses. La haveresse à deux pointes est mieux équilibrée, mais plus encombrante que la haveresse simple.

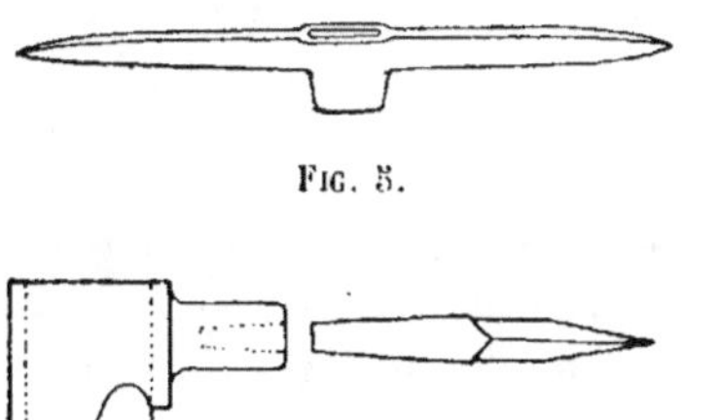

Fig. 5.

En Westphalie, on emploie dans le même but des haveresses à une ou à deux pointes mobiles, se coinçant dans des alvéoles coniques (fig. 6).

Fig 6.

En Angleterre, on emploie une double haveresse fixée à l'extrémité du manche par un coin et une cale qui permettent de remplacer le fer de l'outil lorsqu'il est émoussé (fig. 7).

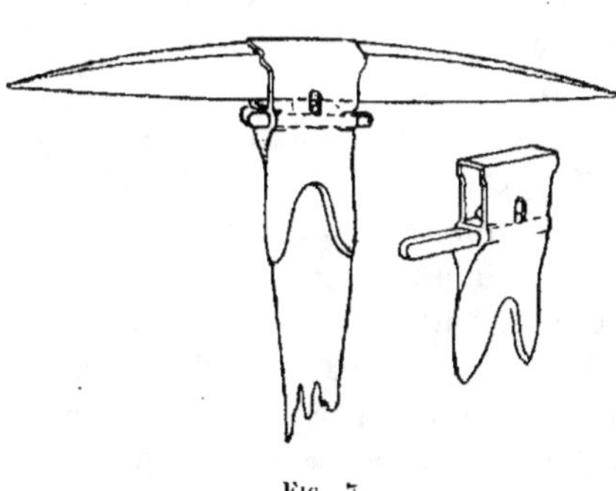

Fig. 7.

7° La *rivelaine* (fig. 8) est le pic qui sert en Belgique à faire le havage dans des intercalations de schiste tendre.

C'est un pic mince et très court, prolongé par un manche plat qui pénètre dans le front de taille à une profondeur de 0^m.50 à 1^m.50. Sa forme varie beaucoup suivant les localités. Il est aussi quelquefois à double pointe de manière à se retourner, lorsqu'il est émoussé d'un côté. Le manche est en fer, d'une seule pièce avec le pic, ou d'autrefois en bois. Dans le pays de Liége, l'outil est entièrement en métal. Il pèse 2 ¹/₂ kg. et fabriqué à la mine, il vaut fr. 1.25 dont 0.75 de main-d'œuvre.

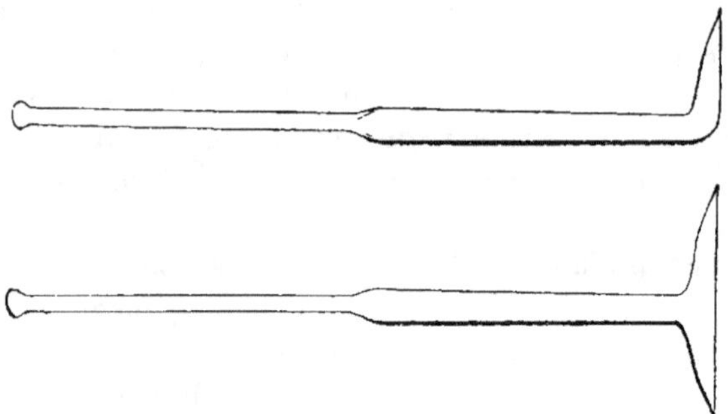

Fig. 8.

Cet outil est moins employé aujourd'hui qu'autrefois. Il avait surtout pour objet de ménager les gros blocs de charbon dont la vente est devenue plus difficile depuis les progrès du triage.

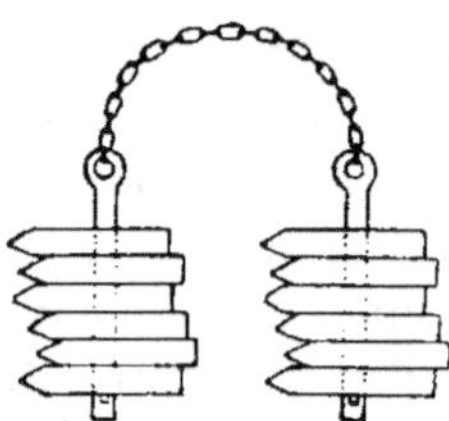

Fig. 9.

8° La *pointerolle* était le pic que les anciens employaient le plus, avant l'invention de la poudre. L'ouvrier emportait avec lui deux jeux de 6 pointerolles (fig. 9) enfilées sur un manche de fer non adhérent.

La pointerolle et ce manche (*Schlägel und Eisen*) constituent l'emblème des mineurs allemands; le manche servait à tenir la pointerolle, sur la tête de laquelle on frappait à l'aide du marteau. On s'en servait pour tailler et dresser la roche comme avec un ciseau. On remontre encore dans d'anciennes mines métalliques des galeries entièrement taillées à la pointerolle. C'est un outil délaissé dont on ne se sert plus que dans des cas spéciaux, par exemple lorsqu'on cherche à creuser la roche sans l'ébranler.

14. Les *coins* se divisent en deux catégories :

1° Les coins plats en fer que l'on enfonce au marteau pour détacher la roche (fig. 10) : c'est l'outil dont on se sert après le havage de la houille, lorsque la couche adhère (*rogne*) au toit.

C'est l'outil principal des ardoisières et d'un grand nombre de carrières. On emploie des coins pesant de 1 à 5 kg., plus ou moins effilés suivant la résistance à vaincre, quelquefois légèrement bombés (Seraing). On se sert quelquefois, dans les couches de houille, de coins munis d'une arête longitudinale sur le plat, qui détermine la fragmentation du bloc que le coin soulève.

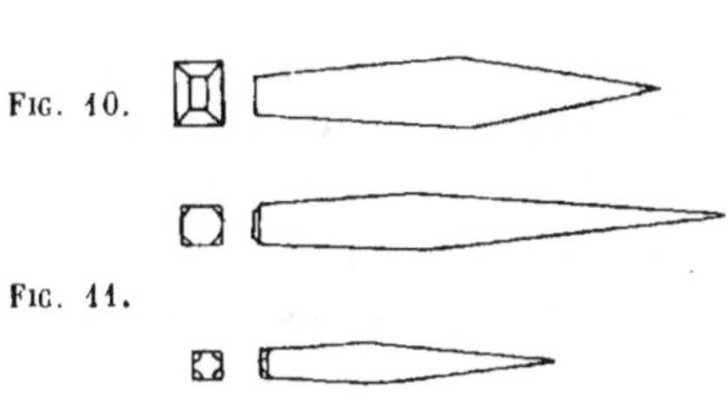

FIG. 10.

FIG. 11.

On emploie dans les carrières des coins en bois que l'on mouille pour les dilater, dans le but de faire sauter la roche sans l'endommager, par exemple dans l'exploitation des marbres et des pierres meulières.

2° Les *aiguilles* sont des coins de section transversale carrée ou ronde (fig. 11). Dans le premier cas, elles travaillent dans deux directions perpendiculaires l'une à l'autre ; dans le second, dans toutes les directions autour de leur axe. On les fait souvent en acier, en tout ou en partie. On les emploie quelquefois dans le bosseyement. Leur poids est de 1 à 1 $^1/_2$ kg.

Pour de grands efforts, on les emmanche sur une queue en fer, qui permet de faire levier (*aiguilles à queue*).

15. Les *marteaux* sont de diverses dimensions, (fig. 12) pro-portionnelles aux masses sur lesquelles ils doivent frapper, de manière à rece-voir une force vive suffi-sante. On distingue les *mâts* ou *mahottes* qui ont des poids de 4 à 6 kg. et les *massettes*, dont les poids sont inférieurs.

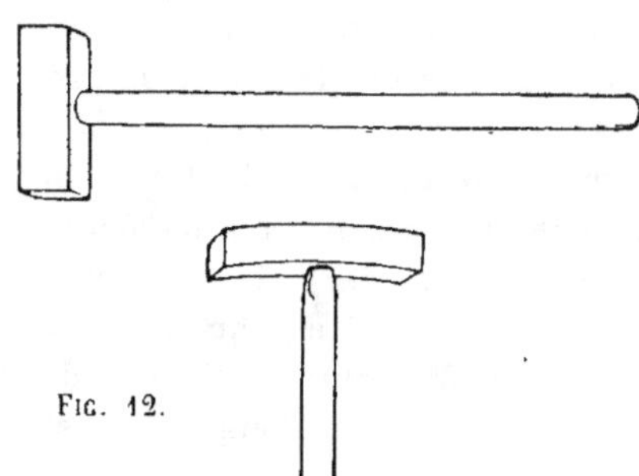

FIG. 12.

Suivant la dureté des roches qu'il s'agit d'entamer au moyen de l'outil qui reçoit le choc du marteau, les têtes de marteaux sont en fer avec parties frappante en acier, ou tout en acier.

Dans les pays, tels que la Suède, où les roches des mines sont en général très dures, l'emploi de massettes en acier fondu a permis de réaliser de grandes économies. Une massette en acier résiste de 3 à 4 ans, là où une massette en fer était hors de service après un mois de travail.

16. Les *leviers* ou *pinces* s'emploient pour soulever les blocs, par exemple lorsque le havage se fait à la partie supérieure du front de taille.

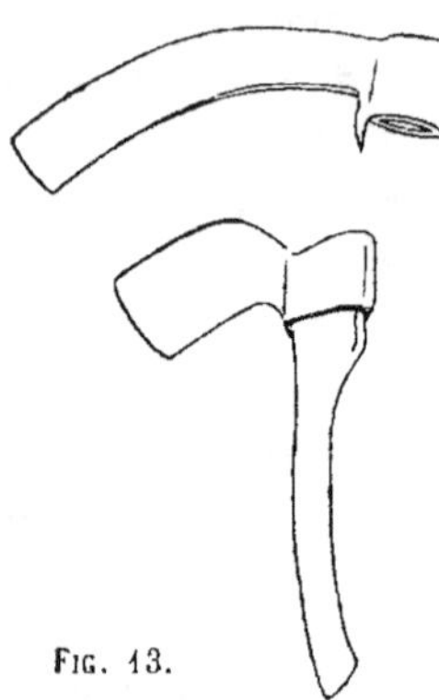

FIG. 13.

17. La *hache* est l'outil du boiseur (fig. 13). Cette hache est caractérisée par un manche très court.

18. **Police des outils.** — Les mines étant vastes et le personnel nombreux, les outils sont sujets à s'égarer. Il faut intéresser l'ouvrier à ce que les outils ne s'égarent pas, c'est-à-dire le rendre responsable en cas de perte.

Avant de descendre dans la mine, les ouvriers se présentent à la forge pour recevoir les outils qu'ils doivent emporter avec eux. On prend note des outils que chaque ouvrier emporte en regard du numéro de sa lampe, ce qui permet un contrôle facile de la rentrée des outils lors de la remonte.

L'outil non rentré doit être payé par l'ouvrier, sauf bien entendu, les cas de force majeure, qui sont jugés par les surveillants. Un tarif doit porter les prix des outils à la connaissance des ouvriers.

Les outils sont entretenus et conservés à la mine. Le forgeron a qui cette mission est confiée, peut être un ouvrier payé à la tâche ou un entrepreneur. Dans ce dernier cas, qui est le plus général dans les grandes exploitations, on traite pour six mois ou un an avec l'entrepreneur qui donne une caution. Un inventaire est fait au début et à la fin de l'entreprise. Tous les mois, on dresse également un inventaire.

II. — EXPLOSIFS.

19. L'invention de la poudre qui remonte à 1330, est une époque non moins importante dans l'histoire de l'exploitation des mines que dans celle de l'art militaire. Avant l'emploi de la poudre, on évitait les travaux à la pierre, les puits et les galeries à travers bancs. On cherchait à faire le moins possible d'excavations sans production de matière utile. C'était l'époque ou l'on creusait des puits inclinés et des galeries exclusivement dans le gîte en partant des affleurements. L'emploi des explosifs a seul permis l'exploitation par puits et galeries creusés à travers bancs, qui a conduit aux grandes productions des mines actuelles dont les anciens ne pouvaient avoir idée.

Il s'en faut de beaucoup que la poudre ait été employée dans les mines dès son invention. Ce n'est que trois siècles plus tard, en 1613, que le minage à la poudre fut introduit à Freiberg, en Saxe, et se répandit de là dans tous les pays miniers.

L'exploitation des mines est caractérisée de nos jours par un développement extraordinaire de l'emploi d'explosifs variés. Cette multiplicité des explosifs modernes répond à des desiderata très divers, depuis celui de posséder des moyens d'une extrême puissance, jusqu'à celui d'obtenir des explosifs qui puissent être employés sans danger dans les atmosphères grisouteuses. Ce dernier desideratum n'a cependant pas encore été atteint; on n'a fait que s'en approcher plus ou moins, en créant des explosifs dits de *sûreté*, qui permettent de miner avec une sécurité relative dans les mines grisouteuses, mais en prenant toutes les précautions qu'y exigent l'emploi des explosifs ordinaires.

20. Les explosifs employés dans les mines se divisent en deux catégories : les explosifs *déflagrants* et les explosifs *détonants*, qui se distinguent les uns des autres par la vitesse de propagation de l'explosion.

Le type des premiers est la *poudre noire*.

L'explosion, c'est-à-dire la réaction chimique avec dégagement de la chaleur, se produit en général sous l'influence d'une *action thermique*, et se transmet par conductibilité, de proche en proche, avec une vitesse mesurable qui, pour la poudre noire, ne dépasse pas 10 à 13 mm. par seconde (Piobert).

Le type des seconds est la *nitroglycérine*.

L'explosion, c'est-à-dire la réaction chimique, en général provoquée *par une action mécanique*, se propage, en vertu de la force élastique des gaz mis en liberté, avec une vitesse qui atteint et dépasse 5 à 7000 mètres par seconde (Abel), supérieure donc à celle de l'onde sonore. MM. Berthelot et Vieille ont désigné par analogie le phénomène qui se produit dans de telles conditions, sous le nom d'*onde explosive*.

Explosifs déflagrants.

21. La poudre noire ou poudre de mine est un mélange de substances non explosives par elles-mêmes, qui présente les variations de composition suivantes :

Nitrate de potasse . . . . 65 à 75 °/o.
Soufre . . . . 20 °/o.
Charbon . . . . 15 à 18 °/o.

Sa densité sous volume apparent est d'environ 0.94.

L'explosion de la poudre noire produit environ 350 volumes de gaz (azote, anhydride carbonique, eau, anhydride sulfureux, acide sulfhydrique) et une faible quantité de produits solides (bisulfure, carbonate, hyposulfite, sulfocyanure de potassium), qui forment en partie des fumées d'odeur acre. La dilatation porte la masse gazeuze à 1000 volumes; pour chaque explosif, il faut distinguer la *température de détonation* de la *température d'inflammation*. La température d'inflammation est celle de la source de chaleur qui produit une action thermique propre à provoquer la décomposition. La température d'inflammation de la poudre noire est de 270 à 300 degrés cent.

La température de détonation est celle communiquée aux produits de la décomposition par les réactions chimiques qui se produisent lors de l'explosion. La température de détonation de la poudre noire est de 3300°.

Le travail mécanique produit peut être mesuré par la quantité de chaleur mise en liberté par la décomposition d'un kilogramme de l'explosif. Pour une poudre de mine au nitrate de soude (matière, qui comme nous le verrons, remplace quelquefois le nitrate de potasse), on a trouvé de cette manière 242.335 kilogrammètres.

Pour la poudre de guerre, ce travail a été évalué à 319.982 kilogrammètres, ce qui d'après le travail balistique, correspondrait à un effet utile de 13.68 °/₀ (Rziha).

Le travail utile des explosifs industriels n'est pas susceptible d'être mesuré expérimentalement, comme le travail balistique. Si une mesure directe du travail accompli pouvait être faite, il n'y a pas de doute qu'on obtiendrait un effet utile bien inférieur à 13.68 °/₀, par suite des pertes nombreuses dues aux combustions incomplètes, aux phénomènes de dissociation, à l'ébranlement et à l'échauffement des roches, aux pertes de gaz par les fissures du terrain, etc.

On peut représenter par une figure schématique (fig. 14), l'action d'un explosif qui donne lieu dans son voisinage immédiat à une zone de broyage A, puis à une zone de fissuration B et à une zone d'ébranlement C.

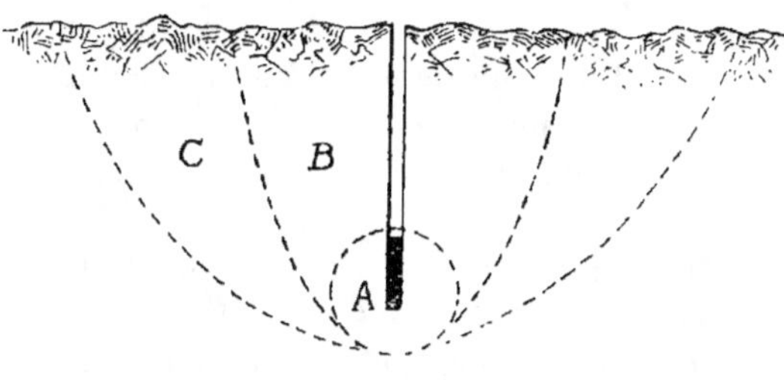

Fig. 14.

Bien que l'inflammation soit ordinairement produite par une source de chaleur, l'explosion de la poudre noire peut également être provoquée par une action mécanique, mais il faut que cette action soit très violente et il en résulte, pour cet explosif, le grand avantage d'être de manipulation peu dangereuse.

22. On emploie souvent en Belgique la poudre noire à l'état *comprimé* (Brevet Davey et Watson). La poudre comprimée se trouve dans le commerce en cylindres de 0ᵐ.25 à 0ᵐ.50 de diam. auxquels on donne par analogie le nom de cartouches. La densité est de 1.80.

On désigne sous le nom de *densité de chargement* le rapport $\frac{\pi}{V}$ entre le poids π de l'explosif et le volume V du vase clos dans lequel il détonne ; ce rapport présente une grande importance au point de vue de l'effet mécanique. Plus ce rapport est grand, plus on introduit, en effet, d'explosif dans une même capacité. La pression P. kil. par m², provoquée par l'explosion de π kg. d'un explosif détonant dans le volume V exprimé en litres, est donnée d'après Mallard et Le Châtelier [1] par

$$P = \frac{f}{\dfrac{V}{\pi} - \alpha},$$

f et α étant des constantes dépendant de la nature de l'explosif considéré ; $\dfrac{\pi}{V}$ étant *la densité de chargement*, on voit qu'il y a avantage à ce que celle-ci soit aussi grande que possible, pour obtenir une pression considérable sur les parois du vase clos de volume V.

On admet en conséquence que l'effort de la poudre comprimée est, sous un même volume, 1 ¹/₂ fois plus considérable que celui de la poudre ordinaire. Elle a de plus l'avantage de condenser la charge au fond du trou de mine, où la résistance des roches est plus grande que près de l'orifice. La poudre comprimée présente encore l'avantage de rendre le chargement et le dosage plus faciles, d'éviter la présence du pulvérin qui peut se répandre sur le sol et brûler à l'extérieur du trou, de donner moins de fumées et d'éviter les vols. Il en résulte donc une économie alliée à une sécurité plus grande que dans l'emploi de la poudre ordinaire.

Les cartouches de poudre comprimée sont munies d'un trou central ou d'une rainure latérale pour loger la mèche destinée à l'amorçage.

23. On fabrique des poudres de mines de composition très diverse. Le principal but du fabricant est d'abaisser le prix de vente. On obtient généralement ainsi des produits dont les effets sont inférieurs à ceux de la poudre noire, mais suffisants pour le résultat à produire. Les poudres que l'on rencontre dans le commerce, portent différents noms : pudrolithe, néoclastite,

---

[1] *Ann. des mines.* 8e série, t. XIV, 1888, p. 295. Note théorique sur le calcul des températures de détonation et la force des explosifs.

pyronitrine, tonite, etc.; ce sont, en général, des poudres dites lentes, à faible zone de broyage.

La pudrolithe a pour composition :

Nitrate de potasse. . , ...	68
Soufre	14
Charbon	9
Sciure de bois	9
	100

Autrefois on cherchait aussi à obtenir, par des variations de composition, des poudres *vives*, capables d'un effet plus considérable que la poudre noire ordinaire; mais ces composés ont perdu tout intérêt, depuis que l'on a recours aux explosifs de la seconde catégorie.

Le principal élément de ces fabrications spéciales est la substitution du nitrate de soude au nitrate de potasse.

Le nitrate de soude est moins coûteux que ce dernier et son poids moléculaire étant inférieur, il contient plus d'oxygène sous un même poids. Son principal inconvénient est d'être déliquescent.

Quelques-unes de ces poudres se trouvent dans le commerce à l'état comprimé.

EXPLOSIFS DÉTONANTS.

24. Ces explosifs se divisent en deux classes : 1° les explosifs détonants *simples*; 2° les explosifs détonants *multiples*.

25. **Explosifs détonants simples.** — Ils se divisent à leur tour en deux catégories, suivant que les produits gazeux de l'explosion sont *combustibles* ou *comburants*.

A. — *Explosifs détonants simples à produits combustibles.*

26. 1° *Fulminate de mercure.* — La formule de décomposition moléculaire de ce corps est la suivante :

$$C^4 Hg^2 N^2 O^4 = 4\,CO + N^2 + Hg^2.$$

Le fulminate de mercure est employé dans la composition des amorces.

2° *Acide picrique et picrates.* — L'acide picrique est un phénol trinitré $C^6 H^2 (NO^2)^3 OH$, servant de base à la fabrication des *mélinites* qui ne sont pas des explosifs industriels.

3° Les *cotons nitriques, nitrolignoses* ou *nitro-celluloses* ont pour formule générale $C^{24} H^{40 - n} N^n O^{20 + 2n}$, formule dans laquelle n varie de 11 à 8.

n étant égal à 11, on a le *coton endécanitrique, fulmicoton* ou *trinitrocellulose; n* étant égal à 8, on a le *coton octonitrique, coton collodion* ou *dinitrocellulose.*

L'inconvénient des cotons nitriques est de donner lieu à un grand dégagement d'oxyde de carbone, gaz vénéneux et inflammable. Leur explosion incomplète produit un dégagement de vapeurs nitreuses très gênantes à l'intérieur des mines.

Ce sont d'autre part des explosifs peu sensibles au choc et d'un maniement peu dangereux. Ils forment la base principale de la plupart des *poudres sans fumée* et ne sont employés à l'état simple que dans l'art militaire. M. Abel, chimiste de l'Arsenal de Woolwich, en a fabriqué des pâtes comprimées sous diverses formes. La compression augmente la densité de chargement et, par suite, la force de l'explosif.

Ces explosifs, à l'état simple, sont d'ailleurs trop coûteux pour être employés aux usages miniers. Ils entrent dans la composition de quelques explosifs multiples usités dans les mines.

L'emploi des explosifs donnant lieu à des gaz combustibles est, en France, proscrit des mines à grisou, dans la crainte que ces gaz à haute température ne s'enflamment en arrivant à l'air libre.

B. — *Explosifs détonants simples à produits comburants.*

27. 1° La *nitroglycérine* est le type de cette catégorie. C'est un éther nitrique dont la formule de décomposition est la suivante :

$$2 [C^3 H^2 (NO^3 H)^3] = 6 CO^2 + 5 H^2O + 3 N^2 + \tfrac{1}{2} O^2.$$

Préparée par Sobrero en 1847, ses applications industrielles ont été mises en lumière en 1863 par le chimiste suédois A. Nobel qui découvrit que le seul moyen pratique d'en provoquer l'explosion était l'action mécanique du choc produit par un *détonateur.*

Obtenu par l'action d'un mélange d'acide nitrique et sulfurique sur la glycérine, c'est un liquide huileux, incolore à l'état de pureté, mais ordinairement plus ou moins jaunâtre, inodore, peu soluble dans l'eau, mais soluble dans l'alcool méthylique et l'éther sulfurique.

La nitroglycérine se congèle à $+ 8°$ centigrades. Elle détonne par l'action d'un choc d'intensité variable avec la température.

C'est ainsi qu'à 16°, il faut un choc équivalent à celui d'un poids de 450 gr. tombant de 0^m45 de hauteur, tandis qu'à 94°, cette hauteur ne serait plus que de 0^m21 ; à 180°, le moindre choc suffit.

Une élévation brusque de température de toute la masse en provoque l'explosion.

C'est un explosif d'une violence extrême. La nitroglycérine donne en effet 1,300 fois son volume de gaz, en un temps évalué à $^1/_{50000}$ de seconde, et la dilatation porte presque instantanément ce volume à 10000 fois le volume primitif. On en conclut que l'effet de la nitroglycérine est égal à 10 fois celui de la poudre noire. Sa température de détonation est de 3140°.

La nitroglycérine est vénéneuse, elle pénètre dans le sang par les tissus et les muqueuses. Le simple toucher de la nitroglycérine provoque des maux de tête et même des congestions. On signale, comme antidote, le café noir et, comme remède, des lavages à l'alcool méthylique ou à l'eau chaude additionnée de 4 à 5 %, de soude.

Au point de vue minier, la nitroglycérine à l'état d'explosif simple, présente l'inconvénient d'être trop sensible au choc. Elle a donné lieu, dès les premiers temps de son emploi, à de nombreuses catastrophes; telles sont celle de Quenast en 1863, où un transport de nitroglycérine fit explosion par suite des chocs produits par le roulement du véhicule sur le pavé, celle de la fabrique Nobel qui fit explosion à Stockholm en 1864, celle d'Aspinwall, en 1866, où l'explosion du navire « *European* » causa la mort de 60 personnes, celle de Brême qui produisit 80 victimes, etc. A la suite de ces catastrophes, l'emploi de cet explosif éminemment dangereux fut généralement interdit en Europe. Il ne reste guère en usage que dans quelques mines américaines.

On a attribué certains accidents produits par la nitroglycérine à la décomposition spontanée de ce corps sous l'action d'influences mal connues. On attribue généralement aujourd'hui ces décompositions à l'impureté du produit, car la nitroglycérine pure se conserve très bien à l'abri de l'air.

Au point de vue minier, la nitroglycérine est néanmoins une des grandes découvertes du siècle, par les nombreux explosifs multiples auxquels elle a donné naissance et à l'aide desquels on peut aborder aujourd'hui, sans difficulté et avec économie, des travaux qu'il eut été pour ainsi dire impossible d'exécuter au moyen de la poudre noire et de ses succédanés.

Les explosifs multiples à base de nitroglycérine permettent d'attaquer les roches les plus dures, en donnant lieu à de grandes économies de main-d'œuvre.

Dans le tir des mines, c'est le forage des trous qui entraîne toujours la plus grande somme de dépenses. Si, à l'aide d'un explosif plus énergique, l'on peut arriver au même résultat en forant un nombre de trous moindres, on réalisera une économie qui en général sera loin d'être absorbée par le prix plus élevé de l'explosif.

2° La *nitromannite* $C^6 H^2 (NO^3 H)^6$ rentre dans cette même catégorie. Elle n'est citée ici que parce que sa puissance l'emporte sur celle de tous les explosifs connus; mais elle n'a pas reçu d'applications industrielles.

3° Le *chlorate de potasse* dont la formule de décomposition est $Cl^2 O^5 K^2 O = 2\ KCl + O^6$ se distingue par le grand dégagement d'oxygène auquel cette décomposition donne lieu; c'est un corps instable qu'on n'est parvenu à introduire dans la fabrication des explosifs nouveaux de Street (cheddites), qu'en l'enrobant dans une solution huileuse de dérivés nitrés (nitro-naphtaline en solution dans l'huile de ricin); on est même parvenu de cette manière, dans ces explosifs, à mettre sans danger de l'acide picrique en présence du chlorate de potasse.

4° L'*azotate d'ammoniaque* dont la formule de décomposition est $N^2 H^4 O^3 = N^2 + 2\ H^2 O + O$, peut à peine être considéré comme un explosif. On ne peut en provoquer la détonation qu'au moyen d'un choc très violent. C'est donc un explosif de très faible aptitude à la détonation, qui ne saurait être employé seul, mais qui est caractérisé par une température de détonation extrêmement basse. Cette dernière ne dépasse pas 1130°. C'est en raison de cette propriété que l'azotate d'ammoniaque est employé comme base de plusieurs explosifs dits de sûreté. Son principal inconvénient est sa déliquescence.

28. **Explosifs détonants multiples.** — Nous diviserons cette catégorie en deux classes, suivant que les substances mélangées ou leurs produits *ne réagissent pas ou réagissent* les uns sur les autres.

A. *Les substances mélangées, ni leurs produits ne peuvent réagir mutuellement.*

29. Cette catégorie comprend les *dynamites à base inerte*. A la suite des accidents produits par la nitroglycérine à l'état d'explosif simple, A. Nobel découvrit, en 1867, le moyen de rendre cette substance, sinon inoffensive, du moins beaucoup moins dangereuse, en la faisant absorber par une matière inerte, telle que la silice très divisée. Le rôle de cet absorbant est de rendre la nitroglycérine moins sensible au choc, en amortissant ce dernier.

Les dynamites à base inerte sont des mélanges de nitroglycérine avec un absorbant, qui ne prend aucune part à la décomposition, tel que silice, tripoli, craie, ocre, mica, etc.

30. La plus employée est la *dynamite Guhr* ou *dynamite n° 1 de Nobel* contenant 75 % de nitroglycérine; l'absorbant est une terre siliceuse *(Kieselguhr)* composée de têts d'infusoires, exploitée à Oberohe (Hanovre). Cette terre peut absorber jusqu'à 78 % de nitroglycérine, mais il convient de limiter l'absorption à 75 %, un excès de cette matière pouvant, comme nous le verrons, faire naître certains dangers.

La dynamite Guhr est plastique, pâteuse, grasse au toucher, de couleur brun-jaunâtre, de densité égale à 1.40 ou 1.60 après bourrage. Elle se trouve dans le commerce en cartouches de 80 grammes et de 24 mill. de diam. Elle se congèle à + 8° centigrades, comme la nitroglycérine ; elle détonne par le choc ou par une brusque élévation de température à 180°. A une température moindre et en petites quantités, elle brûle tranquillement.

Les explosions incomplètes produisent des projections de nitroglycérine dans l'atmosphère à l'état vésiculaire, ainsi que des vapeurs nitreuses très délétères, surtout dans les mines. La projection de silice à l'état de poussières impalpables peut aussi être nuisible aux poumons.

La matière inerte absorbant de la chaleur, la température de détonation est abaissée, mais atteint encore 2900°.

On évalue l'effet de la dynamite Guhr à trois fois celui de la poudre noire. Elle convient donc spécialement dans l'attaque des roches dures et résistantes. Elle n'est pas insensible à l'action de l'humidité, mais peut cependant être employée sous l'eau, à condition de ne pas y rester longtemps.

31. La dynamite Guhr présente toutefois les inconvénients suivants, qui peuvent devenir des sources de dangers.

1° L'*exsudation*, c'est-à-dire la séparation de la nitroglycérine en gouttelettes, peut se produire sous diverses influences :

a) *Sous l'action de l'humidité.* — L'eau se substitue dans le mélange à la nitroglycérine qui suinte à l'extérieur des cartouches. Pour s'assurer qu'une dynamite est exempte de ce défaut, il suffit de placer une cartouche pendant un certain temps au contact d'étoupes humides.

b) *Sous l'action d'une compression.* — Il suffit parfois de la pression des doigts pour provoquer l'exsudation. On peut s'assurer que la dynamite ne présente pas ce défaut, en la comprimant dans un tube de laiton percé de trous. Ce défaut serait très grave, car la compression provenant du bourrage de la dynamite dans un trou de mine pourrait provoquer la mise en liberté de la nitroglycérine.

c) *Sous l'action d'une élévation de température.* — Il suffit souvent d'une faible élévation de température pour provoquer l'exsudation. M. Mathet, à Blanzy, a obtenu l'exsudation en chauffant de la dynamite à 25°.

d) *Sous l'action de trépidations brusques.*

L'exsudation a produit de nombreux accidents. Dans des trous de mine humides, il peut en effet y avoir séparation de nitroglycérine. Au charbonnage de Rhein-Preussen, une explosion a été provoquée de la sorte, en mesurant à l'aide d'une tige de fer le culot d'un trou de mine après le tir. Au percement du

Gothard, il se produisait de fréquentes explosions, pendant la perforation, par suite de la nitroglycérine exsudée qui s'introduisait dans les fissures de la roche. C'est pourquoi l'on recommande de ne jamais faire un nouveau trou de mine *en dessous* d'un raté de dynamite.

2° La *congélation* rend la dynamite moins sensible au choc, c'est-à-dire qu'il faut des détonateurs plus énergiques pour en provoquer l'explosion ; mais on a toujours à craindre dans ce cas des explosions incomplètes ; d'ailleurs la dynamite congelée est d'un maniement d'autant plus dangereux que la congélation est souvent précédée d'exsudation. C'est pourquoi il faut interdire l'emploi de la dynamite congelée. On dégèle la dynamite au bain-marie, à 60° au maximum, dans un seau à double paroi ; ce vase ne doit pas être exposé au feu ; on verse de l'eau chaude dans l'enveloppe extérieure. On recommande de revêtir le vase de papier buvard pour absorber les gouttelettes de nitroglycérine qui pourraient exsuder ; car l'absence de cette précaution a donné lieu à des accidents, lors du nettoyage du vase. On recommande aussi de faire le nettoyage à l'alcool méthylique et aux alcalis.

Les ouvriers dégèlent souvent les cartouches de dynamite en les mettant simplement dans leurs poches, mais ce moyen n'est admissible que pour un très petit nombre de cartouches et il pourrait donner lieu à des accidents, si les cartouches étaient oubliées dans les vêtements. Le mieux est de prévenir la congélation, en emmagasinant les cartouches dans un local modérément chauffé.

3° Un *échauffement brusque* en masse peut provoquer l'explosion de la dynamite. Il s'ensuit qu'il ne faut jamais approcher les cartouches d'une source de chaleur intense : de nombreux accidents sont arrivés, pour avoir voulu dégeler la dynamite en l'approchant d'un poêle ou d'un foyer, et ces accidents peuvent être singulièrement accrus dans les cas où de grandes quantités de matières sont en présence.

4° *La mauvaise fabrication* est enfin une cause de danger que l'on ne peut reconnaître qu'en soumettant la dynamite à des essais. Nous avons indiqué ci-dessus un certain nombre d'essais relatifs à l'exsudation. Il faut de plus s'assurer, au moyen de papier de tournesol, que la dynamite n'a pas de réaction acide.

Une réaction de ce genre peut indiquer un défaut grave de fabrication ou un commencement de décomposition qui peut faire des progrès et amener des accidents.

B. *Les substances mélangées ou leurs produits réagissent mutuellement.*

32. Ces substances sont en général d'une part *combustibles* ou *produisant des gaz combustibles*, et d'autre part *comburantes* ou *produisant des gaz comburants*.

Dans cette catégorie sont comprises :

a) les *dynamites à base active* ;

b) les *mélanges de deux ou de plusieurs substances qui ne sont pas nécessairement explosives par elles-mêmes.*

Ces deux groupes ne peuvent d'ailleurs être délimités avec une grande netteté.

33. *a)* Un premier groupe de *dynamites à base active* est formé en faisant absorber la nitroglycérine par des mélanges comprenant des matières carbonées.

Les *carbonites* fabriquées à Schlebusch (Prusse Rhénane) sont d'un usage fréquent en Westphalie. On en distingue plusieurs, de compositions différentes.

	Carbonites		Carbonite au charbon
	I	II	(Kohlencarbonit)
Nitroglycérine	25	3o	25
Nitrate de soude	3o.5	24.5	—
Nitrate de potasse. . . .	—	—	34
Farine de seigle à 2.5 H^2O .	39.5	4o.5	39.5
Bichrômate de potasse . .	5	5	—
Nitrate de baryte	—	—	1
Carbonate de soude . . .	—	—	0.5
	100	100	100

La dernière est très employée en Westphalie comme explosif de sûreté.

On peut citer encore dans cette catégorie les *lithofracteurs*, où la nitroglycérine est absorbée, à raison de 25 à 5o °/o, par une poudre binaire ou ternaire non explosive par elle-même.

Ces produits ont perdu aujourd'hui de leur intérêt. Ils sont sensibles à l'humidité et présentent l'inconvénient de l'exsudation.

Les dynamites à base de matières carbonées ont l'avantage de ne pas donner de vapeurs nitreuses dans le cas d'explosions incomplètes, mais elles peuvent donner lieu à une production d'oxyde de carbone.

34. Un second groupe de dynamites à base active comprend les *dynamites-gommes*, inventées par A. Nobel en 1875 pour remédier aux inconvénients des dynamites pâteuses et notamment à celui de l'exsudation. Ces explosifs sont composés de nitroglycérine, qui fournit le comburant, et d'un coton nitrique moins nitré que le fulmicoton, qui fournit le combustible.

En faisant absorber de la nitroglycérine par le coton octonitrique ou collodion, on obtient, suivant le dosage, des corps présentant l'apparence et la consistance d'un sirop, du miel, de la corne, de la gélatine ou de la gomme arabique, et présentant des degrés divers d'explosibilité.

La *dynamite-gomme extra-forte* se compose de 92 °/₀ de nitroglycérine et 8 °/₀ de collodion. C'est un corps jaunâtre, d'aspect ambré, légèrement plastique, de densité égale à 1.50, plus cohérent et plus stable que les dynamites pâteuses. Cet explosif présente la propriété de résister très longtemps au contact de l'eau ; de là, son principal emploi dans les travaux sous-fluviaux ou sous-marins. Il est moins sensible au choc et à l'échauffement que la dynamite ; il présente une puissance plus grande, en raison de la plus forte proportion de nitroglycérine qu'il contient. On estime que 100 gr. de cette dynamite-gomme ont le même effet que 130 à 140 gr. de dynamite Guhr. La congélation de cet explosif se produit à + 8° C. sous forme de masse cristalline. Il faut, dans ce cas, prendre les mêmes précautions que pour les dynamites.

La température de détonation est de 3200°, supérieure donc à celle de la nitroglycérine.

35. La dynamite-gomme peut être absorbée elle-même par des corps pulvérulents et fournir ainsi de nouveaux explosifs multiples, d'un usage très fréquent aujourd'hui sous le nom de *géligniles* ou de *gélatines*. Ce sont des produits de puissance

variable selon le dosage et peu sensibles, en général, à l'action de l'humidité. Les gélatines sont d'un emploi presque exclusif en Westphalie. On y employait, en 1898, 97 °/₀ de ces explosifs contre 3 °/₀ de dynamite-Guhr et de carbonites.

Voici des analyses :

Gélignites :

Nitroglycérine	56.5 à 61
Nitrocellulose	3.5 à 5
Farine de bois	8 à 7
Nitrate de potasse	32 à 27

Gélatine :

Nitroglycérine	62.5
Nitrocellulose	2.5
Nitrate de soude	25.9
Farine de bois	8.75
Carbonate de soude	0.75

Une Société française fabrique, en Belgique, à Baelen-sur-Nèthe, sous le nom de *forcites*, des produits de diverses puissances, analogues aux précédents, comme le montre l'analyse suivante :

Nitroglycérine	49
Nitrocellulose	1
Soufre	1.50
Goudron	10
Nitrate de soude	38
Pulpe de bois	5

36. *b)* Les *Mélanges de deux ou plusieurs substances qui ne sont pas nécessairement explosibles par elles-mêmes*, comprennent les explosifs dits de Sprengel, du nom d'un chimiste anglais, auteur d'un mémoire publié en 1873 et intitulé : *A new class of explosives which are non explosive during their fabrication, storage and transport* (Une nouvelle classe d'explosifs qui ne le sont pas pendant la fabrication, l'emmagasinage et le transport). La définition explique comment est réalisé ce desideratum. L'explosif ne se forme qu'au moment du mélange de deux corps

inoffensifs, comburant et combustible. Il suffit donc d'emmagasiner et de transporter ceux-ci isolément, pour n'avoir aucune explosion à redouter.

37. A cette catégorie appartiennent :

1° Les *panclastiles*, explosifs de M. Turpin (1882) où le comburant est le peroxyde nitrique et le combustible le sulfure de carbone, un hydrocarbure de la série aromatique nitré, un corps gras, etc. Ces explosifs sont d'une violence extrême.

2° Le *rackarock*, explosif employé pour le sautage du Flood-rock, récif en rade de New-York. Il était extrêmement important de supprimer tout danger d'emmagasinage et de transport, par suite du voisinage des quais et des caboteurs. L'explosif était fabriqué sur un ilot voisin, au moment même de son emploi. Le rackarock est composé de 4 parties chlorate de potasse et 13 de nitrobenzine.

3° Les *explosifs Favier*, mélanges de nitrate d'ammoniaque, dont l'aptitude à la détonation est si faible qu'on peut à peine le considérer comme un explosif, et dont la manipulation est par suite absolument inoffensive, avec des dérivés nitrés de la série aromatique, obtenus par substitution du radical (NO^2) à 1, 2 ou 3 atomes d'hydrogène, tels que la mono-bi- ou trinitronaphtaline. Les hydrocarbures choisis ont un point de fusion inférieur à celui du nitrate d'ammoniaque, de sorte que si l'on plonge ce dernier dans l'hydrocarbure en fusion, les grains d'azotate sont *enrobés* d'hydrocarbure et soustraits à l'action de l'humidité. C'est cet enrobage qui constitue la très ingénieuse invention de Favier.

On obtient ainsi des explosifs à température de détonation relativement basse, dont certains peuvent être employés comme explosifs de sûreté.

L'explosif Favier n° III se compose de :

Nitrate ammonique	17.48
Nitronaphtaline	18.52
Nitrate de soude	64.00

Température de détonation inférieure à 1420°.

Le *Favier* français pour roches se compose de :

Nitrate ammonique	91.5
Binitronaphtaline	8.5

Température de détonation, 1890°.

La Bellite, analogue au Favier, se compose de

        Nitrate ammonique 78
        Binitrobenzol 17

Température de détonation, 2190°.

Ces explosifs sont presque insensibles aux chocs les plus violents et sont de plus très stables. Ils sont d'autant plus insensibles au choc qu'ils sont plus comprimés. Aussi Favier imagina-t-il de composer ses cartouches de deux parties, l'une extérieure, fortement comprimée et presque insensible au choc, la seconde intérieure, pulvérulente, sur laquelle on fait agir l'amorce. Le tout est enveloppé de papier parcheminé. C'est ainsi que l'explosif Favier pour carrières présente extérieurement la composition :

        Nitrate ammonique . . . . 79 %
        Binitronaphtaline . . . . 21 %

et intérieurement la composition :

        Nitrate ammonique . . . . 88 %
        Binitronaphtaline . . . . 12 %

Parmi les explosifs du même genre, on emploie encore en Belgique :

La *nitroferrite n° 2* :

        Nitrate ammonique. 77.0
        Nitrate de potasse 9.6
        Ferricyanure de potassium 4.0
        Sucre cristallisé 4.8
        Farine grillée. 1.8
        Graisse de paraffine jaune 2.8

Température de détonation, 2078°.

La *tritorite* :

        Nitrate ammonique. 70.0
        Binitrobenzol. 18.0
        Nitrate de potasse 11.0
        Charbon végétal 1.0

Température de détonation, 2276°.

La *veltérine n° 1* :

        Nitrate ammonique. 78.0
        Trinitrocrésylate ammonique . . . 22.0

Température de détonation, 2190°.

Les *densites* :

	A	D	E
Nitrate ammonique . . .	49.8	81.1	82.74
Nitrate de strontium. . .	33.7	10.4	11.42
Trinitrotoluol	16.5	8.5	5.84
Températures de détonation.	1955°	1590°	1438°

38. Il faut encore signaler, comme explosif très puissant, le mélange d'air liquide et de matières carbonées. On a essayé, au percement du Simplon, des cartouches composées d'une pâte de paraffine et de charbon de bois ou de Kieselguhr et de goudron, que l'on imbibe d'air liquide au moment de l'emploi. Ces cartouches détonnent par choc. Leur grand inconvénient est la nécessité de les employer sans aucun retard, abstraction faite d'ailleurs de la grande quantité d'oxide de carbone qu'elles mettent en liberté. Aussi y a-t-on renoncé.

EXPLOSIFS DE SURETÉ.

39. Quelles sont les conditions qui donnent ce caractère à un explosif?

La température inférieure d'inflammation des mélanges d'air et de grisou a été déterminée avec précision par MM. Mallard et Le Châtelier. Elle est de 650° C. Mais le grisou présente une propriété remarquable que MM. Mallard et Le Châtelier ont dénommée le *retard à l'inflammation*.

En vertu de cette propriété, pour que l'inflammation se produise, il faut un contact d'autant plus prolongé entre la source de chaleur et le mélange inflammable, que la température de la source de chaleur est moins élevée. C'est ainsi qu'à 650° le retard à l'inflammation est de 10 secondes; à 1.000°, il n'est plus que de 1 seconde. Cette propriété est spéciale au grisou : les mélanges détonants à base d'hydrogène et d'oxyde de carbone ne présentent pas de retard appréciable à l'inflammation.

Ceci explique pourquoi les explosifs déflagrants, et notamment la poudre noire, présentent plus de danger en présence du grisou que la plupart des explosifs détonants. Les gaz produits par les explosifs déflagrants sont à faible pression et à très haute température : 2 à 3.000°. La détente de ces gaz se fait avec un travail mécanique insignifiant ; les gaz se refroidissant peu et lentement, le contact des gaz à haute température avec le mélange détonant est assez prolongé pour que l'explosion se produise.

La conclusion de cette constatation a été l'interdiction, très générale aujourd'hui, de l'emploi de la poudre noire dans les mines à grisou.

Il en est autrement d'une partie au moins des explosifs détonants. L'instantanéité de la décomposition est telle que l'on peut considérer le volume initial des gaz, comme égal à celui de l'explosif. La pression est donc très élevée; si d'autre part la température de ces gaz, c'est-à-dire la température de détonation, n'est pas trop considérable, la dilatation violente qui se produit peut abaisser cette température à tel point que le contact avec le mélange détonant n'est pas suffisamment prolongé pour déterminer l'inflammation du grisou.

L'abaissement de température peut être calculé, en tenant compte de ce que les lois de la détente adiabatique ne sont pas applicables aux hautes températures, parce que les chaleurs spécifiques sous volume constant sont elles-mêmes dans ce cas fonctions de la température. En appliquant les formules de Clausius, on a trouvé, pour quelques explosifs, les températures finales de détente suivantes que nous mettons en regard de leurs températures de détonation :

	Température de détonation	Tempér. finale de détente
Nitroglycérine	3140°	978°
Coton endécanitrique . .	2636	304
Acide picrique	2560	69

On voit donc qu'avec certains explosifs, le refroidissement est suffisant pour que la température tombe en dessous de 650°; pour qu'il n'y ait pas inflammation, il faut de plus que cet abaissement de température se produise en un temps inférieur en durée à celle du retard à l'inflammation du grisou.

Les expériences de la Commission française des explosifs ont établi qu'il faut pour cela que la température de détonation reste en dessous de 2200° (voir page 36 le résumé de ces expériences).

40. *Calcul des températures de détonation*.— On calcule les températures de détonation, en partant de la formule de décomposition de l'explosif. Mais certains explosifs peuvent se décomposer suivant plusieurs formules ; lorsque l'oxygène ne suffit pas à brûler toutes les matières combustibles, il peut notamment y avoir incertitude sur le choix de la formule.

D'autre part la décomposition peut être incomplète et il peut se produire des phénomènes de dissociation qui s'opposent à la formation de certains produits de la décomposition. Ces influences peuvent altérer les déductions tirées de la formule de décomposition choisie ; il en résulte une défiance justifiée à l'égard des résultats obtenus par le calcul des températures de détonation.

De la formule de décomposition, on déduit la quantité de chaleur dégagée sous pression constante Q_p, en calculant la différence entre la chaleur de formation des composés de l'état final et celle des composés de l'état initial.

On trouve dans les tables thermo-chimiques de Berthelot, les chaleurs de formation des corps entrant le plus communément dans la composition des explosifs de sûreté.

Voici, à titre d'exemples, les chaleurs de formation à 15° et sous la pression normale, de quelques corps entrant fréquemment dans la composition de ces explosifs :

	Poids moléculaire.	Chaleur de formation.
Nitrate ammonique	80 gr.	87.9 calories.
Nitrate de potasse.	101	118.7
Nitrate de soude.	85	110.6
Binitrobenzine	168	12.7
Coton endécanitrique	1143	624
» octonitrique	1008	672
Nitroglycérine	454	196
Anhydride carbonique	44	94
Eau	18	58.2 (à l'état gazeux).
Acide chlorhydrique	36.5	22

Il peut toutefois entrer, dans la composition de l'explosif, des corps dont la chaleur de formation n'est pas connue et c'est une nouvelle cause d'incertitude dans la détermination des températures de détonation de certains explosifs.

Soit la formule générale de décomposition d'un explosif dont le poids moléculaire est représenté par E :

$$\pi\, E = \alpha\, CO^2 + \beta\, H^2O + \gamma\, HCl + \delta\, O^2 + \varepsilon\, N^2 + \lambda\, P$$

dans laquelle les lettres grecques expriment les nombres de molécules de chacune des matières dont les poids moléculaires sont représentés par les symboles E (explosif), CO^2, H^2O, HCl, O^2, N^2, P (produits solides).

En appelant p la chaleur de formation des corps solides et f la chaleur de formation de l'explosif, nous aurons conformément au tableau précédent :

$$Q_p = 94\,\alpha + 58.2\,\beta + 22\,\gamma + p\,\lambda - f\,\pi.$$

De Q_p, il faut passer à Q_v, quantité de chaleur dégagée sous volume constant.

La quantité de chaleur Q_v est plus grande que Q_p, de toute la chaleur transformée en travail, dans l'explosion sous pression constante, pour mettre l'air en mouvement, et l'on peut écrire :

$$Q_v = Q_p + 0.57\, n$$

où n représente le nombre total de molécules gazeuses produites.

$$n = \alpha + \beta + \gamma + \delta + \varepsilon.$$

Q_v et Q_p sont exprimés dans les formules ci-dessus en grandes calories (kg.-degré).

Pour ne pas avoir de petites fractions décimales, les chaleurs spécifiques seront exprimées en petites calories (gr.-degré). Une grande calorie étant égale à 1000 petites calories, Q_v grandes calories correspondent à 1000 Q_v petites calories [1].

---

[1] Q_v est susceptible d'une détermination expérimentale. Soient P_0 et P les pressions, t_0 et t' les températures dans une chaudière de 10 m³ de capacité, servant aux essais avant et après l'explosion. Ces pressions sont entre elles comme les températures absolues de l'air contenu dans la chaudière :

$$\frac{P-P_0}{P_0} = \frac{t'-t_0}{t_0+273}\ (^1).$$

A étant le poids d'air contenu dans la chaudière, on a d'autre part $Q_v = A c' (t'-t_0)\ (^2).$

Σc étant la chaleur spécifique des produits de la décomposition en petites calories, la température de détonation est donnée par

$$t = \frac{1000\ Q_v}{\Sigma c}, \text{ d'où } 1000\ Q_v = t \Sigma c.$$

Mais pour les gaz à hautes températures, c est fonction de celles-ci :

$$c = a + b\,t.$$

On aura donc une équation du 2° degré pour calculer les températures de détonation, en remplaçant Σc par la somme des valeurs relatives à chacun des produits de la décomposition.

Les chaleurs spécifiques des gaz qui se rencontrent le plus fréquemment dans les produits de la décomposition sont, en petites calories, les suivantes :

Pour les gaz parfaits, CO, O^2, N^2, HCl, SO^2.

$$c = 4.80 + 0.0006\,t\,;\ a = 4.80,\ b = 0.0006.$$

Pour CO^2 : $c = 6.26 + 0.0037\,t\,;\ a = 6.26,\ b = 0.0037.$

Pour H^2O : $c = 5.61 + 0.0033\,t\,;\ a = 5.61,\ b = 0.0033.$

Quant aux produits solides, leur chaleur spécifique c_1 est constante et donnée par unité de poids. Pour avoir leur chaleur spécifique moléculaire, il faut donc multiplier c_1 par leur poids moléculaire P.

En remplaçant on aura :

$$1000\ Q_v = [6.26\,\alpha + 5.61\,\beta + 4.80\,(\gamma + \delta + \varepsilon) + c_1 P \lambda]\,t$$
$$+ [0.0037\,\alpha + 0.0033\,\beta + 0.0006\,(\gamma + \delta + \varepsilon)]\,t^2$$

Telle est l'équation, d'où l'on tirera la valeur t de la température de détonation [1]. Cette température est indépendante, comme on le voit, du poids de la charge d'explosif.

$c' = 0.168$, chaleur spécifique de l'air sous volume constant.

H étant la pression barométrique au moment de l'expérience,

$$A = 10^{m^3} \times 1^k 293\ \frac{273}{t_0 + 273}\ \frac{H}{760}$$

Soit t_0 la température de l'air au moment de l'expérience $= 15^o$.

En éliminant $t'-t_0$, il vient $Q_v = 58.4\ (P-P_0)$, d'où l'on peut déduire la température de détonation correspondant à la différence de pression mesurée.

[1] On ne peut vérifier expérimentalement les températures ainsi calculées, mais on peut en obtenir une vérification, en mesurant directement .

En France, on exige que les cartouches portent l'indication de la composition chimique de l'explosif, afin de permettre de faire les calculs précédents.

En Belgique, on se contente d'exiger que les fabricants fassent connaître à l'Administration des Mines, la nature des explosifs vendus aux mines de houille.

L'administration française des mines, comme nous l'avons dit, a fixé 2200 comme limite supérieure de la température de détonation des explosifs de sécurité.

Les expériences qui ont conduit à déterminer cette limite consistèrent à faire exploser des cartouches de dynamite-Guhr dans une chaudière de $10^{m3}70$ contenant un mélange détonant d'air et de 10 % de méthane (CH^4, grisou). Ayant observé qu'une cartouche de 50 gr. de dynamite-Guhr (temp. de détonation 2900) provoquait toujours l'explosion, la Commission française a cherché à abaisser progressivement cette température, en faisant faire à l'explosif un travail mécanique de plus en plus considérable. Elle a dans ce but enveloppé les cartouches de plomb ou d'étain. La température de détonation se déduit dans ce cas de la pression observée au moyen d'un manomètre placé sur la paroi de la chaudière qui permet de calculer Q_v (voir

---

la pression produite par l'explosion en vase clos et en vérifiant si elle correspond à la pression déduite de la température de détonation.

Soient P la pression, V le volume et T la température absolue des gaz.

Soit V_0 le volume de ces gaz à zéro degré, sous la pression normale $p_0 = 1k033$ par centimètre carré.

En combinant les lois de Mariotte et de Gay Lussac, on a

$$PV = \frac{p_0 V_0}{273} T$$

T est la température absolue de détonation $= 273 + t$.

Mais cette équation n'est plus vraie à de très hautes pressions. Pour celles-ci, il faut écrire, d'après Clausius :

$$P(V - u V_0) = \frac{p_0 V_0}{273} T$$

u est le *covolume*, volume *absolu* occupé par les molécules du fluide, multiple du volume propre du gaz et formant une partie immuable de ce dernier.

la note p. 34). La Commission a déduit de ces expériences que la température de détonation qui ne provoque pas l'explosion, est comprise entre 2280 et 2150° ; c'est ainsi qu'elle a évalué cette température à 2200°. Pour tenir compte de l'importance des charges (44) et des aléas que peuvent donner les variations dans la composition et le mode de décomposition de l'explosif, l'Administration des Mines françaises a fixé comme températures limites de détonation des explosifs de sûreté :

1900° pour travaux à la pierre ;

1500° pour travaux au charbon.

42. Expérimentation de la sécurité des explosifs. — Il existe deux manières d'expérimenter la sécurité des explosifs en présence des mélanges d'air et de grisou (méthane artificiel ou grisou naturel) ou de poussières inflammables. On peut les faire détonner à l'air libre dans une chaudière d'expérience au milieu du mélange détonant. C'est la méthode qui a été suivie en France et en Autriche.

On reproche à cette expérience d'être trop rigoureuse et de trop s'éloigner des conditions où peuvent pratiquement se produire les explosions de grisou dans les mines. Pour qu'un

---

Soit Δ la densité de chargement qui, par définition, est égale au rapport du poids au volume initial des gaz.

$$\Delta = \frac{\pi}{V}$$

d'où

$$P = \frac{\dfrac{p_0 V_0}{273} T}{\dfrac{\pi}{\Delta} - u V_0} = \frac{\dfrac{p_0 V_0 T}{273 \pi} \Delta}{1 - \dfrac{u V_0 \Delta}{\pi}}$$

Le coefficient de Δ au numérateur, $\dfrac{p_0 V_0 T}{273 \pi}$, est par définition ce que l'on appelle la *force spécifique* f de l'explosif.

La force spécifique de l'explosif est, comme on le voit, égale à la pression qui serait déterminée par la formule, sans faire intervenir le covolume, et rapportée à l'unité de poids des gaz produits, en divisant par π, et à l'unité de volume, en posant $V = 1$.

V_0 peut être déterminé, en multipliant le volume d'une molécule gazeuse accident y reproduise les conditions de l'expérience, il faudrait en effet, qu'une cartouche vint à détonner pendant la préparation des charges et avant d'être introduite dans le trou de mine. Ce cas est très exceptionnel. D'autre part on admet, en France, que les explosifs qui résistent à cette expérience méritent, mieux que d'autres, le titre d'explosifs de sûreté, par cela même qu'elle est plus rigoureuse. Les expériences faites en 1898 à Schalke, en Westphalie, ont montré, en effet, qu'il faut en général, de plus faibles quantités du même explosif pour enflammer le mélange détonant, que dans la deuxième manière d'expérimenter.

En Allemagne et en Belgique, on cherche au contraire à réaliser des conditions d'expérience plus voisines de la réalité, en créant des galeries artificielles, au fond desquelles se trouve, enchâssé dans un mur, un mortier en acier qui tient lieu de trou de mine et où l'on peut essayer les explosifs avec ou sans bourrage. Au moyen d'une cloison en papier, on isole devant la bouche du mortier une certaine capacité où l'on peut produire un mélange détonant, à quantités de grisou dosées, avec ou sans atmosphère poussiéreuse, etc.

Il est à remarquer que, même dans ces conditions, on ne

à zéro, soit 22 l., 32, par $n = \alpha + \beta + \gamma + \delta + \varepsilon$, nombre de molécules gazeuses provenant de la décomposition. (Lois d'Avogadro et d'Ampère.)

Soit $\dfrac{u V_0}{\pi} = \alpha'$

$$P = \frac{f \Delta}{1 - \alpha' \Delta} = \frac{f}{\dfrac{1}{\Delta} - \alpha'}$$

On peut déterminer numériquement f en kg. par c^2.

Si $\dfrac{1}{\Delta} = \alpha'$, la pression P devient infinie; on peut ainsi déterminer la densité de chargement qui donnera le maximum d'effet. (Commandant Tournay.)

Le rapport $\dfrac{\pi \alpha'}{V_0} = u$, constant pour les gaz considérés, est égal à 0.001 ; il s'ensuit que α' est connu pour chaque explosif : $\alpha' = 0.001 \dfrac{V_0}{\pi}$.

La pression P peut donc être calculée pour chaque explosif, mais la réalise pas strictement celles de la pratique ; car les parois métalliques du mortier sont meilleures conductrices de la chaleur que les parois rocheuses du trou de mine, ce qui est de nature à abaisser la température de détonation et à rendre, par conséquent, l'expérience moins rigoureuse que ne le sont les conditions de la pratique.

Cependant les résultats des expériences à l'air libre ne présentent pas la même régularité, les décompositions sont souvent incomplètes pour certains explosifs, dont une partie peut être projetée et dispersée sans décomposition. L'expérimentation au moyen du mortier est, par suite, plus apte à établir des comparaisons entre divers explosifs et c'est seulement lorsque l'on est arrivé, dans cette expérience, à ne pas enflammer le mélange, qu'il peut être utile de la corroborer par l'épreuve, en général plus rigoureuse, de l'explosion à l'air libre.

Une troisième manière d'expérimenter consiste à photographier la lueur produite par l'explosion dans l'obscurité. Comme il fallait s'y attendre, les explosifs les plus sûrs montrent le moins de flammes au moment de l'amorçage.

43. Ces expériences ont démontré que la température de détonation n'était pas le seul criterium de la sécurité d'un explosif.

En effet, pour chaque explosif il existe une *charge-limite* à partir de laquelle le mélange détonant s'enflamme. Ceci d'ailleurs avait été bien reconnu, en France, lorsque l'administration fixa à 1900 et 1500° les températures de détonation propres à caractériser un explosif de sécurité. C'était en partie pour ne pas avoir à tenir compte de l'importance des charges

---

formule n'est applicable qu'aux pressions inférieures à 10.000 kg. par cent. carré. Elle n'a été vérifiée expérimentalement que jusqu'à 5.000 kg.

Les vérifications expérimentales de pression que l'on doit à **MM.** Berthelot, Sarrau et Vieille, pour quelques explosifs et différentes densités de chargement, donnent une concordance remarquable avec les résultats des calculs où la valeur de f est déduite des températures de détonation ci-dessus calculées. Ainsi se trouve établie indirectement la vérification de ces dernières.

qu'elle descendait en dessous du chiffre de 2200° fourni par l'expérience.

Les expériences faites en Allemagne ont eu pour but la détermination des charges-limites des explosifs de sécurité employés en Westphalie et ont fait conclure que les explosifs à fortes charges-limites ne sont pas toujours ceux dont la température de détonation est la plus basse et même que certains explosifs à charge-limite très élevée ont des températures de détonation très supérieures aux limites fixées par l'administration française.

Les expériences faites à Schalke, par M. Heise, ont démontré que les explosifs à fortes charges-limites sont en général les moins brisants.

La *brisance* des explosifs se mesure ordinairement par la méthode de Trauzl, consistant à les faire détonner au sein d'un bloc de plomb foré d'un trou où l'on introduit une certaine charge, soit 10 grammes d'explosif bourré de sable ; on amorce à l'étincelle électrique et l'on juge du degré de brisance par la capacité formée par refoulement du métal. Mais la brisance est en réalité proportionnelle à la vitesse avec laquelle l'explosif agit, soit à l'énergie potentielle qu'il contient.

L'énergie potentielle d'un kilogr. d'explosif peut être déduite de la quantité de chaleur transformée en travail, de la température absolue de détonation T à la température absolue extérieure *t*. Le travail exprimé en kilogrammètres est alors :

$$T_r = 425 . Q_v \frac{T-t}{T}.$$

Il est à remarquer toutefois que cette formule soulève, au point de vue de l'exactitude, les mêmes critiques que le calcul des températures de détonation.

Connaissant l'énergie potentielle d'un kg. d'explosif, on peut en déduire les poids d'explosif produisant un travail déterminé, par exemple de 2500 kilogrammètres. A brisance égale, ces poids d'explosif doivent produire des capacités égales dans l'expérience de Trauzl. On prendra donc comme mesure de la brisance, le nombre de centimètres cubes dont s'est agrandi le trou foré dans le plomb, pour des poids d'explosifs correspondant à une même énergie potentielle de 2500 kilogrammètres.

M. Heise a reconnu que les explosifs de plus grande sûreté ont une brisance dont la mesure ainsi faite est comprise entre 233 et 384 cent. cubes. D'après M. Heise, la brisance a une influence nuisible sur la sécurité; plus la brisance est grande, plus l'atmosphère ambiante est comprimée adiabatiquement au moment de l'explosion. Or, la compression adiabatique peut produire une température suffisante pour diminuer le retard à l'inflammation.

44. Les explosifs de sûreté sont obtenus, en introduisant dans le mélange des substances qui abaissent la température de détonation.

C'est ce que M. Muller avait tenté, dès 1873, en Belgique, en y introduisant des sels fortement hydratés, comptant sur la volatilisation de l'eau de cristallisation pour abaisser la température de détonation.

Ces explosifs portent en Belgique le nom de *grisoutites*.

La *grisoutite* Muller, fabriquée à Matagne, identique à la *Forcite antigrisouteuse* n° 2 de Baelen, est à base de sulfate de magnésie qui cristallise avec 7 molécules, soit 51 %, d'eau.

Elle a pour composition :

Nitroglycérine	44
Sulfate de magnésie	44
Cellulose	12
	100

Ce qui correspond approximativement :

à 10 mol.	nitroglycérine.
18	sulfate de magnésie.
8	cellulose.

C'est une dynamite à base de sulfate de magnésie et de cellulose, d'où le nom de *Wetterdynamit* qu'on lui donne en Allemagne.

D'après la Commission française du grisou, le sulfate de magnésie n'est pas déshydraté dans les explosions à l'air libre et la température de détonation est, dans ces conditions, de 2029°. En vase clos, où la température est mieux concentrée, il est toutefois possible que la déshydratation se produise; la température de détonation descend alors à 1295°. Ce serait, dans ces conditions, l'explosif de sûreté dont la température de détonation serait la plus basse. Sa puissance et sa brisance sont très faibles, ce qui ajoute à sa sécurité, mais diminue beaucoup son efficacité.

D'après les expériences faites en Westphalie sur des *Wetter-dynamites* à 32.7 °/₀ de sulfate de magnésie, ces composés ne méritent pas le nom d'explosifs de sûreté : une cartouche de 60 grammes produit l'explosion d'une atmosphère dangereuse. (Expériences de M. Winkhaus, à Consolidation).

En France, on a surtout préconisé les explosifs de sûreté à base de nitrate d'ammoniaque, auxquels on a donné le nom de *grisoutines* et de *grisounites*.

La dénomination de grisounites s'applique spécialement aux explosifs de sûreté Favier.

Rappelons que le nitrate ammonique, considéré comme explosif, a une température de détonation extrêmement basse : 1130°. En mélange avec d'autres explosifs, tels que dynamite-Guhr ou dynamite-gomme, ou avec des hydrocarbures nitrés, on obtient des explosifs dont la température de détonation s'abaisse proportionnellement au mélange de nitrate. Le mélange de 40 de nitrate ammonique et 60 de dynamite Guhr a précisément 2200° pour température limite de détonation ; en augmentant la teneur en nitrate ammonique, en même temps qu'on diminue la température de détonation, on diminue aussi l'aptitude à la détonation et la puissance de l'explosif. La diminution de l'aptitude à la détonation correspond à une augmentation de l'énergie des détonateurs nécessaires pour l'amorçage, et ces détonateurs peuvent être d'un maniement dangereux.

Voici la composition de quelques-uns des explosifs de sûreté, en regard de leur température de détonation :

1° *Grisoutines pour roches.*

Nitrate ammonique.	69.00
Nitroglycérine	30.00
Cellulose nitrée.	1.00

Température de détonation 1860°.

Nitrate ammonique.	70.00
Nitroglycérine	29.10
Coton azotique	0.90

Température de détonation 1840°.

2° *Grisoutines pour couches de charbon.*

       Nitrate ammonique . . . . 88.

       Dynamite gomme (dont 0.24 collodion). 12.

Température de détonation 1440°.

       Nitrate ammonique . . . . 87.

       Nitroglycérine . . . . 12.

       Cellulose nitrée. . . . . 1.

Température de détonation 1450°.

3° La *grisounite* (Favier français pour couches) contient :

       Nitrate ammonique. . . . . . . 95.5.

       Trinitronaphtaline . . . . 4.5.

Température de détonation 1486°.

On emploie en Belgique des explosifs de sûreté analogues

1° *Gélatine à l'ammoniaque :*

       Nitrate ammonique. . . . . . : 67.

       Dynamite gomme (30 nitroglycé-

       rine, 3 collodion) . . . . . 33.

Température de détonation 1939°.

2° *Antigrisou d'Arendonck* composé de :

       Nitrate ammonique . . . . 72.

       Nitroglycérine. . . . . 27.

       Coton-poudre . . . . 1.

Température de détonation 1800°.

3° *L'Antigrisou Favier n° 2.*

       Nitrate ammonique. . . . . . . 80.9.

       Binitronaphtaline . . . . 11.7.

       Chlorhydrate ammonique. . . . . 7.4.

La température de détonation, sans tenir compte de la décomposition du chlorhydrate qui, au moins dans l'explosion à l'air libre, doit être considéré comme une matière inerte, atteint 2040 degrés.

En vase clos, le chlorhydrate d'ammoniaque se décompose au moins partiellement et sa décomposition contribue à abaisser davantage la température de détonation. Mais il est difficile de dire dans quelle mesure, parce que le chlorhydrate ammonique peut donner lieu à des formules de décomposition variées.

4° La *Dahménite A* ou *victorite* :

> Nitrate ammonique. . . . . . . 91.30.
> Naphtaline. . . . . 6.50.
> Bichrômate de potasse. . . . . 2.20.

Température de détonation 2064°.

Elle se trouve dans le commerce en grains comprimés.

5° Les *densites* D et E (voir ci-dessus page 3) dont les températures de détonation sont 1590 et 1438°.

En Allemagne, la dahménite A est un des explosifs de sécurité les plus réputés.

On y emploie aussi la *roburite* I :

> Nitrate ammonique. . . . . . 87.5.
> Binitrobenzol. . . . . 7.0.
> Permanganate de potasse . . . 0.5.
> Sulfate ammonique. . . . . . 5.0.

La *westphalite* :

> Nitrate ammonique. . . . . . 91.
> Nitrate de potasse. . . . . 4.
> Résine . . . . 5.

Les explosifs à base de nitrate ammonique sont généralement en cartouches paraffinées ou cérésinées ; mais les expériences de Schalke ont démontré qu'à moins de températures de détonation très basses, ces enveloppes diminuaient la sécurité de l'explosif par suite de la volatilisation de la paraffine.

Pour remédier à l'inconvénient des enveloppes paraffinées, la Société de Cologne-Rottweiler enveloppe ses explosifs dans du papier d'étain.

On emploie également en Allemagne, comme explosif de sûreté, la *carbonite au charbon* dont nous avons donné ci-dessus la composition (p. 26). C'est même cet explosif qui, dans les expériences de Schalke, a résisté aux conditions les plus rigoureuses ; des charges de 6 à 700 gr. n'ont pu enflammer un mélange détonant à 8 % de grisou. On admet comme charge-limite 900 gr.

Température de détonation 1845°.

Brisance 206 c³ ; 10 gr. 82 produisent 2.500 kilogrammètres.

La dahménite A (victorite) en grains, a donné des résultats analogues : charge-limite 700 gr.

Température de détonation 2064°.

Brisance 254 c³ ; 7 gr. 33 produisent 2.500 kilogrammètres.

Les explosifs de sûreté employés en Westphalie se divisent en 70 % d'explosifs au nitrate ammonique et 30 % de carbonite. Cette dernière est meilleur marché que les explosifs au nitrate ammonique.

En Angleterre, les règlements déterminent les explosifs de sûreté qui peuvent être employés dans les mines grisouteuses et poussiéreuses. Ce sont en général les mêmes que sur le continent avec d'autres noms, tels qu'ammonite au lieu de grisoutine, poudre d'Ardeer (sorte de grisoutite), bellite (semblable à l'explosif Favier), carbonite, dahménite, etc. ; on tolère en Angleterre des explosifs qui ne seraient pas considérés chez nous comme étant de sûreté.

En Autriche, l'explosif de sûreté qui a le mieux résisté aux expériences est la *progressite* à 95 % de nitrate d'ammonique et 5 % de chlorure d'aniline. Température de détonation 1690°. Mais cet explosif a été trouvé inférieur aux explosifs allemands, dans les essais de Schalke.

45. ***Emploi des explosifs de sûreté.*** — Ces explosifs ne doivent être employés dans les mines à grisou que là où les règlements permettent de recourir aux explosifs brisants ; il ne faut jamais perdre de vue qu'ils ne présentent qu'une sécurité relative et ne peuvent être employés qu'en prenant toutes les précautions prescrites dans l'emploi des explosifs qui n'appartiennent pas à cette catégorie.

La suppression des explosifs dans les mines à grisou serait en tous cas un progrès plus radical que l'emploi des explosifs de sûreté et nous verrons que l'on a fait d'heureuses tentatives dans cette voie.

Voici la proportion d'explosifs employée en Belgique et en Westphalie, par 1.000 tonnes de houille extraite :

	En Belgique en 1899	En Westphalie en 1898
Poudre noire	21 kil.	6.5
Dynamite et autres explosifs brisants . .	14 »	44.1
Explosifs de sûreté.	8 »	28.5
	43 kil.	79.1

On voit qu'en Westphalie la poudre noire a presque disparu, mais qu'en revanche en Belgique la consommation totale d'explosifs est beaucoup moindre qu'en Westphalie.

La moyenne générale des charges est :

En Belgique (1899). . . . . . 251 gr.
En Westphalie (1898). . . . . 328 gr.

En Belgique, les charges sont plutôt modérées, ce qui est une présomption de sécurité.

46. ***Moyens proposés pour augmenter l'effet utile des explosifs.*** — On a souvent préconisé, pour augmenter la puissance d'un explosif, de laisser un vide au contact de la charge, au moyen d'un tasseau en bois évidé, placé au-dessus ou en-dessous de la charge. On raisonnait par analogie avec l'éclatement d'une arme à feu où il reste de l'air; mais l'analogie n'est pas complète, parce que la bourre d'une arme à feu est destinée à être projetée, contrairement à celle d'un trou de mine qui doit rester en place. Dans une arme à feu, l'air retarde la projection et la poudre s'enflamme plus complètement (Combes). Dans un trou de mine, l'évidement du tasseau diminue la densité du chargement et par conséquent la force de l'explosif.

On a proposé de réduire la capacité occupée par la poudre au moyen d'un demi-cylindre ou d'un noyau central en bois. Théoriquement l'effet est le même que si la poudre occupait la capacité entière, puisque l'effort total est égal, dans l'un et l'autre cas, à l'effort par unité de surface multiplié par la surface du plan diamétral. L'économie d'explosif que l'on pourrait ainsi réaliser, ne vaudrait pas la dépense du façonnage des noyaux.

Raisonnant de même, on pourrait chercher à augmenter la surface, en substituant un trou rectangulaire au trou cylindrique, les grands côtés du rectangle étant perpendiculaires au sens de l'effort à produire. La difficulté de creuser un trou rectangulaire ne permet pas de s'arrêter à cette idée, mais dans le cas de vastes chambres de mines, on peut y avoir égard pour déterminer la forme la plus avantageuse, selon la direction de l'effet à produire.

On a souvent préconisé avec plus de raison l'élargissement du fond du trou de mine pour augmenter la capacité occupée par l'explosif. Cela peut se faire au moyen des acides dans les roches carbonatées. On verse l'acide au fond du trou au moyen d'un entonnoir et, après saturation, on l'extrait au moyen d'une pompe (Procédé Courbebaisse). Ce procédé est très lent, mais peu coûteux comme main d'œuvre.

On peut employer dans le même but des outils élargisseurs.

47. ***Emmagasinage des explosifs.*** — Les magasins d'explosifs peuvent être installés à la surface ou souterrainement. A la surface, ces magasins sont généralement établis dans des endroits écartés, souvent assez éloignés de la mine, ce qui les expose aux vols et oblige à faire des transports d'explosifs qui ne sont pas sans danger. Lorsqu'on transporte ainsi de la dynamite en hiver, il peut en résulter la congélation des cartouches.

La surveillance des magasins d'explosifs est en tout cas difficile et doit être continue; les règlements belges exigent que la nuit ces magasins soient visités d'heure en heure par un gardien armé, dont les rondes sont contrôlées par le pointage d'un appareil enregistreur. Les dérogations ne sont obtenues que pour des magasins offrant toute garantie contre les vols. M. Gathoye a construit de ces magasins formés d'une cage en fer, entourée d'une maçonnerie d'une brique, plâtrée à l'intérieur; les barreaux de cette cage sont retenus par écrous dans une fondation en bois. L'effraction est ainsi rendue pour ainsi dire impossible. L'entrée du magasin est fermée par trois portes successives : la porte extérieure et l'intérieure sont en bois, la porte intermédiaire est formée d'un grillage en fer. Il faut six clefs différentes pour y pénétrer.

Les magasins souterrains présentent l'avantage d'être d'une surveillance plus facile que ceux de la surface. Leur température est constante et la dynamite ne peut y subir de congélation. On peut emmagasiner ainsi sans danger de petites quantités d'explosif, pour la consommation journalière.

Ces magasins s'établissent en des points de la mine suffisamment éloignés des chantiers, des portes d'aérage et des galeries où circule le personnel, et doivent être placés en dérivation sur une galerie unique avec deux portes à claire-voie, à 200 mètres au moins de toute porte d'aérage. Des expériences faites à Blanzy démontrent que, dans ces conditions, on peut y emmagasiner une centaine de kg. en plusieurs caisses de 20 kg. dans des loges en maçonnerie, avec portes en tôles d'au moins 20 millimètres d'épaisseur, à charnière horizontale supérieure, distantes l'une de l'autre de 4 mètres dans les terrains tendres et de 3 mètres dans les terrains durs. Ces loges sont pratiquées dans une seule paroi.

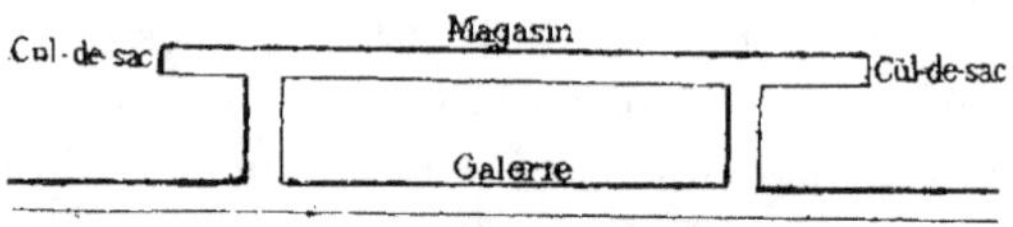

Fig. 15.

En Saxe, Autriche, Russie, Allemagne, France, on autorise des magasins partiels souterrains. Les quantités d'explosifs ainsi emmagasinées sont limitées à la consommation d'un jour en général, au plus de 2 à 3 jours et à un poids de 20 à 150 kg. au maximum.

En Belgique les magasins souterrains sont interdits dans les mines à grisou.

Les magasins souterrains présentent cependant de tels avantages, qu'on s'est préoccupé, en France, d'étudier les conditions dans lesquels pourraient être établis des magasins plus importants.

On a expérimenté avec succès à Blanzy des magasins fermés par un obturateur composé de feuilles de carton et de planches superposées, faisant bouchon dans un massif de béton, de manière à fermer toute issue aux gaz en cas d'explosion; mais c'est une solution coûteuse et d'une efficacité pratique douteuse.

Des expériences faites à Blanzy en 1897 sur des charges de 500 kil. de dynamite ont démontré d'autre part que l'on pouvait établir sans danger des magasins de dynamite à de faibles profondeurs sous le sol, à condition de supprimer dans ce sol tous matériaux pouvant jouer le rôle de projectiles.

Une Commission a déterminé les épaisseurs de remblai sous lesquels de tels magasins sont inoffensifs. Elle a conclu nettement au danger beaucoup moindre des magasins souterrains à faibles profondeurs, établis suivant les formules qu'elle indique (¹), par rapport aux magasins établis à la surface.

(¹) *Annales des mines*, 9ᵉ série, t. XIII, 1898.

III. — PERCEMENT DES TROUS DE MINE.

48. Les trous de mines sont percés par *percussion* ou par *rodage*.

PERFORATION DES TROUS DE MINE A LA MAIN.

49. **Perforation par percussion.** — Lorsque le creusement du trou de mine se fait à la main, on opère ordinairement par percussion. Les outils sont dans ce cas le *fleuret* ou *barre à mine* et le *marteau* ou *massette*. Le fleuret (fig. 16) est une barre de fer ou d'acier, cylindrique ou polygonale, dont une extrémité est constituée par un taillant; on amène

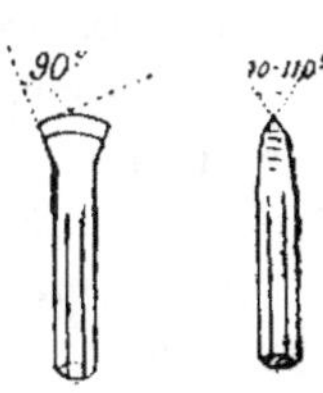

FIG. 16.

ce taillant à occuper successivement toutes les positions diamétrales de la section du trou à creuser, par un mouvement de rotation intermittent de l'outil. Le taillant pulvérise la roche, par chocs répétés du marteau sur l'autre extrémité du fleuret. Il reçoit une forme appropriée à ce travail; la plus ordinaire est celle d'un biseau simple ou double dont l'angle varie entre 70 et 110°.

Ce biseau est arqué et sa convexité est d'autant plus prononcée que la roche est plus dure. Sa largeur est un peu plus grande que celle du corps du fleuret, afin de faciliter l'évacuation des débris, de permettre une certaine usure et d'empêcher l'outil de se coincer dans le trou de mine. Le biseau se raccorde au corps du fleuret par des parois faisant avec le taillant un angle de 90° au minimum, afin que l'usure ne soit pas trop considérable.

Quelquefois la forme change. Ainsi l'on emploie des fleurets à pointe triangulaire surbaissée; pour les roches très dures, le fleuret peut être terminé en *bonnet de prêtre* (fig. 17), forme qui présente toutefois des difficultés de réparation à la forge.

Pour remédier aux déviations qui peuvent se produire, quand le tranchant du fleuret pénètre dans une fissure, on emploie quelquefois des fleurets à double tranchant

FIG. 17.

en croix (fig. 18), ou à triple tranchant en forme de Z (fig. 19),
qui ont pour effet d'aléser le trou et de le maintenir bien cylindrique.

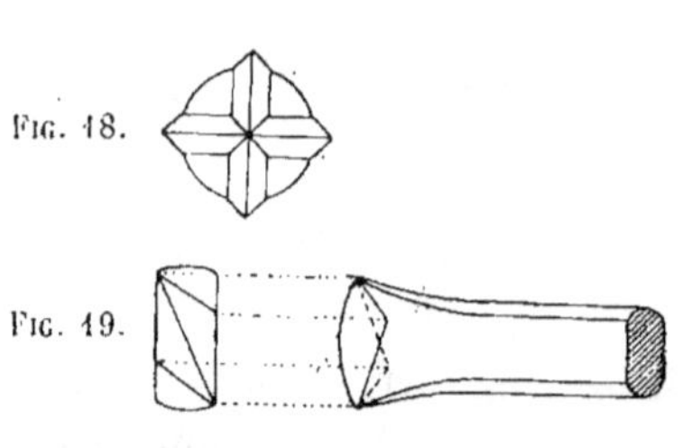

Fig. 18.

Fig. 19.

Il est à remarquer, en effet, que si le taillant du fleuret s'engage dans une fissure, le trou tend à prendre une section triangulaire, parce que le fleuret tourne non plus sur son axe, mais sur l'extrémité du taillant retenue dans la roche.

Ces dernières formes sont surtout usitées dans la perforation mécanique.

5o. **Matière des fleurets.** — La matière des fleurets doit être plus dure que la roche, sinon le fleuret s'use à la partie tranchante et se déforme à l'autre bout sous l'action du marteau. On les fait en fer ou en acier; aujourd'hui, ce dernier métal prévaut, sous forme d'acier Bessemer pour les roches moyennement dures, et d'acier fondu de Suède, Styrie ou Angleterre pour les roches dures.

Autrefois on se contentait, dans un but d'économie, d'aciérer l'extrémité tranchante du fleuret. Bien qu'il n'y ait plus de discussion possible aujourd'hui au sujet du choix de l'acier ou du fer, il est intéressant de rappeler des expériences qui ont été faites, il y a quelque 4o ans, sur l'économie produite par la substitution du premier au second de ces métaux.

L'économie est variable suivant la dureté des roches, comme le montre le tableau suivant :

	Economie par m. courant.	Economie par 24 h.
Grès	fr. 1.27	fr. 1.78.
Grès schisteux	0.14	0.95.
Schiste	0.06	0.6o.

On voit que, suivant la dureté des roches, l'économie varie comme 3 est à 1.5 et 1.

L'économie provient de causes multiples. Elle porte en premier lieu sur la main-d'œuvre : en employant une matière plus dure, le forage est plus rapide, l'effet utile plus grand, le changement d'outils moins fréquent et le travail d'affûtage moindre. En second lieu, elle porte sur l'usure de la matière. Comme l'acier a une élasticité plus grande que le fer, il y a moins de déformations permanentes et, partant, moins de travail perdu.

Un fleuret en acier de 30 mm. pèse 4 kg. par m. courant et vaut fr. o.80 par kg. dont fr. o.10 de main-d'œuvre.

51. **Diamètres des fleurets.** — Théoriquement, il y aurait avantage à réduire autant que possible le diamètre des trous de mine. Si d est le diamètre, h la hauteur de la charge et P l'effort par unité de surface, l'effort total est Pdh. Le volume de la cartouche étant $\dfrac{\pi d^2 h}{4}$, le rapport de l'effort au volume de la charge sera $\dfrac{4P}{\pi d}$, soit en raison inverse du diamètre. On ne peut toutefois descendre en dessous de 18 mm., sous peine de réduire la rigidité du fleuret. Le diamètre des fleurets est ordinairement compris entre 20 et 45 mm.

52. **Mode de travail.** — On distingue quatre modes de travail :

1° Le travail dit *à un homme* ou à *la petite batte*, où le même ouvrier tient le fleuret et le marteau. C'est le système suivi à Charleroi, dans le Centre, en partie à Liége et en Allemagne, et en général par les mineurs italiens. Après chaque coup frappé sur la tête du fleuret, l'homme fait tourner celui-ci d'une fraction (environ $^1/_8$) de circonférence.

2° Le travail à *deux hommes* ou à *la grosse batte,* dans lequel un ouvrier tient le fleuret et un second ouvrier manœuvre le marteau. C'était le mode généralement suivi autrefois à Liége et dans le Couchant de Mons. Ce travail est moins fatigant, mais aussi moins énergique que le précédent.

3° Quelquefois on fait le travail à *trois hommes.* Dans ce cas, l'un tient le fleuret et les deux autres frappent alternativement. Ce mode de travail n'est en général possible qu'à ciel ouvert. Il permet d'accélérer le percement.

Le travail à un homme est généralement plus économique que le travail à deux hommes. La force de l'ouvrier y est mieux utilisée.

D'après J. Havrez, le travail à un homme donnerait en moyenne 25 % d'économie sur le travail à deux hommes et dans les roches tendres, l'économie serait même plus grande [1]. Cependant, en employant un gamin pour tenir et tourner le fleuret, on peut arriver à réduire beaucoup le prix du travail à deux hommes ; mais cela ne peut se faire pour les trous profonds en roches dures, parce que, dans ce cas, il faut employer deux ouvriers égaux qui se relaient. Il faut, au surplus, remarquer que rien n'est plus difficile que des essais comparatifs, en tout ce qui concerne l'abatage des roches. Les questions d'habitudes locales et d'habileté professionnelle y jouent souvent un rôle prépondérant.

Les outils du travail à deux hommes peuvent être plus lourds que ceux du travail à un homme. Il faut, dans tous les cas, établir une proportion convenable entre le poids du marteau et celui du fleuret. Les marteaux pesants ont toujours un avantage au point de vue de l'effet à produire.

En Suède, où les mines sont en général dans des roches très dures, le rapport entre le poids des massettes et celui des fleurets est de 2 à 2.6, tandis qu'en Belgique il n'est que de 1.15 à 1.20.

Les massettes ont généralement une forme arquée qui se justifie en ce qu'elles décrivent une courbe ayant pour centre le coude de l'ouvrier, dans le travail à un homme, et son épaule, dans le travail à deux hommes. Dans ce dernier cas, la courbure sera moindre.

Voici quelques données numériques sur les poids des fleurets et des massettes employés dans différents pays pour le tir à la poudre noire :

Travail à un homme. — Belgique : fleurets de 20 à 25 mm., massettes de 2 à 4 kg., 60 à 80 coups par minute pour trous descendants, 50 à 60 coups pour trous montants.

Allemagne : fleurets de 18 à 24 mm., massettes de 2 à 3 kg.

Suède : fleurets de 24 à 27 mm., marteaux de 3 kg. 40.

Travail à deux hommes.—Belgique : fleurets de 30 à 45 mm., marteaux de 3.50 à 8 kg., 50 à 65 coups par minute pour trous descendants, 40 à 50 coups pour trous montants.

---

[1] *Revue universelle des mines*, 1re série, t. XXXIX.

Allemagne : fleurets de 3o à 4o mm., marteaux de 3.5o à 4.5o kg.

Les marteaux employées en Suède dans le travail à deux hommes pèsent 6 kg. à 6 kg. 8o.

L'effet utile, dans le battage des trous de mine, est en général très faible. Il y a en effet de nombreuses causes de pertes. Telles sont le retour du marteau, pendant lequel il n'y a pas de travail utile, les pertes dues à l'échauffement, à la déformation des outils, aux frottements, etc. On a évalué cet effet utile de 12 à 25 °/₀ au maximum, en supposant un travailleur très habile.

L'effet utile est maximum pour un trou dirigé de haut en bas, parce que le poids du marteau agit favorablement. Il diminue rapidement, quand l'inclinaison passe de la verticale de haut en bas à la verticale de bas en haut.

4° Pour certains trous verticaux, notamment dans les carrières, on peut battre *sans marteau* et faire agir le fleuret par son propre poids. On supprime ainsi les pertes de travail dues au choc du marteau. On emploie pour cela des fleurets de 3o à 4o mm. pesant de 5 à 2o kg. On leur donne plus spécialement le nom de *barre à mine*. Ils sont souvent munis d'un tranchant à chaque extrémité.

Cette manière de battre s'emploie quelquefois aussi pour forer des trous horizontaux ou obliques (de bas en haut) dans des roches tendres, par exemple en Silésie, dans les couches de houille puissantes, en Italie, dans les mines de soufre. Il faut pour cela des ouvriers possédant une habileté professionnelle spéciale et de l'espace pour se mouvoir ; aussi ce travail n'est-il possible que dans de grandes excavations.

53. Pour forer un trou de mine, on emploie successivement plusieurs outils de longueurs différentes ; on commence par un fleuret de o^m.5o à o^m.6o, pour finir par l'outil correspondant à la longueur maximum du trou. Les dimensions du tranchant de ces fleurets vont en diminuant pour tenir compte de l'usure.

La longueur définitive du trou dépend de la surface libre de la roche. Dans les galeries de faible section, les roches sont engagées de toutes parts et les trous profonds ont une tendance à *faire canon*, à *débourrer*, c'est-à-dire à projeter la bourre au lieu d'agir sur les parois. On est donc limité à une profondeur de 0^m.6o à 1^m. Quand la surface est mieux dégagée, comme par exemple dans un puits, on peut dépasser cette profondeur. Dans les carrières, on va communément à 1^m.5o ou 2 m. A Quenast, on procède même par trous verticaux de 6 à 7 m. et horizontaux de 3^m.3o, forés mécaniquement.

54. Perforation par rodage. — Lorsque les roches sont relativement tendres, on peut creuser les trous de mine par rodage. L'outil est dans ce cas une tarière demi cylindrique ou une *mèche* hélicoïdale placée à l'extrémité d'un vilebrequin. Ce travail n'est guère employé sans l'intermédiaire de perforatrices.

55. Perforatrices à bras. — Dans le but d'augmenter l'effet utile de l'ouvrier et surtout d'accélérer le travail de percement des trous de mine, on a cherché à mettre entre ses mains certains mécanismes propres à atteindre ce but. Ces mécanismes constituent les *perforatrices* dites *à bras* qui opèrent généralement par rodage et plus rarement par percussion.

Elles doivent remplir les conditions générales suivantes :

1° Reproduire le travail de l'outil à main : c'est-à-dire si l'on opère par percussion, recevoir un mouvement de va et vient rapide avec rotation, et si l'on opère par rodage, un mouvement de rotation avec pression supérieure à celle que l'homme peut exercer sur un vilebrequin ;

2° Recevoir un mouvement de progression au fur et à mesure de l'approfondissement du trou, afin que le fleuret ne frappe pas à vide ou que la tarière soit toujours maintenue au contact du du fond du trou ;

3° Faciliter l'expulsion des débris ;

4° Permettre le remplacement rapide des outils.

56. Perforatrices à bras par percussion.—La première perforatrice de ce genre qui ait vu le jour, était à percussion. Elle était due à deux liégeois, MM. Cassart et Lepourcq, et a fonctionné en 1859 dans le percement du tunnel du charbonnage du Hasard.

Le croquis fig. 2o représente schématiquement cette perforatrice qui n'a plus toutefois qu'un intérêt historique. Le fleuret se trouvait sur le prolongement de la tige d'un piston, pouvant se mouvoir dans un cylindre hermétiquement fermé à l'arrière.

Au moyen d'un arbre à manivelles actionnant par poulies et courroies un arbre antérieur, deux cames fixées sur ce dernier agissaient successivement sur un plateau pour comprimer de l'air en arrière du piston. L'air ainsi comprimé faisait ressort et projetait le fleuret contre la roche. Le mouvement de rotation du fleuret était obtenu par un excentrique commandant par cliquet et rochet un pignon et une roue d'engrenage.

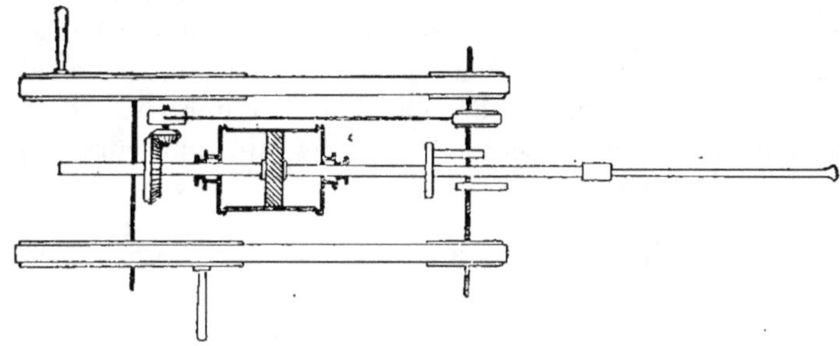

Fig. 20.

La progression était due à ce que l'appareil monté sur un chariot se poussait en avant au fur et à mesure du creusement.

Il est intéressant de constater que les seules perforatrices à percussion mues à bras d'hommes qui aient eu un certain succès, sont encore fondées sur le même principe. Dans les unes, on a même conservé le ressort d'air comprimé de Cassart et Lepourcq (perforatrice Jordan-Burton 1878); dans les autres, on lui a substitué un ressort en acier (perforatrice Faber 1880).

57. ***Perforatrices à bras par rodage.*** — La perforation à bras se fait généralement aujourd'hui au moyen de perforatrices par rodage dont un assez grand nombre de types sont d'un usage courant dans nos bassins houillers. L'outil est ici une mêche hélicoïdale ou *foret*, terminée par une pointe (en langue de serpent), simple dans les roches tendres et double dans les roches d'une certaine dureté. Ce foret est formé d'une barre d'acier tordue. La section de la barre primitive a la forme d'un losange ou d'une lentille; pour les roches tendres, telles que la houille, une barre plate tordue peut suffire. C'est l'emploi

de l'acier qui a fait la vogue actuelle de ces perforatrices, en permettant l'attaque par rodage de roches d'une dureté relative.

Le foret pénètre dans la roche en vertu d'un mouvement de rotation et de la pression à laquelle il est soumis. Il est fixé, par l'intermédiaire d'un manchon d'accouplement, à une vis mobile dans un écrou; ce dernier est muni de tourillons par lesquels il s'appuie sur un affût extensible, calé entre deux parois opposées de l'excavation. La pression de l'outil sur la roche lui est communiquée par la flexion de l'affût qui doit présenter une rigidité convenable. L'extensibilité de l'affût est obtenue par sa division en deux pièces coulissant l'une sur l'autre et pouvant être réunies dans une position quelconque. Le calage contre une des parois s'achève au moyen d'une vis. La perforatrice peut se fixer sur cet affût à différentes hauteurs et sous différentes inclinaisons.

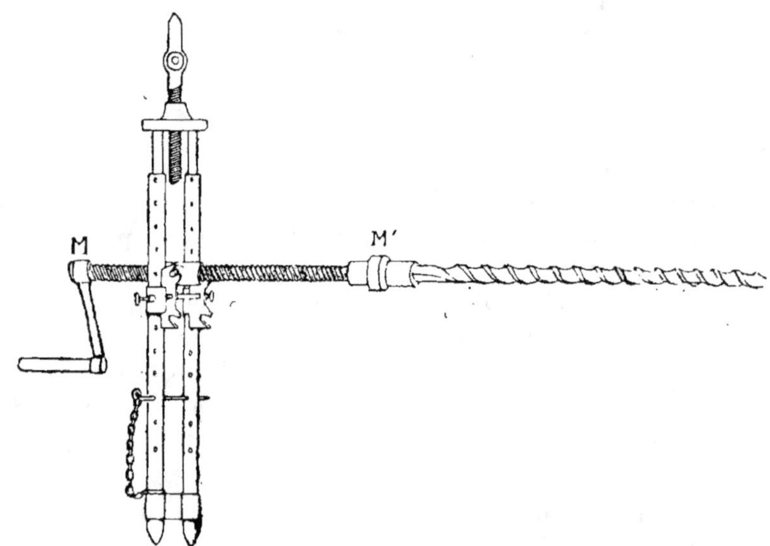

Fig. 21.

58. Dans un premier groupe d'appareils, l'écrou est fixe et la vis avance par conséquent, pour chaque tour, d'une longueur égale à son pas (fig. 21). L'avancement est donc constant ou à peu près, car la flèche que peut prendre l'affût sans se décaler,

dépendant de son élasticité, est forcément très limitée. Il en résulte que ce dispositif très simple ne peut s'appliquer que pour perforer des roches homogènes dont la résistance est sensiblement constante.

A cette première catégorie appartiennent de nombreuses perforatrices, employées en Angleterre pour forer dans le charbon, les unes sur affût (fig. 21), les autres, telles que la perforatrice dite *Ratchett*, sans affût (fig. 22) ; cet appareil se cale simplement de l'arrière contre un boisage. Tandis que les premières peuvent être mues au moyen d'une manivelle ordinaire placée à l'arrière, on fait usage pour la Ratchett d'une manivelle à rochet (*ratchett* ou *racagnac*), comprenant un rochet actionné par un levier dans un sens, tandis qu'en sens inverse le cliquet *c* fixé au levier glisse sur ses dents. Ce dispositif s'emploie également d'ailleurs avec les perforatrices sur affût, parce que son maniement demande moins d'espace que celui de la manivelle. Il peut s'appliquer soit à l'arrière, soit à l'avant de la perforatrice, quelquefois à l'arrière et à l'avant pour faire travailler deux ouvriers simultanément.

59. Lorsque la roche n'est pas homogène, ce système n'est pas admissible, parce que l'avancement doit être variable avec la dureté de la roche que l'on entame.

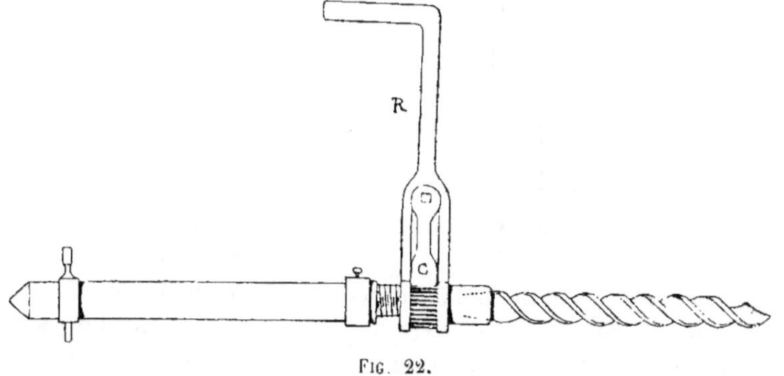

Fig. 22.

La première solution de ce problème a été donnée par la *perforatrice Lisbet* (fig. 23) que son auteur, ancien ingénieur des mines de Liévin, introduisit vers 1859 dans les mines du Pas-de-Calais.

Dans cette perforatrice la vis est creuse. A l'intérieur de cette vis, passe une barre cylindrique qui porte le foret hélicoïdal.

Le racagnac est chaussé sur le bout carré de cette barre et porte un ergot pouvant embrayer avec la vis. Il en résulte que si l'on embraie, le foret devient solidaire de la vis et progresse, à chaque tour, d'une longueur égale au pas de celle-ci. Lorsque la résistance devient trop grande, on désembraie et l'on fait tourner le foret seul. Ce dernier devenu indépendant de la vis est pressé contre la roche par la réaction de l'affût.

Lorsque la résistance est vaincue, on peut embrayer de nouveau.

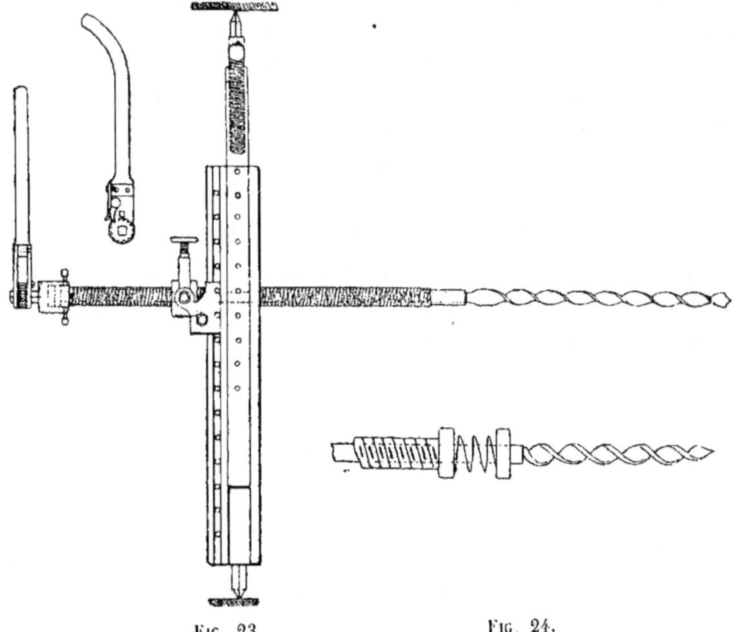

FIG. 23.　　　　　FIG. 24.

Le travail de cette perforatrice est donc variable et intermittent, c'est-à-dire composé de périodes pendant lesquelles l'ouvrier, par de pénibles efforts, met l'affût en tension et de périodes pendant lesquelles cette tension va progressivement en diminuant, au fur et à mesure de l'approfondissement du trou; l'effort que doit développer l'ouvrier, est donc des plus irréguliers, ce qui nuit notablement à l'effet utile. C'est là une des principales causes de l'abandon de cet appareil.

En Allemagne, on a modifié la Lisbet en reliant la barre porte-foret à la vis par un ressort à boudin qui se comprime, quand la résistance augmente, ce qui produit automatiquement le débrayage (fig. 24). C'est aussi le principe de la perforatrice *Cantin* souvent employée en France.

60. Dans les perforatrices récentes, l'avancement est *différentiel*, c'est-à-dire qu'il peut être gradué suivant la résistance de la roche, de façon à régulariser l'effort de l'ouvrier, jusqu'à le rendre pour ainsi dire uniforme.

On établit entre l'outil et la vis ou l'écrou une solidarité relative qui permet un avancement variable suivant la dureté des roches, c'est-à-dire tel que pour un tour, le foret avance d'une fraction plus ou moins grande du pas de vis.

61. **Perforatrice L. Thomas.** — La perforatrice Thomas dérive de la Lisbet. Elle présente, comme cette dernière, la disposition de la vis creuse avec barre intérieure (fig. 25).

La barre intérieure est rendue solidaire de la vis, au moyen d'une bague à charnière *B* munie de deux ergots pénétrant dans deux ancoches.

Cette bague peut être plus ou moins serrée sur la barre intérieure. Quand le serrage est complet, la barre est rendue, par l'intermédiaire des ergots, entièrement solidaire de la vis qui avance de son pas à chaque tour.

Quand le serrage est incomplet, il y a glissement et entraînement partiel de la vis qui n'avance plus que d'une fraction de pas pour chaque tour. En desserrant complètement, la barre tourne sur place sans la vis.

On peut donc, en serrant plus ou moins, proportionner l'avancement de l'outil à la dureté de la roche, tout en maintenant constant l'effort de l'ouvrier.

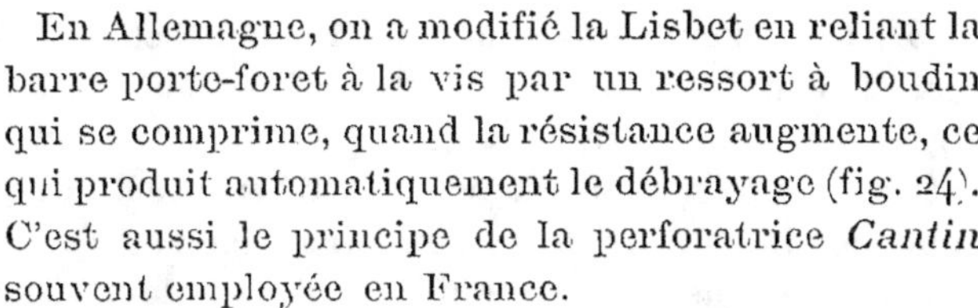

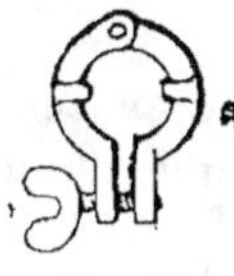

Fig. 25.

62. Dans d'autres systèmes, la vis est à section pleine; mais son écrou peut être plus ou moins immobilisé par le serrage d'un frein, de manière à obtenir un avancement constant, lorsque l'écrou est fixe, et un avancement différentiel, lorsque l'écrou est plus ou moins libre de se mouvoir en même temps que la vis.

Dans le cas d'une mobilité absolue de l'écrou, ce dernier tourne sur place avec la même vitesse que la vis et l'avancement est nul.

63. *Perforatrice Elliott.* — Dans la perforatrice Elliott (fig. 26), l'écrou est remplacé par une roue à denture hélicoïdale en bronze R, sur les colliers de laquelle on peut exercer une pression variable au moyen d'un frein à mâchoires M. Quand cette roue est immobilisée, la vis avance de son pas à chaque

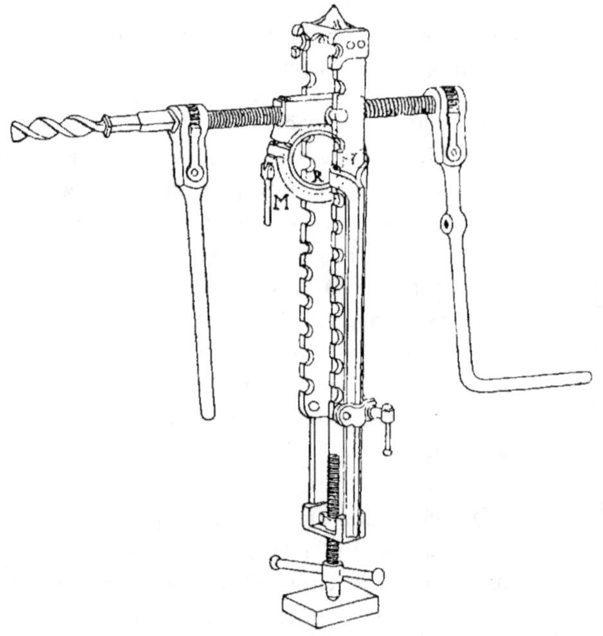

FIG. 26.

tour; quand le serrage est incomplet, la roue tourne en sens inverse de l'avancement de la vis, qui n'est plus que d'une fraction de pas par tour.

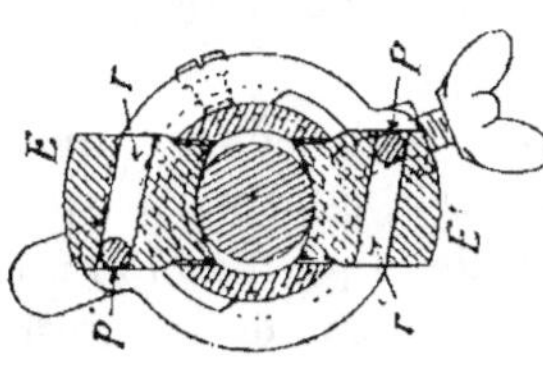

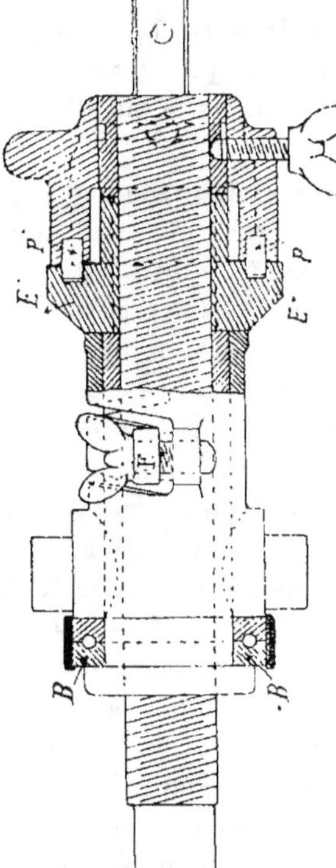

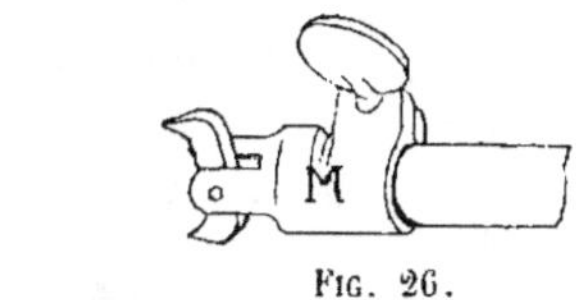

L'usure est dans ce cas assez grande, parce que la pression s'exerce toute entière sur quelques dents de la roue hélicoïdale et que la vis en mouvement frotte constamment sur les dents de cette roue, quelque soit d'ailleurs l'avancement. La roue hélicoïdale est de plus une pièce coûteuse, ce qui rend peu économique l'entretien de cette perforatrice.

64. On a adopté des dispositions analogues dans la perforatrice *Ratchett* qui s'appuie, dans ce cas, sur un boisage par l'intermédiaire d'un manchon à serrage *M* maintenant l'écrou plus ou moins fixe (fig. 26).

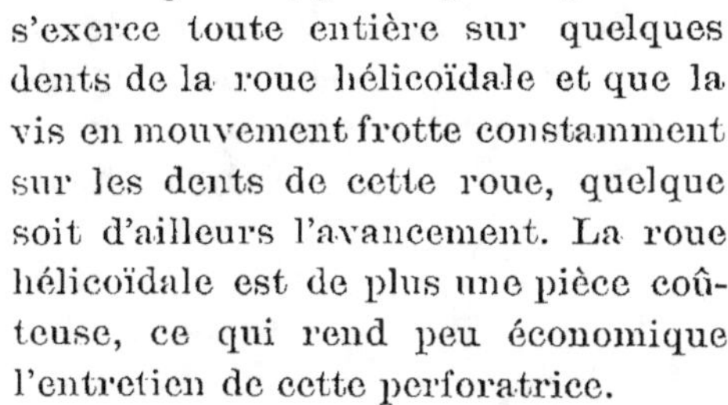

FIG. 26.

65. **Perforatrice Simplex.**—Dans la perforatrice dite *Simplex* (fig. 27), le même effet est obtenu par un frein extérieur *F* à bande flexible qui serre plus ou moins une douille solidaire de l'écrou.

L'écrou est en deux pièces *EE'* que l'on serre sur la vis au moyen de deux pitons qui se meuvent dans les rainures excentriques *pp'*. On soulève les deux pièces de cet écrou par un simple mouvement de rotation qui permet de retirer la vis sans perte de temps, qaund elle a progressé de toute sa longueur. En *B* se trouve une boîte à billes.

Cette dernière perforatrice est remarquable par le très petit nombre de pièces qu'elle présente et qui sont toutes en acier ou en fonte malléable.

66. Le poids des perforatrices à bras à rodage, affût compris, ne dépasse pas 5o à 6o kg., de manière qu'elles soient d'un transport et d'un maniement faciles.

Ces perforatrices ne conviennent pas aux roches dures ; mais en terrain houiller moyen, elles permettent de doubler la vitesse de la perforation à la main. Il n'en est pas de même de la vitesse d'avancement d'une galerie, à cause du temps perdu dans l'installation de l'affût et les changements d'outils, malgré les dispositions très ingénieuses que présentent certains de ces appareils dans le but d'accélérer ces opérations.

L'affût de la perforatrice Thomas est caractéristique à cet égard (fig. 28). Les parties coulissantes sont réunies par des pitons à ressort pp et le chariot portant l'écrou est fixé de même à la hauteur voulue par un double piton à ressort (fig. 29).

Pour le changement rapide d'outils, on peut aussi faire usage d'une vis dite *réversible*; les deux extrémités de cette vis sont terminées par des carrés sur lesquels on chausse alternativement la manivelle M ou le manchon d'accouplement M' du foret (fig. 21) ; quand la vis a entièrement pénétré dans l'écrou, on la retourne bout pour bout avec son écrou, ce qui permet de continuer le trou avec un foret de longueur double.

Dans le système Thomas l'écrou est formé de deux pièces $P\,P'$, comme dans la Simplex (fig. 3o) ; en soulevant l'une d'elles au moyen d'une manivelle excentrique M, on peut retirer la vis sans perte de temps.

67. M. L. Thomas a eu l'idée d'une grande simplification dans ce genre de perforatrices, consistant à remplacer la vis par le foret hélicoïdal lui-même, tournant

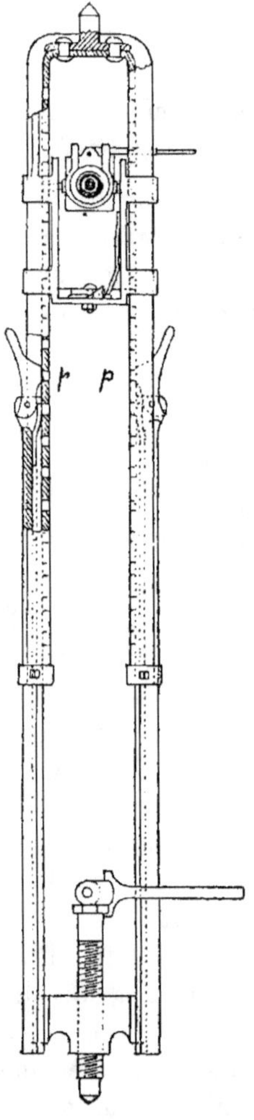

Fic. 28.

Fic. 29.

dans un écrou qui épouse exactement la forme de ses spires. Cet écrou est maintenu plus ou moins fixe par un frein, conformément au principe de l'avancement différentiel exposé ci-dessus. En prenant un foret de longueur suffisante, on pourrait supprimer ainsi tout changement de fleuret.

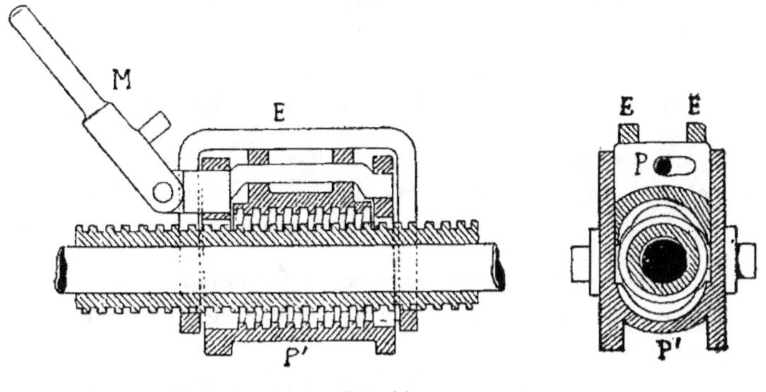

Fig. 30.

Cette disposition permettrait une sensible réduction de prix par suite de la suppression de la vis. Malheureusement, il est difficile de régler convenablement le pas du foret hélicoïdal qui est généralement trop grand.

Les perforatrices Ratchett, Thomas, Elliott et Simplex sont très employées en Belgique pour le creusement des galeries et pour le bosseyement avec ou sans explosifs.

PERFORATION MÉCANIQUE.

68. Avant d'aborder l'étude de la perforation mécanique, nous croyons nécessaire de comparer entre elles les forces motrices et les moyens de transmission applicables à divers travaux dans les mines. Ces moteurs sont *animés* ou *inanimés*.

69. Les premiers sont l'*homme* et les *animaux*. Ces moteurs ont des forces absolument limitées. Nous venons précisément de voir une application de la force motrice de l'homme aux perforatrices.

D'après Callon, l'homme peut développer. dans la mine, en

8 heures, un travail de 140.000 kilogrammètres et le cheval un travail de 1.000.000 de kilogrammètres. Leur emploi peut être avantageux, lorsque l'on recule devant des installations mécaniques; c'est ce qui a fait la vogue des perforatrices à bras, bien que leur travail soit plus coûteux et moins rapide que celui des perforatrices mécaniques proprement dites. Il faut toutefois remarquer que l'homme et les animaux sont des moteurs, dont les dimensions peuvent devenir gênantes, eu égard à leur puissance, dans des galeries de section restreinte.

70. Les moteurs inanimés sont hydrauliques ou thermiques; leur choix dépendra des circonstances locales. Nous examinerons d'abord leur application directe dans les mines.

71. ***Moteurs hydrauliques.*** — Dans certaines mines profondes, on dispose d'une *force hydraulique naturelle* résultant de la profondeur même.

La pression statique disponible au pied d'une conduite d'eau verticale de hauteur H et de diamètre d est égale au poids de cette colonne d'eau, diminuée de la perte de charge et de l'augmentation de contrepression atmosphérique. Si v est la vitesse de l'eau dans la conduite, la pression disponible par unité de surface est donc :

$$P = H.\ 1000^{\,k} - \frac{C}{d}\ Hv^2\ 1000^{\,k} - H.\ 1^{\,k}25.$$

C est le coefficient de perte de charge égal, d'après Darcy, à

$$0.001014 + \frac{0.00002588}{d}.$$

$1^{\,k}25$ est le poids moyen du m³ d'air.

En faisant $v = 1^m$, $d = 0^m20$, on aura, pour $H = 100^m$, $P = 99644$ kg.

On voit que le déchet est peu considérable.

L'eau peut donc fournir, au fond des mines, des forces directement utilisables dans bien des cas avec économie.

Mais l'emploi des forces hydrauliques souterraines présente un inconvénient grave, c'est qu'il faut extraire de la mine l'eau qui a travaillé.

Cette difficulté est aisément résolue, s'il se trouve une galerie d'écoulement à la profondeur où la force est utilisée. Sinon l'on est obligé d'épuiser. Ce dernier cas n'est pas toujours un obstacle. On possède, en effet, des machines d'épuisement dont le travail est relativement peu coûteux et il suffit souvent d'augmenter, dans une faible mesure, la durée du travail d'une pompe existante, pour extraire l'eau motrice, en même temps que la venue d'eau ordinaire de la mine.

Les récepteurs de la force hydraulique sont des *roues*, des *turbines*, des *roues Pelton*, des *machines à colonne d'eau*.

C'est ce dernier récepteur qui se prête le mieux, en général, aux applications minières, à condition de ne pas rechercher de grandes vitesses. Si l'on devait recourir à celles-ci, il faudrait employer les turbines ou les roues Pelton, comme on le fait souvent aujourd'hui pour transformer les forces hydrauliques en électricité.

Les turbines ne présentent pas, en général, le caractère de simplicité de la machine à colonne d'eau, qui fonctionne avec un minimum de surveillance et d'entretien.

Il est des exemples de machines à colonnes d'eau placées dans des mines, qui fonctionnent, pour ainsi dire, sans surveillance et sans autre entretien qu'un graissage, peu fréquent d'ailleurs, des organes mobiles.

Le Harz présente des exemples classiques de l'emploi des forces hydrauliques naturelles dans l'intérieur des mines. Autrefois on y voyait à différents niveaux des roues hydrauliques alimentées par des réservoirs situés à la surface ; les eaux de décharge s'écoulaient par des galeries d'écoulement successivement percées à différents niveaux.

La plus profonde est la galerie *Ernest-Auguste* de 33 kil. 688 de longueur qui aboutit près de Gittelde, dans la plaine. Les puits verticaux creusés près de Clausthal rencontrent cette galerie à environ 360 m. de profondeur. On dispose donc, à ce niveau, d'une pression d'environ 36 atmosphères qui a été utilisée directement, pour le service de ces puits, au moyen de plusieurs machines à colonne d'eau de grandes dimensions. Au puits *Kœnigin Marie*, une machine de ce genre épuise les eaux à 600 m. de profondeur et les refoule, avec les eaux motrices, sur la galerie d'écoulement. Au puits *Kaiser*

Wilhelm II, des machines à colonne d'eau, situées au niveau d'écoulement, actionnent une machine d'extraction, une fahrkunst pour la translation des ouvriers, un compresseur d'air et les dynamos servant à l'éclairage électrique et au transport de la force à l'intérieur de la mine ; une roue Pelton actionne de plus un transport électrique.

Il faut distinguer de ce cas celui où la force hydraulique est créée *artificiellement*, par l'intermédiaire de pompes et d'accumulateurs. L'eau devient alors elle-même, à proprement parler, un moyen de transmission de la force employée à actionner les pompes de compression. Nous y reviendrons en traitant des moyens de transmission.

72. **Moteurs thermiques**. — A part quelques applications des moteurs à benzine et à pétrole, la *vapeur* est le seul moteur thermique employé dans les mines.

On peut imaginer les trois dispositions suivantes :

1º Les chaudières et la machine sont installées dans la mine ;

2º Les chaudières sont à la surface et la machine dans la mine ;

3º Les chaudières et la machine sont à la surface.

73. Nous comparerons les avantages et les inconvénients de ces trois dispositions.

1º Pour installer *les chaudières et la machine dans la mine*, il faut pouvoir y créer une vaste excavation. Il faut donc de très bons terrains. C'est grâce à la résistance du toit de certaines couches que cette disposition se rencontre quelquefois en Angleterre. Dans les mines à grisou, elle ne saurait être tolérée, à cause du danger qu'y ferait naître la présence d'un foyer.

Indépendamment de ce danger, un foyer a l'inconvénient d'échauffer l'air de la mine, à moins de se trouver au pied du puits de sortie de l'air, qui reçoit, dans ce cas, les fumées du foyer et la décharge de la machine supposée sans condensation.

Un foyer peut être une cause d'incendie. Il devra donc être parfaitement isolé de toute matière combustible et notamment de toute couche de charbon.

Un obstacle à l'établissement de chaudières dans la mine peut provenir de l'absence de bonnes eaux d'alimentation.

Il faut ajouter que la surveillance des appareils de sûreté, ainsi que l'entretien et les réparations des chaudières sont plus difficiles au fond qu'à la surface.

Ces inconvénients sont tels qu'à part quelques exemples Mariemont), cette disposition est très rarement appliquée sur le continent.

2° Quand *les chaudières sont à la surface et la machine dans le fond*, la vapeur est amenée à la machine par une conduite qui descend le long du puits.

Cette disposition nécessite au fond, la création d'une chambre de machines de dimensions plus restreintes à vrai dire que la précédente, mais le soutènement de cette chambre peut néanmoins présenter de grandes difficultés, en raison des dislocations que les terrains éprouvent, par suite de l'exploitation elle-même et du délitement entretenu par la chaleur humide.

Un de ses inconvénients résulte de l'emploi d'une longue conduite de vapeur. qui est toujours une source d'encombrement et d'échauffement. La partie de la conduite qui est dans le puits, se trouve dans de mauvaises conditions, surtout si le puits est humide, et l'on ne peut remédier à la condensation que par l'emploi d'enveloppes calorifuges, peu efficaces en général, et de plus coûteuses et difficiles à entretenir.

La perte par condensation est très variable suivant l'état de sécheresse du puits ; elle varie de 15 à 20 °/₀ du poids de vapeur circulant dans la conduite. Dans un puits humide, on peut compter sur une perte de 1 kg. 15 de vapeur par mètre carré de surface et par heure. La perte par condensation augmente rapidement d'ailleurs en cas d'arrêt de la machine, si l'on se trouve dans la nécessité de maintenir les tuyaux sous pression. On aura toujours soin d'établir au bas de la colonne un réservoir sécheur avec purgeur automatique, afin d'éviter l'introduction de l'eau de condensation dans les cylindres.

La perte de charge est également à considérer, bien qu'au pied d'une longue conduite verticale, il y ait certaine compensation du chef de l'augmentation de pression due au poids de la vapeur contenue dans la conduite. Abstraction faite de cette circonstance, il ne faut pas oublier que la perte de charge augmente comme le carré de la vitesse de la vapeur qui circule dans la conduite, tandis que la perte par condensation diminue, avec le diamètre de celle-ci. Il peut donc s'établir également entre ces deux termes une compensation et il conviendra d'adopter, pour la conduite, un diamètre qui rende la perte totale minimum. En faisant usage de vapeur à haute pression et d'une conduite de faible diamètre, on peut réduire la perte totale à 12 ou 13 %. C'est un point qu'il convient de ne pas perdre de vue dans les installations nouvelles [1].

La pose des conduites de vapeur verticales doit être l'objet de soins spéciaux. Pour permettre leur libre dilatation, il est nécessaire de les munir de coudes en cuivre ou de boîtes à bourrage. Elles ont toujours l'inconvénient d'échauffer l'air des puits et des galeries où elles sont situées, et par conséquent de détériorer les boisages et même les maçonneries.

L'échauffement des chambres de machines, souvent difficiles à aérer, est un des plus graves inconvénients des machines à vapeur souterraines. On ne peut y remédier qu'en donnant à ces chambres de grandes dimensions, notamment en hauteur, ce qui est souvent difficile. On les place, autant que possible, près du puits de sortie d'air, afin de pouvoir y lancer la vapeur de décharge. Rien ne s'oppose d'ailleurs, à ce que l'on emploie une machine à condensation, si l'on dispose de quantités d'eau suffisantes à assez basse température. Nous verrons, en ce qui concerne les machines d'épuisement souterraines, qu'il y a une profondeur limite à partir de laquelle la température des eaux est trop élevée, pour que la quantité d'eau à épuiser soit suffisante pour condenser la vapeur.

Les machines à vapeur se trouvent toujours dans des conditions moins favorables et consomment plus de vapeur dans la mine qu'à la surface. Cette disposition est néanmoins fréquemment appliquée à cause de sa simplicité. Elle est notamment très courante pour les machines d'épuisement, mais il y a aujourd'hui une tendance à lui préférer l'emploi des transmissions hydrauliques et électriques qui ont le grand avantage de ne pas échauffer l'air de la mine.

---

[1] Voir les expériences de M. Gutermuth, *Revue universelle des mines*, 3e série, t. XV.—Voir aussi les expériences faites à Anzin, *Annales des mines*, 9e série, t. II.

3° Quand *les chaudières et la machine sont à la surface*, la force motrice est transportée à l'intérieur de la mine par une transmission. Les avantages et les inconvénients du système dépendent donc du choix de cette dernière.

74. *Transmissions de force applicables dans les mines*. — Abstraction faite des transmissions propres aux machines d'extraction, telles que les câbles, et à certaines machines d'épuisement, telles que les maîtresses-tiges, les moyens de transmission applicables dans les mines sont les *cables télédynamiques*, *l'eau sous pression*, *l'air comprimé* et *l'électricité*.

75. Les *cables télédynamiques* se prêtent moins bien aux transmissions suivant la verticale que suivant une ligne horizontale ou oblique, à cause de la difficulté de maintenir la tension et l'adhérence. On peut cependant les employer pour transmettre la force au pied d'un puits peu profond. Il existe des exemples de ce mode de transmission, en Angleterre, pour des transports mécaniques. La principale raison de son peu d'emploi est qu'il se prête difficilement à la division de la force motrice qui est le desideratum de la plupart des transmissions à l'intérieur des mines.

76. L'*eau sous pression*, considérée comme moyen de transmission, diffère de la force hydraulique directe, en ce que la pression est créée artificiellement à la surface au moyen de compresseurs d'eau, c'est-à-dire de pompes, qui foulent l'eau sous un accumulateur. On peut de cette manière choisir le moteur le plus économique dans les circonstances où l'on se trouve : force hydraulique, si l'on est en pays de montagnes, ou moteur à vapeur très économique. L'eau sous pression est envoyée à distance pour actionner un récepteur hydraulique, telle qu'une machine à colonne d'eau; si une partie de la conduite est verticale, la pression augmente de la valeur du poids statique de cette colonne.

On peut d'ailleurs abandonner le gain de force motrice dû à la descente verticale et faire remonter à la surface l'eau motrice, ce qui permet de purifier cette dernière et même de la graisser, par un mélange de vaseline, et par suite de réduire le coefficient de frottement. Ce dernier système est fréquemment appliqué aujourd'hui pour les machines d'épuisement souterraines.

On peut utiliser ainsi des pressions considérables (200 à 300 atm.) dont l'avantage est de réduire les volumes d'eau motrice et de diminuer les pertes de charge, puisqu'on réduit la vitesse, tout en employant des conduites de faible diamètre. Les hautes pressions se prêtent spécialement à l'emploi d'appareils peu volumineux : il en résulte que l'on peut se contenter de chambres de machines moins vastes, dont l'aérage est d'autant plus facile qu'elles ne sont pas échauffées par la présence de la machine.

L'inconvénient est la difficulté de maintenir l'étanchéité des conduites sous des pressions élevées. C'est pourquoi la division de la force motrice est dans ce cas une difficulté, à cause de la complication du réseau.

L'effet utile d'une installation de ce genre se compose :

1° Du rendement de la machine à vapeur mettant l'eau sous pression ; ce moteur pouvant être très perfectionné, on peut admettre un rendement de 0.90 ;

2° Du rendement de la conduite qui dépend de sa longueur, de son diamètre et de la vitesse, soit encore 0.90 ;

3° Du rendement du récepteur hydraulique, soit 0.80 pour une machine à colonne d'eau.

Le produit donne comme rendement total :

$$0.90 \times 0.90 \times 0.80 = 0.65.$$

77. Dans l'état actuel de l'exploitation des mines de houille, *l'air comprimé* est le mode de transmission le plus employé ; car il se prête à tous les desiderata de la pratique. Appliqué pour la première fois en 1851 aux houillères de Govan en Angleterre, il fut introduit en Belgique, à Sars-Longchamps, par l'ingénieur F. Cornet, en 1862. Depuis lors, ses applications n'ont cessé de se multiplier.

L'air comprimé est produit par un moteur généralement à vapeur. Ce moteur actionne un *compresseur d'air*. L'air comprimé est emmagasiné dans un *réservoir* ; d'où des conduites l'amènent aux *aéromoteurs*, placés dans la mine aux divers points où l'on doit utiliser la force motrice.

On peut établir le réservoir dans la mine même; c'est alors une simple chambre taillée dans le roc. Cela a été fait pour la première fois aux mines du Mansfeld.

La pression ne dépassant pas en général 4 à 5 atmosphères, les conduites sont faciles à maintenir étanches et la force motrice peut être divisée avec la plus grande facilité, de manière à la répartir, dans la mine, partout où le besoin s'en fait sentir. C'est là le principal avantage de ce mode de transmission, mais ce n'est pas le seul.

Si on le compare à l'emploi direct de la vapeur, on remarque qu'il ne vicie pas l'atmosphère de la mine, ne l'échauffe pas, ne la charge pas d'humidité. La décharge de l'air comprimé contribue au contraire à la ventilation et refroidit l'air par suite de l'absorption de chaleur due à sa détente; le refroidissement qui se produit à la décharge de l'air comprimé, est même tellement intense qu'on doit dessécher cet air, afin d'éviter l'obstruction par la neige des conduits de l'aéromoteur.

Les aéromoteurs sont des appareils faciles à conduire et à entretenir; c'est ce qui a fait la vogue de l'air comprimé dans les mines métalliques des pays exotiques : Mexique, Amérique du Sud, Sud de l'Afrique, etc.

Cependant l'air comprimé présente certains inconvénients. Les plus graves sont le coût élevé des installations et la faiblesse de l'effet utile.

L'effet utile se compose :

1° Du rendement dynamique du compresseur, qui est d'autant plus élevé que la courbe de compression se rapproche davantage de l'adiabatique; ce rendement ne dépasse guère 0.75 [1];

2° Du rendement de la conduite qui dépend des pertes de charge, coudes, etc., soit en moyenne 0.90;

3° Du rendement dynamique de l'aéromoteur; dans les mines, on ne peut guère songer qu'à l'emploi d'aéromoteurs à pleine pression; les moyens de réchauffement de l'air comprimé, nécessaires pour appliquer la détente, sont peu applicables aux mines en général et doivent être nécessairement proscrits des mines

---

[1] H. Dᴇᴄʜᴀᴍᴘs. *Revue universelle des mines*, 3ᵉ série, t. VIII et X.

à grisou, puisqu'ils supposent la présence d'une source de chaleur. Dans ces conditions, le rendement dynamique de l'aéromoteur ne dépasse pas 0,54 ;

Le rendement total se compose du produit de ces rendements partiels, soit :

$$0.75 \times 0.90 \times 0.54 = 0.36.$$

Or les rendements partiels que nous avons admis, n'étant pas toujours atteints, il en résulte que l'effet utile de 0.36 est beaucoup plus élevé que ceux que l'on obtient en pratique [1].

L'air comprimé s'applique à de très nombreux usages. Ses premières applications ont eu pour objet la perforation mécanique (Mont-Cenis).

C'est souvent encore le premier but de l'installation de l'air comprimé dans une mine, mais lorsque les puits et galeries sont

---

[1] Une circonstance tend cependant à améliorer ce rendement, c'est l'augmentation de pression dans la partie verticale de la conduite, qui vient compenser en partie la perte de charge. Soit en effet, n atmosphères la pression de l'air fourni par le compresseur ; a une profondeur H, cette pression deviendra N. On peut calculer N de la manière suivante :

Soit x atm. la pression en un point quelconque de la conduite verticale ; en un point distant du premier d'une longueur dx, la pression deviendra $x + dx$ et l'accroissement de pression correspondra au poids de la colonne de hauteur dh dont le poids par mètre cube est 1 kg. 25 x, 1 kg. 25 étant le poids moyen du mètre cube d'air. On peut donc écrire :

$$dx = \frac{1 \text{ kg. } 25 \ x \ dh}{10333}$$

d'où

$$\int_n^N \frac{dx}{x} = \int_o^H \frac{1 \text{ kg. } 25 \ dh}{10333}$$

$$\text{Log. nép. } \frac{N}{n} = \frac{1 \text{ kg. } 25 \ H}{10333}$$

Soit $n = 4$ atm.

Pour $H = 100^m$, $N = 4$ atm. 049.

Pour $H = 1000^m$, $N = 4$ atm. 516.

On voit que cette augmentation de pression n'est pas à négliger à de grandes profondeurs. Si l'on veut obtenir la pression effective au pied de la conduite, il faut évidemment en déduire l'augmentation de contrepression atmosphérique.

terminés, on profite souvent des installations d'air comprimé pour actionner des appareils de faible puissance : treuils, ventilateurs, pompes, partout où le besoin d'une force motrice se fait sentir.

Pour les forces considérables, la faiblesse du rendement lui fait préférer l'emploi direct de la vapeur ou les transmissions par l'eau sous pression et l'électricité.

78. L'*électricité* dispute aujourd'hui la place à l'air comprimé, comme moyen de transmission et de division de la force dans toutes les mines où la présence du grisou n'y met pas un obstacle invincible.

L'application de l'électricité au transport de la force date des expériences mémorables faites à l'Exposition de Vienne de 1873 par H. Fontaine.

Elle a été fréquemment appliquée, depuis lors, au transport des forces hydrauliques à de grandes distances. Mais sous cette forme, les applications minières sont peu nombreuses, en dehors des pays de chutes d'eau naturelles (Suède, Amérique du Nord).

En général le problème à réaliser est plus modeste; il consiste à transporter au fond de la mine et dans différentes parties de celle-ci, la force engendrée à la surface par un moteur généralement à vapeur.

Les avantages de ce système par rapport à l'air comprimé sont en premier lieu un rendement meilleur.

L'effet utile se compose :

1° Du rendement du moteur à vapeur, soit 0.90.

2° Du rendement de la dynamo génératrice, soit 0.90.

3° Du rendement de la canalisation, soit 0.95.

4° Du rendement de la dynamo réceptrice, placée dans de moins bonnes conditions que la génératrice, soit 0.80; le produit de ces rendements partiels sera :

$$0.90 \times 0.90 \times 0.95 \times 0.80 = 0.62$$

rendement très supérieur, comme on le voit, à celui de l'air comprimé; dans bien des installations, l'on a obtenu davantage.

Les appareils et les conducteurs sont peu encombrants; faciles à poser et à déplacer, ils se prêtent à suivre toutes les sinuosités des galeries.

L'installation des conducteurs dans les mines doit être particulièrement soignée. Les câbles seront bien isolés ; on ne se passe d'isolant que pour des courants de faible voltage (2 à 3oo volts) destinés à la traction par trolley dans des mines sans grisou. Ils seront préservés par une enveloppe en plomb dans les milieux humides. Les câbles seront de plus armés, c'est-à-dire entourés, pour éviter toute détérioration, d'enveloppes (armatures) en fils ou feuillards d'acier galvanisé.

Le retour du courant se fera toujours par un câble et non par la terre pour éviter les accidents de personne.

L'électricité partage avec l'air comprimé les avantages de ne vicier, ni d'échauffer l'air des mines. Elle présente comme avantage accessoire de pouvoir être utilisée à l'éclairage de la mine ou de certaines de ses parties. D'autre part, l'humidité des mines n'est pas une circonstance favorable à son emploi, par suite des dérivations auxquelles elle donne lieu.

Son inconvénient le plus grave est le danger des étincelles dans les mines à grisou. Les étincelles peuvent se produire aux dynamos ou aux conducteurs.

Quand les dynamos sont à courant continu, on a proposé de les enfermer dans une enveloppe métallique hermétique qui les préserve en même temps de la poussière ; ceci n'est évidemment qu'un palliatif dont l'efficacité est même douteuse, en dehors toutefois de la mise à l'abri des poussières.

Quand on emploie les moteurs électriques à courants alternatifs polyphasés, dans lesquels les étincelles sont complètement évitées par la suppression de toutes pièces frottantes, il n'est pas nécessaire de recourir à ces moyens. Ces moteurs, avec transformateurs, constituent actuellement le moyen le plus sûr et le plus économique pour transporter l'électricité à grandes distances.

La dynamo réceptrice n'est d'ailleurs pas la seule source d'étincelles. Le câble peut aussi y donner lieu, s'il n'est pas convenablement isolé ou s'il vient à se détériorer ou à se rompre par suite d'accident, d'un éboulement par exemple, ou du fait de la malveillance. On place ordinairement les conducteurs au toit des galeries et on les suspend de telle sorte qu'ils ne soient pas soumis à tension.

On a essayé plusieurs systèmes de câbles dits de sûreté dont la complication a proscrit l'usage.

Avec dynamos à courant continu, on évite le danger en employant un *conducteur à fils concentriques* où les câbles d'aller et de retour sont réunis sous une même enveloppe, et surtout en enfouissant ces conducteurs dans le sol des galeries. Les câbles concentriques ont de plus l'avantage de supprimer tout accident de personne pouvant provenir d'un contact avec les fils d'aller et retour.

Dans le cas de moteurs à courants alternatifs, les conducteurs isolés sont réunis sous une même armature métallique, pour éviter que l'armature ne devienne le siége de courants induits.

Dans tous les cas, les installations électriques souterraines doivent comporter le maximum des précautions que l'on prend à l'intérieur des bâtiments.

79. **Perforatrices mécaniques.** —Demandons nous d'abord, en raison de la discussion précédente, quel est le moteur ou la transmission la mieux appropriée à la perforation mécanique.

A la surface, la vapeur peut être employée sans inconvénient, à condition que les chantiers ne se trouvent pas trop éloignés du générateur. Dans les travaux souterrains, la décharge crée un nuage qui masque les roches, rend l'air humide et, se condensant sur les machines, rend l'entretien de celles-ci plus difficile.

L'air comprimé ne présente pas ces inconvénients et se prête mieux que la vapeur, à la résolution du problème.

L'eau sous pression convient également, mais à condition de ne pas devoir produire des mouvements alternatifs de grande vitesse. Elle convient donc spécialement aux perforatrices à rodage. Dans les mines sèches, l'imbibition des schistes par la décharge des eaux qui coulent sur le sol, peut être un inconvénient grave.

L'électricité se prête aussi, comme nous le verrons, aux exigences de la perforation mécanique, lorsque la présence du grisou n'en interdit pas l'emploi.

80. L'inventeur de la perforation mécanique est l'anglais Bartlett en 1855, mais ce fut l'ingénieur italien Sommeiller, qui la fit entrer dans le domaine de la pratique, en l'appliquant au

percement du tunnel du Mont-Cenis. Les premières applications aux mines proprement dites ont été faites en Belgique en 1863, à Moresnet, par l'ingénieur allemand Sachs, et en 1868, par MM. Dubois et François, aux charbonnages de Marihaye.

Nous étudierons successivement les perforatrices mécaniques à percussion et à rodage.

81. **Perforatrices à percussion.** — Les perforatrices à percussion sont à vapeur, à air comprimé ou électriques.

Les perforatrices à vapeur et à air comprimé présentent des types semblables.

82. **Perforatrices à vapeur ou à air comprimé.** — La *perforatrice Sommeiller* peut être considérée comme leur type primordial. Elle était caractérisée par un petit aéromoteur indépendant, qui se trouvait à l'arrière et qui actionnait par engrenages un arbre de couche régnant tout le long de l'appareil, sur lequel étaient pris les mouvements de percussion, de rotation et de progression.

Cette disposition était pratique, parce qu'elle rendait tous ces mouvements indépendants les uns des autres. Mais elle était encombrante et il en résultait une grande consommation d'air comprimé, par suite de l'emploi d'un aéromoteur et d'un cylindre percuteur distincts. Malgré l'ingéniosité de ses détails, dont une partie se retrouve dans d'autres perforatrices, elle n'offre plus qu'un intérêt historique; dans la plupart des perforatrices actuelles le cylindre percuteur joue en même temps le rôle d'aéromoteur pour commander tous les mouvements de l'appareil.

83. Au point de vue de l'étude des perforatrices, nous prendrons comme point de départ la *perforatrice Dubois et François* qui est l'une des plus employées en Belgique et en France.

Perforatrice Dubois et François. — Cette perforatrice, représentée fig. 31 sous sa forme la plus récente (¹), se compose d'un cylindre A dans lequel se meut, d'un mouvement alternatif, le piston percuteur B présentant à l'avant une tige porte-fleuret

---

(¹) *Revue universelle des mines*, 3ᵉ série, t. XXXIX, août 1897.

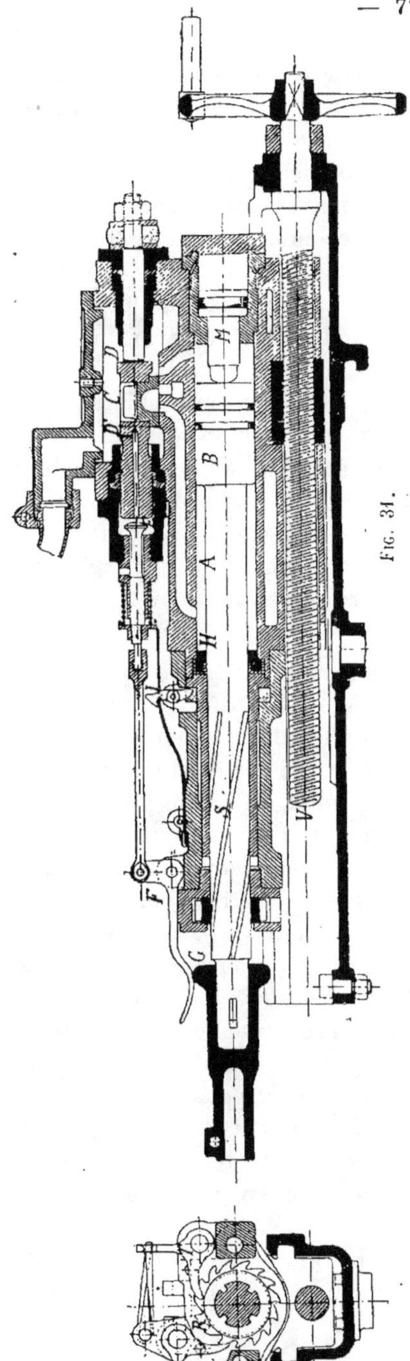

Fig. 34.

de fortes dimensions, de telle sorte que les surfaces exposées, à l'arrière et à l'avant, à l'action de l'air comprimé sont très différentes. En effet, dans le mouvement de frappe, le piston doit effectuer son travail maximum, tandis que dans le retour du piston, le travail dépensé peut être beaucoup moindre. C'est d'ailleurs un trait caractéristique commun à toutes les perforatrices à percussion. Ce piston reçoit son mouvement de va et vient d'une distribution à tiroir. Ce tiroir est conduit par deux petits pistons D et D' de section différente.

L'air comprimé pénétrant dans la chapelle C agit sur le piston D' de plus grande section, pour appeler le tiroir vers la gauche. Ce piston est percé d'un conduit capillaire qui permet à l'air comprimé de se rendre dans la chambre antérieure E. Quand la pression y est suffisante, le piston D' recule, en vertu de la différence des surfaces, qui se trouvent exposées à l'action de l'air comprimé dans la chambre E et dans la chapelle C.

Le tiroir est ainsi rappelé vers la droite et la lumière d'admission à l'avant du cylindre percuteur s'ouvre ; le

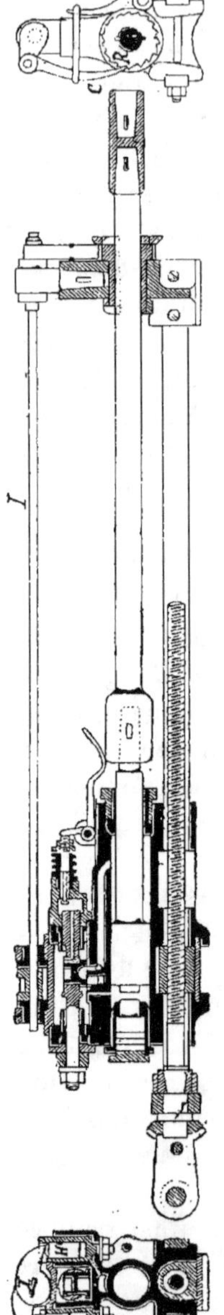

piston revenant sur lui-même agit par une came *G* sur un levier coudé *F* qui soulève une soupape à ressort fermant à l'avant la chambre *E*; l'air comprimé contenu dans cette chambre s'échappe et le mouvement du tiroir de distribution recommence tel qu'il vient d'être décrit. La distribution est donc produite ici par l'organe percuteur lui-même, mais par l'intermédiaire d'une transmission fluide.

Le fond du cylindre est formé d'une pièce mobile *M* s'appuyant sur un coussin d'air comprimé, de manière à céder, si le piston venait à buter contre elle. De même si le piston vient à frapper la bague *H*, qui ferme l'avant du cylindre, de manière à la déplacer, un déclic *I* arrête le mouvement de distribution.

84. Le mouvement de rotation peut être produit de deux manières différentes :

1° Dans le type le plus ancien des perforatrices Dubois et François (fig. 32), un rochet *R*, sur lequel agit un cliquet *C*, reçoit un mouvement alternatif d'un arbre de transmission de section rectangulaire *I* qui règne au-dessus de l'appareil. Cet arbre prend un mouvement de rotation alternatif, par l'intermédiaire d'un papillon, sur deux petits pistons verticaux *H* et *H'*, dont les surfaces inférieures sont respectivement en communication avec les lumières de distribution, qui sont elles-mêmes alternativement en communication avec l'admission et la décharge. Les choses sont disposées de telle sorte que le mouvement de rotation se produise pendant le retour du piston.

2° Dans le type plus récent (fig. 31), la rotation est produite par un rochet *R* avec cliquets de retenue, calé dans des rainures hélicoïdales S pratiquées dans la tige du porte-fleuret. Dans ces rainures s'engagent des saillies faisant corps avec le rochet. Ce dernier est maintenu dans un sens par un cliquet à charnière T, tandis qu'il peut tourner librement en sens inverse. Les choses sont disposées de telle sorte que dans le mouvement de frappe, le rochet tourne librement, sous l'impulsion que lui communiquent les rainures hélicoïdales. Lors du retour du fleuret, il est au contraire sollicité dans le sens où le cliquet empêche sa rotation. Or le rochet étant maintenu fixe, c'est le porte-fleuret et par suite le fleuret qui tournent.

Le rochet se trouve placé dans cette perforatrice à l'avant de l'appareil; mais si l'on veut réduire les dimensions longitudinales de la perforatrice, on peut le placer à l'arrière; dans ce cas le piston se prolonge par une tige à rainure hélicoïdale agissant de même sur un rochet. (Fig. 36 à 40.)

Ce second mouvement de rotation est plus simple que le premier et permet de supprimer une vingtaine de pièces, mais il a l'inconvénient de donner lieu à plus de résistances passives. De plus, dans ce système, l'amplitude de ce mouvement dépend de la longueur de la course.

85. Le mouvement de progression est donné à la main au moyen d'une vis qui porte la perforatrice par l'intermédiaire de son écrou.

La progression de l'appareil à la main permet de faire varier l'amplitude de la frappe entre 0^m02 et 0^m18, c'est-à-dire de frapper à grands ou à petits coups, suivant la nature de la roche.

C'est ainsi qu'en cas de déviation du fleuret, on peut parfois rétablir la rectitude d'un trou de mine dévié, en battant à petit coups avec un taillant frais.

La main-d'œuvre qui résulte de la progression à la main, n'est un inconvénient sérieux que dans le cas où l'on a recours à l'action simultanée de plusieurs perforatrices; dans ce cas un seul homme ne pourrait suffire; mais ce cas ne se présente guère dans les mines; il en est autrement, comme nous le verrons, dans le percement des tunnels.

86. La perforatrice Dubois et François se construit en trois dimensions différentes, avec cylindre de 0^m07, 0^m09 ou 0^m12.

La perforatrice de 0^{m}07 pèse 200 kg., celle de 0^{m}09, 225 kg. et celle de 0^{m}12, 420 kg. Cette dernière actionnée par de l'air comprimé à 4 atm. ne frappe que 200 à 250 coups par minute. Ces vitesses ne peuvent être dépassées par suite de l'exiguité du conduit capillaire qui ne permet pas à la pression de se transmettre plus rapidement dans la chambre antérieure. Elle consomme 1.33 litre d'air par coup. La perforatrice de 0^{m}07 donne 300 coups par minute, en consommant 1.25 litre par coup.

La perforatrice Dubois et François se distingue surtout par un minimum de résistances passives, ce qui lui permet de fonctionner, alors même que la pression de l'air comprimé descend à 2 ½ atm.

L'appareil s'arrête alors s'il rencontre une résistance extraordinaire, par exemple si le fleuret s'ébrèche, se cale ou dévie, tandis que d'autres perforatrices à action plus violente continuent à marcher, ce qui peut occasionner des dégâts [1].

Dans la construction des perforatrices Dubois et François, on a cherché à réduire le nombre de pièces à un minimum. C'est ainsi que le piston est d'une seule pièce d'acier avec la tige porte-fleuret, le cylindre venu de fonte avec les patins qui glissent sur les longerons, etc.

Par les soins donnés à cette construction, la perforatrice Dubois et François se maintient jusque quatre mois en service continu sans sortir de la mine ; il est à remarquer qu'une légère usure n'empêche pas cette perforatrice de fonctionner d'une manière satisfaisante.

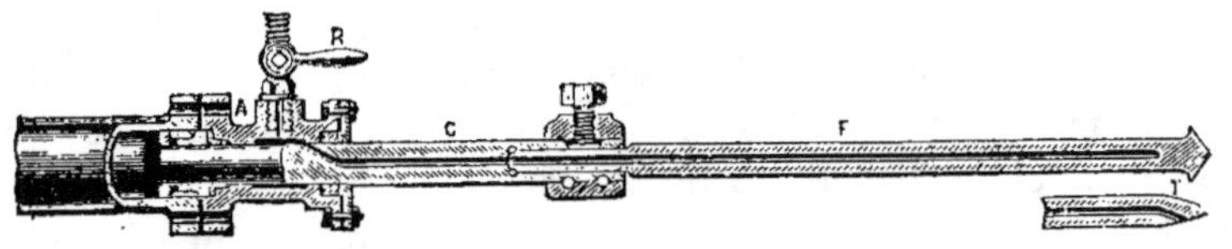

FIG. 33.

87. Le curage du trou de mine se fait au moyen d'une injection d'eau, réglée à la main ou automatique.

---

[1] Dans la première disposition du mouvement de rotation, lorsque le fleuret s'encloue, il suffit souvent de provoquer l'échappement, en agissant sur le levier coudé, pour que le mouvement de rotation décale le fleuret.

Le dispositif automatique le plus employé est celui de M. C. Bornet (fig.33), qui peut s'appliquer à toute espèce de perforatrice. L'eau sous pression est amenée, par un robinet R, dans une boîte cylindrique A que traverse la tige porte-fleuret C. Celle-ci présente dans son axe un canal qui s'ouvre dans cette boîte ; le fleuret F est creux et le canal se continue jusqu'au taillant où il débouche dans le fond du trou de mine. La boîte cylindrique est placée de telle sorte que l'injection ne se fasse qu'à la fin de la course, afin de ménager l'eau. Les avantages sont d'empêcher l'échauffement du fleuret et, par suite, de diminuer l'usure, d'augmenter l'effet utile en curant le fond du trou d'une manière continue, et enfin, de supprimer les poussières toujours nuisibles à la santé des ouvriers.

88. M. Ferroux, directeur de la partie mécanique au percement des tunnels du Gothard et de l'Arlberg, de son côté, a modifié la perforatrice Sommeiller. Nous décrirons la perforatrice *Ferroux* sous la dernière forme qui lui a été donnée, en 1876, au percement de l'Arlberg (fig. 34).

La distribution s'effectue ici, par le choc du piston percuteur de forme spéciale sur deux petits pistons verticaux $P P'$ rendus solidaires par un papillon. Les lumières ménagées dans ces pistons mettent successivement chaque extrémité du cylindre en communication avec l'admission A et l'émission E de l'air comprimé. Ce mouvement de distribution est, comme on le voit, directement dépendant du mouvement de frappe : cette dépendance est établie par choc et par l'intermédiaire de pièces rigides. Il en résulte une assez grande usure ; mais cette distribution est plus rapide que celle de la perforatrice Dubois et François. La perforatrice Ferroux bat 4 à 500 coups par minute, en consommant 1 l. 4 par coup (modèle de 0^m105 de diam. intérieur) ; ce modèle pèse 180 kg.

La rotation s'effectue par rochet et rainure hélicoïdale sur la tige porte-fleuret T qui fait suite au piston.

Le mouvement de progression peut se donner à la main, lorsqu'on n'emploie pas plus de deux perforatrices simultanément. Dans le cas contraire, on doit avoir recours à un système de progression automatique. Celle-ci se produit au moyen d'un cylindre propulseur C où l'air comprimé agissant sur un piston relié au cylindre percuteur est constamment soumis à une pression d'arrière en avant, qui sollicite la perforatrice à glisser sur ses longerons. Mais ce mouvement ne doit se produire qu'au moment où le piston est sur le point de venir frapper le fond antérieur du cylindre. La face supérieure des longerons présente, à cet effet, des endentures D dans leur région antérieure; une fourche F en prise avec ces endentures empêche tout mouvement en avant de la perforatrice; elle est maintenue en prise par un petit piston H sous pression d'air comprimé qui agit sur l'extrémité du bras de levier opposé à la fourche. Lorsque le moment est arrivé, une saillie S sur la tige porte-fleuret vient agir sur une came R qui soulève la fourche, en agissant contre la pression d'air comprimé qui la maintenait abaissée. La fourche étant soulevée retombe, dès que la progression s'est effectuée de la longueur d'une endenture, soit de 0^m015. Chaque fois que le trou s'est approfondi de cette quantité, le même jeu se reproduit.

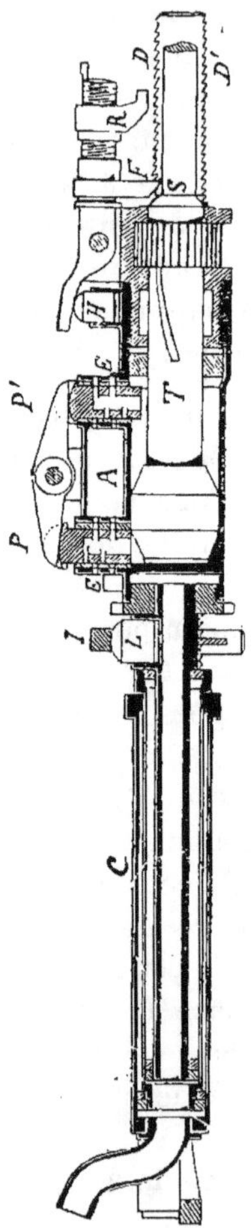
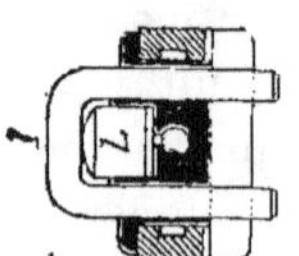

Fig. 34.

Pour faire revenir la perforatrice en arrière, par exemple pour un changement de fleuret, on la retire, en faisant glisser le piston dans le cylindre propulseur. Pour que la perforatrice ne repose pas à l'arrière contre une masse fluide élastique, elle doit être également retenue de ce côté par un butoir rigide. Les faces inférieures des longerons présentent pour cela des endentures D' en sens inverse de celles des faces supérieures; la perforatrice est calée contre ces endentures, dont la forme n'empêche pas la progression, par un cadre I dont le côté inférieur embraie dans les endentures D' en vertu de la pression d'air comprimé sous le piston L. Il suffit d'abaisser le cadre I pour retirer la perforatrice.

89. Le mouvement de progression par cylindre propulseur a l'inconvénient d'allonger la perforatrice de toute la longueur de ce cylindre. Pour y remédier, M. Hanarte a adapté à la perforatrice Ferroux le système de progression automatique, imaginé au percement du Gothard par M. Turettini. Ce mouvement se distingue, en ce qu'il ne nécessite aucun organe spécial autre que la fourche F et la came R prémentionnées.

Le principe s'énonce comme suit : si l'on introduit un fluide moteur entre un cylindre et un piston, libres tous deux de se mouvoir, le cylindre et le piston avancent en sens inverse l'un de l'autre et décrivent un chemin qui est en raison inverse de leur masse respective. Au moment où la fourche vient d'être soulevée, le fleuret frappe et le changement de distribution s'opérant au même instant, l'air comprimé est admis à l'avant du piston. Comme le cylindre est libre en ce moment de glisser sur les longerons de l'appareil, le cylindre dont la masse est moindre que celle du piston et de la tige porte-fleuret, effectue, en sens inverse du piston, un mouvement de progression jusqu'à ce que la fourche retombe dans l'endenture suivante.

Le mouvement de retrait de la perforatrice, lors d'un changement de fleuret, se fait dans ce cas automatiquement : il suffit, en effet, d'abaisser le cadre qui cale la perforatrice vers l'arrière, pour qu'elle revienne sur elle-même par l'action de l'air comprimé, introduit à l'arrière, entre le piston et le cylindre.

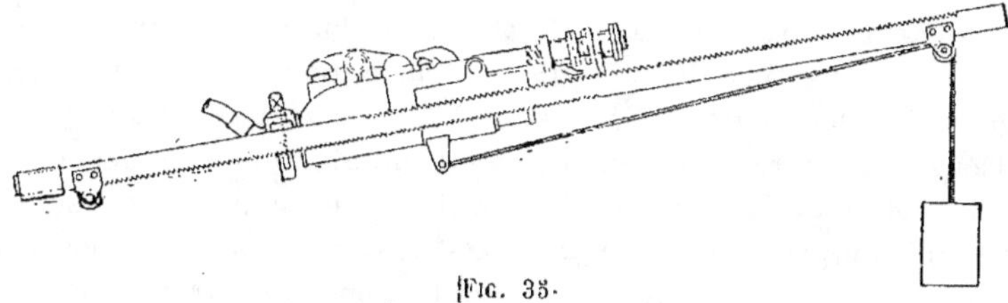

Fig. 35.

90. L'inconvénient de ces mouvements de progression et de retrait, obtenus d'une manière si simple, est toutefois de ne pas se prêter à une grande inclinaison de la perforatrice. Pour y remédier, M. Hanarte équilibre, dans ce cas, la perforatrice au moyen de contrepoids fixés différemment, suivant que la perforatrice est inclinée de bas en haut ou de haut en bas (fig. 35).

91. Les perforatrices que nous venons de décrire, ont une longueur qui ne permet pas toujours de placer les trous de mine de la manière la plus favorable, au point de vue de l'effet à produire. Il en résulte qu'on doit faire un trop grand nombre de trous et par conséquent consommer un excès d'explosif ; cet inconvénient n'est pas grave dans le percement d'une galerie de 2 m. sur 2 m., où les trous s'écartent peu en général de la direction parallèle à l'axe. Il en est autrement dans les chantiers et dans les galeries de petite section où le poids et les dimensions encombrantes de ces perforatrices sont un obstacle à leur emploi. D'autre part, elles sont en général plus robustes que les petites perforatrices dont nous allons nous occuper.

92. Le type primordial de ces dernières est la perforatrice *Sachs*, employée aux mines de Moresnet, dès 1863 [1].

La perforatrice Sachs construite par la maison Humboldt, à Kalk, près Cologne, a longtemps joui d'une grande vogue, en Allemagne, en raison même de ses petites dimensions. Mais ses organes étaient trop délicats et elle a aujourd'hui cédé la place à des types de construction plus robuste. Ces types sont innombrables ; les mêmes dispositions s'y rencontrent d'ailleurs avec des variantes plus ou moins heureuses.

93. La plus répandue est la perforatrice Ingersoll, plus connue sous le nom d'*Eclipse*. La fig. 36 représente le dernier type de l'Eclipse, connu sous la dénomination de Nouvelle Ingersoll.

L'*Eclipse*, comme la plupart de ces petites perforatrices, est caractérisée par un piston P *auto-distributeur*. Ce piston présente une partie évidée C qui met tour à tour en communication avec un des orifices d'émission EE' chacun des conduits AB. Ceux-ci sont respectivement en communication avec les extrémités $A'B'$ de la boîte de distribution dans laquelle se meut un tiroir compris entre deux petits pistons. Dans la position figurée, les deux orifices EE' sont fermés, le tiroir est dans une position telle qu'il y a émission à gauche et admission à droite. Le piston percuteur se mouvant de droite à gauche, va

---

[1] *Revue universelle des mines*, 1re série, t. XIX, 1866.

découvrir l'orifice E' et mettre à l'émission, par le conduit A, l'extrémité A' de la boîte.

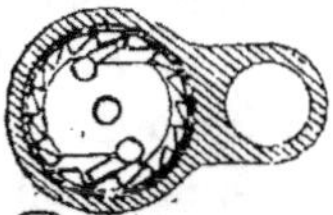

Le tiroir est maintenu dans la position figurée par les fuites qui se produisent à la circonférence du piston du côté B'.

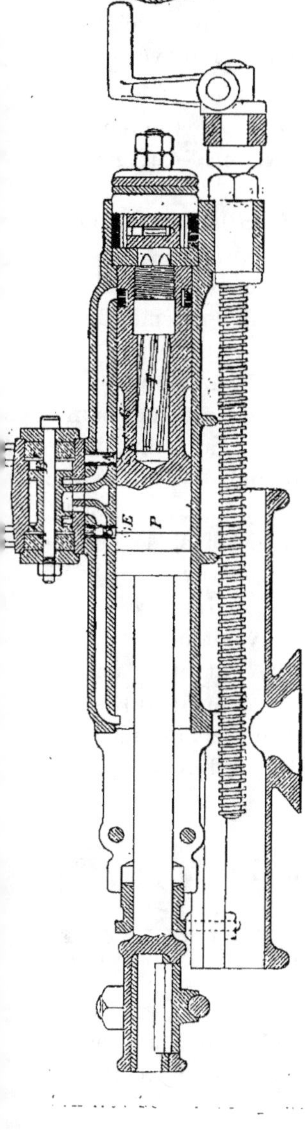

Continuant sa course, le piston va masquer l'orifice E' et démasquer l'orifice E; le côté B' sera ainsi mis à son tour à l'émission. Par suite des fuites, la pression s'établira du côté A' et le tiroir se mouvant de gauche à droite. changera le sens de la distribution.

La rotation s'effectue par une tige T à rainures hélicoïdales et un rochet. La barre à rainures hélicoïdales est reliée à deux cliquets à ressort qui engrènent un rochet concave (fig. 37). Ce dernier se trouve dans un logement cylindrique à l'arrière du cylindre; il est maintenu pressé contre le fond, par des ressorts assez puissants pour le maintenir immobile pendant le mouvement de rotation du fleuret, mais non assez pour en provoquer la rupture dans le cas où un obstacle empêcherait le fleuret de tourner dans le trou de mine.

La progression s'effectue à la main, comme dans la plupart des perforatrices de petites dimensions, qui ne sont jamais employées simultanément en assez grand nombre pour recourir à la progression automatique.

Le poids de la perforatrice Eclipse varie de 80 à 316 kg. suivant les dimensions qui sont de 0^m.063 à 0^m.129 de diamètre. Le nombre de coups varie inversement de 360 à 250 par minute.

Fig. 37.

Fig. 36.

94. Le mouvement de rotation lui-même se produit à la main dans certaines perforatrices et peut être alors rendu solidaire du mouvement de progression par une manivelle unique. Dans ce cas, ce mouvement est transmis à la vis d'avancement par des engrenages de dimensions calculées pour une roche de dureté moyenne. Si la roche devient plus dure, on désembraie la vis de progression. Cette modification n'est employée que là où l'on ne recherche pas la rapidité.

95. A des types plus ou moins analogues appartiennent les perforatrices Rand, en Amérique ; Daw, en Angleterre ; Fröhlich, Meyer et Jäger, en Allemagne.

On peut encore citer la perforatrice *Darlington* d'origine américaine (fig. 38), à cause de la simplicité extrême de sa distribution.

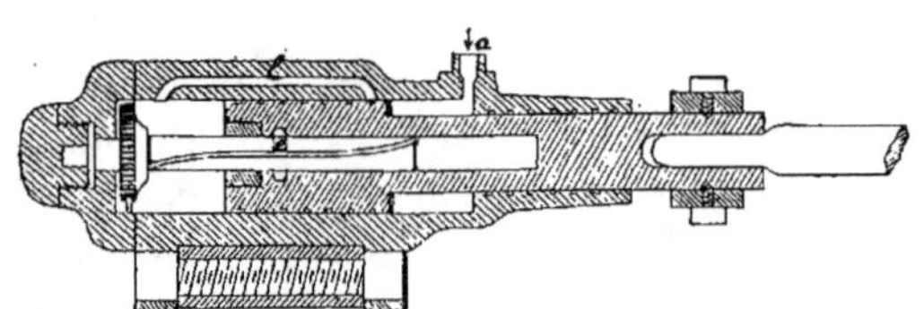

FIG. 38.

L'air comprimé est constamment admis en a à l'avant du cylindre où le piston présente une surface moindre qu'à l'arrière. Le piston rétrogradant ne tarde pas à démasquer une lumière *l* qui amène l'air comprimé sur la face postérieure, de section plus grande que la face antérieure. Le piston revient sur lui-même jusqu'à ce qu'il démasque un orifice d'émission *c*.

Cette perforatrice effectue donc son mouvement de battage, en vertu d'une différence de pression à l'avant et à l'arrière ; la conséquence en est que, pour avoir une énergie suffisante, il faut augmenter son diamètre. La rotation se fait par tige à rainure hélicoïdale et rochet logé au fond du cylindre.

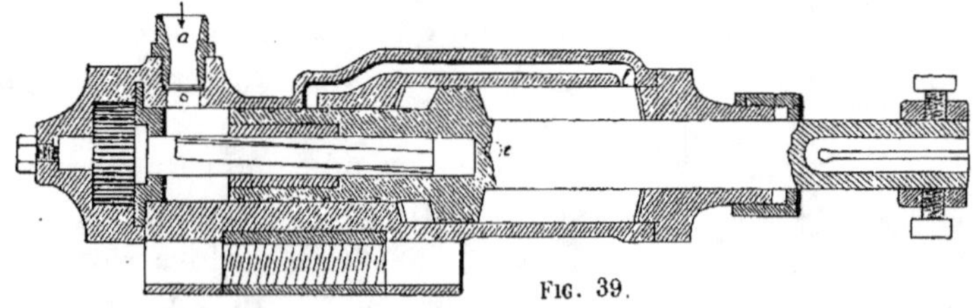

FIG. 39.

96. La perforatrice *Neill*, également d'origine américaine (fig. 39), remédie à l'inconvénient d'une contrepression constante

à l'avant. L'air comprimé est admis constamment à l'arrière en a et la distribution s'effectue, comme dans la perforatrice précédente, ce qui ne peut se réaliser qu'à condition de donner au piston une forme spéciale.

97. Les distributions à piston auto-distributeur peuvent être extrêmement rapides. On peut citer à cet égard la perforatrice Mac Coy qui bat jusque 10.000 coups par minute. Le piston percuteur ne fait pas corps avec le fleuret, mais frappe sur la tête de ce dernier à la manière d'un marteau. Cette perforatrice modifiée a été appliquée aux mines du Mansfeld sous le nom de perforatrice Franke. C'est un outil de dimensions très petites : le piston n'a pas plus de 20 cm² de section et le poids de cette perforatrice n'est pas de plus de 7 kg 25.

98. Un autre système de distribution jouit d'une certaine vogue en Amérique et en Angleterre. C'est le système à *taquet* (*tappet*) où le tiroir de distribution est mu directement au moyen d'un levier à trois branches commandé par le piston percuteur. La perforatrice à taquet Ingersoll-Sergeant est représentée fig. 40. Elle est caractérisée par la forme arquée du tiroir qui se meut sur une surface cylindrique dont l'axe est celui du levier à trois branches. Cette disposition a pour but de diminuer les frottements qui doivent nécessairement se produire avec un tiroir plan. La vogue de ces perforatrices est due à leur robuste simplicité, mais l'usure est plus rapide que dans celles à piston auto-distributeur.

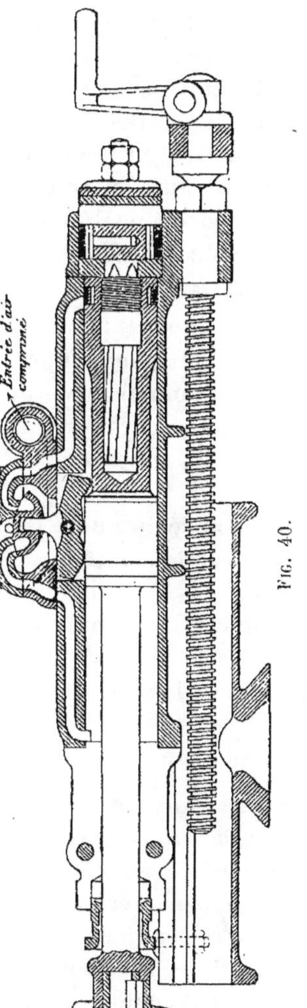

99. ***Perforatrices électriques à percussion.*** —Le faible effet utile de l'air comprimé tend à lui faire substituer l'électricité partout où cela est possible, c'est-à-dire où le grisou n'en rend pas l'application dangereuse.

Les perforatrices électriques à percussion sont *à action directe* ou *à transmission*.

100. Le premier système est représenté par la perforatrice *Marvin*. Le principe de cette perforatrice américaine, représenté schématiquement fig. 41, est basé sur l'action de deux solénoïdes SS' parcourus par un courant alternatif qui attire successivement en avant et en arrière un noyau de fer doux E aimanté par l'action d'un courant continu. Il faut, en conséquence, une dynamo spéciale donnant à la fois un courant continu et un courant alternatif. Pour chaque tour de cette dynamo, on a un changement de sens du courant, donc autant de coups que de tours, soit 340 par minute.

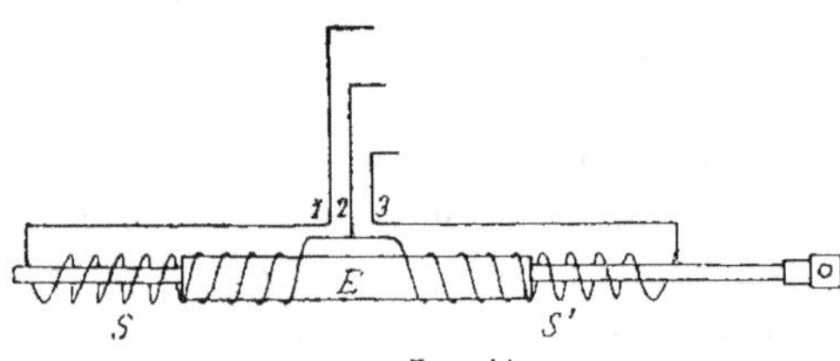

Fig. 41.

Le fleuret étant fixé au noyau de fer doux, on réalise de cette manière le mouvement de percussion par l'action directe de l'électricité. A l'arrière, le choc de retour est reçu par un ressort à boudin. Les mouvements de rotation et de progression sont obtenus par les dispositifs connus.

Cette perforatrice ne pèse que 72 kg. Son principal inconvénient est de s'échauffer à tel point qu'après trois heures, il faut la remplacer par une perforatrice de rechange.

101. Dans les perforatrices électriques à transmission, le mouvement de percussion est obtenu par la transformation du mouvement rotatif en mouvement alternatif de va et vient.

Dans la perforatrice *Dulait-Forget* (fig. 42), le mouvement de rotation d'une dynamo, portée sur un truc à l'arrière de la perforatrice, est transmis par un arbre flexible, à raison de 1300 tours, à un pignon et à un engrenage coniques qui actionnent un arbre vertical à raison de 340 tours ; sur cet arbre est calée une came c, agissant sur un galet b fixé au

guide g', pour comprimer un ressort à boudin de 200 à 220 kg.
de tension (Cf. n° 56). La détente de ce ressort lance le fleuret

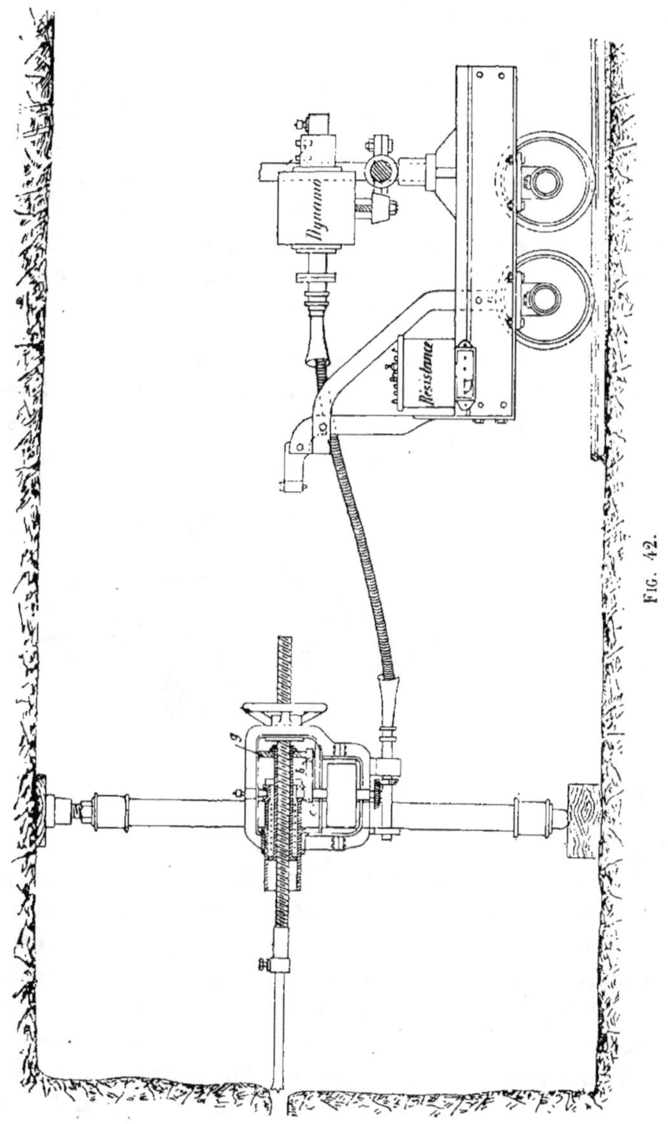

contre la roche au moment où la came échappe. Un volant
régularise le mouvement. Le mouvement de rotation et de pro-

gression se donnent, en faisant tourner au moyen d'un volant à main la tige porte-fleuret qui est filetée et pourvue d'une rainure. Cette tige tourne dans un écrou qui participe au mouvement de frappe.

L'inconvénient de cette disposition est, comme dans tous les systèmes à came, de donner lieu à des efforts différents suivant que le trou est creusé de bas en haut ou de haut en bas ; car la pesanteur agit, dans le premier cas, en sens inverse du ressort et dans le second, dans le même sens que ce dernier. De plus, en cas de résistance dans le trou de mine, cette disposition peut donner lieu à des ruptures, quand le fleuret s'encloue. Enfin cette perforatrice ne peut marcher à vide.

102. Une autre solution du même problème est donnée par la perforatrice *Siemens et Halske*, de Berlin, fig. 43. Une dynamo contenue dans une caisse simplement posée sur le sol, transmet son mouvement en *a*, au moyen d'un arbre flexible et par roues

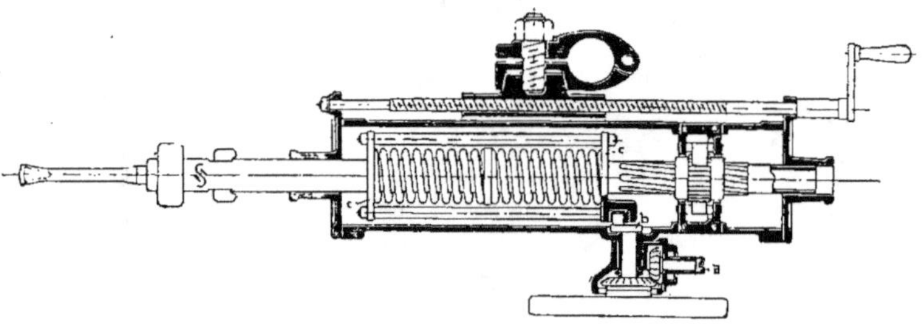

Fig 43.

dentées, à un axe sur lequel est calée une manivelle à coulisseau *b* qui actionne une pièce *c* reliée à la tige porte-fleuret par deux ressorts antagonistes à tension de 800 kg. Un petit volant régularise le mouvement. Cette perforatrice bat 420 à 450 coups par minute. Les ressorts permettent à la manivelle de poursuivre son mouvement régulier, même quand le fleuret s'encloue. Grâce à ces ressorts, cette machine peut travailler à vide ou être approchée de la roche à tel point que le jeu de la manivelle ne fait que comprimer ou déprimer les ressorts. La course du fleuret a une amplitude un peu plus grande que le diamètre de la manivelle, par suite de la compression et de la dépression des ressorts. La tige porte-fleuret tournant librement dans la pièce *c*, le mouvement de rotation se produit automatiquement par rainures hélicoïdales et rochet. La progression se produit comme d'ordinaire à la main.

io3. **Observations générales.** — On peut comparer les perforatrices à percussion au point de vue de la vitesse d'avancement, de la consommation d'air comprimé et de l'entretien ([1]).

a) *Vitesse d'avancement..* — La vitesse d'avancement dépend des éléments suivants :

1° *Fréquence du changement de fleurets.* — Le changement de fleurets occasionne une perte de temps, de même que la mise en train après un changement d'outils. La fréquence du changement dépend de la longueur de la course le long du bâti. Les longues perforatrices ont un avantage marqué à ce point de vue sur les autres : elles font un trou de 1^m20 avec deux fleurets seulement dans les roches moyennes, tandis qu'il en faut un plus grand nombre avec les perforatrices plus courtes. Dans les roches dures, cet avantage disparaît, parce que les fleurets s'émoussent et doivent être remplacés, avant que la perforatrice n'ait effectué le maximum de sa course le long du bâti. C'est ce qui a fait souvent préconiser les petites perforatrices dans les roches dures.

2° *Rapidité de la frappe.* — Elle dépend de la rapidité de la distribution d'air comprimé, du rapport entre la pression utile et le poids de la masse percutante, des résistances passives de l'appareil, de la vitesse du piston dans son mouvement rétrograde. Certaines distributions sont spécialement lentes, telle est celle de la perforatrice Dubois et François où l'air doit traverser un conduit capillaire. La distribution de la perforatrice Ingersoll fondée sur une transmission fluide est beaucoup plus rapide, parce que les canaux de passage de l'air comprimé sont de plus grande section. Il en est de même en général de toutes les distributions à piston auto-distributeur. Les distributions par taquet, basées sur l'utilisation de la force vive du piston, peuvent aussi être très rapides.

---

[1] *Revue universelle des mines,* 2ᵉ série, t. III, p. 652, 1878.

La pression utile dépend de la pression de l'air comprimé et de la section sur laquelle elle s'exerce.

Dans les mines, il n'est pas avantageux d'exagérer la pression et l'on maintient généralement celle-ci dans les limites de 4 à 4 ½ atmosphères. Il en est autrement, quand l'air comprimé doit être conduit à de grandes distances, comme dans le cas du percement des tunnels alpins où l'air comprimé à la fin du percement devait être conduit à plusieurs kil. de distance. Elle dépend ensuite de la section utile du piston qui, dans certaines perforatrices, est réduite à l'arrière par la tige à rainures hélicoïdales.

Le poids de la masse percutante est le plus grand dans les grandes perforatrices. Ce poids est d'ailleurs variable, quand on change de fleuret.

Quant aux résistances, elles dépendent des organes accessoires ; minimum dans les perforatrices où l'air comprimé intervient pour les mouvements accessoires, elles augmentent, lorsque des organes spéciaux sont mus par la force vive du piston et notamment dans la plupart des perforatrices à rotation par rochet et rainures hélicoïdales où le frottement joue un rôle important.

3° *Energie de la frappe.* — L'énergie de la frappe est proportionnelle à la force vive, c'est-à-dire à la masse percutante et au carré de la vitesse. Cette dernière dépend de la longueur de la course et du rapport de la force d'impulsion à la masse percutante. L'énergie de la frappe doit être proportionnée à la dureté de la roche. Elle est réduite, dans plusieurs perforatrices où la distribution change avant ou au moment même où le coup se donne, parce qu'il se produit dans ce cas un coussin d'air en avant du piston au moment de la frappe. Dans les perforatrices à piston auto-distributeur, on peut éviter cet effet nuisible, en rétrécissant les canaux d'un côté, de manière à retarder le mouvement du tiroir au moment de la frappe, par rapport à celui qui se produit à l'autre extrémité de la course.

b) La *consommation d'air comprimé* dépend :

1° de *la pression* ; les grandes pressions augmentent les fuites, indépendamment de l'effet utile qui est moindre qu'avec les pressions moyennes ; mais, d'autre part, une pression trop faible diminue l'avancement, et l'on ne peut augmenter la section utile dans le but de profiter des avantages des basses pressions, parce qu'en augmentant le diamètre des perforatrices, on augmente en même temps leurs résistances passives ;

2° des *espaces nuisibles* qui sont souvent assez considérables dans les perforatrices dont les mouvement s'opèrent par transmission fluide ;

3° de *l'état d'entretien* qui peut donner lieu à des fuites ;

4° de la *consommation d'air comprimé* pour exécuter des mouvements accessoires.

c) *L'entretien* des perforatrices dépend de leur plus ou moins de complication, de leur construction plus ou moins robuste et en général du nombre de pièces mobiles. Il est des plus important que cet entretien soit faible, pour éviter les interruptions de travail et à ce point de vue, il y a lieu de se défier des perforatrices à trop grande vitesse. Les perforatrices électriques donnent aussi lieu à plus d'entretien que les perforatrices à air comprimé.

Quant à la construction, il faut avoir égard aux matériaux employés. L'acier, la fonte malléable, le bronze, le bronze phosphoreux doivent dominer dans les perforatrices dont on exige une grande durée, et le prix de ces appareils est quelquefois une garantie de solidité.

104. **Perforatrices à rodage.** — Le rodage mécanique présente de nombreux avantages théoriques par rapport à la percussion :

1° Il est facile de soustraire immédiatement les fragments détachés à l'action de l'outil, tandis qu'avec les perforatrices à percussion, à moins de faire usage du curage continu, ces fragments restent au fond du trou, forment matelas et sont inutilement réduits en poussière de plus en plus fine.

2° Le choc correspond toujours à une perte de travail.

3° Le choc est en partie appliqué à détériorer l'outil et la perforatrice.

4° Le retour du piston percuteur absorbe 40 à 50 % de la force motrice sans aucun effet utile ; en d'autres termes, la percussion présente les inconvénients d'un système intermittent et le rodage les avantages d'un système continu.

5° Le rodage permet de diminuer le travail effectif, en ne broyant qu'une surface annulaire, au lieu de la section totale du trou.

6° Les mécanismes sont plus simples, en raison de la continuité du système.

La conséquence des quatre premiers avantages signalés est que l'effet utile du rodage est plus grand que celui de la percussion. Ce dernier a été évalué à 1 °/₀ seulement par M. Riedler pour les perforatrices à air comprimé [1].

105. Les perforatrices à rodage agissent sur la roche par usure et par morcellement [2]. Dans le premier de ces modes d'action, le forêt, d'une matière plus dure que la roche, agit surtout par sa vitesse de rotation et sans qu'il soit besoin d'une très grande pression, il réduit la roche en poussière. Dans le second, le forêt pénètre dans la roche par écrasement, sa résistance étant plus grande que celle de la roche ; il agit surtout par sa pression, sans qu'il soit besoin d'une grande vitesse ; il entame la roche, en la réduisant en fragments grossiers. Ces deux modes d'action sont généralement simultanés et l'un ou l'autre prédomine, suivant les conditions de vitesse et de pression de l'appareil.

106. Les perforatrices agissant par rodage sont à forêts de section pleine ou annulaire. Les premières entament la roche sur toute la section du trou, au moyen d'un forêt helicoïdal ou d'une simple mèche, placée à l'extrémité d'une tige cylindrique recevant un courant d'eau (Bornet, cf. n° 87).

Ces perforatrices sont mues par un moteur rotatif à air comprimé ou électrique pour les grandes vitesses, ou par un moteur hydraulique pour les petites vitesses. Elles trouvent spécialement leur emploi dans des roches tendres et homogènes, telles que minerais de fer oolithiques, sel gemme, calcaires, etc. Cependant on les emploie aussi depuis peu dans les roches du

---

terrain houiller. La progression s'opère par vis avec ou sans avancement différentiel, suivant que les roches sont ou non de résistance variable.

107. Les types ne diffèrent pas de ceux des perforatrices à rodage à bras. La perforatrice *Simplex* de dimensions renforcées (fig. 27) est souvent employée dans le terrain houiller, avec moteur à air comprimé ou électrique sur truc et transmission par arbre présentant un joint universel à chacune de ses extrémités.

L'emploi de l'électricité a donné lieu à quelques types nouveaux.

108. La perforatrice électrique à rodage de *Siemens et Halske* est représentée fig. 44. L'arbre flexible se fixe en *a* et communique par engrenage son mouvement de rotation à l'arbre creux *f* qui entraîne, par une cale, une vis à laquelle est fixée le forêt. Le mouvement différentiel est obtenu au moyen de l'écrou de cette vis que l'on peut immobiliser ou faire tourner plus ou moins vite par l'intermédiaire des engrenages multiplicateurs *b*, *c*, *d*, *e*. La roue dentée *d* est entraînée par la roue *c* par simple frottement, dont l'intensité peut être réglée au moyen d'un ressort. La roue *e* communique le mouvement à l'écrou par un embrayage *k*. Une disposition spéciale permet le retour rapide du forêt.

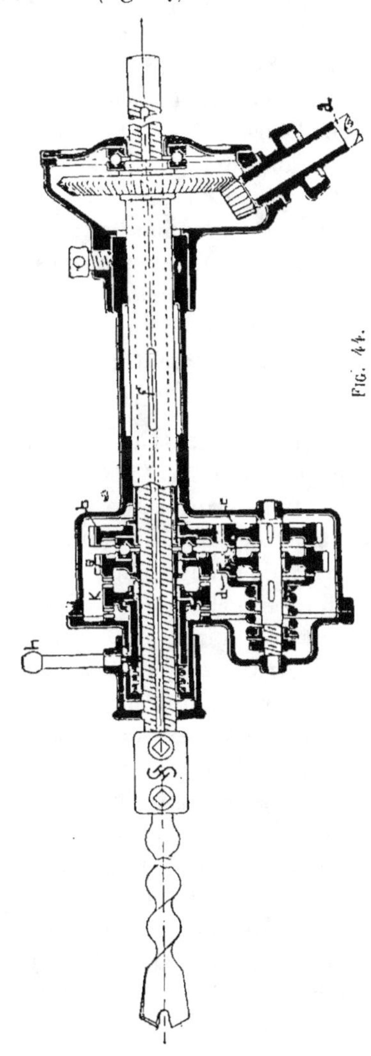

Fig. 44.

Au lieu d'être filetée à droite, la vis est filetée à gauche.

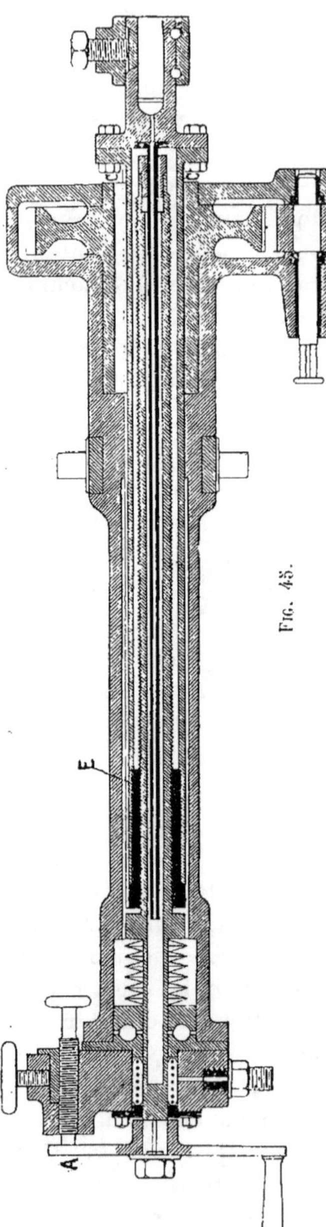

Si l'on immobilise l'écrou, elle tend donc à reculer en tournant de gauche à droite. Pour la faire avancer, il faut imprimer à l'écrou un mouvement plus rapide qu'à la vis, ce qui s'obtient aisément par les engrenages multiplicateurs ; pour le recul, il suffit d'immobiliser l'écrou, en débrayant la pièce k au moyen de la poignée h. La vis revient alors en arrière avec son maximum de vitesse ; si ce mouvement rapide amenait un choc sur la tête de l'appareil, l'embrayage se produirait automatiquement et la vis cesserait de reculer.

109. La perforatrice *Bornet* est représentée fig. 45. C'est la perforatrice Cantin à la quelle est adaptée une commande électrique par engrenages. Ces derniers impriment un mouvement de rotation à un arbre creux C traversé par la vis de progression ; à une extrémité de cet arbre est fixé le forêt et à l'autre, l'écrou E de la vis de progression. Cette dernière est immobilisée par l'arrêt A. Mais s'il se produit une résistance dans le trou en forage, cette vis recule et comprime un ressort jusqu'à ce que l'arrêt échappe ; la vis tourne alors sur place avec l'écrou jusqu'à

ce que la résistance soit vaincue ; la détente du ressort immobilise alors de nouveau la vis. (Cf. n° 59, fig. 24) La figure montre comment est réalisée dans cette perforatrice, le curage continu par injection d'eau.

On a aussi fait varier le travail des perforatrices électriques à rodage par l'interposition de résistances (type Anger de l'Union Elektricitäts G.)

110. Les perforatrices à foret annulaire agissent sur la roche au moyen de dents d'acier ou au moyen de diamants en saillie sur la couronne.

111. ***Perforatrice Brandt.*** — Aux premières se rapporte la perforatrice à pression hydraulique A. Brandt, actuellement employée au percement du Simplon.

La couronne (fig. 46) se compose d'une pièce d'acier très dur et trempé de 0^m075 de diamètre dont les dents attaquent la roche à la manière d'un burin. La fig. 47 montre le mode

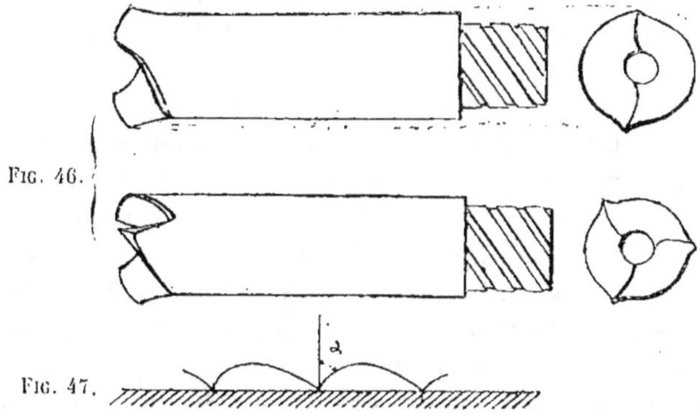

Fig. 46.

Fig. 47.

d'action de ces dents, en supposant la couronne développée ; l'angle α que la surface initiale des dents fait avec la verticale, de même que la hauteur et le nombre des dents, varie avec la résistance de la roche. En moyenne $\alpha = 75°$ et la hauteur des dents est de $0^m.010$ à $0^m.013$. La couronne est à trois dents pour les roches dures et à deux dents seulement pour les roches moyennes.

La surface cylindrique extérieure du forêt a un diamètre moindre que celui de la couronne pour faciliter l'expulsion

des débris et empêcher la couronne de se caler. La surface intérieure est un peu conique pour faciliter le dégagement du
noyau central.

La perforatrice Brandt agit presque exclusivement par morcellement : en effet la couronne est appliquée contre la roche
avec une très grande pression et tourne avec une très faible
vitesse.

Dans ces conditions, l'emploi de la force hydraulique est
tout indiqué. L'eau sert de plus à expulser les débris d'une
façon continue et à refroidir l'outil.

Cette perforatrice présente deux types différents. Dans le
premier, le cylindre est fixe et le piston mobile. Dans le second
(fig. 48), le piston est fixe et le cylindre mobile ; c'est le système
appliqué au Simplon. Le cylindre glisse à frottement doux sur
le piston ; la partie mobile est représentée en noir dans la fig. 48.
L'eau sous pression est admise entre les pièces fixe et mobile.
La tige du forêt est fixée à l'avant du cylindre ; cette tige est
creuse, de manière à recevoir une injection d'eau dans son axe.
Elle s'allonge par parties au fur et à mesure de l'approfondissement du trou.

Le mouvement de rotation est imprimé à cette tige par une
petite machine à colonne d'eau à deux cylindres en bronze, de
0^m061 de diamètre et de 0^m66 de course, boulonnés sur la culasse
du piston, qui se servent mutuellement de distributeur. Cette
machine fait tourner, par bielle et manivelle, à raison de 150
à 200 tours par minute, une vis qui engrène avec une
roue A à dents hélicoïdales, fixée sur une enveloppe B reliée
elle-même par cale et rainure longitudinale au cylindre porte-
forêt, de manière à lui imprimer un mouvement lent de rotation,
sans entraver son mouvement de progression. Cette enveloppe
est elle-même guidée par un cylindre extérieur fixe C.

L'eau sous pression est amenée aux différentes parties de
l'appareil au moyen de tuyaux et de robinets qui permettent de
régler la pression. Un tuyau d'injection amène, dans l'axe du
piston l'eau de décharge de la machine à colonne d'eau, qui
conserve assez de pression pour expulser les déblais.

Pour ramener le cylindre en arrière, lorsque l'on veut allonger
la tige, que la couronne est émoussée ou que le trou est terminé,

on laisse s'écouler l'eau qui se trouve entre les fonds du cylindre et du piston, et l'on admet la pression dans l'espace annulaire ménagé entre le piston et le cylindre.

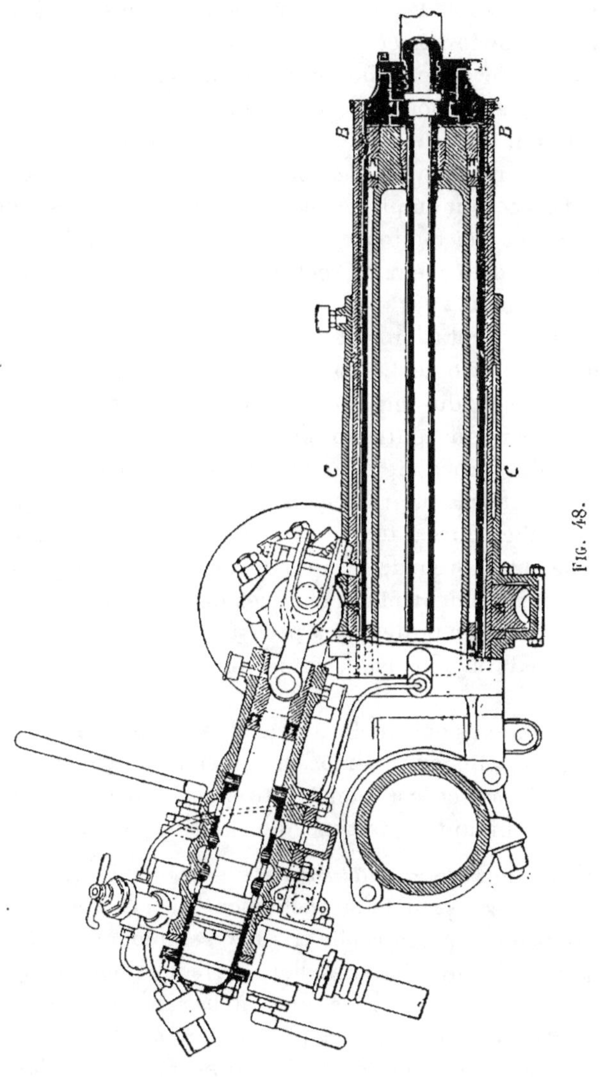

Il faut, pour employer cette perforatrice, disposer d'une pression hydraulique de 40 à 120 atm., suivant la résistance à l'écrasement de la roche. Pour les roches moyennes, il faut compter sur 5o à 6o atm., pression que l'on obtient aisément dans les mines profondes, en prenant simplement l'eau d'un réservoir à la surface. Il faut pouvoir disposer de 17 à 20 chevaux par perforatrice. Cette perforatrice a été employée de cette manière au charbonnage de Marcinelle à 89o m. sous pression de 55 atm. pour le creusement d'une bacnure.

Au Simplon, l'eau est mise sous pression de 100 atm. par pompes et accumulateurs. Ces pompes sont actionnées par des turbines. La section du piston étant de 0^m01, la pression du forêt contre la roche est de 10000 kg. ; au retour du forêt, elle n'est plus que de 2500 kg. sur la section annulaire. La perforatrice du Simplon pèse 132 kg.

La vitesse de rotation est inversement proportionnelle à la pression. Elle varie de 3 à 10 tours par minute.

Dans les grès du terrain houiller, dans la dolomie ou le calcaire, il reste au centre un noyau cylindrique portant extérieurement des impressions hélicoïdales ; la couronne s'émousse peu et l'on peut travailler avec une pression relativement faible. Dans les roches dures, telles que les granites et les quartzites de la ligne du Gothard, le noyau central se désagrégeait en lentilles grossièrement plan-convexes de moins d'un centimètre d'épaisseur en leur milieu. La pression était de 120 atm. ; dès qu'elle tombait à 100 atm., la perforatrice cessait de fonctionner.

Il faut 3 hommes par perforatrice plus un chef de perforation, si l'on emploie plusieurs perforatrices simultanément.

Cette perforatrice est construite par la maison Sulzer de Winterthur, suivant deux types de $0^m.3oo$ et $0^m.6oo$ de course.

112. **Perforatrices à diamants.** — Quand on veut faire prédominer l'usure sur le morcellement, il faut recourir à une matière plus dure que la roche. L'idée d'employer à cet usage le diamant, appartient à G. Leschot, horloger genevois qui créa, dès 186o, une perforatrice à bras à bague de diamant, dont l'avancement, et par suite la pression, était réglé au moyen d'une vis. Leschot employait les diamants noirs amorphes (carbons) que l'on produit au Brésil (Bahia). Ces diamants qui sont plus durs que les diamants d'ornement, étaient pour ainsi

dire sans usage à cette époque et ne valaient que 2 à 4 fr. le carat (o gr. 206) pour des pierres de 2 à 4 carats. Mais la production étant très faible (l'exportation totale en Europe n'est pas de plus de 8000 carats de carbons) et leur emploi s'étant rapidement développé, le prix du carat atteint aujourd'hui 175 fr. On emploie aussi les diamants cristallisés du Cap impropres aux usages de la joaillerie (boorts) dont le prix est moins élevé, mais la résistance inférieure. C'est une des raisons qui retarde les applications de la perforation au diamant ; celle-ci reste pour ainsi dire limitée, en Europe, aux sondages.

La couronne en acier doux de $0^m.03$ de diamètre extérieur et $0^m.02$ de diamètre intérieur porte au moins 8 diamants. Pour le sertissage, le diamant est enveloppé d'une mince feuille de cuivre qui sert à mater parfaitement le joint, de manière qu'il ne reste pas d'interstices. En Amérique, les diamants sont sertis dans des petites pièces de fer doux qui sont ensuite brasées dans la couronne.

En Amérique, on construit ainsi des perforatrices tournant à 2 ou 300 tours, avec progression produite par une vis ou par la force hydraulique.

On a construit des perforatrices de ce genre mues par la vapeur, l'air comprimé ou l'électricité.

113. **Supports des perforatrices.** — Les perforatrices reposent pendant leur travail sur des supports désignés sous le nom d'*affûts*, par analogie avec les affûts de canons.

Ces affûts doivent remplir des conditions très multiples :

1° Ils doivent permettre de placer, sans perte de temps, la ou les perforatrices à différentes hauteurs, sous différentes inclinaisons et différentes orientations. Les longues perforatrices y reposent par deux points d'appui, ce qui est une garantie contre les déviations, mais ce qui limite l'inclinaison et l'orientation à leur donner. Quand les variations d'inclinaison et d'orientation sont faibles, on est obligé, pour accélérer le travail, de multiplier le nombre de perforatrices travaillant simultanément. Il s'ensuit que les affûts à deux points d'appui sont en général à perforatrices multiples.

2° Les affûts doivent présenter une grande stabilité pour éviter les déviations et supporter les réactions ; la perforatrice recevant des inclinaisons et des orientations très différentes, ces réactions se produisent sur l'affût dans des sens très variés et il en résulte que la construction de ce dernier doit être extrêmement robuste. La stabilité est obtenue par le poids de l'affût ou par calage contre les parois.

3° Les affûts ne doivent pas être encombrants, afin de permettre au personnel d'avoir facilement accès au front de taille.

4° Ils doivent être d'un déplacement facile.

Les affûts employés dans les mines sont *roulants* ou *non roulants*.

114. **Affûts roulants**. — Les affûts roulants sont à vis ou à colonne. Les affûts à vis sont destinés aux perforatrices multiples, au nombre de deux au moins, travaillant simultanément.

115. **Affûts à vis Dubois-François.**—Le chariot (fig. 49) est pourvu à l'avant d'un petit train de roues à bogie qui lui permet de franchir des courbes de petit rayon et à l'arrière d'un train de roues plus grandes. Pendant le travail, cet affût est calé sur les rails. Les points d'appui des perforatrices sont pris sur deux vis verticales, à l'avant et à l'arrière de l'affût, au moyen de manchons soutenus par des écrous E qui se déplacent le long de ces vis. Le manchon d'arrière supporte les longerons, par l'intermédiaire d'un boulon horizontal qui leur permet de prendre une certaine inclinaison. Le manchon d'avant se prolonge transversalement par un bras B qui permet de disposer le support antérieur à une plus ou moins grande distance de l'axe de la vis, de manière à régler l'orientation. Le support proprement dit est différent, suivant que les trous à creuser sont voisins du toit ou du mur de la galerie. Dans le premier cas, les longerons sont supportés en A par une fourche insérée dans le bras B et faisant saillie au-dessus de ce bras; dans le second cas, ils sont suspendus, comme on le voit en A' au-dessous de ce bras, de manière à permettre à la perforatrice d'atteindre le pied du front de taille.

La stabilité est obtenue par le poids de l'affût. L'affût à 4 perforatrices de 0^m09 pèse 4.700 kg.

L'affût à 4 perforatrices ne diffère de l'affût à 2 perforatrices
que parce que chaque vis porte deux supports au lieu d'un.

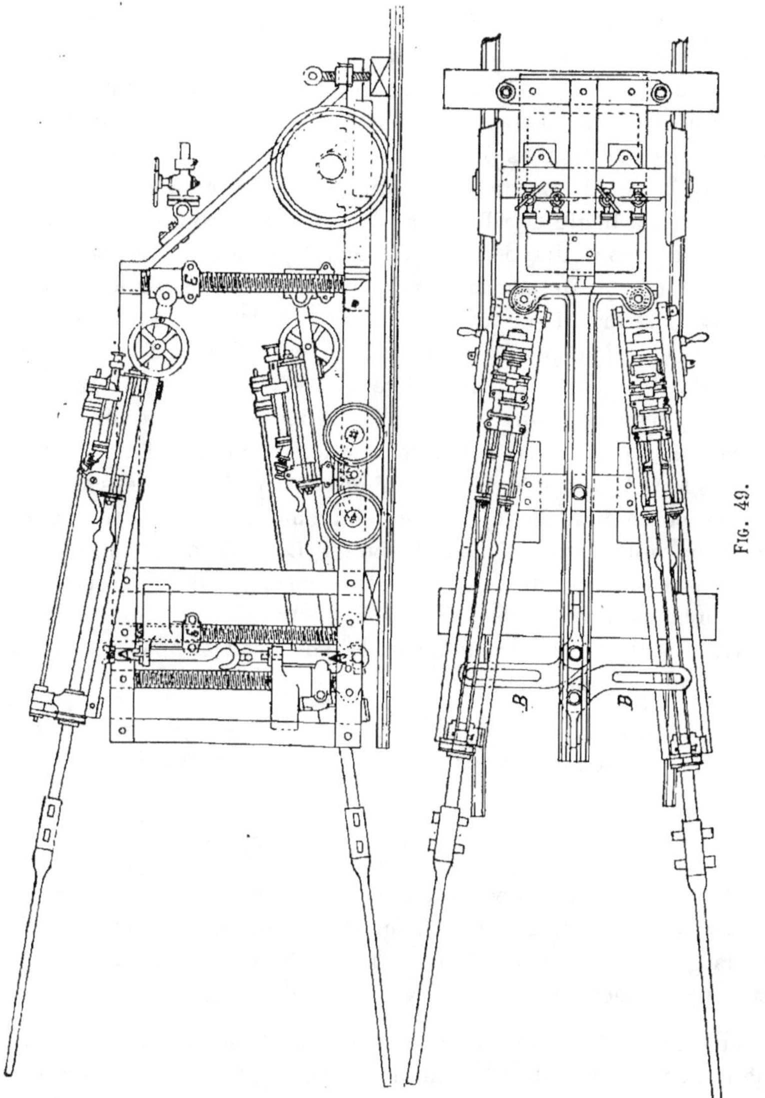

Les autres affûts à vis ne diffèrent de celui que nous venons
de décrire, qu'en ce que les vis sont mobiles, au lieu d'être

fixes; les écrous servant directement de supports, montent et descendent, lorsqu'on fait tourner les vis à l'aide de clefs.

116. Comme type d'affût roulant à colonne, nous décrirons l'affût pour perforatrice unique de 0^m12 de MM. Dubois et François, dit affût de *bosseyeuse* (fig. 50), parce qu'il était primitivement destiné au bosseyement sans explosifs. Aujourd'hui, il est plus souvent employé dans le percement des galeries à travers-banc. Il se compose d'un chariot muni à l'avant d'un petit train à bogie et à l'arrière d'un train de roues ordinaires. Ces trains sont disposés de manière à permettre le calage de l'affût sur les rails. Au milieu de ce chariot, s'élève une colonne sur laquelle prend son appui le support E de la perforatrice. Ce support est susceptible d'un mouvement vertical d'une amplitude de 0^m35 par l'intermédiaire d'une vis L. La perforatrice est supportée sur deux longerons B reliés au support par un axe de rotation C. Une vis N commande le mouvement d'inclinaison de ces longerons, en agissant sur un secteur denté vertical. Une vis M commande de même le mouvement d'orientation dans le plan horizontal. Un contrepoids D mobile le long d'une vis permet d'équilibrer la perforatrice, quelle que soit sa position.

La stabilité est obtenue par le poids de l'appareil qui se décompose comme suit :

affût	1.780 kg.
contrepoids	300 »
perforatrice	420 »
Total.	2.500 »

Deux à trois hommes suffisent pour déplacer l'appareil sur une voie horizontale. Cet affût mesure 1 m. de hauteur sur 0^m65 de largeur, de sorte qu'il peut être employé dans une galerie de très petite section.

117. Cet affût a été modifié par M. J. François pour l'emploi de la perforatrice de 0^m07 employée seule (fig. 51). Les mouvements d'inclinaison et d'orientation des longerons par les vis N et M sont restés les mêmes, mais peuvent recevoir une plus grande amplitude. La perforatrice est assemblée à des longerons

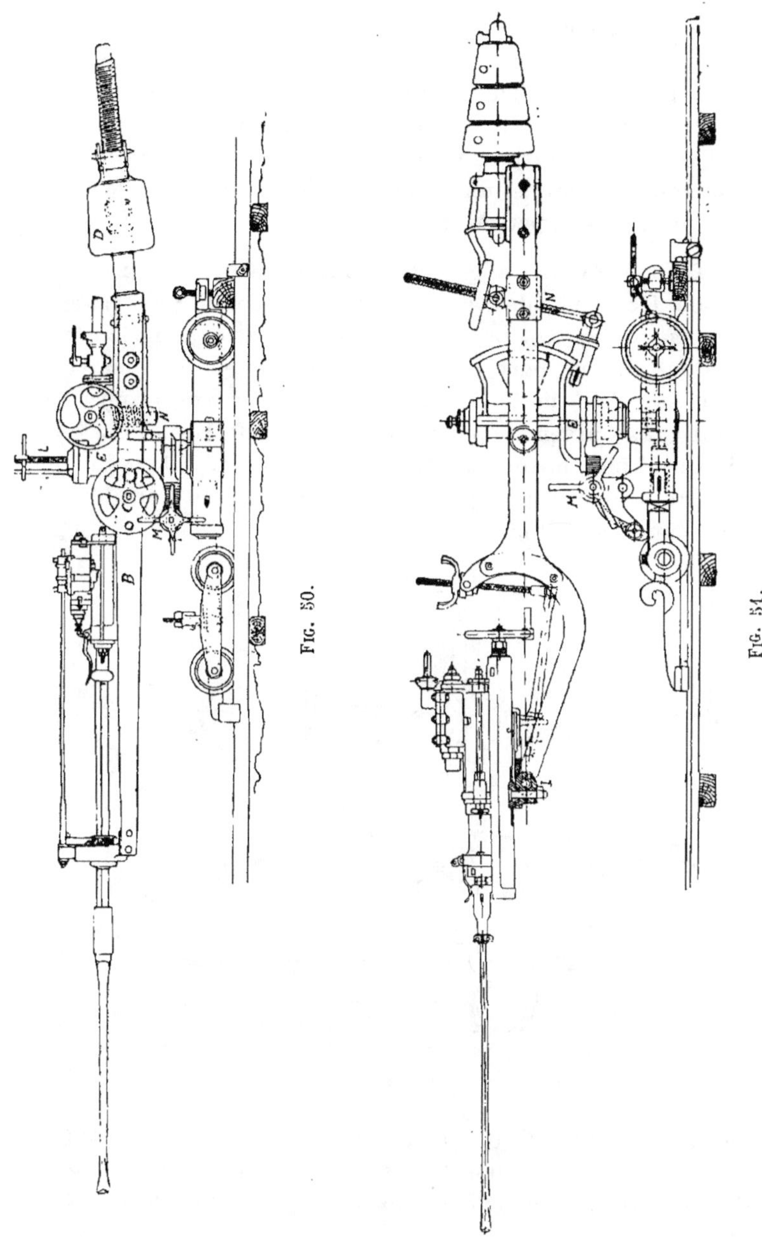

FIG. 50.

FIG. 51.

de forme spéciale par un joint universel J dont l'axe vertical lui permet de s'orienter, en glissant sur un support S en forme de secteur, et dont l'axe horizontal permet à ce secteur lui-même de prendre différentes inclinaisons. La perforatrice présente donc une grande mobilité et peut ainsi atteindre tous les points du front de taille, ce qui est une condition essentielle dans l'emploi des perforatrices de petites dimensions.

118. Le même résultat est obtenu par les affûts universels de la maison Humboldt de Kalk qui sont d'un emploi très général en Allemagne (fig. 52). La colonne centrale porte, à une hauteur invariable, un ou deux supports cylindriques B B pouvant tourner sur l'axe de la colonne et sur leur axe propre; la perforatrice s'y assemble par un simple pivot P. La perforatrice reçoit ainsi l'inclinaison et l'orientation voulue. Elle est équilibrée par un contrepoids à bras de levier rendu variable au moyen d'une crémaillère.

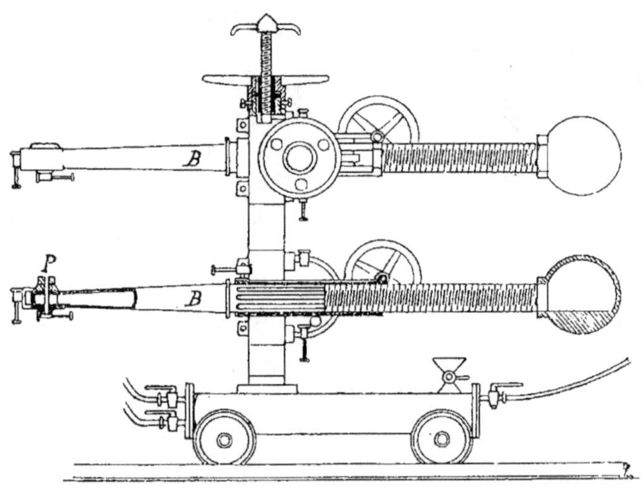

Fig. 52.

Cet affût peut recevoir deux perforatrices et ne pèse que 1.820 kg. C'est pourquoi l'on est obligé, pour obtenir une stabilité suffisante, de le caler au moyen d'une vis au toit de la galerie.

119. ***Affûts non roulants.*** — Les affûts précédents sont encombrants et nécessitent l'installation d'une voie ferrée. Ils ne peuvent donc servir qu'au percement des galeries.

Dans les chantiers, il faut avoir recours à de simples colonnes calées entre les parois au moyen de vis ou par force hydraulique.

La perforatrice se fixe sur ces colonnes, soit au moyen d'une bague sur laquelle elle est maintenue par un pivot, ou mieux encore par l'intermédiaire d'un bras sur

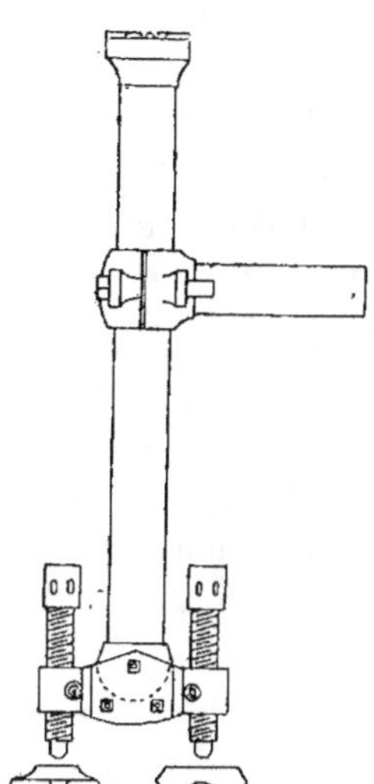

Fig. 53.

lequel se meut cette bague, ce qui lui donne plus de mobilité.

Les affûts à vis américains présentent tous cette dernière disposition (fig. 53).

Les colonnes à vis ont l'inconvénient de nécessiter, pour le calage et le décalage, une manœuvre lente; les vibrations auxquelles elles sont soumises, tendent en outre à provoquer le décalage.

La colonne à pression hydraulique fig. 54 est d'un maniement plus rapide et permet un calage plus énergique et plus durable. Elle se compose

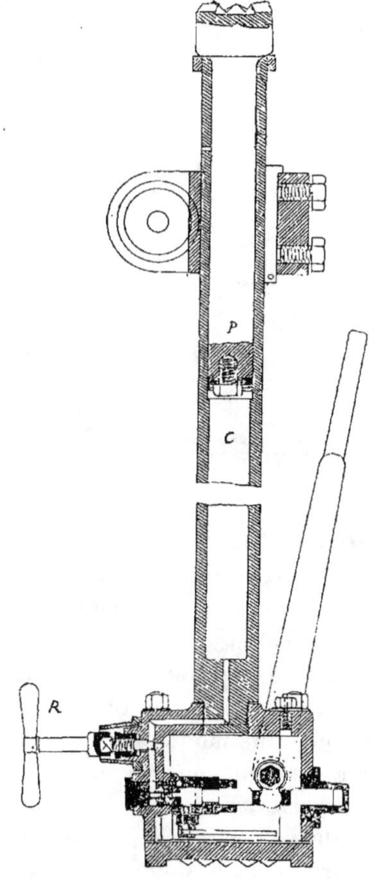

Fig. 54.

d'un cylindre vertical c où se meut un piston p à extrémité dentelée pour s'appuyer contre la roche.

Le piédestal de cette colonne sert de réservoir d'eau ; ce réservoir contient une petite pompe aspirante et foulante qui est mue à bras au moyen d'une brimbale extérieure. Une roue à main R permet de décaler, en faisant rentrer de l'eau dans le réservoir. Cette roue est montée sur une vis qui aveugle le retour d'eau pendant que la colonne reste calée. Un orifice supérieur empêche que le piston ne soit projeté hors du cylindre. Le poids de cette colonne ne dépasse pas 100 kg.

120. L'affût de la perforatrice Brandt est une colonne de ce genre recevant directement la pression de la conduite sous pression. Cette colonne se compose de deux cylindres télescopiques dont l'un joue le rôle de piston, de telle sorte qu'en admettant la pression à l'intérieur, au moyen d'un robinet à 3 voies, les deux cylindres se meuvent en sens inverse l'un de l'autre et calent fortement la colonne entre deux parois

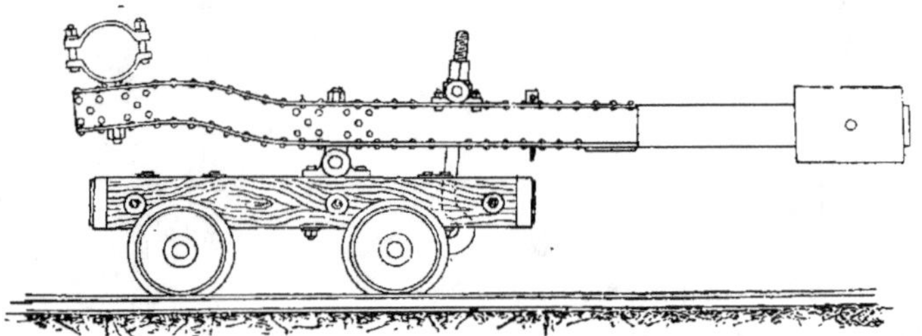

Fig. 55.

verticales. Lorsqu'on laisse l'eau s'échapper, la colonne se décale parce que la pression est constamment admise dans l'espace annulaire ménagé entre les deux cylindres.

Cette colonne est portée par un chariot roulant fig. 55 qui permet de la caler à une hauteur plus ou moins grande par rapport au sol et à la transporter d'un point à un autre.

La colonne montée sur pivot à l'avant de ce chariot peut être ramenée dans son axe pour le transport.

La perforatrice se fixe sur cette colonne par un collier auquel la culasse est reliée par un fort boulon vertical (fig. 48). La perforatrice est donc mobile autour de deux axes perpendiculaires l'un à l'autre formant joint universel.

La colonne peut recevoir plusieurs perforatrices ; elle en porte trois au Simplon. Dans ce cas la colonne pèse 3oo kg., tandis qu'elle n'en pèse que 14o pour une seule perforatrice. Le chariot pèse 455 kg.

121. Dans les carrières et pour la perforation verticale, ces affûts ne peuvent être employés, parce qu'en l'absence de parois rapprochées, il est impossible de les caler.

Dans les carrières, on fait souvent usage d'affûts à trépied. Les jambes du trépied sont chargées de poids pour lui donner de la stabilité ; la perforatrice se fixe au sommet du trépied, par un joint universel, de manière à prendre différentes orientations et inclinaisons depuis l'horizontale jusqu'à la verticale.

122. Pour la perforation des puits, ces affûts à trépied ne conviennent guère. Les conditions à réaliser sont, en effet, tout autres. Il faut pouvoir retirer facilement les appareils à une certaine hauteur pendant le tir des mines. On ne peut donc leur donner trop de poids et pour leur donner la stabilité nécessaire, il faut avoir recours au calage contre les parois du puits. Il faut de plus que l'affût n'empêche pas l'extraction des déblais, l'installation des pompes et des tuyaux d'aérage. Le problème n'a pas reçu jusqu'ici de solution absolument satisfaisante pour les puits de grande section.

L'affût pour la perforation verticale de MM. Dubois et François fig. 56 remplit en partie ces desiderata. Il se compose d'une tige centrale suspendue directement au câble. Cette tige porte à la partie supérieure une charpente de calage contre les parois, puis deux supports : l'un, fileté, pour l'arrière de la perforatrice Dubois et François qui y est fixée par un manchon mobile, comme sur l'affût roulant ; l'autre est une simple barre à charnières maintenant l'avant dans une orientation et une inclinaison convenables ; entre ces deux supports se trouve une boîte de distribution de l'air comprimé aux perforatrices, simultanément en action, au nombre de 2 ou de 4.

L'ouvrier qui règle la progression à la main est assis sur une chaise portée par l'affût.

Pour le tir des mines, on décale l'affût et l'on ramène toutes les pièces mobiles dans le plan de la charpente de calage, de manière à ménager deux segments de part et d'autre pour l'enlèvement des déblais.

Dans les puits rectangulaires de section modérée, on peut

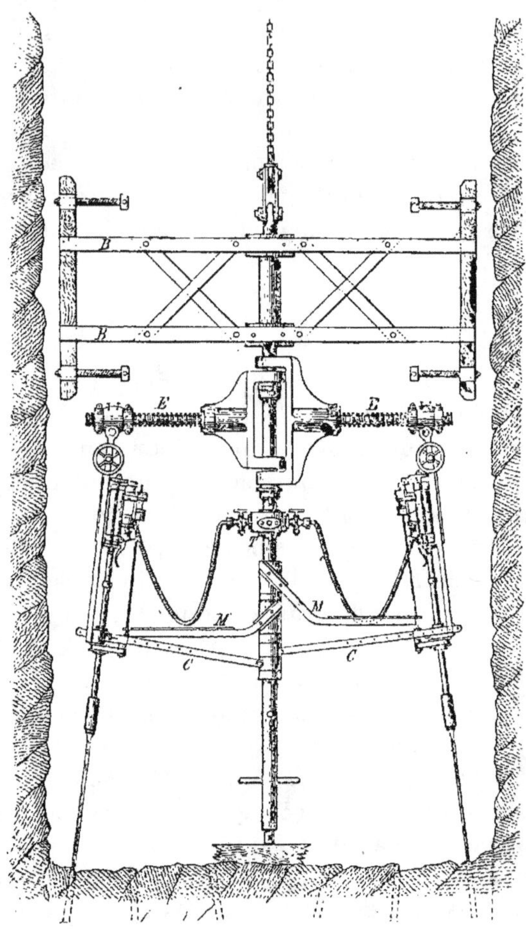

Fig. 56.

employer une colonne à vis calée horizontalement entre deux boisages. Ce système très simple est appliqué depuis longtemps en Angleterre et en Amérique avec de petites perforatrices.

IV. — CHARGEMENT ET BOURRAGE.

123. Avant de procéder au chargement de la matière explosive, on nettoie le trou de mine, ce qui se fait au moyen d'une curette dont la forme est variable (fig. 57).

Fig. 57.

L'œillet qui termine la tige sert à maintenir un morceau d'étoupe pour assècher le trou.

La charge d'explosif nécessaire pour produire un effet donné dépend de la profondeur du trou et de la longueur de la ligne de moindre résistance, distance entre la charge et la surface dégagée de la roche. La charge doit être proportionnelle au cube de cette ligne.

Cette loi, connue de Vauban et de Bélidor, a été traduite par la formule suivante du général Burgoyne : la charge de poudre en grammes $c = 0.50\, l^5$, l étant la ligne de moindre résistance en décimètres. Le coefficient 0.50, établi pour le granite, doit être diminué pour des roches plus faciles à ébranler. Il peut descendre à 0.32.

Cette formule, ainsi que d'autres analogues, est sans importance au point de vue du travail ordinaire, où le dosage des charges est essentiellement une question d'expérience et dépend de la situation des bancs, ainsi que du degré de fissuration préalable du terrain. Il en est autrement, lorsqu'il s'agit de grandes mines destinées à abattre de très grandes quantités de roche.

Afin de limiter la consommation d'explosif, on met à l'entreprise le creusement des galeries à travers bancs ou des puits par mètre courant; l'explosif est au compte de l'entrepreneur, mais fourni par la mine pour s'assurer de sa qualité. Ces entreprises se font souvent, dans nos houillères, *bona fide*, en stipulant le prix de base par mètre de schiste et en convenant que ce prix sera doublé par mètre de psammite ou grès de plus de 0^{m}30 d'épaisseur. Quelquefois ces entreprises ont pour base un cahier des charges complet, tel que le suivant :

1. La bacnure aura 2^m10 de hauteur, sur 1^m80 de largeur entre les boisages.

2. Sa longueur sera d'environ 120 m.

3. La poudre de mine, les fusées, les serveurs lampes et porteurs fers de mines, seront à la charge de l'entrepreneur. Le placement et l'entretien des guidons d'aérage et des boisages qui seraient nécessaires pour soutenir les parois de la galerie, seront également à son compte, ainsi que le transport des pierres.

4. L'entrepreneur devra faire le travail suivant les règles ; les parois devront êtré bien dressées, le faîte de la bacnure arrondi en forme de voûte et creusé en ligne droite suivant les aplombs qui seront placés par le géomètre, et enfin le niveau devra s'élever régulièrement de 1/4 degré.

5. L'adjudication sera faite en schiste ; l'entrepreneur recevra le double du prix dans les grès ou clavais de plus de 30 cm. d'épaisseur. Dans le cas où l'emploi d'un explosif serait interdit par le Directeur, les prix seront doublés.

6. Il sera retenu pendant tout le travail une caution de 10 % qui sera acquise à la Société dans le cas d'abandon des entrepreneurs.

Il y aura 4 ouvriers mineurs par poste de 8 heures qui se relèveront sur le lieu même. Dans le cas ou on emploierait un perforateur à bras, il pourra n'y avoir que 3 ouvriers par poste. Le travail sera continué tous les jours sans distinction. Aucun ouvrier ne pourra s'absenter sans l'autorisation du chef mineur, sous peine d'une amende de 5 francs.

7. En cas d'accident ou pour toute autre cause qui amènerait une interruption momentanée des travaux, l'entrepreneur ne pourra se prévaloir de ces circonstances pour abandonner le travail. Dans le cas où il viendrait à l'abandonner, la caution serait légitimement acquise à la Société, à moins que l'interruption ne vînt à se prolonger au-delà de deux semaines. Pendant cette interruption momentanée, l'entrepreneur et ses ouvriers seraient alors de préférence employés à d'autres travaux.

8. Les entrepreneurs devront toujours se conformer aux règlements d'ordre en usage, notamment en ce qui concerne l'emploi des explosifs, etc.

Les soumissions seront reçues jusqu'au 30 juin à 6 heures du soir précises.

Résultat de l'Adjudication.

DATES.	NOMS DES SOUMISSIONNAIRES.	PRIX.
Juin 26	A.	36 francs.
» 29	B.	44 »
» 29	C.	40 »
» 29	D.	44 »
» 30	E.	42 »
» 30	F.	40 »

Adjugé à A, au prix de 36 francs.

Signature de l'entrepreneur.

124. La consommation d'explosif dépend de circonstances nombreuses, telles que la section des galeries, etc. La consommation est en général plus grande dans une petite galerie ; c'est pourquoi le prix d'entreprise est souvent le même, quelle que soit la section.

Si, d'autre part, on était intéressé à faire le travail très rapidement, sans grand souci d'économie, il serait préférable de ne prendre aucune mesure pour limiter la consommation d'explosif. On a fait dans ces conditions, aux mines de Ronchamp, une galerie à la main, aussi rapidement qu'en se servant de perforatrices.

Les explosifs, quels qu'ils soient, ne peuvent être transportés dans la mine que sous forme de cartouches. Celles-ci sont d'ailleurs indispensables, quand les trous sont inclinés de bas en haut.

Pour les introduire dans le trou de mine, on les embroche sur une tige de cuivre, nommée épinglette, ou on les pousse au moyen du bourroir, en évitant les chocs.

L'emploi de la poire à poudre n'est toléré que dans quelques carrières, pour les trous verticaux dirigés de haut en bas.

Le transport des cartouches doit se faire en boîtes ou en sacs et l'on doit se garder de transporter dans la mine un plus grand nombre de cartouches, que ce qui est présumé nécessaire. On ne doit, en aucun cas, laisser dans la mine des cartouches non employées.

Jusqu'au moment du chargement, les cartouches doivent être déposées en lieu sûr.

125. ***Chargement dans les roches humides ou sous l'eau.*** — Les explosifs à base de nitrate de potasse ou de soude ne peuvent supporter l'humidité. Si l'on se trouvait dans le cas de les employer dans des roches humides, par exemple en avaleresse, il y aurait à prendre les précautions suivantes :

1° Former à l'orifice du trou un bourrelet d'argile pour empêcher l'eau d'y pénétrer ;

2° Tapisser les parois du trou, ce qui se fait en y tassant de l'argile, puis en y forant un trou au moyen d'une tarière. Les cartouches que l'on emploie dans ce cas, sont en papier goudronné. On peut aussi confectionner des cartouches hydrofuges au moyen d'un sac de toile que l'on plonge, après l'avoir rempli de sable, dans un mélange de graisse fondue ou de goudron, de poix, de résine et de suif.

Lorsqu'on se trouve dans le cas de devoir tirer dans un terrain fortement imbibé d'eau, on a recours aujourd'hui aux explosifs détonants qui résistent au contact de l'eau, tels que la dynamite-gomme, les gélatines, les gélignites, etc.

126. ***Bourrage.*** — Le but du bourrage est de provoquer l'action de l'explosif vers les parois du trou de mine. La résistance du bourrage doit être en rapport avec la force de l'explosif, de telle sorte que ce dernier fasse son travail utile maximum.

Le bourrage peut se faire de différentes matières : il ne faut jamais y employer des substances susceptibles de produire des étincelles par le choc, ni de brûler avec flamme ou étincelles ; c'est ainsi qu'il faut proscrire l'emploi du papier et du menu charbon qui pourrait donner lieu à des explosions, en débourrant dans une atmosphère grisouteuse.

Généralement on emploie l'argile. Cet argile doit être exempte de quartz, ce que l'on obtient en la délayant et la tamisant au préalable. On en façonne ensuite des pelotes que l'on fait sécher ; on introduit ces pelotes dans le trou de mine et on les écrase au moyen du bourroir. Cet outil ne doit jamais être en fer de crainte de provoquer des étincelles. Il sera en bois, car on prétend que les bourroirs en zinc et en cuivre sont eux-mêmes sujets à caution. Le bourroir présente une rainure pour le passage de l'épinglette, de la mèche ou des conducteurs électriques (fig. 58).

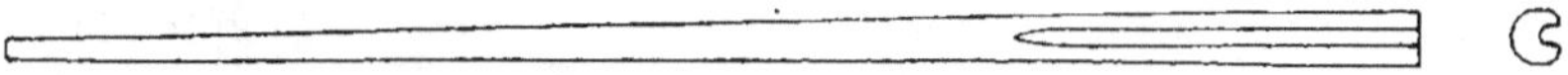

Fig. 58.

Le bourroir doit se manier avec précaution. Il faut éviter les chocs, notamment quand les pelotes d'argile entrent difficilement, parce que l'on pourrait provoquer l'inflammation de l'explosif par l'effet bien connu du *briquet pneumatique*. C'est la cause probable des nombreux accidents qui se produisent pendant le bourrage. Le calcul démontre en effet qu'il est facile de produire par la compression de l'air, la température nécessaire à l'inflammation [1].

C'est pourquoi, il faut éviter de faire usage de bourroir pesant et ne jamais se servir du marteau pour le bourrage.

Il faut en tous cas ne pas trop tasser les premiers lits d'argile, de crainte de déchirer la cartouche.

On a proposé l'emploi de bourrages plus énergiques, par exemple du plâtre ou de liquides cimentant le bourrage ordinaire au point de le rendre aussi résistant que la roche. Ces procédés sont trop coûteux pour l'avantage qu'on peut en retirer.

On a employé des coins cylindriques en bois superposés, avec rainure. C'est un mode de bourrage très énergique, qui a quelquefois été employé dans les travaux d'art, mais qui est trop coûteux pour la pratique ordinaire des mines.

Avec les explosifs détonants, on peut employer un bourrage formé de sable ou même d'eau. Dans ce cas, le choc produit par la détonation se transmet de particule à particule ou de molécule à molécule et arrive à l'orifice du trou, après que l'explosif a déjà exercé son action sur les parois.

[1] Voir Banneux. *Ann. des Tr. pub.* T. 41. 1883.

L'air peut même servir de bourrage. Quand on fait sauter à la dynamite des pièces de fer ou de fonte, on dépose simplement la cartouche sur la pièce, de même que, dans le sautage des roches sous-marines, il suffit de déposer la cartouche sous l'eau dans une anfractuosité de la roche.

Un bon bourrage est surtout nécessaire dans les mines à grisou, parce que le débourrage des coups de mine y est une grave source de danger et parce que les gaz de l'explosion arriveront d'autant moins chauds dans l'atmosphère ambiante qu'ils auront fait plus de travail mécanique. D'après les récentes expériences de la Commission française du grisou, le bourrage au sable l'emporterait à ce point de vue sur le bourrage à l'argile, pour l'emploi des explosifs de sûreté.

127. ***Bourrages de sécurité.*** — On a cherché à assurer la sécurité du minage dans les mines à grisou par le mode de bourrage.

On a obtenu à cet égard des résultats remarquables par le bourrage à l'eau des explosifs détonants, préconisé par M. Abel, chimiste à l'Arsenal de Woolwich. Un explosif détonant au sein d'une masse d'eau peut en vaporiser une partie et en projeter une autre dans l'atmosphère à l'état de grande division, de manière à refroidir suffisamment les gaz pour ne pas mettre le feu au grisou.

Cette idée a été mise en pratique dans la cartouche Settle qui se compose d'une enveloppe en papier imperméable au milieu de laquelle la cartouche est maintenue par des ailerons en fer blanc. L'inconvénient est qu'il faut des trous de mine de plus grand diamètre et que l'on risque toujours de déchirer l'enveloppe en papier par le bourrage supplémentaire, si sommaire que soit ce dernier. La cartouche Settle est encore quelquefois employée en Angleterre et en Allemagne (Saarbrück).

Ce système est absolument inefficace avec les explosifs déflagrants.

Sur le même principe est basé le bourrage à la *gélose* de MM. Chalon et Guérin. La gélose est une matière gélatineuse obtenue en faisant bouillir une algue marine avec 50 fois son poids d'eau. Cette matière contenant 98 % d'eau est moulée en cylindre et conservée dans de l'eau légèrement salée. Elle est éminemment plastique et le bourroir, en l'écrasant, la fait pénétrer autour de la cartouche. On bourre par dessus à l'argile.

Les bourrages de sécurité ne présentent plus grand intérêt, en présence des explosifs de sûreté qui résolvent le problème plus simplement et avec plus d'efficacité.

V. — AMORÇAGE.

128. Le mode d'amorçage doit permettre aux ouvriers de se retirer en lieu sûr, avant que la mine ne parte, ou d'amorcer à distance. Rappelons que l'amorçage doit produire une action thermique pour les explosifs déflagrants et une action mécanique pour les explosifs détonants.

129. **Amorçage de la poudre noire.** — Pour les premiers, on emploie le *fetu* ou *la canette* et, dans ce cas, on ménage un trou dans le bourrage au moyen de l'épinglette.

On coupe un fetu de paille de 0ᵐ.10 à 0ᵐ.12 entre deux nœuds, de manière à avoir un récipient fermé à l'un des bouts ; on en racle les parois pour les amincir et on le remplit de pulvérin ou de poudre de chasse. Au lieu du fetu, on peut se servir d'un cornet de papier (*canette* ou *raquette*). On engage le bout fermé dans le trou de mine et on met l'autre extrémité en contact avec un morceau d'amadou dont la longueur doit être en rapport avec la facilité de se retirer en lieu sûr, après y avoir mis le feu. Lorsque le pulvérin brûle, la réaction fait pénétrer le fetu ou la canette dans le trou et lui fait porter l'inflammation au sein de la poudre. Ce mode d'amorçage donne lieu a des ratés assez fréquents, parce que le fetu ou la canette peut s'accrocher en route : le feu *dort* et la mine peut faire explosion tardivement ; on ne doit en aucun cas débourrer une mine ratée. Ce mode d'amorçage n'est pas admissible dans les mines à grisou, à cause de la gerbe d'étincelles qui se produit au moment de l'inflammation du pulvérin, malgré la précaution toujours illusoire de recouvrir la mine d'une toile métallique légèrement cintrée.

L'emploi du briquet pour mettre le feu à l'amadou ne paraît pas provoquer d'étincelles dangereuses. D'après des expériences faites à l'Ecole des mines de Paris et en Autriche, les étincelles mettent le feu au gaz d'éclairage, mais non au grisou de composition ordinaire [1]. Au lieu d'employer le briquet, on se contente quelquefois d'aspirer la flamme à travers la toile métallique d'une lampe Davy, ce qui est une pratique absolument dangereuse.

13o. **Mèches dite de sûreté.** — Les mèches dite de sûreté ou de Bickford ont été inventées en 1831. Elles se composent de 5 parties :

1° Une âme en pulvérin ;

2° Une première enveloppe continue formée de 10 fils de jute enroulés en hélices jointives ;

3° Une seconde enveloppe formée de 7 fils enroulés de même en sens inverse, mais en hélices non jointives ;

4° Quelquefois une troisième enveloppe semblable à la précédente, mais d'enroulement inverse (mêches doubles) ;

5° Un enduit qui diffère suivant le degré d'humidité de l'endroit où l'on doit faire usage de la mêche. Cet enduit est en amidon pour les mines sèches, en goudron pour les mines humides, en gutta-percha pour tirer sous l'eau, exceptionnellement en plomb, s'il s'agit de tirer sous l'eau à de grandes profondeurs.

Dans le but d'éviter les gerbes d'étincelles qui peuvent surgir latéralement de la mêche, on a employé quelquefois des enduits d'argile ou d'asbeste.

La longueur de la mêche dépend de la distance à laquelle on doit se retirer ; la mêche brûle avec une vitesse de o m. 6o par minute.

L'amorçage de la poudre noire au moyen de la mêche se fait en introduisant une de ses extrémités effilochées dans la poudre et en mettant le feu, au moyen de l'amadou, à l'autre extrémité fendue sur 2 à 3 cm.

Le bourrage se fait sur la mêche, ce qui exige des précautions spéciales. La mêche doit en effet être maintenue bien droite et il faut éviter de l'écraser ou de la couper.

---

[1] *Annales des mines*, 8e série, t. 11. 1890.

Les avantages de la mêche par rapport au fetu sont les suivants :

1° Suppression presque complète des ratés, à condition que les mêches soient de bonne fabrication et que l'on ait pris les précautions nécessaires pour le bourrage.

2° Augmentation de l'effet produit, en raison de la suppression de la cheminée restée ouverte par l'emploi de l'épinglette. La mêche brûlée laisse un résidu charbonneux qui bouche cette cheminée et empêche les gaz de s'échapper. D'après certaines expériences, on a évalué l'économie de poudre qui en résulte à 20 °/₀ et celle de main-d'œuvre de 13 à 14 °/₀.

3° Amorçage rendu facile, quelle que soit la situation et la profondeur du trou de mine; l'inflammation est en effet portée au sein même de la masse et non simplement à la surface de l'explosif.

Les inconvénients sont d'autre part :

1° Le prix de ce mode d'amorçage : la mêche blanche ou goudronnée coûte fr. 0.025 par mètre et celle à enveloppe de gutta-percha fr. 0.055 par mètre.

2° La fumée dégagée, notamment par les mêches goudronnées.

3° Dans les mines à grisou, la mêche ordinaire doit être proscrite à cause de la gerbe d'étincelles ou de la flamme (mêches goudronnées) qui se produit lors de l'allumage.

Cette gerbe est moindre qu'avec le fetu, mais elle n'en existe pas moins et la mêche ne donne par conséquent, dans les mines à grisou, guère plus de sécurité que le fetu ou la canette.

On fabrique à vrai dire en Allemagne des mêches de sûreté spéciales ne donnant ni étincelles ni flamme, et dont l'âme brûle à la manière de l'amadou; mais l'emploi de ces mêches paraît demander des soins spéciaux.

131. *Amorçage de sécurité.* — Pour les mines à grisou, on a proposé différents procédés *d'amorçage* dits *de sécurité* dans le but de supprimer toute flamme ou gerbe d'étincelles à l'air libre.

C'est ainsi qu'en Angleterre, on a préconisé pour mettre le feu aux mêches l'emploi de la lampe Heath. L'extrémité de la mêche s'introduit dans cette lampe, qui est construite comme une lampe de sûreté, de telle sorte que l'inflammation se produit en vase clos. On n'en retire la mèche que quand la combustion est assez avancée dans celle-ci, pour qu'il n'y ait plus de projections à craindre.

En France, on a préconisé dans le même but des pistolets de mine et le briquet pneumatique Bourdoncle, où l'inflammation de la mèche se produit dans une capacité entièrement close. Ces procédés sont en général trop lents, surtout lorsqu'on veut tirer plusieurs mines successives en batterie.

On emploie aussi en Allemagne et en Autriche des amorces à friction (Lauer) ou à choc (Tirmann), dans lesquelles le frottement d'une surface dentelée ou le choc d'une pièce à ressort, manœuvrée à distance par un fil métallique, provoque l'inflammation du fulminate au sein même de la capsule. Ces amorces coûtent fr. 0.15 pièce.

132. **Amorçage des explosifs détonants.** — Pour les explosifs détonants et pour les explosifs de sûreté, l'amorçage se fait par un détonateur, capsule chargée de fulminate de mercure ou de chlorate de potasse et de sulfure d'antimoine. On emploie des capsules chargées de 0 g. 40 à 2 g. 00 de fulminate, suivant l'aptitude à la détonation de l'explosif.

Dans les mines sans grisou, on peut faire usage de la mèche sur laquelle on chausse la capsule, serrée au moyen d'une pince spéciale. Cette pince sert en même temps de ciseaux pour couper nettement l'extrémité de la mèche. La capsule s'engage dans la dernière cartouche, dite cartouche-amorce. Une ligature réunit le papier de la cartouche avec la mèche. Il faut veiller à ce que la partie supérieure de la capsule fasse saillie hors de la cartouche-amorce, car l'explosif que celle-ci contient ne doit jamais être en contact avec la mèche, de crainte d'y mettre le feu sans provoquer l'explosion. Pour tirer sous l'eau, on réunit la capsule et la mèche par un corps gras hydrofuge, afin d'empêcher l'humidité d'avoir accès au fulminate.

Le bourrage doit se faire avec des précautions encore plus grandes qu'à l'ordinaire pour ne pas détacher la mèche de la capsule.

L'emploi de l'électricité résout le problème de l'amorçage à distance d'une manière satisfaisante et fournit la meilleure solution pour les mines à grisou.

133. ***Amorçage électrique.*** — L'emploi de l'électricité a tardé à se généraliser, parce qu'il repose sur l'emploi de connexions et d'appareils délicats. Notamment, dans les mines à grisou, il demande la plus grande prudence; mais appliquée avec les soins voulus, l'électricité ne produit ni flammes, ni étincelles extérieures; c'est pourquoi son emploi est spécialement désigné dans ces mines.

A part la question des mines grisouteuses où l'électricité a remplacé exclusivement en Belgique la mèche de sûreté, les avantages de l'amorçage électrique sont les suivants :

1° La sécurité des ouvriers boute-feu qui résulte de l'amorçage à grande distance. Cet avantage est surtout caractéristique dans les avaleresses où les ouvriers doivent remonter le long des échelles pour se mettre à l'abri. En cas de raté, l'électricité présente aussi plus de sécurité; car on est certain que le feu ne dort pas et l'on peut retourner immédiatement à la mine après un raté; les ratés sont d'ailleurs plus rares.

2° L'électricité permet le tir des mines simultanées dont l'effet utile est supérieur à celui d'un nombre égal de mines successives, parce que les zones d'ébranlement interfèrent et se transforment en zones de fissuration (cf. n° 21), effet que l'on définit souvent en disant que les mines s'entr'aident. L'électricité constitue d'ailleurs le seul moyen efficace d'assurer la simultanéité et les règlements ne permettent pas en général de tirer des mines simultanées sans recourir à l'électricité.

3° En cas de tir sous l'eau ou dans l'humidité, l'emploi de l'électricité fournit une solution parfaite.

4° Enfin l'organisation du travail peut être plus méthodique. Le travail se divise en deux périodes consacrées successivement au forage des trous et au déblai, entre lesquelles se place le tir des mines, qui est fait par un ouvrier boute-feu, lorsque les ouvriers ont quitté le travail. Or, à une meilleure organisation du travail correspond une plus grande vitesse d'avancement et une économie. Dans les galeries les avantages sont moindres à ce point de vue que dans les puits.

L'amorçage électrique est généralement plus coûteux que l'emploi de la mèche.

Les sources d'électricité employées dans l'amorçage sont

produites par la transformation en électricité de l'énergie mécanique ou chimique.

134. **Exploseurs.** — Les exploseurs électriques sont à *haute* ou à *faible tension*. Les premiers sont dangereux au point de vue des étincelles qui peuvent surgir par une solution de continuité des conducteurs. Une circulaire française du 19 novembre 1889 en défend l'usage dans les mines à grisou. Les exploseurs à faible tension sont eux-mêmes sujets à caution par les étincelles d'extra-courant qui peuvent se produire en cas de rupture.

Les exploseurs mécaniques se divisent en trois classes :

135. 1° *Les exploseurs magnéto-électriques*, qui sont à bobine mobile ou fixe.

a) *Exploseurs magnéto-électriques à bobine mobile.* — Si l'on fait tourner une bobine entre les pôles d'un aimant ou d'une série d'aimants en fer à cheval juxtaposés, on engendre dans cette bobine des courants alternatifs qui peuvent être utilisés pour l'amorçage. On fait tourner la bobine à l'aide d'une manivelle démontable ; quand la vitesse convenable est atteinte, on pousse sur un bouton qui ferme le circuit, au moment où l'on veut provoquer l'explosion. Mais en lâchant le bouton, il se produit une étincelle par rupture du circuit. De crainte d'accident dans les mines à grisou, on fait éclater cette étincelle en vase clos au moyen de l'isolateur Scola, simple poche en caoutchouc reliée aux deux pièces dont le contact produit la fermeture du circuit. La flexibilité du caoutchouc permet à cette poche de rester fermée dans toutes les positions de ces pièces. L'isolateur Scola est devenu un accessoire obligé des exploseurs destinés à être employés dans les mines à grisou.

L'exploseur est enfermé dans une boîte. Aucune pièce métallique par où peut passer le courant ne doit être en évidence, de crainte de provoquer des secousses au toucher de ces pièces.

Dans d'autres appareils de ce genre, la fermeture du circuit se produit automatiquement après quelques tours de manivelle.

b) *Exploseur magnéto-électrique à bobine fixe.— Coup de poing Bréguet.* — Cet exploseur se compose d'un aimant Jamin sur les extrémités duquel sont fixées des bobines à noyau de fer doux ; une pièce en fer doux à charnière est appliquée par un ressort contre l'aimant ; au moment où l'on détache violemment cette pièce, en donnant un coup de poing sur une poignée, s'engendre dans les bobines un courant induit, en même temps qu'un extra-courant de même sens et de tension beaucoup plus grande ; ce dernier résulte de la rupture d'un court circuit formé dans l'appareil. Ces courants sont lancés simultanément dans le circuit des mines. L'étincelle de l'extra-courant jaillit, au moment de la décharge, entre deux tiges métalliques dont l'une est mobile. Ces deux pièces sont réunies par un tube de verre et un isolateur Scola. La poignée de l'appareil est maintenue relevée par un verrou qu'on ne retire qu'au moment de donner le coup de poing. Ce système peut convenir pour 4 à 5 mines simultanées ; il est simple, robuste et portatif, mais on lui reproche sa détérioration rapide. Il est moins employé aujourd'hui que les exploseurs magnéto et dynamo électriques à bobine mobile.

Les appareils magnéto-électriques ont l'inconvénient de perdre à la longue de leur puissance par la désaimantation de l'aimant permanent.

136. 2° Les *exploseurs dynamo-électriques* sont de petites dynamos mues par une manivelle ou une poignée qui met en mouvement un jeu d'engrenages.

La firme Siemens et Halske construit aussi de ces exploseurs où un ressort préalablement remonté, met le mécanisme en mouvement au moment où l'on pousse sur un bouton.

137. 3° On peut également utiliser la transformation de l'énergie mécanique en électricité, au moyen d'un *exploseur à électricité statique*, tel que celui de Bornhardt, à Brunswick, où une manivelle fait tourner rapidement, à l'aide d'engrenages, un plateau d'ébonite entre des coussinets en peau de lapin. L'électricité négative engendrée est recueillie dans une bouteille de Leyde dont l'armature extérieure communique, par l'intermédiaire d'une feuille de tôle qui tapisse l'intérieur de la boîte, avec les coussinets électrisés positivement. Pour provoquer la décharge, lorsque la tension est suffisante, il suffit de presser sur un bouton pour mettre l'une des bornes en contact avec l'armature intérieure de la bouteille, tandis que l'autre est en

communication avec l'armature extérieure. Une série de clous de tapissier placés extérieurement permettent de reconnaître si la machine est en bon état, immédiatement avant de s'en servir. Il faut pour cela pouvoir provoquer le jaillissement d'étincelles entre les clous de tapissier, dont la série est reliée par des chaînettes métalliques avec les bornes de l'appareil, après avoir fait un certain nombre de tours de manivelle, soit 10 à 20.

Le courant produit par cet appareil est de plusieurs milliers de volts, ce qui le rend dangereux dans les mines à grisou.

Cet appareil permet la mise à feu de 15 à 20 amorces simultanées. On a construit des machines de ce genre à deux plateaux et deux bouteilles de Leyde qui permettent de mettre à feu 150 amorces simultanées.

Le nombre de tours de manivelle nécessaires dépend beaucoup de l'état de sécheresse des conducteurs et de l'exploseur lui-même qui ne doit jamais être transporté subitement d'une atmosphère chaude dans une atmosphère froide.

La manivelle est démontable et l'ouvrier boute-feu la porte sur lui, afin d'éviter toute imprudence, pendant qu'il organise les mines.

Cet appareil est délicat et s'altère rapidement sous l'influence des conditions atmosphériques, il exige des soins et un entretien dont les autres systèmes peuvent se dispenser.

La machine Bornhardt est encore quelquefois employée. Elle est encombrante et l'on y a souvent substitué des appareils de plus petites dimensions, tels que l'appareil Ebner où la bouteille de Leyde est remplacée par un condensateur à lames enroulées, ou d'autres (Nobel, Abbeg, etc.).

138. Les sources chimiques d'électricité sont les piles primaires ou secondaires (accumulateurs). Les piles primaires conviennent pour produire des courants de faible et de grande intensité. On les a employées pour le sautage des récifs de Hellgate à New-York, en grandes batteries, parce qu'il n'existait pas d'exploseurs permettant de faire partir un aussi grand nombre de mines simultanées. En tout autre cas, les soins et l'entretien des piles, leur fragilité, leur consommation, la variation de l'intensité par polarisation, sont des obstacles à

leur emploi. On a construit cependant, au moyen de piles sèches ou d'accumulateurs, des exploseurs légers et peu coûteux.

139. **Amorces.** — Les amorces électriques sont de trois systèmes, exigeant l'emploi d'exploseurs de tensions différentes.

Les *amorces à étincelle*, dans lesquelles une étincelle jaillit entre les extrémités de deux fils de cuivre, au sein d'une poudre dite électrique, mauvaise conductrice et inflammable à basse température (fig. 59) exigent une tension élevée.

Les poudres électriques sont composées de substances très diverses, ordinairement de chlorate de potasse et de sulfure d'antimoine par parties égales.

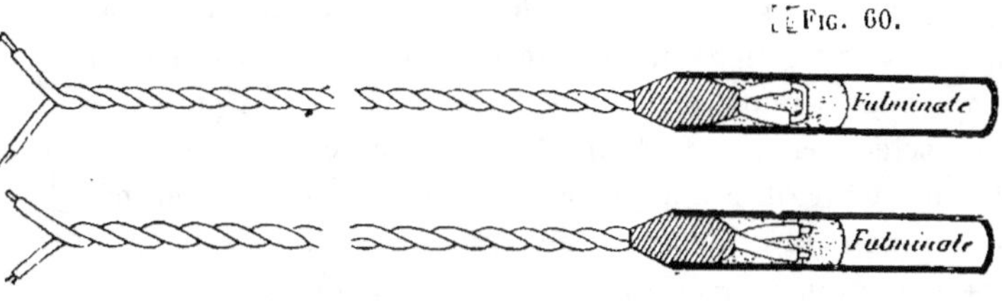

Fig. 59.

Les extrémités des fils sont distantes de $0^{mm}.2$ à $0^{mm}.05$. Cette distance doit être rigoureusement constante, lorsqu'on veut assurer la simultanéité des mines. Ces amorces coûtent de 13 $^1\!/_2$ à 18 cent. pour des charges de fulminate variant de 0.65 à 2 gr.

2° Les *amorces* dites *de quantité ou à incandescence*, dans lesquelles les extrémités des conducteurs sont soudées à un *fil de pont* de 2 à 6^{mm} de longueur et de $0^{mm}.02$ à $0^{mm}.05$ de diamètre (fig. 60) ne demandent qu'une faible tension. Le fil de pont est en un métal inaltérable et susceptible d'être laminé en fil très mince, afin de présenter une résistance suffisante pour devenir incandescent. On choisit ordinairement le platine ou un alliage de platine et d'iridium.

Pour assurer la simultanéité des mines, les fils de pont des amorces à incandescence doivent présenter rigoureusement la même résistance, sinon les fils les plus résistants seraient portés à l'incandescence avant les autres. Les amorces doivent en conséquence être essayées et classées à la fabrique au point de vue de leur résistance. Les impuretés contenues dans le platine peuvent avoir une influence sur sa conductibilité, de là l'emploi des alliages qui offrent plus de garanties.

Ces amorces coûtent plus cher que les amorces à étincelles. On peut s'assurer, avant le tir, que tout est en ordre, en faisant passer un courant insuffisant pour provoquer l'incandescence. Plusieurs exploseurs à basse tension permettent de faire cette vérification.

On emploie quelquefois simultanément des amorces où la hauteur de la charge de poudre électrique est différente pour obtenir l'explosion successive de deux séries de mines.

3° Il existe un troisième système d'amorces qui tient des amorces à étincelles, en ce que les fils y sont interrompus, et des amorces à pont, en ce que la poudre électrique est rendue conductrice par le mélange de particules de graphite, qui deviennent incandescentes et mettent le feu au mélange. Ces amorces sont plus économiques que les amorces à fil de platine. Elles ne coûtent que fr. 0.12 à 0.16. Mais par suite même de leur composition hétérogène, elles peuvent difficilement assurer la simultanéité.

Les amorces sont différentes suivant que l'on emploie des explosifs déflagrants ou détonants. Avec les premiers, il suffit que la poudre électrique s'enflamme au sein de la masse ; avec les seconds, il faut un détonateur, une capsule dont la détonation est provoquée par la poudre électrique.

140. **Conducteurs.** — Les conducteurs sont formés de fils de cuivre isolés pour éviter les déperditions d'électricité et les étincelles. La section de ces fils doit être en rapport avec la source d'électricité ; à basse tension, elle doit être assez grande (fil de cuivre d'au moins 0.9 mill.) pour diminuer la résistance. Au lieu d'un fil unique, on emploie plus avantageusement un faisceau de fils minces de même section totale. Le conducteur gagne ainsi en souplesse et devient moins sujet à se rompre. On emploie les conducteurs simples ou doubles. Dans ces derniers, les conducteurs d'aller et de retour sont réunis dans une même gaine ; ils conviennent spécialement quand la tension est faible ; dans le cas contraire, une détérioration ou même l'humidité pourrait faire jaillir l'étincelle entre les deux conducteurs. C'est

pourquoi l'on préfère quelquefois employer des fils simples
d'aller et de retour fixés au boisage dans l'angle de la galerie,
sans même être isolés, lorsque la distance n'est pas de plus de
5o m. Ce sont alors de simples fils de fer galvanisé de 2 mill. ou
de petits câbles, si l'on a besoin d'une assez forte section.

Un conducteur double coûte fr. o.45 à o.6o par mètre courant,
suivant le degré d'isolement des fils. Il suffit généralement
d'avoir 100 m. de conducteur par exploseur.

Avec les amorces à incandescence, on pourrait à la rigueur,
par économie, se servir de la terre ou de fils non isolés comme
retour ; mais c'est toujours dangereux, car on peut ainsi provoquer par induction, l'explosion de mines voisines dont les
conducteurs seraient en communication avec le sol.

Les conducteurs se relient par contact métallique à des fils
adducteurs (fils de cuivre de o.5) tenant aux amorces. Ce sont
précisément ces contacts qui demandent, surtout avec les appa-

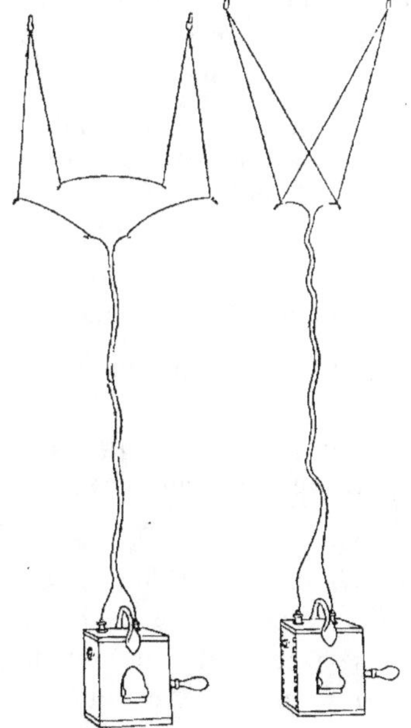

reils à haute tension, des soins
souvent difficiles à obtenir des
ouvriers. Dans les lieux humides,
on recouvre les connexions d'une
enveloppe imperméable.

Les fils adducteurs sont généralement trop endommagés pour
servir plusieurs fois. Ces fils sont
isolés et tordus l'un sur l'autre.

141. Suivant la tension du courant électrique, les mines simultanées sont disposées en série
fig. 61 ou en dérivation fig. 62,
selon que l'exploseur est à basse
ou à haute tension. La première
disposition est la plus ordinaire.
La tension de la source d'électricité doit être suffisante pour
parcourir toute la série.

Fig. 61.   Fig. 62.

Pour un très grand nombre de
mines simultanées, la disposition la plus économique est intermédiaire. Les amorces sont alors disposées en série par bran-

chements dérivés. Le calcul démontre que cette disposition est celle qui demande le moins de force électro-motrice. C'est celle qui fut employée au sautage des récifs de Hellgate, à New-York.

VI. — ORGANISATION DU TRAVAIL AVEC PERFORATION MÉCANIQUE ET RÉSULTATS COMPARATIFS.

142. a) **Galeries et tunnels**. — Lorsqu'on emploie la perforation mécanique, le travail sera différemment organisé, selon que l'on veut atteindre une grande vitesse ou que l'on vise spécialement l'économie. Dans le premier cas, qui est celui de la *marche forcée*, on emploie simultanément plusieurs perforatrices. C'est le cas ordinaire pour le creusement des tunnels. Dans le second, qui est celui de la *marche normale*, on n'emploie qu'une seule perforatrice. C'est le cas le plus général dans les mines.

Au point de vue de l'avancement mensuel, voici d'après M. J. François, les résultats que l'on peut obtenir en galerie par ces deux marches, comparées au travail à la main.

	Travail à la main	Marche normale	Marche forcée
Schistes	40 m.	80 m.	200 m.
Grès ordinaire, calcaire	20	60	160
Granite, grès dur . . .	12	50	120
Quartz, porphyre . . .	5 à 8	35	60

On voit que l'avantage est d'autant plus grand que la roche est plus dure.

On distingue toujours dans le travail trois périodes : le *forage*, le *tir* et le *déblai*. Ces deux dernières périodes sont souvent plus ou moins confondues.

143. *Travail par perforatrices multiples de calibre ordinaire.* — La première opération consiste à déchausser la roche au milieu de la section, ce qui peut se faire soit au moyen d'un fleuret de forme spéciale faisant un trou de 0^m10 à 0^m12, qui n'est pas destiné à être chargé et qui peut être accompagné ou non de quelques mines courtes convergentes, soit au moyen de mines centrales, un peu convergentes, chargées à la dynamite.

On doit, au surplus, juger de la nécessité de ce déchaussement suivant l'allure des roches ; il est beaucoup moins utile en dressants qu'en plateures.

144. *Forage.* — Le forage proprement dit se fait en commençant par les trous supérieurs et en descendant progressivement ; la longueur et le nombre de trous varient avec la nature des roches et de l'explosif. Si l'on veut avancer rapidement, sans égard à la consommation d'explosif, on fait des trous de mines sensiblement parallèles, aussi longs que possible et bien égaux en longueur, de manière à maintenir le front de taille vertical. Cette longueur est, par exemple :

dans les roches très dures. . . de 1^m10 à 1.25

  »   moyennes. . . » 1^m25 à 1.60

  »   tendres. . . . » 2^m00.

On a toujours soin de percer, à la base de la section, 5 trous en ligne, pour que le sol de la galerie reste bien horizontal.

Le personnel varie avec le nombre des perforatrices. Pour un affût à 4 perforatrices, il faut 4 ouvriers dont un chef. Ce dernier et un des ouvriers se tiennent au front de taille. Le chef, avec l'aide de l'ouvrier, marque les points où les trous doivent être faits ; en l'absence de curage continu, il soigne l'injection d'eau provenant d'un tender ou d'un réservoir spécial recevant la pression de l'air comprimé et s'occupe du remplacement des fleurets.

Deux ouvriers à l'arrière de l'affût surveillent la marche des perforatrices, qui sont généralement dans ce cas à progression automatique.

Il faut, en outre, dans la mine, un ajusteur qui visite, nettoie les perforatrices et leur fait même subir les petites réparations qui peuvent se faire sans les ramener au jour.

Il y a de plus des manœuvres, en nombre plus ou moins grand, suivant la distance à parcourir pour le transport des déblais.

Après chaque période de forage, il faut visiter soigneusement les fleurets et remplacer immédiatement ceux qui sont émoussés. Il est bon d'intéresser au travail le forgeron qui affûte les fleurets et répare les perforatrices, parce que du bon entretien de ces appareils dépend le travail qu'ils effectuent.

145. *Tir et déblai.* — Pour procéder au tir et au déblai, on ramène l'affût en arrière. Le chargement est fait par le chef et un ouvrier, pendant que les deux autres disposent des tôles sur le sol entre les rails et de part et d'autre de la voie jusqu'à 5 m. du front de taille, pour recevoir les déblais et faciliter leur enlèvement à l'escoupe.

Le tir se fait par volées successives à partir du centre. Après le tir de chaque volée, deux ouvriers enlèvent le déblai, pendant que les deux autres continuent le chargement de la volée suivante.

Après le tir, il faut aérer le front de taille, ce qui se fait quelquefois au moyen de chasses d'air comprimé ; mais ce système est très peu économique et même peu efficace, parce que les jets d'air à haute pression ne se mélangent pas ; ils « font des trous dans la fumée ». Il est préférable d'utiliser l'air comprimé pour actionner un petit ventilateur.

Pour accélérer le déblai, il faut avoir une voie d'évitement à quelque distance, 100 m. au maximum, du front de taille. On ramène l'affût sur cette voie et pendant le chargement, on y pousse, en avant de l'affût, la série de wagonnets destinés à enlever le déblai. Ces wagonnets sont amenés un à un au front de taille pour recevoir leur chargement et repartir par la voie libre.

Dans une *attaque,* le forage prend plus ou moins de temps, suivant la nature des roches. Dans une galerie en schistes, le forage dure par exemple 2 heures, tandis qu'il demande 4 heures dans le grès. Le tir et le déblai prenant 2 heures, le forage dure pendant la moitié ou les deux tiers d'une attaque. On voit donc l'intérêt qu'il y a à accélérer autant que possible le tir et le déblai ainsi que l'avancement de la voie et le boisage.

Lorsqu'on veut marcher très rapidement, le personnel des perforatrices doit s'occuper exclusivement des travaux au front de taille. Il se compose dans ce cas d'un surveillant spécial qui s'occupe du service des fleurets, des explosifs, de l'avancement de la voie, du boisage, de la ventilation et du service du transport des déblais, opérations qui sont faites par d'autres ouvriers. Cette marche forcée ne peut être naturellement obtenue qu'aux dépends de l'économie.

146. Nous avons déjà dit combien il est difficile de procéder à des comparaisons en tout ce qui concerne le tir des mines. Aux charbonnages de Marihaye, on a eu la rare occasion de comparer les deux genres de travail dans des conditions similaires, pendant le creusement de deux galeries à travers bancs superposées, à 135 et 170 m. de profondeur. La faible hauteur verticale de 35 m. qui séparait ces galeries, autorise à supposer que la succession des roches était sensiblement la même dans l'une et l'autre. La section de ces galeries était semblable : 1 m. 80 sur 1 m. 80.

Les résultats comparatifs sont résumés dans le tableau suivant :

	Perforation mécanique Niveau de 135 m.	Perforation à la main Niveau de 170 m.
Nombre de perforatrices	3	»
Nombre de jours de travail . . .	183	374
Avancement moyen par jour . . .	$1^{m}90$	$0^{m}62$
Coût de la main d'œuvre par m. c^{t}.	fr. 24.14	fr. 43.26
Consommation de poudre id.	fr. 7.34	fr. 4.52
Total. .	fr. 31.48	fr. 47.48
Durée des postes	8 h.	12 h.
Nombre d'ouvriers par poste . . .	3	2
Moyenne des salaires	fr. 4.54	6.71

Ce tableau est très instructif ; il montre que le travail à la perforatrice a été trois fois plus rapide. Ce sont ordinairement les résultats que l'on obtient dans les roches moyennes, sans avancement forcé. Dans les roches dures, on peut, comme nous l'avons dit, obtenir mieux.

Les deux principaux éléments du prix de revient sont la main-d'œuvre et la consommation d'explosif.

La main-d'œuvre par mètre courant est beaucoup moindre dans la perforation mécanique, non-seulement en raison de l'avancement plus rapide, mais aussi parce que les salaires des ouvriers sont moins élevés que ceux des ouvriers spéciaux du travail à la main. En travail forcé, ce poste augmente, parce qu'on augmente le nombre d'ouvriers.

La consommation d'explosif est, au contraire, toujours plus grande avec perforatrices, parce qu'on ne peut disposer les trous de la manière la plus favorable. Il y a donc une compensation et, dans l'exemple ci-dessus, on voit que la somme de la main-d'œuvre et de la consommation d'explosif, laisse un avantage de fr. 16.30 en faveur du travail à la machine. Mais cet avantage disparaît, si l'on tient compte de la consommation d'air comprimé et de l'amortissement de l'installation des compresseurs et des conduites d'air comprimé.

On a calculé à Marihaye que le litre d'air comprimé coûtait fr. 0.0259. Il y a donc de ce chef une dépense importante dont il faut tenir compte. Quant à l'amortissement des installations, il entre dans le prix de revient pour une valeur très différente suivant que ces installations ont été créées exclusivement pour la perforation ou pour plusieurs services.

Voici des prix de revient complets, comprenant la consommation d'air comprimé et l'amortissement, relevés aux mines de Nœux (Pas-de-Calais) :

Prix de revient du mètre de galerie à travers bancs :

	Perforation mécanique.	Perforation à la main.
En schistes . . . . fr.	67 50	64 25
En grès . . . . . . , . »	90 25	133 40

On voit que dans les terrains tendres, l'avantage économique est nul, tandis que dans les roches dures il devient très sensible.

147. *Travail par perforatrices multiples de fort calibre.*— On peut employer deux perforatrices Dubois-François de 0^m12 forant des trous de 0^m06.

Chaque perforatrice ne fore dans ce cas que 5 à 7 trous. Le personnel est de 4 hommes qui ne s'occupent que du forage, 6 autres font le tir et le déblai ; on peut réaliser ainsi une marche plus rapide encore qu'avec les perforatrices multiples de petit calibre. On fait une attaque de 1^m.25 à 1^m.30 par 6 heures dont 3 pour le forage, soit un avancement total de 5 m. par 24 heures dans les roches moyennes.

148. De même avec le système Brandt, on peut employer simultanément 2 et même 3 perforatrices.

Au charbonnage de Marcinelle-Nord, on a employé deux perforatrices Brandt.

Le coût de l'installation a été :

Perforatrices	25.000 francs.
Tuyaux.	7.000 »
Appareils divers.	8.000 »
Total. . .	40.000 francs.

Ce coût est inférieur à celui d'une installation d'air comprimé.

Le réservoir d'eau se trouvait à la cote 314 m. L'eau arrivait aux perforatrices sous une pression de 55 atm. par des tuyaux Mannesmann de $0^m.07$ de diamètre et de 9^{mm} d'épaisseur.

Les deux perforatrices Brandt foraient 12 trous de $0^m.07$ de diamètre et $1^m.50$ à 2 m. de profondeur dans une section de $2^m.60$ sur 3 m. On faisait sauter les mines par volées de quatre en commençant par celles du milieu, pour produire le déchaussement. Il y avait 3 hommes par perforatrice.

La consommation d'explosif Favier était de 10 à 12 kil. par mètre courant et la consommation d'eau d'environ 3 litres par perforatrice et par seconde.

L'avancement fut de 3 m. par 24 heures et le prix de fr. 161.80 par mètre courant, boisage et amortissement compris.

L'avancement de 3 m. suppose toutefois un travail régulier, sans tenir compte des interruptions causées par l'eau qui faisait gonfler les schistes au point d'obliger à recarrer fréquemment la galerie.

Aux charbonnages de Shamrock, en Westphalie, l'eau motrice était prise à 20 m. de profondeur sous la surface, ce qui donnait dans la mine des pressions de 27 et de 37 atm. suivant le niveau où les perforatrices Brandt, au nombre de deux par affût, étaient employées.

Voici les résultats obtenus dans des travaux à travers bancs et en direction :

Galerie à travers bancs (psammite et grès dur) :

		Perforation mécanique.	Perforation à la main.
Avancement par jour	Schistes	$3^m.07$	$0^m.80$
	Grès.	$1^m.95$	$0^m.33$
Prix de revient par mètre courant.		124 fr.	77 fr.

Travail en direction (bosseyement d'une couche de $0^m.40$) :

	Perforation mécanique.	Perforation à la main.
Avancement par jour	$4^m.03$	$1^m.13$
Prix de revient par mètre courant.	fr. 63.75	fr. 32.65

Ces résultats étaient, comme on le voit, plus avantageux au point de vue de la vitesse d'avancement qu'au point de vue économique.

Au Simplon, on emploie par affût 3 perforatrices Brandt qui exigent un personnel de 10 hommes. L'avancement moyen était, à la fin de 1900, de $5^m.31$ par 24 heures au Nord (schistes) et de $4^m.38$ au Sud (gneiss).

149. Lors du percement du tunnel de l'Arlberg, on a eu l'occasion de comparer les perforatrices Brandt, au nombre de 3 à 4 par affût employées à l'Ouest, et les perforatrices Ferroux au nombre de 6 à 8 par affût à l'Est. La raison qui avait décidé à l'Ouest de l'emploi des perforatrices Brandt était la nécessité d'économiser la force motrice, par suite du moindre débit des chutes d'eau de ce côté du tunnel. Il fallait donc faire usage d'installations mécaniques de plus fort rendement.

Les résultats de la perforation à l'Est et à l'Ouest ont été les suivants :

		Avancement par jour	
		Ouest	Est
1880	Trav. à la main	$1^m.63$	$1^m.41$
1881	Perf. mécanique	$2^m.89$	$4^m.18$
	(2 Brandt à l'Ouest, 6 Ferroux à l'Est.)		
1882	Perf. mécanique	$4^m.60$	$5^m.24$
	(3 à 4 Brandt à l'Ouest, 8 Ferroux à l'Est.)		
1883	Perf. mécanique	$5^m.43$	$5^m.44$
	(4 Brandt à l'Ouest, 8 Ferroux à l'Est.)		

A première vue, les perforatrices Brandt ont fait moins de

travail que les Ferroux. Mais la composition des roches explique les différences d'avancement en 1881 et 1882. Du côté Est dominaient les roches dures, telles que le gneiss; du côté Ouest, des micaschistes tourmentés, altérés, avec phyllades graphitiques et argiles kaolinisées, plastiques et difficiles à soutenir.

Il s'ensuit qu'à l'Est la perforation pouvait recommencer, dès que le déblai était fini, tandis qu'à l'Ouest on perdait du temps, par la nécessité d'interrompre le travail pour boiser; de plus la section réduite par le boisage ne permettait souvent pas d'employer plus de deux perforatrices à la fois. L'écart des avancements est d'ailleurs devenu de moins en moins grand, au fur et à mesure qu'on s'est rapproché du point de rencontre et pendant la dernière année où les deux chantiers se trouvaient à égale distance de ce point dans des roches de même nature, les avancements ont été sensiblement égaux de part et d'autre.

On peut donc conclure que dans les mêmes conditions, les deux systèmes donnent des avancements égaux.

Au point de vue du prix de revient, l'avantage était en faveur de la Brandt.

En effet, au point de vue de la main d'œuvre, il faut deux hommes par perforatrice, quel que soit le système. On faisait trois postes par 24 heures de chaque côté, correspondant à trois attaques. Le personnel du déblai était le même.

On avait :

	Pour 3 Brandt	Pour 6 Ferroux
Forage . . .	6 hommes	12 hommes
Déblai . . .	7 »	7 »
	13 »	19 »

soit une différence de 6 hommes par poste en faveur de la Brandt.

Au point de vue de l'entretien, la Brandt, moins portative que la Ferroux, est plus difficile à enlever de l'affût, de sorte qu'il fallait un ouvrier mécanicien dans la mine pour la nettoyer sur l'affût et y faire même de petites réparations après chaque attaque, tandis que pour la moindre réparation on renvoyait les Ferroux au jour.

Les perforatrices Ferroux étaient ramenées à l'atelier,

après avoir percé 100 m. de trous, soit après 4 jours de service, tandis que les perforatrices Brandt n'y retournaient qu'après un mois, soit après avoir foré 2.000 m. de trous. Il faut remarquer que dans la perforatrice Brandt, l'eau agit comme lubrifiant, tandis que les organes des perforatrices à air comprimé restent exposés à la poussière.

Les fleurets en acier Bessemer s'usent plus vite que les forêts Brandt en acier de forge. Dans les micaschistes, on usait par mètre courant jusqu'à 70 fleurets et 5 $^1/_2$ forêts Brandt seulement, mais ceux-ci étaient plus coûteux.

Au point de vue de la consommation de dynamite, avec la Brandt, on faisait 6 à 8 trous de $0^m.070$, avec la Ferroux 18 à 26 trous de $0^m.030$. Il en résultait une consommation de dynamite de 10 à 14 kg. par mètre courant avec la Brandt et de 16 à 22 kg. avec la Ferroux (^{1}).

150. *Travail par perforatrice unique de petit calibre.* — Lorsqu'on n'emploie qu'une seule perforatrice, M. J. François conseille de faire le déchaussement par un *havage* pratiqué verticalement ou horizontalement au milieu de la section de la galerie. Il en résulte une économie d'explosif, parce que les mines ont un effet plus considérable, la roche étant mieux dégagée vers le centre, mais ce havage prend du temps.

Dans les roches dures ou hétérogènes, le havage s'opère en creusant une série de 7 à 8 trous parallèles de $0^m.04$ à $0^m.05$, distants d'environ $0^m.05$, qu'on réunit ensuite en pulvérisant leurs intervalles au moyen d'un fleuret plat, dit *plate-scie*, à dents obliques, en supprimant le mouvement de rotation de la perforatrice.

Dans les roches moyennes et homogènes, si l'on dispose d'une perforatrice très mobile sur son affût, on creuse la rainure d'une manière continue. On la limite aux extrémités par deux trous de mine à 0^m40 ou 0^m50 de distance, dans lesquels on enfonce des broches en bois, puis on fait voyager la perforatrice en *éventail* de l'une à l'autre, jusqu'à obtenir une rainure de

---

(^{1}) Voir sur le percement du tunnel de l'Arlberg. *Annales des mines,* 8e série, t. VI, 1884. *Revue universelle des mines,* 2o série, T. XIV, 1883.

1 m. à 1ᵐ3o de profondeur, selon que les roches sont plus ou moins dures ; on fore ensuite 14 à 20 trous de mine, de part et d'autre de la rainure, les deux trous les plus voisins de la rainure sont quelquefois creusés avant celle-ci.

Le forage dure plus longtemps que dans le cas précédent ; cette durée dépend, au surplus, de la faculté plus ou moins grande de creuser les trous dans les conditions les plus favorables à leur effet utile. (Cf. n° 117.) Rappelons que cette docilité permet elle-même de réaliser une économie notable d'explosif, au point de rendre la perforation mécanique avec perforatrice unique souvent plus économique qu'à la main. Le reste du travail s'accomplit, comme dans le cas précédent. Le personnel se compose de deux ouvriers seulement. Le déblai peut se faire au fur et à mesure du tir, en amenant les wagons au front de taille dans l'intervalle des coups de mines.

En marche forcée, on peut obtenir de grands avancements, même avec une perforatrice unique ; on adopte alors une organisation du travail analogue à celle décrite ci-dessus. Mais ce sera toujours aux dépens de l'économie ; c'est ainsi qu'on peut se passer de la rainure de déchaussement, si l'on ne craint pas une dépense d'explosifs plus considérable.

151. *Travail par perforatrice unique de gros calibre.* — Avec *une perforatrice unique* de gros calibre, on fait de 9 à 12 trous ; le personnel se compose de deux hommes à la perforatrice, l'un à l'avant, l'autre à l'arrière, et de deux manœuvres pour transporter les fleurets et les déblais.

Dans ce mode de travail, les fleurets pèsent 3o à 4o kg., au lieu de 5 kg. Il en résulte que malgré le moindre nombre de trous, le travail n'est pas plus rapide.

Comme exemple de ce mode de travail, nous citerons le percement du tunnel de la Perruca au col de Pajarès dans les Asturies.

Le déchaussement se faisait par deux trous de mine au centre de la section. On faisait ensuite 7 trous également répartis, à partir des angles de la base, le long du périmètre de la galerie qui mesurait 6 à 7 m². Le tir se faisait en deux volées, la première composée des deux trous du centre, la seconde des trous périmétriques.

L'avancement moyen a été de 2^m34 par jour (moyenne de 8 mois pendant lesquels on a obtenu jusque 4 m. d'avancement maximum). Il est à remarquer que le travail était souvent entravé par les eaux. On travaillait en deux postes de 12 heures au forage et en 3 postes de 8 heures au tir et au déblai.

La durée des diverses opérations était ainsi répartie pour une attaque :

Perforation de 9 trous de 0^m06 à 0^m07 et de 1^m60 .	5 h. 18
Chargement, tir et attente	1 h. 52
Déblai	3 h. 35
Total. . .	10 h. 05

Les prix contractuels étaient de 800 fr. par m. courant du côté Nord et de 1.040 fr. par m. courant du côté Sud où l'eau gênait davantage le travail.

152. b) ***Chantiers.*** — On emploie les perforatrices au chantier dans les mines métalliques et dans les carrières.

Dans les chantiers de mines, on ne peut employer qu'une perforatrice sur colonne portative, de manière à pouvoir l'installer dans les positions les plus difficiles.

L'emploi des perforatrices est fort avantageux dans les minerais durs. A la mine du Rammelsberg, renommée par la dureté du gisement, on a substitué le travail à la machine au travail à la main vers 1880. Voici le prix de revient de la tonne de minerai abattu dans l'un et l'autre système :

	Perforation mécanique.	Perforation à la main.
Salaires	fr. 1.42	fr. 4.11
Main-d'œuvre à la forge . . .	0.10	0.25
Explosifs	0.16	0.12
Combustible	0.25	—
Cons. diverses	0.05	0.10
Caisse de prévoyance	0.05	0.35
	2.03	4.93

On voit encore, par cet exemple, l'avantage de l'emploi des perforatrices dans les roches dures.

En ajoutant l'amortissement des installations, il restait au Rammelsberg une économie de 50 °/₀ environ par l'emploi des perforatrices au chantier, indépendamment d'une production 3 ¹/₂ à 3 ²/₃ fois plus grande avec le même personnel.

Cette même économie a été démontrée en Suède, où la production dans les mines où l'on exploite des minerais de grande dureté (Ammeberg), au moyen de perforatrices, est de 2.500 t. par ouvrier et par an, tandis qu'elle est à peine de moitié dans les mines où l'on n'emploie que le travail à la main.

Il en est de même dans les chantiers de carrières où l'on exploite des roches dures, par exemple, aux carrières de porphyre de Quenast. L'emploi des perforatrices y a donné dès 1870 une grande augmentation de la production par jour et par ouvrier.

Avant 1870, on n'employait que le travail manuel. On faisait des trous de 2 m. de profondeur qui, partant de 0ᵐ042 à l'orifice, diminuaient jusque 0ᵐ028.

En 1870, on eut recours aux perforatrices à vapeur que l'on ne tarda pas à remplacer par des perforatrices à air comprimé, en raison de la difficulté de conduire la vapeur à ciel ouvert à de grandes distances. Aujourd'hui on y fait des trous verticaux de 6 m. et même de 7ᵐ50 que l'on commence à 0ᵐ110 pour les finir à 0ᵐ068 et des trous horizontaux de 3ᵐ30 de profondeur que l'on commence à 0ᵐ060 pour les finir à 0ᵐ042.

Tandis qu'à la main on faisait en 10 heures 2ᵐ50 de trous avec 2 hommes, une perforatrice fait, en 10 heures, un trou vertical de 10 m.

153. c) **Puits.** — Dans la perforation des puits, l'avantage d'un avancement plus rapide ne peut porter que sur le temps du forage des trous. Le tir électrique présente toute garantie de rapidité ; mais le déblai ne saurait être accéléré, sans employer des bennes guidées dont l'installation est difficile. Le boisage prend aussi un temps qui ne peut être écourté. Enfin, l'épuisement des eaux est souvent encore un obstacle sérieux à une marche accélérée.

Il en résulte que la perforation mécanique dans les puits ne peut présenter d'avantages que pour les roches dures.

Voici, d'après MM. Dubois et François, les résultats moyens que l'on peut obtenir pour un mois de travail :

	Schistes.	Grès ordinaires.	Grès durs.	Quartzites.
Avancement à la main . . .	25^m	15^m	8^m	4^m
» avec perforatrices	30	25	20	15
Prix de revient à la main . .	1	1	1	1
» avec perforatrices	1.25	1.10	0.90	0.75

non compris l'amortissement et les intérêts du capital d'installation.

Comme exemple favorable de perforation verticale, on peut citer le creusement du puits de l'Ardoisière Truffy et Pierka à Rimogne (Ardennes) dans le terrain Cambrien, approfondi à partir de 110 m. au moyen des perforatrices Dubois et François. On a eu à traverser 74^m45 de quartzites très durs et quartzo-phyllades, et 43^m90 de phyllades.

L'inclinaison était régulièrement de 35° Sud.

L'organisation méthodique du travail joue un grand rôle dans une opération de ce genre.

Voici celle qui fut adoptée à Rimogne (fig. 63).

Le puits était de section carrée de 3^m30 sur 3^m30. Le forage se faisait en deux positions successives de l'affût A B, A' B'. Les deux perforatrices employées simultanément, M M' foraient chacune 5 trous de 0^m032 à 0^m035 et 2 trous de plus fort calibre (0^m045). La première des deux qui avait terminé, forait un 6e trou intermédiaire, pendant que l'autre achevait son travail.

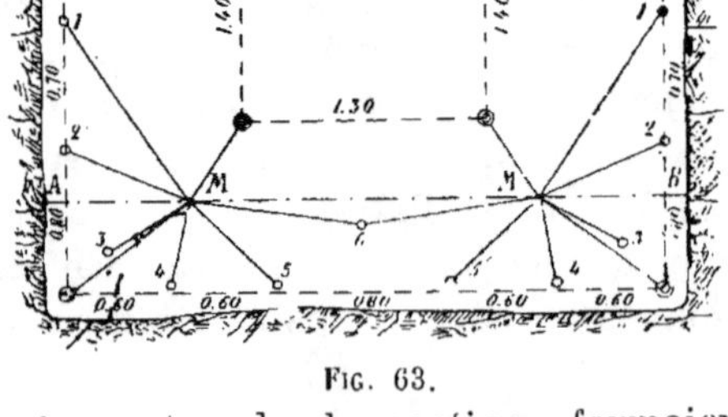

Fig. 63.

Les 4 trous de fort calibre, ainsi creusés vers le centre de la section, formaient une première volée de déchaussement. On procédait ensuite par volées successives à l'Ouest, à l'Est, au Nord et au Sud et l'on faisait sauter, en une dernière volée, les 4 gros trous des angles.

Dans les quartzites, la perforation durait 40 % de la durée totale d'une attaque, soit 32 heures.

Dans les phyllades, la durée de la perforation était réduite à 35 %. L'avancement fut de 0^m327 par jour dans les quartzites et de 0^m40 dans les phyllades.

A la main, l'avancement en quartzites n'était que de 1^m23 par mois.

Le prix moyen par mètre courant était :

> Travail proprement dit . . . . . fr. 605.92
> Installation . . . . »   263.20
>
> Total. . . . fr. 869.12

A la main, le prix était de fr. 602.63 dans les quartzites et de 328.42 dans les phyllades, non compris l'extraction et l'épuisement. On voit qu'au point de vue du prix de revient l'avantage restait au travail à la main, même dans des roches dures mais, au moins dans celles-ci, la différence de vitesse est très sensible.

VII. — PROCÉDÉS D'ABATAGE SANS EXPLOSIFS.

154. *Emploi du feu*. — Avant l'invention de la poudre, les mineurs employaient le feu, d'une manière très générale, pour l'attaque des roches dures. Il en est fait mention dans Diodore de Sicile et les traces de cet emploi se reconnaissent encore aujourd'hui dans les anciennes exploitations du sud de l'Europe.

Le procédé consistait, après l'avoir chauffée, à étonner la roche par le contact de l'air ou par projections d'eau, de manière à la rendre plus facilement attaquable aux outils. Ce procédé réussit spécialement dans certaines roches hétérogènes contenant des minéraux de dilatation inégale. Daubrée proposa en 1861 de revenir à cette méthode pour attaquer une couche de quartzite très dure au tunnel du Mont-Cenis, en se basant sur ce qu'il avait réussi à y percer en 5 minutes un trou de 0^m06 au moyen du chalumeau à gaz oxyhydrogène.

L'air comprimé et les perforatrices ne tardèrent pas à résoudre le problème d'une manière plus pratique.

L'emploi du feu s'est perpétué pendant longtemps dans certaines parties du gîte classique du Rammelsberg, composées de pyrite de cuivre et de cuivre gris extrêmement durs. Héron de Villefosse rapporte que dans un essai d'attaque de ce gîte à la poudre, on n'était parvenu, après 11 postes de 8 h., qu'à forer un trou de 0ᵐ20 de longueur en usant 126 fleurets. D'autre part la mine disposait de bois domaniaux de peu de valeur, ce qui explique que l'emploi du feu s'y est perpétué jusqu'en 1877.

On exploitait par grandes chambres présentant un toit excellent et sans humidité. On s'élevait sur les remblais, en édifiant sur ceux-ci des bûchers dont la flamme léchait la voûte et les parois. On allumait les bûchers le samedi et l'on ne rentrait dans la mine que le mardi pour faire le déblai. La fumée, l'odeur de créosote et la chaleur y rendaient le travail pénible. L'augmentation de la valeur des bois, le perfectionnement des méthodes d'exploitation dégageant mieux les faces du minerai et par dessus tout l'emploi des explosifs détonants et des perforatrices ont conduit à supprimer complètement aujourd'hui ce procédé d'exploitation.

On a aussi employé quelquefois dans le même but la houille et même le coke.

On a employé la houille en France (mine des Challanches) au moyen de l'appareil Hugon, sorte de foyer locomobile à vent soufflé qu'on installait devant le front de taille pour faire lécher celui-ci par la flamme (¹).

Le coke de Zwickau a été employé en Saxe dans une mine de pyrites très dures (mine St-Christophe, près Breitenbrunn) (²). On faisait à peu de distance du front de taille un mur en pierres sèches supporté par une grille inclinée reposant sur le sol. On remplissait de coke l'espace entre la roche et ce mur; on allumait à 4 heures du soir et l'on pouvait revenir à 5 heures du matin. On démolissait alors le mur et l'on aspergeait d'eau le front de

---

(¹) *Revue universelle des mines*, 1ʳᵉ série, t. XXI.
(²)   *Id.*   t. XVI.

taille. Vers midi, on pouvait enlever le déblai formé par l'action du feu qui pénétrait à environ $0^m.20$ de profondeur.

Ce sont là des procédés dont on ne trouve plus que très exceptionnellement l'utilisation.

155. ***Emploi de l'eau.*** — L'eau est employée de différentes manières pour provoquer la formation de fissures dans la roche.

C'est ainsi que dans les carrières, on enfonce, dans un joint naturel ou dans une fissure artificielle, des coins en bois sec que l'on mouille pour en provoquer la dilatation.

Dans les climats rigoureux, on peut même mettre à profit la dilatation qui résulte de la congélation de l'eau, en forant des trous de mine que l'on remplit d'eau. C'est ainsi que l'on procède dans le Nord de la Russie pour l'exploitation de marbres que l'on craint de fissurer trop violemment par l'emploi des explosifs.

Dans les mines à grisou, on a essayé, pour remplacer les explosifs, dans le charbon, des cartouches de chaux vive comprimée que l'on éteint dans le trou de mine au moyen d'une injection d'eau, de manière à déterminer une production de vapeur et une dilatation suffisantes pour exercer une pression sur les parois du trou. (Procédé Smith et Moore) [1]. L'injection se fait au moyen d'un tube en fer, perforé de trous de petit diamètre et recouvert d'une gaine d'étoffe perméable sur toute la longueur occupée dans le trou de mine par la chaux. On introduit ce tube dans une rainure ménagée dans les cartouches de chaux vive. On foule de l'eau dans ce tube au moyen d'une petite pompe à bras.

Pour faire usage de ce procédé, on fait un havage au mur de la couche et une rangée de trous de mine au toit destinés à être chargés de 6 à 7 cartouches de chaux. Celles-ci ont 0^m06 de diamètre et 0^m10 de longueur ; on fait un bourrage par dessus. Le volume d'eau injecté doit être égal à celui de la chaux. Après l'injection, on ferme le tube par un robinet pour empêcher

---

[1] Ce procédé appliqué pour la première fois par M. Smith en 1881 au Charbonnage de Shipley en Angleterre, avait été proposé dès 1869, par C. Arnould, Directeur général des mines de Belgique.

l'échappement de la vapeur. L'action se produit avec plus ou moins de retard et d'une manière plus ou moins complète, suivant la nature de la couche. C'est ce qui fait que les résultats obtenus en Angleterre, en Belgique et en France ont été très contradictoires, bien qu'en général meilleurs en Angleterre que sur le continent. Pour réussir, il faut, en effet, que le charbon soit de dureté moyenne, ni trop friable, ni trop résistant, que la couche soit assez puissante, sans fissures, se détache bien du toit et présente des clivages parallèles au front de taille. En supposant même que ces conditions soient réunies, le procédé est lent et coûteux; de plus il salit le charbon. C'est pourquoi il est aujourd'hui abandonné.

On a également proposé d'utiliser l'augmentation de volume produite par l'électrolyse de l'eau (Edison). On peut ainsi obtenir une pression de 1850 kg. par cm², mais le procédé est trop coûteux en raison de la force nécessaire pour produire une décomposition rapide.

Guibal avait déjà proposé d'employer des cartouches hydrauliques faites d'une matière élastique dans lesquelles on aurait foulé de l'eau à haute pression au moyen d'une presse hydraulique.

Un procédé analogue a été proposé récemment en Angleterre au moyen d'une cartouche métallique munie de petits pistons latéraux.

L'eau peut également servir à l'abatage de certaines roches en utilisant sa force vive. Ce procédé est appliqué dans l'exploitation hydraulique des placers aurifères. En Californie ces placers sont formés d'alluvions pliocènes déposées à 3 ou 400 m. au-dessus des vallées actuelles.

On crée, dans le haut des vallées, des barrages et des réservoirs d'où partent des canaux à faible pente qui exigent souvent de grands travaux d'art. C'est ainsi qu'à Northbloomfield, on a construit 84 kilom. de canaux avec réservoirs intermédiaires, aqueducs ou syphons, pour traverser les vallées. Le dernier réservoir est à 150 m. au dessus de l'exploitation. On fait descendre les eaux au niveau de celle-ci au moyen de conduites de 0ᵐ45 de diam. en tôles de fer ou d'acier rivées, jusqu'à des ajutages dits *monitors* de 0ᵐ15 à 0ᵐ18 de diamètre qui lancent l'eau avec violence contre la roche à désagréger. Le jet peut être dirigé dans tous les sens au moyen d'un joint universel. Les valves sont situées près de la prise d'eau pour être manœuvrées à l'abri de la pression. On communique par téléphone avec les ouvriers préposés aux valves, qui se trouvent souvent à plusieurs kilomètres du monitor.

Dans certains cas, on aide l'action de l'eau par de grandes mines où l'on fait des charges atteignant 25.000 kg. d'explosif.

Les eaux et les déblais sont entraînés dans un puits ou une galerie aboutissant aux vallées inférieures. Des canaux d'amalgamation retiennent, sur ce trajet, l'or contenu dans les déblais. On exploite, de cette manière, des graviers qui ne contiennent pas plus de fr. o.3o d'or au mètre cube.

On dispose ainsi d'un procédé d'abatage extrêmement puissant et rapide ; mais l'inconvénient de ce procédé réside dans les grandes quantités de matières stériles déversées dans les vallées inférieures où elles occupent des terrains coûteux et où elles entravent même la navigation. C'est ce qui en a fait défendre l'emploi dans le bassin du Sacramento.

L'eau peut encore agir par son pouvoir dissolvant sur les roches salines.

C'est ainsi qu'elle est employée dans l'exploitation des argiles salifères du Salzkammergut : l'eau dissout le sel que ces argiles contiennent et fait en même temps le triage et le transport, puisque les parties stériles restent en place et que l'eau entraîne la matière utile avec elle.

On a même combiné dans ces mines le pouvoir dissolvant de l'eau avec sa force mécanique pour creuser des puits et des galeries ; mais on a en général renoncé à ce système, comme plus coûteux que le creusement par explosifs.

Dans les mines de sel gemme de la Lorraine (Saint-Nicolas-Varangeville), on a aussi employé l'eau sous forme de jet pour creuser des rainures dans le banc de sel exploité ; mais le mur de ce banc étant formé de marne s'est imbibé d'eau et il s'en est suivi des effondrements à la surface.

VIII. — MACHINES EXCAVATRICES.

156. De nombreux procédés mécaniques ont été employés dans le but de remplacer les explosifs dans l'attaque des roches.

Ces procédés agissent de manière à *fissurer* la roche, à la *rainurer* ou à la *broyer*.

Le premier de ces moyens consiste à produire une action analogue à celle des explosifs, en déterminant des fissures suivant les joints de moindre résistance de la roche. Le second découpe la roche suivant des plans déterminés et permet par suite, dans une roche homogène, de réduire le travail d'attaque à son minimum. Le troisième, au contraire, fait un travail maximum et en général superflu, puisqu'il attaque inutilement toute la section. Ce dernier procédé ne se justifie donc que dans des circonstances spéciales.

Machines a fissurer les roches.

157. **Aiguille-Coin.** — Le procédé qui a donné jusqu'ici les résultats les plus pratiques, au point de vue de la suppression des explosifs dans les mines à grisou, est l'*Aiguille-Coin* (fig. 64). Dans un trou de mine foré par l'un des procédés décrits, on insère deux joues en fer demi-cylindriques, d'épaisseur plus grande vers la partie qui occupe le fond du trou. Entre ces joues enduites de suif, on chasse au marteau un coin en acier. Cette opération détermine la fissuration de la roche. Ce procédé est employé depuis de longues années dans les mines grisouteuses du bassin de Seraing où les ouvriers désignent l'aiguille-coin sous le nom d'*aiguille infernale*.

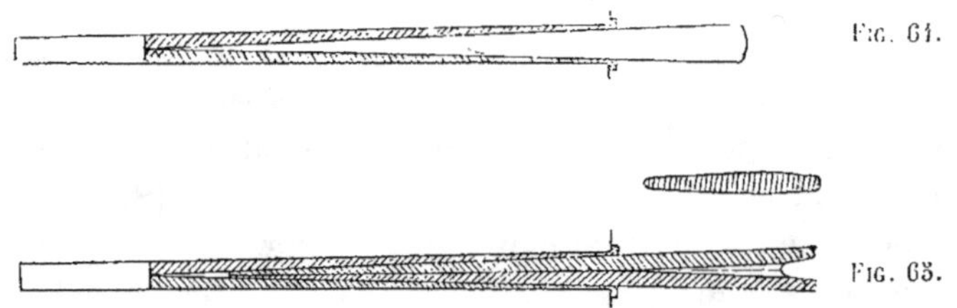

Fig. 64.

Fig. 65.

158. **Emploi de l'aiguille-coin et des perforatrices à bras.** — On a cherché à augmenter la puissance de l'aiguille-coin, en profitant de ce que les perforatrices à bras permettent de forer aisément des trous de fort calibre. Les premiers essais de ce mode de travail, dans les mines à grisou, ont été faits en 1880 au Charbonnage des Six Bonniers, à Seraing, avec la perfo-

ratrice Lisbet. Les perfectionnements de cette perforatrice n'ont pas tardé à généraliser ce mode de travail en Belgique et notamment dans le Couchant de Mons.

La maison Hardy de Sheffield a imaginé pour cela des *coins multiples* (fig. 65). Lorsqu'un premier coin ne suffit pas pour faire éclater la roche, ces appareils permettent d'en enfoncer un second et même un troisième.

Les coins multiples de M. A. François sont à trois joues; deux joues droites et une joue augmentant d'épaisseur vers le fond du trou. Le coin a lui-même la forme d'un triangle scalène; un côté est parallèle à l'axe du trou et le côté opposé est oblique, de manière à donner lieu à la plus grande pression latérale du côté où la roche est dégagée.

Ces procédés coûtent plus cher que l'emploi des explosifs. Ils ont l'inconvénient de donner un travail moins rapide. D'après des expériences comparatives, dans les bosseyements l'avancement moyen serait de 56 °/₀ et le prix de 165 °/₀ de ce qu'il est avec explosifs.

159. ***Bosseyeuse Dubois et François.*** — On a, en conséquence, cherché à augmenter l'efficacité du système, en remplaçant le marteau par un mouton à air comprimé. L'emploi de l'aiguille-coin peut, dans ce cas, se combiner avec celui d'une perforatrice à percussion, dont on remplace le fleuret par un mouton de 3o à 4o kg. au moment du battage. C'est le principe de la *bosseyeuse Dubois et François* (1876).

La perforatrice de 0ᵐ12 de Dubois-François fut employée dans le principe, pour faire des bosseyements par cette méthode, mais les grandes dimensions de l'affût (fig. 5o) rendaient cet outil encombrant dans les galeries souvent très sinueuses, et la bosseyeuse Dubois-François a été plus souvent employée pour percer des galeries à travers bancs sans explosifs dans les mines grisouteuses, que pour y faire des bosseyements proprement dits ([1]).

([1]) Les résultats obtenus *en bosseyement* sont très variables suivant la manière dont se présente ce travail.

Prenons comme exemple deux bosseyements exécutés dans des conditions différentes à Marihaye :

La perforatrice J. François de 0^m07 a permis de réduire les dimensions de l'affût (fig. 51), mais c'est encore très exceptionnellement que cet appareil est employé dans le bosseyement (Marihaye).

160. ***Brise-roches Thomas.*** — M. L. Thomas a imaginé dans le même but un outil dit *Brise-roches* (1896), moins encombrant que la bosseyeuse Dubois-François (fig. 68). Au lieu d'une force mécanique, M. Thomas emploie un mouton de 45 à 50 kil. manœuvré à la main.

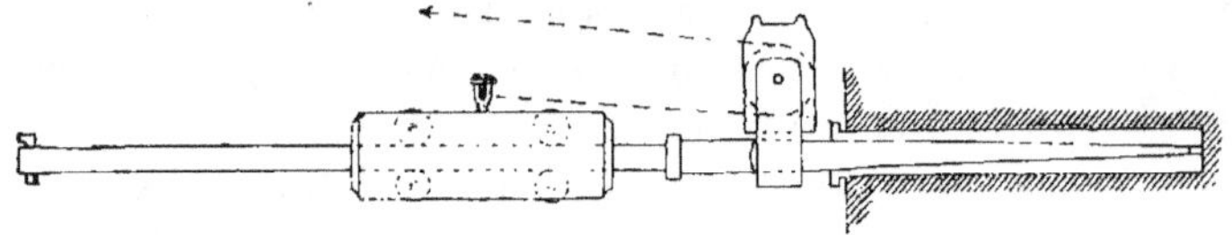

FIG. 68.

Ce mouton agit sur un coin unique que l'on chasse dans l'espace rectangulaire ménagé entre quatre joues latérales d'inégales dimensions ; deux d'entre elles n'ont pour effet que d'empêcher le coin de dévier latéralement.

1o *Couche Béchette* de 0^m44 avec 0^m12 de faux mur en plateure. Il suffit de 4 à 5 trous pour faire le bosseyement dans le mur, suivant le schéma (fig. 66 — trous 2, 3, 4, 6 ou 1, 2, 3, 5, 6). A la poudre, il suffisait de 3 trous (fig. 67). On a opéré à la poudre dans la voie de roulage et à la bosseyeuse dans la voie d'aérage. On a obtenu les résultats comparatifs suivants, dans une expérience de 11 jours :

	A la poudre	A la bosseyeuse.
Avancement par poste	1^m63	2^m65
Prix de revient par m. c^t	9.02	7.14

Dans ce cas, très favorable à l'emploi de la bosseyeuse, on a donc obtenu un avancement plus rapide et un prix de revient moindre.

2o *Couche Dure veine* de 0^m55 avec deux veinettes au mur. Le bosseyement au mur se fait au moyen de 6 trous. On faisait, comme ci-dessus, à la poudre le bosseyement de la voie de roulage et à la machine celui de la voie d'aérage.

L'essai a duré 12 jours.

	A la poudre	A la bosseyeuse.
Avancement par jour	1^m93	2^m25
Prix de revient par m. c^t	8.04	8.49

Les circonstances étant ici plus favorables au travail manuel on

Bosseyement de la voie d'aérage
22°
0.10 0.45
1.45
2
5
1
6
4
3
0.90
1.45

FIG. 66.

Bosseyement de la voie de roulage
0.12 0.44
50°
1.45
B
C
A
0.04
1.45

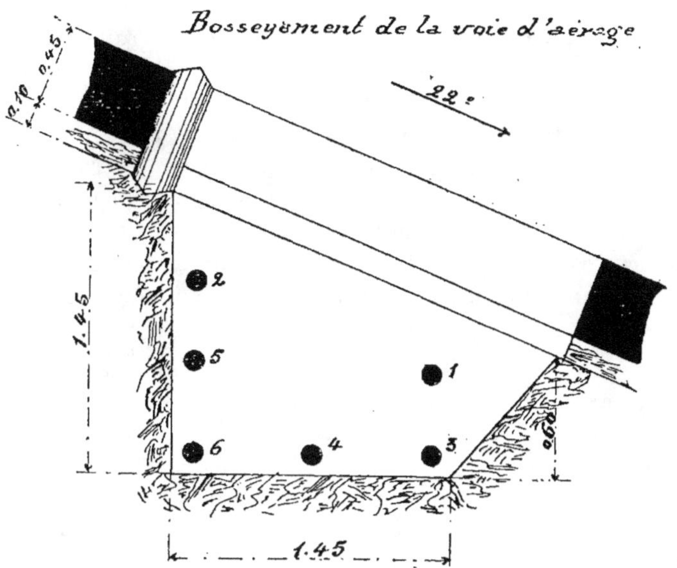

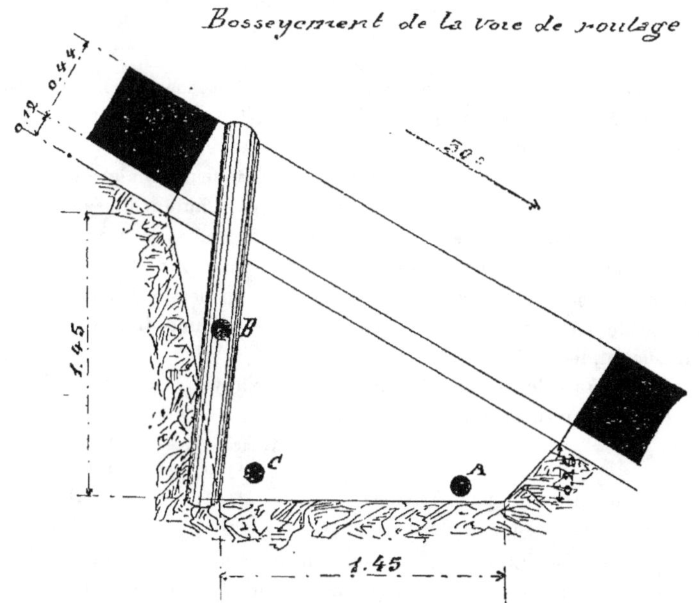

FIG. 67.

Le coin se termine par une longue tige rectangulaire qui sert de guide au mouton, enfilé et roulant sur elle au moyen de huit galets. Ce mouton est actionné par une tringle à poignée ou, quand les trous sont inclinés, au moyen d'une corde passant sur une poulie dont l'armature est chaussée à l'extrémité antérieure du coin. Ce mouton roule sur la tige en porte à faux et vient battre contre un épaulement.

Voici des résultats comparatifs obtenus en bosseyement par M. J. Collin, dans une couche de $0^m.46$ avec bosseyement au toit et au mur :

	Avancement par poste.	Prix de revient par mètre.
Avec explosifs	$1^m.23$	fr. 3.60
Au pic.	$0^m.30$	» —
Au pic avec coin	$0^m.50$	» —
A l'aiguille-coin avec perforatrices à bras.	$0^m.75$	» —
Au brise-roches	$1^m.00$	» 4.30

D'autres essais comparatifs ont donné en moyenne un avancement de 71 °/₀ et un prix de revient de 131 °/₀ de ce qu'il était avec explosifs. On voit qu'il y a progrès par rapport à l'emploi

---

n'employait presque pas de poudre : il suffisait d'un coup de mine vertical, à l'extrémité de l'avancement, pour enlever le bloc triangulaire; les bancs supérieurs s'enlevaient à la main.

On a un prix de revient plus élevé à la bosseyeuse, malgré un avancement un peu plus rapide. Ce dernier avantage est d'autant plus marqué que les terrains sont plus durs et que le volume de roche à enlever est plus considérable par rapport à la puissance de la couche exploitée.

Quant aux *galeries à travers bancs*, percées à la bosseyeuse sans poudre, on procède en faisant un havage préalable, comme il a été expliqué ci-dessus (cf. n° 150).

On a constaté les résultats suivants à Marihaye, dans des expériences faites dans les mêmes conditions de terrains :

	Avancement par jour.	Coût de la main-d'œuvre par m.
Dynamite avec perf. Thomas. . .	1^m24	26.15
Bosseyeuse sans explosif	0^m78	41.30

Le prix est donc plus élevé et l'avancement moindre, mais la sécurité est absolue; ce sont ces expériences qui ont conduit à la suppression complète des explosifs à Marihaye, en 1880.

de l'aiguille-coin sans brise-roches (cf. n° 158). Comme le bosseyement intervient pour $^1/_{10}$ environ dans le prix de revient de la
houille dans les bassins Belges, l'augmentation est loin d'être
négligeable, mais il y a certaines compensations. D'abord
l'aiguille-coin ébranle les roches moins que les explosifs et par
conséquent l'entretien des galeries est moins coûteux. Enfin,
toute question d'humanité à part, les frais qu'entraînent les
catastrophes dues au grisou sont extrêmement élevés et la
suppression radicale des explosifs raréfie considérablement ces
catastrophes qui sont pour la plupart attribuées à leur emploi.

161. *Autres procédés mécaniques de fissuration.* —
On a imaginé de nombreux appareils destinés à perfectionner
l'aiguille-coin.

A Anderlues, on a obtenu les résultats comparatifs suivants dans le
bosseyement d'une couche de 0m60, avec mur de grès :

	Avancement	Prix de revient par m. cour.
Grisoutite	1m50	7.40
Aiguille-coin	0m75	12.00
Bosseyeuse de 0m12	1m50	6.66

On réalise aussi une certaine économie sur le boisage qui est plus important, quand on emploie les explosifs.

A Blanzy, on a fait des constatations analogues dans des galeries au
rocher, ainsi que dans des galeries en charbon dur.

Les résultats qui ont été obtenus dans des terrains de dureté exceptionnelle, sont analogues. En 1881, la bosseyeuse Dubois-François fut
essayée au charbonnage du Bois de Boussu (Hainaut), pour percer des
cuerelles très dures en bancs horizontaux avec soufflards de grisou, dans un
bouveau de 4m²84. On procédait par havage horizontal à 1 m. de hauteur.
Ce havage durait de 8 à 10 heures. On travaillait par postes de 8 heures
avec 2 hommes, comme d'ordinaire. On n'obtint de la sorte qu'un avancement de 2m50 au maximum par semaine, soit de 1m60 en moyenne pendant
trois mois. Le prix de revient du mètre courant était le suivant :

Main-d'œuvre . . . . fr.	150
Réparation d'outils	70
Air comprimé (sans amortissement)	110
Total . . . . . fr.	330

Les terrains devenant de plus en plus durs et étant inclinés à 50° dans la

Dans quelques-uns de ces appareils, on a cherché à faire agir la pression au fond du trou, plutôt qu'à l'orifice, en renversant le coin et en le retirant par force au lieu de l'enfoncer.

On a proposé pour cela des coins à vis (aiguille-coin Degheye) ou des coins à pression hydraulique produite par une pompe à bras (appareil Levet). Pour diminuer le frottement du coin sur les joues, on a intercalé des rouleaux d'acier (coin hydraulique de Burnett).

M. Walcher, ingénieur autrichien, a construit un appareil (fig. 69) où la pression hydraulique provoque le redressement de corps ovoïdes en acier intercalés entre un noyau cylindrique et deux joues latérales.

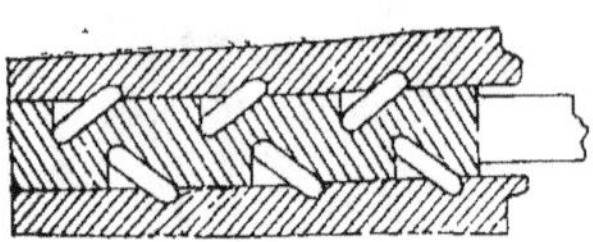

Fig. 69.

Tous ces appareils produisent des effets considérables, mais sont coûteux d'acquisition et d'entretien.

Il en est de même de l'appareil Marsh à air comprimé, essayé

---

dernière quinzaine d'expérience, on n'eut plus qu'un m. d'avancement par semaine avec un prix de revient de 499 fr. par mètre courant.

Ces résultats parurent, dans le principe, très défavorables à l'emploi de la bosseyeuse. Cependant, dans ces mêmes terrains, en travaillant à la main et à la poudre, on n'obtenait pas plus de 0m45 à 1m50 d'avancement par semaine.

Une expérience comparative concluante fut faite, peu de temps après, au charbonnage du Grand-Buisson où l'on traversa, à la main et avec le secours de la poudre, des cuerelles de même dureté. En 53 semaines, on fit ainsi 53m85 de galerie, soit un peu plus d'un mètre par semaine, et pendant les deux mois où l'on traversa la partie la plus difficile, on ne fit que 0m70 par semaine.

Le prix de revient par mètre courant fut le suivant :

	Moyenne.	Partie la plus dure.
Main-d'œuvre	fr. 279	fr. 398
Explosifs	18.80	27
Réparation d'outils.	52.90	75
Totaux	fr. 350.50	fr. 500

Chiffres bien voisins de ceux obtenus ci-dessus avec la bosseyeuse.

en 1874 dans plusieurs houillères anglaises. C'est une pompe de compression à 6 pistons et à bras, permettant de fouler de l'air dans des cartouches de fonte de 0^m.017 de diamètre intérieur et 0^m.041 de diamètre extérieur, jusqu'à ce que la pression qui peut être accrue jusqu'à 580 atmosphères, fasse éclater la cartouche et la roche.

Ces moyens ne se sont pas répandus. L'emploi des aiguilles-coins simples ou multiples avec perforatrices à bras, constitue au contraire, avec ou sans le brise-roches Thomas, un moyen simple et pratique qui rend de plus en plus de services dans la lutte du mineur contre les accidents du grisou.

Machines a rainurer les roches.

162. A l'époque où les préoccupations des ingénieurs étaient tournées vers les projets de percement du Mont-Cenis, l'ingénieur belge des ponts et chaussées, H. Maus, avait proposé un mode de percement basé sur le découpage du front de taille au moyen de rainures.

Ces rainures devaient être faites par l'action simultanée de 116 fleurets à ressort portés par un cadre animé d'un mouvement de progression par vis.

Chaque rangée de fleurets avait un mouvement alternatif de va et vient, de manière à ne pas laisser d'intervalle entre deux trous successifs.

Les ressorts de tous ces fleurets étaient tendus simultanément par la force hydraulique qui devait être empruntée aux torrents des Alpes et transmise par câbles au fond du tunnel.

Le cadre travaillait alternativement sur chacune des deux moitiés du front de taille, pendant qu'on faisait le déblai de l'autre.

On devait obtenir ainsi une galerie de 4^{m}40 de large sur 2^{m}20 de haut. Des essais sur une échelle réduite furent faits au Val d'Occo et à la suite de ces essais, H. Maus s'était engagé à percer le tunnel en 5 ans [1].

La révolution de 1848 arrêta les projets de percement des

[1] *Ann. des Trav. publics de Belgique*, t. IX, 1851.

Alpes jusqu'en 1861. On ne peut évidemment dire ce qu'aurait donné le procédé Maus. Il est probable qu'il eut rencontré certaines difficultés provenant du manque d'homogénéité des roches. Sommeiller résolut le problème plus simplement et plus pratiquement au moyen de l'air comprimé et des perforatrices à percussion.

L'idée théorique de Maus n'était cependant pas irréalisable et des procédés analogues ont été proposés et mis en usage depuis lors.

163. C'est ainsi qu'on emploie depuis plusieurs années, en Angleterre, une machine qui perce des galeries dans le charbon, en creusant une rainure circulaire de 1^m50 à 2 m. de diamètre.

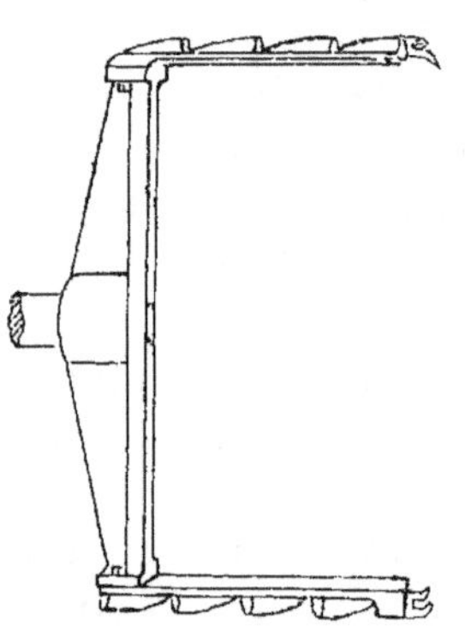

Fig. 70.

C'est la machine Stanley, employée d'abord au charbonnage de Nuneaton, puis à Hamilton en Ecosse et enfin en Amérique. Cette machine est une grande perforatrice à rodage annulaire, mise en mouvement par une machine à air comprimé et recevant d'une vis son mouvement de progression; l'outil se compose de couteaux dentés placés aux extrémités d'une pièce diamétrale (fig. 70).

Cette machine isole un cylindre de houille de 1^m50 à 2 m. de diamètre et de 0^m90 à 1^m20 de long, par une rainure circulaire de 0^m08 à 0^m09 de large; à Hamilton, on a employé alternativement deux machines semblables, laissant une cloison de 0^m30 entre deux galeries cylindriques.

Il faut naturellement des couches puissantes et extrêmement homogènes pour pouvoir recourir à des moyens semblables. Il faut également que la galerie cylindrique puisse se soutenir sans revêtement. Ce sont là des conditions très exceptionnelles qui ne permettent pas de prévoir un vaste champ d'applications.

Les résultats publiés sur l'emploi de cette machine à Nuneaton sont les suivants : avancement de 3^m60 par poste de huit heures avec 2 hommes, soit 4 fois plus rapide qu'à la main. A Hamilton-Palace, avec deux machines, on a constaté de même une vitesse d'avancement quadruple.

164. *Haveuses mécaniques*. — Aux machines à rainurer les roches se rattachent les *haveuses* mécaniques qui ont pour but de creuser, dans les couches de houille, des rainures généralement parallèles au toit et au mur (*havages*) ou perpendiculaires aux précédentes (*rouillures*, *coupures*), de manière à débiter la couche en parallélipipèdes, en faisant le moins de menu possible.

Les premières haveuses mécaniques ont vu le jour lors des grèves qui éclatèrent après 1860 dans les houillères du Nord de l'Angleterre. Leur but était de substituer la force mécanique à la force humaine, d'où le nom caractéristique d'*iron men* donné à cette époque à ces appareils. Le succès des haveuses mécaniques est resté toutefois longtemps douteux.

Ce n'est que dans ces dernières années que l'augmentation des salaires, la diminution des heures de travail, les règlements sur l'emploi des explosifs ont attiré de nouveau l'attention sur la question du havage mécanique.

Le succès des haveuses mécaniques s'est accentué très vivement aux Etats-Unis où le prix élevé de la main-d'œuvre et les conditions spéciales de la plupart des gisements houillers leur ont ouvert un vaste champ d'action.

En 1900, il n'y avait pas moins de 3907 haveuses mécaniques en fonction aux Etats-Unis dans les houillères à charbons bitumineux, ce qui correspond à une haveuse par 12.263 tonnes extraites. L'augmentation considérable de la production de la houille aux Etats-Unis est attribuée au havage mécanique, à l'aide duquel 25 % de la production totale est actuellement obtenue. La production du charbon par tête d'ouvrier mineur est passée, de 443 t. par an en 1890, à 552 t. par an en 1899, grâce au havage mécanique. Le havage mécanique est donc une cause indirecte du bas prix relatif du charbon aux Etats-Unis, malgré des salaires très élevés.

Les conditions dans lesquelles leur emploi peut être tenté avec succès, sont rarement réunies en Europe, tandis qu'en Amérique où l'on exploite des gisements très riches avec une main-d'œuvre très coûteuse, on ne prend souvent que les couches où leur emploi est favorable, en négligeant celles où leurs conditions d'emploi ne sont pas réunies, et il est à remarquer que dans le district des anthracites de Pennsylvanie où les conditions de gisement sont plus semblables à celles de l'Europe, il n'existe encore aucune haveuse mécanique.

165. Les conditions favorables à l'emploi du havage mécanique sont les suivantes, dans les couches minces ou de moyenne épaisseur :

1° La couche doit être horizontale ou peu inclinée; le maximum est de 12 à 13° en Amérique.

2° Le toit doit être assez résistant pour se soutenir librement de manière à laisser place à la machine;

3° La couche doit être assez puissante pour que la machine puisse y être installée sans bosseyement; la puissance des couches havées mécaniquement en Amérique varie de 1 m. 30 à 2 m.

4° Elle doit être pure et régulière; le havage en Amérique se fait toujours en plein charbon, sans égard à la proportion de menu qui en résulte; il ne faut pas que la roche où se fait le havage présente une trop grande dureté.

5° Enfin la machine doit être très stable, très résistante, tout en étant maniable et peu encombrante, propriétés qui paraissent s'exclure : deux hommes doivent suffire pour la déplacer rapidement d'un point à un autre.

Dans les couches puissantes, le problème est différent, parce que la machine ne doit pas nécessairement être installée sur le mur de la couche et que le havage peut ne pas se faire parallèlement au toit et au mur.

En Angleterre, on a obtenu surtout des résultats favorables dans l'exploitation des couches de moins de 1 m., par suite du peu d'habileté de la main-d'œuvre anglaise dans les couches de cette catégorie.

Au point de vue du prix de revient, la seule économie réside souvent dans la moindre production de menu, par rapport au travail à la main où l'on est obligé de donner souvent aux havages une largeur trop grande; on fait aussi valoir en Angleterre, en faveur du havage mécanique, qu'il diminue les accidents provenant d'éboulements.

166. Les haveuses mécaniques reposent sur des principes très variés. Le système à choisir dépend de la méthode d'exploitation.

Les haveuses creusent une rainure continue, en progressant le long du front de taille ou en attaquant ce dernier par saignées successives juxtaposées. Les premières conviennent aux longs fronts de taille (*longwall*) usités en Angleterre, les autres aux systèmes d'exploitation par piliers usités en Amérique.

167. *Haveuses à percussion.* — Les premières haveuses étaient à *percussion*; elles imitaient mécaniquement le travail de l'homme, en mettant en action, au moyen de l'air comprimé, un pic de 30 kg. (*pick-machines*). Mais la masse de ce pic ne permettait pas, comme dans les perforatrices mécaniques, de multiplier dans une grande proportion le nombre de coups dans un temps donné, ce qui fait que le travail mécanique n'était guère plus rapide que le travail manuel.

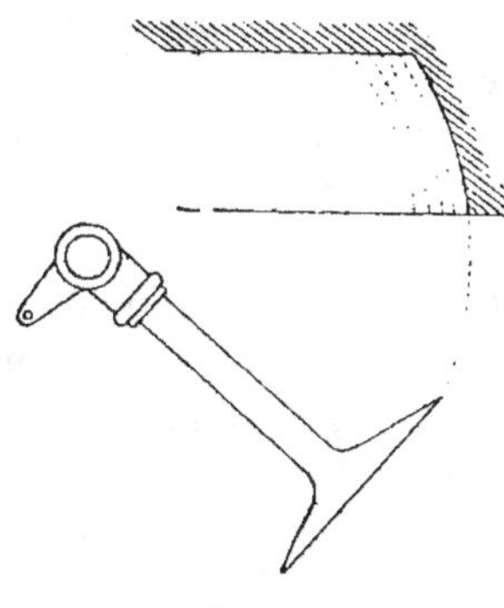

C'était le type de la haveuse Firth qui fut employée vers 1860 à la houillère de West-Ardsley, près de Leeds, où elle resta longtemps en usage (fig. 71).

La forme du pic, si rationnelle au point de vue du travail manuel, ne l'est pas pour le travail mécanique. Il est préférable de recourir à un outil rappelant par sa forme générale un robuste fleuret de mine.

Fig. 71.

Des outils de ce genre, actionnés par l'air comprimé et plus rarement par l'électricité, sont fréquemment employés en Amérique sous les noms de haveuses Harrison (1877), Ingersoll-Sergeant, Sullivan, Morgan-Gardner, etc., pour faire des saignées successives dans des traçages mesurant 8 mètres de large en moyenne.

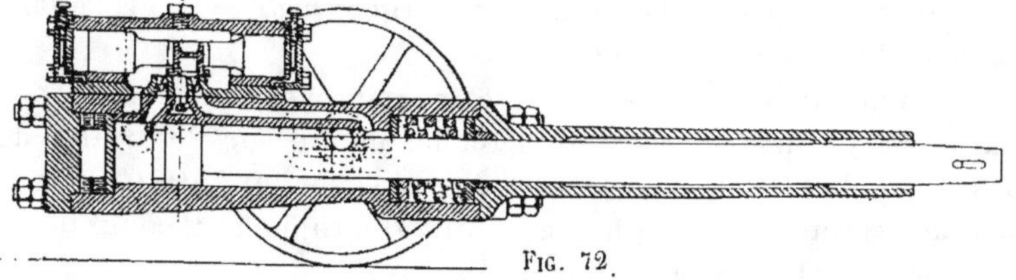

Fig. 72.

Les constructeurs américains ont donné à cette haveuse une forme très pratique — (fig. 72 haveuse Ingersoll-Sergeant) en la montant sur un chariot à deux roues de 0^m40 à 0.50 de diamètre, muni à l'arrière de poignées qui permettent de le diriger à la manière d'une brouette. L'outil terminé par deux taillants fonctionne comme une perforatrice sans mouvement de rotation, dont les coups sont dirigés par l'ouvrier, en mettant à profit son habileté professionnelle.

Dans le seul type mu par l'électricité, le mouvement est produit, comme dans la perforatrice Dulait-Forget (cf. n° 101), par came et ressort (syst. Morgan-Gardner).

L'appareil roule sur une plate-forme en bois de 1 à 1^m20 de largeur, légèrement inclinée vers le front de taille ; l'ouvrier assis derrière la machine, sur ce plancher, cale l'une des roues au moyen d'un coin en bois fixé au pied gauche.

L'inclinaison du plancher a pour but de maintenir la machine au contact du charbon et de neutraliser les effets du recul. Son peu de largeur permet de l'installer entre les boisages.

L'appareil étant très mobile peut recevoir une direction quelconque, de sorte que le pic est en réalité dirigé à volonté par l'homme, suivant les conditions du havage, la présence de rognons de pyrite, de carbonate de fer, etc. ; le nombre de coups peut atteindre 160 à 250 par minute ; la course est de 0^m25 à 0^m275.

Il faut deux ouvriers : un machiniste et un aide qui dégage la rainure et s'occupe de prolonger la plate-forme au fur et à mesure de l'avancement du havage. On opère ordinairement au moyen de deux plates-formes que l'on juxtapose successivement bout à bout.

En raison du peu de précision résultant de la mobilité de l'appareil, on fait beaucoup de menu. Cette haveuse est d'assez petites dimensions pour pouvoir boiser à 0^m40 du front de taille. Le havage est profond de 1^m50 et sa largeur est de 0^m75 à l'avant et de 0^m35 au fond de la rainure.

Ces machines peuvent aussi être employées pour faire des rainures verticales ; à cet effet on les monte sur des roues de 1 m. de diamètre, ou on les dispose sur un affût spécial à quatre roues et à colonne (Sullivan) rappelant celui de la bosseyeuse Dubois et François (fig. 50).

168. Pour remédier aux inconvénients du choc, on avait

imaginé dès le début du havage mécanique, d'attaquer la houille au moyen de couteaux analogues à des *rabots*.

Dès 1865, la maison Carrett et Marshall de Leeds construisait une haveuse de ce genre mue par la force hydraulique (fig. 73), spécialement convenable pour agir par mouvements lents avec fortes pressions. Cet appareil fonctionnait sous une pression de 3o atm.

Un outil analogue mu par bielle et manivelle et par transmission télédynamique a été employé aux carrières de Charentenay, dans l'Yonne, pour accélérer la production des pierres de reconstruction de l'Hôtel de Ville de Paris. Cet outil portait deux rabots en sens inverse, afin de produire du travail utile dans ses deux mouvements alternatifs (fig. 74). L'outil creuse ainsi sur 1^{m}20 de longueur, avec une course qui ne dépasse pas 0^{m}60. Cet outil était fixé sur un axe vertical autour duquel il rayonnait en éventail.

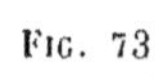

Fig. 73.

169. **Haveuses à chaîne.** — En Amérique, on a placé les rabots sur une chaîne de Galle. Les *haveuses à chaîne* les plus employées en Amérique (Jeffrey, Link-Belt, Morgan-Gardner, etc.), procèdent comme les haveuses à pic, en faisant des saignées successives dans un front de taille peu étendu ; mais elles sont plus volumineuses et demandent un espace libre de boisages

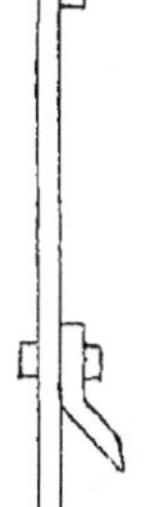

Fig. 74.

de 3 m. devant le front de taille. La chaîne et le moteur sont portés par un châssis mobile qui a la forme d'un trapèze isocèle présentant à son périmètre une gorge où passe la chaîne. La fig.75 représente en élévation et en plan la haveuse électrique Morgan-Gardner. L'axe vertical A actionne avec réduction de vitesse l'arbre moteur B de la chaîne. Une vis sans fin montée sur ce même arbre engrène avec un pignon C qui fait mouvoir un arbre transversal commandant, par une série d'engrenages non figurés, un pignon F en prise avec une crémaillère G G située sur un des longerons de l'affût. Suivant le sens du mouvement de ce pignon qui peut être réglé par les embrayages D D, s'effectue le mouvement de progression ou de retour du châssis mobile. Ce dernier mouvement est beaucoup plus rapide que le premier. Les dents portées par la chaîne sont divergentes, afin de creuser une rainure plus large que le châssis qui doit y pénétrer. La chaîne se meut avec une vitesse de 1^m52 à 2^m par seconde. Un interrupteur arrête le mouvement aux extrémités de la course. Ces haveuses sont calées à l'avant au moyen d'une vis contre le front de taille et à l'arrière contre le toit pendant le travail. Elles font une rainure de $0^m.12$ à $0^m.13$ de large et donnent moins de menu que les haveuses à percussion.

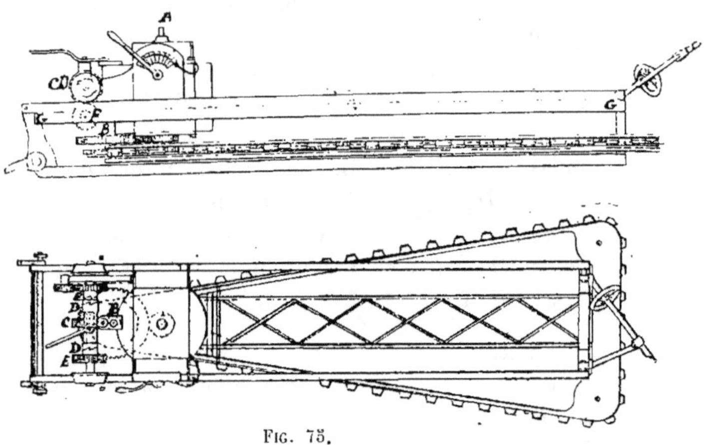

Fig. 75.

Elles sont disposées de manière à faire le havage ou la coupure. Elles se déplacent au moyen de rouleaux ou de trucs dont les roues sont calées pendant le travail. Ces haveuses ont en général un effet utile plus grand que les haveuses à percussion ; elles havent une surface de 12 à 14 m² à l'heure, tandis que les premières ne font pas plus de 4 à 6 m². On leur reproche de donner lieu à plus de réparations.

En Amérique elles sont généralement actionnées par l'électricité à la tension de 350 à 500 volts, ce qui est possible quand les houillères ne sont pas grisouteuses. L'habileté professionnelle joue dans ce système un rôle beaucoup moindre que dans celui des haveuses à percussion.

Les haveuses américaines à percussion et à chaîne ont donné lieu récemment à d'assez nombreux essais dans les houillères françaises.

170. Au lieu de pratiquer des saignées successives, les haveuses à chaîne, après avoir pénétré dans le front de taille de toute la longueur du châssis mobile, peuvent agir latéralement et d'une manière continue, tirées par une chaîne le long du front de taille. Ces haveuses dites *ripantes* sont moins fréquemment employées en Amérique, en raison même de ce que l'exploitation par grandes tailles y est très peu développée.

171. **Haveuses à disque.** — Il en est tout autrement en Angleterre où les fronts de tailles en longwall atteignent souvent plus de 100 m.; les *haveuses à disque* qui y sont le plus employées, sont basées sur le même mode d'action.

Les couteaux se trouvent au pourtour d'un disque en saillie.

Dans les types les plus récents, la roue est munie de 20 à 25 couteaux d'acier. Elle porte un engrenage conique actionné par un petit moteur généralement à air comprimé et fait environ 10 tours par minute. Elle creuse une rainure de 1^m05 de profondeur et de 0^m075 de large à une hauteur plus ou moins grande selon celle à laquelle se trouve la roue; la fig. 76

Fig. 76.

montre la haveuse disposée pour haver en pied ; la fig. 77 montre la roue à sa hauteur maximum qui est de 0^m95. La machine porte un petit treuil au moyen duquel elle se hale sur une chaîne le long du front de taille et creuse ainsi une rainure continue. La haveuse ci-dessus représentée est la haveuse

Garforth qui a donné récemment lieu à quelques essais en Westphalie. Ce système se prête à des inclinaisons plus grandes que les haveuses américaines.

FIG. 77.

172. On a aussi placé les couteaux sur une barre cylindrique ou polygonale. Cette barre peut être perpendiculaire ou parallèle au front de taille de manière à y pratiquer une rainure continue ou une saignée de largeur limitée. Le mouvement est, dans ce dernier cas, transmis à la barre par des chaînes de Galle et la barre est portée par un châssis progressant, comme celui des haveuses à chaîne. On y a renoncé en Amérique, parce qu'elles demandent une grande force et parce que le charbon se dégage mal de la rainure.

173. **Machines à creuser des rainures dans les carrières.** — Des machines à creuser des rainures sont assez souvent employées, lorsque la main-d'œuvre est coûteuse, pour débiter les marbres ou les pierres de taille dans les carrières.

On peut employer pour cela des perforatrices faisant une série de trous verticaux en ligne droite, où l'on insère ensuite des coins pour déterminer une rupture suivant un plan.

Pour faire une rainure continue, on emploie en Amérique une *barre de carrière*, supportée à ses extrémités sur des jambes chargées de poids, sur laquelle glisse une perforatrice.

Dans les roches dures, cette perforatrice creuse une série de trous en ligne, distants de 18 à 50 mm. On abat ensuite les intervalles de ces trous, en remplaçant le fleuret de la perforatrice par une *plate-scie* (cf. n° 150) et en supprimant le mouvement de rotation.

Dans les roches relativement tendres, on emploie une perforatrice sans mouvement de rotation, disposée de manière à se mouvoir automatiquement le long d'une vis, en allant et revenant ; la perforatrice est guidée dans ce cas sur deux barres réunies par des flasques pivotant sur les extrémités de la vis, de manière à creuser la rainure sous un angle quelconque.

On emploie, en Amérique, des machines de ce genre pour débiter au chantier des blocs de marbre rectangulaires par rainures verticales et horizontales ; on les applique aussi dans les ardoisières du Pays de Galles. Dans le cas où l'on craint l'ébranlement produit par le choc, on fait usage en Amérique d'appareils du même genre portant 2 ou 3 perforatrices à diamants qui creusent des trous par rangées jointives.

On emploie aussi des affûts progressant sur rails ou crémaillère le long de la rainure qui peut recevoir une certaine inclinaison. Une machine de ce genre a fonctionné aux carrières de Soignies, d'Écaussines, de Martelange, pour creuser des rainures verticales de $0^m.06$ de largeur et de $3^m.50$ de profondeur. L'avantage est surtout de réduire le déchet, dans les carrières dont les gisements sont en plateure, et d'obtenir des blocs plus volumineux. A Soignies, on faisait ainsi $3^m 50$ de rainure en 10 heures avec 2 hommes, dans le petit-granite ; mais on y a substitué avec avantage le fil hélicoïdal.

174. *Fil hélicoïdal*. — On emploie ce système pour creuser des rainures dans les roches qui ne sont pas trop dures, calcaires, marbres, ardoises. Un câble sans fin (fig. 78) formé de 3 fils d'acier de 2,5 mm tordus en hélice et maintenu sous tension par un chariot tendeur, reçoit par des poulies un mouvement d'entraînement de 4 à 5 m. de vitesse par seconde. La forme hélicoïdale des fils qui le composent, engendre, par le frottement au passage de ces poulies, un mouvement de rotation du câble autour de son axe. Ce câble est employé à scier la pierre, en projetant au contact du sable qui est ici l'agent principal du rodage.

En raison de sa flexibilité, le câble sans fin peut être dirigé dans tous les sens, il joue en même temps le rôle de câble télédynamique et peut être utilisé plusieurs fois sur son parcours, pour transmettre la force, creuser des rainures au chantier en un point, débiter des blocs en un autre, etc.

Pour creuser une rainure, on commence par percer aux extrémités de celle-ci deux puits de 0ᵐ.5o de diamètre et de la profondeur de la rainure, à l'aide de tubes foreurs en acier, mus par le fil fonctionnant comme câble télédynamique.

Ces tubes agissent de la même manière que les lames métalliques que l'on emploie pour débiter en tranches les pierres de taille. Ils présentent un tranchant circulaire sur lequel on projette du sable pour creuser une rainure circulaire, laissant à l'intérieur un noyau cylindrique que l'on enlève au moyen de coins. On dispose verticalement dans les puits ainsi creusés des châssis-guides D et E (fig. 78) portant des poulies de renvoi sur lesquelles passe le fil. Ces poulies descendent progressivement le long des châssis au moyen de vis actionnées à la main ou automatiquement par l'action d'une poulie régulatrice placée sur le passage du fil ; la descente du fil s'effectue ainsi au fur et à mesure du creusement de la rainure.

Ce système ne convient toutefois que pour creuser des rainures verticales et le forage des puits est une grande difficulté dans certaines circonstances.

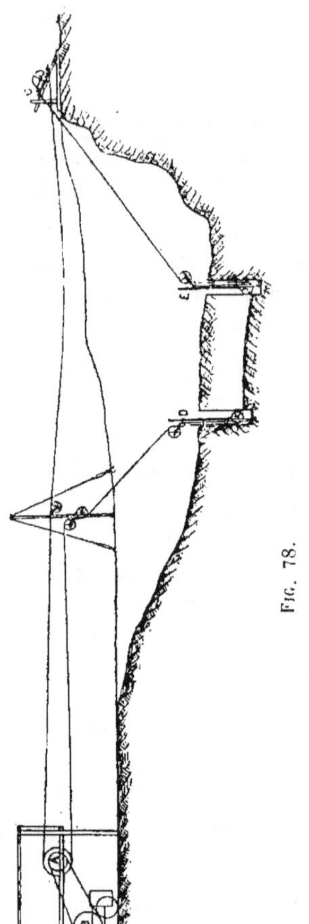

Fig. 78.

Cette difficulté a été résolue aux carrières de Carrare, par la poulie pénétrante de M. Monticolo (1898). Cette poulie (fig. 79) de 8 mm. d'épaisseur et de 0ᵐ.5o de diamètre a une gorge demi-circulaire dans laquelle le fil fait saillie de la moitié de son épaisseur. Cette poulie est fixée dans une fente longitudinale à la partie inférieure d'un tube de 64 mm. de diamètre. Il suffit de creuser à chaque extrémité de la rainure un trou de mine de 7 centimètres pour y engager ce tube. Celui-ci est porté par un trépied et reçoit un mouvement de progression automatique dérivant d'une poulie extérieure sur laquelle passe le fil. La poulie pénétrante descend dans la rainure creusée par le fil qui l'entoure sur le quart de sa circonférence. Le pivot de la poulie peut être graissé de la surface par l'intérieur du tube. Cette disposition permet de creuser des rainures sous toutes inclinaisons.

Les avantages de ce système sont de ne pas ébranler la roche et de réduire le déchet, tout en donnant une plus grande rapidité au travail. La progression est de 4 à 15 centimètres par heure suivant la nature de la roche.

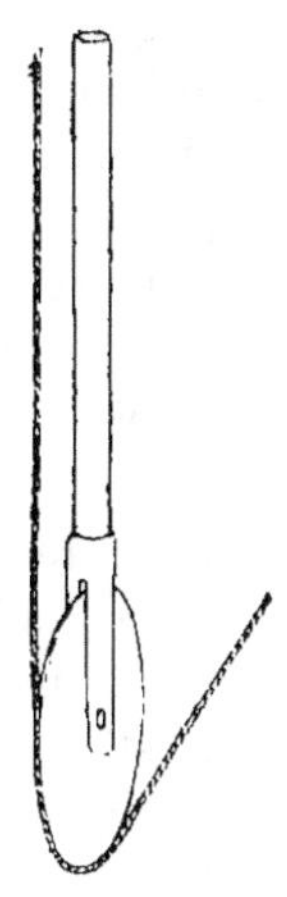

Fig. 79.

Le fil hélicoïdal est fréquemment employé, avec ou sans la poulie pénétrante, dans nos carrières de petit granit (Sprimont, Écaussines), aux carrières de marbre de Carrare, aux ardoisières de Labassère dans les Pyrénées où se trouve sa seule application jusqu'ici dans une mine souterraine.

Les ruptures fréquentes du fil sont un inconvénient, mais le travail n'est pas longtemps interrompu, car on en réunit les bouts par une épissure.

MACHINES A BROYER LES ROCHES

175. L'emploi des machines attaquant les roches par broyage ne se justifie que dans des cas exceptionnels qui peuvent se présenter dans le percement des puits ou des galeries. Il ne faut pas toutefois prendre le mot *broyage* à la lettre ; car il s'agit ici de machines réduisant la roche en petits fragments et non en poussière. Nous comprendrons également dans cette catégorie celles qui opèrent par désagrégation d'une roche non consistante.

176. *Dans les puits*, leur emploi se justifie, quand on renonce à épuiser les eaux, c'est-à-dire quand on creuse à *niveau plein*.

Ces creusements se font à petite ou à grande section.

Les creusements à niveau plein à petite section sont des *sondages* qui s'exécutent *par percussion* ou *par rodage*.

Dans le premier cas, on fait usage d'un *trépan* fixé à l'extrémité d'une série de tiges assemblées l'une à l'autre, de manière à atteindre la profondeur voulue. Le trépan opère par battage et par rotation, comme pour le creusement d'un trou de mine au moyen du fleuret. On fait ainsi des sondages dont le diamètre varie de $0^m.80$ à $0^m.035$, pour recherches de mines, exploitations de pétrole, eaux salines, puits artésiens, etc.

Pour opérer par rodage, on fait en général usage de forets annulaires en acier ou à diamants et de tiges creuses auxquelles on imprime un mouvement de rotation avec pression. On a atteint de la sorte la profondeur de 2.003 mètres, qui est la plus grande à laquelle on ait pénétré la croute terrestre (Paruschowitz en Silésie).

Nous étudierons en détail les procédés de sondage, en traitant des recherches de mines.

Des procédés analogues sont applicables au creusement des puits de grande section, soit de 4 à 5 m. de diamètre, lorsque l'abondance des eaux est telle qu'on ne puisse les extraire économiquement au moyen de pompes, au fur et à mesure du creusement. Dans les terrains consistants, on fait dans ce cas usage d'un *trépan* de construction spéciale (procédé Kind-Chaudron); dans les terrains meubles, on fait usage d'une *drague* qui opère par désagrégation. Nous étudierons ces procédés en détail, lorsque nous traiterons du creusement des puits dans les terrains aquifères.

Dans ces cas spéciaux, le broyage des roches sur toute la section des puits se justifie, parce que l'on effectue le creusement sans pénétrer dans le puits, sans voir le front d'attaque, et que l'on réduit la roche à l'état de bouillie plus ou moins pâteuse, que l'on extrait à la surface par des procédés appropriés.

177. Dans les galeries, les procédés de broyage peuvent se justifier, lorsque l'on craint les ébranlements produits par les coups de mine, comme dans les percements sous-marins ou sous-fluviaux, ou lorsque le broyage de la section entière fournit un procédé plus rapide que tout autre. Le broyage se justifierait encore pour le percement de galeries dans une atmosphère

grisouteuse, mais aucun appareil de ce genre n'a donné jusqu'ici une solution économique de ce problème.

Les appareils essayés dans le percement des galeries sont basés sur deux principes différents; les uns sur l'emploi de disques en acier entamant la section par tranches successives, les autres sur le rodage de la section entière au moyen d'un outil rotatif.

Des disques en acier de $0^m.25$ à $0^m.35$ présentant un biseau à 45° ont été appliqués il y a longtemps en Amérique [1] pour la taille des pierres (système Wilson).

Le disque incliné à 45° sur la pierre (fig. 80) est animé d'un

mouvement de rotation sur lui-même et autour d'un axe vertical; il entame par son biseau la surface du bloc de pierre qu'on fait progresser normalement à la courbe décrite par le disque. Les trajectoires successives de ce dernier à la surface de la pierre comprennent entre elles des tranches de faible largeur qui sont enlevées à chaque passage comme par un rabot.

Fig. 80.

Ce principe a été appliqué par M. Brunton dans une machine qui a été essayée au percement de la Galerie à la mer des Charbonnages des Bouches du Rhône, à Gardanne, près de Marseille, et dans la galerie d'essai de Sangatte du tunnel sous la Manche.

La machine Brunton (fig. 81) se composait de deux plateaux portant chacun des disques au nombre de trois ou de six. Ces plateaux sont animés d'un mouvement de rotation planétaire autour d'un axe central,

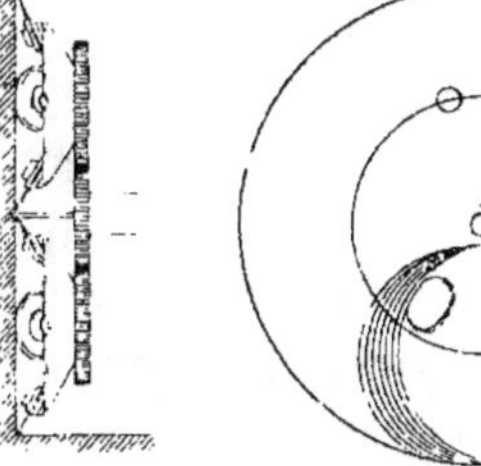

Fig. 81.　　　Fig. 82.

de telle sorte que les trajectoires des disques parcourent successivement toute la surface du front de taille (fig. 82). Les plateaux tournent sur eux-mêmes à une vitesse de 300 tours, en même temps qu'ils sont entraînés dans un mouve-

---

[1] Voyage dans l'Amérique du Nord en 1853-54, par G. Lambert.

ment de rotation autour de l'axe central à raison d'un tour pour 4, 6 ou 9 minutes. La machine reçoit en outre un mouvement de progression par vis. Cette machine creuse donc une galerie circulaire de 2^m10 de diamètre. Des palettes ramasseuses déposent les déblais sur une toile sans fin qui les conduit à l'arrière de la machine.

Les résultats obtenus à Sangatte ont été assez favorables. La craie dans laquelle s'effectuait le percement était très homogène et l'on faisait 5 à 6 m. par jour. Dans des roches non homogènes, les résultats ont été défavorables ; les disques s'émoussent dans les parties dures, la marche est irrégulière et l'avancement très faible.

Dans les essais du tunnel sous la Manche, ces résultats ont été éclipsés par ceux de la machine du colonel Beaumont qui a été également expérimentée dans les galeries d'essai, sur les côtes de France et d'Angleterre.

La machine Beaumont (fig. 83) se compose d'une robuste armature, en forme de ⊨, tournant sur son axe. La face antérieure du ⊨ est munie de deux rangées de 7 dents de faible saillie, en quinquonce, qui rodent tout le front de taille sur 2^m10 de diamètre, suivant un plan vertical, tandis que le centre affecte la forme d'un cône par l'action d'un couteau oblique. L'armature étant pour ainsi dire en contact avec la roche, les

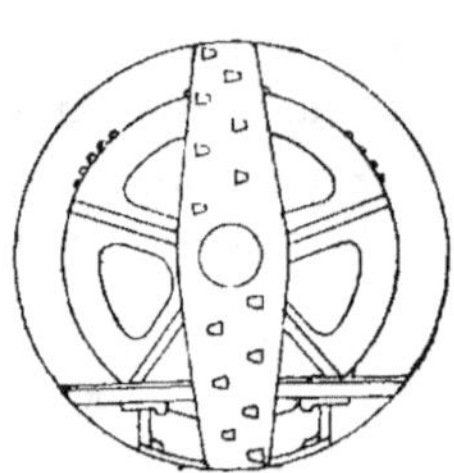

FIG. 83.

débris s'accumulent sur elle jusqu'à ce qu'elle ait atteint une inclinaison suffisante pour qu'ils glissent dans une auge qui les ramène au centre ; ils sont repris par une chaîne à godets qui les conduit dans des wagonnets à l'arrière de la machine. L'armature est maintenue contre le front de taille par pression hydraulique. Le mode de progression est analogue à un mouvement de reptation. La machine est portée par deux châssis mobiles l'un par rapport à l'autre. L'un est relié à la tige du piston, l'autre au cylindre. Le premier châssis étant calé, si l'on admet la pression hydraulique à l'avant, le second progresse avec le cylindre, jusqu'à ce qu'il ait effectué une course complète de 1^m37 ; on soulève alors ce châssis sur des crics, de manière à le caler à son tour et à rendre libre le châssis inférieur qui avance avec le piston, lorsqu'on admet la pression hydraulique à l'arrière du cylindre.

La rotation de l'arbre est produite par une machine à air comprimé tournant à raison de 100 tours par minute. Mais la vitesse de rotation de l'outil est réduite par engrenages à 1 ¹/₂ ou 2 ¹/₂ tours par minute, conformément au principe du rodage par morcellement (cf. n° 105).

Cette machine pesait 20.000 kg. et avait une longueur de 10 mètres.

Dans les essais du tunnel sous la Manche, elle s'est très bien comportée dans la craie grise. On a fait plus de 2000 m. du côté Anglais, avec une vitesse moyenne d'avancement de 15 m. par jour. Du côté Français, on a fait 1839 m., avec une vitesse moyenne de 12ᵐ70 seulement, parce que l'on eut à lutter contre l'eau qui était légèrement saumâtre. Dans les derniers mois, on a fait 15ᵐ40 en moyenne par jour et exceptionnellement 25 m.

Ces essais, arrêtés le 18 mars 1883, ont démontré la possibilité d'effectuer en 5 ans ce percement de 35 kil., à condition d'installer des machines d'épuisement sur la rive Française. La roche est à vrai dire assez tendre et homogène, à part quelques nodules siliceux qu'il fallait enlever au pic. Mais la vitesse obtenue n'en est pas moins supérieure à celle du travail par perforatrices et explosifs que l'on n'eut osé d'ailleurs employer, de crainte de provoquer des venues d'eau par l'ébranlement des roches. Le milieu du tunnel devait être, en effet, à 40 m. au maximum sous la mer.

L'augmentation de vitesse par rapport aux perforatrices provient surtout de ce que le creusement se fait ici d'une manière continue et ne doit pas être interrompu pour procéder au tir et au déblai, périodes qui prennent toujours beaucoup de temps. D'autre part, les machines de ce genre ont l'inconvénient d'exiger un arrêt absolu, lors des réparations, de s'opposer à tout moyen de soutènement, de consommer une force considérable et de présenter certaines difficultés au point de vue du maintien de la direction de la galerie.

La machine Beaumont a été employée en 1883-84 au percement du tunnel sous la Mersey, à Liverpool, dans le nouveau grès rouge assez dur. Le but n'était pas ici d'aller vite, car il n'y avait pas plus de 1620 m. à percer ; on avait surtout en vue d'éviter les infiltrations. L'avancement par semaine fut de 15^{m}55, alors qu'il était à la main de 9^{m}15 à 12 m. La galerie avait 2^{m}20 de diamètre.

Cette même machine a été employée dans des grès très durs du millstone grit au tunnel de Woodshead, entre Sheffield et Manchester, avec une vitesse d'avancement de 7^{m}20 par 24 heures.

Ces applications ouvrent certaines perspectives, relativement à la possibilité de l'emploi de machines de ce genre pour le percement des galeries dans les mines à grisou.

178. A ces machines se rattachent les dragues et les excavateurs à vapeur (*steam shovels*) usités dans les terrains meubles superficiels (lignites de la Saxe et du Rhin) ou dans certains minerais de fer tendres (Orconera à Bilbao, Mesabi range au Lac Supérieur). Le caractère de ces machines est la grande production qu'elles permettent d'obtenir avec peu de main-d'œuvre. Au Lac Supérieur, un excavateur de ce genre peut faire 600 tonnes de minerai par heure et les charger à wagon.

IX. — SOUTÈNEMENTS DES GALERIES.

179. On distingue dans une galerie : le sol ou mur (*deye*), le toit, ciel ou voûte, et les parois (*mahîres*).

Les galeries se soutiennent rarement d'elles-mêmes, en dehors de certains terrains très résistants, tels qu'on en rencontre de fréquents exemples dans les mines métalliques. Le terrain houiller se soutient moins bien et les galeries y demandent en général des soutènements artificiels.

La poussée qui se produit au dessus d'une excavation, est due à la rupture des conditions d'équilibre des roches, résultant du percement de la galerie. Les roches sont, en effet, fissurées et les blocs délimités par les fissures se trouvent dans un état d'équilibre que le percement de la galerie rend instable. C'est pourquoi il est si difficile de maintenir ouvertes les galeries percées dans des gisements de matières meubles et plastiques remplissant des fissures, telles que ceux d'*ozokérite* en Galicie. Cette matière s'écoule dans la galerie ou dans d'autres fissures et les blocs de terrain se mettent en mouvement.

La rupture d'équilibre provoque une poussée souvent formidable sur les galeries récemment creusées. Cette poussée s'arrête, lorsque les blocs de terrain ont repris un nouvel état d'équilibre stable.

Indépendamment de cette poussée, il faut tenir compte des affaissements en masse qui tendent à se produire, avec flexion ou rupture des roches, au dessus des vides laissés par une exploitation, et qui tendent à combler ces vides. Les moyens de soutènement sont impuissants à lutter contre de tels affaissements en masse.

Les galeries tendent à se combler par le délitement de la voûte ou par le soulèvement du sol. Le délitement de la voûte tend à donner à celle-ci une forme ogivale d'équilibre, dont on voit de beaux exemples dans les anciennes exploitations de tuffau des carrières Saint-Pierre, près de Maestricht.

Le soulèvement du mur est un phénomène non moins caractéristique et se produit surtout dans les couches reposant sur un mur formé de roches plastiques. Le percement de galeries dans les couches de ce genre produit un affaissement des massifs restant en place, qui provoque un refoulement du schiste dans les espaces vides. Ce phénomène est fréquent dans l'exploitation de la houille du bassin de Newcastle-Durham, où il est connu sous le nom de *creep*. Les piliers solides finissent par s'enfoncer dans le mur qui par sa plasticité vient remplir les vides. Ce phénomène est moins commun en Belgique. Cependant il n'est pas rare non plus d'y voir d'anciennes galeries comblées par soulèvement d'un mur schisteux.

Le soulèvement d'un mur calcaire se produit parfois aussi, et peut occasionner des venues d'eau importantes (mines d'oligiste de la Meuse, mines d'asphalte du Val de Travers).

180. ***Moyens de soutènement.*** — Les moyens de soutènement des galeries sont les boisages, les soutènements métalliques, la maçonnerie sous forme de murs en pierres sèches ou de maçonnerie de briques reliées, le bétonnage.

Leur emploi judicieux présente une grande importance au point de vue de la prévention des accidents provenant d'éboulements, qui sont ceux produisant le plus grand nombre de victimes dans les mines de tous genres.

181. ***Boisage***.—Les boisages ne sont pas de longue durée ; ils périssent par écrasement ou par altération, après un temps plus ou moins long, suivant les circonstances dans lesquelles ils sont placés. Ils ne peuvent supporter des poussées considérables.

Les boisages employés dans les mines ne sont pas des ouvrages de charpente. Les bois sont réunis par des assemblages très sommaires, taillés grossièrement à la hache, ou simplement par juxtaposition, sans main d'œuvre coûteuse. Ils doivent être disposés de telle sorte que leur résistance soit la mieux utilisée. Ils doivent à cet effet être constamment maintenus sous tension par un calage soigné contre le terrain.

La forme la plus ordinaire dans les galeries est le *boisage à porte* (fig. 84) composé d'un *chapeau* et de deux *montants* ou *portants*, dont les pieds sont légèrement enfoncés dans le sol. Les montants sont inclinés, afin de donner moins de portée au chapeau et d'augmenter l'espace réservé à la circulation.

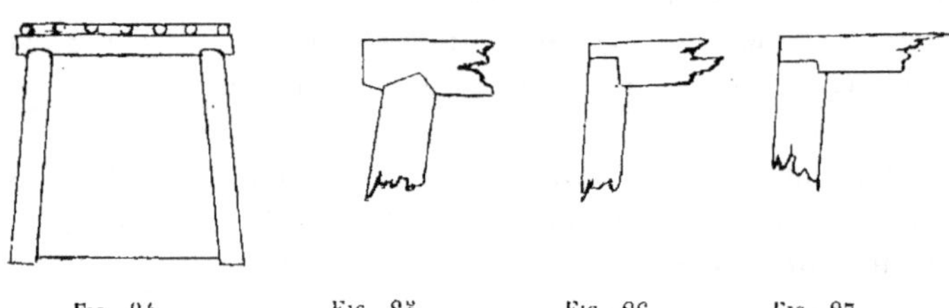

FIG. 84.   FIG. 85.   FIG. 86.   FIG. 87.

L'assemblage des montants et du chapeau se fait souvent par une simple entaille courbe ou par deux entailles obliques et inégales (fig. 85, assemblage par *selle*) ou égales (assemblage en *gueule de grenouille*). Quelquefois les assemblages sont un peu plus compliqués et se font par entailles droites, horizontales et verticales (fig. 86 et 87). Suivant le sens de la plus grande poussée, on entame davantage, soit le chapeau, soit le montant. En cas de poussée latérale dominante, c'est le chapeau qui sera le plus entamé (fig. 86). Si la poussée la plus forte vient d'en haut, on laissera le chapeau aussi intact que possible (fig. 87).

Ces assemblages par entailles à angle droit ont souvent pour inconvénient de provoquer la rupture des boisages dans le sens des fibres.

182. Dans quelques charbonnages du Hainaut, on emploie des machines spéciales destinées à façonner les extrémités des bois de mines. A Strépy-Bracquegnies, on emploie la machine Sottiaux (fig. 88), composée de couteaux tournant à raison de

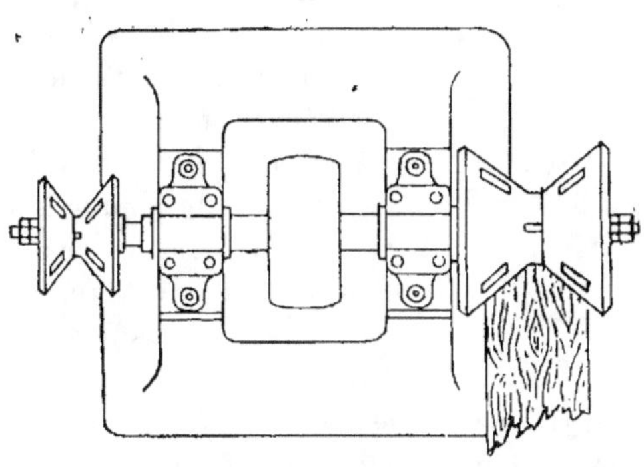

Fic. 88.

1000 à 1,200 tours par minute et donnant une forme triangulaire à l'extrémité des bois. Cette machine façonne 8 à 9000 bois en 10 heures avec 2 ouvriers et 2 manœuvres, ce qui correspond au travail de 10 hommes.

A Sars-Longchamps et Bois-du-Luc, on emploie la machine Mathieu, composée d'une scie circulaire, à laquelle on présente obliquement les bois de deux côtés pour faire le biseau, et d'une roue à couteaux formant, à l'extrémité du bois, une entaille courbe. Ces outils fonctionnent successivement, ce qui permet à l'ouvrier d'avoir égard à l'irrégularité de certains bois. Cette machine façonne 3000 bois par jour avec un seul ouvrier (1).

183. Lorsque les terrains sont meubles ou difficiles à soutenir, le boisage se complète par une *semelle* légèrement entaillée pour recevoir les pieds des montants et empêcher leur glissement (fig. 89). Cette semelle est souvent un bois de plus fort équarrissage, quelquefois demi-rond. Le boisage forme alors un châssis complet ou *cadre*; on emploie souvent aussi ce dernier terme pour désigner un simple boisage à porte.

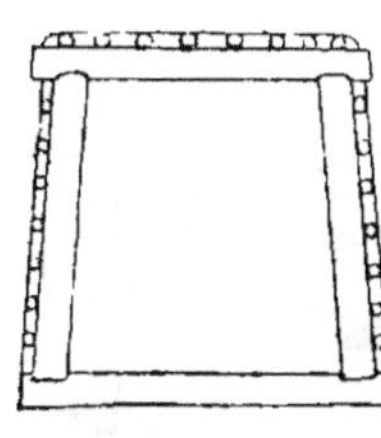

Fig. 89.

Les boisages sont souvent beaucoup moins complets et peuvent, selon les circonstances, se composer simplement d'un ou de deux montants sans chapeau ou d'un chapeau sans

---

(1) Voir *Revue universelle des mines*, 3e série, t. XII, p. 45; t. XVIII, p. 50; 1890 et 1892.

montant (fig. 90). Ils peuvent également être de forme irrégulière (fig. 91).

Les cadres sont plus ou moins rapprochés selon la nature des terrains à soutenir.

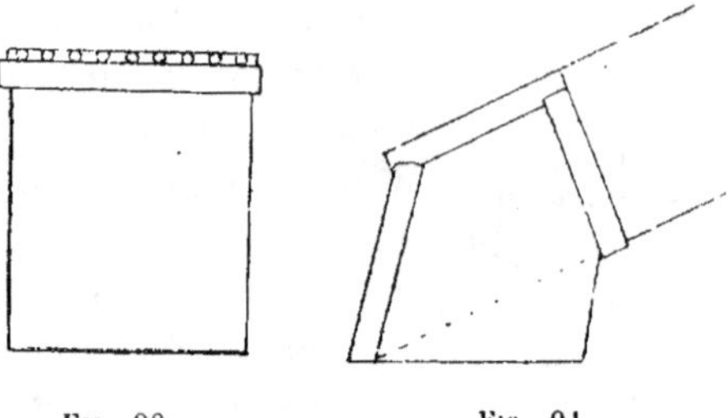

FIG. 90.   FIG. 91.

Dans nos houillères, ils sont généralement à l'écartement de 0^{m}60 à 1^{m}20.

Dans de mauvais terrains, on les rapproche davantage et quelquefois jusqu'à les joindre.

Lorsqu'il y a un espace entre les cadres, on fait un *garnissage* contre le terrain, au moyen de bois de fagots (*wâtes* ou *queues*) et de brindilles (*veloutes*). Celles-ci ne sont nécessaires qu'en cas de terrain déliteux, on les remplace quelquefois par des enfilages de planches de rebut (*croûtes*, *dosses*), et dans les tailles à toit déliteux, par des feuilles de carton goudronné, nattes, paillassons, etc.

Les boisages à porte doivent quelquefois être consolidés par un étresillon sous le chapeau, bois d'écartement destiné à maintenir le boisage sous tension (fig. 92), ou par des goussets dans les angles.

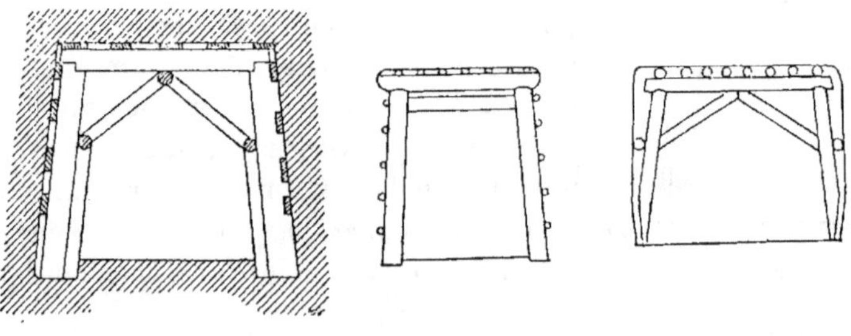

FIG. 93.   FIG. 92.   FIG. 94.

Dans le bassin de St-Etienne, on fait des boisages armés intérieurement avec longrines, afin d'établir une solidarité entre plusieurs cadres (fig. 93). Un boisage de ce genre n'est pas beaucoup plus coûteux qu'un boisage ordinaire, parce qu'on peut réduire le diamètre des bois principaux de 0^{m}25 à 0^{m}22 et que l'armature intérieure se fait au moyen de déchets de boisages repris. Ces boisages armés ont une durée trois fois plus grande que les boisages ordinaires, mais les réparations en sont plus difficiles à raison de la solidarité des pièces.

Dans le Pas-de-Calais, on emploie depuis longtemps des montants amincis à la partie inférieure (fig. 94), de manière à céder à la première poussée des terrains, sans que le chapeau ne s'écrase ni ne fléchisse, ce qui est le cas lorsque la résistance des montants est trop grande. Ce système est aussi préconisé depuis quelque temps en Angleterre.

En Angleterre, dans les endroits où l'on redoute de fortes poussées, on fait de vrais piliers en bois horizontaux recroisés comme dans un bûcher (*cogs* ou *chocks*), présentant une grande surface de soutènement et en même temps une grande élasticité.

Dans des chargeages, en terrains exceptionnellement mauvais (Centre), on a fait des revêtements complets en voussoirs de bois assemblés par cales. Ces voussoirs ont, par exemple, $0.16 \times 0.20 \times 0.20$. Autour de ce revêtement, on coule du béton pour assurer le contact avec la roche. Ce sont des moyens coûteux que l'on n'emploie que très exceptionnellement, quand on désire un revêtement très résistant et éminemment élastique.

184. L'altération plus ou moins rapide des bois (carie sèche, végétations cryptogamiques) dépend de leur essence et de leur situation.

L'influence de l'essence sur l'altération des bois est bien caractérisée par des expériences qui ont été faites par feu M. Stœsser, dans le bassin de Charleroi, sur des bois de diverses essences, placés pendant 15 mois comme chapeaux dans une voie de retour d'air.

Après ce laps de temps, l'aune, le bouleau, le sorbier étaient à remplacer,

le bois blanc était altéré sur une profondeur de 0^m030

le cerisier	»	»	»	0^m020
le sapin	»	»	»	0^m019
le saule	»	»	»	0^m018
le chêne	»	»	»	0^m017
le frêne	»	»	»	0^m017
le châtaignier	»	»	»	0^m015
le platane	»	»	»	0^m012

On voit par ces chiffres que le sapin et le chêne présentent des résistances peu différentes à l'altération. Le choix entre ces deux essences dépend donc du prix local. On emploie souvent le sapin dans les voies d'aérage qui n'ont pas encore subi leur poussée. Lorsque cette poussée s'est produite, le chêne est préférable ; il résiste mieux dans l'air humide et chaud. Le sapin est plus léger, plus facile à transporter et à mettre en œuvre ; il est plus droit en général et donne moins de déchets que le chêne.

Le sapin dont il est ici question, est le *pin sylvestre* ou *mélèze* ; le *pin maritime* n'est pas suffisamment résistant, l'*epicea* ne convient que comme bois de taille ; parmi ceux-ci on fait également usage d'essences communes (*bois divers*) ; les bois de taille ne doivent en effet résister en général que peu de jours.

Le chêne et le hêtre résistent mieux à l'humidité, surtout le hêtre. Très employé autrefois à Saarbrück où se trouvent de vastes forêts de hêtre domaniales, son emploi est fortement réduit aujourd'hui ; on ne l'emploie plus guère que comme bois de taille.

Dans le Midi, on peut avoir recours à d'autres essences. Le chataigner, par exemple, présente comme bois de mine des qualités précieuses. En Galicie, aux mines d'ozokérite de Boryslaw, c'est le frêne qui a donné les meilleurs résultats, par suite de son élasticité, pour le soutènement si difficile des galeries (cf. n° 179).

On a fait récemment à Saarbrück des essais comparatifs sur la résistance à l'écrasement des diverses essences à divers états de dessication. On a soumis des poteaux choisis sans défaut et de même diamètre à l'action d'une presse hydraulique pouvant exercer une pression de 1134 kg. par atm.

Tous les bois se sont écrasés sous 25 à 28.000 kg. Sans pouvoir classer les différentes essences au point de vue de leur résistance aux efforts de compression, ces essais ont démontré que le hêtre est une des essences les plus solides et qu'on s'exagère souvent la résistance du chêne. Une bonne dessication augmente la résistance à la compression et à l'altération des bois.

Le hêtre résiste d'autre part moins bien que le chêne à l'altération. L'influence de l'air vicié se manifeste en général par une tendance à casser net et par une diminution de résistance.

L'acacia n'est employé que par les charrons. On en a fait autrefois l'essai, comme bois de mine, à Carmaux et depuis peu ces essais ont été repris à Saarbrück. L'acacia résiste remarquablement à l'altération dans l'air de la mine ; mais son prix est trop élevé pour qu'il soit d'un usage courant.

La résistance des bois dépend beaucoup de leur provenance. C'est ainsi que les sapins des Ardennes sont moins résistants que ceux de Campine, de Hollande ou d'Allemagne.

Quant à l'influence de la situation dans laquelle les bois sont placés, on remarque que les montants durent moins que les chapeaux, que leurs pieds s'altèrent plus vite que leurs têtes, que la face exposée au courant d'air vif résiste plus longtemps que la face opposée, qu'en général les bois placés dans l'air vif, pur et froid durent plus longtemps que ceux placés dans l'air stagnant, vicié et chaud.

185. Il est très important d'entretenir constamment les boisages ; chaque fois qu'un bois s'écrase, il faut le remplacer, sinon les boisages voisins souffrent, parce qu'ils supportent une charge plus considérable ; les réparations deviennent alors d'autant plus importantes que le tassement rétrécit les galeries et qu'il faut les retailler, les *recarrer*.

C'est pourquoi l'on fait quelquefois un premier boisage en bois communs destiné à être écrasé par la première poussée, puis à être remplacé par un boisage définitif, après avoir retaillé la galerie (opération nommée *descomblage* dans le Hainaut).

186. On achète les bois sur pieds ou débités à longueur. Cette dernière coutume tend à s'établir ; il en résulte une économie puisqu'on ne transporte pas de déchets, ainsi qu'une simplification du contrôle dans l'achat et la réception. L'abatage se fait en hiver, après écorçage et avant que la sève ne se mette en mouvement.

Dans le commerce des bois on distingue :

1° les *baliveaux* de 16 à 35 pieds de long et 2 à 5 pouces de diamètre au petit bout ;

2° les *étançons*, *étais*, *hesses* de 2 à 10 pieds de long et d'environ 4 pouces de diamètre au petit bout ;

3° les *wâtes*, *veloutes*, etc.

Les wâtes se vendent par fagots (*faix* ou *fâx*) de 6 à 12 pieds de long, à raison de 9 à 15 bois par fagot (bois de $^3/_4$ à $^5/_4$ de pouce au petit bout) ; les veloutes en bottes de 4 pieds de long et de 6 pouces de diamètre au lien.

187. Voici deux exemples de prix de revient du boisage, dans le bassin de Seraing, dans une galerie de $2^m 10$ sur $1^m 80$,

1° *Boisage en sapin.* — Un cadre se compose de :

$$
\begin{array}{lr}
\text{un chapeau} & 7 \text{ pieds} \\
\text{deux montants} & 15 \quad » \\
\hline
\text{Total.} & 22 \text{ pieds}
\end{array}
$$

à fr. 0.25, soit fr. 5.50.

En supposant que les cadres se suivent à $0^m 75$ d'écartement, cela fait par mètre courant . . . . . fr. 7.70

Garnissage : 5 faix de wates à fr. 0.28 » 1.40

5 faix de veloutes à fr. 0.035 » 0.17

Soit en tout, pour matériaux. fr. 9.27.

La main-d'œuvre se compose de :

$$
\begin{array}{ll}
\text{un boiseur à} & \text{fr.} \quad 3.50 \text{ par jour} \\
\text{un aide à} & » \quad 2.75 \quad » \\
\hline
\text{Total.} & \text{fr.} \quad 6.25 \text{ par jour.}
\end{array}
$$

Le boiseur et son aide plaçant un cadre par jour, si les cadres sont à $0^m 75$ d'écartement, il faut ajouter fr. 8.75 de main-d'œuvre au prix des matériaux, ce qui donne un total de fr. 18.02 mètre par courant pour le prix de revient du boisage.

2° *Boisage en chêne.* — La seule différence porte sur le prix du chêne qui vaut fr. 0.34 le pied au lieu de fr. 0.25. Les 22 pieds de chêne coûteront fr. 7.48 et par mètre courant fr. 10.48. Les autres dépenses restant les mêmes, on aura un prix de revient par mètre courant de fr. 20.70.

188. *Conservation des bois.* — Les procédés de conservation ont peu d'importance pour les bois de mines, parce que les bois périssent plus souvent par écrasement que par altération. Il faudrait donc que ces procédés fussent très peu coûteux. On emploie quelquefois :

1° le *flambage* ou *carbonisation* du pied des bois ; on utilise quelquefois pour cela les flammes perdues des fours à coke.

2° le *chaulage* à raison de 75 kg. de chaux par mètre cube de bois, délayée dans une fosse où les bois séjournent une quinzaine de jours ;

3° le *créosotage*, le *goudronnage* qui présentent dans les mines l'inconvénient de l'odeur ;

4° la *sulfatisation* au moyen du sulfate de fer, essayée à Commentry et aux charbonnages de la Worm (Aix-la-Chapelle). On emploie une solution de 10 à 15 % de sulfate de fer. Une immersion de 24 heures suffit pour augmenter la durée des bois ; on a remarqué aux charbonnages de la Worm qu'une immersion plus prolongée rend les bois cassants.

On a aussi essayé le chlorure de zinc, à Saarbrück.

Le procédé Hasselmann consiste à faire bouillir le bois en vase clos à 135 ou 140° C., soit à 2 ¹/₂ ou 3 atm. pendant 3 à 4 heures : 1° dans une solution de sulfate de fer cuivreux et de sulfate d'alumine ; 2° de chlorure de calcium et de chaux caustique.

On a fait d'intéressantes expériences à Commentry sur diverses préparations : en prenant pour unité la durée des bois sans aucune préparation, cette durée devient la suivante par l'emploi de diverses substances :

Eau de mine	1.40
Carbonisation	2.44
Goudronnage	7.42
Sulfate de cuivre	9.77
Sulfate de fer	11.11
Créosote	16.36
Chlorure de zinc	34.00

La durée des bois non préparés était :

Chêne	4 ans 2 mois
Hêtre	2 ans
Verne, sapin, cerisier, tremble, bouleau, peuplier, alisier.	1 an 6 mois
Acacia	9 mois
Charme, érable	6 mois.

189. ***Soutènements métalliques***. — Les soutènements métalliques sont caractérisés par leur résistance et leur durée plus grandes. La résistance à l'écrasement est environ 10 fois celle du bois. Quant à la durée, on peut admettre que dans les conditions normales, elle est de 3 à 4 fois plus grande. Il faut toutefois tenir compte de ce que le métal est moins élastique que le bois. Il arrive souvent que par défaut d'élasticité, les soutènements métalliques résistent moins bien que le bois à la première poussée des terrains, tandis qu'après cette première poussée, le métal résiste mieux.

La durée des revêtements métalliques étant plus grande, l'entretien est moindre et il arrive fréquemment que l'économie réalisée sur l'entretien compense des frais de premier établissement plus élevés. C'est notamment le cas dans certaines galeries d'aérage où le boisage ne dure pas plus d'un an et où chaque renouvellement exige le recarrage de la galerie.

Il faut aussi tenir compte de ce que le métal conserve une valeur de mitraille, après sa mise hors de service, tandis que le bois retiré des mines n'a de valeur que comme bois à brûler.

Les soutènements métalliques présentent de plus quelques avantages accessoires. Ils permettent de donner aux galeries des sections un peu moindres ; ils ne vicient pas l'air, comme le bois ; ils ne sont pas sujets à incendie. Aux mines de la Société Cockerill, à Seraing, on a reconnu, après l'inondation de 1880, que les soutènements en fer étaient restés en place, tandis que les boisages avaient été enlevés par les eaux.

Ils ne peuvent évidemment être employés dans les mines où ils pourraient être attaqués par des eaux corrosives.

Les soutènements en fer ont été employés pour la première fois dans le percement du tunnel de Naënsen, en 1861. En 1869, ils ont été introduits aux mines de Mariemont. Depuis lors, ils ont rencontré de très nombreuses applications dans les mines.

En raison de la tendance à la concentration des travaux en un petit nombre de sièges, la durée des travers bancs est en effet devenue plus grande et l'on a dû se préoccuper d'installer des soutènements plus durables que le bois, sans recourir à la maçonnerie qui est beaucoup plus coûteuse.

190. On a eu quelquefois recours à des soutènements mixtes

en métal et bois ou maçonnerie. A Bois-du-Luc, par exemple, on a fait usage comme portants de colonnes creuses en fonte, affectant la forme du solide d'égale résistance. L'emploi de la fonte se justifie dans ce cas par sa grande résistance à l'écra-

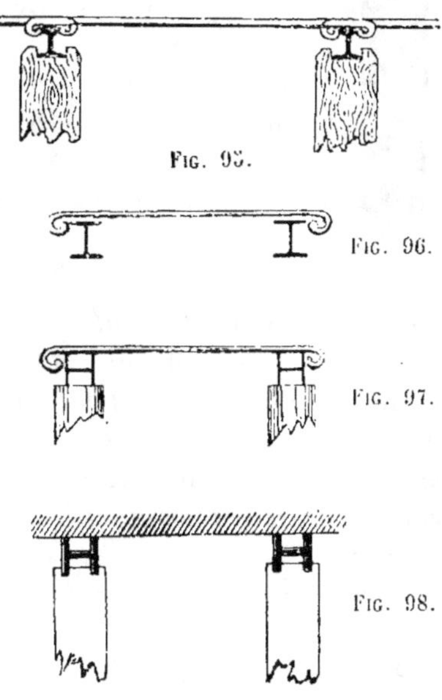

Fig. 95.

Fig. 96.

Fig. 97.

Fig. 98.

sement. Les chapeaux étaient formés de vieux rails séparés par des cales en bois et posés sur des madriers, de même que les colonnes elles-mêmes, afin de donner à l'ensemble une certaine élasticité.

On a aussi fait usage de montants en bois échancrés à la partie supérieure pour recevoir comme chapeau un rail Vignole ou un double T (fig. 95) (Grand-Hornu, Lens, Creusot). Ce chapeau résiste à la flexion, tandis que les montants résistent à l'écrasement. A Lens, l'ingénieur Daburon a employé dans ce cas comme garnissage des tirants en fer carrés (*queues*) de 0^m.008 à 0^m.010 recourbés en œillet à leurs extrémités. Ces queues viennent se placer contre les bourrelets des chapeaux dont ils maintiennent l'écartement (fig. 95 à 97). Ces garnissages font ressort en cas de surcharge. Ils sont d'un usage courant dans plusieurs mines du Pas-de-Calais.

Il faut encore signaler, parmi les soutènements mixtes en métal et bois, ceux du système Baily (Marles) qui facilitent le déboisage des tailles (fig. 98). Ils se composent de montants en bois et d'un chapeau composé d'une poutrelle double T posée de champ et dont les ailes sont plus ou moins encastrées dans la tête du montant. Cette poutrelle est, suivant sa portée, soutenue sur un plus ou moins grand nombre de montants. Les ouvriers abrités sous une poutrelle voisine déboisent, en faisant basculer ces montants parallèlement à la poutrelle.

Il faut aussi signaler les *allonges* en fer employées à Courrières et à Lens dans les tailles, pour protéger les ouvriers entre le front de taille et la dernière ligne de boisages (fig. 99).

Lorsqu'on a de grands espaces à soutenir, chargeages,

chambres de machines, on emploie quelquefois aussi des poutrelles double T reposant sur des pieds droits en maçonnerie et réunis par des voussettes en briques, comme dans la construction des planchers.

Fig. 99.

191. Les premiers essais de soutènements *entièrement métalliques* ont été faits au moyen de vieux rails de chemins de fer ou de rails de rebut. On leur donna d'abord la forme circulaire, qui est peu rationnelle, parce qu'elle s'écarte trop du profil ordinaire des galeries de mine. On leur a donné ensuite une forme mieux appropriée. Aux charbonnages de la Société Cockerill à Seraing, les rails sont cintrés à chaud à la presse hydraulique suivant le profil (fig. 100). Les rails sont

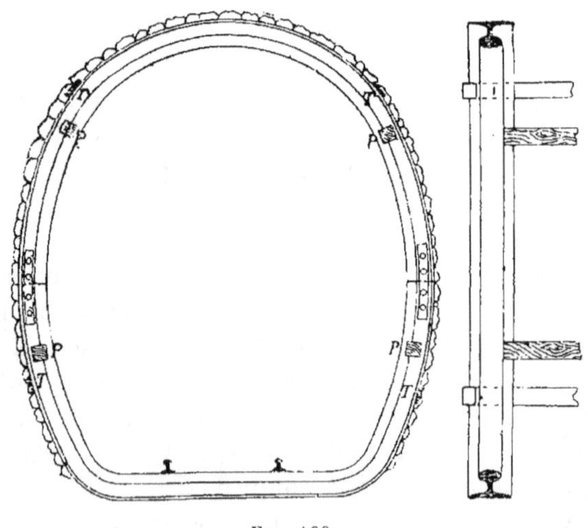

Fig. 100.

placés le patin contre la roche. Un *cadre* complet (on conserve cette expression malgré la courbure des rails) se compose de deux rails cintrés suivant deux profils différents, pour les parties supérieure et inférieure de la galerie. Ces deux rails sont réunis par des éclisses qui se trouvent à hauteur de la main des ouvriers ajusteurs. On établit une solidarité complète entre les cadres, en les réunissant par tirants en fer T pour s'opposer à leur écartement et pas poussards ou *posselets p* en bois pour s'opposer à leur rapprochement. Par dessus les cadres, on fait un garnissage au moyen de wâtes ou de madriers jointifs et parfois au moyen de petits rails de mines. La voie se place directement sur la partie inférieure des cadres qui lui servent de traverses.

Un cadre de dimensions ordinaires comporte 6 m. de rails de 35 à 38 kg. par mètre. Il pèse donc 210 à 228 kg. Le prix de revient d'un soutènement de ce genre peut se chiffrer comme suit :

1 cadre avec éclisses	fr.	32.00
4 tirants en fer	»	2.00
posselets en bois.	»	0.50
Total. . .	fr.	34.50

En supposant les cadres espacés de 0ᵐ.60, cela fait par mètre courant, pour matériaux . . . . fr. 56.65

Il faut y ajouter le garnissage :

8 faix de wâtes à fr. 0.28
1   » de veloutes à fr. 0.035 } 2.275

Total. . . 58.925

La main d'œuvre se compose de :

2 ouvriers à fr. 3.50.	fr.	7.00
1 aide à fr. 2.25	»	2.25
Total. . .		9.25

Ils placent 2 cadres par jour; soit donc par mètre courant 7.41

Le total par mètre courant est donc . . . 66.335

Il faut en déduire 5 francs par cadre, valeur de mitraille, soit par mètre courant 8.000

Il reste donc. . . fr. 58.335

Pour faire juger de l'économie qui résulte de l'emploi de ce système, relatons une expérience faite aux charbonnages de la Société Cockerill dans une galerie à travers bancs subissant des pressions considérables. On a placé dans cette galerie, en octobre 1870 :

1° 17 cadres en fer espacés d'un mètre.
2° boisages ordinaires sur 50 mètres.
3° 4 cadres en fer espacés d'un mètre.
4° boisages.

Sept ans après, en novembre 1877, on a constaté les résultats de cette expérience.

La partie boisée avait dû être renouvelée tous les ans et la voie ferrée rectifiée deux fois par an.

La partie métallique n'avait éprouvé que 3 cassures qui avaient pu être réparées au moyen d'éclisses ; 8 tirants en fer avaient dû être remplacés et la voie rectifiée une seule fois en 7 ans.

Le garnissage fut renouvelé chaque année.

Le prix de revient des 21 mètres de soutènements en fer avait été de fr. 60.00 par mètre courant ; celui du boisage de fr. 24.50 par mètre courant. Mais l'entretien du soutènement en fer avait coûté 8 fr. par an ; celui du boisage 28 fr. par an.

L'entretien moindre peut donc largement compenser à la longue les frais de premier établissement. Si l'on admet par exemple que le revêtement en fer ait une durée 3 fois plus grande et que l'on renouvelle chaque année le boisage, au bout de 3 ans le boisage aura coûté $3 \times$ fr. 24.50 $=$ fr. 73.50, tandis que, abstraction faite de l'entretien, le soutènement métallique n'aurait coûté que fr. 60.

Il faut cependant remarquer que dans certaines galeries sujettes à des poussées très énergiques, les soutènements métalliques sont sujets à de plus fréquentes réparations ; or, celles-ci étant en somme plus difficiles que celles d'un simple boisage, le soutènement en fer peut dans ce cas ne plus être économique.

192. Les rails Vignole présentent toutefois un profil mal approprié à leur emploi comme mode de soutènement ; de plus, la longueur des rails de rebut n'étant pas toujours un multiple exact du demi périmètre de la galerie, il en résulte des déchets.

Pour ces raisons, on a créé des profils spéciaux. Les premiers essais de ces profilés remontent à 1868-69 dans le bassin de Saarbrück.

Le profil le plus généralement adopté est celui d'un double T à ailes inégales, la plus large étant tournée vers la roche (fig. 101).

Ces fers spéciaux sont fournis par certaines usines, coupés et cintrés à longueur au sortir du laminoir. Les profils présentent des dimensions différentes suivant la section des galeries à soutenir. Ces fers pèsent de 11 k. 20 à 14 kil. par mètre courant, alors que les rails Vignole, pèsent de 35 à 38 kil. On peut juger par ces chiffres de l'économie réalisée par une meilleure répar-

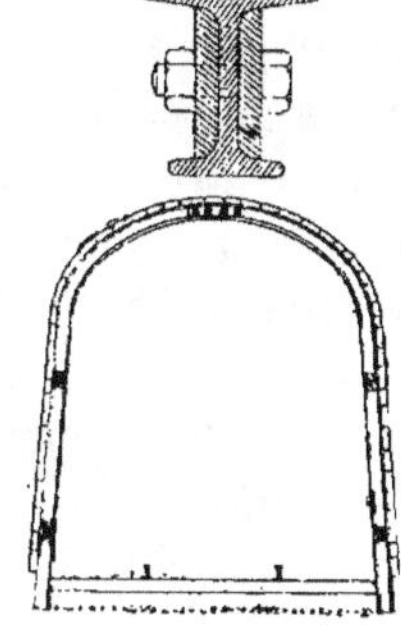

Fig. 101.

tition de la matière. Ces fers se réunissent au moyen d'éclisses de 10 mm. et boulons de 13 mm.

Leur mode d'emploi diffère suivant la nature des terrains.

En terrains moyens, on compose des cadres incomplets en forme de portique, au moyen de deux fers cintrés qui s'arcboutent au sommet de la voûte (fig. 102). Mais l'éclisse est dans ce cas hors de portée des ouvriers ajusteurs, ce qui rend l'éclissage plus difficile.

Pour une double voie, le poids est de 82.6 kg. par cadre.

Fig. 102.

Pour une simple voie, il est de 55 kg. seulement.

Lorsque les pressions viennent du sol, aussi bien que de la voûte, on fait des cadres complets au moyen de deux fers cintrés également et réunis par éclisses à mi-hauteur. Pour une galerie de 2^m70 de haut sur 2^m30 de large, le poids est dans ce cas de 120 kg. L'écartement des cadres varie de 0.50 à 1 mètre. Le garnissage se fait en bois.

Le prix dépend évidemment de celui des fers au moment que l'on considère. Or, ceux-ci sont sujets à des fluctuations plus grandes que les bois. Suivant l'époque, il peut donc y avoir plus ou moins d'avantage à employer l'un ou l'autre mode de soutènement. A certains moments et dans certaines localités, on arrive presque à l'égalité, comme prix de premier établissement ; dans ce cas le revêtement métallique a évidemment l'avantage de sa plus longue durée.

193. Dans les terrains difficiles ou failleux où les pressions s'exercent en tous sens, on peut faire des soutènements circulaires en fers ⌶. Ces fers sont réunis par un mode d'éclissage que nous retrouverons dans le soutènement métallique des puits. L'éclisse est en fonte et remplit entièrement le creux du fer ⌶ auquel elle se relie par de simples broches. Ce système est souvent employé pour soutenir de grandes excavations, telles que les chargeages et il n'est pas nécessaire alors que le revêtement forme un cercle complet. On peut se contenter d'un portique avec pieds droits arqués reposant dans des boîtes de fonte.

Des fers en ⌶ de 16 à 20 kg. par mètre ont également été employés aux mines de Rochebelle (Gard) comme moyens de soutènement ; mais afin de ne pas avoir d'assemblages rigides présentant de plus l'inconvénient de nécessiter des pièces nombreuses, éclisses, broches qui peuvent aisément s'égarer, on a assemblé les ⌶, au moyen de manchons, formés d'un feuillard de 0^m10 de large sur 3 mill. d'épaisseur qui embrasse les extrémités de deux fers. Un coin en bois s'introduit dans le creux du profilé et le manchon se ferme par un simple rivet (fig. 103).

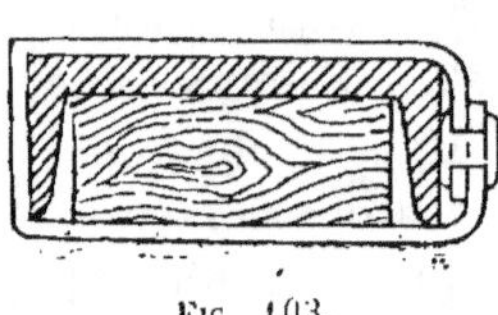

Fig. 103.

MM. Demanet et Hanarte ont construit des soutènements métalliques, au moyen de poutrelles doubles T sans cintrage. Les poutrelles sont découpées à longueur de montants et de chapeau et réunies dans les angles par une boîte en fonte et une cale en bois qui donne de l'élasticité à l'ensemble et assure l'horizontalité du chapeau (fig. 104). Ce système ne demande aucun ajustage et dans des moments où les fers sont à bon marché, il peut être aussi économique qu'un simple boisage.

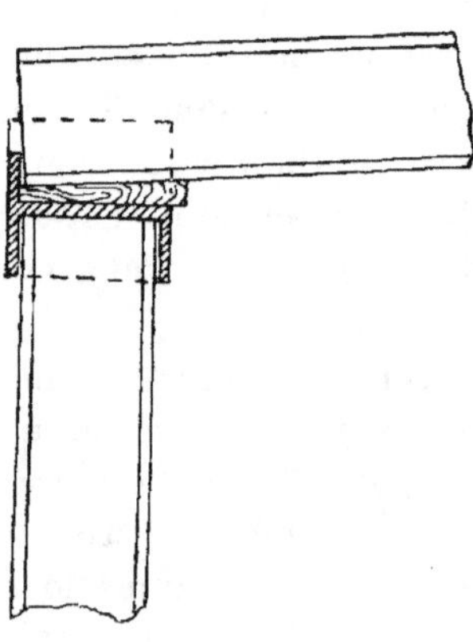

Fig. 104.

194. ***Maçonneries.*** — Les soutènements que nous venons d'étudier, sont discontinus et comme tels, ils laissent la roche exposée à l'action de l'air. La maçonnerie forme au contraire un soutènement continu, un véritable *revêtement*. Sa durée peut être considérée comme indéfinie, à moins de très fortes poussées auxquelles elle ne peut résister par suite de son manque d'élasticité. Les réparations en sont difficiles et les matériaux ne peuvent être repris, en cas d'abandon de la galerie. Les maçonneries ne doivent donc s'employer que dans des galeries destinées à une longue durée et pour revêtir des terrains de soutènement difficile, roches failleuses, meubles, argileuses, etc. On les emploie aussi à proximité des foyers souterrains pour éviter les incendies.

La maçonnerie coûte en général plus cher qu'un revêtement discontinu, mais son entretien est souvent nul. Elle présente une grande sécurité contre les éboulements et favorise l'aérage, parce qu'elle offre moins de résistance au courant d'air que les boisages où les soutènements en fer qui créent des anfractuosités. Elle partage d'ailleurs, avec ces derniers, l'avantage de ne pas donner, comme le bois, des produits de décomposition qui vicient l'air.

D'autre part, les maçonneries ont l'inconvénient d'occuper une épaisseur plus grande que les autres modes de revêtement et par conséquent de nécessiter de plus grands frais de creusement.

195. Les revêtements en maçonnerie s'exécutent en pierres sèches ou en maçonnerie reliée.

Les premiers s'emploient dans certains systèmes d'exploitation sous forme de piliers massifs, murs ou parements. Ces piliers et ces murs ont l'avantage de donner, au toit, des surfaces d'appui plus grandes que celles des boisages. C'est ainsi que l'on maintient souvent les remblais par un véritable mur formé de pierres plates dont les interstices sont remplis d'argile ou de remblai menu, de terre (fig. 105).

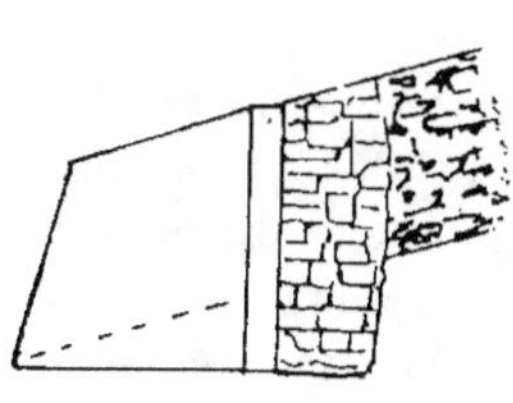
Fig. 105.

Ces murs peuvent recevoir une

assez grande épaisseur 0^m60 à 1 m. et cette épaisseur est souvent variable. On peut appliquer de distance en distance contre eux des boisages ou même noyer ceux-ci dans la maçonnerie. Les murs en pierres sèches ne subissent pour ainsi dire pas de détérioration et se conservent presque indéfiniment sans réparations. Ils sont de construction très économique, à condition que les matériaux en soient fournis par la mine elle-même.

Ils sont fréquemment employés dans certains systèmes d'exploitation où des galeries doivent longtemps rester ouvertes au milieu des remblais.

196. Les maçonneries reliées se font généralement en briques. Cependant si la mine fournissait des moëllons dont l'exploitation fût très économique, on pourrait en faire usage. Dans certains cas très exceptionnels, on peut faire des revêtements complets en pierre de taille de 0^m.25 à 0^m.30 On admet que la brique bien cuite résiste de 12 à 24 kg. par centimètre carré, tandis que la pierre de taille résiste à 90 kg.

Le mortier sert à faire la liaison entre les briques et avec la paroi. Il doit être hydraulique, de manière à faire prise rapidement, sinon les infiltrations délaient la chaux qu'il contient.

Dans certains cas, on procède par maçonneries partielles, en faisant des voûtes plus ou moins surbaissées, pour soutenir par exemple un remblai ébouleux (fig. 106). Le rayon de ces voûtes est naturellement en raison inverse de la pression qu'elles doivent supporter.

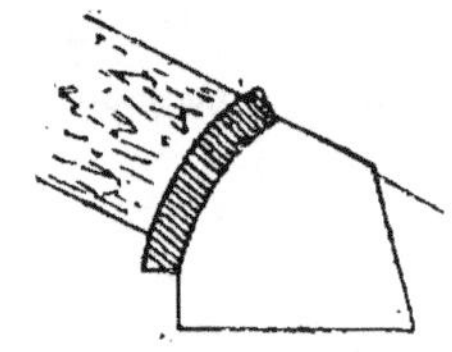

Fig. 106.

S'il ne s'agit que d'empêcher le rapprochement de deux parois, on peut se contenter d'une voûte très plate, tandis que l'on ira jusqu'au plein cintre, s'il s'agit de résister à une pression verticale.

Généralement la maçonnerie s'emploie sous forme d'arceaux, c'est-à-dire de voûtes soutenues sur des *pieds droits* ou *culées* (fig. 107). Ceux-ci sont quelquefois un peu arqués. Si le sol est mauvais et qu'un simple damage ne suffise pas, on peut faire de plus un *radier* dont l'épaisseur est souvent moindre que celle des pieds droits et de la voûte (fig. 108).

Dans les terrains où l'on a de fortes poussées de divers sens, on peut établir une maçonnerie elliptique ou même circulaire (fig. 109); on remblaie la partie inférieure, à moins qu'on n'y établisse un canal d'écoulement recouvert d'un plancher.

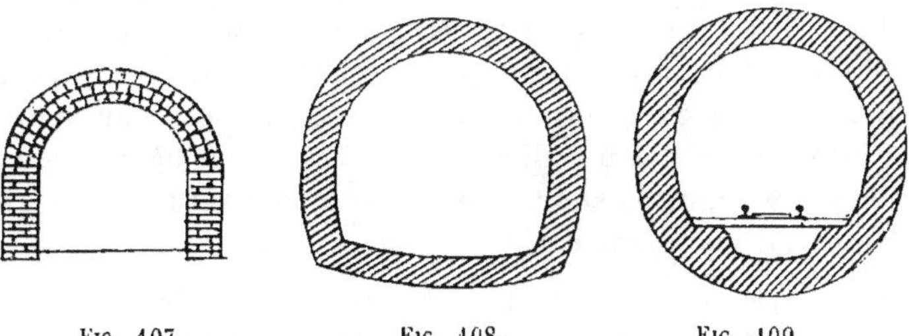

FIG. 107.　　　　　FIG. 108.　　　　　FIG. 109.

L'épaisseur des maçonneries ne dépasse pas en général deux briques. Cette épaisseur dépend naturellement de la pression et de la largeur qu'il faut conserver à la galerie. Les voûtes étant souvent de petit rayon, on les fait par rouleaux (fig. 107), afin de ne pas avoir des joints de maçonnerie s'ouvrant vers l'extrados. Les pieds droits se font en maçonnerie reliée suivant les appareils ordinaires. Le prix est de 20 fr. environ par m³ en Belgique.

197. La maçonnerie se fait par *reprises*, c'est-à-dire que, après avoir percé une certaine longueur de galerie, soit 40 à 50 mètres, les mineurs font place aux maçons. La section d'une galerie ne permet pas en effet le percement et le muraillement simultanés, les cintres des maçons ne laissant pas le passage libre aux wagonnets qui auraient à transporter les déblais du percement. Les maçons avancent à reculons, à partir de l'extrémité de la reprise précédente, en ayant soin d'enlever les boisages provisoires qui ont été placés par les mineurs. Il ne faut, en effet, jamais laisser derrière la maçonnerie des bois qui peuvent pourrir et créer des vides; car la pression doit se répartir sur tout le revêtement et c'est pourquoi il faut remplir tous les vides de pierres, d'argile ou de mortier.

Si l'on ne maçonne que les parties défectueuses, ce travail peut se faire, quand toute la galerie est percée.

198. **Bétonnage.** — Dans des cas particuliers, on a recours au bétonnage monolithe, par exemple pour le revêtement des chambres de machines. On a établi des chambres de ce genre

à la Société Cockerill. Pour creuser et revêtir une chambre de 2^m5o de diamètre intérieur, on creuse d'abord la moitié supérieure ; on place ensuite les cintres et l'on pilonne du béton dans l'intervalle, d'abord verticalement, puis horizontalement. Lorsque cette première partie est terminée, on creuse la partie inférieure, en laissant des consoles pour soutenir la voûte ; on retourne alors les cintres et l'on bétonne de même. Nous reviendrons sur la composition des bétons et le prix de revient du bétonnage à propos des puits.

X. — PERCEMENT DES GALERIES EN TERRAINS ÉBOULEUX ET MEUBLES.

199. Quand les terrains manquent de cohésion, le percement ne peut se faire qu'en employant des procédés spéciaux. On distingue les terrains simplement *ébouleux*, tels que sables, argiles, graviers, terrains remaniés, et les terrains *boulants* qui se distinguent des premiers, en ce qu'ils sont de plus aquifères et n'ont souvent que la consistance de la boue liquide.

Dans l'un et l'autre cas, le principe consiste à faire précéder le creusement par un revêtement, de telle sorte que les mineurs se trouvent toujours à l'abri. Lorsque les terrains sont boulants, il faut de plus soutenir le front de taille par un *masque* et refouler le sol. Le creusement d'une galerie dans ces conditions compte parmi les travaux les plus difficiles de l'art des mines.

200. ***Procédé des palplanches.*** — Dans les terrains ébouleux, le revêtement qui précède le creusement, se fait au moyen de *palplanches.* Ce sont des pièces de bois de chêne ou de hêtre bien saines de $0^m.o3$ à $0^m.o5$ d'épaisseur et de $0^m.15$ à $0^m.3o$ de largeur, dont une extrémité est taillée en biseau et quelquefois armée de tôle. La longueur des palplanches dépend de l'écartement des cadres du boisage; elle doit dépasser le double ou le triple de cet écartement, suivant la pression du terrain.

Lorsqu'on approche de la partie ébouleuse, on boise plus fortement, au besoin par cadres complets et l'on chasse les palplanches jointives dans le terrain ébouleux, au ciel et souvent aux parois de la galerie. On les enfile au dessus du dernier cadre placé, en les guidant à l'intérieur de l'avant-dernier

cadre (fig. 110). On commence par les palplanches des angles
pour finir par celles du milieu. Lorsqu'on en chasse au ciel et
aux parois, on obtient un revêtement complet en forme de coffre
ou de tronc de pyramide (fig. 111), qui prend le nom de *cours
de palplanches*; pour éviter d'avoir des joints ouverts dans les
angles, les palplanches des angles ont la forme d'un trapèze
dont la grande base correspond au biseau.

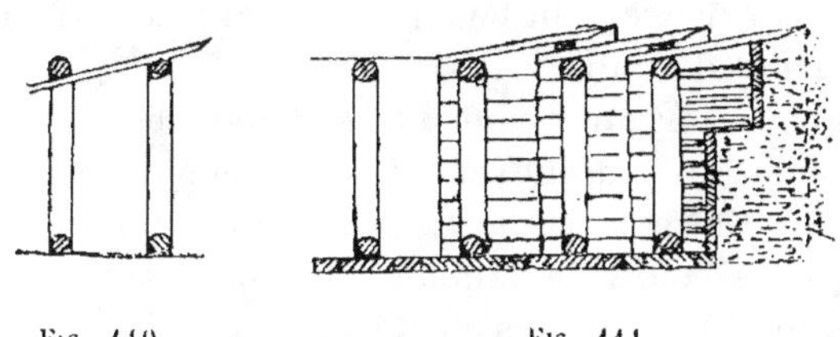

Fig. 110.   Fig. 111.

Les bords des palplanches doivent être bien dressés, afin de
laisser le moins de jeu possible. Quand les terrains sont aquifères, on rend les joints étanches au moyen de foin ou de
mousse. On chasse les palplanches à coup de marteau. Quand
elles refusent de pénétrer, on déblaie à l'intérieur du revêtement et quand on arrive à une distance suffisante, on place un
nouveau cadre de boisage. La pression extérieure tend à
courber ou à faire pivoter les palplanches au dessus du dernier
cadre, dès qu'elles quittent l'avant-dernier. Elles conservent
néanmoins une direction oblique et pour les appuyer, on intercale, au dessus du nouveau cadre, des madriers de *serrage* dont
la longueur peut embrasser toutes les palplanches d'une des
faces du revêtement.

On place ainsi un ou deux cadres suivant la longueur du
premier cours de palplanches. Ces cadres peuvent recevoir
alternativement des hauteurs un peu différentes pour mieux
servir d'appui aux palplanches.

On procède ensuite à l'enfoncement d'un nouveau cours de
palplanches qui sera guidé de même au dessus du dernier cadre
et en dessous de l'avant dernier. Mais il faut leur ouvrir un
chemin, entre le cadre et le madrier de serrage, ce qui se fait en
chassant sous ce dernier des coins dont la grande épaisseur est
au moins égale à celle des palplanches.

Lorsque le terrain est très ébouleux, on place les semelles des cadres au-dessus de madriers formant sur le sol un plancher continu. On peut aussi dans ce cas se garantir du côté du front de taille au moyen d'un masque en madriers jointifs étayés contre le dernier cadre; on creuse alors en enlevant ces madriers un à un à partir du dessus et en les reportant au delà.

Lorsque le terrain est aquifère, on peut parfois l'assécher au moyen de drains formés de tubes en fer perforés, munis à l'extrémité antérieure d'un bouchon conique, que l'on enfonce au pied du front de taille.

Lorsque le terrain ébouleux est traversé, on y fait un revêtement continu au moyen d'une maçonnerie elliptique ou circulaire. Cette maçonnerie s'exécute en revenant, de telle sorte que les cours de palplanches s'enlevant successivement, maintiennent les maçons protégés contre les éboulements. La maçonnerie peut même supporter la partie antérieure des palplanches, de sorte que le terrain n'est jamais à nu.

Si le terrain très ébouleux demandait immédiatement un soutènement définitif, on pourrait faire suivre de très près le creusement par le muraillement, en maintenant les palplanches soutenues à l'arrière sur la maçonnerie déjà faite. On peut creuser ainsi des galeries au moyen d'un matériel spécial composé de palplanches en fer et de trois cadres en fer démontables dont l'un est constamment en montage, quand les deux autres sont placés.

201. ***Procédé des picots.*** — Quand les terrains sont boulants, le maintien du front de taille devient une grande difficulté qui fut résolue pour la première fois en 1843 par Durieux, contre-maître à La Louvière.

Les morts terrains du Centre présentaient à cette époque, pour le creusement des puits, des difficultés qui ont été vaincues depuis par des procédés spéciaux; on avait tenté de les assécher, au moins en partie, au moyen d'une galerie d'écoulement partant du niveau de la Haine. Cette galerie de 1^m20 sur 0^m90 avait été commencée en 1747 et n'avait pas tardé à entrer dans les sables boulants inférieurs au tourtia. Ces travaux avaient été poursuivis pendant près d'un siècle, de 1747 à 1843, sans qu'on fût parvenu à percer plus de 1150 m. de galerie dont 550 étaient relativement faciles.

Durieux termina cette galerie sur 85o m. en moins de 4 ans, grâce au procédé des picots qu'il employa sur 76o mètres.

Dans cette méthode, les parois et le ciel de la galerie sont garantis par des palplanches dont les joints sont bouchés au moyen de paille, foin, etc. Ces palplanches sont soutenues par des cadres complets à o^m4o d'écartement (fig. 112).

Le front de taille est garni d'un masque en picots jointifs et le sol refoulé de même, au moyen d'un pavé de picots verticaux. Les picots sont de forme cylindro-conique de o^m12 à o^m15 de diamètre, en chêne ou en hêtre sans nœuds et bien lisses. Leurs interstices sont bouchés de mousse, de foin ou de paille, que l'on introduit au moyen de broches. L'extrémité conique des picots est souvent garnie d'un bouchon de foin. Ce masque forme au front de taille un filtre qui laisse passer l'eau et retient le sable. Pour faire avancer ce bouclier, on enfonce successivement chaque rangée de picots à partir du dessus, au moyen d'un marteau frappant sur un cylindre en bois ou en fer appuyé contre la tête de chaque picot.

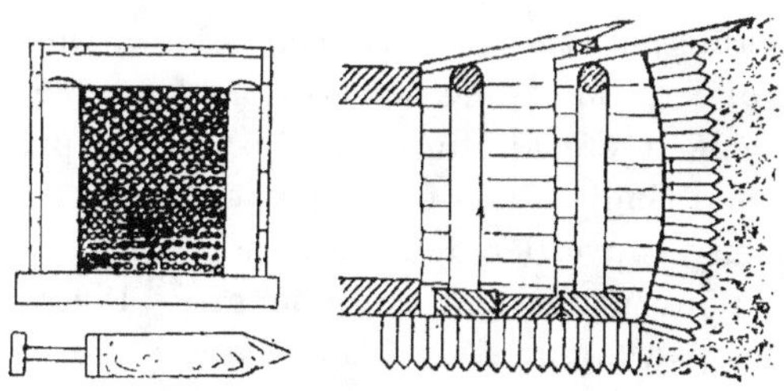

Fig. 112.

Ceux-ci ne doivent être ni trop longs, ni trop courts. Trop longs, ils donnent trop de frottement et présentent trop de surface à la pression des sables qui les fait obliquer vers le sol. Trop courts, ils ne sont pas assez résistants. A La Louvière, on s'est arrêté à une longueur de o^m35.

Lorsque tout le bouclier a avancé de o^m12 à o^m15, soit du diamètre d'un picot, on enfonce une rangée de picots verticalement dans le sol. Chacun de ces picots est enfoncé aussitôt qu'un picot de la dernière rangée horizontale lui fait place. Les picots du sol peuvent être un peu plus forts ; on leur donne o^m15 à o^m20 de diamètre. On les recouvre de madriers en hêtre, sur lesquels se placent les cadres de boisage. Les picots tendent à prendre une certaine obliquité, notamment aux rangées inférieures ; lorsqu'on continue à les chasser, la rangée tout entière finit par disparaître sous le sol de la galerie. Comme on ne peut la remplacer par une nouvelle rangée à la voûte, la galerie va en diminuant de hauteur et si la longueur à percer était considérable, il pourrait en résulter un obstacle sérieux à l'emploi du système.

Il arrive que certains picots se brisent ; dans ce cas, on en retire les morceaux et on les remplace. Quand des picots présentent une résistance exceptionnelle à la pénétration, on peut les retirer et forer leur emplacement au moyen d'une tarière.

Avant l'emploi de ce procédé dans la galerie de La Louvière, on retirait plus de 20 m³ de sable par mètre d'avancement et ce dernier était à peine de o^m75 par semaine. Le prix de revient du mètre était de 340 francs.

Par l'emploi du procédé Durieux, on ne retirait plus que 2 m³5 de sable par mètre d'avancement ; on faisait 1 mètre par jour et le prix du mètre ne dépassa pas fr. 21,80.

Ce procédé a été appliqué à plusieurs reprises aux mines métalliques d'Engis, dans des galeries de section plus grande.

Une galerie muraillée de 2^m60 sur 2^m20 part de la vallée de la Meuse pour se diriger vers le gîte. Pour y appliquer le procédé des palplanches, on fit des cadres dont les montants et le chapeau étaient en deux pièces à écartement maintenu par des tasseaux, de manière à ménager une rainure oblique de o^m05, inclinée à 15°, dans laquelle s'engageaient les palplanches qui conservaient ainsi une inclinaison constante. Les palplanches avaient 1^m50 à 1^m80 de longueur, o^m25 de largeur et o^m05 d'épaisseur. Les picots avaient une longueur beaucoup plus grande qu'à La Louvière. Ils mesuraient 1^m20 à 1^m25 sur o^m10 à o^m12 de diamètre. Ceux du sol avaient o^m60 à o^m80 de longueur. On se servait d'un mouton pour les enfoncer. Par suite de leur grande longueur, on pouvait les faire avancer de o^m30 à la fois. On donnait au front de taille une légère concavité pour empêcher les picots du milieu de sortir. Le bouclier était d'ailleurs maintenu par des madriers et des étais.

La grande longueur des picots rendit beaucoup plus sensible l'inconvénient dû à leur obliquité.

Les sables qu'il s'agissait de traverser, contenaient des masses d'argile qui venaient peser sur l'extrémité des picots, les faisaient dévier en augmentant cette obliquité, et s'opposaient à leur pénétration. On devait souvent retirer des picots pour forer à la tarière dans ces argiles. Heureusement la puissance des sables à traverser ne dépassait pas 15 mètres. A cette distance, la galerie commencée sur 2^m60 de hauteur se termina avec une hauteur de 0^m60; on avait, à vrai dire, réduit la section de la galerie pendant le cours du travail. Pour s'opposer à la descente de la galerie, on avait placé, dans les angles des cadres du boisage, des longrines étayées verticalement qui embrassaient plusieurs cadres et rendaient ainsi les cadres d'avant, qui se trouvaient dans un terrain encore meuble, solidaires de ceux d'arrière, qui se trouvaient dans un terrain relativement asséché.

La réduction de hauteur de la galerie n'eut d'ailleurs aucun inconvénient, parce qu'on put la retailler, en y faisant une maçonnerie circulaire. Les 6 premiers mètres de cette galerie ont coûté 1.496 francs chacun; les 9 derniers, 700 francs [1].

202. *Procédé de la mine de Java*. — Dans le cas où les sables boulants sont vaseux, c'est-à-dire très ténus et argileux, et présentent une sorte de viscosité qui permet difficilement à l'eau de se séparer des particules solides, les difficultés peuvent devenir plus grandes et le procédé des picots inefficace, parce qu'il n'y a plus de filtration possible, car le sable s'écoule avec l'eau. A la mine de fer de Java, près de Huy, on eut 57 mètres de sables semblables à traverser par une galerie qui mesurait 3^m20 sur 2^m50; l'on n'y est parvenu que par l'emploi d'un procédé spécial basé sur la théorie suivante.

Le front de taille a été divisé en deux gradins A et B distants d'environ 2 mètres, afin que l'écoulement de l'eau asséchât plus ou moins dans chacun d'eux une zone triangulaire (fig. 113).

On favorisait d'ailleurs l'assèchement du gradin inférieur

---

[1] Voir V. Bouhy. *Ann. des Travaux publics*, t. VIII.

toujours plus imbibé d'eau que le gradin supérieur, en enfonçant des drains au pied du front de taille.

On prenait successivement chacun de ces gradins, le gradin A dans le sens horizontal et le gradin B verticalement de haut en bas.

Pour prendre le gradin A, on enfonçait au maillet ou par vis de pression des pieux jointifs en bois équarri, de 2 mètres de long et de section carrée de 0^m08 de côté, au-dessus d'un premier cintre en fer avec semelle en bois.

En dessous de cette semelle, on chassait des pieux ou aiguilles en fer de 1^m80 de longueur. On avait ainsi un revêtement continu demi cylindrique, à l'intérieur duquel on déblayait à l'aide d'un masque en madriers jointifs solidement étayés. Dès que ce masque était suffisamment avancé, on plaçait à l'intérieur du revêtement jointif un second cintre. On continuait à déblayer ainsi sur une longueur de moins de 1^m80, de sorte que l'extrémité des pieux jointifs restât engagée dans le terrain.

Le gradin inférieur était alors déblayé de haut en bas en deux parties B_1 et B_2, le sable était maintenu sur le front du gradin par une paroi verticale formée de madriers jointifs au nombre de deux sur la largeur de la galerie. Ces madriers sont maintenus en avant par une armature composée d'une poutrelle en fer, engagée sous l'extrémité des aiguilles en fer qui forment le sol de l'excavation A, et soutenue par trois portants en bois.

Pour déblayer chacune des parties B_1 et B_2, on forme une grille filtrante en bois, au moyen de barreaux transversaux laissant entre eux des interstices, que l'on enfonce successivement sous les aiguilles en fer, en enlevant le madrier du dessus de la paroi, ce qui peut se faire de front, parce que le sable est suffisamment asséché à l'angle supérieur du gradin B pour ne plus couler.

On fait ensuite descendre verticalement cette grille au moyen de coins, en enlevant au fur et à mesure les madriers de devant et en les reportant à l'arrière, au fond de l'excavation dont on garnit de même les parois latérales. Quand la grille est suffisamment descendue, on la recouvre d'aiguilles longitudinales et l'on introduit aussitôt que possible dans l'excavation un vérin au moyen duquel on achève de faire descendre la grille jusqu'au sol. On opère de même pour l'autre moitié B_2.

En arrière et presque au contact du front du gradin inférieur, suit un boisage jointif avec garnissage en courts madriers au toit et aux parois. Ces madriers remplacent les palplanches qui ne sauraient être employées avec un boisage aussi serré.

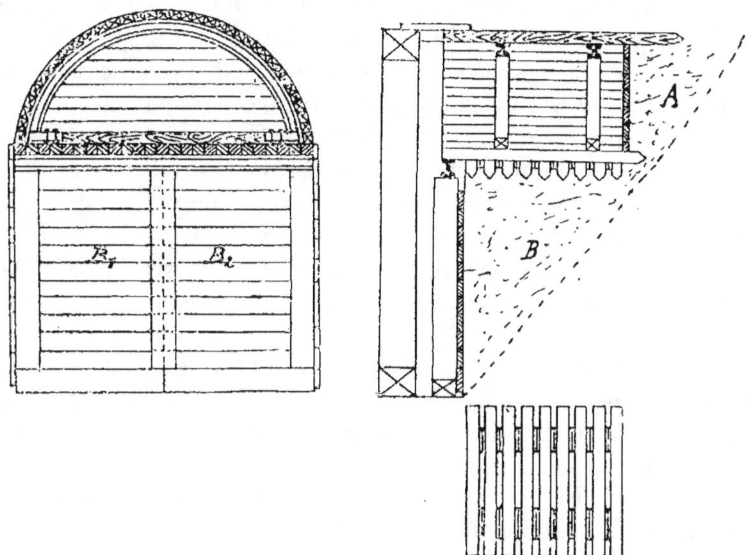

Fig. 113.

Malgré ces revêtements, il arrivait quelquefois que l'eau vaseuse fît irruption au pied du front de taille par suite du poids des boisages et des ouvriers. A quelques cadres de distance du front de taille, suivait une maçonnerie elliptique.

On comprend qu'un travail de ce genre ne peut s'accomplir sans difficultés imprévues. Il arrivait par exemple que les pieux jointifs et les aiguilles de la partie supérieure déviaient; il fallait dans ce cas les retirer une à une et retailler le sable qui était alors suffisamment asséché, à la partie supérieure, pour rendre cette opération facile. Les aiguilles en fer se pliaient quelquefois, ce qui donnait lieu à des frottements énormes ; on devait parfois les retirer par morceaux en les cisaillant.

Le percement des 57 mètres de sables boulants et vaseux fut terminé en 7 ans au prix de 3200 frs. par mètre, maçonneries et voie comprises.

IX. — PERCEMENT DES TUNNELS.

203. Le percement des tunnels ou des galeries à grande section, pour le passage des canaux ou des chemins de fer, est une opération qui relève essentiellement de l'art des mines. L'ingénieur des mines peut d'ailleurs, dans son service, avoir à percer des galeries de grande section, comme il en existe dans nombre de districts miniers (Rio Tinto, Comstock, etc.).

En ce qui concerne les canaux et les chemins de fer, la nécessité des tunnels provient de ce que les voies de communication doivent se maintenir dans des conditions de pentes et de rayons déterminées.

On commence généralement par faire une tranchée et l'on doit juger par des devis comparatifs du moment où il convient d'entrer en tunnel; ces devis doivent tenir compte de nombreuses circonstances, notamment de la valeur des terrains occupés, qui peuvent être considérables pour certaines tranchées, et de l'utilisation des déblais, qui doivent être compensés approximativement par des remblais. Il est donc difficile d'établir des règles précises; mais il est rare qu'on dépasse en tranchée une hauteur de 20 mètres.

204. Dans la construction d'un chemin de fer, c'est le percement des tunnels qui prend généralement le plus de temps. Il faut donc les commencer avant tout autre travail et accélérer ce travail autant que possible.

Lorsque le tunnel ne se trouve pas à une grande profondeur, on l'attaque en plusieurs points au moyen de puits différemment espacés, en raison de leur profondeur plus ou moins grande, de telle sorte que tous les chantiers aient terminé leur travail en même temps.

Ces puits sont situés dans l'axe du tunnel ou latéralement; dans certains cas, ils peuvent être remplacés par des galeries. Le nombre de puits peut dépendre de la difficulté de leur percement et de l'abondance des eaux; celles-ci peuvent être en effet un obstacle sérieux à l'emploi de cette méthode et les puits peuvent en faciliter l'introduction dans les chantiers du tunnel, ce qui nécessite l'emploi de pompes d'épuisement, puisque les chantiers en cul-de-sac ne présentent pas d'écoulement.

L'irruption des eaux de la surface dans les chantiers d'un tunnel doit toujours être évitée, car en cas de mauvais terrain, c'est une source fréquente d'éboulements.

Lorsque la profondeur est trop grande pour creuser des puits intermédiaires, les seuls moyens d'accélérer le percement consistent dans l'emploi des perforatrices, des explosifs puissants, et dans l'organisation du travail.

205. Les méthodes de percement des tunnels peuvent être comparées aux points de vue suivants :

1° Rapidité d'exécution.

2° Sécurité.

3° Écoulement des eaux.

4° Transport des déblais.

5° Ventilation.

6° Boisages et exécution des maçonneries.

204. Le percement des galeries à grande section se fait en fractionnant cette dernière. Les méthodes se divisent en deux catégories suivant que la première attaque, la galerie dite *de direction*, se fait *en tête* ou *en pied* de la section totale.

206. 1° **Méthode par galerie de faîte** dite **méthode belge**. — La succession des opérations est la suivante (fig. 114) :

1° Percement de la galerie de direction.

2° Battage au large en calotte.

3° Enlèvement du petit stross.

4° Creusement des cunettes du stross.

5° Enlèvement du stross.

A chacune de ses opérations correspond un chantier de travail et le travail s'exécute simultanément dans chacun d'eux.

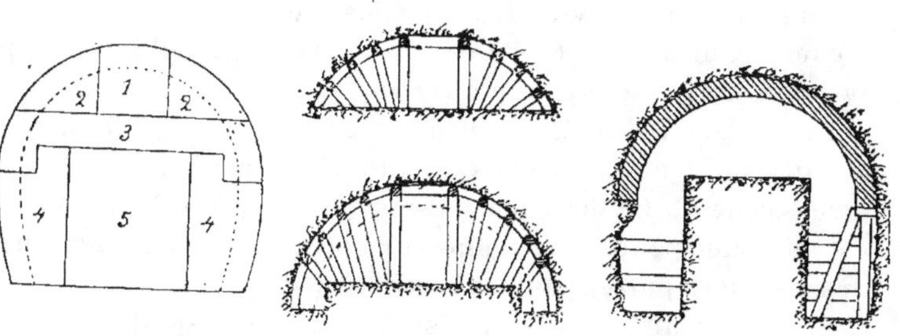

FIG. 115.

FIG. 114.   FIG. 116.   FIG. 117.

Le percement de la galerie de direction qui sert à aligner le tunnel, marche en avant. Le boisage de cette galerie dépend de la nature des terrains. On fait souvent un boisage par longrines de 4 mètres de long, reposant sur 4 montants. Des étais maintiennent l'écartement des longrines.

Le battage au large en calotte se fait jusqu'à la corde passant par le mur de la galerie précédente (fig. 115). On boise au moyen de longrines et de portants en éventail. Ce chantier suit le précédent à une certaine distance.

L'enlèvement du petit stross se fait ensuite sur 1^m20 au maximum de hauteur, sauf latéralement où l'on creuse jusqu'à la naissance des voûtes, soit à 4^m70 environ sous le faîte, dans un tunnel de 9^m40 avec voûte en plein cintre (fig. 116). Le boisage se fait en éventail en substituant des bois plus longs aux montants du boisage précédent. On ne creuse pas, sur toute l'étendue du petit stross, jusqu'à la naissance des voûtes, pour ne pas devoir employer des montants trop longs.

Il arrive d'ailleurs que la roche se soutienne sans boisage ; dans ce cas, il y a avantage à faire simultanément le battage au large et l'enlèvement du petit stross.

Dès que le petit stross est enlevé, on peut exécuter la voûte. Un chantier de maçons suit donc les trois chantiers de mineurs. Les maçons installent leurs cintres entre les montants du boisage en éventail. Ces cintres doivent satisfaire à deux conditions : 1° se démonter aisément; 2° laisser le passage libre aux déblais qui viennent de l'amont.

La maçonnerie se fait souvent par rouleaux d'une demi-brique pour éviter les joints ouverts à l'extrados et augmenter par suite sa résistance. On enlève soigneusement les bois au fur et à mesure du muraillement et on les renvoie aux chantiers antérieurs pour resservir. Les maçons élèvent la maçonnerie en commençant de part et d'autre aux naissances de la voûte, puis ferment la clef de la voûte à reculons.

Le creusement de la cunette ou des cunettes du stross se fait ensuite sur les deux parois du tunnel, de manière à laisser un stross central. Ce creusement se fait en dessous de la voûte qui est soutenue pendant ce temps sur une console de rocher ou sur des madriers portés par des étançons (fig. 117).

Si le terrain est très résistant, on peut se dispenser de

murailler les pieds droits ; dans ce cas, on donne moins de largeur aux cunettes, pour ménager la partie de rocher qui supporte la voûte; sinon l'on construit les pieds droits au fur et à mesure du creusement de chaque cunette.

Enfin, on enlève le stross ordinairement en deux gradins et l'on construit parfois un radier qu'on raccorde souvent aux pieds droits par des dés en pierre de taille.

Les transports se font de chantier en chantier par versage à chaque changement de niveau jusqu'aux wagons des terrassements qui circulent dans la cunette du stross; réciproquement les transports de matériaux se font par relèvements à bras d'homme.

207. Les caractères de la méthode belge sont : 1° la simultanéité de nombreux chantiers avançant tous dans le même sens; 2° la sécurité qui en découle, car les ouvriers sont protégés par une voûte, dès que la construction en est possible; 3° le peu d'importance des boisages qui ne s'étendent pas à la partie inférieure du tunnel.

Un de ses inconvénients les plus graves est que la maçonnerie ne se fait pas en une fois; il en résulte que la voûte peut subir des tassements avant la construction des pieds droits. Ce fait peut se produire, si l'on tarde trop longtemps a rempiéter la voûte, lorsque les terrains sont difficiles à soutenir, et il peut en résulter des défectuosités dans l'ensemble de la maçonnerie.

Lorsque les terrains sont mauvais, il est bon par conséquent de diminuer la distance des divers chantiers et de rempiéter la voûte par petites parties successives, ce qui ralentit beaucoup le travail. On peut aussi prévoir le tassement de la voûte, en creusant sur une hauteur trop grande de 0^m5o à 0^m8o; mais le tassement produit dans ce cas un vide que l'on doit soigneusement combler par un remplissage, de crainte d'éboulements qui pourraient même occasionner des ruptures de la voûte. La voûte peut aussi subir un rapprochement des naissances que l'on peut combattre en l'étrésillonnant. Des accidents de ce genre se sont produits dans la partie du tunnel du Gothard, comprise sous la plaine d'Andermatt, où les schistes étaient profondément altérés. Ces terrains présentèrent des difficultés exceptionnelles : on en jugera par le boisage qui dut être employé pour cette partie, lors de la reconstruction des maçonneries (fig. 118, échelle de ¹/₁₅₀); il y avait un éventail semblable par mètre, soit pour 4 mètres linéaires 100 m³ de bois. Les maçonneries furent refaites à trois reprises différentes et ne

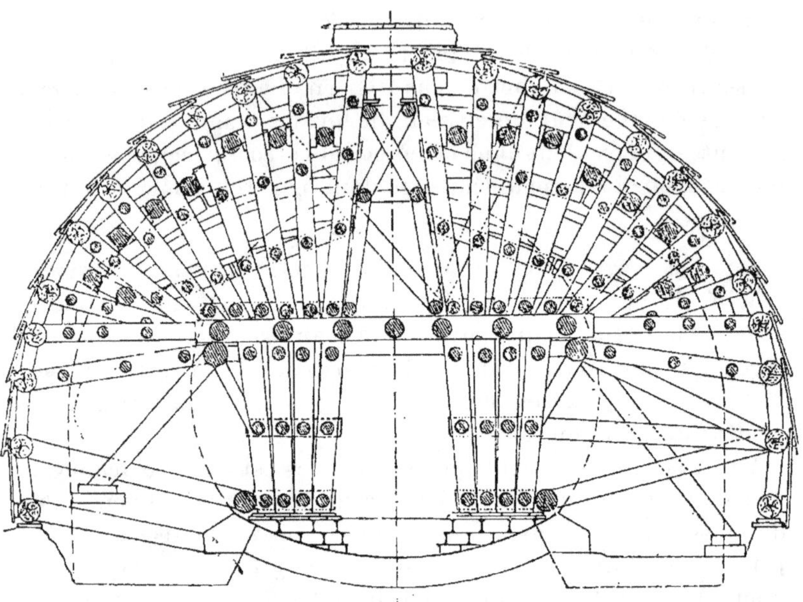

FIG. 118.

résistèrent que lorsqu'elles furent définitivement exécutées en pierre de taille sur une épaisseur de 1ᵐ50 à la voûte et de 3 m. à la naissance des pieds droits.

208. On peut remédier à la défectuosité des maçonneries par une variante de la méthode belge, désignée quelquefois sous le nom de *méthode allemande*. Elle diffère de la méthode belge proprement dite, en ce que les pieds droits et la voûte se font en une fois par anneaux d'autant moins larges que le terrain est plus mauvais. Le boisage est plus important que dans la méthode belge, car il s'étend à la partie inférieure du tunnel, et la sécurité est moindre, puisque les mineurs ne sont protégés que pendant l'enlèvement du stross. Il en résulte aussi plus de lenteur dans l'exécution.

209. La méthode belge perd une grande partie de ses avantages dans les longs tunnels qui ne sont attaquables que par leurs extrémités et où l'on force, au moyen de perforatrices, l'avancement de la galerie de direction et au besoin le battage au large.

Dans ce cas la quantité de déblais à transporter est considérable et le transport à trois niveaux différents, par une voie unique, devant se faire sans perte de temps, oblige à supprimer les versages.

On établi des rampes de raccordement à 2 1/2 % de pente. On divise pour cela le petit stross en deux PS n° 1, PS n° 2 et l'on creuse une seule cunette à peu près au milieu de la section du tunnel, de manière que le stross soit également divisé en deux (fig. 119). Cette division est nécessaire pour pouvoir déplacer les rampes du petit stross et du

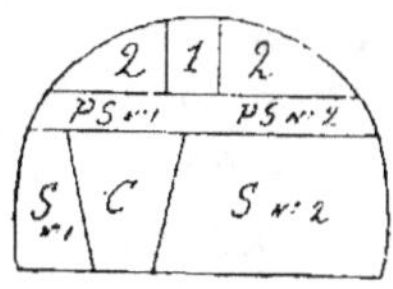

Fig. 119.

stross alternativement à droite et à gauche, ce qui se faisait au Gothard tous les 500 mètres.

Ce système présente toutefois de nombreux inconvénients; les transports à la remonte sont difficiles et le déplacement des rampes est long et coûteux car il exige le déplacement des boisages et interrompt toute circulation dans le tunnel jusqu'à ce que les rampes soient rétablies.

La présence de l'eau qui s'écoule le long des chantiers est aussi une gêne pour les transports et le déplacement des rampes nécessite le déplacement des rigoles d'écoulement.

Le résultat est un retard dans l'achèvement du tunnel, lorsque les galeries de direction se sont rencontrées. On peut déduire d'un schéma théorique qu'au moment de la rencontre des galeries du Gothard, il devait y avoir au moins 2365 m. à terminer de part et d'autre, pour achever le tunnel. Les distances des chantiers au moment de la rencontre devaient être au moins les suivantes (fig. 120) :

1° Longueur de la galerie de direction . . . . . . 250 m.

2° » du battage au large . . . . 240 »

3° » du petit stross au moment du déplacement d'une rampe . . . . 500 »

4° Distance du chantier des maçons pour pouvoir employer les explosifs au petit stross. . . . . 200 »

5° Longueur du chantier de maçonnerie de la voûte . 200 »

6° Longueur des chantiers de cunette multipliés pour pouvoir suivre l'avancement. . . . . 250 »

7° Distance entre ces chantiers et la dernière rampe du stross. . . . . 150 »

8° Longueur du stross au moment du déplacement d'une rampe . . . . 500 »

9° Longueur de la rampe . . . . 75 »

Total. . . 2365 m.

En réalité, il restait à faire au moment de la rencontre :

3.919 m. de voûte,
4.683 m. de pied droit Ouest,
5.544 m. de pied droit Est,

longueurs bien supérieures à celles du schéma théorique, par suite des irrégularités dans la nature des terrains, l'abondance des eaux, l'aérage défectueux, etc.

210. La méthode belge est surtout convenable pour le percement des tunnels sans perforatrices en bons terrains qui peuvent être attaqués par plusieurs puits. Dans ce cas tous les chantiers avancent avec la même vitesse. La quantité de déblais provenant de l'amont n'a rien d'excessif et le transport de ces déblais se fait sans difficulté, malgré les différences de niveau.

Il en résulte une grande rapidité d'exécution ($1^m.50$ par jour à la galerie de direction sans perforatrices) et par suite une grande économie.

Quand les terrains sont mauvais, nous avons vu les inconvénients qui en résultent au point de vue des maçonneries et qui obligent tout au moins à diminuer la distance des chantiers; les ouvriers peuvent dans ce cas se gêner mutuellement.

211. **2°** ***Méthode par galerie de pied*** dite ***méthode anglaise***. — La succession des opérations est la suivante. On perce la galerie de direction au pied de la section, ce qui a l'avantage d'assécher le terrain dès que l'écoulement est établi vers les orifices du tunnel. De cette galerie partent des montages aboutissant à la voûte, en nombre plus ou moins grand, suivant que l'on veut plus ou moins accélérer le travail (fig. 121).

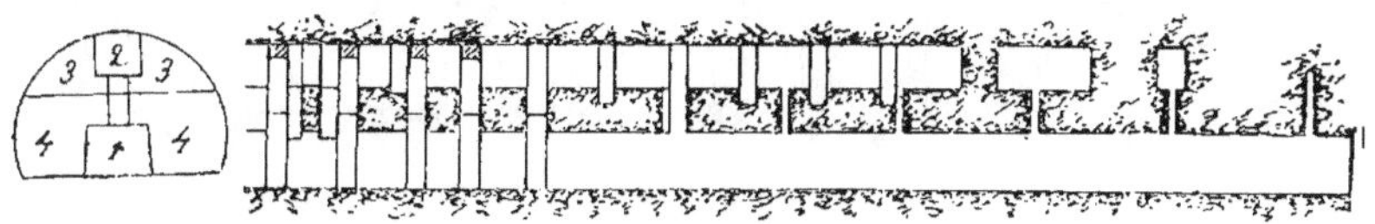

Fig. 121.

Une fois à la voûte, on déblaie des sections entières de longueur limitée, d'après le schéma de la méthode belge. On peut murailler, comme dans celle-ci, en commençant par la voûte ou par anneaux à partir des pieds droits, en déblayant toute la section transversale.

Les chantiers des galeries de tête partant des divers montages, marchent à la rencontre les uns des autres et l'on ne tarde pas à avoir une galerie de faîte continue, reliée à la galerie de pied par des montages, véritables puits qui servent à évacuer les déblais des chantiers supérieurs, par une voie établie dans le fond à un niveau unique. Au tunnel de l'Arlberg où cette méthode a été employée, les montages étaient espacés de 60 à 70 m. dans le gneiss et de 22 m. seulement dans le micaschiste qui était moins consistant. On faisait le déblai par anneaux de 8 m. et de telle sorte qu'un anneau en déblai ou en muraillement ne fût en contact qu'avec des anneaux déjà muraillés ou des tranches de terrain non entamées. On laissait, entre deux anneaux en travail, la largeur de 4 anneaux, soit 32 m. On a eu ainsi jusqu'à 52 anneaux simultanément en ouvrage.

Le caractère de la méthode est l'indépendance complète des divers chantiers, ce qui permet d'aller aussi vite que l'on veut, à condition de mettre au travail un nombre suffisant d'ouvriers. On a eu par moments à l'Arlberg jusque 2.500 ouvriers occupés de chaque côté de la montagne.

Les perforatrices peuvent s'employer dans la galerie de pied et dans les chantiers supérieurs ; mais dans ces tronçons de galerie, cet emploi présente certaines difficultés au point de vue du transport des affûts.

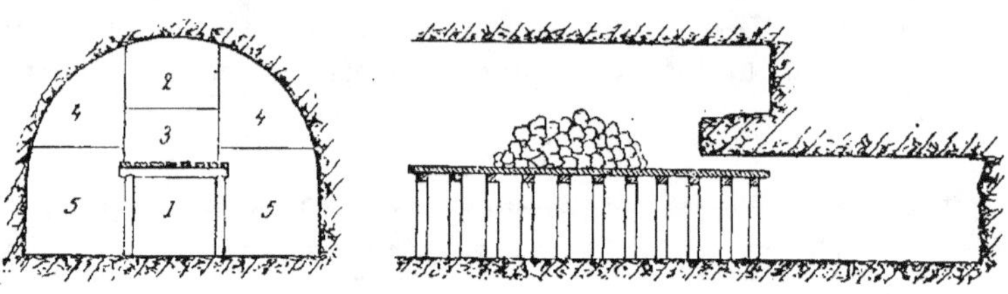

FIG. 122.

212. Si l'on ne recherche pas une grande vitesse, on peut ne pas fractionner autant les chantiers. C'est ce que l'on a fait au tunnel du Mont Cenis où l'on creusait à la perforatrice simultanément aux niveaux inférieur et supérieur en deux chantiers suivis immédiatement du déblai de la section entière et du chantier des maçons (fig. 122).

On réalise ainsi tous les avantages de la méthode par galerie de pied, au point de vue des transports, mais on renonce à une exécution rapide, puisqu'on ne peut mettre un grand nombre d'ouvriers simultanément à l'œuvre.

Au tunnel de Laveno (Italie) où la roche était très dure et où il y avait par suite avantage, au point de vue du prix de revient, à développer la perforation mécanique, on a fait de même les galeries inférieure et supérieure à la perforatrice, à partir du flanc de la montagne, et d'une manière absolument indépendante, avec communications verticales ou cheminées fréquentes entre ces galeries, pour concentrer les transports au niveau inférieur et faciliter l'aérage.

213. Ce qui précède concerne spécialement l'application de la méthode anglaise aux longs tunnels qui ne sont attaquables que par leurs extrémités ; mais cette méthode peut aussi s'appliquer avec puits intermédiaires et c'est même dans ces circonstances

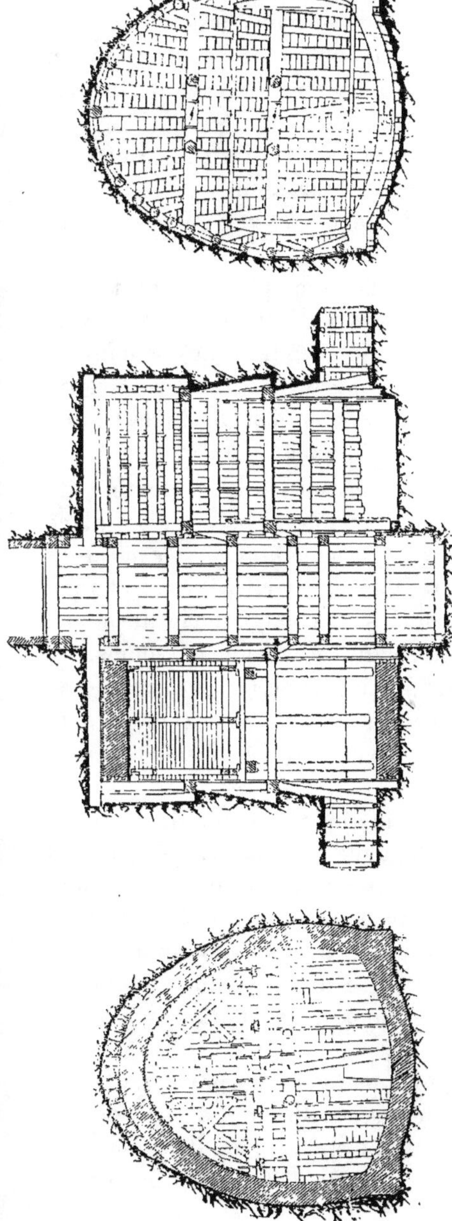

Fig. 124.

Fig. 123.

Fig. 125.

qu'elle a fait ses débuts, en Angleterre, dans la construction des tunnels du chemin de fer de Londres à Douvres. Ces tunnels s'exécutaient dans de mauvais terrains : l'avantage de la méthode est dans ce cas la construction des maçonneries par anneaux, sans raccordement.

Les puits intermédiaires jouent dans cette application le rôle des montages dans les exemples précédents.

Chacun de ces puits donne lieu à deux chantiers de part et d'autre, correspondant chacun à un anneau et occupés alternativement par les mineurs et les maçons. On procède par anneaux de 4 m., afin de ne pas déblayer sur une trop grande longueur (fig. 123).

Les puits intermédiaires sont boisés très solidement à leur base dans la section du tunnel. La galerie de pied est boisée d'après les procédés ordinaires.

Le déblai du premier anneau contigu au puits commence par une galerie de tête de 2 m. sur 1^m.5o, creusée sur 4 m. de longueur et boisée au moyen de longrines de 4 m. soutenues à leurs extrémités seulement.

On fait ensuite le battage au large suivant la courbure que l'on veut donner à la voûte, en déterminant les limites du creusement au moyen d'un fil à plomb dans l'axe et de ficelles transversales espacées de 0^m.5o.

On boise par longrines et montants en éventail, avec ou sans palplanches suivant la nature des terrains.

Ces montants ne se placent, comme ci-dessus, qu'aux extrémités des longrines de 4 m.

Avant de creuser plus bas, on place sous les montants une forte semelle en deux pièces réunies par boulons ; on creuse ensuite par étages successifs de 1^m.5o à 2 m. en descendant et l'on soutient les semelles précédentes par des portants verticaux, soutenus eux-mêmes par de nouvelles semelles. On déblaie ainsi successivement toute la capacité de l'anneau de 4 m. (fig. 124).

Lorsque ce déblai est terminé, les mineurs se portent de l'autre côté du puits et les maçons viennent occuper la place qu'ils abandonnent. Ils commencent la maçonnerie par le radier et les pieds droits qui s'exécutent sur gabarit (fig. 124 et 125). Les cintres de la voûte sont soutenus sur la maçonnerie du radier, dans l'espace libre entre les deux pans de boisage extrêmes. On maçonne la voûte par rouleaux et la clef se ferme à reculons. Les longrines supérieures peuvent rester provisoirement derrière la maçonnerie ; on s'en réservira pour boiser l'anneau suivant.

Le déblai de celui-ci est plus facile que celui du premier anneau, parce que la roche est dégagée sur toute la section du tunnel ; le boisage est également plus facile, parce qu'à l'arrière les longrines peuvent s'appuyer sur la maçonnerie. Il suffit donc d'un seul pan de boisage, semblable à ceux que nous avons décrits ci-dessus, à la face antérieure de l'anneau. Ce pan de boisage peut-être étayé par des poussards contre la maçonnerie.

Lorsque les maçonneries sont terminées de part et d'autre d'un puits, on les raccorde en déblayant le cube de roches qui correspond à la largeur de ce puits. Celui-ci peut être conservé pour servir à l'aérage ou à l'éclairage du tunnel. On place une anneau en pierre de taille à l'intersection de la voûte et l'on ménage dans le radier un puisard à l'aplomb du puits ([1]).

214. Le boisage des anneaux déblayés peut se faire de différentes manières. Dans les pays où les bois sont abondants et peu coûteux, on peut faire le boisage d'après la méthode dite *autrichienne.*

Dans cette méthode, le boisage est combiné de manière que chacune de ses parties concoure au soutènement de l'ensemble. (fig. 126).

La galerie de pied est d'abord creusée et boisée comme à l'ordinaire. Là où l'on se prépare à déblayer un anneau, on élargit et l'on exhausse cette galerie, pour y commencer l'établissement d'un boisage central, point de départ de tout le soutènement.

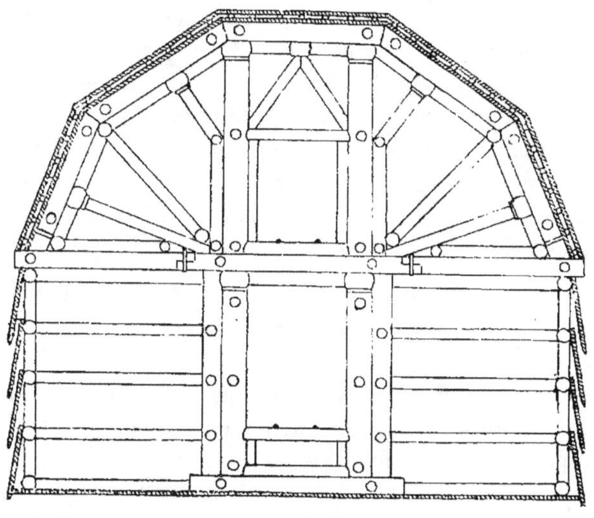

FIG. 126.

On emploie, comme chapeau de cette galerie agrandie, un bois équarri dont les extrémités sont entaillées, pour être raccordées plus tard à deux bois semblables, formant une semelle composée qui supportera toute la partie supérieure du boisage.

([1]) F. W. Simms : Practical Tunnelling, 3e éd. Londres 1877.

14

On continue ensuite le boisage central jusqu'à la voûte par deux montants fortement entretoisés et supportant des longrines au dessus desquelles on installe le premier élément d'un boisage polygonal. Ce boisage se continue ensuite, en faisant le battage au large, et vient prendre son appui sur le boisage central par l'intermédiaire de longrines et de poussards obliques. On complète alors la semelle et l'on déblaie les stross de part et d'autre, excavations que l'on soutient par les procédés ordinaires, en s'appuyant toujours sur le boisage central.

On commence la maçonnerie de l'anneau par les pieds droits; le radier ne se fait qu'en dernier lieu; mais pour éviter les mouvements et la déformation des maçonneries, on laisse en place les cintres aussi longtemps que possible.

Cette méthode nécessite beaucoup de bois et beaucoup de main-d'œuvre; mais ces boisages sont remarquablement solides. Les cadres polygonaux se prêtent à l'emploi de palplanches et ne sont pas sujets à la flexion, comme les longrines placées directement contre le terrain. Si cependant les terrains le permettent, rien n'empêche de supprimer ces cadres, tout en conservant le boisage central et la semelle composée qui sont les caractéristiques de cette méthode, comme on l'a fait aux tunnels d'Aix-la-Chapelle et de l'Arlberg.

215. On peut aussi avoir recours aux soutènements en fer du système Rziha, employés pour la première fois au tunnel de Naënsen, en 1862 ([1]).

Ce système (fig. 127) est caractérisé par l'emploi d'un soutènement métallique servant en même temps de cintre. Un cadre se compose de deux parties : 1° une charpente métallique en poutrelles composées avec tirant et entrait; 2° une série de voussoirs formés de poutrelles ou de rails Vignole occupant, au dessus de la charpente précédente, l'espace devant être rempli par la maçonnerie.

Quand on procède à l'exécution de celle-ci, on enlève successivement ces voussoirs et on les remplace par des couchis, pour supporter la maçonnerie.

([1]) F. Rziha : Lehrbuch der gesammten Tunnelbaukunst. Berlin 1867-1872.

Le grand avantage de ce système, c'est que ces cadres sont démontables et servent un grand nombre de fois. Il suffit d'un matériel de quelques cadres pour creuser tout un tunnel. A Naënsen, on faisait usage de 8 cadres semblables par chantier.

Dans les mauvais terrains, on peut chasser des palplanches par dessus les voussoirs.

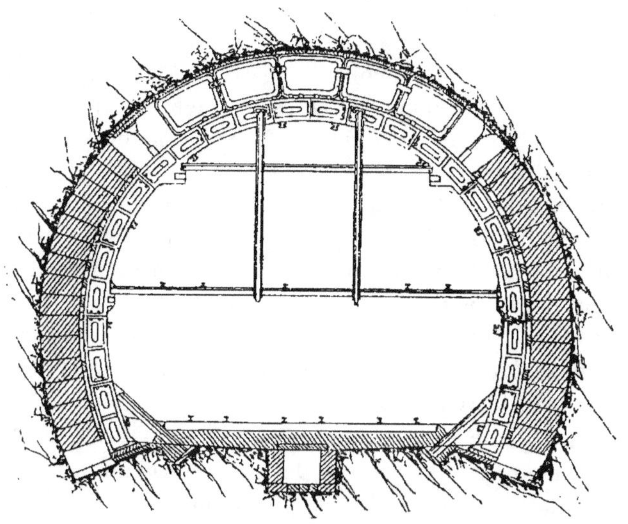

Fig. 127.

216. En résumé, la méthode par galerie de pied est spécialement convenable pour les longs tunnels qui ne sont attaquables que par leurs extrémités et où l'on force l'avancement au moyen de perforatrices, ainsi que pour les tunnels attaquables par plusieurs puits, quand les terrains sont mauvais et d'un soutènement difficile.

Pour les premiers, elle présente de grands avantages :

1° La facilité des transports qui se font au même niveau sur toute la longueur de la galerie.

A l'Arlberg, on transportait par jour et par orifice 800 t. de déblais et 300 t. de matériaux au moyen de 400 wagonnets.

La voie se pose définitivement sur la plate forme de la galerie et ne subit plus de remaniements; il en est de même des rigoles d'écoulement des eaux et des canalisations d'air comprimé et d'eau, ce qui permet de multiplier ces dernières. A l'Arlberg, on avait trois canalisations : l'une pour l'air comprimé à haute pression (perforatrices); la seconde pour l'air comprimé à basse pression (aérage); la troisième pour l'eau sous pression destinée à abattre les fumées de la poudre et à rafraîchir l'atmosphère par des injections d'eau pulvérisée.

2° La rapidité d'achèvement, après rencontre des galeries de direction, qui résulte de l'indépendance des chantiers de déblai et de maçonneries.

Au moment de la rencontre, il restait à l'Arlberg à terminer 900 m. à l'Est et 1300 m. à l'Ouest et encore, sur ces longueurs, y avait-il déjà un grand nombre d'anneaux complètement maçonnés (cf. n° 209).

Le tunnel de l'Arlberg a été terminé 7 mois après la rencontre, malgré les grandes difficultés du terrain, que l'on peut apprécier en sachant qu'un radier fut jugé nécessaire dans le $^1/_3$ de la longueur du tunnel.

Le tunnel du mont Cenis, exécuté par la méthode anglaise avec un avancement beaucoup moins rapide, a été terminé 9 mois après la rencontre.

3° L'indépendance des chantiers présente en outre de grands avantages au point de vue de l'organisation du travail. Le déblai et la maçonnerie de chaque anneau peuvent être mis à l'entreprise, ce qui réduit la surveillance au minimum et donne de grandes facilités pour l'établissement des situations servant au règlement des comptes.

4° Les opérations topographiques nécessaires pour assurer la direction du tunnel sont plus rapides et plus faciles, parce qu'elles se font à un seul niveau.

L'inconvénient le plus grave de la méthode, telle qu'elle a été pratiquée à l'Arlberg, est l'aérage qui est très défectueux dans les chantiers supérieurs, notamment dans les tunnels alpins où la température résultant de la profondeur sous la surface du sol est considérable. Au Gothard, on a eu à la rencontre une température de 30°8 C. dont l'action débilitante s'est vivement fait sentir, par suite de l'humidité de l'air. La hauteur du sommet de la montagne au dessus du tunnel était de 1700 m. Elle n'était que de 500 m. à l'Arlberg où les mêmes inconvénients ne se sont pas fait sentir. Au tunnel du Simplon, la profondeur sera de

2800 m. sous le Monte Leone. On prévoit une température de
39° C. On ne pourra y remédier que par une ventilation artificielle très énergique, accompagnée d'injections d'eau pulvérisée.

Au tunnel du Simplon, on procède au percement de deux
tunnels à une voie, distants de 17 m. d'axe en axe et reliés par
des galeries transversales, de 200 en 200 m. Le premier tunnel
seul sera complètement terminé, en attendant que le trafic
nécessite la seconde voie. Le second tunnel restera jusque là
à l'état de galerie de 2^m5o sur 2^m5o, pour l'écoulement des eaux
et la ventilation. Ce tunnel doit atteindre 19.770 m. et les deux
galeries coûteront, d'après les devis, 69,5 millions. Les travaux
ont été commencés en 1898 ; on compte les terminer en 1905. On
opère par galerie de pied où la perforation mécanique est
employée. Il y a, en temps normal, 1400 ouvriers du côté Nord
(Brigue) et 1200 du côté Sud (Iselle) employés en 3 postes. L'aérage se fait par un ventilateur soufflant sur la galerie parallèle.

217. Quant au prix de revient des tunnels, il est assez difficile
de le discuter d'une manière générale, tant les circonstances
provenant du terrain, des eaux, etc. sont variables. Si dans la
méthode anglaise, les terrains sont moins bien dégagés, on peut
affirmer qu'il y a des compensations nombreuses qui donnent
généralement, pour les longs tunnels, des prix de revient
inférieurs à ceux de toute autre méthode [1].

Voici des chiffres relatifs aux prix d'exécution de quelques
tunnels :

1° Tunnels attaqués par plusieurs puits.

a) *Méthode belge.*

Tunnels de la Vesdre	1200 à 1250 fr. par m.
Tunnels du chemin de fer de ceinture de Liége	1230 à 1250 fr. »
Id. sous les parties de la ville où il a fallu soutenir les fondations des maisons	1350 fr. »
Tunnel de Volmarhausen	1100 fr. »

[1] Voir G. Bridel : Examen critique des systèmes d'exécution appliqués
à la construction rapide des grands tunnels. Lucerne 1883.

b) Méthode anglaise.

Tunnels de la ligne de Londres à Douvres   2000 à 4000 fr.
Tunnel d'Aix-la-Chapelle . . . . . .   1875 fr.

   2° Tunnels alpins.

Tunnel du Mont Cenis. . . . .   6160 »
   »   Gothard . . . .   3900 »
   »   Arlberg . . . .   2944 »

Ces derniers prix sont en rapport avec l'avancement moyen journalier qui a été : au Mont Cenis . . . 2^{m}35
                  au Gothard. . . . . 5^{m}50
                  à l'Arlberg. . . . . 8^{m}30.

218. **Percement des tunnels dans les terrains ébouleux et meubles.** — Lorsque les terrains sont simplement ébouleux, on peut combiner l'emploi des palplanches avec les méthodes précédentes. Si cela ne suffit pas, il faut recourir à des méthodes spéciales.

On peut employer la méthode du tunnel de St-Quentin, dite *méthode française* (fig. 128). Ce tunnel a été percé dans la craie fendillée et aquifère. On a procédé par petites galeries successives et superposées le long des pieds droits. Dès que l'on avait percé quelques mètres de galerie, on muraillait la partie de pied

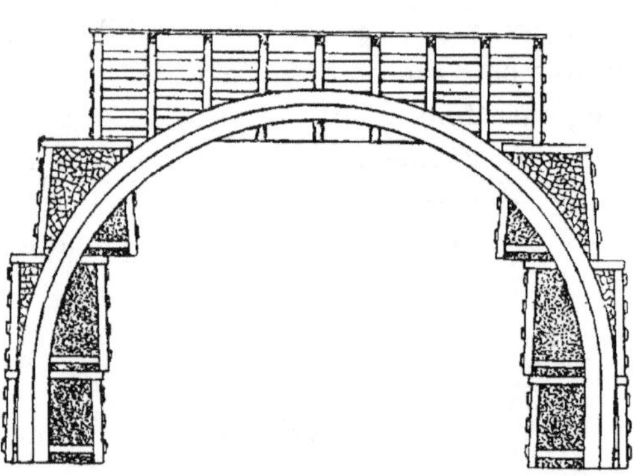

Fig. 128.

droit correspondante. Pour la voûte, on faisait une galerie transversale. Il restait finalement un stross central que l'on enlevait sous la protection des maçonneries terminées.

Cette méthode ne peut être employée dans les terrains boulants. Elle a été essayée dans ceux-ci au tunnel de la rue Bassenge du Chemin de fer de ceinture de Liége, mais ne put aboutir. On n'est parvenu au résultat qu'en maçonnant à ciel ouvert, du radier à la voûte, par anneaux de 4 m. limités par des coffrages de palplanches verticales enfoncées à partir de la surface. Cette partie exceptionnelle a coûté 2900 frs par mètre.

219. **Méthode du bouclier.** — Dans les terrains ébouleux ou boulants, le procédé généralement appliqué aujourd'hui est celui du *bouclier*, avec ou sans application de l'air comprimé.

Le bouclier a été imaginé en 1822 par Brunel pour le percement du premier tunnel sous la Tamise. Ce bouclier qui est une charpente métallique, occupe le front de taille et avance au fur et à mesure du creusement, tandis que l'on soutient le terrain immédiatement en arrière, par maçonnerie ou revêtement métallique.

Le bouclier de Brunel était d'une grande complication d'organes, qui s'explique par l'état dans lequel se trouvaient les industries métallurgiques et mécaniques. Après bien des péripéties, Brunel réussit cependant à percer le premier tunnel sous la Tamise, de 1823 à 1843, sur une section qui ne mesurait pas moins de 10^{m}60 sur 6^{m}30.

220. Le problème de la traversée sous-fluviale de la Tamise fut repris en 1869 par Barlow, qui donna au bouclier une forme plus voisine de celle sous laquelle il est employé aujourd'hui, en réduisant toutefois la section à celle d'un tunnel circulaire de 2^{m}13 de diamètre.

Le bouclier de Barlow formait un tube-enveloppe cylindrique en fonte qui évoluait, en glissant télescopiquement, sur un revêtement métallique formé d'anneaux de fonte composés de segments boulonnés.

A l'avant du bouclier était formée une chambre de travail, au moyen d'un diaphragme en tôle présentant au centre une ouverture par où les ouvriers pénétraient dans cette chambre pour y creuser le terrain, exclusivement composé d'argile compacte. Le faible diamètre de la section permettait, en effet, de rester dans une même couche argileuse. On faisait avancer le bouclier au moyen de vérins à vis prenant leur appui contre le revêtement.

En progressant, le tube-enveloppe du bouclier laissait au-dessus du revêtement un vide de 0^m.022 dans lequel on injectait du ciment.

221. _Bouclier Greathead_. — Ce procédé a fait de nouveaux progrès, lors de l'établissement des chemins de fer souterrains de Londres qui suivent les grandes artères de la voirie, à un niveau inférieur aux canalisations d'égouts, gaz, eaux, etc. Ces travaux ont été exécutés en général dans des terrains argileux compactes. On a employé pour cela le bouclier Greathead qui ne diffère du précédent que par sa construction et ses dimensions, atteignant 4 m. à $4^{m}50$ de diamètre (fig. 129).

A l'avant, le tube-enveloppe est renforcé par un fort anneau de fonte sur lequel se fixent au moyen de vis des pièces d'acier formant un tranchant circulaire.

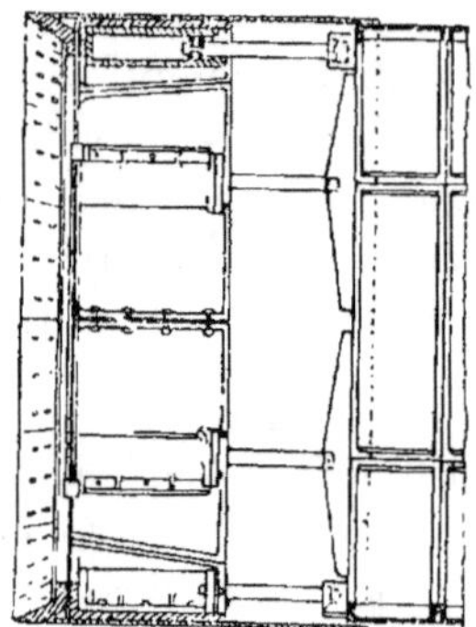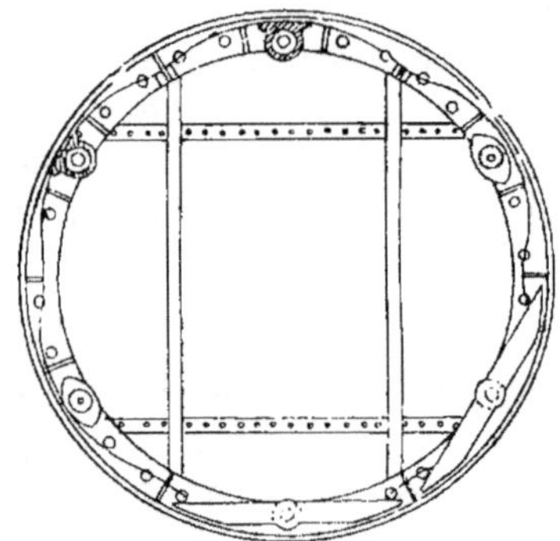

Fic. 129.

Immédiatement au delà de cet anneau, se trouve le diaphragme pourvu d'une ouverture qui peut se fermer par une porte, dans le cas de terrains boulants. En deçà de celle-ci, l'enveloppe est consolidée par un second anneau de fonte auquel se fixent les corps de vérins hydrauliques indépendants qui ont remplacé les vérins à vis du système Barlow. Les têtes de ces vérins s'appuient par de grandes surfaces contre le revêtement cylindrique en fonte.

L'indépendance des vérins hydrauliques permet d'obtenir des tunnels en courbe ou de corriger des écarts de direction. Les vérins de pression sont accompagnés de vérins de rappel pour faire rentrer les pistons plongeurs.

La chambre de travail, qui se trouve au delà de la cloison, a des dimensions très restreintes; sa profondeur peut descendre à $0^{m}30$; en général on ne creuse, ni ne boise; quand le terrain est peu ébouleux, les ouvriers pénètrent en avant du tranchant et déblaient, en ne boisant qu'accidentellement ; mais quand le terrain est suffisamment tendre, on pousse le bouclier en avant sans creuser, ou en aidant simplement à sa pénétration.

L'effort de pénétration dépend de la charge verticale et du coefficient de frottement. On peut admettre, dans les calculs 1900 kil. comme poids du mètre cube de terrain et 0.50 comme coefficient de frottement. Il suffit, en général, d'un petit nombre de vérins hydrauliques (7 pour un diam. de 4^m10) et d'une pompe à bras pour les alimenter ; mais pour peu que la pression augmente, il faut avoir recours à un moteur : les moteurs électriques ont l'avantage dans ce cas d'être les moins encombrants. Il faut un réservoir pour recevoir la décharge des presses et ne pas imbiber le terrain sous le bouclier.

L'injection de ciment se fait comme dans le procédé Barlow.

On a dans certains cas porté le diamètre du bouclier à 6 et 8 m. ; mais alors le diaphragme est remplacé par un cloisonnement longitudinal au moyen de planchers horizontaux à 2 m. de distance les uns des autres et de cloisons verticales partageant la chambre de travail en cellules fermées ou non à l'arrière par des portes. Le bouclier acquiert ainsi une grande rigidité ; mais pour ces diamètres, le revêtement métallique devient extrêmement coûteux (Cf. fig. 132).

222. Tel était l'état de la question, lorsque fut creusé, en 1895, le souterrain du collecteur de Clichy, où l'on remplaça pour la première fois le revêtement métallique par un revêtement en maçonnerie. Depuis lors le revêtement métallique circulaire n'est plus employé que pour des souterrains de petites sections destinés aux canalisations d'égout.

Le revêtement en maçonnerie présente en effet de grands avantages. Il coûte moins cher qu'un revêtement métallique de grande section, n'exige pas d'appareils de levage pour mettre en place les lourds segments de fonte, se prête aux formes les plus diverses et par conséquent permet d'adopter celle qui est le mieux en rapport avec le but du tunnel.

Les premiers tunnels de ce genre furent faits de section elliptique (collecteur de Clichy intra-muros, bouclier de 7^m278 sur 5^m293).

223. *Boucliers du Métropolitain*. — Cette forme n'est
pas la plus convenable pour les tunnels de chemin de fer.
Lorsqu'il s'agit de construire les tronçons de pénétration des
chemins de fer d'Orléans et de l'Ouest dans Paris, ainsi que le
chemin de fer Métropolitain, on se décida à appliquer le gabarit
ordinaire des tunnels, en n'employant le bouclier que dans la
partie supérieure de la section. Au Métropolitain, celle-ci était,
pour une double voie, de 7ᵐ10 de large à la naissance des voûtes
sur 5ᵐ20 de hauteur. Le bouclier a une hauteur de 3ᵐ3o.

Le bouclier (fig. 13o et 131) se compose de trois parties :
1° l'*avant-bec* ou *visière* qui protège la chambre de travail contre
les éboulements ; 2° le corps intermédiaire limité par deux poutres
maîtresses en forme de cintre, entretoisées et reliées par tirants
à des poutres horizontales, portant un plancher sur lequel
s'installe le moteur électrique et les pompes ; 3° l'*arrière-bec* ou
queue qui protège les maçons. La longueur de l'avant-bec est
proportionnée à la nature plus ou moins ébouleuse du terrain.

La longueur totale du bouclier a varié de 4ᵐ90 à 7ᵐ05, dans
les travaux du Métropolitain. Cette longueur doit être aussi
faible que possible, lorsque les tunnels sont en courbe.

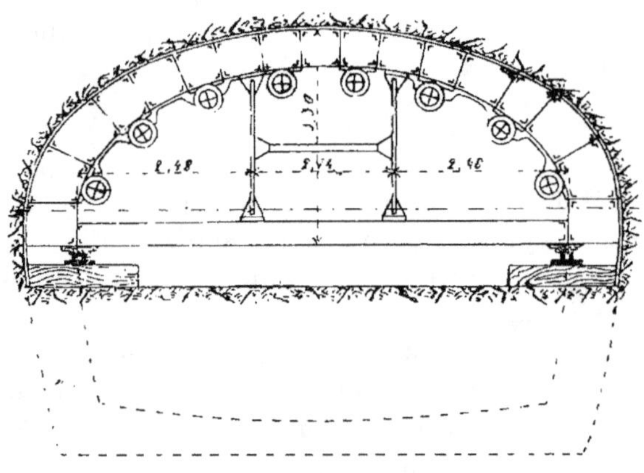

Fɪɢ. 130.

La construction des pieds droits précède ou suit celle de la
voûte. Dans les stations du Métropolitain, les pieds droits se
faisaient avant la voûte, au moyen de deux galeries latérales,
comme dans la méthode française (cf. n° 217). La maçonnerie

des pieds droits sert alors d'appui au bouclier qui glisse sur des rails en fer ancrés dans la maçonnerie. Cette disposition favorise l'enlèvement des déblais par les galeries inférieures et permet de maintenir avec précision la direction du tunnel, ce qui sans cela est souvent difficile.

Dans la voie courante, on faisait d'abord la voûte. Le bouclier glisse alors sur des rails posés sur des madriers. Les parties basses de la section sont ensuite déblayées en sous-œuvre par les procédés ordinaires. Les vérins hydrauliques prennent leur appui sur les cintres métalliques qui servent à l'exécution de la maçonnerie. Ces vérins sont au nombre de 8 et chacun peut développer un effort de 110 tonnes, mais l'effort total n'a jamais dépassé 500 tonnes. La course des vérins est de 1 m., de même que l'écartement des cintres. Ces derniers sont au nombre de 30; ils sont fortement entretoisés et même quelquefois ancrés de distance en distance dans la maçonnerie. L'arrière-bec doit être assez long et doit descendre assez bas pour recouvrir 3 ou 4 cintres, afin de fractionner la maçonnerie

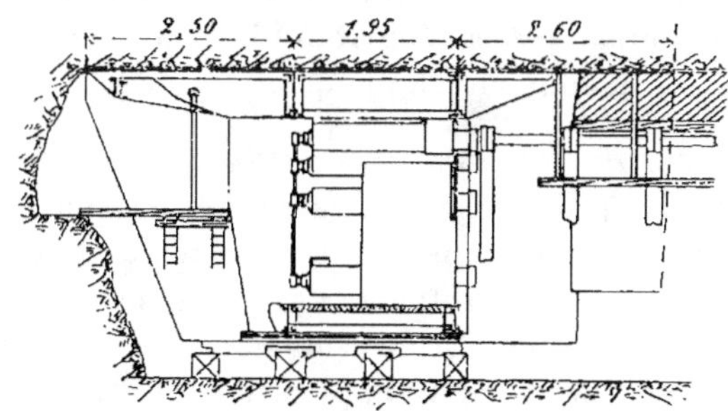

Fig. 131.

par échelons, de telle sorte que le travail des maçons suive de près le travail des mineurs. Il doit laisser un vide au contact de la maçonnerie, afin de ne pas arracher celle-ci, lorsque le bouclier avance. Il en résulte un tassement inévitable, malgré les injections de ciment que l'on fait dans ce vide. Ce tassement est accru par le refoulement que produit le bouclier et qui a pour effet de provoquer un vide à l'arrière.

Quand le terrain est résistant, la chambre de travail est divisée en deux par un plancher, comme le montre la fig. 131, sinon le front de taille est garni de planches.

224. Les vitesses obtenues dans les travaux du Métropolitain ont été en moyenne de 0ᵐ.60 à 3ᵐ.87 par jour. Au collecteur de Clichy intra-muros et aux tunnels de la Cⁱᵉ d'Orléans, on a eu une moyenne de 6 m. par jour. Ces différences proviennent non seulement de la nature et de l'humidité plus ou moins grande des terrains, mais aussi du matériel des différents entrepreneurs. Le devis des souterrains à deux voies (7ᵐ.10 sur 5ᵐ.20) du Métropolitain était de 1200 francs par mètre courant; à une voie (4ᵐ.30 sur 4ᵐ.67), ce prix descendait à 744 francs. Sur ces prix ont été consentis des rabais importants. Le prix de revient d'un travail de ce genre dépend beaucoup de la longueur du souterrain et de l'amortissement du bouclier par mètre courant. Dans l'évaluation de cet amortissement, on peut admettre que le bouclier coûte environ 100.000 francs.

L'emploi de cet engin doit se faire avec discernement et seulement quand les conditions sont favorables. Les incidents de l'emploi du bouclier dans les travaux du sous-sol de Paris l'ont démontré. Les inégalités d'un sous-sol où l'on rencontre des fondations, des vides, empêchent l'avancement régulier. Son grand avantage est la sécurité qui résulte de ce que tout le travail se fait sous une enveloppe protectrice (¹).

225. ***Emploi de l'air comprimé.*** — Lorsque le terrain est ébouleux et aquifère, la méthode générale consiste à effectuer le percement du tunnel dans l'air comprimé, à condition que la pression nécessaire pour refouler l'eau ne dépasse pas 3 atmosphères, limite que les conditions physiologiques ne permetttent pas de dépasser. La première application de l'air comprimé au percement des souterrains a été faite en 1879, à Anvers, à la galerie des cales sèches. Depuis lors un grand nombre de tunnels ont été percés par ce procédé.

Le travail le plus important de ce genre a été le percement du tunnel de Blackwall à Woolwich sur un diamètre circulaire de 8ᵐ.10, de 1892 à 1897. La grande section et notamment la hauteur de l'ouvrage présentait une difficulté spéciale. C'était l'inégalité de pression nécessaire à la voûte et au sol, pour

---

(¹) Le chemin de fer Métropolitain de Paris, par A. Dumas. Paris, 1901.

refouler les eaux, en raison de la différence de pression hydrostatique. Il en résultait que la pression de l'air, correspondante au niveau du sol, donnait lieu à des fuites dans la région de la voûte. On est obligé ici d'adopter la forme circulaire, parce qu'à moins de très basses pressions, l'on ne peut employer un revêtement en maçonnerie, à cause de sa perméabilité.

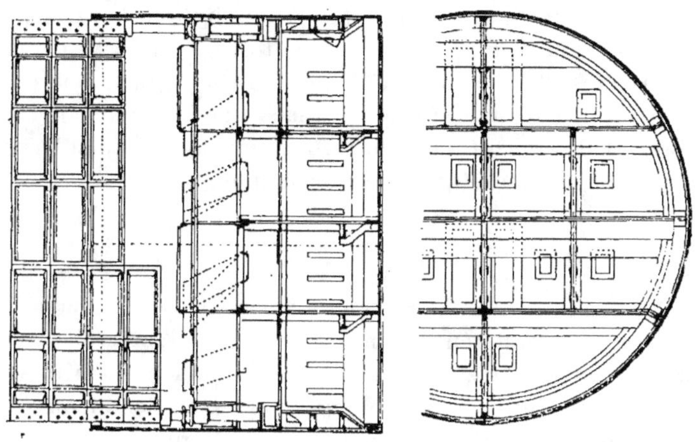

Fig. 132.

Le bouclier du tunnel de Blackwall (fig. 132) était cloisonné par trois planchers horizontaux s'étendant jusqu'à l'aplomb du tranchant et par trois cloisons verticales limitant 12 cellules de 2 mètres au moins de hauteur qui forment autant de chantiers de travail. Chacune d'elles est munie d'un sas à air, avec portes à fermeture rapide pour le passage des hommes, et d'un petit sas à déblais. Dans chaque chambre de travail, se trouvent de plus des diaphragmes, sortes d'écrans verticaux, ouverts en dessous seulement, de manière à former cloche à air pour permettre aux hommes de respirer en cas d'irruption d'eau.

Les vérins hydrauliques traversent les sas du pourtour pour s'appuyer sur un revêtement métallique qui s'effectuait en arrière des sas à l'air libre. La résistance était évaluée à 25.000 kil. par m² de surface frottante. La pression sur les vérins devait correspondre à 3 à 400 kil. par cm². Pour obtenir cette pression, les vérins étaient alimentés par des pompes à vapeur situées extérieurement. Ce percement effectué dans des conditions très difficiles a coûté 15.000 francs par m. et l'avancement a été de $2^m.5o$ par jour.

226. Pour un petit diamètre ($2^m.52$ intérieur), on a cependant employé, au siphon de l'Oise, près de Paris, un revêtement en béton, armé d'anneaux en acier de 5 millim. d'épaisseur.

Avec des dimensions moindres, le travail est beaucoup plus facile et l'installation plus simple. Au siphon de l'Oise, le sas unique se trouvait à l'orifice du souterrain : tout le travail se faisait dans l'air comprimé et les vérins hydrauliques s'appuyaient directement sur le revêtement en béton armé.

Le prix de revient a été de 1246 francs par mètre et la vitesse moyenne d'avancement de $0^m.8o$ par jour ([1]).

XI. — PUITS.

227. Les puits que l'on désigne aussi sous les noms de *fosses* ou *bures* ([2]), sont généralement verticaux. Autrefois les puits étaient souvent creusés suivant l'inclinaison du gîte (Saxe, Harz) ; comparativement aux puits verticaux, les inconvénients des puits inclinés sont nombreux : longueur plus grande, entretien plus coûteux, frottements et par suite faible vitesse des vases d'extraction, etc.

On creuse en ce moment des puits de 1500 m. inclinés à 20°, à Baudour, dans le Hainaut, à partir d'un affleurement de terrain houiller, pour éviter le creusement de puits verticaux en morts terrains difficiles.

Les puits sont quelquefois intérieurs (*bouxhtays* ou *tourets*) ; dans certaines mines, il existe des puits de ce genre armés de machines, comme les puits aboutissant à la surface (Portes, Lens, Cockerill à Seraing, Clausthal, etc.).

Les puits sont désignés par le service auquel ils sont destinés, c'est ainsi qu'on distingue les puits *d'extraction*, *d'aérage* (bures

---

([1]) Emploi du bouclier dans la construction des souterrains, par R. Legoüez. — Le bouclier et les méthodes nouvelles de percement des souterrains, par R. Philippe.

([2]) De l'allemand *bohren*. *Bure* subst. fém. dit l'Académie française ; le mot wallon *beur* qui est sans doute l'origine du mot bure, est cependant masculin.

d'air, puits *d'appel* ou *de sortie d'air*), *d'épuisement*, les *puits dits de service*, pour la translation du personnel et le transport des matériaux, les puits à *remblai*, dans les mines où le remblai vient de la surface. Certaines mines peu profondes ont de plus des *descenderies* ou *fendues*, anciennes galeries ou puits inclinés servant à la circulation du personnel.

228. *Forme et division des puits.* — La forme des puits est très variable. Elle est carrée, rectangulaire, polygonale, circulaire, elliptique ou limitée par des arcs de cercle.

Au point de vue de la résistance, la forme rectangulaire est défectueuse; mais c'est celle qui se prête le mieux au boisage. La forme polygonale s'y prête également; les polygones sont inscrits dans un cercle ou une ellipse.

La forme la plus rationnelle est la section circulaire. Le creusement en est plus régulier, puisqu'il n'y a pas d'angles; l'emploi des explosifs y est plus aisé; il est plus facile aussi de suivre la verticale, au moyen d'un fil à plomb descendu dans l'axe et d'une latte de longueur correspondante au rayon. Dans les mauvais terrains, cette forme s'impose, parce qu'elle résiste le mieux aux poussées de tous sens. Autrefois la forme circulaire était d'un emploi restreint aux puits maçonnés. Aujourd'hui il n'en est plus de même, grâce aux soutènements métalliques qui peuvent affecter la forme circulaire.

Autrefois aussi on critiquait l'inutilisation de certaines parties de la section des puits circulaires. Mais cette objection a beaucoup perdu de sa valeur depuis le développement des transports de force qui nécessitent des espaces pour l'établissement des conduites d'eau, de vapeur, d'air comprimé ou des conducteurs électriques, indépendamment des signaux, voies d'échelles, etc. Le puits rond se prête aujourd'hui à installer tous les services dans de meilleures conditions que le puits rectangulaire.

Les puits circulaires conviennent spécialement à l'aérage, parce qu'ils présentent le minimum de périmètre pour une section donnée; ils offrent donc moins de résistance au courant d'air, cette dernière étant proportionnelle au périmètre et en raison inverse de la section.

La forme elliptique est une transaction entre la forme rectangulaire allongée et la forme circulaire.

Il en est de même de la forme à parois arquées, souvent usitée autrefois en Westphalie, qui ne se prête qu'à la maçonnerie et en absorbe de grandes quantités par la nécessité d'appuyer les angles contre le terrain que l'on creuse suivant la forme rectangulaire.

229. La section du puits dépend de diverses circonstances. Les petites sections conviennent aux mauvais terrains; mais ne permettent ni une grande extraction, ni la réunion de plusieurs services. Il faut d'ailleurs se garer des exagérations dans un sens ou dans l'autre.

Les puits rectangulaires ont 6 m. sur 2 ou 6 m. sur 3. Il existe en Russie, à Yousovo, un puits de 6^m5o sur 4^m5o.

Les puits circulaires ont de 3 à 5 m. de diamètre. On cite des puits circulaires de 6^m5o en Angleterre et à Zwickau (Saxe).

Il existe, dans le pays de Galles, des puits elliptiques de 6^m6o sur 5^m4o.

230. Une mine doit être au moins munie de deux puits, pour assurer le sauvetage du personnel en cas d'éboulements, explosions ou incendies. C'est une obligation inscrite dans les règlements de police de la plupart des pays miniers, à laquelle on n'a dérogé que dans des cas ou les difficultés du creusement ne permettaient pas d'agir autrement. En Belgique, on exige de plus que l'orifice du puits aux échelles débouche à l'air libre et non dans un bâtiment qui recouvre les autres puits. Dans les mines à dégagement instantané, on conseille même l'usage de trois puits.

231. La répartition des services varie avec les dimensions des puits et les habitudes locales.

Dans le bassin de Liége, les anciens charbonnages comprenaient un puits rectangulaire d'au moins 5^m6o sur 1^m5o (bure d'extraction, d'épuisement et d'échelles), et un puits circulaire de 2^m6o à 3 m. de diamètre (bure d'aérage).

Aujourd'hui, dans les grandes exploitations, on a souvent trois puits circulaires : d'extraction, de service et épuisement réunis, et d'aérage.

Il y a toujours avantage à séparer l'extraction et l'épuisement, parce que tout accident aux pompes peut interrompre l'extraction.

D'autre part, il ne convient pas de mettre des échelles dans un puits d'aérage, à cause du danger d'asphyxie après une explosion.

En Angleterre, en Westphalie et dans le Pas-de-Calais, on a souvent deux puits de mêmes dimensions, dont l'un sert à l'aérage, mais qui sont tous deux armés de manière à servir à l'extraction, ce qui permet, entre autres avantages, de faire sans difficulté l'exploitation à deux étages différents.

Les puits sont divisés en compartiments correspondant aux divers services auxquels ils sont destinés.

Les anciens puits rectangulaires ou à parois arquées comprennent deux compartiments d'extraction, un compartiment d'épuisement et un compartiment d'échelles (fig. 133 et 134).

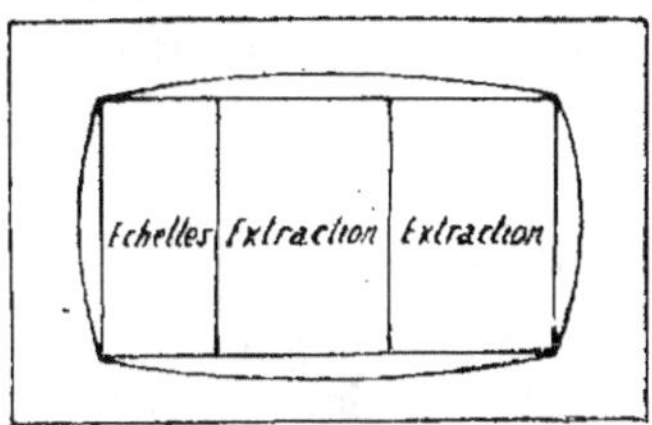

Fig. 133.

Fig. 134.

Dans un puits circulaire, on inscrit deux compartiments d'extraction rectangulaires et il reste un segment disponible pour y loger les pompes et les échelles (fig. 135. Puits Cécile de la Société Cockerill, à Seraing).

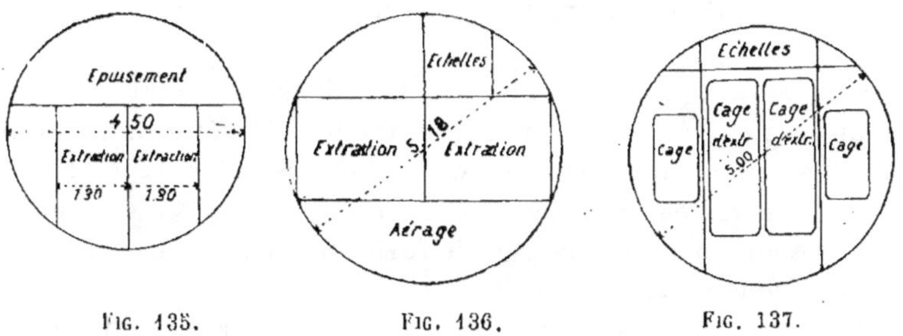

Fig. 135.   Fig. 136.   Fig. 137.

On est rarement obligé de réunir tous les services dans un seul puits (fig. 136. Puits n° 1 du Kreuzgraben, à Saarbrück). Cela présente toujours de grandes difficultés au point de vue de l'étanchéité du compartiment d'aérage, qui doit être rendue parfaite, au moyen d'une cloison en planches de 0^m025 à 0^m050, assemblées à languette, avec couvre-joints en toile goudronnée et en lattes. Dans les angles, on fixe de même des bandes de toile goudronnée maintenues par des bois de section triangulaire.

Dans le but d'augmenter autant que possible la production par puits, on y établit quelquefois quatre compartiments d'extraction (fig. 137. Puits n° 2 de Preussen, en Westphalie). Les puits sont, dans ce cas, armés de deux machines extrayant souvent à des étages différents.

Dans de très mauvais terrains où l'on redoute les grandes sections, on peut, au contraire, employer la même machine d'extraction pour desservir deux puits jumeaux dont chacun reçoit une des cages.

XII. — SOUTÈNEMENTS DES PUITS.

232. Les soutènements des puits sont perméables ou imperméables. Ces derniers sont désignés sous le nom de *cuvelages*.

Les premiers sont les *soutènements* proprement dits ; ils sont discontinus ou continus ; les premiers se font en bois ou en métal, les seconds en maçonnerie ou en béton.

Les soutènements discontinus sont définitifs ou provisoires.

SOUTÈNEMENTS DISCONTINUS DÉFINITIFS.

233. ***Boisage des puits.*** — Les boisages sont rarement employés aujourd'hui, comme soutènements définitifs, à moins de se trouver dans des pays où le bois est abondant et où la main-d'œuvre est habituée au travail du boisage. Le bois ne peut en aucun cas résister à de fortes pressions et ne convient qu'aux bons terrains.

Il existe, dans le bassin de Liége, un assez grand nombre d'anciens puits rectangulaires boisés, que nous prendrons comme types de ce genre de soutènement. Ces anciens puits avaient 19 à 21 pieds de long (pied de St-Lambert $= 0^m295$), soit 5^m60 à 6^m20 sur 1^m50 à 2 m. de large. Les longs côtés étaient disposés perpendiculairement à la stratification (fig. 133). La pression venant de l'amont-pendage exerce ainsi un effort de compression sur les plus longs bois qui sont moins exposés à fléchir que dans la disposition inverse.

Avant de commencer le creusement d'un puits de ce genre, on établit, à la surface du sol, un cadre dont les quatre côtés prennent leur appui à une distance d'autant plus grande que le terrain superficiel est moins résistant. Cette distance est comprise entre un minimum de 1 m. et un maximum de 8 m. (fig. 138).

Fig. 138.

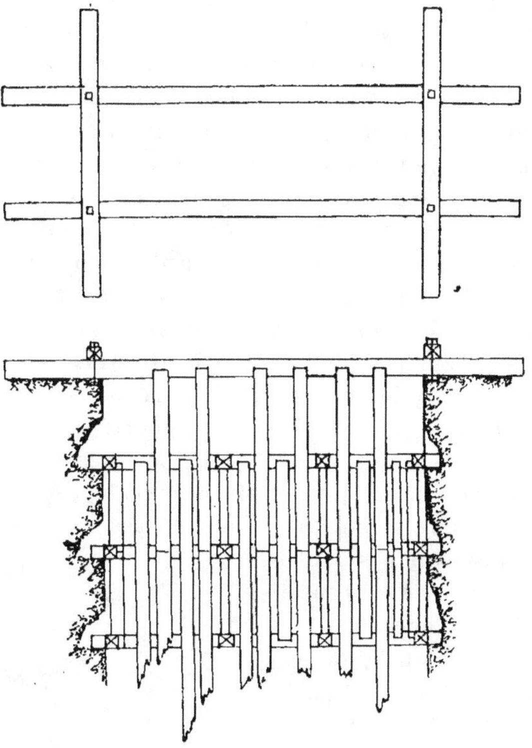

Fig. 139.

Ce cadre, dans lequel est inscrite la section du puits, porte le nom de *pas de bure*; il se compose de sommiers en chêne grossièrement équarris, dits *membres*, réunis simplement par boulons ou par un assemblage à mi-bois, chacun étant entaillé d'un quart de l'épaisseur, dans le cas où l'on ne craint pas d'affaiblir la résistance du pas de bure.

La face supérieure de ces pièces ne se présente donc pas au même niveau. On nivelle au moyen de bois de remplissage et de terre. Le pas de bure doit être très solide, car il sert à suspendre les cadres du puits, aussi longtemps que ceux-ci ne trouvent pas un appui dans le terrain.

On creuse à l'intérieur du pas de bure, en se guidant au moyen de fils à plomb suspendus dans les angles. Lorsqu'on est arrivé à une profondeur de 0^m90 à 1^m5o suivant la résistance du terrain, on établit un premier cadre dont les faces intérieures correspondent à celles du pas de bure.

Si le terrain est mauvais, ce qui arrive souvent dans les premiers mètres du creusement où l'on rencontre des terrains superficiels ou des roches altérées, on suspend ce cadre au pas de bure au moyen de tirants en fer recourbés en crochet (fig. 148).

Un cadre se compose des longs côtés (*coheutes*), des courts côtés (*courts bois*) et des bois qui établissent la division du puits en compartiments (*partibures*). Ces cadres sont en chêne.

Si le terrain est bon, les coheutes portent dans le terrain de 0^m15 à 0^m2o de chaque côté : on y fait pour cela deux entailles de profondeur double l'une de l'autre (*lâse* et *potai*), pour placer ces bois, en les enfonçant d'abord dans l'entaille la plus profonde (*potai*), pour faire ensuite pénétrer l'autre extrémité dans la seconde entaille (*lâse*) (fig. 139). Les courts bois sont assemblés par simple juxtaposition et calage contre la roche en entaillant faiblement (0^m025 à 0^m03) les coheutes (fig. 140).

Les partibures sont assemblées de même, mais avec des entailles plus faibles encore.

On continue de la même manière et l'on établit la solidarité entre les différents cadres par des *porteurs*, dont la tête et le pied sont entaillés aux trois quarts de l'épaisseur (fig. 140).

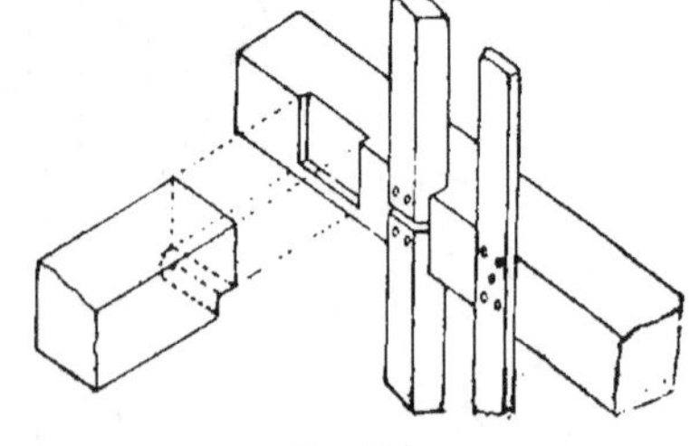

FIG. 140.

Un porteur peut être placé dans chaque angle sous le joint des deux bois de cadre; quelquefois on en place deux, dont un sous chacun des deux bois. Les porteurs étant entaillés sur une certaine longueur peuvent être cloués sur les cadres.

Il n'est pas toujours nécessaire de faire porter tous les cadres dans le terrain; il suffit souvent d'y faire porter l'un d'eux pour lui faire soutenir, par l'intermédiaire des porteurs, toute une série de cadres simplement calés. Les cadres peuvent de même être suspendus les uns aux autres par des tirants, lorsque les terrains sont mauvais.

On fait un garnissage plus ou moins complet, suivant que le terrain est plus ou moins déliteux, au moyen de wâtes, veloutes, croûtes, dôsses, etc.

Autrefois on faisait, dans les puits d'extraction, un revêtement en planches jointives de 0^m10 de large sur 0^m025 d'épaisseur (*bâches*, *filières* ou *coulants*), clouées sur les cadres dans le but de guider les vases d'extraction. Aujourd'hui les guides dispensent, à ce point de vue, des filières; mais on les emploie encore, en les espaçant davantage, pour maintenir le garnissage et former des cloisons (*bâchires*) entre les compartiments (fig. 140). On prend ordinairement des planches de longueur différente, embrassant plusieurs cadres, afin de ne pas planter un trop grand nombre de clous dans le même cadre (fig. 139).

Dans les puits de section carrée où les pressions sont moindres, on peut simplifier les dispositions du boisage. On assemble les cadres, en entaillant les bois à mi-épaisseur. Dans des puits de courte durée, on peut même employer des bois non équarris. Dans les puits de recherches, creusés en terrains argileux, on fait souvent le revêtement au moyen de cerceaux flexibles jointifs, faisant ressort contre le terrain.

D'autre part dans les pays où les bois sont très abondants, il arrive qu'on les prodigue de manière à construire des soutènements très résistants. Nous citerons comme exemple le boisage des anciens puits inclinés du Hartz, en forts sapins non équarris.

234. Nous ne reviendrons pas sur les inconvénients des boisages, déjà exposés en ce qui concerne les galeries. Les cadres de boisage ont une tendance à pourrir aux assemblages. Le bois

ne convient absolument pas dans les puits d'aérage. Les puits boisés ont de plus l'inconvénient de dévier facilement de la verticale.

Les boisages sont réservés aujourd'hui : 1° au soutènement des puits rectangulaires, dans les pays où les bois sont bon marché et où la main-d'œuvre est habituée à leur emploi ; 2° aux terrains résistants qui pourraient se passer de revêtement, mais où il faut diviser le puits en compartiments et créer des points d'appui pour le placement des guides ; 3° aux puits de peu de durée, pour recherches, petites mines métalliques, etc ; 4° aux revêtements provisoires préalables à la maçonnerie.

235. — *Soutènements métalliques*. — Les soutènements métalliques des puits se font en fer ou acier et s'adaptent aux puits circulaires ou elliptiques. Ils sont partiellement ou entièrement métalliques. Les premiers s'exécutent au moyen d'anneaux en fer ou en acier rendus solidaires par des porteurs en bois. Dans les seconds, les porteurs sont eux-mêmes en fer ou acier. Quant au garnissage, il se fait généralement en madriers jointifs, quelquefois en tôles.

Comme exemple du premier genre de construction, nous citerons les puits Camphausen du bassin de Saarbrück, où ce genre de soutènement remonte à 1867. Les puits Camphausen n°s 1 et 2, creusés en 1871, sont circulaires et de 5^{m}18 de diamètre.

Les anneaux de soutènement sont formés de fers ⊏ de 0^{m}215 de haut sur 0^m.087 de largeur d'ailes et 0^{m}014 d'épaisseur, pesant 42 kg. 5 par mètre courant. Un anneau complet se compose de 4 segments égaux, réunis par des éclisses dont la forme est également celle d'un ⊏, de dimensions correspondantes au creux de l'anneau (fig. 141).

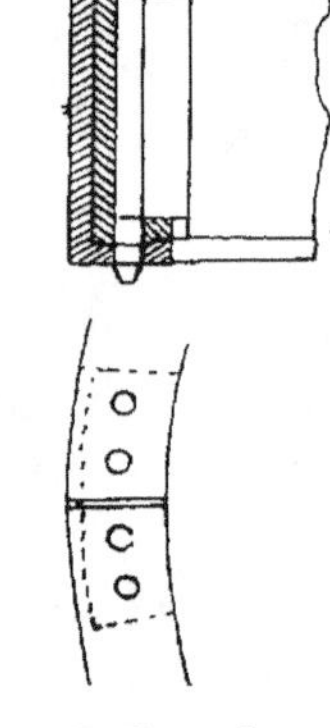

Fig. 141.

L'assemblage de l'éclisse aux deux segments correspondants se fait au moyen de 4 broches verticales. Un anneau ainsi construit pèse 800 kg. On place un anneau par mètre. Ce placement se fait en creusant 6 à 10 m. de puits, selon la hauteur qui peut se passer de soutènement. On place ensuite les anneaux de bas en haut. Le premier est supporté par deux bois parallèles portant dans le terrain, que l'on fait correspondre aux partibures. Les anneaux sont de plus fortement calés contre le terrain.

La solidarité des anneaux est établie par 8 porteurs en chêne (fig. 142). Les partibures, également en chêne, sont soutenues dans les creux des anneaux (fig. 143).

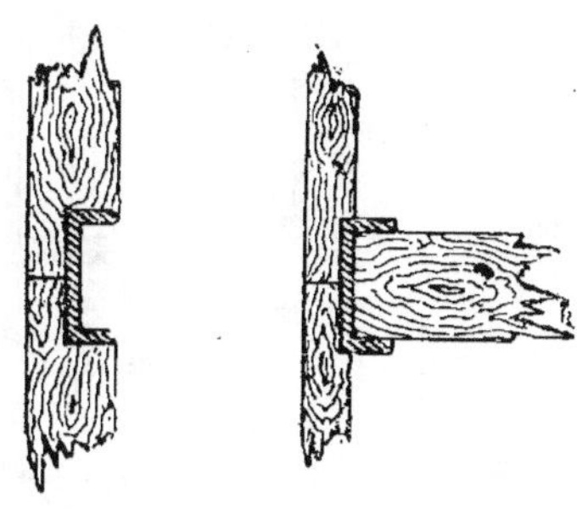

Fig. 142.   Fig. 143.

Le garnissage est en madriers jointifs de 0^m05 à 0^m08, indispensables ici, parce qu'on ne peut établir des filières pour maintenir un garnissage ordinaire (fig. 143).

Ce système a l'inconvénient d'associer des matériaux de durée différente.

Comme type d'un soutènement d'ossature exclusivement métallique, nous citerons celui du puits Cécile du charbonnage Collard de la Société Cockerill (fig. 135). Les anneaux de 4^m5o de diamètre y sont formés, comme ci-dessus, de fers ⊏ de 0^m200 de hauteur sur 0^m058 de largeur d'aile et 0^m015 d'épaisseur, réunis par des éclisses en fonte massive et par des broches. La solidarité des anneaux est établie par des porteurs en fer ⊓ dont les extrémités ont été refoulées, de manière à pouvoir être boulonnées aux anneaux (fig. 144).

On peut par conséquent établir ce revêtement de haut en bas, en ayant soin de soutenir un anneau sur dix, au moyen de pièces de bois portant dans le terrain.

Le garnissage se fait comme ci-dessus en madriers jointifs.

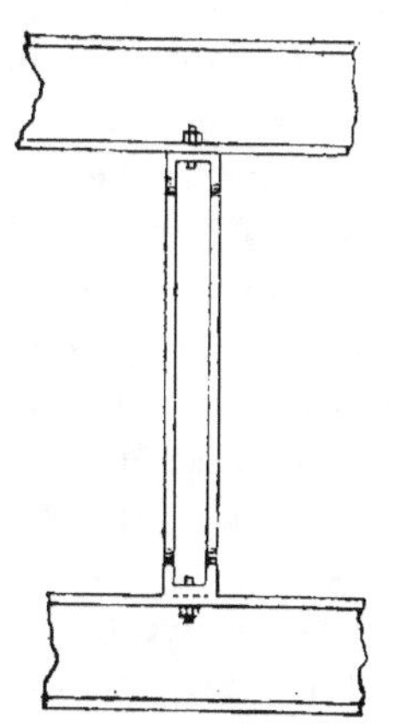

Fig. 144.

Les divisions principales du puits se font au moyen de poutrelles Ⅰ dont les extrémités portent dans le creux des fers ⊏ auxquels elles se fixent par deux boulons (fig. 145).

Les divisions secondaires se font au moyen de poutrelles de plus petites dimensions dans le creux desquelles on peut fixer, par boulons à tête noyée, des garnitures en madriers pour y attacher à leur tour les cloisonnements et les guides (fig. 145).

Les grandes poutrelles de partibure peuvent également être réunies par des porteurs en ⊓.

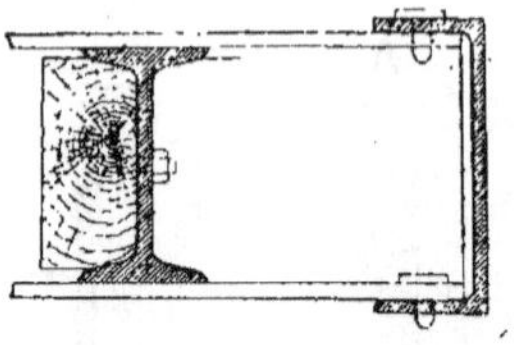

Le poids d'un anneau et des 8 porteurs correspondants est au puits Cécile de 1080 kg.

Le prix de revient était le suivant, en 1871 :

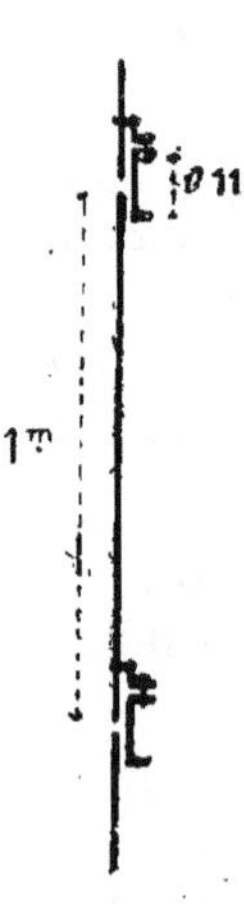

Fig. 145.

Un anneau de 1080 kg. à 20 fr. les 100 kg. . . 216 fr.
Partibures et madriers . . . . 31 »
Garnissage (70 madriers de 0^m.05) . . . . . 98 »
200 coins de calage . . . . 10 »
Veloutes . . . . 5 »

360 fr.

Ce prix varie naturellement avec celui des fers, qui était très élevé à cette époque.

Enfin, comme exemple de blindage en tôle, nous citerons le puits d'aérage de la mine Camphausen, à Saarbrück, de 2^m90 de diamètre. Les anneaux de 0^m117 de hauteur, 0^m.065 de largeur d'aile et 0^m.010 d'épaisseur sont espacés de 1 m. d'axe en axe ; ils sont soutenus par 4 porteurs en fers ⊓ de 0^m.100 de hauteur ; 4 porteurs de section moindre servent à fixer le blindage qui tient ici lieu de garnissage. Ce blindage est en outre supporté sur chaque anneau par 8 consoles en fer d'angle. Le poids de ce revêtement est de 637 kg. par mètre courant (fig. 146).

Ce revêtement se monte de bas en haut. Le premier anneau se pose sur deux bois ou deux rails portant dans le terrain ; on place ensuite les quatre tôles qui forment un tronçon cylindrique, puis les porteurs, le second anneau et ainsi de suite. On tasse du remblai derrière le blindage. Quant on rejoint l'anneau inférieur du tronçon précédent, on retire les bois ou les rails de support.

Fig. 146.

Au charbonnage du Bois-d'Avroy, on a blindé de même un puits, au moyen de tôles ondulées et galvanisées de 2 mm., avec bétonnage entre ces tôles et le terrain.

Au puits Maria, près d'Aix-la-Chapelle, on a remplacé le garnissage par une maçonnerie légère.

236. Les avantages des soutènements métalliques dans les puits sont les suivants :

1° Ils sont inaltérables, à moins que les eaux ne soient corrosives. C'est pourquoi le blindage complet convient particulièrement aux puits d'aérage.

2° La rapidité de la pose est plus grande que l'exécution des maçonneries, qui peuvent seules leur être comparées comme durée et comme s'appliquant également à des puits ronds. C'est ainsi que la mise à dimension, avec soutènement en fer, du puits Cécile, à 522 mètres de profondeur, s'est faite en 18 mois, tandis que la même opération avec maçonnerie a duré 54 mois au puits Marie du même charbonnage.

3° Ces soutènements occupent moins de place que la maçonnerie. Il en résulte une réduction de la section à creuser.

4° L'entretien et les réparations sont faciles.

Le principal inconvénient est le prix élevé de la matière première qui peut, à certaines époques, faire renoncer à l'emploi du métal.

De plus les anneaux se déforment dans les terrains où les poussées sont considérables, notamment dans les dressants. Ils conviennent spécialement dans les terrains schisteux qui tendent à foisonner sous l'action de l'humidité et dans ceux où la première poussée s'est produite, par exemple dans les cas de réfections de puits anciens.

SOUTÈNEMENTS DISCONTINUS PROVISOIRES.

237. Les soutènements provisoires sont également en bois ou en métal. Ils sont posés par les mineurs pendant le creusement du puits et doivent en soutenir les parois, jusqu'au moment où ils seront remplacés par un revêtement continu. Ils doivent se rapprocher le plus possible de la forme de ce dernier.

238. *Soutènements provisoires en bois.* — Ces soutènements sont composés de cadres polygonaux de 6 à 12 côtés, inscrits dans un cercle ou dans une ellipse, suivant la forme définitive du puits. La forme octogonale est en général la plus avantageuse (fig. 147). On cloue souvent à l'extérieur du cadre des surépaisseurs en forme de segments, pour que l'extérieur se rapproche davantage de la forme définitive.

Ces cadres sont en chêne. Les angles en doivent être soigneusement assemblés; car ici les pressions sur les côtés adjacents ne sont plus indépendantes, comme dans les boisages rectangulaires; si un angle venait à céder, tout le cadre subirait une déformation. Il faut donc rendre les côtés solidaires les uns des autres par des assemblages. Le meilleur est, dans ce cas, l'assemblage par tenon et mortaise; mais pour permettre de fermer le polygone, le dernier côté doit présenter des assemblages spé-

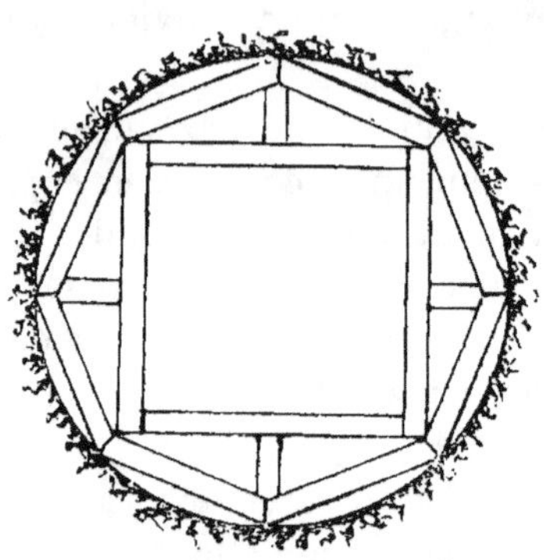

Fig. 147.

ciaux. On se contente quelquefois d'assemblages à mi-bois ou par simple juxtaposition, avec une éclisse ou une broche en fer réunissant les deux pièces. Tout dépend au surplus de la nature des terrains et de la durée que l'on attend du boisage.

Les angles sont fortement calés contre le terrain; de distance en distance, on peut appuyer les abouts des côtés par *lâse* et *potai* dans le terrain. Mais l'inconvénient est de créer ainsi, dans la paroi, des cavités qu'il faudra soigneusement remplir dans la suite.

Quand les terrains ne sont pas résistants, on préfère suspendre les cadres par tirants recourbés au pas de bure (fig. 148) ou faire reposer chaque cadre sur deux longrines (*hamindes*) (fig. 149) soutenues dans les parois du puits et formant partibures. La pression ne tarde pas d'ailleurs à caler les cadres, de manière à prévenir tout mouvement.

La forme octogonale permet d'établir un pas de bure correspondant au carré inscrit et d'entretoiser les angles du polygone, en ménageant, au moyen des partibures, un compartiment carré ou rectangulaire pour la circulation des bennes d'avaleresse (fig. 147).

On réunit les cadres par des porteurs en bois fortement calés sous les angles et quelquefois en outre par des tirants en fer, ou de vieux rails, dont les extrémités sont recourbées en crochet.

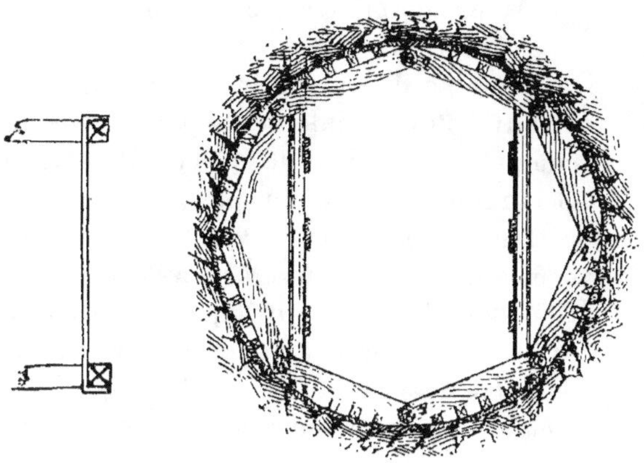

Fig. 148.   Fig. 149.

On fait de plus un garnissage en planches ou *dôsses* jointives, de préférence au garnissage en wâtes et veloutes, qui est gênant lors du muraillement.

Le bois a l'inconvénient de se détériorer par le tir des mines et par les opérations du démontage. Aussi les cadres en bois ne peuvent-ils resservir qu'en partie et un petit nombre de fois seulement; les porteurs surtout sont promptement hors d'usage. De plus, le montage et le démontage prennent beaucoup de temps. Dans un puits circulaire de 4 m., ces opérations durent chacune de 2 ¹/₂ à 3 heures par cadre.

239. *Soutènements provisoires en fer*. — Ces soutènements ont l'avantage de s'adapter aux parois courbes du puits. La forme de ce dernier sera par conséquent plus rigoureuse et il en résultera moins de vides derrière le revêtement définitif.

Ils se font au moyen d'anneaux en petits rails Vignole de 10 kil. par m. dont la patte est appuyée contre le terrain, ou en poutrelles **I** de 16 kil. par m. Dans un puits circulaire de 4 m. de diam., ces anneaux sont composés de 4 segments réunis entre eux par éclisses. Les anneaux sont rendus solidaires par des tirants boulonnés au milieu des segments ou par des fers plats, avec extrémités recourbées en crochets, qui embrassent la tête des rails à l'endroit de la jonction des segments; quelquefois par les deux systèmes (fig. 150). On les réunit aussi par des étançons en bois. Un garnissage en planches jointives complète ce soutènement.

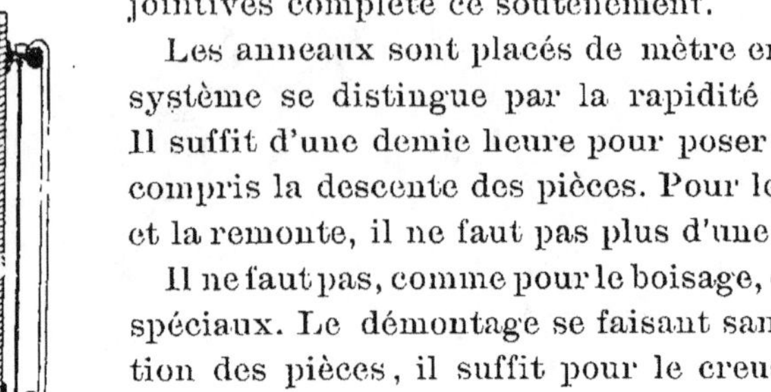

Fig. 150.

Les anneaux sont placés de mètre en mètre. Ce système se distingue par la rapidité de la pose. Il suffit d'une demie heure pour poser un cadre, y compris la descente des pièces. Pour le démontage et la remonte, il ne faut pas plus d'une heure.

Il ne faut pas, comme pour le boisage, des ouvriers spéciaux. Le démontage se faisant sans détérioration des pièces, il suffit pour le creusement d'un puits, d'un certain nombre d'anneaux, soit par exemple de 35 anneaux que l'on espace de mètre en mètre, si l'on procède par passes de 35 mètres.

240. Il s'en suit que ce système est plus économique que le boisage. Voici, en effet, le prix des matériaux d'un soutènement provisoire en bois, construit économiquement, avec porteurs en vieux rails, dans un puits de 4 m. où les cadres étaient espacés de mètre en mètre.

Un cadre octogonal comprenant o m³ 3 de baliveaux de chêne de 0^m.15 à 0^m.20 de diam. à 30 fr. le m³ . . . . . . fr. 9

8 boulons (8 kil. à 22 fr. les °/₀) . . . . » 1.76

Main-d'œuvre pour entailles et trous de boulons. . » 0.90

10 porteurs en vieux rails Vignole (98 kil. à 5 fr.) . » 4.90

Garnissage . . . . » 3.47

Total . . . fr. 20.03

Après 3 reprises, il reste :

les porteurs . . . . » 4.90

o m³ 3 de bois à brûler à 5 francs le m³ . . . . . » 1.50

fr. 6.40

Pour 3 m. de puits, la dépense est donc de
fr. 20.03 — 6.40 = 13.63.
Soit par mètre courant . . . . . fr. 4.54.

Comparons avec le prix des matériaux d'un soutènement par anneaux métalliques espacés de mètre en mètre, dans un puits de 4 m. exécuté au Grand-Mambourg.

Un cadre formé de 12 m. de vieux rails à 10 kg. par m.

Soit 120 kg. à 5 francs les $^o/_o$ kg. . . .	fr. 6.00
8 tirants (24 kg. à 14 francs $^o/_o$ kg. . . .	» 3.3o
Garnissage en planches (déchets) . . .	» 2.00
Total. . .	fr. 11.3o

Les parties métalliques servent indéfiniment, le garnissage seul est perdu au bout de quatre réemplois. Ce soutènement n'a donc coûté que fr. 0.5o par mètre, sans compter l'économie réalisée sur la main-d'œuvre non comptée dans les chiffres ci-dessus [1].

241. Dans le Borinage, on a fait depuis peu des revêtements provisoires en poutrelles ⊢ de 0^m.110 placées sur champ, réunies par 4 segments en anneaux, au moyen d'éclisses, et entretoisées au moyen de fers plats coudés à leurs extrémités et boulonnés à l'aplomb des éclisses. Le garnissage est en madriers jointifs, derrière lesquels on bourre les vides au moyen de vieux bois. Au moment de faire la maçonnerie, on enlève ceux-ci et on laisse l'ossature métallique dans la maçonnerie qui n'a qu'une brique d'épaisseur. On obtient ainsi un revêtement très solide, dont les réparations peuvent être localisées dans les panneaux compris entre les cadres [2].

Soutènements continus.

242. Les soutènements discontinus ont l'inconvénient de laisser accès à l'air sur le terrain et par suite de favoriser le délitement et les venues d'eau qui en sont souvent la suite.

Pour y remédier, on emploie des revêtements continus en maçonnerie ou en béton de ciment qui sont inaltérables aux agents atmosphériques, si les matériaux sont de bonne qualité.

Les réparations en sont très rares, car il faut des poussées

---

[1] *Revue universelle des mines*, 2e série, t. XVIII.
[2] *Ann. des mines de Belg.*, t. II.

excessives pour les écraser. Ils ont l'inconvénient d'occuper plus de place que le bois ou le métal. Mais les avantages en sont si grands qu'on remplace souvent aujourd'hui d'anciens boisages par des maçonneries, sans reculer devant l'élargissement des puits qui en est la conséquence. Cependant le remplacement du bois par le métal permet quelquefois de se dispenser de cette opération toujours dispendieuse.

243. ***Muraillement des puits.*** — Autrefois les puits d'aérage seuls, de forme circulaire, étaient muraillés. Aujourd'hui les maçonneries s'emploient dans tous les puits où les terrains ne sont pas parfaits, dès qu'ils doivent durer longtemps. La forme rectangulaire ne convient pas aux maçonneries, car les pans de maçonnerie droite ne résistent que dans un sens, tandis que les maçonneries courbes ont une tendance à se resserrer par les pressions extérieures qui agissent sur elles.

Il est rare par conséquent qu'on puisse employer rationnellement la maçonnerie dans les puits rectangulaires, à moins toutefois que l'on ait des pressions beaucoup plus grandes dans le sens de deux des côtés du puits, pressions que l'on peut dans ce cas combattre par des pans de maçonneries droites établies perpendiculairement aux pressions. On y intercale dans ce cas des voûtes.

Il est préférable, dans le cas de puits rectangulaires, de donner aux parois des formes arquées (fig. 131) qui ont toutefois l'inconvénient de nécessiter aux angles des épaisseurs de maçonnerie exagérées, mais qui peuvent se raccorder à une partie rectangulaire simplement boisée.

Ordinairement les maçonneries sont circulaires, elliptiques ou ovales, selon la forme des puits et la nature des terrains. Lorsque ceux-ci sont peu consistants et que les pressions sont égales dans tous les sens, comme cela arrive dans les morts-terrains, la forme circulaire s'impose.

Les maçonneries dans les puits réclament plus de soins que dans les galeries, par suite même de leur plus longue durée et de la difficulté d'y faire des réparations, qui paralysent l'activité de la mine. Le choix des matériaux doit être l'objet de soins particuliers. Les maçonneries se font généralement en briques, plus rarement en moellons. Les briques doivent être bien cuites et sans déformations. Dans les puits de petit diamètre, il faut employer des briques trapézoïdales pour éviter les joints ouverts à l'extrados. Ces briques seront commandées à dimensions exactes : a étant le petit côté de la brique, égal en Belgique à $0^m 12$ et moitié de la longueur représentée par $2a$, le côté extérieur x sera donné, dans un puits de rayon intérieur $= R$, par la proportion :

$$\frac{a}{x} = \frac{R}{R + 2a}$$

$$\text{d'où } x = a + \frac{2a^2}{R}.$$

Si $R = 1^m 20$, $x = 0^m 143$.

On voit que l'excès de largeur nécessaire à l'extrados est loin d'être négligeable, dans le cas d'un puits de faible diamètre. Les moellons seront de même taillés en conséquence. Ils conviennent spécialement pour des pressions considérables.

Le mortier doit être hydraulique, de manière à faire prise en 3 ou 4 jours au maximum, afin que le revêtement résiste le plus tôt possible à la pression pour laquelle il est destiné. On a soin de mouiller les briques, avant de les mettre en place, pour qu'elles n'absorbent pas l'eau du mortier.

On consolide parfois les maçonneries en y encastrant des anneaux en fer ⊏ de distance en distance. C'est souvent un palliatif employé pour prolonger l'existence de maçonneries que leur vétusté rend inquiétantes.

244. Les maçonneries se font par *reprises* dont la hauteur est déterminée par l'existence d'une roche convenable pour y ménager une banquette d'assise de 2 m. environ de hauteur, ou quelquefois *en une seule passe*; mais ce dernier système présente l'inconvénient de devoir établir des soutènements provisoires sur une trop grande hauteur et de laisser pendant longtemps les parois exposées à l'air.

D'autre part, l'exécution des maçonneries par reprises présente l'inconvénient de devoir établir des assises intermédiaires.

Dans les puits rectangulaires, ces assises s'établissaient au moyen de cadres (*roulisses*) en bois appuyées dans le terrain.

Dans les puits circulaires on a aussi employé des *rouets* en bois de chêne, composés de trois épaisseurs de madriers réunis par boulons ; mais le bois présente pour cet usage deux inconvénients : 1° il ne fait pas prise avec la maçonnerie et la chaux du mortier le corrode : 2° sa durée étant moindre, il s'altère, s'écrase et peut donner lieu à des accidents.

Comme nous l'avons déjà fait remarquer, c'est toujours une faute d'associer des matériaux de durée différente. Il est préférable de faire, à la base de chaque assise, un simple empâtement en maçonnerie au ciment. Le meilleur système consiste dans l'établissement d'un *rouet colleté* en pierres de taille, formé de voussoirs calés contre le terrain, à condition que ce dernier soit suffisamment incompressible. Ce rouet dépasse la maçonnerie d'une dizaine de centimètres. Entre tous les joints on chasse du mortier sur 5 à 10 mill. d'épaisseur, pour donner de l'élasticité à l'ensemble. Le vide qui reste à l'arrière, est ensuite rempli de béton.

Dans le bassin de Saarbrück, on a fait de même des assises en fonte.

L'épaisseur des maçonneries varie de 1 à 2 briques, elle atteint rarement 2 ½ briques. Elle dépend du rayon et de la poussée extérieure. On muraille jusqu'à la roche, en comblant soigneusement les vides, au fur et à mesure qu'on enlève les soutènements provisoire.

Le raccordement des reprises de maçonnerie se fait en enlevant la banquette d'assise par segments que l'on remplace immédiatement par de la maçonnerie.

Les reprises sont maçonnées *en interrompant* ou *en continuant* le creusement.

Dans l'un et l'autre cas, on peut procéder *par paliers fixes* ou par *paliers volants*.

245. **Muraillement avec creusement interrompu. —** Lorsqu'on interrompt le creusement, les paliers ferment toute la section du puits.

Les paliers fixes sont désignés sous le nom de *hourds* ou de *hourdages*. Ils s'établissent sur les partibures ; on a soin de les faire à claire voie pour empêcher les accumulations de grisou par dessous. Chaque fois que la maçonnerie s'est élevée de 1^{m}20, on fait un nouveau hourdage ; le hourdage inférieur devient alors palier de sûreté, pour retenir les outils qui pourraient tomber, etc. La construction et le démontage de ces paliers successifs ralentissent le travail et ne sont pas sans danger.

246. Pour accélérer les opérations, on emploie des paliers volants dont M. Plumat a réalisé un type pratique (¹) : 4 câbles sont amarrés sur deux longrines encastrées dans les parois du puits à une certaine hauteur au dessus du point où l'on maçonne (fig. 151). Le palier suspendu au câble de la machine

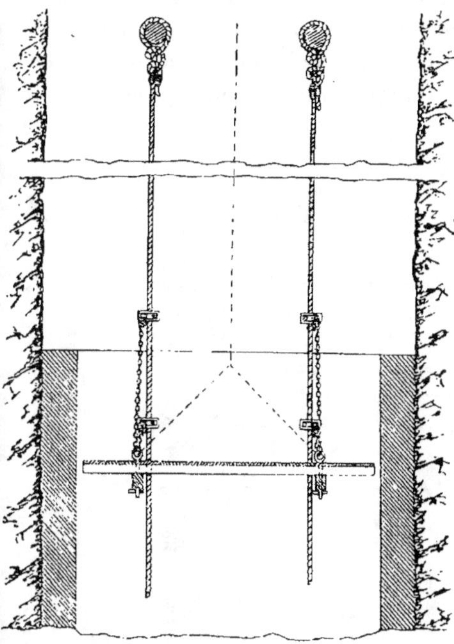

Fig. 151.

d'extraction s'attache en même temps à ces amarres au moyen de 4 mâchoires doubles réunies par des chaînettes. Pour remonter le palier, lorsque la maçonnerie s'est élevée de 1ᵐ20, on le soulève au moyen de la machine et l'on remonte de 1ᵐ20 les mâchoires inférieures, en les faisant passer au-dessus des mâchoires supérieures. Ce système est rapide et économique; dans un puits de 4 m., on fait ainsi 3 m. de muraillement en 24 h., au lieu de 2 m. par le système précédent.

Les ouvriers maçons se guident au moyen de fils à plomb et de gabarits portatifs.

247. Aux charbonnages de Marihaye, M. Dubois a employé un palier mobile formant gabarit. Ce palier est fixé, au moyen de fers d'angle, à mi-hauteur à l'intérieur d'un cylindre en tôle dont la section extérieure correspond, avec un peu de jeu,

---

(¹) *Ann. des trav. publics*, t. 41, 1883.

16

à l'intrados de la maçonnerie. Un palier de sûreté est suspendu à 2 m. plus bas au moyen de chaînettes (fig. 152).

Il peut se caler contre la maçonnerie déjà faite au moyen de vis et sert aux ouvriers qui récrépissent. Le gabarit cylindrique dépasse cette maçonnerie et permet aux maçons d'élever celle-ci, en plaçant les briques par dessus ses bords. Ce gabarit est suspendu par câbles à un ou deux treuils placés à la surface ; mais pour assurer la sécurité du travail, il est muni de 4 oreilles extérieures qui reposent sur des tas de briques, de sorte que pendant le travail, les câbles de suspension ne sont pas sous tension. Pour empêcher l'adhérence de la maçonnerie fraîche au gabarit, on intercale des planches munies de poignées.

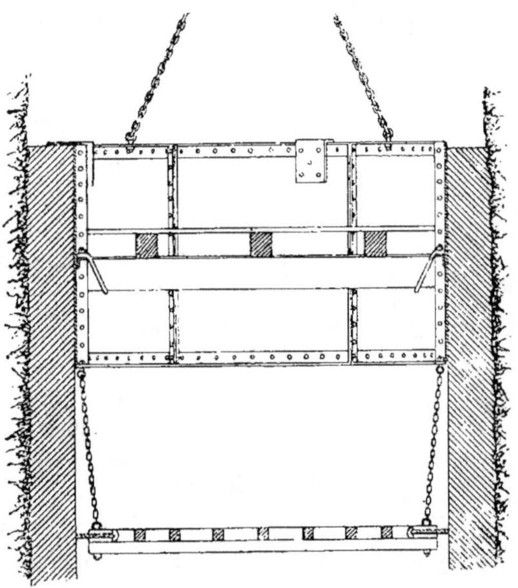

FIG. 152.

Ce système a permis à Marihaye de maçonner 2^m.5o en 24 h. dans un puits de 4^m.5o de diamètre ; il permet de plus de donner au puits une forme plus rigoureuse que le simple palier volant.

Comme tous les systèmes de paliers suspendus, il ne permet d'ailleurs de placer les partibures qu'après l'achèvement du muraillement.

248. *Creusement et muraillement simultanés*. — Lorsque les eaux sont assez peu abondantes pour être enlevées par les bennes qui emportent les déblais, on peut maçonner en continuant le creusement. Dans ce cas, les paliers ne ferment pas toute la section du puits; car ils doivent ménager un passage aux tonnes de l'avaleresse.

On peut procéder comme ci-dessus *par paliers fixes* ou *par paliers volants*.

249. *Procédé Richir*. — Le procédé par paliers fixes a été appliqué pour la première fois en 1884-85 par M. Richir, au charbonnage du Viernoy. A l'intérieur du revêtement provisoire, est établi un compartiment guidé, pour une petite cage d'extraction équilibrée par un contrepoids (fig. 153). Sous cette cage s'accroche, par une chaîne de 2 à 4 m., une tonne qui seule va jusqu'au fonds du puits pour enlever l'eau et les déblais. Ce compartiment reste isolé au milieu de la maçonnerie en construction et se prolonge dans la partie en creusement. Les ouvriers qui placent le boisage provisoire et allongent ce compartiment, sont sur des planchers, suspendus d'abord par des tirants, qui serviront plus tard aux hourds de maçons.

A la base de chaque assise de maçonnerie, on établit un double plancher avec remplissage élastique en fagots, pour préserver les mineurs de tout accident provenant de chutes dans le puits. Dès que le creusement est arrivé à une quinzaine de mètres en dessous de ce point, on commence à maçonner. Les matériaux

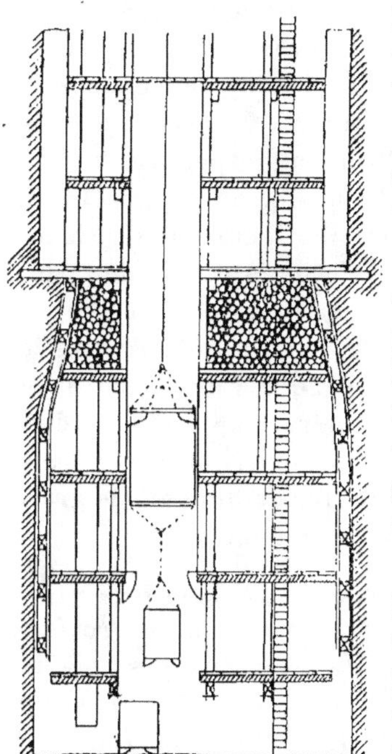

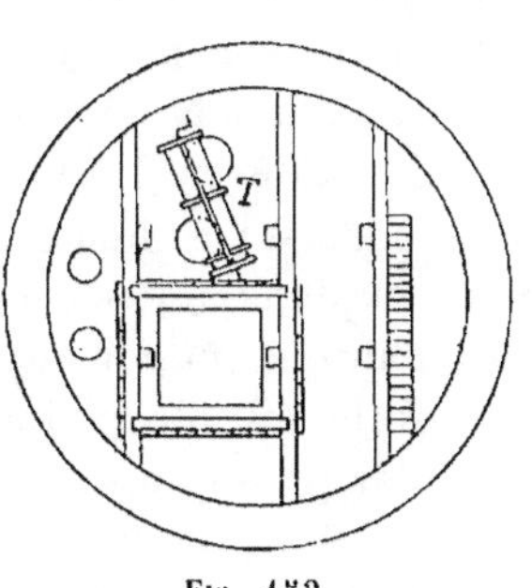

Fig. 153.

arrivent au palier des maçons au moyen de bennes manœuvrées par un treuil spécial T. Des échelles servent à la circulation du personnel.

Ce procédé est plus rapide, mais en général plus coûteux que le procédé ordinaire. Au Viernoy, on a fait ainsi 108 m. de puits maçonné et guidé, avec compartiment aux échelles, en 63 jours, soit 1^{m}70 par jour dans un puits de 4^{m}70 de diamètre. Le prix de revient était de 380 fr. par mètre. Ce prix extrêmement bas provient surtout de ce qu'il n'y avait pas d'eau.

Au charbonnage des Artistes, à Flémalle, on a approfondi deux puits par le même système : le premier du niveau de 240 m.

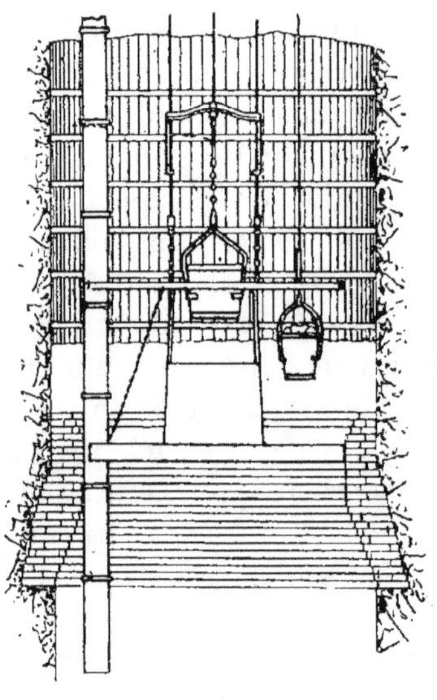

Fig. 154.

à celui de 386 m. à raison de 37 m. par mois et au prix de 335 fr. par m. dans le schiste et de 465 fr. dans le grès ; le second de 403 à 490 m. à raison de 22 m. par mois (roches plus dures) et au prix de 320 fr. dans le schiste et de 465 fr. dans le grès. L'eau était peu abondante.

250. **Procédé Galloway.** — Le procédé de creusement et revêtement simultanés par paliers volants est le premier en date ; breveté par M. W. Galloway en 1875, il a été employé dans plusieurs charbonnages d'Angleterre ; son usage est devenu courant en Allemagne, dans les terrains peu aquifères. Le procédé Galloway consiste à ménager des ouvertures, dans le palier suspendu et dans un second palier protégeant les maçons contre toute chute de matériaux ; l'ouverture inférieure est surmontée d'une gaîne en tôle pleine, évasée vers le bas ; la benne est guidée jusqu'au palier supérieur par les câbles de suspension, qui sont en acier. La fig. 154 représente l'application de ce procédé au charbonnage de Llanbradach (Pays de Galles). On y voit le mode de guidage de la benne par un curseur qui monte et descend avec elle pour se déposer sur le palier servant de plafond, dès que la benne

s'engage dans la gaîne pour gagner la partie en creusement, partie dans laquelle le guidage cesse. On y voit aussi à droite la benne à matériaux qui s'arrête au palier des maçons, après avoir traversé une ouverture ménagée dans le plafond.

On peut d'ailleurs établir, à la base de chaque reprise, un plancher solide et élastique pour préserver les mineurs. Ce plancher présente également une gaîne pour le passage des bennes. C'est ainsi que ce système fut appliqué en Westphalie, par M. E. Tomson, aux charbonnages de Gneisenau et de Preussen, avec cette seule différence qu'il employait des guides spéciaux pour les tonnes d'avaleresse. On a fait dans ces puits 32 à 40 m. par mois creusés et muraillés, malgré des venues d'eau assez fortes.

Ce procédé est devenu d'un usage courant en Westphalie où l'on a atteint dans les marnes crétacées de plus grandes vitesses d'exécution que partout ailleurs. Aux puits de Werne de 5^m.80 de diamètre, on a ainsi creusé et muraillé, en 1900-1901, 553 m. de marnes, par reprises de 40 à 60 m. de hauteur, à raison de 51 m. par mois. Les marnes étaient sans eau jusqu'à 388 m. de profondeur. Le coût moyen a été jusque là de 1076 fr. par mètre creusé, muraillé (1 $\frac{1}{2}$ à 2 briques), guidé et muni d'échelles. Au-delà jusque 580 m., où la venue d'eau n'a cependant atteint que 0^{m}3.25, le prix moyen s'est élevé à 1826 fr. par m. Ce sont les puits de Werne qui ont jusqu'ici traversé les plus grandes épaisseurs de morts terrains en Westphalie.

251. ***Procédé Durieu.*** — M. F. Durieu a modifié le système du palier volant, en le combinant avec le gabarit Dubois-François, dans le creusement du puits Fanny du charbonnage de Patience et Beaujonc. Le palier est double (fig. 155); tandis que dans les systèmes précédents, les bennes chargées de matériaux arrivent directement au palier des maçons, les matériaux sont ici reçus, au palier supérieur A, par des manœuvres; les maçons qui occupent le palier du dessous B, reçoivent les briques et le mortier par des couloirs qui les distribuent en différents points. Un autre avantage obtenu par cette disposition réside en ce que les manœuvres et les maçons ne se gènent pas mutuellement.

Les paliers sont supportés par une charpente en fers ⊏ au

milieu de laquelle est ménagée une gaîne en tôles, de section rectangulaire, divisée en deux compartiments d'extraction par une cloison fusiforme C, à travers laquelle passent les couloirs à briques et à mortier 1 et 2. Cette gaîne forme garde-corps pour les manœuvres et les maçons.

Autour du palier inférieur et dépassant celui-ci de 0^m.15, est fixé le tambour en tôles H servant de gabarit. Au plancher supérieur sont attachées des pattes en fer d'angle destinées à retenir le double palier sur la maçonnerie déjà faite, en cas de rupture des câbles qui le suspendent à deux treuils situés à la surface ; des treuils distincts servent à la manœuvre des bennes à matériaux et des bennes d'avaleresse.

Dans ce système, on supprime sans inconvénient le palier de sûreté à la base de la reprise ; car les mineurs sont suffisamment protégés, en cas de rupture des câbles de suspension du palier gabarit, par l'arrêt de ce dernier sur la maçonnerie.

Le double palier de Patience et Beaujonc, chargé d'ouvriers et de matériaux, pèse 7500 à 8000 kg. pour un puits de 5 m. de diamètre extérieur et de 4^m.25 de diamètre intérieur.

Le creusement du puits Fanny a été entrepris au prix de 140 fr. par mètre, boisage

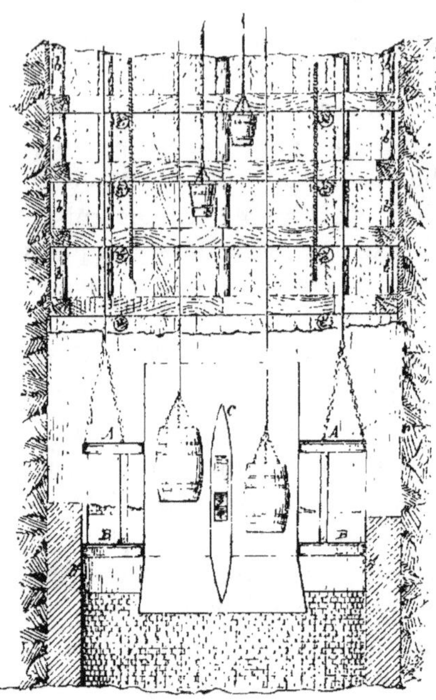

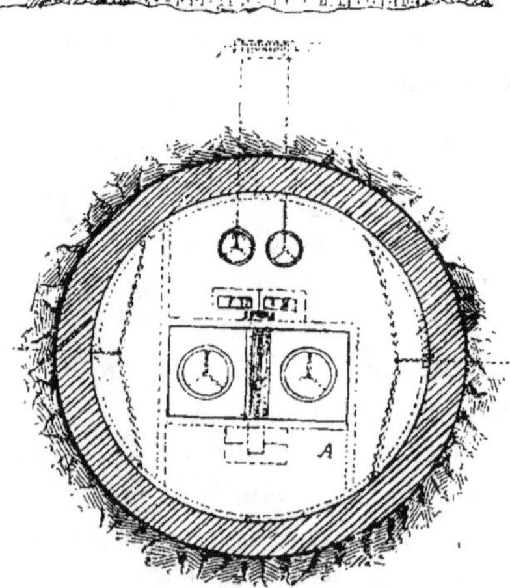

Fig. 155.

octogonal provisoire compris (tel qu'il est représenté fig. 149) ; le grès était payé double, pour plus de 0^m.30 d'épaisseur. Le muraillement de 1 ¹/₂ brique a été entrepris au prix de 70 fr. par mètre pour les 150 premiers mètres.

Ce travail ayant souffert diverses interruptions dues à la rencontre d'anciens travaux, il est impossible de déterminer le nombre de mètres exécutés en un temps donné.

Ces différents exemples permettent de considérer le problème du creusement et du muraillement simultanés des puits comme pratiquement résolu, ce qui conduit, lorsque l'on n'est pas gêné par les eaux, à doubler au moins la vitesse d'exécution.

252. ***Creusement et muraillement par courtes reprises sans revêtement provisoire.*** — On arrive au même résultat sans la simultanéité, en procédant par reprises assez courtes pour supprimer tout revêtement provisoire ; au puits Gillier de la mine de la Péronnière, à Rive de Gier, destiné à atteindre d'emblée une profondeur de plus de 750 m., on a procédé de cette manière, par reprises de 3^m.50 ; les mêmes ouvriers faisaient le creusement et le muraillement. A la base de chaque reprise, on faisait une assise de béton de 0^m.80, au dessus de laquelle s'élevait la maçonnerie sur 2^m.70 ; on exécutait cette maçonnerie au moyen d'un palier suspendu par palans à des crochets fixés dans la maçonnerie de la reprise précédente. On employait une cage spéciale servant à l'extraction des déblais, au transport des matériaux, à l'établissement du guidage et d'une cloison d'aérage. On est ainsi parvenu à murailler chaque reprise de 3^m.50, en interrompant le fonçage pendant 13 heures seulement [1]. On a fait environ 25 m. par mois de puits creusé muraillé.

253. ***Revêtements en béton.*** — L'emploi du béton pilonné au lieu de maçonnerie, qui serépand de plus en plus, permet de procéder d'une manière analogue et avec les mêmes avantages.

Ces revêtements sont monolithes ; ils se font en pilonnant du béton de ciment entre la paroi du puits et un coffrage en bois ou en tôle donnant la forme intérieure. Ce bétonnage se fait par parties successives.

---

[1] Compte rendus de la Société d'Industrie minérale, 1900.

Quand on a creusé sur la hauteur qui peut se maintenir sans soutènement, on installe à peu de distance du fond un plancher en madriers, supporté par des bois de partiture qui peuvent rester placés définitivement (fig. 156). Sur ce plancher, on monte un premier tronçon de coffrage, en plusieurs segments assemblés par des clames.

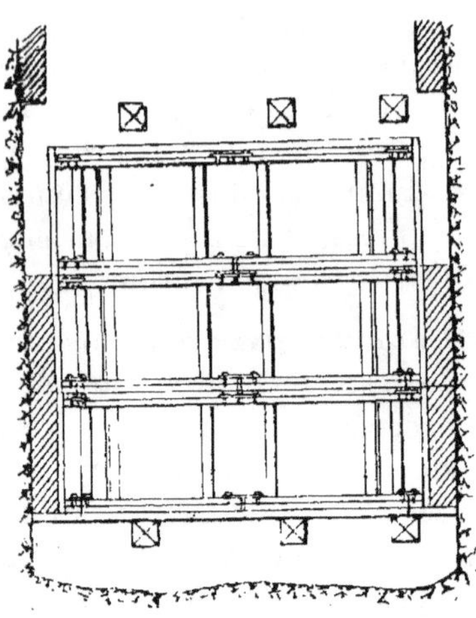

On pilonne verticalement le béton derrière ce coffrage que l'on allonge par parties. Quand le bétonnage est terminé sur la hauteur de la reprise, on raccorde à la reprise précédente, en pilonnant horizontalement un anneau de 0^m15 de hauteur. Dès que ce bétonnage est terminé, on enlève le plancher et l'on reprend le creusement.

Au charbonnage d'Ougrée, on a ainsi opéré par reprises de 4 m. On faisait 4 m. de bétonnage en 24 heures, de sorte que le creusement n'était interrompu qu'un seul jour. Les ouvriers mineurs font eux-mêmes le pilonnage du béton.

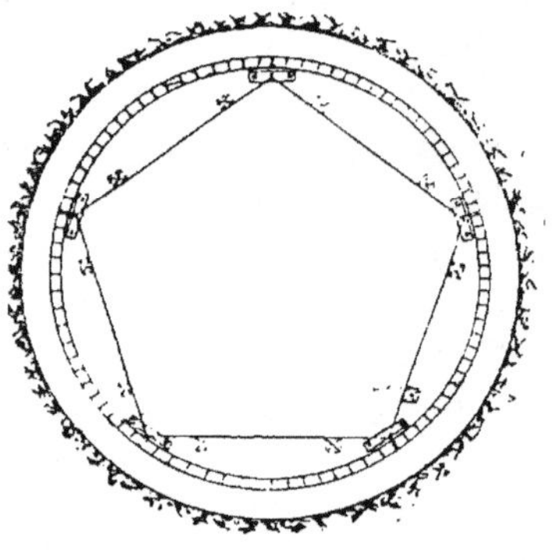

Fig. 156.

254. Le béton de ciment ayant une résistance plus grande que la maçonnerie, peut présenter une épaisseur moindre.

L'épaisseur minimum est de 0^m.20, alors que pour le muraillement, le minimum est de 1 ¹/₂ brique, soit 0^m.36. Il en résulte un avantage au point de vue du creusement et du déblai.

Le béton peut présenter différentes compositions; à Ougrée, on a fait usage, comme mortier, de ciment de laitier avec laitier

granulé et, comme squelette, de morceaux de laitier concassé ;
1 m³ de béton était formé de

> 1100 kg. = 0^{m3}.800 de laitier concassé.
> 250 kg. = 0^{m3}.250 de ciment.
> 650 kg. = 1^{m3}.000 de laitier granulé.

Le m³ coûtait 11 francs non placé, alors que le prix des
matériaux entrant dans un m³ de maçonnerie était de 12 francs.

Au charbonnage de la Batterie, un m³ de béton était formé de :

> 1050 kg. gravier de la Meuse de 15 à 70 $^{m}/^{m}$,
> 250 kg. ciment de Portland,
> 700 kg. sable-gravier de 15 $^{m}/^{m}$.

Le prix de revient de ce béton *mis en place* était par m³ :

> Gravier . . . . fr. 5.25
> Ciment. 12.50
> Main-d'œuvre 1.05
> Mise en place et pilonnage . 1.30
>   _______
> Total . . . 20.10

auquel il faut ajouter les frais résultant de la construction, du
montage et du démontage du coffrage. Si l'on voulait réduire
l'épaisseur, il faudrait augmenter la proportion de ciment jusqu'à 300 kil. par m³ pour une même proportion de cailloux. Les
grès conviennent spécialement, par leur rugosité, pour faire le
squelette.

Après un certain temps, le béton devient absolument imperméable, ce qui n'est pas le cas pour les revêtements en maçonnerie. Un autre avantage est que le pilonnage ne réclame pas
d'ouvriers spéciaux, comme c'est le cas pour la maçonnerie. [1]

255. *Revêtement des chargeages.* — Les chargeages présentent
souvent de grandes difficultés de soutènement, parce qu'à
l'intersection du chargeage les parois du puits sont en porte
à faux. Lorsque le chargeage est revêtu de maçonnerie,

____

[1] *Revue universelle des mines*, 3ᵉ série, t. XLVIII, 1899 et t. L, 1900.

comme le puits, l'arête de pénétration se construit souvent en pierres de taille. Quelquefois tout le chargeage est voûté en pierres de taille ou revêtu de segments d'anneaux en fer ⊓ analogues à ceux que l'on emploie dans les puits. Les revêtements en béton fournissent ici encore une heureuse application.

Dans le bassin de Saarbrück, on n'a pas hésité à construire de vastes chargeages entièrement dégagés et reliés à la maçonnerie du puits par une coupole octogonale en maçonnerie, avec

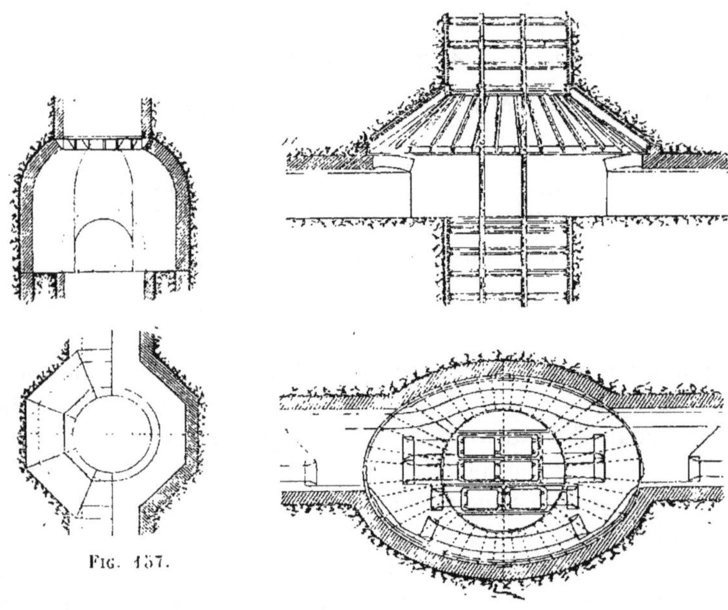

FIG. 157.

FIG. 158.

cercle en fonte de 3 m. de diamètre à l'intersection (fig. 157, puits Gerhardt) ou par une coupole métallique (fig. 158, puits Trenkelbach). La coupole du puits Trenkelbach présente une forme elliptique de 12 m. sur 8. Elle s'élève à $5^m.40$ au-dessus du sol du chargeage ; cette coupole a coûté 2580 fr.

256. *Creusements sous stot.* — L'approfondissement des puits d'extraction doit se faire sans interrompre leur service. Pour protéger les ouvriers contre les chutes d'eau ou de corps

solides, on ménage au fond du puits un massif de 4 m. au moins de roche résistante qui porte le nom de *stot*, et l'on fait l'approfondissement du puits *sous stot*. Pour cela, (fig. 159) on creuse latéralement un puits intérieur (*bouxhtay, burquin*) et l'on revient au niveau inférieur par une galerie dans l'aplomb du puits. Pour ne pas avoir de déviation, il faut effectuer une opération topographique précise et délicate. De plus, ce procédé est lent, parce que l'extraction des déblais doit se faire au moyen de deux treuils à bras, l'un placé sur le puits en approfondissement, l'autre sur le puits intérieur. L'emploi de deux treuils à air comprimé permet d'accélérer ce travail.

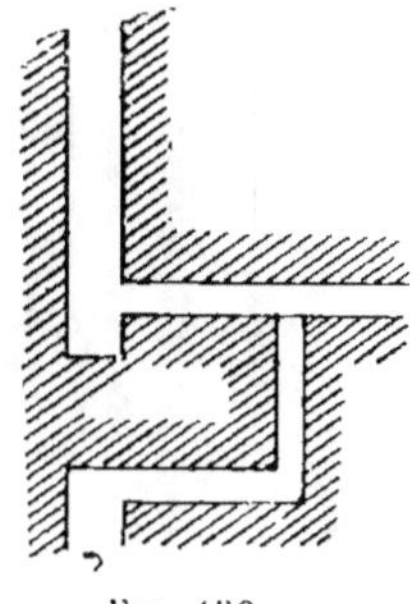

Fig. 159.

Pour obtenir un transport de déblais plus direct, on emploie le procédé Lisbet qui consiste à approfondir sous stot partiel (fig. 160). On remplace dans ce cas le puits intérieur par un puits similaire, creusé dans un des compartiments du puits principal. L'extraction des déblais se fait alors au moyen d'un treuil à vapeur placé à la surface. La direction du creusement en est mieux assurée, mais ce procédé présente certaines difficultés au point de vue des eaux qui se rassemblent au fond du puits d'extraction et qu'il faut empêcher de s'écouler dans l'avaleresse. On surmonte à cet effet le petit puits, percé dans un des compartiments, d'un tuyau de fonte dont le joint avec la roche est rendu étanche au moyen de ciment. Ce tuyau permet la circu-

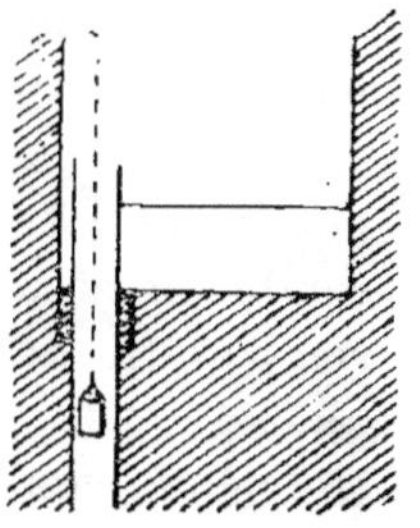

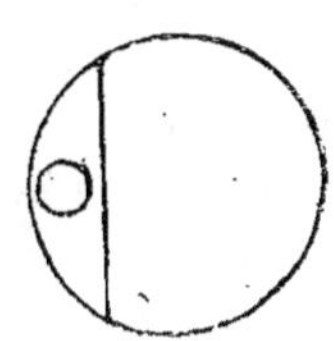

Fig. 160.

lation d'une tonne d'avaleresse, tout en maintenant les eaux à l'extérieur, dans le puisard (*bougnou*) du puits d'extraction. Ce tuyau peut d'ailleurs être remplacée par une cloison étanche.

On a aussi fait des approfondissements sous *stot artificiel et partiel*. Dans les anciens puits rectangulaires, on construisait, sous les compartiments d'extraction, au moyen de forts sommiers (fig. 161) entre lesquels on tassait des matières élastiques, telles que mousse et veloutes, un hourdage capable de résister à la chute d'une cage. Ce plancher était surmonté

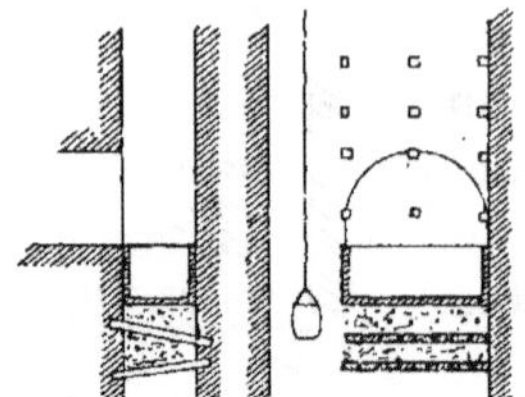

FIG. 161.

d'une bâche en tôle pour retenir les eaux. Ce procédé ne doit être employé qu'exceptionnellement et à défaut d'un stot naturel suffisamment résistant.

Lorsqu'on peut avoir accès dans l'aplomb du puits à approfondir par le niveau inférieur, soit par des travaux en aval pendage de l'étage précédent, soit par l'approfondissement préalable d'un autre puits, on peut avec avantage effectuer le creusement de bas en haut (fig. 162). Les déblais s'évacuent dans ce cas par la voie préalablement arrivée au niveau inférieur. En dessous du chantier de travail, le puits est divisé en trois compartiments ; l'un sert à la descente des déblais ; le deuxième est remblayé, et au milieu de ce remblai est établi le tuyau qui amène l'air au chantier ; le troisième contient une voie d'échelles protégée par une trappe.

Ce système présente de nombreux avantages : 1° un effet utile plus considérable des ouvriers, puisque la pesanteur agit en leur faveur ; cet avantage est toutefois partiellement compensé par la difficulté plus grande du minage, puisque les trous doivent être forés de bas en haut ; 2° une plus grande sécurité, par suite de suppression de la circulation des tonnes au-dessus de la tête des ouvriers ; 3° une économie de main-d'œuvre pour l'enlèvement des déblais qui descendent par la pesanteur et sont reçus direc-

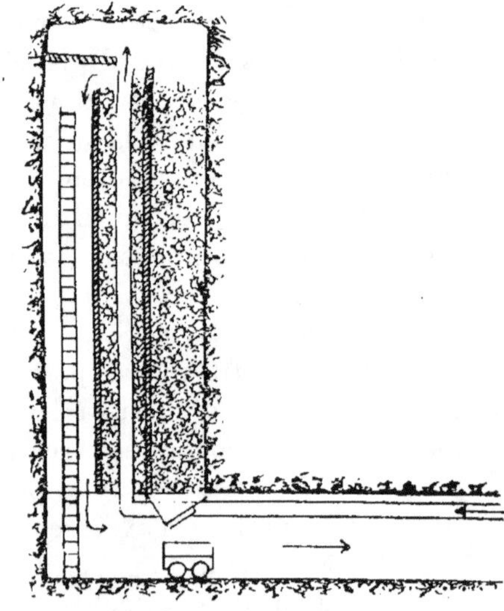

FIG. 162.

tement dans les wagonnets; 4° les eaux s'écoulent librement vers le fond de manière à ne pas gêner le travail.

Le seul inconvénient est l'aérage. Le grisou s'accumule au chantier, comme au fond du cloche, et il faut employer un ventilateur. Les flèches de la fig. 162 indiquent la circulation de l'air (¹).

L'abondance des eaux peut conduire à employer ce système avec stot partiel, comme on l'a fait à la Louvière, en fonçant un burquin dans le compartiment libre du puits jusqu'à la profondeur définitive, puis en remontant comme il est dit ci-dessus.

XIII. — CUVELAGES.

257. *Définitions.* — Lorsque les eaux sont très abondantes, mais localisées dans des assises du terrain voisines de la surface, on peut les empêcher d'envahir les puits, au moyen de constructions étanches désignées sous le nom de *cuvelages*.

Un cuvelage est une sorte de cuve étanche sans fond, maintenant les eaux, à l'extérieur, dans leurs conditions d'équilibre naturel.

Les morts terrains qui recouvrent le terrain houiller, sont souvent composés d'alternances d'assises perméables et imperméables. Les cuvelages s'établissent dans ce cas par *passes* ou *retraites* successives qui traversent les parties perméables et ont pour base les assises imperméables (fig. 163).

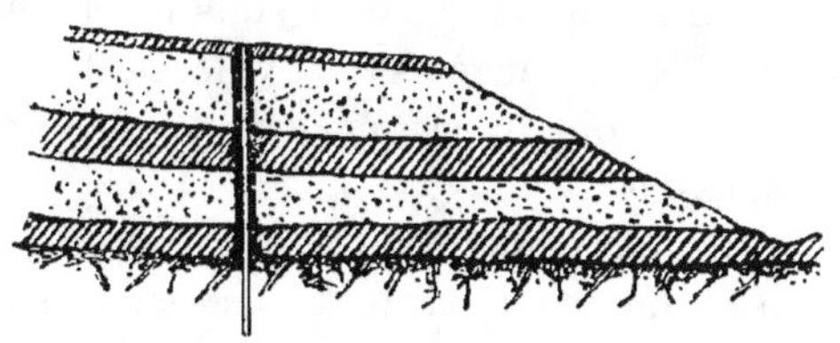

Fig. 163.

Dans les terrains crétacés du Hainaut, on compte souvent 7 à 8 alternances semblables jusqu'au terrain houiller dont les têtes sont ordinairement recouvertes par les *dièves*, argiles plastiques qui s'opposent à l'infiltration des eaux; quand les dièves n'existent pas et que le terrain houiller est de nature schisteuse, les têtes des schistes plus ou moins altérées constituent souvent une couverture suffisamment imperméable.

(¹) *Annales des Travaux publics*, t. **XXVIII**.

Pour qu'un cuvelage remplisse son but, il faut que l'assise en soit absolument imperméable, de manière à établir une liaison étanche entre la construction et le terrain. Il faut de plus que la roche soit facile à dresser et résistante. Or les roches les plus résistantes, telles que les grès et les calcaires, sont souvent fissurées et dures à tailler; les argiles ne conviennent guère, parce qu'elles sont compressibles; les schistes houillers compactes forment en général une bonne assise de base. Si l'on ne trouvait pas d'assise convenable, il faudrait en créer une artificiellement.

Les cuvelages sont construits en bois, en fonte ou acier coulé, en maçonnerie ou en béton.

CUVELAGES EN BOIS.

258. La forme des cuvelages en bois est rectangulaire ou polygonale, suivant la forme du puits. La base en est formée d'une *trousse à picoter* également en bois, qui s'établit directement sur la banquette d'assise ou, si celle-ci n'est pas satisfaisante, sur une assise artificielle en bois, dite *plate trousse colletée*. Le *picotage* de la trousse a pour but d'établir, entre la roche et la trousse, une liaison d'une étanchéité telle que l'eau ne puisse passer sous le cuvelage. La banquette d'assise doit être creusée sans explosif, de crainte de fissurer le terrain; les parois horizontales et verticales sont soigneusement dressées.

En contrebas de cette banquette est creusé un puisard d'où les pompes extraient les eaux pendant la construction. La trousse a une forme correspondante à celle du cuvelage, mais reçoit une épaisseur plus grande que ce dernier. Elle est construite en pièces de chêne, sans nœuds, dont l'aubier a été soigneusement enlevé. Les pièces de trousse sont parfaitement dressées, avant de les descendre dans le puits.

259. *Cuvelage rectangulaire.*—Une trousse de forme rectangulaire est composée de quatre pièces de bois assemblées par de légères entailles ou simplement à onglets (fig. 164). Un espace de 0^m12 à 0^m15 est ménagé entre la trousse et les parois verticales, pour le picotage qui s'exécute de la manière suivante.

Immédiatement contre la trousse se placent la tête en bas des coins plats en bois blanc (sapin ou saule) de 0^m10 à 0^m15 de longueur (fig. 165). Sur ces coins, s'appuie obliquement la *lambourde*, pièce de bois blanc (peuplier ou sapin) de 0^m04 d'épaisseur et de hauteur égale à celle de la trousse. Entre la lambourde et la roche, on tasse au marteau, jusqu'à refus, de la mousse bien épluchée (fig. 166 côté droit). On relève ensuite verticalement la lambourde en chassant une seconde série de coins plats entre la lambourde et la première (fig. 166 du côté gauche). Pour qu'il n'y ait pas de solution de continuité, on chasse un coin de section carrée dans chaque angle.

Quelquefois on est obligé de chasser plusieurs séries de coins plats pour relever verticalement la lambourde. Lorsque les choses sont en cet état, on commence le picotage proprement dit, c'est-à-dire que l'on enfonce, dans tous les interstices qui subsistent en deçà de la lambourde, des coins ou *picots* à tête carrée de 0^m03 de côté (fig. 167).

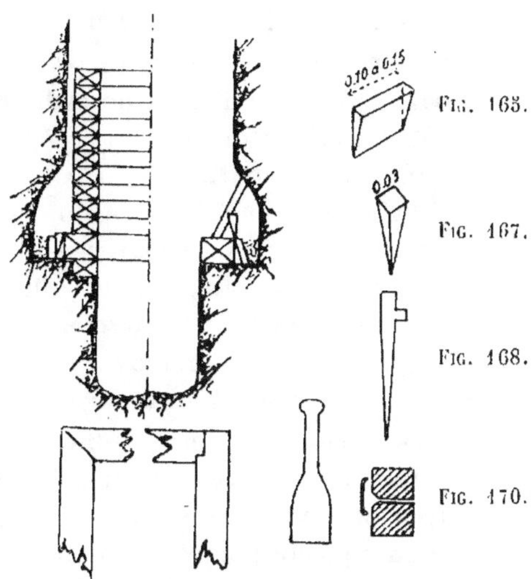

Fig. 166.

Fig. 165.

Fig. 167.

Fig. 168.

Fig. 170.

Fig. 164.   Fig. 169.

Les premiers sont en bois tendre, ordinairement en saule. Chaque picot ouvre de nouveaux interstices où l'on en chasse d'autres et ainsi de suite. Quand les picots tendres se brisent, on en chasse de plus en plus durs, en hêtre ou en chêne, et de plus en plus minces. Quand le marteau ne suffit plus pour les enfoncer, on se sert d'une aiguille spéciale en fer (*agraffe* ou *agrape à picoter*, fig. 168), pour leur ouvrir un chemin. Il faut que le picotage se fasse avec beaucoup de symétrie, pour que les pièces ne se soulèvent pas. Après le picotage, la trousse tend parfois à surplomber par son arête supérieure; on s'y oppose autant que possible, (fig. 166 côté droit), en étayant les pièces de trousse contre la roche. Un surplomb de quelques millimètres n'a d'ailleurs pas d'inconvénients, on rabote simplement alors la face supérieure pour la dresser bien horizontalement. Il faut aussi veiller à ce que les pièces de trousse ne fléchissent pas.

Quand l'opération est terminée, la mousse n'est plus visible, les coins tendres se sont écrasés, la lambourde qu'on a eu soin de ne pas. entamer, a reculé contre le terrain.

Dans un puits de section ordinaire, on enfonce souvent plus de 3ooo coins et picots. On recèpe à niveau tous les picots dont les têtes dépassent.

A grandes profondeurs, on superpose souvent plusieurs trousses picotées, séparées quelquefois par des trousses colletées, c'est-à-dire serrées à la roche par des coins.

On élève ensuite le cuvelage, dont les pièces sont en chêne ou quelquefois en hêtre, cette essence étant très résistante sous pression d'eau et ne présentant pas de nœuds cachés.

Les pièces du cuvelage sont taillées à dimensions strictement exactes, leurs parois verticales bien dressées. Elles sont empilées au jour sur une épure, avec fils à plomb dans les angles. Chaque pièce porte le numéro de l'assise à laquelle elle appartient, ainsi que celui de son rang dans l'assise. La face horizontale inférieure des pièces est seule dressée, la face supérieure le sera, après la pose de l'assise correspondante. On élève ainsi le cuvelage (fig. 169) jusqu'au terrain sec, en intercalant quelquefois des trousses colletées ou même picotées, dans le but de relier le cuvelage à la paroi et de diminuer par conséquent la charge que son poids exerce sur la trousse.

Quand cette construction est terminée, l'eau s'écoule par tous les joints. Il faut calfater ces derniers, en procédant de haut en bas, ce qui se fait au moyen d'étoupe fine, de filasse ou de vieux câbles goudronnés et d'un outil spécial nommé *brandissoir* ou *brondissoir* (fig. 169).

Pour faciliter l'introduction du calfat, on taille quelquefois les joints en biseau vers la face intérieure du cuvelage. Le joint calfaté est quelquefois recouvert d'une bande de tôle à crochets (*nail*, fig. 170) avec interposition de caoutchouc, mais ces recouvrements sont gênants pour l'entretien du calfatage. Quelquefois aussi on coule du béton derrière le cuvelage ou au moins dans le vide qui se trouve immédiatement au-dessus de la trousse, avant de procéder au calfatage.

260. Les cuvelages rectangulaires doivent être calculés pour résister à la flexion. Les dimensions des longs côtés étant : longueur l, hauteur a, épaisseur e et la hauteur de la tête d'eau étant H, la pression extérieure sur la pièce est représentée par P = alH 1000 kg.; si l'on appelle E la charge que l'on peut faire porter à la pièce, soit pour le bois 450.000 kg. par m², l'épaisseur nécessaire pour résister à la rupture par flexion sera :

$$ e = \frac{l}{2} \sqrt{\frac{3\,H\,1000}{E}} . $$

On voit que cette épaisseur est proportionnelle à la longueur l de la pièce ; elle sera donc considérable pour les longs côtés.

L'épaisseur calculée pour résister à la flexion sera en tous cas plus grande que celle que l'on trouverait, en calculant les pièces pour résister à la compression.

261. *Cuvelage polygonal.* — Il en est autrement dans un cuvelage polygonal, où l'on peut faire abstraction de la flexion, pour ne considérer que l'écrasement, par suite de la longueur beaucoup moindre des côtés du polygone.

La pression P = al H 1000 kg. qui s'exerce sur une pièce polygonale, se décompose (fig. 171) en deux pressions parallèles $\frac{P}{2}$ sur les joints de cette pièce et des pièces voisines. Chacune de celles-ci se décompose à son tour en deux autres, l'une y perpendiculaire au joint et l'autre x parallèle à

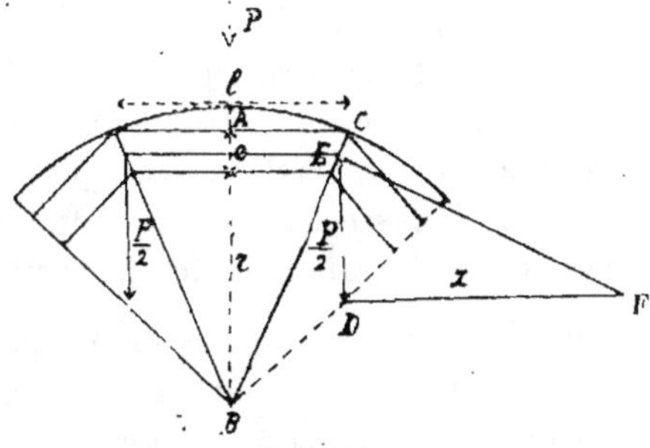

Fig. 171.

l'axe de la pièce considérée. La composante y est détruite par la composante correspondante de la pression sur la pièce adjacente. La composante x tend à écraser la pièce. Cette

17

composante doit donc être égale à la résistance transversale de celle-ci, d'où :

$$x = ac \, \text{E}.$$

D'autre part, les triangles semblables A B C et D E F donnent la proportion :

$$x : \frac{\text{P}}{2} = \text{R} : \frac{l}{2}$$

R étant l'apothème AB du polygone extérieur ; d'où

$$x = \frac{\text{P R}}{l} = 1000 \; a \, \text{HR}$$

on a donc

$$ac \, \text{E} = 1000 \, a \, \text{HR}$$

$$\text{d'où } c = \frac{1000 \, \text{HR}}{\text{E}}.$$

Mais la donnée est ici le rayon r du cercle inscrit dans le polygone intérieur qui représente le rayon du puits. En remplaçant R par sa valeur $r + c$, on trouve :

$$c = \frac{1000 \, \text{H}r}{\text{E} - 1000 \, \text{H}}.$$

On voit que cette épaisseur devient infinie pour une profondeur $\text{H} = \dfrac{\text{E}}{1000} = 450$ m.; mais longtemps avant d'atteindre cette profondeur, il est évident que le bois n'est plus applicable.

Le bois présente l'inconvénient de donner difficilement de longues pièces sans défauts ; de là encore l'avantage des cuvelages polygonaux dont les pièces sont dans tous les cas plus courtes que celles des cuvelages rectangulaires. De plus, on peut utiliser, dans ces cuvelages, des pièces de différentes hauteurs, ce qui rend également le choix plus facile.

262. On a fait des cuvelages polygonaux de 8 à 30 côtés. Les polygones sont inscrits dans un cercle ou une ellipse suivant la forme des puits. La construction ne présente que quelques particularités, par rapport à celle des cuvelages rectangulaires. Les pièces de trousse sont ici assemblées par tenon et mortaise (fig. 172), pour

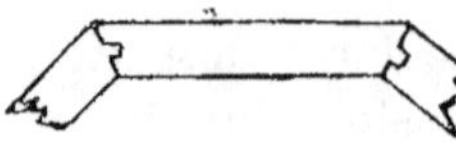

Fig. 172

obvier aux déviations que pourraient occasionner les pressions inégales du picotage. Cette dernière opération doit en tout cas se faire très symétriquement.

Les pièces du cuvelage sont simplement juxtaposées, mais la série de pièces superposées qui forment un pan du cuvelage, sont réunies deux à deux par des broches verticales en bois. On peut

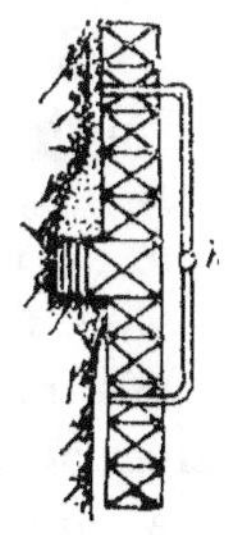

ne pas faire correspondre les joints horizontaux, ce qui présente l'avantage d'empêcher les assises de se desserrer, si l'on était obligé de retirer une pièce en cas de réparations (fig. 173).

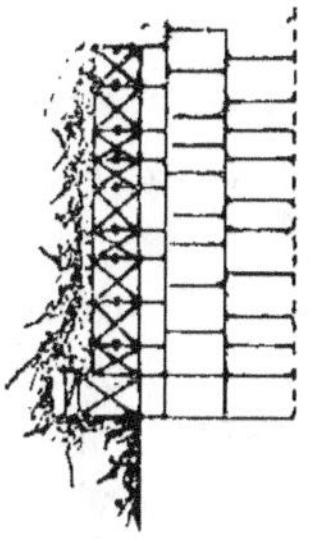

Les pièces sont taillées strictement à dimensions sur épure et empilées, en se guidant au moyen de fils à plomb suspendus dans les angles. Le calfatage se fait, comme ci-dessus, de haut en bas.

Lorsque le cuvelage se compose de plusieurs *passes*, le raccordement des passes se fait par une assise dont les pièces sont taillées, d'après

Fig. 173.

les dimensions du vide à combler sous la trousse de la passe précédente. On place ces pièces, en enlevant par parties la console de roche ménagée sous la trousse ; la dernière pièce ou *pièce de clef* s'introduit obliquement (fig. 174), puis est

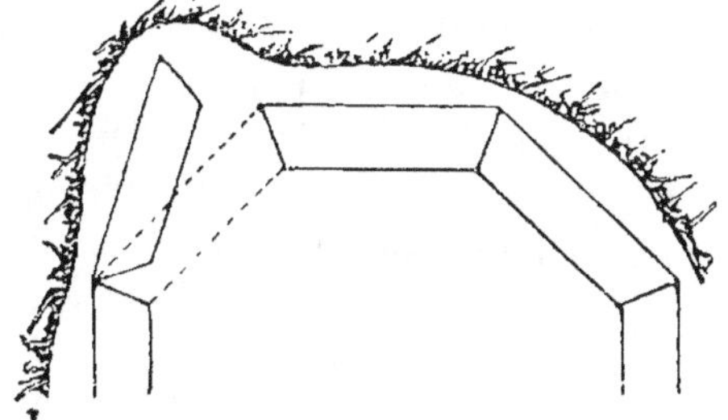

Fig. 174.

ramenée en place au moyen d'un étrier et d'une vis. On peut assurer l'étanchéité du joint horizontal par un picotage *à face* qui a toutefois l'inconvénient d'être exécuté contre la pression.

Dans un cuvelage en plusieurs passes, les trousses intermédiaires peuvent ne présenter qu'une étanchéité relative, à condition que la trousse de base soit d'une étanchéité rigoureuse. On fait quelquefois à dessein communiquer entre elles les diverses passes d'un cuvelage par ce qu'on appelle des *renvois de niveau* R (fig. 175). L'utilité de cette pratique est cependant contestée. Le fractionnement est plus favorable, en cas de répa-

Fig. 175.

rations à l'une quelconque des passes. Les partisans des renvois de niveaux prétendent qu'il y a avantage à empêcher les gaz de s'accumuler derrière le cuvelage, où ils peuvent se comprimer et exercer des effets destructifs. On dit aussi qu'il y a avantage à maintenir tous les niveaux en communication, pour le cas où l'un d'eux viendrait à s'affaiblir ou même à s'assécher, ce qui donnerait nécessairement lieu à des fuites, si la pression revenait tout d'un coup.

263. *Entretien et réparations.* — Le calfatage doit être l'objet d'un entretien continuel, parce qu'il perd facilement de son élasticité.

Dans certains cas, il peut arriver que les pièces se fendent par suite de défauts. Le remède ordinaire consiste à picoter la fissure. On peut quelquefois se contenter de la recouvrir d'une plaque en fonte ou en tôle, fixée par des vis à bois.

Les bois peuvent s'altérer, notamment dans les puits de retour d'air. Il faut quelquefois remplacer certaines pièces altérées. Cette opération présente des difficultés de plus en plus grandes, à mesure qu'on s'approche de la trousse, parce qu'il faut au préalable laisser s'écouler les eaux. On fore des trous dans le cuvelage, à deux assises environ au dessous de la pièce à remplacer; on soutient par des tirants toute la série de pièces supérieures; on enlève la pièce défectueuse à la hache, en étançonnant les pièces voisines, et l'on place la pièce nouvelle de la même manière qu'une pièce de clef (cf. n° 262), ce qui a toujours l'inconvénient de créer un vide dans la paroi.

Pour une pièce de trousse, l'opération est beaucoup plus difficile. Il faut démonter le cuvelage sur trois ou quatre assises et soutenir toute la partie supérieure par des tirants ou sur des sommiers, parce que dans ce cas il faut refaire le picotage. Lorsqu'une trousse n'est plus étanche, on préfère souvent établir une nouvelle trousse picotée, en dessous de l'ancienne, et rejoindre celle-ci par une petite passe de cuvelage.

Dans certains cas, il ne reste d'autre ressource que de remplacer entièrement le cuvelage. Il est rare que cela se fasse aujourd'hui par un nouveau cuvelage en bois. Si néanmoins l'on se trouvait dans le cas de le faire, on devrait chercher, en dessous de l'ancienne trousse, l'emplacement d'une nouvelle trousse picotée et remonter, assise par assise, en remplaçant l'ancien cuvelage et en bétonnant soigneusement derrière le nouveau.

264. La réfection des cuvelages en bois défectueux s'opère aujourd'hui d'une manière efficace et économique par le procédé H. Portier.

Ce procédé consiste à faire une injection de ciment liquide derrière le cuvelage défectueux. On délaie le ciment à l'orifice du puits dans une bâche et on le conduit par un tuyau en fer, puis en caoutchouc, jusqu'à un ajutage que l'on introduit dans des trous percés dans le cuvelage, au-dessus des points défectueux. Comme la tête d'eau est généralement inférieure à l'orifice du puits, le tuyau forme syphon et le ciment s'écoule derrière le cuvelage ; un échappement d'air permet l'amorçage du syphon. Si une obstruction se produit, on aide à la pénétration au moyen d'une pompe foulante. Le ciment forme un revêtement monolithe imperméable qui se substitue au cuvelage défectueux, en remplissant les moindres anfractuosités du terrain. On emploie du ciment Portland à prise lente. Cette opération a été faite pour la première fois à Courrières où plusieurs cuvelages ont été réfectionnés de cette manière. Elle a été répétée à plusieurs reprises et entre autres avec un plein succès, au charbonnage d'Abhooz, à Herstal, sur un cuvelage de 35 m. ([1]).

265. En général les cuvelages en bois ne résistent pas sans réparations plus de 10 à 12 ans ; c'est pourquoi ce genre de construction est tombé en désuétude. Quelques accidents survenus à des cuvelages en bois ont également jeté le discrédit sur le système. Cependant il est facile de se rendre compte de ce que certains de ces accidents n'ont eu d'autre cause que l'épaisseur insuffisante de la construction. Ce fut le cas pour le cuvelage de Marles, cuvelage polygonal en bois de 16 côtés, qui s'écrasa à 56 m. de profondeur. L'épaisseur y était de 0^{m}21.

Si l'on calcule la charge E à laquelle était soumis le bois dans

----

([1]) *Revue universelle des mines,* 3e série, t. LI, 1900.

ces conditions, au moyen de la formule du n° 261, on a :

$$0^{m}21 = \frac{1000\,H r}{E - 1000\,H}$$

r étant égal à 2 m., E = 588.000 au lieu de 450.000 kg.

Cet écrasement eut des suites néfastes ; un cadre céda et le reste du cuvelage suivit ; le terrain marneux s'éboula par gros blocs et il se forma à la surface un immense entonnoir qui engloutit les bâtiments et les machines du puits [1].

Un accident analogue, mais moins grave dans ses suites, survint au cuvelage de Karlingen (Lorraine), le plus grand cuvelage en bois qui ait été construit. C'était un cuvelage polygonal en bois de 18 côtés et d'une hauteur de 159^{m}88. L'épaisseur variait de 0^{m}15 à 0^{m}40 à 159 m. En partant de cette dernière épaisseur, on trouverait, comme ci-dessus, la charge E à laquelle on a fait travailler le bois, le rayon intérieur étant de 2 m.

$$E = 954.000, \text{ au lieu de } 450.000.$$

Si d'autre part on recherche quelle dût être l'épaisseur en partant du coefficient E = 450.000, on trouve $e = 1^{m}$09, épaisseur qui, pour le bois, dépasse toutes limites pratiques. On a cherché à consolider les assises de ce cuvelage au moyen d'armatures métalliques, mais on ne réussit pas à maintenir les joints étanches et en 1867, on se décida à placer un cuvelage en fonte à l'intérieur du cuvelage en bois, opération qui constitue, comme nous le verrons, un mode de réfection souvent appliqué en pareille circonstance [2].

CUVELAGES MÉTALLIQUES.

266. Tandis que pour le bois on ne peut admettre une résistance de plus de 450.000 kg. par m², le coefficient de résistance de la fonte ou de l'acier coulé est au moins de 4 à 5.000.000 de kil. par m². Il s'ensuit que les cuvelages métalliques peuvent

---

[1] G. Glépin. De l'Établissement des puits de mines dans les terrains ébouleux et aquifères. Paris, 1867.

[2] *Annales des mines*, 6e série, t. 17, 1870.

recevoir de très faibles épaisseurs, même à de grandes profondeurs. C'est la fonte qui est la plus généralement adoptée.

Ces cuvelages sont circulaires et composés de tronçons successifs en plusieurs segments.

La fonte n'est altérable que par les eaux corrosives, mais elle est fragile et manque d'élasticité. On donne une élasticité artificielle à l'ensemble de la construction, en interposant des matières élastiques dans les joints.

267. La trousse à picoter est composée de plusieurs segments d'épaisseurs plus grande que ceux des tronçons de cuvelage. Ces segments sont divisés en loges par des nervures verticales.

La trousse peut d'ailleurs affecter trois dispositions :

1° Les loges sont ouvertes vers l'extérieur et remplies par des blocs en bois pour permettre le picotage (fig. 176 et 177). C'est la disposition la plus rationnelle au point de vue de la résistance, puisque les nervures résistent directement à l'écrasement.

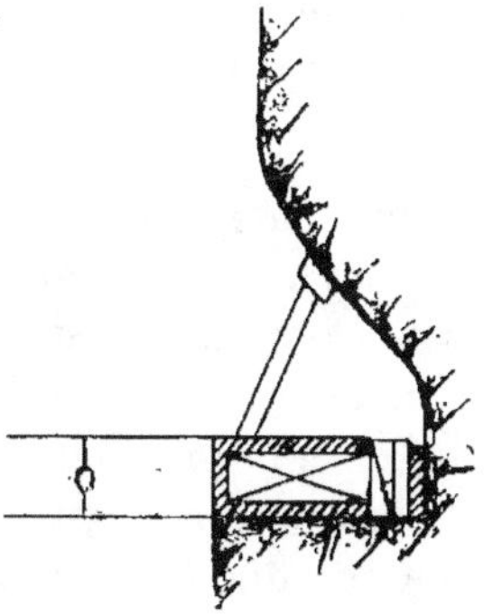

2° Les loges sont ouvertes vers l'intérieur et l'on picote contre la paroi de fonte (fig. 178). Cette disposition est moins favorable au point de vue de la résistance des pièces, mais est souvent adoptée à cause des facilités spéciales que donne cette forme.

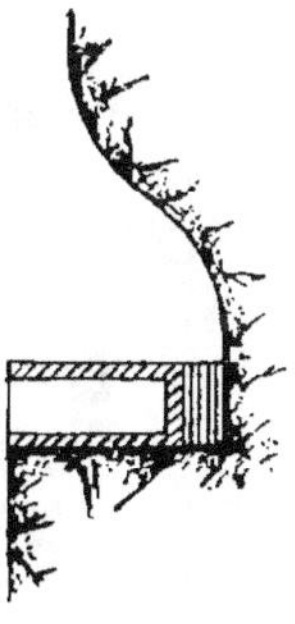

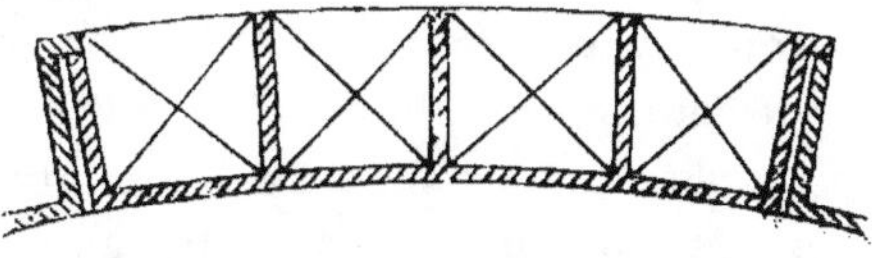

Fig. 176.

Fig. 178.

Fig. 177.

3° Les loges peuvent être ouvertes vers le bas; cette disposition a été employée en Allemagne et n'a pas de raison d'être spéciale.

268. Le cuvelage proprement dit peut se construire par deux méthodes différentes.

1° En Angleterre, les tronçons (*tubbings*) sont de peu de hauteur (0^m.60 à 0^m.70) et en fonte brute (fig. 179). Les joints

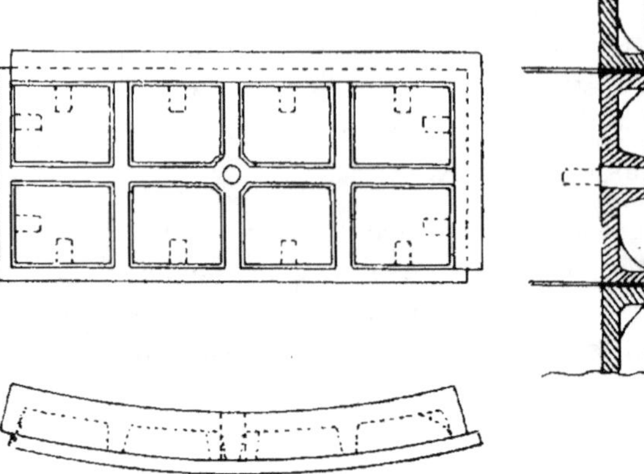

FIG. 179.

ne sont pas boulonnés, ils sont garnis de planchettes de sapin sans nœud de 1 mm. 3, chassées dans le sens des fibres. Ces planchettes sont ensuite picotées pour rendre les joints étanches. Elles donnent au cuvelage l'élasticité qui manque à la fonte, et servent à rectifier l'irrégularité des joints. Les nervures sont extérieures, ce qui est favorable à leur résistance ; mais il faut donner de grandes épaisseurs aux nervures des joints horizontaux pour résister à la pression du picotage. Avec ce mode de construction, on ne dépasse guère la profondeur de 100 à 150 m., parce que le picotage est une opération très lente où la main-d'œuvre compense l'économie due à l'emploi de la fonte brute. Le picotage a de plus l'inconvénient de ne pas porter sur toute la largeur du joint et de rendre difficiles les réparations, par exemple le remplacement d'une pièce.

2° En Allemagne, les tronçons sont formés de segments en fonte travaillée (fig. 180). Les joints sont boulonnés et garnis de feuilles de plomb de 2 à 3 mm. ou de caoutchouc. Les nervures sont intérieures, ce qui est moins favorable à leur résistance, mais est indispensable pour boulonner les joints. On donne aux tronçons une assez grande hauteur (1^{m}50), afin de diminuer le nombre de joints horizontaux. La construction est plus rapide que celle des tubbings anglais ; l'ajustage se fait d'avance à la surface et ne demande pas de main-d'œuvre spéciale. L'étanchéité est obtenue, au fur et à mesure de la construction, par le serrage des boulons.

Les figures 181 et 182 mettent en regard les deux genres de construction, à la même échelle (¹).

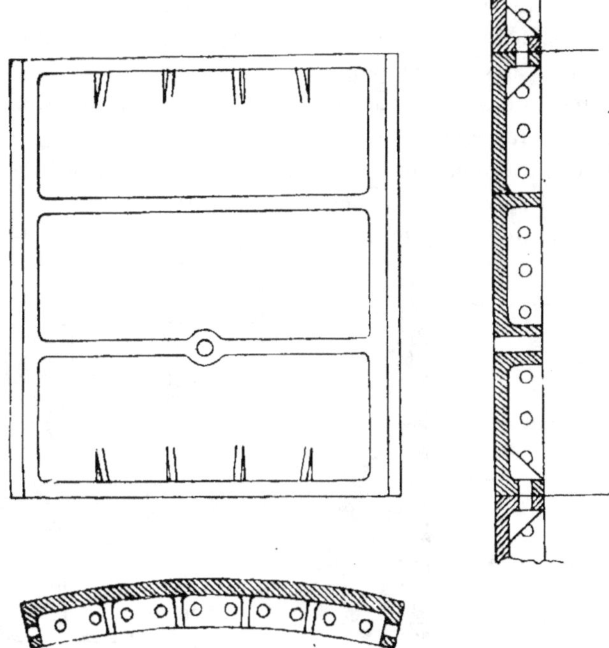

Fɪɢ. 480.

269. Nous décrirons comme type la construction du cuvelage anglais. La trousse (*curb*) présente des loges ouvertes à l'extérieur (fig. 176 et 177).

Ses segments ont généralement 0ᵐ305 de large, 0ᵐ155 de haut et 1ᵐ20 de long.

L'épaisseur de la fonte est ordinairement de 0ᵐ026. Un segment comprend 4 loges extérieures ; chaque segment présente un talon recouvrant le joint de la pièce voisine pour empêcher les planchettes d'être chassées au delà de la trousse.

La trousse ne se place pas directement sur la banquette, mais

---

(¹) Haniel et Lueg : *Das Schachtabteufen in neuerer Zeit*. Dusseldorf-Grafenberg 1896.

sur des planchettes en bois ou sur une petite maçonnerie, pour assurer l'horizontalité de l'assise (fig. 181).

Des broches en fer sont quelquefois intercalées dans les joints des pièces, afin d'empêcher qu'elles ne se soulèvent les unes par rapport aux autres pendant le picotage (fig. 176).

Le picotage se fait comme pour les cuvelages en bois, mais est encore plus énergique. En Angleterre, on supprime la lambourde et la mousse et l'on remplit de coins tout l'espace de 0^m03 à 0^m04 réservé entre les pièces de trousse et la roche. On termine même quelquefois par des picots en fer.

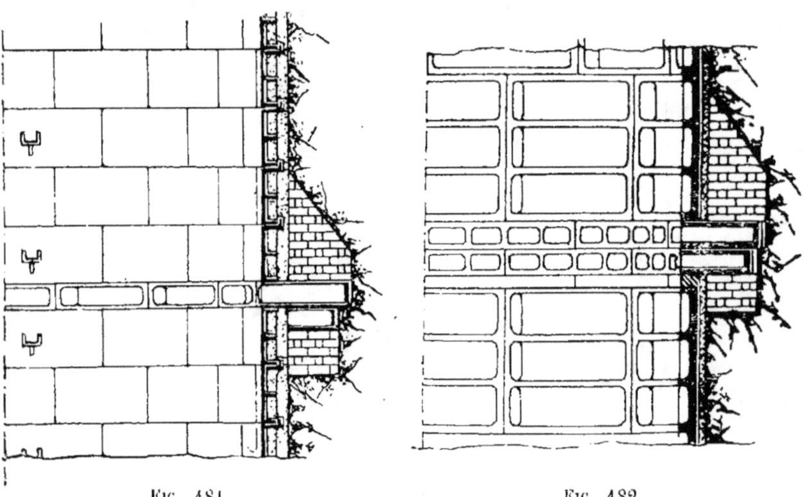

Fig. 181.   Fig. 182.

Le picotage resserre les joints de la trousse qui doit être soigneusement étayée contre le terrain pendant cette opération (fig. 176).

On superpose souvent plusieurs trousses dont on a soin de faire alterner les joints verticaux. Quand le cuvelage doit se faire en plusieurs passes, on donne souvent un plus grand diamètre à la trousse inférieure, afin de faciliter le raccordement de la passe inférieure qui se fait dans ce cas sous la seconde trousse, comme le montre la figure 181, sans entamer le terrain.

Chaque tronçon se compose de plusieurs segments présentant des nervures extérieures verticales et horizontales et des collets saillants de 0^m10 à l'extérieur (fig. 179). Les collets et les nervures extrêmes sont consolidées par des consoles venues de fonte. Chaque pièce porte, au-dessus et à droite, un talon qui recouvre le joint de la pièce voisine, de manière à empêcher les planchettes interposées d'être chassées derrière le cuvelage. Au centre de chaque pièce se trouve une ouverture circulaire de 0^m03 à 0^m04, qui sert à sa descente à l'aide d'une fourche dans laquelle passe un boulon. Cette ouverture laisse s'écouler l'eau pendant la construction ; si l'eau était trop abondante, on pourrait ménager, dans une assise voisine de la trousse, des trous de 0^m13 à 0^m15 avec tuyaux à robinets, pour conduire les eaux au puisard au moyen de tuyaux.

On donne généralement à toutes les pièces la même hauteur, de sorte que les joints horizontaux se correspondent, mais on fait alterner les joints verticaux. L'alternance des joints horizontaux présenterait le même avantage que dans les cuvelages polygonaux en bois, car dans le cas où l'on devrait enlever une pièce, on n'aurait pas à desserrer l'assise correspondante : il suffirait de maintenir par des tirants la colonne des segments supérieurs ; mais cela présente moins d'intérêt pour les cuvelages en fonte que pour ceux en bois, où l'enlèvement d'une pièce, pour cause de réparation, est un cas beaucoup plus fréquent.

Quand le cuvelage est arrivé au terrain sec, on bouche les trous centraux, en descendant, au moyen de broches en bois que l'on picote ; on picote de même les planchettes de joint, en ayant soin de commencer par les joints horizontaux, pour que leur picotage ne dérange pas celui des joints verticaux.

La hauteur des passes de cuvelage est déterminée par celle des niveaux à traverser ; quand ces derniers sont considérables, on établit tous les 15 à 20 m. des trousses picotées ou simplement colletées, dans le seul but de reporter une partie du poids de la colonne sur le terrain.

On assure l'étanchéité du cuvelage en coulant du ciment par derrière, au fur et à mesure qu'il s'élève.

Si l'on n'a pas prévu, pour le raccordement des passes, l'emploi d'une deuxième trousse de plus grande largeur, les pièces de l'assise de clef sont spécialement commandées à dimensions exactes et l'on picote le joint horizontal.

270. Dans la méthode allemande, pour éviter ce picotage à face, on emploie souvent une boîte à bourrage fixée sous la trousse, qui permet à la passe inférieure de

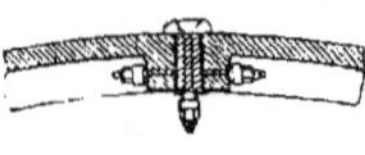

se tasser sans nuire à l'étanchéité du joint, formé d'un anneau de caoutchouc (fig. 183, Puits n° 4 des mines de sels potassiques d'Ascherslebeu). On em-

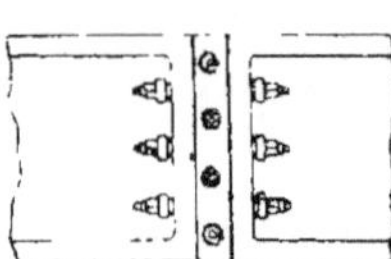

Fig. 184.

ploie dans ce cas, au dernier tronçon, une pièce de clef spéciale (fig. 184).

271. Les tronçons de cuvelages anglais présentent, de distance en distance, des saillies intérieures formant consoles, pour supporter les parti-

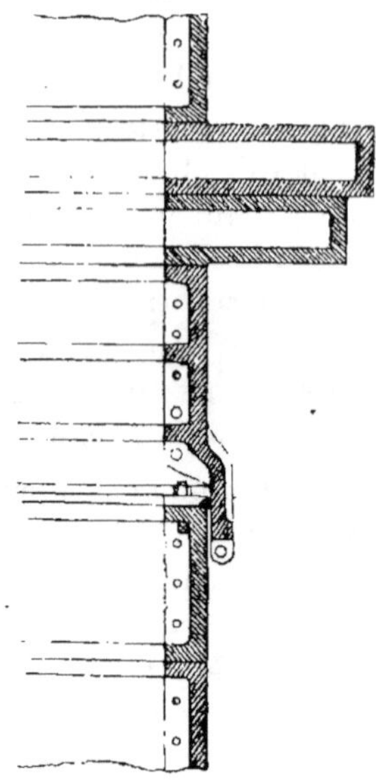

Fig. 183.

bures (fig. 185) ; quelquefois tous les tronçons portent à cet effet une nervure horizontale intérieure.

Dans les cuvelages allemands, les nervures intérieures donnent toutes facilités pour appuyer les partibures ou les paliers d'échelles.

Si l'on est obligé de fixer des pompes à l'intérieur d'un cuvelage allemand, on établit leurs assises dans des tronçons de plus grand diamètre, raccordés à des assises tronconiques (fig. 186, Puits E. Solvay, à Bernburg).

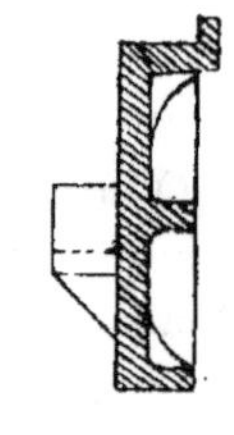
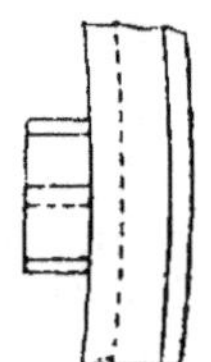

Fig. 185.

Les *renvois de niveaux* se font quelquefois par des tuyaux ménagés dans les pièces de trousse.

Lorsqu'un cuvelage en fonte doit se raccorder à une maçonnerie supérieure, on fait monter le cuvelage à l'intérieur de la maçonnerie et l'on fait un remplissage intermédiaire de béton. On réduit ainsi le diamètre du puits ; mais si l'on prévoit le cas, on peut asseoir la maçonnerie sur une assise en fonte sous laquelle se fait le raccordement (fig. 186).

272. *Epaisseur des cuvelages en fonte.* — L'épaisseur des cuvelages en fonte se calcule par la formule des cuvelages polygonaux, en passant à la limite. La fonte étant homogène, cette épaisseur devrait être calculée, au moyen de la formule

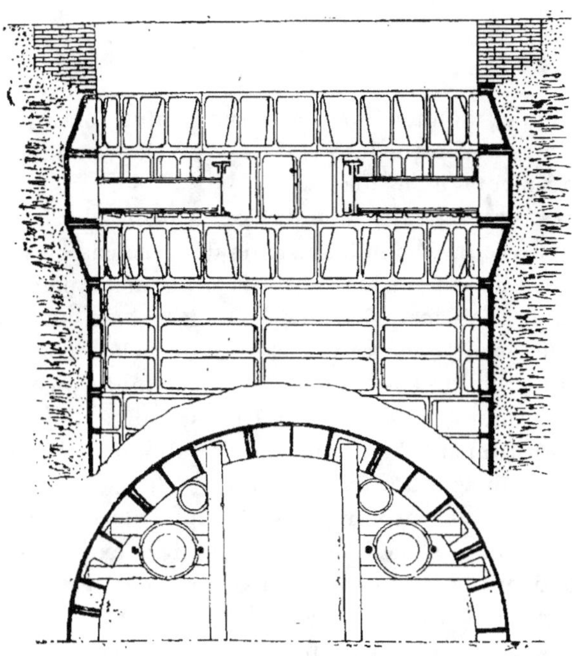

Fig. 186.

des enveloppes pressées extérieurement, déduite des équations de Lamé; mais dans le cas de faibles épaisseurs, cette formule se ramène à celle que nous avons trouvée en fonction du rayon extérieur (cf. n° 261).

$$e = \frac{1.000\ HR}{E}$$

On peut conserver ici le rayon extérieur, à cause de la faible épaisseur. E étant $= 4$ à $5.000.000$ kg. par m², on donne souvent cette formule sous la forme

$$e = \frac{HR}{4 \text{ à } 5.000};$$

mais il faut un minimum d'épaisseur (au moins 25 $^{m/m}$) pour la coulée, c'est pourquoi l'on prend souvent des formules empiriques contenant une constante : telles sont les formules anglaises suivantes réduites en mètres :

$$e = 0.0094 + \frac{HR}{8.000}$$

$$e = 0.013 + \frac{HR}{12.000}$$

Ces formules donnent des épaisseurs plus fortes, mais cela est nécessaire parce que les pièces des cuvelages anglais doivent résister au picotage des joints.

Dans les cuvelages profonds, on a soin de faire varier l'épaisseur avec la profondeur; mais dans ce cas on diminue la hauteur des pièces pour leur conserver un même poids.

On n'a guère fait jusqu'ici qu'en Allemagne de cuvelages à de très grandes profondeurs. Aux salines de Schœnebeck, près de Magdebourg, un cuvelage en fonte avec joints picotés atteint 325 m. de profondeur. Au puits Ernest Solvay, à Bernburg, on a construit un cuvelage composé de tubbings allemands avec joints de plomb, qui a atteint 312 m.

Pour ces grandes profondeurs, l'emploi de la fonte est seul possible. La fonte s'emploie d'une manière exclusive, même à des profondeurs beaucoup moindres, en Angleterre, et partout où l'on cherche à réduire la section à creuser.

Dans les puits d'aérage parcourus par de l'air chaud et vicié, on revêt quelquefois intérieurement le cuvelage en fonte d'une garniture en briques réfractaires spéciales qui se placent dans des loges peu profondes, venues de fonte à l'intérieur des tronçons.

La durée des cuvelages en fonte est dans tous les cas beaucoup plus grande que celle des cuvelages en bois. D'après l'expérience faite en Belgique, ces cuvelages résistent 20 à 25 ans, sans réparation, dans des puits parcourus par un courant d'air frais; cette durée est réduite de moitié dans l'air chaud et vicié.

273. En Belgique et en France, le plus grand usage que l'on ait fait des cuvelages en fonte est la réfection d'anciens cuvelages en bois; on revêt ceux-ci d'une chemise imperméable en fonte qui se substitue au cuvelage primitif, sans diminuer d'une

manière sensible la section intérieure du puits. Ce procédé est toutefois beaucoup plus coûteux que le procédé Portier ci-dessus décrit (cf. n° 264).

La solution générale consiste à établir un cuvelage circulaire en fonte, inscrit dans le cuvelage polygonal en bois, avec interposition de béton. La difficulté consiste à établir une base étanche. Chaque cas particulier demande une solution différente.

Si la profondeur n'est pas grande et si l'ancienne trousse est restée suffisamment imperméable, on incruste la base du cuvelage en fonte dans la maçonnerie sous-jacente.

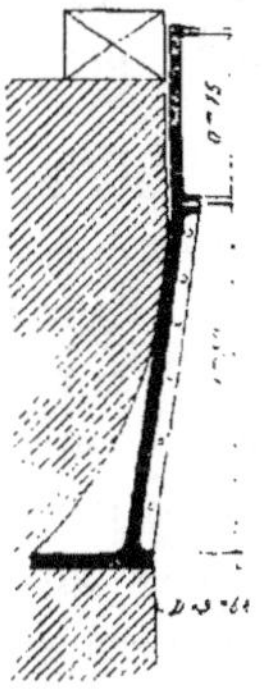

Une réparation de ce genre a été faite au charbonnage du Vîernoy : on a incrusté dans la maçonnerie inférieure à la trousse du cuvelage défectueux, un tronçon tronconique en fonte, composé de segments boulonnés dont le collet supérieur sert de base à la chemise en fonte (fig. 187) (¹).

Dans d'autres cas, on peut incruster quelques tronçons à la base du revêtement en fonte dans certaines assises restées saines de l'ancien cuvelage. C'est ce que l'on a fait au puits Ste-Barbe à Bernissart (fig. 188).

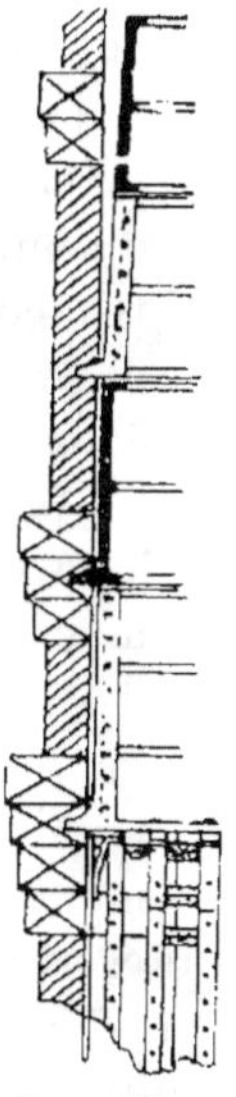

Quand la profondeur est grande et que l'on ne peut se fier à l'étanchéité de la trousse en bois, il faut établir une nouvelle trousse picotée en dessous de l'ancienne. Cette nouvelle trousse peut dans ce cas se poser sur la maçonnerie inférieure au cuvelage comme on l'a fait à Karlingen, en surmontant la partie de maçonnerie restée en place de quelques assises en pierres de taille surplombant à l'intérieur du puits (fig. 189). On voit au-dessus de cette figure le raccordement de la chemise de fonte à l'ancien cuvelage en bois au moyen d'une boîte à bourrage.

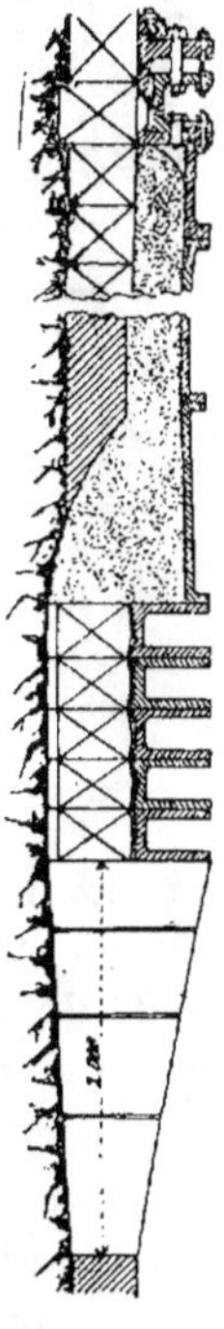

Fig. 187.

Fig. 188.

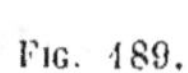

Fig. 189.

(¹) *Revue universelle des mines*, 2ᵉ série, t. XII, 1882.

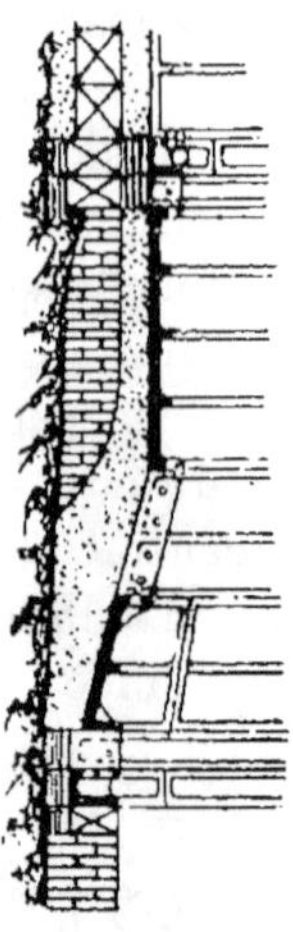

Fig. 190.

Fig. 191.

La fig. 190 représente une réparation du même genre à l'Escarpelle où la nouvelle trousse a été posée sur la maçonnerie et une seconde trousse picotée contre l'ancienne.

Si les dispositions du puits empêchent de picoter la nouvelle trousse au terrain, on peut parfois la picoter contre l'ancienne trousse (Fléchinelle, Aniche).

La fonte présente un grand avantage pour ce genre de réparations : c'est de se prêter par la coulée à toutes les formes.

Or, il arrive souvent que les anciens puits ont subi des déviations. On peut suivre celles-ci, en faisant couler des segments de rayons différents, de manière à former des tronçons épousant la forme du puits dévié. La fig. 191 montre en coupe deux tronçons successifs du cuvelage du Viernoy coulés de manière à faire passer le diamètre de 3^m.20 à 3^m.05, afin de ne pas entailler les pièces de l'ancien cuvelage rétréci par suite d'un mouvement de terrain.

Un exemple remarquable de l'emploi de la fonte au point de vue des change-ments de forme est la réfec-tion du puits Ste-Barbe des charbonnages de Bernissart dont le cuvelage en 12 pans fut désorganisé, dans une partie de sa hauteur, le 27 août 1873, par un tremble-ment de terre ([1]). L'axe du puits avait dévié de plus de 0^m.15 de la verticale

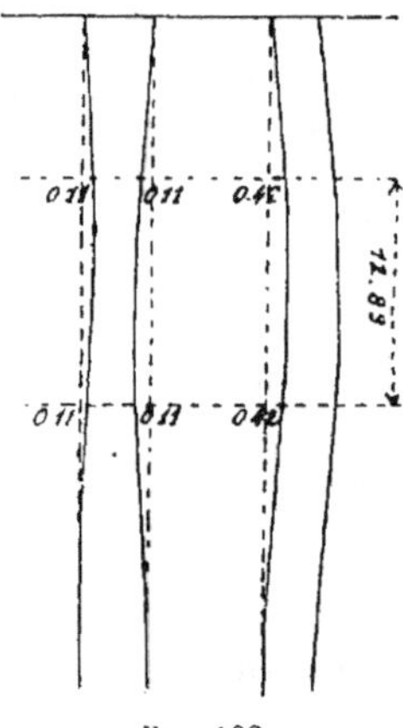

Fig. 192.

(fig. 192) et plusieurs pièces du cuvelage s'étaient brisées.

On fit couler tous les tronçons sur commande, de dimensions et de formes correspondantes aux différentes sections du puits. Ces tronçons sont de hauteurs et de diamètres différents et

---

([1]) *Revue universelle des mines*, 2e série, t. VII, 1880.

affectent successivement des formes cylindriques, ovales, tron
coniques, se raccordant entre elles (fig. 188).

Le puits fut ainsi sauvé, tout
en conservant sa forme déviée
qui fut épousée par le guidonnage, de telle sorte que les
cages se trouvent en certains
points dans la projection horizontale l'une de l'autre.

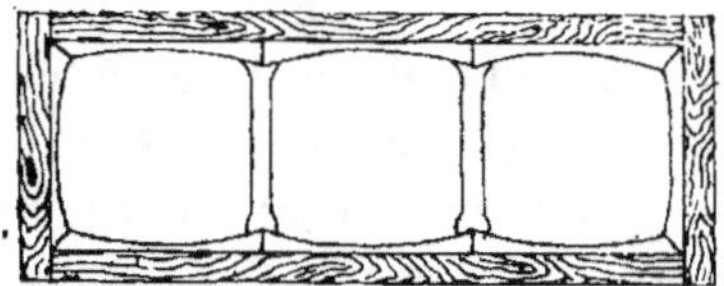

Fig. 193.

La réfection de ce genre faite à l'Escarpelle (fig. 190) présente
la particularité d'être exécutée en tronçons d'une seule pièce,
ce qui a un avantage
évident, au point de
vue de la suppres-
sion des joints verti-
caux, mais présente
des difficultés de
pose, car le puits doit
être dégarni de tous
les obstacles au pas-
sage de ces tron-
çons (¹).

La forme du puits
peut présenter des
difficultés spéciales
dans les opérations
de ce genre. Dans les
puits de forme rec-
tangulaire, la che-
mise de fonte doit se
construire par seg-
ments arqués à l'in-

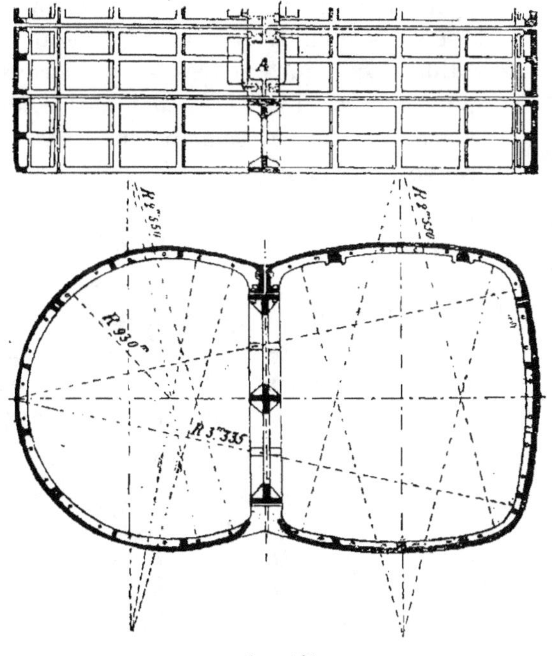

Fig. 194.

térieur, droits à l'extérieur, pour s'appuyer contre les parois
du cuvelage en bois (fig. 193).

Au puits du Grand-Bac, près de Liége, une autre difficulté
s'est présentée; il fallait à tout prix conserver, sous peine

---

(¹) *Revue universelle des mines*, 3e série, t. XII, p. 37.

d'éboulement, les partibures en poutrelles qui se trouvaient dans un ancien cuvelage en fonte à parois arquées établi dans un puits rectangulaire. On a résolu cette difficulté, en ménageant, dans le nouveau cuvelage, des ouvertures A capables des dimensions de ces partibures, quelle que fût leur déviation de leur position primitive, et en bouchant ensuite les vides au moyen de bois (fig. 194).

Ce genre de réfection des puits rectangulaires est toujours une opération difficile et chanceuse, et l'on préférera souvent remettre le puits à la forme circulaire. Cette opération équivaut à un nouveau creusement (*repassage de niveau*) et demande de grandes précautions, puisque les ouvriers doivent travailler au-dessus d'un abîme. On doit établir un stot artificiel très solide, à quelques mètres sous la trousse de l'ancien cuvelage que l'on démolit, assise par assise, de haut en bas; puis on procède à l'élargissement du puits et à la construction du nouveau cuvelage ([1]).

CUVELAGES EN MAÇONNERIE.

274. Les cuvelages en maçonnerie se font en briques, en pierres de taille ou en pierres artificielles de ciment. Ces matériaux présentent des résistances très différentes. Les coefficients admissibles par mètre carré sont les suivants :

Maçonneries en briques ordinaires	$E = 12$ kg. par c².
Maçonneries soignées en briques et mortier d'excellente qualité.	24 »
Pierre de taille, petit granite	50 »
Calcaires durs	80 »
Tephrites de l'Eifel. . .	100 »
Porphyre	210 »

([1]) Voir une opération de ce genre exécutée au Rieu du Cœur. *Revue universelle*, 2ᵉ série, t. VIII, 1880.

On peut donc, avec certains de ces matériaux, atteindre des profondeurs assez grandes sans épaisseurs exagérées.

La construction est plus lente qu'avec le bois et la fonte ; mais la maçonnerie bien faite est inaltérable et les joints en sont homogènes ; la liaison de l'assise du cuvelage est facilitée, puisque la maçonnerie fait prise avec la roche.

L'épaisseur se calculera par la formule applicable aux enveloppes pressées extérieurement, déduite des équations de Lamé :

$$e = r \left(\sqrt{\frac{E - 1}{E - (1 + 2\,n)}} - 1 \right)$$

dans laquelle n représente la pression effective en atmosphères, E la résistance par cent. carré.

La pression extérieure P kg. $= (n + 1)\,10.330$ kg.

La pression intérieure est l'unité ou 10.330 kg.

On déduit de cette formule la profondeur limite où ces matériaux sont applicables, en remarquant que e devient infini pour :

$$E - (1 + 2n) = 0$$

$$\text{d'où } n = \frac{E - 1}{2}$$

La profondeur limite $H = n \times 10^m33$: pour une maçonnerie de choix où $E = 24$, la pression limite sera donc $n = \dfrac{23}{2} = 11$ atm. 50 et la profondeur limite $H = 118^m80$.

275. *Cuvelages en briques.* — Les cuvelages en maçonnerie de briques doivent être construits en matériaux d'excellente qualité (briquettes dites de Hollande, trapézoïdales pour les puits de petit rayon). La brique n'est pas étanche, c'est le mortier seul qui donne l'étanchéité. Aussi le mortier doit-il être prodigué ; la maçonnerie se construit par rouleaux, avec joints circulaires de 0^m02 à 0^m03. Ces joints forment revêtement complet en mortier. La maçonnerie en absorbe ainsi 25 à 50 %.

Les cuvelages en maçonneries de briques avec mortier de trass ont surtout été employés en Westphalie ; ils sont abandonnés aujourd'hui, à moins de très faibles profondeurs.

L'assise de ces cuvelages se faisait quelquefois au moyen

d'une trousse picotée en bois ou en fonte ; mais ce système est mauvais, parce que ces matériaux ne font pas prise avec la maçonnerie.

On fait de préférence l'assise par un empattement de maçonnerie (fig. 195) auquel on a donné différentes formes.

On donne à l'empattement une épaisseur double de celle du cuvelage, en maçonnant jusqu'à la roche avec laquelle on augmente la surface de contact par des entailles (fig. 196).

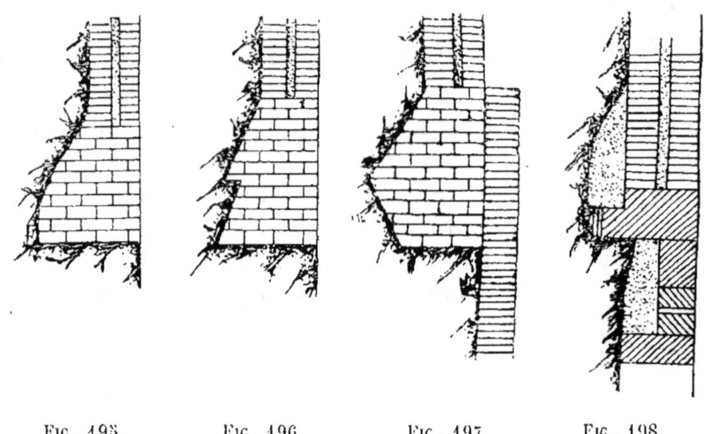

Fig. 195.   Fig. 196.   Fig. 197.   Fig. 198.

Le tassement de la maçonnerie se produisant, il reste dans cette disposition un vide entre le terrain et la maçonnerie, dans les parties où la paroi rocheuse surplombe cette dernière. On peut y remédier partiellement, en faisant l'entaille suivant deux inclinaisons inverses (fig. 197), de telle sorte que le joint inférieur se resserre, lorsque le joint supérieur tend à s'ouvrir.

L'inconvénient le plus grave de ces empattements est que l'on ne peut raccorder une passe inférieure en dessous de ce genre d'assises. On en est donc réduit à élever la passe inférieure, sur quelques mètres, à l'intérieur de la passe supérieure et par conséquent à rétrécir le puits.

L'assise la meilleure, sous tous les rapports, est une trousse en pierres de taille, reliées entre elles et avec la maçonnerie au moyen de mortier. On peut unir cette trousse au terrain par un picotage et l'on peut y raccorder sans difficulté une passe inférieure (fig. 198). Cette innovation dans les cuvelages en maçonnerie a été introduite aux charbonnages de la Société Cockerill, à Seraing. Une trousse de ce genre se fait en voussoirs de pierres de taille dans lesquels on ménage une feuillure extérieure de 0^m10 destinée à reporter l'effort du picotage, de l'arête supérieure dans l'axe des voussoirs. Avant le picotage, on chasse dans les joints, au ciseau, du mortier en pâte ferme. Lorsque le picotage est terminé, on coule du ciment dans la feuillure, de manière à niveler parfaitement la surface de l'assise.

Le raccordement d'une passe inférieure se fait au moyen de quelques assises de pierres de taille dont la dernière, servant de clef, est taillée à dimensions rigoureuses et placée dans le mortier en excès qui s'écoule par des trous ménagés dans une assise inférieure, pour l'écoulement des eaux. Cette opération a été faite avec succès pour quatre passes successives au puits Caroline à Seraing.

Dans la construction de ces cuvelages, les maçons travaillent sur des paliers (hourds) comme dans un muraillement ordinaire. Pendant l'exécution des maçonneries, il importe de retenir les eaux et de les conduire au puisard, pour les empêcher de se déverser sur la maçonnerie et sur les maçons.

On a soin, dans le même but, d'élever le rouleau extérieur avant les autres pour retenir les infiltrations. Quand on rencontre des venues d'eau importantes, on les capte au moyen de gargouilles pour les conduire au puisard. Quand le cuvelage arrive à ce niveau, on ménage dans la maçonnerie un tuyau à gaz ou un tuyau en tôle ou en fonte de section carrée, muni de collets pour pouvoir le boucher au moyen d'une plaque boulonnée ; on peut aussi donner aux tuyaux de fonte une section trapézoïdale pour les fermer au moyen d'un bouchon en bois de chêne que l'on attire dans le tuyau, de l'intérieur du puits, au moyen d'une chaîne. Au fur et à mesure que le cuvelage s'élève, on laisse monter les eaux que l'on maintient à 2 ou 3 mètres en dessous du palier des maçons.

Quand le cuvelage est terminé, on le laisse entièrement sous l'eau pendant 4 à 6 semaines, pour assurer la première prise du mortier qui n'est souvent complète qu'après un an ou deux. Quand on épuise, on récrépit la maçonnerie et l'on bouche les tuyaux en procédant de haut en bas. Au début le cuvelage *pleure*, il laisse souvent passer plusieurs hectolitres d'eau par minute ; mais après 5 ou 6 mois, les pores sont ordinairement bouchés par les particules entraînées par les eaux. Si ce résultat n'était pas atteint, ce serait l'indice d'un grave défaut de construction et le seul remède consisterait à mettre à l'intérieur une chemise de fonte avec interposition de béton de ciment (Schœnebeck). Autant que possible, on évite de fixer des assises de pompes dans un cuvelage en maçonnerie ; si l'on était obligé de la faire, on ménagerait des dés de pierres de taille dans la maçonnerie pour recevoir les abouts de ces assises.

Les cuvelages en maçonnerie sont généralement circulaires ou elliptiques. Dans les puits rectangulaires, on les construisait autrefois, en Allemagne, à parois arquées de flèche égale à $^1/_8$ ou $^1/_{12}$ du rayon ; mais cette forme a l'inconvénient d'exagérer singulièrement l'épaisseur des maçonneries dans les angles.

On est arrivé à donner à certains cuvelages allemands des épaisseurs de 4 briques, soit de 1 m., pour 125 m., profondeur d'ailleurs excessive, d'après ce que nous avons vu plus haut.

276. *Cuvelages en pierres de taille.*— L'emploi de la pierre de taille permet de réduire beaucoup l'épaisseur, tout en présentant les mêmes avantages d'inaltérabilité.

On a construit, dès 1856, à la fosse Trou-Martin, à Anzin, un cuvelage en calcaire bleu de Soignies ; cette construction avait été faite sans mortier. La trousse était picotée et les joints garnis de feuilles de plomb de 5 mm. étaient réduits à 2 mm. par le picotage. Les joints du cuvelage étaient simplement calfatés au moyen de chanvre et d'étoupe goudronnée.

Cette tentative n'a pas eu d'imitateurs ; mais elle a mis en lumière un avantage de la pierre, qui n'est pas à dédaigner en cas de réparations. C'est que les joints et les fissures peuvent être calfatés et même au besoin picotés, comme ceux du bois et de la fonte.

Le premier cuvelage en maçonnerie de pierres de taille a été exécuté, en 1857, à Alstaden, en Allemagne, en téphrite de Niedermendig, sur les conseils de L. Trasenster. C'était un petit cuvelage dont la trousse se trouvait à 17 m. de profondeur. La forme était rectangulaire, à parois arquées de 3^{m}75 de rayon. Les axes mesuraient 3^{m}75 et 4^{m}13 (fig. 199). La trousse en pierres de taille fut picotée. Elle était rectangulaire à l'extérieur, son épaisseur minimum était de 0ᵐ60 au milieu des parois, épaisseur permettant éventuellement le raccordement d'une passe inférieure.

Le cuvelage était construit en voussoirs de dimensions maniables, 0ᵐ30 de haut sur 0ᵐ20 d'épaisseur et 0ᵐ60 de longueur, laissant des joints de 5 mm. normaux aux parois. Les pierres d'angle, de forme dissymétrique, présentaient une queue alternativement à droite et à gauche, de sorte que les joints verticaux du cuvelage ne se correspondaient pas. Pour descendre les pierres, on y pratiquait une cavité où s'engageait une pince et une cale.

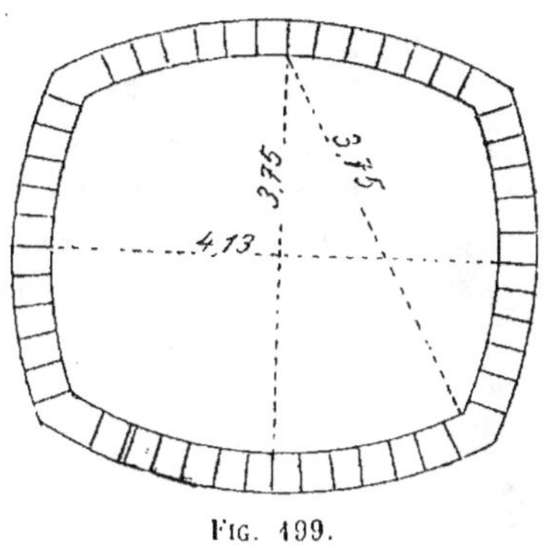

Fig. 499.

On élevait derrière la pierre de taille une maçonnerie d'une brique, pour écarter les eaux pendant le travail; pour assurer l'imperméabilité, on faisait un joint de mortier entre cette maçonnerie et le cuvelage.

Aux points où se produisaient principalement les venues d'eau, on ménageait un trou de mine dans l'assise correspondante. Pour les plus grandes venues, on intercalait des tuyaux dans la construction.

Le cuvelage terminé, on bétonna par derrière et l'on boucha toutes ces ouvertures (¹).

Peu de temps après, on construisit un cuvelage du même genre en petit granite au puits Marie de la Société John Cockerill, à Seraing, pour 65 m. de profondeur. On en a construit depuis lors un certain nombre en Belgique.

277. *Cuvelages en pierres artificielles.* — En Allemagne, on emploie de même, depuis quelques années, des pierres artificielles en ciment. Le premier essai de ce genre fut fait au puits Cécile de la mine Serlo, à Saarbrück, en 1890.

Ces pierres ont la forme de voussoirs cannelés à l'extrados,

(¹) Voir *Revue universelle des mines* 1ʳᵉ série, t. I.

dans le sens vertical ; pour assurer l'adhérence du bétonnage elles présentent alternativement sur toutes les faces une rainure et une saillie pour enchevêtrer les joints.

La trousse de ce cuvelage a été faite en un monolithe de béton de ciment coulé derrière un coffrage en planches sur 3 m. de hauteur et 0^m80 d'épaisseur au milieu.

Ce système a été fréquemment imité depuis lors dans le bassin de Saarbrück et en Westphalie, en établissant de 12 en 12 m. un anneau spécial reportant par sa forme la pression sur la paroi du puits (fig. 200).

Fig. 200.

CUVELAGES EN BÉTON.

278. Les revêtements monolithes en béton, fréquemment employés aujourd'hui dans les puits (cf. n° 253), sont suffisamment imperméables pour jouer le rôle de cuvelages (puits de Milmort, de la Violette, à Jupille).

Les expériences d'écrasement faites aux forts de la Meuse ont donné, pour le béton de ciment, une charge de rupture de 3.300.000 kg. par mètre carré ; on calculera donc l'épaisseur de ces cuvelages monolithes, en prenant $E = 33$ kg. par c^2, chiffre qui ne donne d'épaisseurs excessives qu'à de grandes profondeurs.

Le cuvelage en béton du puits de la Violette, à Jupille, a reçu 0^m30 d'épaisseur pour une profondeur de 109 m.

Il faut donner un soin tout spécial au raccordement des reprises pour assurer l'étanchéité.

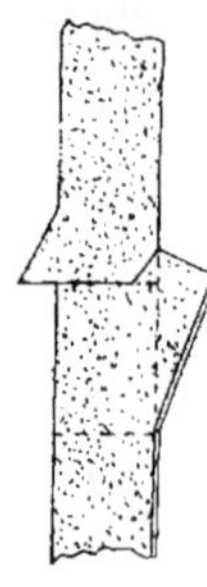

Fig. 201.

La fig. 201 montre comment on procède. L'étanchéité ne pouvant être assurée par un pilonnage horizontal, on surmonte le coffrage, à l'endroit des reprises, d'une partie tronconique qui permet de pilonner verticalement et de faire la jonction sur une entaille oblique pratiquée dans la reprise précédente.

279. *Comparaison des matériaux*. — La comparaison des

différents matériaux de cuvelage, au point de vue du prix par unité de résistance, résulte du tableau suivant :

	Bois.	Fonte.	Brique.	Pierre.	Béton.
Prix par m^3 . . .	150 fr.	1800 fr.	32 fr.	120 fr.	20 fr.
Résistance par c^2 .	45 kg.	500 kg.	12 kg.	80 kg.	33 kg.
Rapport	3.33	3.60	2.66	1.50	0.66

Soit, en prenant pour unité le rapport du prix à la résistance de la pierre :

2.22	3.40	1.77	1.00	0.44

Et en tenant compte du prix du déblai qui augmente avec l'épaisseur, on aura :

2.20	2.23	2.16	1.00	0.50

On voit que le béton de ciment est, au point de vue de la résistance et du prix, la matière la plus économique, à moins de profondeurs très grandes, pour lesquelles il faut des matériaux plus résistants.

XIV. — CREUSEMENT DES PUITS DANS LES TERRAINS ÉBOULEUX ET AQUIFÈRES AVEC ÉPUISEMENT.

280. Dans ce qui précède, nous avons supposé que pendant le creusement, les parois étaient soutenues par les procédés ordinaires. Si les terrains étaient ébouleux, ces procédés ne suffiraient plus et il faudrait recourir au principe dont nous avons déjà vu l'application dans les galeries et d'après lequel, dans ce cas, le revêtement doit précéder le creusement.

Dans les terrains superficiels qui sont en général secs et présentent une résistance suffisante, on commence toujours par creuser, sur quelques mètres, un puits de plus grande section dont les parois sont soutenues par les procédés ordinaires, et généralement par un collet de maçonnerie.

C'est à partir du moment où la roche devient ébouleuse qu'il convient de recourir à l'un des procédés suivants.

281. *Pieux jointifs.*—Si la profondeur ne dépasse pas 6 à 8 m., on se contente d'enfoncer, au pourtour du puits, des pieux jointifs guidés par deux cercles en bois ou en fer. Ces pieux sont réunis deux à deux par rainure et languette ou par *onglets* en

bois dur (fig. 202). On creuse à l'intérieur de cette sorte de cuve, en calfatant les joints et en plaçant des armatures métalliques, pour empêcher les pieux de se désemboîter et d'être chassés vers l'intérieur.

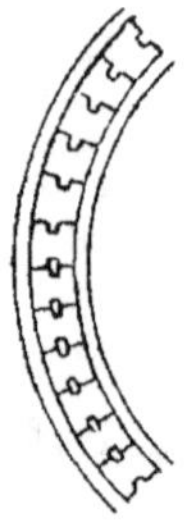

282. *Procédé Haase.* — Le procédé Haase qui a souvent été appliqué avec succès dans les mines de lignite de la Saxe, pour traverser des couches de sables aquifères de quelques mètres d'épaisseur sans grande pression, intercalées dans des argiles, n'est pas sans analogie avec le précédent.

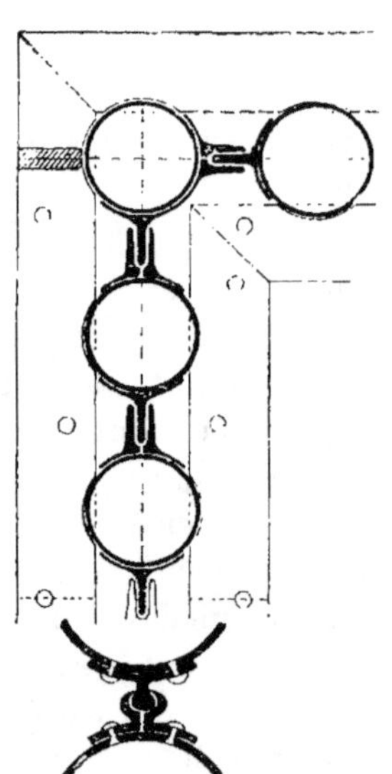

Fig. 202.

Le puits est creusé, par les procédés ordinaires, sur un assez grand diamètre jusqu'au sable. On place à la tête de la couche aquifère un ou deux cadres en bois rectangulaires ou polygonaux suivant la forme que le puits doit recevoir, destinés à servir de guides aux tubes Haase (fig. 203). Si l'on n'emploie qu'un cadre guide, on le place vers l'intérieur du puits.

Fig. 203.

Les tubes Haase sont en acier; ils mesurent 0^m105 de diamètre intérieur et 4 mm. d'épaisseur. Ils sont amincis à la base de manière à présenter un sabot tranchant. Ces tubes sont assemblés latéralement par fers d'angle et simples T rivés, ou mieux encore par des griffes saisissant un bourrelet (fig. 204), de manière à former au pourtour du puits une paroi continue qui retient le sable et laisse filtrer l'eau. L'assemblage est d'autant plus efficace que le chemin à parcourir par l'eau est plus contourné et que l'enchevêtrement empêche mieux les tubes de se désemboîter. On les enfonce, en faisant usage au besoin des procédés suivis dans les sondages tubés. Si ces tubes ont à traverser des parties dures, on peut par exemple faire usage d'un trépan; sinon l'on opère au moyen d'une *tarière*, avec courant d'eau continu, comme dans les sondages

Fig. 204.

en terrains meubles. Les tubes sont enfoncés, à mesure du creusement, à coups de mouton ou au moyen de vérins à vis ou hydrauliques.

Ces tubes s'allongent par parties de 4 m., au moyen de manchons intérieurs, rivés sur le tube de dessus et assemblés par vis au tube inférieur, de manière à avoir une paroi extérieure dépourvue de saillie ; on ne peut toutefois dépasser ainsi 20 m. de hauteur et pour une profondeur plus grande, on est obligé d'enfoncer un second cours de tubes à l'intérieur du premier, en rétrécissant le puits d'autant.

Ces tubes sont enfoncés successivement d'un mètre à la fois, jusqu'à ce que leur sabot ait pénétré dans une roche sous-jacente résistante et imperméable. On déblaie alors le terrain qui reste à l'intérieur des parois ainsi formées, en garnissant le fond du puits d'un masque en madriers et en établissant des cercles intérieurs en fer. Il faut nécessairement disposer de moyens d'épuisement assez puissants, car l'eau jaillit par tous les joints. Ce procédé n'est évidemment applicable que dans des sables susceptibles d'assèchement.

A Ramsdorf (Saxe), on a appliqué ce procédé, en 1898, dans un puits de 4^{m}50 de diamètre intérieur, pour traverser une couche de sable de 6^{m}10 de puissance à 23 m. de profondeur. Un premier cours de 114 tubes Haase, au diamètre intérieur de 5^{m}69, a atteint 10^m.50 de longueur : la couche de sable était traversée, mais les tubes ayant dévié de la verticale, on plaça pour plus de sûreté un second cours de 94 tubes Haase sur 6^{m}05 de hauteur, ce qui réduisit le diamètre du puits à 4^{m}80. Le succès fut complet.

Ce procédé est toutefois assez coûteux. A la mine Guerrini, près de Vetschau, un puits de ce genre, creusé dans 24 m. de sable, a coûté 2355 fr. par mètre. Un autre puits où il n'y avait que 5 m. de sables à traverser, a coûté 2172 fr. 50 par mètre.

Dans ces procédés, la grande difficulté consiste à suivre rigoureusement la verticale dans l'enfoncement des tubes. Cette difficulté augmente naturellement avec la section et la profondeur.

283. **Palplanches.** — Le procédé le plus ordinaire de creusement des puits en terrains ébouleux, lorsque la profondeur

est faible, consiste dans l'emploi de palplanches. On établit un pas de bure à la surface; on creuse et l'on boise solidement à la manière ordinaire jusqu'au terrain ébouleux, en reliant les

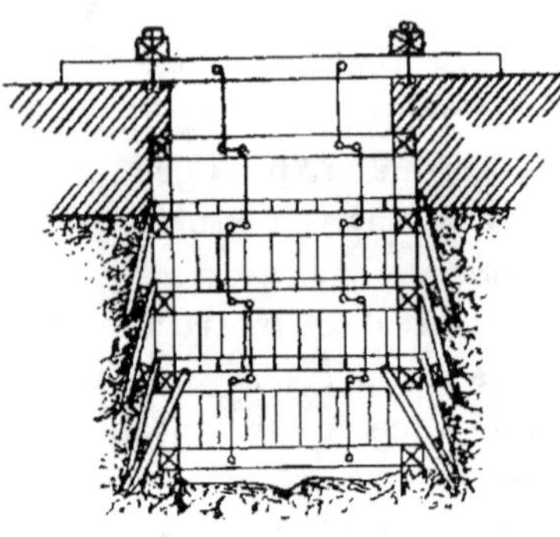

cadres entre eux au moyen de porteurs et, au besoin, de tirants en fer, terminés par des œillets, des crochets ou des boulons (fig. 205).

Quand on arrive au terrain ébouleux, on enfonce des palplanches, assemblées par rainure et languette, sur les quatre parois du puits. Dans le cas où le terrain contiendrait des parties dures ou des

Fig. 205.

cailloux, le tranchant des palplanches serait garni de fer. Ces palplanches sont enfoncées obliquement, mais ramenées par la pression contre les cadres. On leur maintient une légère obliquité au moyen de bois de serrage et au fur et à mesure du creusement, on place à l'intérieur de nouveaux cadres, que l'on peut au besoin consolider par des partibures. L'enfoncement des palplanches est plus facile qu'en galerie; mais la section du vide étant plus grande, le soutènement est plus difficile. Le fond du puits est garni d'un masque en madriers.

Ce procédé est lent et coûteux comme main-d'œuvre. La consommation de bois y est considérable et l'on ne peut atteindre ainsi de grandes profondeurs. Cependant on cite, en Silésie, l'exemple d'un puits de 7^m5o de diamètre, creusé de cette manière à travers 45 mètres de sables aquifères.

Pour faire par ce procédé des puits circulaires, le revêtement intérieur se construit au moyen d'anneaux métalliques en fer ⊏.

En Angleterre, on chasse les palplanches verticalement (fig. 206) entre deux anneaux guides en bois, formés de segments assemblés à mi-bois, dont le joint est consolidé par une éclisse.

Les palplanches anglaises ont 8 à 4 m. de long; au fur et à mesure que l'on creuse à l'intérieur de la cuve formée par ces palplanches, on place de distance en distance des anneaux intérieurs en bois ou en fer reliés entre eux et à l'anneau superficiel par porteurs et tirants.

Si le puits doit être creusé à plus de 4 m. de profondeur, il faut enfoncer un second cours de palplanches à l'intérieur du précédent et ainsi de suite. A chaque nouveau cours de palplanches, le diamètre du puits diminue de 0^m5o, de sorte que ce procédé ne permet d'atteindre une profondeur de plus de 10 à 14 m. qui comporte déjà 3 à 4 cours de palplanches. On emploie quelquefois aussi des palplanches en fer avec anneaux guides en fer ⌐.

Le plus grand inconvénient de ces systèmes est la difficulté de conserver rigoureusement la verticale.

Le procédé des palplanches est généralement suivi du muraillement du puits qui, se faisant de bas en haut, permet l'enlèvement successifs des cours de palplanches.

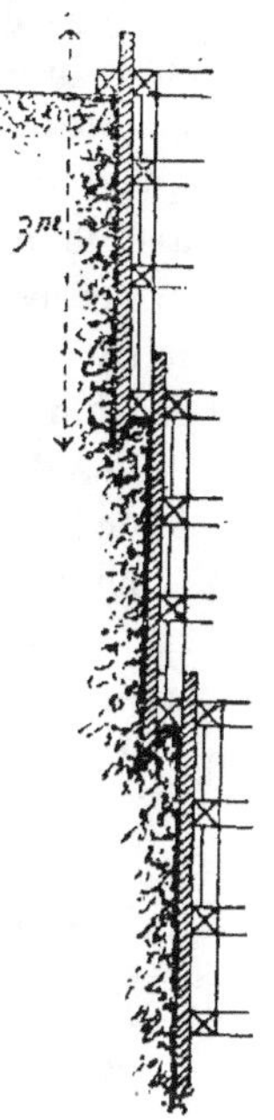

Fig. 206.

284. *Réfection des puits éboulés.* — Les palplanches s'emploient aussi dans la réfection des puits éboulés sur une partie de leur hauteur.

L'éboulement d'un puits est toujours un accident très grave, car il arrête tous les services ; or, l'arrêt de l'épuisement peut noyer les travaux et si ceux-ci ne sont pas très étendus, l'eau peut même monter jusqu'au niveau de l'éboulement et rendre les travaux de réfection extrêmement difficiles.

La première opération consiste à combler le puits éboulé, au moyen de terre, cendres, gravier, fascines, béton.

Les cendres ont l'inconvénient de donner beaucoup de poussière, lors du déblai. Le béton remplit bien toutes les cavités, mais le creusement est difficile à cause de la dureté du béton qui nécessite l'emploi d'explosifs et à cause des poussières de chaux qui sont très nuisibles aux yeux. On peut employer de la terre et du gravier pour les parties du puits inférieures à l'éboulement et réserver le béton pour la seule partie éboulée. Quant aux fascines qu'on mélange parfois à la terre ou au gravier, elles ont l'inconvénient de présenter trop d'élasticité ; elles sont compressibles, se tassent difficilement et sont gênantes pendant le déblai.

Pour pénétrer dans ces matières, on encastre un cadre solide dans la partie intacte au-dessus de l'éboulement; puis on creuse, en établissant contre la roche saine des boisages provisoires que l'on suspend par tirants au cadre supérieur. Quand on arrive au terrain rapporté, on y pénètre au moyen de palplanches, en reliant les cadres de boisage les uns aux autres par tirants en fer. Quand l'éboulement est traversé, on maçonne en remplissant l'excavation jusqu'à la roche intacte (¹).

Les difficultés sont plus grandes, lorsqu'il s'est formé un bouchon dans le puits, comme il arrive par suite d'un enchevêtrement de boisages éboulés. Dans ce cas l'on ne peut songer à un remplissage, de crainte d'effondrement, et l'on réfectionne le puits sur paliers suspendus.

Au charbonnage de Patience et Beaujonc, on a repris un puits très ancien au moyen d'un palier volant sous lequel était suspendue une petite cage, mobile sur rails et donnant accès dans toute la section du puits (²).

285. *Tronçons suspendus.* — MM. Haniel et Lueg emploient depuis quelque temps en Allemagne, dans les terrains ébouleux, des revêtements en fonte composés de tronçons, formés de segments boulonnés à nervures intérieures et suspendus les uns aux autres par boulons, avec interposition de feuilles de plomb. Le premier de ces tronçons est suspendu à une assise en fonte, solidement ancrée en saillie dans un revêtement supérieur; on leur donne une faible hauteur et on les met en place de haut en bas, dès que la paroi est dégarnie sur une hauteur suffisante, ce qui dispense de tout revêtement provisoire. De distance en distance, on intercale une assise reliée au terrain pour soulager les boulons de suspension. La fig. 207 représente la coupe d'une partie du puits d'Oberröblingen (Saxe prussienne), de 4ᵐ.70 de diamètre, creusé en 1891; le premier tronçon est suspendu à un cercle en fonte A ancré dans

---

(¹) Voir la description de travaux de ce genre au charbonnage de Longterne-Trichères (*Ann. des Travaux publics*, t. XVI, 1858), au n° 7 de la Société de Bascoup (*Revue univ. des mines*, 3ᵉ série, t. LVI, 1901).

(²) *Ann. des mines de Belgique*, t. VI, 1901, p. 841.

un revêtement en fonte supérieur. On voit les anneaux appuyés de distance en distance dans le terrain, par l'intermédiaire d'une petite assise de maçonnerie. La fig. 208 représente une partie de la coupe d'un autre puits creusé, en 1890, près de Pommelte où les tronçons supérieurs sont simplement ancrés dans une assise de béton au moyen de nervures extérieures. On fit ainsi une partie de puits de 14 m. de profondeur sur 5^m.35 de diamètre. Ce procédé a été employé pour la première fois en Westphalie, en 1894, pour le creusement de 5 puits de 9^m.20 de diamètre sur 28 m. de profondeur, pour les ascenseurs du Canal de Dortmund à l'Ems. Il y est depuis lors devenu d'un usage fréquent [1].

Quand on arrive au bon terrain, on construit une assise en fonte reliée au terrain par du ciment et l'on rempiète par quelques assises. Ce système est très économique et très rapide d'exécution dans les terrains ébouleux, peu aquifères, où il forme revêtement définitif.

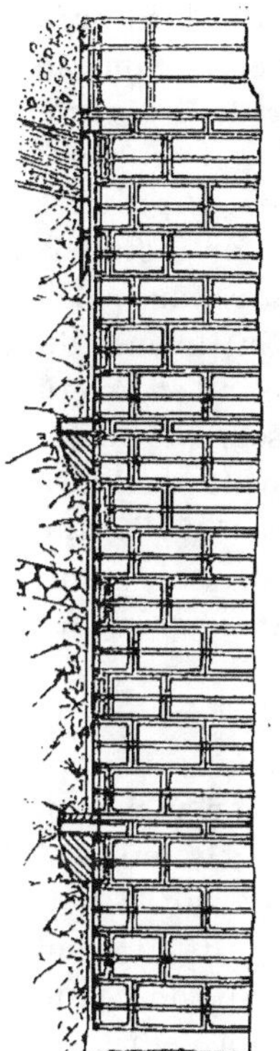

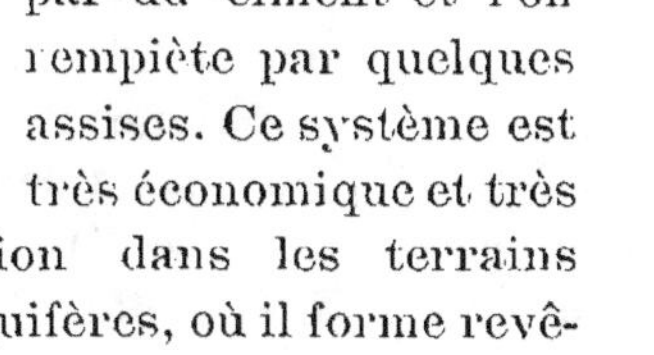

FIG. 207.

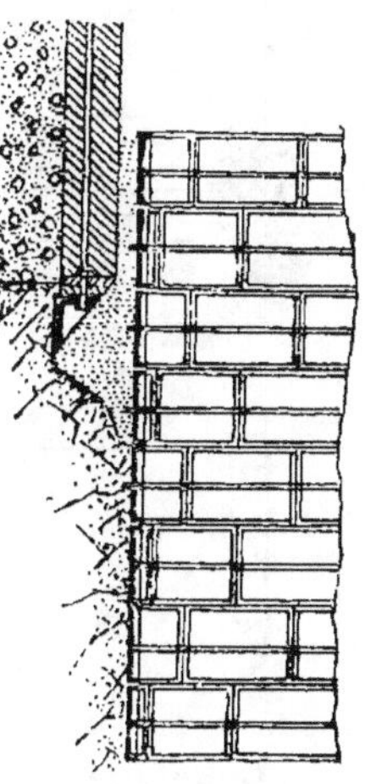

FIG. 208.

286. ***Procédé dit de la trousse coupante.*** — Lorsque les terrains sont suffisamment meubles, on emploie des revêtements descendants, munis d'une *trousse coupante* destinée à pénétrer dans le terrain. Ils peuvent se construire en bois, en maçonnerie, en béton, en fonte, en tôle, en fonte avec maçonnerie ou béton.

---

[1] Haniel et Lueg. *Das Schachtabteufen in neuerer Zeit.* Dusseldorf-Grafenberg, 1896.

287. *Revêtements descendants en bois*. — Les revêtements descendants en bois ne conviennent que pour de faibles profondeurs. Ils étaient fréquemment employés autrefois, sous le nom de *faux cuvelages*, pour traverser le gravier de la Meuse, dans le Bassin de Liége.

On commençait toujours par faire un avant-puits de grandes dimensions, très solidement boisé, au fond duquel on installait la trousse coupante, cadre en bois, rectangulaire ou polygonal, suivant la forme du puits, taillé en biseau et revêtu de tôle. Au-dessus de cette trousse, on élevait quelques cadres de 0^m20 à 0^m25 d'épaisseur, dont les angles étaient reliés par des équerres en fer (fig. 209).

On provoquait la descente de cet ensemble, dans le terrain meuble, par pression au moyen de 4 à 8 vérins à vis qui prenaient leur appui sur le boisage de l'avant-puits. Quand le revêtement était descendu de la hauteur d'un cadre, on remontait les vis une à une ou deux à deux et l'on ajoutait

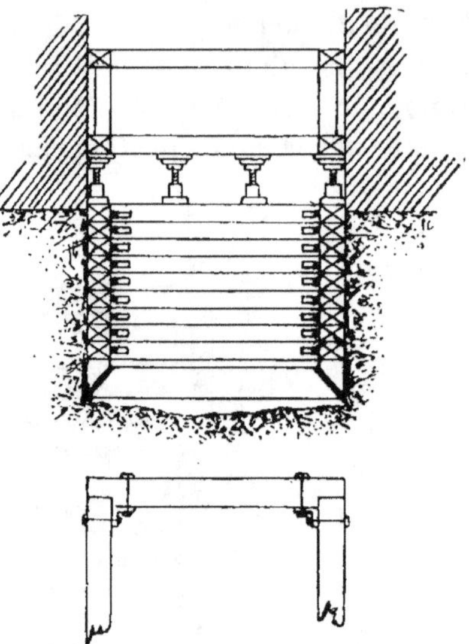
Fig. 209.

un nouveau cadre. L'ouvrier qui creuse n'a pas à s'occuper du revêtement, il est absolument en sécurité. Quand on arrivait au bon terrain, on y installait une trousse picotée, et comme l'étanchéité ne pouvait être assurée définitivement par suite du grand nombre de joints, malgré le calfatage le plus énergique, on remplaçait le faux cuvelage par un cuvelage définitif.

Ce procédé a été encore employé, en 1893, à Anzin, pour traverser 17 à 18 m. de sables aquifères à la fosse Blignière. Le revêtement descendant était de forme circulaire et composé de douves verticales reliées par des ferrures intérieures.

288. *Tours descendantes en maçonnerie*. — Les revêtements descendants ou *tours* en maçonnerie présentent l'avantage de maintenir plus aisément la verticalité et la section du puits et en outre d'être étanches ; leur poids facilite la descente à tel point qu'il n'est pas besoin de vérins pour la provoquer. Elles sont d'un emploi général, surtout en Allemagne, pour traverser les terrains meubles voisins de la surface. Un sondage préalable, autant que possible à l'emplacement même du puits, doit toujours faire connaître très exactement la composition du terrain à traverser.

Quand le frottement devient trop considérable, on aide la descente, en creusant sous la trousse coupante.

Quand le terrain est homogène, la descente s'effectue verticalement ; mais quand il se compose d'alternances de parties meubles et résistantes, telles que sables et argiles, et lorsque les couches ne sont pas horizontales, il arrive que la descente se fasse obliquement et il peut même se produire des ruptures dans la maçonnerie, par suite de l'inégalité des résistances qui s'exercent suivant un même diamètre. On y remédie, en suivant la descente au fil à plomb et en creusant sous la trousse, du côté où la résistance est la plus grande.

289. On peut procéder de deux manières :

1° Construire à la surface la tour dont la hauteur correspond à toute l'épaisseur de terrain meuble à traverser ;

2° Construire la tour par parties, en l'allongeant au fur et à mesure de la descente.

Dans l'un et l'autre de ces procédés, on commence toujours par creuser un avant-puits d'assez grande section pour avoir accès à l'extérieur de la tour dont l'édification commence au fond de ce puits préparatoire.

290. Le premier procédé est rarement employé aujourd'hui ; il ne convient que pour traverser des terrains superficiels immédiatement suivis du bon terrain. C'est ainsi qu'il a été suivi pour le creusement des puits préalables au percement du premier tunnel sous la Tamise, à Londres, du tunnel sous l'Hudson, à New-York, etc.

Pour le tunnel sous la Tamise, Brunel avait construit une tour de 12^m80 de haut et de 15^m25 de diamètre intérieur (fig. 210). L'épaisseur de la maçonnerie était de 1 m. La trousse coupante en fonte était formée de plusieurs segments. Le sommet de la

maçonnerie était recouvert de madriers reliés à la trousse par
des tirants en fer. Un plancher recouvrant la tour portait une

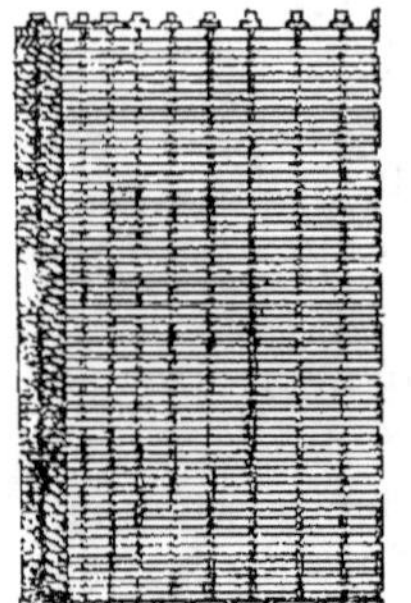

machine à vapeur pour l'extraction des eaux
et des déblais.

La tour était soutenue sur des pieux ferrés
dont on enfonçait un sur deux au mouton.
Lorsque la tour ne portait plus que sur la
moitié des pieux, elle descendait par son poids.
Arrivé dans l'argile, on a fait un radier sphérique, en rempiétant sous la trousse. Les
grandes dimensions de ces tours étaient justi-
fiées par le projet d'établir dans ces puits des
rampes en colimaçon pour voitures.

A New-York, les dimensions étaient 9^m15
de diamètre sur une hauteur de 18 m.

FIG. 210.

291. Le procédé consistant à édifier la tour au fur et à mesure
de sa descente est seul aujourd'hui d'un emploi général. La
construction de la trousse coupante diffère avec la profondeur

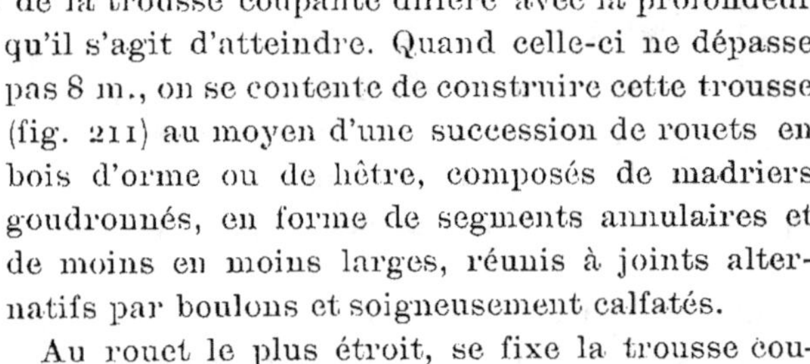

qu'il s'agit d'atteindre. Quand celle-ci ne dépasse
pas 8 m., on se contente de construire cette trousse
(fig. 211) au moyen d'une succession de rouets en
bois d'orme ou de hêtre, composés de madriers
goudronnés, en forme de segments annulaires et
de moins en moins larges, réunis à joints alternatifs par boulons et soigneusement calfatés.

Au rouet le plus étroit, se fixe la trousse coupante formée d'un cercle en fonte d'une seule pièce
dans les puits de petit diamètre, ou en plusieurs
segments à nervures intérieures, boulonnés entre
eux et réunis de même au dernier rouet en bois.
Pour une tour de 8 m., une trousse ainsi construite
mesure $0^m.70$ de hauteur.

Pour de plus grandes profondeurs, la trousse est
entièrement en fonte ; elle est formée de deux
rangées de segments annulaires assemblés à joints

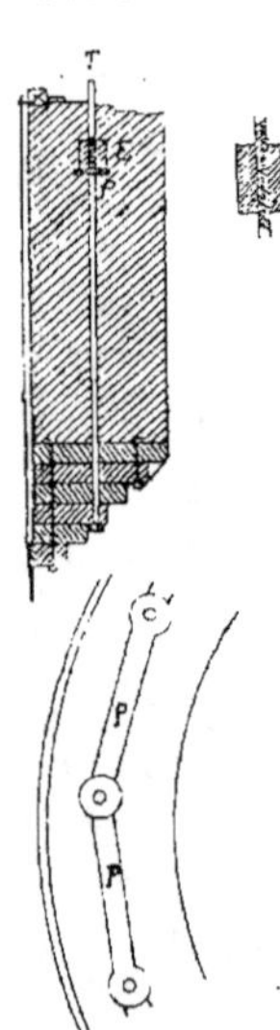

FIG. 211.

alternatifs boulonnés (fig. 212). Pour que l'effort
de cisaillement ne porte pas sur les boulons, il est bon d'enchevêtrer les joints verticaux, comme on l'a fait au puits Centrum,
en Westphalie (fig. 213).

La trousse étant installée bien de niveau au fonds du puits préparatoire, on élève sur elle la maçonnerie, épaisse de 2 à 3 briques. On revêt extérieurement cette maçonnerie d'un manteau en voliges ou en tôle, engagé par le pied dans la trousse et cloué sur des cercles en bois, ménagés de distance en distance dans la maçonnerie.

Cette dernière est consolidée par des armatures en fer, dans le sens vertical et dans le sens horizontal.

Verticalement, des tirants en fer T (fig. 211) règnent sur toute la hauteur, à peu près au milieu de l'épaisseur ; ils s'assemblent par boulons, d'une part à la trousse et d'autre part entre eux au moyen d'écrous E, à double filet noyés dans la maçonnerie. Ce dernier assemblage s'installe au-dessus de pièces de fonte P qui sont elles-mêmes assemblées entre elles, de manière à former un ancrage horizontal (fig. 211).

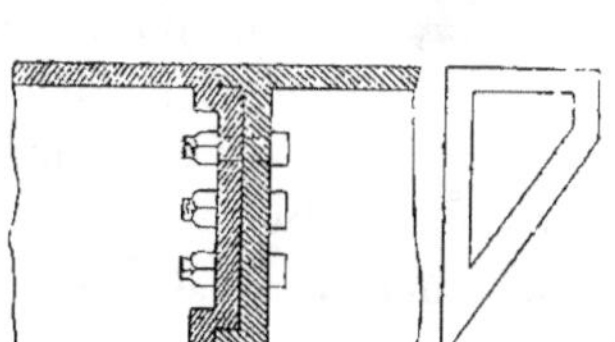

Fig. 212.

Fig. 213.

Ce double ancrage empêche la tour de se disjoindre dans l'un ou l'autre sens. Dans une tour de 8 m. de diamètre, on place au moins 12 tirants verticaux, régulièrement espacés.

Lorsque la profondeur est grande, on donne à la tour une certaine conicité extérieure ; on l'élève à la fois de plusieurs mètres, pour augmenter son poids ; sinon on ne la maintient que de 2 ou 3 m. au-dessus du fond de l'avant-puits.

Lorsque l'eau est abondante, on noie des tuyaux de décharge transversaux dans l'épaisseur de la tour, afin de diminuer la pression extérieure et d'empêcher l'eau de passer sous la trousse.

Dans d'autres cas, on provoque à dessein le passage de l'eau sous la trousse, en refoulant les eaux d'épuisement au pourtour du revêtement. On crée ainsi une pression extérieure qui a pour effet de désagréger le terrain. Ce procédé a été employé par M. P. Plumat, pour creuser les fondations d'un élévateur à charbons, sur le canal de Mons à Condé. Dans le même ordre d'idées, M. A. Casse a proposé, par analogie avec un procédé bien connu de fonçage des pilotis, de construire la trousse coupante en fonte creuse et d'y envoyer un courant d'eau sous pression, faisant irruption par des trous ménagés au pourtour de la trousse vers l'intérieur et l'extérieur.

292. En s'enfonçant dans le bon terrain, la trousse coupante peut fournir une liaison étanche et alors la tour devient un véritable cuvelage en maçonnerie. Si l'étanchéité n'était pas obtenue,

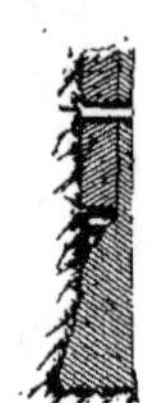

Fig. 214.

on établirait plus bas un empattement en maçonnerie et l'on rempièterait la tour par une petite passe de cuvelage (fig. 214). Mais il arrive souvent qu'à la suite des terrains meubles superficiels, on ait encore à traverser des morts terrains ébouleux et aquifères qui nécessiteraient de nouveaux revêtements descendants, placés à l'intérieur de la tour. Lorsqu'on prévoit le cas, on donne à la tour en maçonnerie un très grand diamètre, afin de conserver au puits une section suffisante, malgré ses rétrécissements successifs.

293. Lorsque le frottement s'oppose absolument à la descente et que le bon terrain n'est pas atteint, le seul remède consiste de même à faire descendre un nouveau revêtement concentrique au premier. Il est rare qu'on puisse employer pour cela une seconde tour en maçonnerie ; car il faut toujours laisser, entre les deux revêtements, un jeu suffisant pour prévenir les inconvénients d'une descente oblique de la seconde tour.

Au puits de Ruhr-et-Rhin, la première tour mesurait $8^m.40$ de diamètre intérieur et $0^m.83$ d'épaisseur. Cette tour refusant toute descente à $23^m.44$, une deuxième tour reçut $5^m.81$ de diamètre intérieur et $0^m.55$ d'épaisseur. Il y avait donc $0^m.745$ de jeu entre ces deux revêtements. La seconde tour ne descendit pas au-delà de $31^m.13$.

Au puits n° 1 de Rhein-Preussen, une première tour de $7^m.75$ de diamètre intérieur et de $0^m.83$ d'épaisseur descendit à 22 m. de profondeur ; la seconde de $4^m.71$ de diamètre intérieur et de $0^m.65$ d'épaisseur descendit jusque $75^m.57$.

Au puits n° 2 de Rhein-Preussen, une tour en maçonnerie descendit jusqu'à 92 m., ce qui est sans doute la plus grande profondeur qui ait été atteinte par ce système.

294. Les tours descendantes en maçonnerie sont des construc-

tions coûteuses. Dans des conditions normales et quand la profondeur ne dépasse pas 16 m., on peut compter, d'après l'expérience des travaux de ce genre exécutés en Westphalie dans des terrains peu aquifères, pour des diamètres de 4ᵐ.5o à 7 m., sur un prix variant de 1220 à 2785 fr. par mètre, soit en moyenne sur un peu plus de 2000 fr. On obtient dans ces conditions une vitesse moyenne d'avancement de 12 m. par mois ; mais quand les difficultés provenant de la profondeur et de l'épuisement augmentent, les prix peuvent s'élever jusque 3325 fr. (puits Mansfeld n° 4, 5ᵐ.07 de diamètre, 23ᵐ.5o de profondeur, 7 m³ d'eau par minute) et 4460 fr. (puits Bismark n° 4, 6ᵐ.80 de diamètre, 10 m. de profondeur, avec difficultés de jonction avec le bon terrain) (¹).

La maçonnerie a dans tous les cas l'avantage de résister aux chocs et aux coups de bélier qui se produisent souvent dans les terrains superficiels où l'eau et les sables longtemps retenus font souvent irruption sous la trousse coupante ; c'est ce qui est arrivé notamment dans les graviers et sables tertiaires traversés par les puits des environs de Ruhrort et de Homberg, sur les deux rives du Rhin. C'est pour cela que l'on commence presque toujours en Allemagne les foncements en terrains ébouleux par une tour en maçonnerie.

295. ***Tours en béton comprimé.*** — On a remplacé récemment la maçonnerie par le béton comprimé qui a l'avantage d'être monolithe ; l'essai n'en a été fait jusqu'ici que pour de très faibles profondeurs. On a traversé ainsi le gravier de la Meuse à Herstal sur 4 m. d'épaisseur, en construisant d'emblée la tour sur toute cette hauteur pour éviter les joints.

Après avoir creusé, à sec jusqu'à 12ᵐ.60 de profondeur, un avant-puits de 5ᵐ.65 de diamètre, avec soutènement octogonal en bois, on établit au fond de ce puits une trousse coupante de même diamètre, composée de 8 tronçons en fonte avec nervures transversales, boulonnés entre eux et ouverts par le haut (fig. 215). Contre la paroi du puits, on avait fait un garnissage en planches sur lesquelles étaient

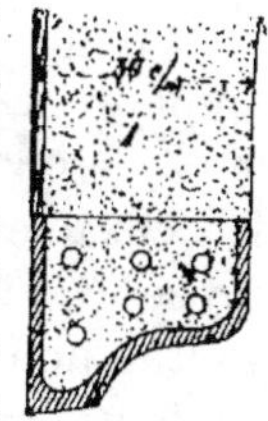

Fig. 215.

(¹) *Leistungen und Kosten beim Schachtabteufen im Ruhrbezirk*, par L. Hoffmann. — *Glückauf* d'Essen 1901.

clouées des tôles d'acier de $1^{mm}.25$ à bords supérieurs recouverts. Ces tôles furent graissées pour diminuer le frottement. On pilonna alors le béton dans la trousse et l'on éleva ainsi la tour sur une hauteur de 5 m., en lui donnant $0^m.30$ d'épaisseur et en l'enveloppant d'un manteau de voliges de 15 mm.

Après une descente de $2^m.25$, la trousse avait pénétré dans le terrain houiller; on continua à creuser sur $5^m.65$ de profondeur et l'on picota de bas en haut derrière la trousse coupante, de manière à aveugler entièrement la venue d'eau. A $16^m.68$, on établit une assise de béton et l'on noya complètement la tour jusqu'à $5^m.40$ de la surface dans un revêtement de béton comprimé de $0^m.70$ d'épaisseur, ce qui réduisit à $4^m.25$ le diamètre du puits.

296. ***Revêtements descendants métalliques***. — Pour diminuer la réduction de diamètre résultant de l'enfoncement d'une nouvelle tour, on a ordinairement recours aux revêtements métalliques descendants, composés de tronçons en fonte ou plus rarement en tôle. La largeur des collets n'étant que de $0^m.15$ à $0^m.18$, le diamètre n'est réduit que de $0^m.30$ à 0^m36 plus le jeu qui peut être limité à $0^m.05$, soit en tout de $0^m.40$ à $0^m.46$.

La fonte est fragile; c'est pourquoi l'on y a substitué quelquefois la tôle, surtout à de grandes profondeurs. Celle-ci est plus coûteuse, se déforme plus facilement, se rouille, ne résiste pas si bien à l'écrasement, mais elle ne se brise pas par le choc.

297. ***Revêtements descendants en fonte***. — La trousse coupante doit être suffisamment résistante pour atteindre de grandes profondeurs.

Pour un puits de 5^m25 de diamètre, par exemple, la trousse coupante est composée de 10 segments en fonte ou en acier coulé de 0^m70 de haut. Le tranchant proprement dit est composé de deux frettes en acier superposées, fixées par des vis à tête noyée (fig. 216).

On a donné jusque 6^m50 de diamètre à des revêtements descendants en fonte construits par segments boulonnés.

Il est rare que les tronçons soient en une pièce. Ils sont à nervures et collets intérieurs. Les joints sont garnis de feuilles de plomb.

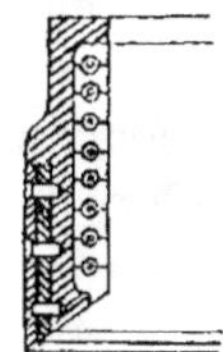

La descente doit être guidée verticalement dans la maçonnerie de l'avant-puits ou dans celle de la tour à l'intérieur de laquelle on enfonce le cylindre de fonte.

On se sert généralement aujourd'hui pour cette opération de vérins hydrauliques à l'aide desquels on est maître de la pression. Ces derniers prennent leur appui sur un cercle en fonte faisant saillie à l'intérieur du puits et fortement relié par des tirants à un second anneau de fonte, noyé à la base de la maçonnerie (fig. 217).

MM. Haniel et Lueg se servent de ces tirants pour guider la descente du revêtement. Ces tirants sont alors de section carrée et font saillie sur la paroi intérieure de la tour.

Fig. 216.

On alimente les vérins au moyen d'un accumulateur (500 atm. à Rhein-Preussen, n° 2), afin de ne pas communiquer au revêtement les chocs des pompes. Les vérins sont indépendants les uns des autres, de manière à pouvoir donner plus ou moins de pression d'un côté, ou même à supprimer complètement la pression, le cas échéant. Celle-ci se règle en augmentant ou en diminuant la charge de l'accumulateur. La résistance au frottement dépend de la section annulaire et du poids du revêtement. Comme la section annulaire d'un revêtement métallique est moindre que celle d'une tour en maçonnerie, il en résulte qu'avec le métal on peut atteindre de plus grandes profondeurs, d'autant plus qu'on peut exercer des pressions plus grandes que sur la maçonnerie qui s'écrase aisément. Les grandes pressions permettent d'enfoncer la trousse suffisamment en avant du creusement, pour empêcher les irruptions de sables et d'eau et pour faire une bonne liaison avec les parties argileuses imperméables.

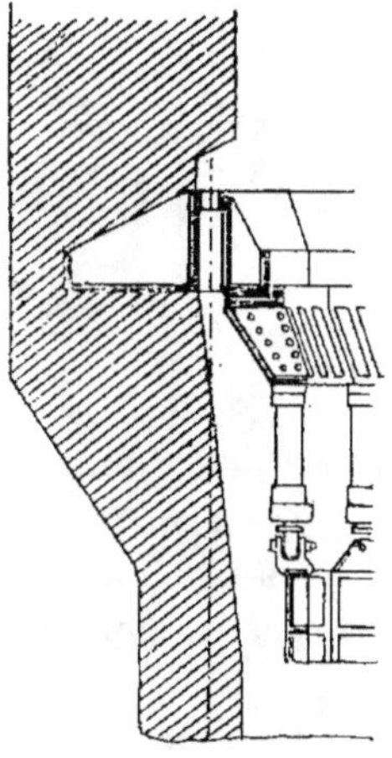

Fig. 217.

298. Quand les morts terrains présentent des alternances d'argiles et de sables boulants, comme c'est le cas dans les gise-

ments de lignite du nord de l'Allemagne, on emploie souvent aujourd'hui des tours métalliques avec trousse coupante dans les sables et des revêtements en fonte, par tronçons suspendus (cf. n° 285) dans les parties argileuses. On prévoit alors la suspension de ces revêtements, en intercalant dans la tour métallique immédiatement supérieure, un tronçon faisant saillie à l'intérieur du puits (fig. 207), ou sinon l'on incruste les premiers tronçons suspendus dans une assise en béton (fig. 208).

299. Un revêtement en fonte, avec trousse coupante, coûte plus qu'une tour en maçonnerie, bien que, le volume de déblai à extraire étant moindre, il y ait économie sur les salaires.

On peut établir la comparaison suivante entre le prix d'un creusement par tour en maçonnerie et par revêtement descendant en fonte pour un même diamètre de 6^{m}5o et 16 m. de profondeur.

	Tour en maçonnerie.	Fonte.
Part d'installations . . . . fr.	1319	1319
Tour		29224
Trousse coupante. . . .	12952	2686
Consommations diverses . .	1875	1875
Salaires	9375	4587
Divers	922	875
	26443	4o666
Soit par mètre courant	1652	2542

3oo. *Revêtements descendants en tôle.* — La tôle s'emploie couramment pour tuber les trous de sondage jusqu'à 2 m. de diamètre. Son emploi est rare pour de plus grandes sections. Dans certaines circonstances cependant, on y a recours pour remédier à la fragilité des revêtements en fonte.

La trousse coupante se construit, comme ci-dessus, ou simplement en taillant en biseau la base du premier tronçon de tôle auquel on donne une double épaisseur. Le revêtement est formé de tôles à joints horizontaux et verticaux recouverts par des bandes rivées à l'intérieur du revêtement. On peut aussi composer des tronçons à collets formés de cornières rivées qui augmentent la rigidité de l'ensemble. On peut encore les renforcer par des cercles en fer plat ou simple ⊢.

Tandis que si la trousse est étanche, les revêtements descendants en fonte peuvent former un cuvelage définitif, les revêtements en tôle demandent, par suite de leur oxydabilité, un revêtement intérieur en maçonnerie ou en béton.

3o1. Lorsque les revêtements métalliques sont parvenus au bon terrain, on démonte la trousse coupante et on la remplace par une assise en fonte tronconique, appuyée sur un muraillement, avec quelques tronçons de raccord. Si l'on redoutait l'enlèvement de la trousse coupante, on ferait un bout de cuvelage montant de quelques mètres à l'intérieur du revêtement métallique avec remplissage intermédiaire de béton.

3o2. *Revêtements descendants en fonte et béton.* — Dans le but d'augmenter la résistance des revêtements descendants, M. Pattberg, directeur des charbonnages de Rhein-Preussen, emploie au creusement des puits n°s 4 et 5 de cette Société un revêtement descendant composé de fonte et béton (fig. 218). De distance en distance sont intercalés des anneaux de renfort de plus en plus espacés, à mesure que le revêtement s'élève. Leur distance est de 3 m. à la base pour s'élever plus haut à 4^m,5o, 6 et 9 m. Ces anneaux sont reliés entre eux par des tirants verticaux sur toute la hauteur du revêtement ; leur forme se prête à un bétonnage ou à un muraillement intérieur. L'épaisseur est naturellement plus grande que celle d'une simple tour métallique, mais on peut espérer atteindre ainsi de plus grandes profondeurs, en raison du poids et de la rigidité plus grande de ces revêtements.

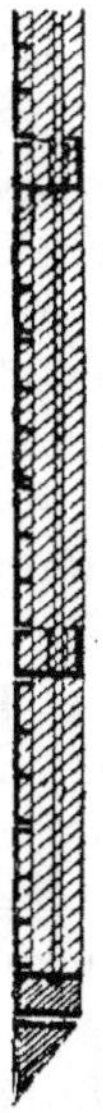

Fig. 218·

3o3. *Creusements à niveau vide.* — Dans tout ce qui précède, nous avons supposé que l'on creusait à *niveau vide*, c'est-à-dire en épuisant la venue d'eau au fur et à mesure.

Nous verrons dans la Section de l'Épuisement les moyens que l'on emploie à cet effet et qui permettent aujourd'hui de lutter contre des venues d'eau considérables.

Il y a le plus grand intérêt à accélérer le creusement des puits autant que possible, parce que les capitaux restent improductifs pendant cette opération.

Quand on creuse par les procédés ordinaires, dans des conditions normales, on ne dépasse guère en Belgique 20 m. par mois en terrain houiller. On fait en moyenne 0ᵐ8o par jour dans les schistes et 0ᵐ5o seulement dans les grès ; ces chiffres dépendent évidemment de la section du puits, du nombre et de l'habileté des ouvriers. Pour aller vite, il faut employer le plus d'ouvriers possible, pourvu qu'ils ne se gênent pas mutuellement. Dans les puits secs, on travaille en deux postes de 12 heures, ou mieux en trois postes de 8 heures. Dans les puits humides, on fait souvent 4 postes de 6 heures. Jusqu'à 3o m. de profondeur, l'extraction des déblais s'effectue au moyen d'un treuil à bras ; au-delà, il faut une machine à vapeur. Pour l'extraction de l'eau, on emploie dans le principe les tonnes de l'avaleresse ; plus tard seulement, si l'abondance de l'eau l'exige, on fait usage de pompes, de pulsomètres, ou d'engins spéciaux, dont il sera question plus tard.

Les travaux d'avaleresse se font toujours à l'entreprise. Le prix varie avec la dureté des roches. On peut admettre en terrain sec, comme base approximative, le prix de 10 fr. par m³ de schistes du terrain houiller ; on paie le double dans les grès d'une certaine épaisseur. Les explosifs sont compris dans le prix de l'entreprise, mais fournis à l'entrepreneur au prix coûtant, pour être certain de la qualité des explosifs employés.

Quand l'eau est abondante, il arrive qu'on ne peut mettre le travail à l'entreprise, à cause des arrêts qui en résultent.

Dans une évaluation approximative, on peut admettre qu'un puits de 4 à 5 m. de diamètre à 4oo m. de profondeur, en terrain houiller non aquifère, coûte en Belgique de 6 à 7oo fr. par mètre, revêtement compris.

Dans les morts-terrains, les conditions sont souvent différentes. D'après un relevé récent de M. L. Hoffmann, ingénieur des mines à Essen (¹), sur 12o puits creusés en Westphalie dans les dix dernières années, l'avancement mensuel a été en chiffres ronds de 22 m. dans la marne et de 20 m. dans le terrain houiller, avec cuvelage ou muraillement dans la marne et,

---

(¹) *Glückauf* d'Essen 1901 *loc. cit.*

presque toujours, muraillement dans le terrain houiller. Ces avancements atteignent 25 m. dans la marne, lorsqu'elle est sèche, et descendent à 10 ou 15 m. en moyenne, quand la venue d'eau atteint 1 à 2 m³ par minute, suivant que l'on emploie un cuvelage en fonte construit par la méthode anglaise ou allemande.

Pour une même profondeur de 400 m. et un diamètre de 3 à 6 m., les prix ont varié de 875 à 1.500 fr. dans la marne et de 750 à 1.250 fr. dans le terrain houiller. Pour une augmentation de diamètre de 0ᵐ.50, le prix augmente de 125 fr. dans la marne et de 100 fr. dans le terrain houiller. Ces prix comprennent une part des installations du jour qui sont en partie utilisées dans la suite. Quand la marne est tout à fait sèche, le prix ne dépasse pas 700 à 1.000 fr. par mètre.

Lorsque les venues d'eau nécessitent des cuvelages en fonte dans la marne, le prix s'élève, dans la méthode allemande de cuvelage, de 1.970 à 3.100 fr., et, dans la méthode anglaise, de 2.030 à 3.360 fr. suivant le diamètre.

304. Le travail dans les avaleresses présente toujours certains dangers ; il faut donc prendre des mesures de précaution spéciales. Il faut protéger les ouvriers contre les chutes de pierres, en fermant le puits par un plancher percé d'ouvertures qui se referment, après le passage des tonnes, au moyen de portes à charnières. Quelquefois on ménage un compartiment spécial et isolé pour la circulation d'une benne unique. Les tonnes doivent être guidées, si l'on veut faire rapidement l'extraction des déblais. Elles ne doivent pas être remplies à plein bord et doivent être soigneusement nettoyées extérieurement, de crainte de chutes de pierres rendues adhérentes par une couche d'argile. Des échelles seront installées du haut en bas du puits, autant que possible dans un compartiment isolé. A la partie inférieure, on établira des échelles flottantes en fer, pour que les ouvriers puissent se retirer, pendant le tir des mines. Enfin il faut veiller à l'aérage et provoquer la circulation de l'air au moyen de tuyaux ou de cloisons. Un bon aérage est une condition essentielle de rapidité, parce que les fumées étant dissipées, on peut reprendre le travail aussitôt après le tir.

305. Quand on rencontre des filtrations d'eau, on les retient

par des *gargouilles* : on aveugle pour cela tous les joints d'un cadre au moyen de mousse et d'argile et l'on construit sur ce cadre une rigole en planches qui retient l'eau et l'amène dans un angle du puits. De cet angle part un tuyau (*nochère*) qui conduit l'eau au fond du puits (*bougnou*) ou dans un réservoir pratiqué dans une paroi (*carihou*, *rapuroir*), où les pompes viennent puiser.

Quand les maçonneries arrivent à la gargouille, on la remplace quelquefois par une gargouille en fonte.

306. On a réussi récemment en Allemagne à traverser à niveau vide des morts-terrains de très grandes épaisseurs. Le puits n° 1 de Werne, sur la Lippe, a atteint le terrain houiller en 1901 à 580 m. de profondeur, avec un diamètre de 5^m.80. Une tour descendante en maçonnerie fut d'abord foncée jusqu'à 12 m. dans le diluvium qui était très aquifère. On traversa ensuite par palplanches 15 m. de marnes tendres et l'on établit à 27 m. de profondeur la trousse d'un cuvelage en fonte qui supprima la venue d'eau d' $^1/_5$ m³ par minute. A partir de là, on creusa dans la marne jusqu'à 388 m. sans rencontrer d'eau. A 388 m., on eut de faibles venues d'eau (0.10 à 0.25 m³); on put continuer néanmoins à faire le creusement et le muraillement simultanés avec palier volant, par reprises de 40 à 60 m. jusqu'au terrain houiller (cf. n° 250).

Le puits de Gladbeck n° 1 de 6^{m}60 de diam. a traversé de même le mort-terrain sur une épaisseur de 444 m. Les parties superficielles ont été traversées, comme ci-dessus, par une tour en maçonnerie et un cuvelage en fonte. On a ensuite creusé et muraillé simultanément dans la marne jusqu'à 309 m. sans difficulté et à peu près au même prix qu'à Werne (cf. n° 250), malgré le plus grand diamètre ; mais à cette profondeur, on rencontra des grès appartenant au trias, plus difficiles à soutenir et aquifères (2 m³ par minute d'eau salée). Après deux années environ d'interruption pour ménager un écoulement à ces eaux, on reprit le fonçage à niveau vide et l'on traversa le trias et quelques mètres de permien, en procédant par courtes reprises de maçonnerie de 1^{m}39 de hauteur, distance de 2 cadres provisoires (cf. n° 252). Le prix de cette partie du creusement a été de 3.250 fr. par m. avec une venue d'eau variant de 1 m³ 6 à 2 m³ 6 par minute.

3o7. Quand le terrain est très aquifère, le travail à niveau vide peut présenter des difficultés assez grandes pour le faire rejeter à priori, lorsqu'on peut craindre des venues excessives.

Indépendamment de ces difficultés, l'épuisement peut avoir une influence sur le débit des puits domestiques et même sur la stabilité des constructions, dans un rayon assez grand. C'est ainsi que les essais de creusement à niveau vide du puits Scharnhorst, près de Dortmund, avaient provoqué le tarissement des puits domestiques dans un rayon de plus de 7 kilomètres.

Dans les puits présentant des venues d'eau de grande abondance, le creusement est d'ailleurs extrêmement pénible et malsain, par suite de l'humidité du milieu où l'on fait travailler les ouvriers.

3o8. En Angleterre, on a pendant longtemps donné la préférence au travail à niveau vide, même avec de grandes venues d'eau, parce que dans ce système on voit ce qu'on fait et que dans les terrains fissurés, on peut quelquefois réussir à aveugler les venues d'eau par des picotages ou au moyen de ciment, au fur et à mesure qu'elles se présentent.

Il faut d'ailleurs distinguer deux genres très différents de terrains aquifères ; ceux où l'eau circule dans des fissures et ceux où elle imprègne toute la masse. Si cette masse est meuble, on a dans ce dernier cas des terrains boulants qui opposent souvent au travail à niveau vide des obstacles insurmontables. On admet d'une manière générale en Westphalie que le creusement à niveau vide devient impossible, malgré la puissance des moyens d'épuisement dont on dispose aujourd'hui, lorsqu'on a une venue d'eau de 8 m³ par minute à 5o m. de profondeur, ou de 4 m³ à 100 m. Il faut alors recourir aux creusements à *niveau plein* ou aux procédés intermédiaires que nous allons décrire.

XV. — CREUSEMENT DES PUITS DANS LES TERRAINS AQUIFÈRES SANS ÉPUISEMENT.

3o9. Dans les procédés à *niveau plein*, on laisse les eaux prendre leur niveau naturel dans le puits et l'on travaille à l'aveuglette au moyen d'outils mécaniques. Dans les procédés intermédiaires, les ouvriers ont accès au fond du puits et y creusent à la main bien que les eaux soient maintenues à leur niveau naturel pendant ce travail.

Ces procédés sont ceux des *plongeurs*, de l'*air comprimé* et de la *congélation*.

PROCÉDÉS INTERMÉDIAIRES.

310. *Creusement par plongeurs.* — Les plongeurs armés de scaphandres restent en communication, par l'intermédiaire de cet appareil et de tuyaux flexibles, avec une pompe qui leur

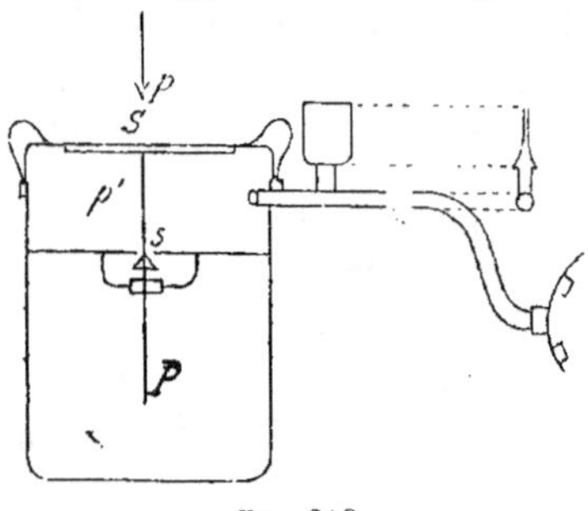

FIG. 219.

envoie de l'air à une pression très voisine de celle qui correspond au milieu où ils se trouvent. Les ouvriers sont porteurs d'un régulateur Rouquayrol-Denayrouze (fig. 219), comprenant un réservoir où arrive l'air comprimé venant de la pompe. Ce réservoir est surmonté d'une capacité où l'homme aspire, fermée par une membrane en caoutchouc qui suit les mouvements du poumon ; à cette membrane est attachée une soupape conique qui fait communiquer l'intérieur du réservoir avec la capacité supérieure. Il est facile de voir que l'homme reçoit l'air à une pression très peu inférieure à celle du milieu ambiant.

Soit p cette dernière pression par unité de surface, p' la pression d'aspiration, P la pression dans le réservoir, S la surface de la membrane et s celle de la soupape.

On aura : $$pS = p'S + Ps ;$$

d'où $$p' = p - P\,\frac{s}{S}.$$

Or le rapport $\frac{s}{S}$ étant très petit, la pression p' diffère très peu de p.

Le procédé des plongeurs ne peut s'employer que jusqu'à 25 à 30 m. de profondeur, pour les raisons que nous exposerons au au sujet du travail dans l'air comprimé.

L'homme peut être vêtu d'un costume spécial avec un casque

dans lequel se rend le tuyau d'aspiration; mais il peut aussi plonger à nu et aspirer par un ferme-bouche, en ayant soin de fermer les narines au moyen d'un pince-nez. Il peut être utile, dans l'un et l'autre cas, de lester le corps au moyen de poids ou de souliers pesants.

La seule application de ce procédé au creusement des puits a été faite en 1891 à la mine de Bjuf, en Scanie (Suède). Il y avait à traverser 33^{m}75 de morts-terrains, avant d'arriver au terrain jurassique qui contient dans cette région les couches de houille.

Le puits était parvenu à niveau vide à 20 m. de profondeur; il restait donc à traverser 13^{m}75 de terrains très aquifères non renseignés par les sondages voisins; il n'y avait pas eu de sondage sur l'emplacement même du puits à creuser.

C'est dans ces conditions que l'on décida le creusement par plongeurs avec tour en maçonnerie et trousse coupante.

On installa un double plancher, dans cette tour au-dessus du niveau de l'eau, pour recevoir la pompe à air.

Les plongeurs, au nombre de quatre, commencèrent à creuser à la profondeur de 4^{m}95 sous la tête d'eau, et terminèrent leur travail dans la roche solide à 21 m. sous ce niveau.

Dans le principe, ils restaient 2 heures sous l'eau, puis remontaient pour 15 à 20 minutes. A la fin du travail, ils ne restaient sous l'eau qu'une demi-heure à une heure, avec repos de 10 à 30 minutes. La respiration devient, en effet, de plus en plus pénible, à mesure que la profondeur augmente. Dans le principe, le travail se bornait à l'enlèvement du sable et des cailloux roulés d'assez grande dimension qui s'y trouvaient. Ceux-ci s'extrayaient au moyen d'une pince fixée à l'extrémité d'un câble; mais quand ils étaient trop volumineux, il fallait souvent y forer des trous pour les suspendre au câble. Ceci se faisait au moyen de longs fleurets que l'on manœuvrait à partir du plancher de travail et que les plongeurs dirigeaient.

Le volume de sable et de cailloux extraits dépassa de beaula capacité de l'excavation.

Lorsque les plongeurs arrivèrent à la roche solide, ils cimentèrent le dessous de la trousse coupante, mais cela ne suffit pas pour établir la liaison avec le terrain; on fit creuser en conséquence 2 mètres dans le grès jurassique pour y établir un revêtement composé de quelques tronçons de fonte en plusieurs segments. Ce travail fut particulièrement pénible. On tirait à la poudre, en forant les trous à partir du plancher de travail. Les plongeurs coulèrent, derrière ce revêtement de fonte, du béton que l'on relia à l'assise cimentée qui se trouvait déjà sous la trousse coupante. Ce travail réussit et après épuisement, la venue d'eau se trouva réduite de 1^{m3} à $0^{m3}340$ par minute.

Dans les sables, le travail avait demandé 119 journées de travail pour 13^m75, et dans le grès jurassique, 148 journées, pour 2 m. seulement.

Le prix total fut de 70.531 fr., tandis que le devis du creusement par congélation s'élevait à 182.587 fr. [1].

C'est jusqu'à présent le seul creusement de ce genre qui ait été réalisé; mais il n'y a pas de doute que ce procédé puisse être utilement employé, dans tous les cas où des raisons spéciales font reculer devant l'emploi de l'air comprimé, qui permet d'aller à la même profondeur; on avait renoncé à l'employer, dans le cas présent, à cause de la difficulté de faire traverser le sas par des cailloux volumineux.

Au puits n° 3 de la mine Rhein-Preussen, près de Ruhrort, on a employé de même les plongeurs pour réparer une tour en maçonnerie descendue à 41 mètres de profondeur, dans laquelle des fissures s'étaient déclarées à 8 et 20 m. de profondeur. Cette réparation se fit, sur paliers volants, en bouchant les fissures au moyen de briques et de ciment injecté par des tubes à partir de la surface.

Les plongeurs étaient éclairés dans ce travail délicat par des lampes à incandescence.

Au creusement des puits de Jemappes de la Société des Produits, on employa aussi les plongeurs pour entailler une nervure du revêtement en fonte sur laquelle s'était arrêtée la trousse d'un tubage intérieur en tôle.

311. *Creusement par l'air comprimé.* — Le principe de cette méthode consiste à maintenir les eaux, au moyen d'une pression intérieure égale à la pression hydrostatique. Les

---

[1] Voir *Revue universelle des mines*, 3e série, t. **XXV**.

ouvriers travaillent donc à sec, comme dans le procédé à niveau vide et même plus commodément, puisqu'ils ne sont pas gênés par les pompes, mais dans des conditions qui ne sont pas celles de l'existence humaine. Or, il arrive un moment où l'organisme ne peut plus supporter les effets de la compression. Comme nous l'avons dit, on ne peut dépasser une profondeur de 25 à 3o m. sans faire courir de véritables dangers au personnel.

Le principe est celui de la cloche à plongeur, indiqué par Sturmius au XVIe siècle et défini par Denis Papin, en 1691, dans un mémoire intitulé : *Manière de conserver la flamme sous l'eau.* Son application fut proposée par Lord Cochrane, dès 183o, pour le percement du premier tunnel sous la Tamise, alors arrêté à la suite de l'irruption des eaux du fleuve. Il fut appliqué enfin à l'art des mines par l'ingénieur Triger, en 1839, à Chalonnes-sur-Loire, puis à la fondation des piles de ponts, en 1851, à Rochester sur la Medway, et en 1879, au creusement d'une galerie horizontale, aux cales sèches d'Anvers.

312. L'application de ce principe nécessite la fermeture du puits d'une manière imperméable, au moyen d'un sas à air. Ce sas est établi au niveau de la tête d'eau, dans un avant-puits creusé jusqu'à ce niveau. C'est une chambre cylindrique (fig. 220) dont chacun des fonds présente quatre ouvertures. L'une d'elles sert à la circulation des hommes et à l'extraction des déblais. Elle est fermée au moyen de clapets équilibrés s'ouvrant de dehors en dedans. L'un de ces clapets étant ouvert, lorsque l'autre est fermé : les hommes passent ainsi de l'air libre dans l'air comprimé et réciproquement sans donner issue à ce dernier.

Les autres ouvertures servent : 1° au tuyau d'arrivée de l'air comprimé, muni d'un clapet de retenue se fermant automatiquement si la pression donnée par la machine venait à faiblir ; 2° au tuyau d'évacuation de

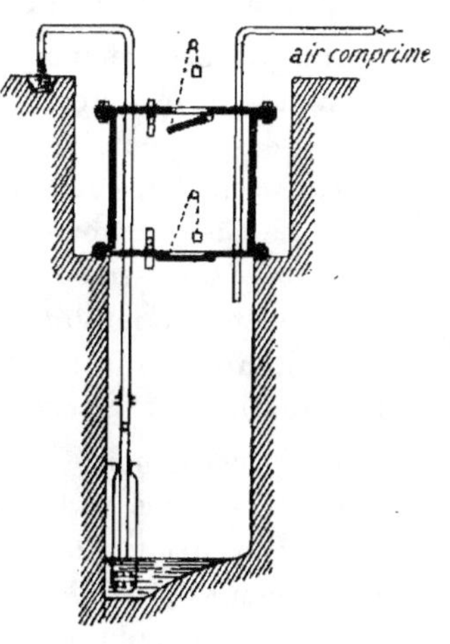

Fig. 220.

l'eau qui peut séjourner au fond du puits, dans des terrains peu perméables; 3° au tuyau à robinet s'ouvrant de l'intérieur, qui sert à mettre graduellement l'atmosphère intérieure du sas en équilibre, tantôt avec l'air libre, tantôt avec l'air comprimé.

Il y a de plus une soupape de sûreté, un manomètre, un thermomètre, etc.

Le tuyau d'évacuation de l'eau s'allonge au fur et à mesure du creusement, au moyen d'une crépine télescopique de 2 m. de hauteur, qui repose sur le fond du puits. Quand elle est descendue de 2 m., on déboulonne le joint supérieur et l'on intercale un tuyau de même longueur. L'eau s'élève dans le tuyau d'évacuation par l'action de la pression de l'air comprimé; mais celle-ci n'étant pas supérieure à celle du niveau, l'eau ne s'élève pas jusqu'à la surface du sol. Le hasard donna la solution du problème. Lors de la première application du procédé, un coup de pic avait fait un trou dans la colonne. L'air comprimé pénétrait par ce trou et, se mélangeant à l'eau, rendait celle-ci mousseuse; sa densité ainsi réduite lui permettait donc de s'élever à une plus grande hauteur que si elle n'avait pas été mélangée d'air. Ce même principe est souvent appliqué aujourd'hui à l'élévation des liquides, sous le nom assez impropre d'*émulsion*.

L'éclairage du chantier de travail se fait par l'électricité.

313. Le creusement à l'air comprimé peut se faire de deux manières différentes :

1° Le sas peut être fixe et indépendant du revêtement qui se construit dans l'air comprimé;

2° Le sas peut-être rendu solidaire d'un revêtement descendant avec trousse coupante construit à l'air libre ;

La première méthode ne s'emploie plus que dans les terrains consistants. Dans les terrains meubles, on donne aujourd'hui la préférence à la seconde.

314. *Creusement avec sas fixe et indépendant du revêtement.* — Lors de la première application du procédé, Triger avait réussi à creuser un puits à niveau vide au moyen d'un revêtement descendant en fonte de 1^{m}.33 de diamètre, dans les graviers peu cohérents de la Loire, jusqu'à 19 à 20 m. de profondeur; mais il n'était pas parvenu à épuiser pour picoter une trousse. C'est ce travail qu'il réalisa dans l'air comprimé.

Comme type de la première méthode, nous décrirons le

creusement des puits du charbonnage Marie de la Société Cockerill, en 1858, à travers le gravier de la Meuse, constituant un niveau aquifère de 9 à 10 m. La tête d'eau se trouvait à 3^m.78 sous le sol. L'emploi de l'air comprimé était ici justifié par la crainte d'assécher le canal, qui alimentait à cette époque les usines de la Société Cockerill, au moyen de l'eau de la Meuse. Le sas fut construit en tôles de 10 mm. et solidement installé dans un avant-puits creusé jusqu'à la tête d'eau (fig. 221). Ses dimensions étaient 3^m.35 de diamètre et 2^m.25 de hauteur, de telle sorte que le fond supérieur affleurait au niveau du sol. Les fonds étaient en tôles, solidement renforcés par des poutres en double T. Celles qui consolidaient le fond supérieur étaient au nombre de 6 et portaient sur le terrain bien au-delà du sas ; 4 poutres transversales maintenaient l'écartement des deux poutres

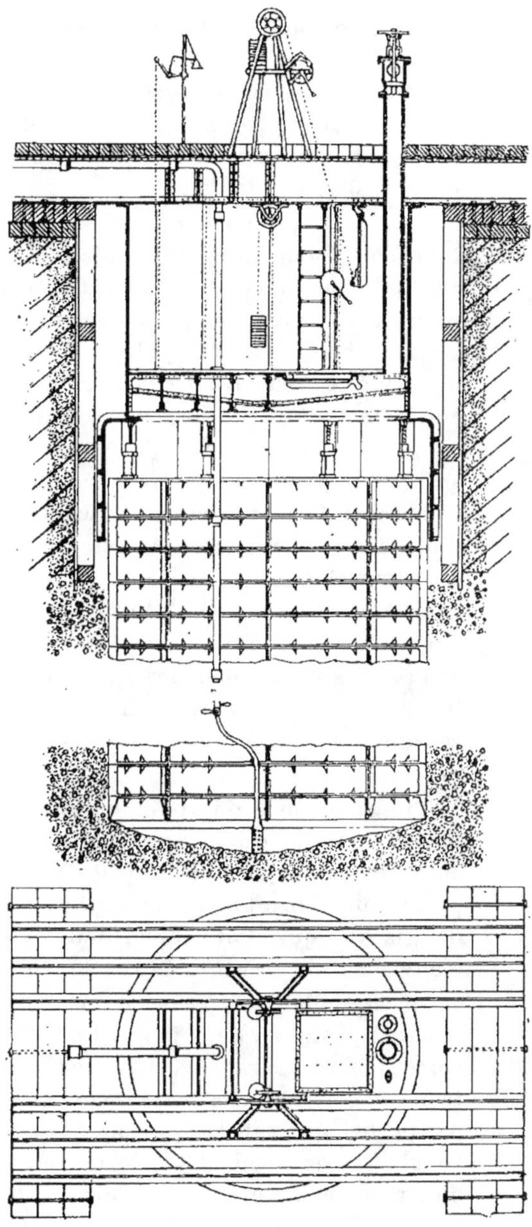

Fig. 221

les plus voisines de l'axe ; un plancher de madriers recouvrait le sas.

Le fond inférieur était consolidé de même. Les portes étaient pourvues de nervures et garnies de cuir.

Ce sas devait servir à faire trois puits de diamètres différents : deux de $3^m.5o$ et un de $2^m.66$.

Le diamètre du sas étant de $3^m.35$, on le munit à sa partie inférieure, pour les deux grands puits (fig. 221), d'un manchon de fonte boulonné, de plus grand diamètre et, pour le petit puits, d'un manchon de diamètre moindre. Le diamètre de ces manchons était tel qu'il restât un jeu de 15 mill. entre le manchon et la surface extérieure du revêtement. Ce revêtement, entièrement indépendant du sas, était en fonte avec trousse coupante. On commença par assembler, dans l'air comprimé, au fond du puits, la trousse coupante et trois tronçons de $0^m.4o$ de hauteur, formés chacun de 8 segments en fonte, d'assez petites dimensions pour passer par les portes du sas qui mesuraient $0^m.8o$ sur $0^m.9o$.

Au fur et à mesure du creusement, on allongeait ce revêtement par superposition de nouveaux tronçons. Dans le principe, son poids suffisait pour le faire descendre ; mais dans la suite, il fallut employer 8 vérins à vis, prenant leur appui contre le sas qui fut chargé de 3oo tonnes de fonte pour résister à la pression.

L'indépendance du sas et du revêtement présente un grand inconvénient : c'est la perte d'air qui se produit par le joint entre le manchon et la tête du revêtement. Pour éviter ces pertes, on y faisait un calfatage de mousse, d'argile et de tresses de chanvre qui était très difficile à maintenir, par suite du mouvement de descente du revêtement.

On travaillait par postes de 4 heures, mais chaque ouvrier faisait 3 postes en deux jours. Le travail était organisé de telle sorte qu'en 4 heures, le creusement avançât de la hauteur d'un tronçon, soit de $0^m.4o$. Les mineurs et les ajusteurs travaillaient par postes alternatifs. Le poste de creusement se composait de 10 mineurs et manœuvres ; le poste suivant, de 4 ajusteurs et d'un mineur. Les premiers posaient et boulonnaient les segments formant le tronçon. Les joints étaient calfatés au mastic de fer composé de 10 de limaille de fer, 2 de sel ammoniac, 1 de soufre en fleur.

Arrivé au terrain houiller, on démonta la trousse coupante et l'on continua le creusement sur 5 m. de profondeur, toujours dans l'air comprimé. On fit même usage de poudre, pendant cette période. Les ouvriers se retiraient, pendant le tir des mines, sur un plancher soutenu par des tringles immédiatement sous le sas. Quand on fut arrivé à un banc convenable, on picota une trousse en fonte et l'on rejoignit le revêtement au moyen de trois tronçons, ce qui permit de corriger une faible déviation de la verticale, à l'un des puits. On eut soin de bétonner les vides derrière les tronçons placés dans le terrain houiller. On ne supprima la pression que quelques jours après l'achèvement du cuvelage, pour laisser prendre le béton. Ce travail avança très rapidement. Pour le premier puits de $3^m.5o$, il dura 27 jours dont 2 de chômage ([1]).

315. *Creusement avec sas solidaire d'un revêtement descendant.* — Cette méthode fut employée pour la première fois, au charbonnage de La Louvière, pour achever un puits creusé à niveau vide jusqu'à la profondeur de $53^m.1o$. Jusqu'à cette profondeur, les sables avaient été asséchés par la galerie où Durieux avait imaginé le procédé des picots (cf. n° 201). Il restait 14 à 15 m. de sables boulants à traverser en dessous de ce niveau.

Cette méthode a été souvent appliquée depuis lors et on la préfère, en terrain meuble, parce qu'elle permet de faire tous les assemblages à l'air libre.

Comme type de cette méthode, nous décrirons le creusement effectué en 1893, au charbonnage des Produits, à Flénu, dans des sables boulants qui s'étendaient de $3^m.3o$ à $15^m.6o$ de profondeur. Le sas était solidaire d'un revêtement descendant en fonte de 5 m. de diamètre intérieur et de 9 m. de hauteur, qui fut ensuite allongé de 6 m.

Ce revêtement était formé de tronçons en 4 segments de $1^m.5o$ de haut et de 30 mill. d'épaisseur. La trousse coupante fut

---

([1]) *Annales des Trav. Publics de Belgique,* t. XIV, 1856.

établie dans un avant-puits à $1^m.50$ de profondeur sous le sol; une première colonne de 9 m. fut construite sur cette trousse et surmontée du sas (fig. 222).

La chambre de travail L se trouvait isolée du revêtement par un plancher imperméable P en tôles à joints recouverts et garnis de caoutchouc, consolidé par des tirants et des entretoises, et fixé à $2^m.25$ au-dessus de la trousse coupante, sur la nervure médiane du second tronçon.

Cette disposition présente l'avantage de soustraire la partie supérieure du revêtement à un excès de pression interne qui est inévitable, lorsque la chambre de travail a toute la hauteur du revêtement; mais d'autre part la capacité de la chambre de travail étant restreinte, la température s'y élève rapidement.

Le sas était reporté à la partie supérieure au moyen d'une colonne centrale, disposition que l'expérience des fonçages de piles de pont a aujourd'hui consacrée. Ce sas avait $1^m.90$ de haut sur $1^m.50$ de diam.

Il était muni d'une porte verticale p garnie de caoutchouc et d'une porte horizontale à clapet C, donnant accès, au fond du sas, à une voie d'échelles non figurée, qui se trouvait dans le tube central.

Au haut du sas, sous le dôme qui le recouvre, se trouve un treuil B avec frein, monté sur un arbre dont les extrémités passent à l'extérieur, en traversant des boîtes à bourrage; ce treuil est actionné de l'extérieur par une machine V de 5 chevaux installée sur le plancher qui surmonte le cuvelage. Ce treuil est muni d'un embrayage pour laisser descendre la benne vide par son propre poids.

Deux sas t fermés par des clapets mm' servent à l'évacuation des déblais sur le plancher M. La benne pleine déverse son contenu de 1/2 hectolitre dans un de ces sas et produit automatiquement le débrayage du treuil pour redescendre sur frein. Les sas à déblais sont au nombre de deux, pour qu'il n'y ait pas d'interruption dans le service. La manœuvre des déblais est donc entièrement indépendante de l'entrée et de la sortie des hommes.

L'air comprimé est admis dans la colonne centrale en o, immédiatement au-dessous du sas et pénètre par cette colonne dans la chambre de travail.

Lorsque le premier revêtement de 9 m. fut descendu jusqu'au niveau du sol, on ferma le fond du tube central au moyen du clapet c et l'on maintint la pression dans la chambre de travail, en y introduisant l'air comprimé par le tuyau n. On put alors démonter le sas et la colonne centrale qui, de même que le revêtement, fut allongée de 7 m., et reprendre le creusement.

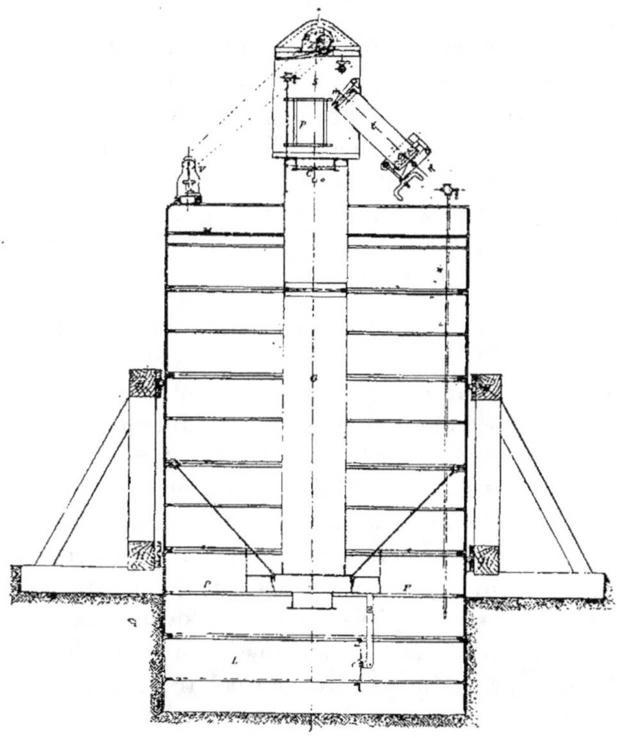

Fig. 222.

La surface du plancher de la chambre de travail étant de 21 mètres carrés, la contrepression de l'air comprimé atteignait 210.000 kg. par atmosphère, soit 336.000 kil. pour 1 atm. 6. On équilibrait cette pression au moyen de gueuses de fonte, placées sur ce plancher, et d'eau introduite dans l'espace annulaire entre le revêtement et la colonne centrale.

La descente du revêtement était guidée verticalement par une charpente de 4 m. de hauteur portant 4 paires de rouleaux distants de 3 m.

Les postes étaient de 6 heures ; ils se composaient de 4 ouvriers dont 3 au fond et 1 dans le sas. L'avancement fut de 0^m.5o à 0^m.6o par jour (¹).

Au puits Marie, près de Hœngen (Aix-la-Chapelle), on a placé le sas au fond du revêtement, qui s'allongeait par le haut au fur et à mesure de la descente.

3i6. La plus grande difficulté de la méthode consiste dans le maintien de la verticalité de la descente. Une faible déviation ne présente pas grand inconvénient et peut être rachetée par l'établissement d'un bétonnage ou d'une maçonnerie à l'intérieur du revêtement. Au Horloz, on a remédié au défaut de verticalité qui atteignait 0^m.18 sur 9 m. de hauteur, par l'installation d'un cuvelage en pierre de taille à l'intérieur du revêtement métallique.

3i7. Il nous reste à signaler un artifice qui a été employé aux charbonnages de Wandre, pour vaincre la contrepression de l'air comprimé dans la descente d'un revêtement de 4^m.62 de diamètre et de 12^m.5o de hauteur, destiné à traverser 9^m.5o de gravier aquifère et à pénétrer de 3 m. dans le terrain houiller. La contrepression variait de 64.000 à 100.000 kg. Dès qu'elle fut assez considérable pour s'opposer à la descente de la colonne métallique, on eut recours à la suppression momentanée de la pression intérieure, pour provoquer cette descente par chutes successives. On a employé ce même procédé pour faire la liaison du revêtement descendant avec une trousse en fonte picotée dans l'air comprimé. Au-dessus de cette trousse, on avait placé un tronçon de raccord laissant a nu un joint de 0^m.o3 sous le revêtement. Après avoir coulé du ciment derrière la pièce de raccord, on provoqua la fermeture du joint, en supprimant la contre pression intérieure.

A un second puits, on voulut employer le même procédé pour provoquer la descente du cuvelage, alors que l'on avait déjà

(¹) *Revue universelle des mines*, 3ᵉ série, t. **XXIV**.

creusé, dans le terrain houiller, $0^m.70$ sous la trousse. Mais lorsqu'on supprima la pression intérieure, le revêtement fit une chute de toute cette hauteur et les tronçons inférieurs se brisèrent. On les remplaça dans l'air comprimé par des tronçons en segments boulonnés et l'on réussit à faire la jonction, comme au premier puits. Cet accident montre toutefois combien il faut manier ce moyen avec prudence, de crainte d'accidents qui pourraient être irrémédiables.

318. *Avantages et inconvénients.* — Les avantages du procédé par l'air comprimé sont les suivants :

1° La force motrice nécessaire n'est pas considérable et peut être exactement calculée d'avance, car elle ne dépend que de la hauteur hydrostatique. Il en est différemment dans les creusements à niveau vide où la force motrice nécessaire pour épuiser les eaux dépend de la hauteur d'élévation et du poids d'eau à élever. Or ce poids ne peut être prévu et augmente, dans un terrain aquifère, beaucoup plus vite que la hauteur.

Soit V le volume d'air à comprimer par minute pour satisfaire à un renouvellement suffisant de l'atmosphère de la chambre de travail. Il faut compter pour cela sur 20 m³ par ouvrier et par heure. Soit $V = 6$ m³, p la pression atmosphérique, p' la pression de l'air comprimé par m².

Le travail de compression

$$T = p \, V \times 1. \text{ nép } \frac{p'}{p}$$

Si H est la hauteur du niveau, $p' = 10330 + H$, $p = 10330$ kg.

$$\frac{p'}{p} = \frac{10^m.33 + H}{10^m.33}$$

$$T \text{ chev.-vap.} = \frac{10.330 \, V \, 2.30 \log \dfrac{10.33 + H}{10.33}}{60 \times 75}$$

La hauteur H est plus petite que celle à laquelle il faudrait élever l'eau par un appareil d'épuisement, puisque, dans ce dernier cas, il faut rejeter l'eau à la surface.

2° L'emploi de l'air comprimé n'assèche pas les terrains, comme les creusements à niveau vide, et prévient les dommages qui peuvent en résulter.

3° Les installations sont peu coûteuses, peu encombrantes, demandent peu d'entretien et ne sont pas sujettes à produire des interruptions de travail, comme c'est le cas lorsqu'on épuise.

4° Le travail est facile et régulier, puisque les ouvriers travaillent à sec. Si le milieu présente certains dangers, les avaleresses à niveau vide, en terrains aquifères, n'en présentent pas beaucoup moins.

5° En prenant les précautions voulues, on peut considérer la réussite comme certaine.

319. Vis-à-vis de ces avantages, il y a des inconvénients à signaler.

Les plus graves sont les effets physiologiques qui limitent en général l'emploi de l'air comprimé à 25 ou 30 m. de profondeur sous la tête d'eau, par suite des accidents pouvant se produire pendant la décompression qui doit être d'autant plus lente que la pression a été plus considérable.

On a objecté que les pêcheurs de perles et d'éponges descendent à plus de 70 m. dans la mer; mais ils plongent, en retenant leur respiration pendant deux à trois minutes.

Depuis que s'est répandu dans l'Archipel grec, l'emploi des scaphandres où l'homme respire de l'air comprimé à la pression du milieu où il se trouve, la mortalité des plongeurs y a sensiblement augmenté. Sur 300 scaphandriers qui opèrent dans l'Archipel, il en meurt annuellement, dit-on, une trentaine par suite d'une décompression trop rapide.

Si l'on traverse des sables fins à interstices capillaires, la résistance qu'ils offrent au passage de l'eau, permet de pousser sans inconvénient l'emploi du procédé à de plus grandes profondeurs ; au n° 1 de Rhein-Preussen, on a ainsi appliqué l'air comprimé à 75 m. de profondeur pour réparer un revêtement, avec une pression intérieure qui ne dépassait pas 2 atm. 75. Mais à de telles profondeurs, l'emploi de l'air comprimé doit toujours être considéré comme très aléatoire.

Les effets physiologiques résultant d'une décompression trop rapide ont présenté un véritable caractère de gravité, lorsqu'on n'avait pas encore une expérience suffisante du procédé.

A Douchy où l'on travailla à 39 m. sous la tête d'eau, sur 74 ouvriers, 47 seulement supportèrent le travail sans inconvénients, 25 durent être réformés pendant le creusement et 2 furent frappés de mort.

Au pont de Saint-Louis, aux Etats-Unis, où l'on travailla à 36 m. de profondeur, sur 352 ouvriers, 3o subirent des accidents graves et il n'y eut pas moins de 3o morts.

32o. Les effets physiologiques sont différents pendant la compression et pendant la décompression.

Le premier phénomène que l'on ressent, est une douleur aigüe dans les oreilles, provenant de ce que le tympan est pressé du dehors en dedans. Il existe même des exemples de rupture de cette membrane.

On fait cesser ces douleurs en avalant la salive, ce qui rétablit l'équilibre sur les deux faces du tympan, en débouchant le canal étroit qui réunit la caisse du tympan avec le pharynx (trompe d'Eustache), ou en expirant fortement après avoir fermé la bouche et le nez, ce qui comprime de l'air sur la face interne du tympan.

La voix est altérée, devient nasale; à 3 atmosphères, il faut un effort pour parler et il est impossible de siffler. Ces effets proviennent de la densité plus grande de l'air à mettre en vibration.

Lorsqu'on employait la poudre à Seraing, les coups de mine faisaient peu de bruit pour cette même raison.

D'autre part, il arrive que les personnes affectées de surdité entendent momentanément mieux dans l'air comprimé, par suite de la tension plus grande du tympan.

La capacité respiratoire augmente, le thorax se gonfle. Il en résulte un soulagement pour les asthmatiques, utilisé dans des instituts pathologiques.

Le cœur bat moins vite, la peau et les muqueuses pâlissent, surtout là où il y avait congestion ou inflammation; la circulation capillaire est moins active; mais d'autre part, la couleur du sang devient plus rutilante; le sang veineux lui-même devient rouge, il en résulte des dangers sérieux pour les personnes sanguines.

On remarque parfois une augmentation de la sécrétion urinaire, de la transpiration.

A côté de ces effets physiologiques, il faut signaler les effets mécaniques, tels que la compression des gaz internes qui oblige parfois les ouvriers à serrer leurs vêtements.

321. L'intensité des phénomènes qui se produisent pendant la décompression, dépend du degré de pression atteint, de la durée du travail dans l'air comprimé et surtout de la rapidité de la décompression.

Jusqu'à 2 atmosphères de pression absolue, on ne ressent rien, à moins de décompression brusque. Au delà, se produisent des démangeaisons que les ouvriers appellent *puces*, puis des douleurs locales plus ou moins vives auxquelles ils donnent le nom de *moutons*, qui peuvent être accompagnés du gonflement de certains muscles, et surtout de ceux qui ont le plus travaillé, de douleurs articulaires, d'hémorragies, etc.

Au delà de 3 atmosphères seulement, se produisent les accidents graves, cécité, surdité, bégaiement, troubles de la locomotion et de la sensibilité générale, paralysie des organes du bassin, troubles cérébraux, pertes de connaissance, et enfin dans certains cas mort subite. Ces accidents peuvent se manifester plusieurs heures après la décompression.

La plupart disparaissent généralement; cependant il y a des exemples de paralysies persistantes.

322. Les effets sont au surplus très différents suivant les individus et sur le même individu suivant les circonstances.

On recommande, comme moyen préventif, la plus grande sobriété.

Il ne faut jamais descendre dans l'air comprimé après un repas, parce que les liquides de l'estomac peuvent devenir mousseux et occasionner des troubles de la digestion.

D'autre part, on recommande une nourriture fortifiante avec boissons chaudes à la sortie du sas.

On choisit des hommes de bonne volonté et de forte constitution, de 20 à 50 ans, de tempérament ni trop sanguin, ni trop bilieux. Il est bon que les ouvriers employés au début du travail le continuent, parce qu'ils supportent mieux l'augmentation progressive de la pression. Il faut en tout cas leur faire subir au préalable un examen médical et les maintenir sous la surveillance d'un médecin, parce que certaines affections morbides, telles que celles du cœur ou des poumons, peuvent devenir mortelles.

323. L'explication des phénomènes observés a été donnée pour la première fois par Paul Bert, en 1877, à la suite d'expériences mémorables [1].

Paul Bert a démontré que pendant la compression, la tension de l'oxygène augmente dans le sang et que l'oxygène pur comprimé à $3\,^1/_2$ atm. devient toxique ; cette limite n'est toutefois jamais atteinte dans les applications industrielles, car elle supposerait une pression d'air de 17,5 atmosphères.

Quant aux phénomènes de la décompression, ils sont dus, d'après Hoppe-Seyler et Paul Bert, à la mise en liberté de l'azote qui, en vertu de la loi de Dalton, a passé dans le sang en plus forte proportion que les autres gaz contenus dans l'air.

Ce sont les bulles d'azote qui en traversant les vaisseaux sanguins, les liquides organiques, l'épaisseur même des tissus, produisent les *puces* ; mais cette action peut avoir des effets plus graves, tels que ruptures de tissus, tumeurs, arrêts de la circulation, produire en un mot des phénomènes semblables à ceux d'une embolie ou d'une injection d'air dans les vaisseaux de la circulation, qui deviennent particulièrement graves, quand ils ont leur siége au niveau de la moëlle épinière ou du cerveau.

324. On évite les accidents, en décomprimant graduellement ; les règles suivantes ont été prescrites dans le creusement des piles du pont de Cubzac sur la Dordogne : de 15 à 20 m. de profondeur, la décompression doit durer 6 minutes ; de 20 à 25 m., 12 minutes ; de 25 à 30 m., 18 minutes. Il y a toutefois un danger à faire durer la décompression trop longtemps. C'est qu'au moment de celle-ci, les hommes sont entourés d'un brouillard glacé d'odeur marécageuse, dû à la condensation des vapeurs contenues dans l'air comprimé. De là des refroidissements qui peuvent engendrer des maladies. C'est pourquoi l'on recom-

---

[1] Paul BERT. *La pression atmosphérique*, 1877— Dr LAYET. *Hygiène industrielle.*

mande l'usage de vêtements secs et chauds, de cylindres chauffés à la vapeur dans la chambre de décompression ou dans une cabine voisine où l'on fait passer immédiatement les ouvriers au sortir du sas.

Malgré les dangers qui résultent d'une décompression brusque, les ouvriers sont pressés de sortir du sas. On a imaginé, pour y remédier, des robinets spéciaux qui ne permettent pas une décompression trop rapide.

En cas d'accident, le meilleur remède consiste à recomprimer l'homme immédiatement pour s'opposer à la mise en liberté des gaz dissous et notamment de l'azote.

Paul Bert a aussi recommandé les inhalations d'oxygène. Il faut dans tous les cas une surveillance très stricte et des règlements spéciaux.

325. D'autres causes d'indisposition, indépendantes d'ailleurs des précédentes, résultent de la viciation de l'air. Une teneur relativement faible d'anhydride carbonique ou d'oxyde de carbone dans l'air comprimé correspond à une proportion qui peut déjà présenter certain danger à la pression ordinaire.

C'est ainsi qu'au pont de Kehl, on a mesuré une proportion de 2.37 % en volume d'anhydride carbonique dans l'air comprimé à 3 1/2 atm., ce qui correspond à 8.3 % à la pression ordinaire, proportion que les hygiénistes ne considèrent pas comme étant sans danger. De là la nécessité d'un renouvellement d'air suffisant sur laquelle nous avons déjà insisté.

326. *Creusement des puits par congélation.* — Le principe du procédé par congélation consiste à transformer le terrain aquifère en un bloc compacte glacé, dans lequel on creuse le puits par les moyens ordinaires.

Le froid naturel est utilisé de temps immémorial par les exploitants des placers aurifères de la Sibérie et des minerais de fer du Centre et du Nord de la Russie. Ces minerais ne s'exploitent qu'en hiver, alors que les parois des puits congelés se soutiennent comme un rocher compacte et solide.

L'idée d'appliquer de même le froid artificiel est due à M. Pœtsch et remonte à 1883.

327. Avant la congélation, on creuse toujours jusqu'à la tête

d'eau un avant-puits de dimensions plus grandes que celles du puits à creuser. Au pourtour de ce puits préparatoire, on pratique des sondages qui doivent être poussés jusque dans le mur du terrain aquifère à traverser.

Les procédés d'exécution de ces sondages ne présentent rien de particulier. Ils sont revêtus de tubages provisoires en acier.

Ces sondages partent ordinairement de la surface du sol. Si cependant la tête d'eau se trouvait à une grande profondeur, on pourrait creuser un élargissement dans le puits au dessus du niveau aquifère et commencer les sondages à ce niveau, comme on l'a fait au charbonnage de Houssu ; mais l'économie qui en résulte, ne compense pas en général les difficultés plus grandes auxquelles on s'expose, en sondant à l'intérieur d'un puits.

Ils sont placés en cercle à o^m.5o au moins du périmètre du puits à creuser et sont distants entre eux de o^m.75 à 1^m.20 (fig. 223). Ces écartements dépendent d'ailleurs des déviations de la verticale auxquelles les terrains exposent ; dans les terrains fissurés, les chances de déviation sont plus grandes que dans les terrains sableux. Le diamètre des sondages dépend de la profondeur à atteindre et du procédé adopté.

Dans le procédé de sondages à tiges pleines ordinairement suivi, on peut commencer sur un assez grand diamètre. C'est ainsi qu'à Bernissart, où l'on a atteint 236^m.5o de profondeur, on a commencé les sondages sur o^m.55. En Allemagne, où l'on emploie généralement le procédé par tiges creuses, le diamètre initial ne dépasse pas o^m.20.

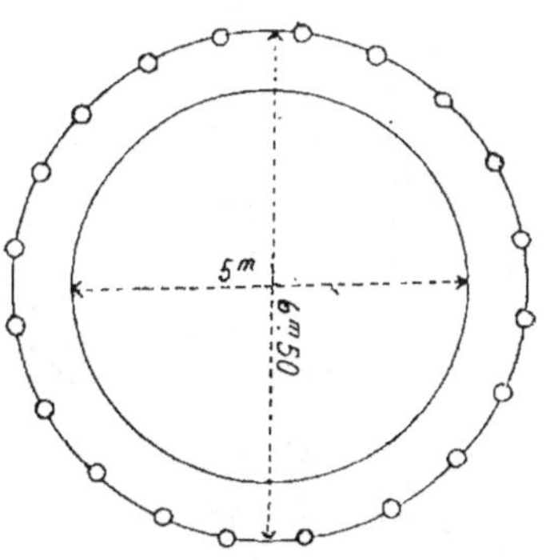

Fig. 223.

On doit prendre toutes les précautions voulues pour assurer la rigoureuse verticalité des sondages ; car les colonnes déviées produisent des irrégularités dans la forme du mur de glace. Si elles font saillies à l'intérieur du puits, le résultat en est de

diminuer l'épaisseur du mur de glace subsistant après creusement; il est donc très important de mesurer exactement ces
déviations.

Cette difficulté augmente avec la profondeur. En cas de
déviations importantes, on est obligé de faire des sondages
supplémentaires sur un plus grand diamètre. La fig. 224 représente les déviations des sondages, observées à 140 m. de
profondeur, au puits d'Auboué (Meurthe-et-Moselle) et les
sondages supplémentaires qui en ont été la conséquence. Ces
sondages sont numérotés par chiffres bis.

On remarquera que les déviations sont en général de même
sens, ce qui s'explique par l'inclinaison des strates dures sur
lesquelles la sonde a glissé.

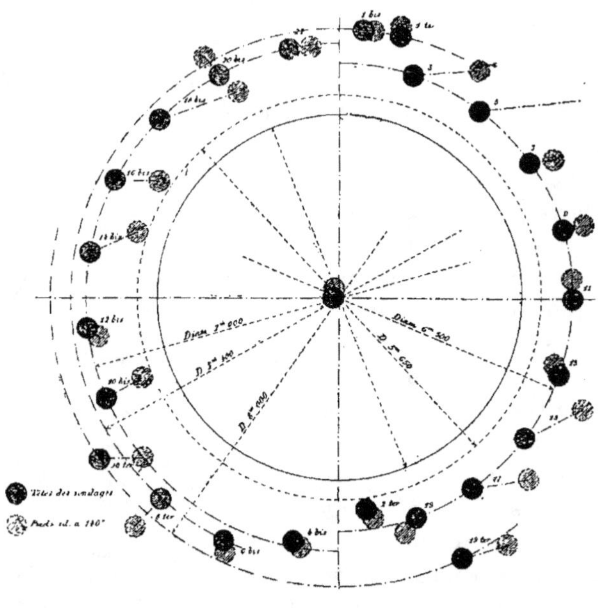

Fig. 224.

328. On introduit, dans ces sondages, les tubes en fer ou en acier
destinés à la circulation du liquide congélateur. Ce liquide ne
se congèle lui-même qu'à très basse température. Telle est une
solution de chlorure de calcium anhydre de densité 1.25, dont le
point de congélation est de — 24° C. On a aussi employé le chlorure de magnésium. Ce liquide est refroidi — 20° C par une

installation frigorifique basée sur l'évaporation de l'ammoniaque (syst. Fixary employé en France et en Belgique) ou de l'anhydride carbonique (syst. Guebhard employé en Allemagne). Les appareils à anhydride carbonique sont de plus petites dimensions et peuvent atteindre, sans exagération de celles-ci, une plus grande puissance que les appareils à ammoniaque. L'ammoniaque se liquéfie en effet à 10 atmosphères ; l'anhydride carbonique, à 80 atmosphères, ce qui nécessite l'emploi d'une compression étagée.

Dans le système Fixary, un compresseur spécial, mu par une machine à vapeur, aspire l'ammoniaque gazeux à la pression ordinaire et le comprime à 8 ou 10 atmosphères. A 10 atmosphères, l'ammoniaque s'échauffe à 40° ; on le fait passer dans un serpentin condenseur, refroidi par un courant d'eau envoyé par des pompes.

L'ammoniaque y passe à l'état liquide ; il est admis de là, au moyen d'un robinet, dans un serpentin réfrigérant où il se détend, par l'effet de l'aspiration des compresseurs, jusqu'à la pression extérieure ; il redevient gazeux et absorbe la chaleur contenue dans le liquide incongelable qui, foulé par une pompe, circule autour du serpentin, jusqu'à descendre à la température de — 15° à — 20°. Comme il est très important de ne pas avoir d'arrêt dans la circulation, il faut une pompe de rechange.

L'ammoniaque décrit un cycle complet, de même que la solution de chlorure de calcium.

Le processus est le même avec l'anhydride carbonique, dans le système Guebhardt.

Les tubes congélateurs (fig. 225) ont $0^m.116$ à $0^m.200$ de diamètre ; ils sont fermés à la base par une calotte en acier, soudée ou fixée par un pas de vis ; ils sont descendus par tronçons de 5 m., réunis par manchons intérieurs ou par bouts mâle et femelle taraudés. Chaque assemblage est essayé sous pression, de manière à éviter toutes fuites. Celles-ci seraient, en effet, une cause certaine d'insuccès ; car si le liquide incongelable se répand dans le terrain, la congélation de ce dernier devient plus difficile, sinon même impossible.

La puissance de la station frigorifique dépend de la masse à congeler et de la durée de la congélation.

On calcule le nombre total de frigories nécessaires pour cette masse, en tenant compte des pertes par rayonnement, à travers le terrain, et des pertes aux appareils. En divisant ce nombre de frigories par le nombre d'heures de congélation, on détermine le nombre de frigories à l'heure, c'est-à-dire la puissance de l'installation frigorifique. Pour les puits de Vicq, à Anzin, on avait calculé qu'il fallait 250.000.000 frigories, ce qui, pour 1.000 heures de travail, donnait une installation de 250.000 frigories à l'heure [1].

A Vicq, la masse de liquide incongelable en mouvement était de 70 m³ dans lequel étaient dissous 30.000 kg. de chlorure de calcium. Le débit des pompes à eau froide était de 1 m³ par minute, la charge de la machine frigorifique de 500 kg. d'ammoniaque anhydre.

Lorsque les tubes congélateurs sont introduits dans les sondages, on peut parfois retirer de ceux-ci les tubages, de telle sorte que le terrain se tasse contre les tubes congélateurs. On accélère ainsi la congélation, mais pour retirer les tubes congélateurs à la fin de l'opération, il faut maintenir tubée la partie supérieure des sondages, si le terrain est ébouleux.

La circulation du liquide incongelable s'effectue au moyen d'un tube de 0ᵐ.03 à 0ᵐ.05, intérieur au tube congélateur et formé de tronçons réunis par manchons extérieurs taraudés ; ce tube est guidé dans l'axe, de distance en distance, par des croisillons et s'appuie au fond du tube congélateur ; il présente des ouvertures à peu de distance de ce fond (fig. 225). C'est par ces ouvertures, que le liquide pénètre dans le tube congélateur pour remonter à la surface.

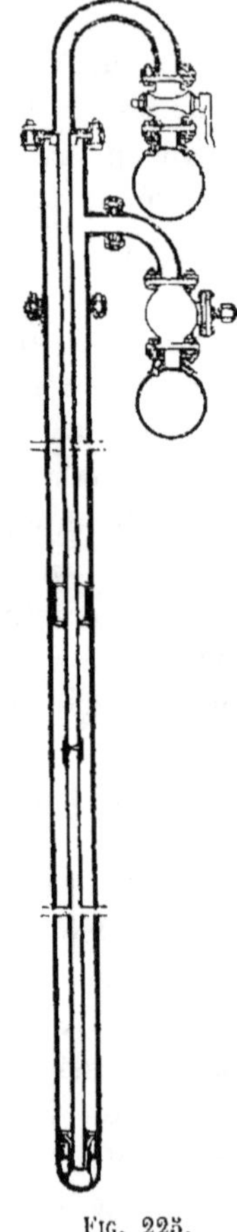

Fig. 225.

---

[1] Voir la méthode de calcul des frigories, indiquée par M. Lebreton, *Ann. des mines*, 8ᵉ série, t. VIII, 1885).

Les tubes intérieurs sont raccordés par des cols de cygne en plomb à un tuyau annulaire répartiteur qui contourne le puits, de même que les tubes congélateurs sont raccordés à un tuyau collecteur. Ces tuyaux répartiteur et collecteur sont reliés à chacun des raccords en plomb par l'intermédiaire de vannes à robinet, de manière à régler ou même à supprimer la circulation dans un quelconque des tubes. Ils sont placés latéralement et en dehors de l'aplomb des tubes congélateurs, afin de ne pas être un obstacle pour le cas où l'un de ceux-ci serait à remplacer ou à réparer.

Les conduites de départ et de retour du liquide congélateur ont 0^m.20 de diamètre. Elles sont enveloppées de calorifuge, pour s'opposer au réchauffement par l'air ambiant.

La circulation du liquide est provoquée par une pompe aspirante et foulante, à une vitesse assez grande pour que le liquide revienne au tube collecteur et retourne au réfrigérant sans avoir subi un échauffement considérable. A Vicq, la température du liquide congélateur était —15° au départ et —12°5 au retour.

Le mur de glace annulaire, étant plus épais à sa base, peut s'y fermer, si la profondeur est suffisante ; au point de vue du prix de revient du creusement, il est avantageux d'éviter la congélation dans l'axe du puits, mais on ne peut atteindre ce résultat qu'à condition d'avoir des sondages rigoureusement verticaux.

Quelquefois au contraire, on a fait un sondage au centre même du puits pour assurer la congélation de la partie centrale ; on y renonce généralement aujourd'hui par crainte d'exercer sur les autres tubes des efforts de compression nuisibles. Si l'on veut simplement obtenir la fermeture du fonds du puits, on peut introduire dans un sondage central un tube congélateur disposé de telle sorte que le liquide incongelable n'en touche les parois que dans la région inférieure (fig. 226), comme on l'a fait au n° 7 de Dourges et au n° 8bis de Béthune. Dans ce cas, on démonte ce tube au fur et à mesure du creusement.

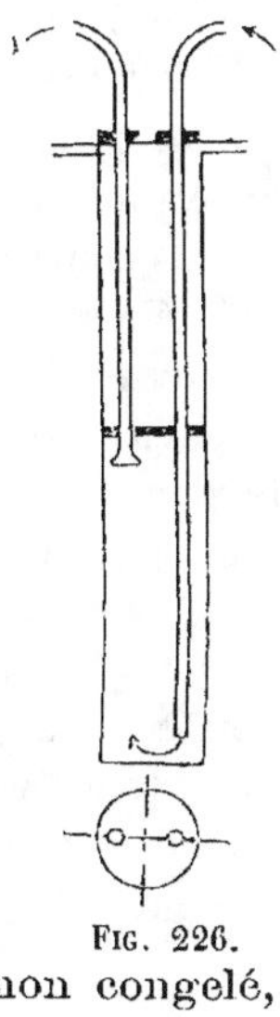

On fait aussi quelquefois un sondage central non congelé,

Fig. 226.

uniquement pour s'assurer que le mur de glace circulaire est fermé. Quand il l'est, on peut en effet épuiser dans le sondage central, sans que l'eau y revienne. On peut aussi s'en servir, pour faciliter le creusement par une injection de vapeur.

329. La durée de la congélation est variable; on juge des résultats obtenus par des thermomètres enfoncés dans le sol, sur la circonférence des sondages, ainsi qu'en dedans et en dehors de cette circonférence. Ces thermomètres sont contenus dans des tubes en fer munis d'une pointe et remplis de liquide incongelable.

La congélation peut être retardée, quand les eaux sont en mouvement. C'est pourquoi il faut éviter de placer, trop près du puits en creusement, des puits d'alimentation où des pompes puisent les eaux de la nappe aquifère à traverser. On peut rencontrer de grandes difficultés, quand les sondages donnent lieu à des eaux jaillissantes, comme ce fut le cas au puits de Flines-les-Raches; on ne réussit à y abaisser le niveau statique des eaux, qu'en faisant un sondage de dérivation à 25 m. environ du puits en creusement. Dans ce cas, on a aussi proposé de surmonter les sondages d'un tube de hauteur correspondante au niveau piézométrique, de manière à immobiliser les eaux pendant la congélation, ou plus simplement de boucher par un tampon l'orifice du sondage, de manière à empêcher tout jaillissement.

330. Lorsque la congélation a formé une enveloppe annulaire avec fond de glace, le creusement se fait très aisément dans la partie centrale non congelée; dans la partie congelée, il n'y a qu'à élargir jusqu'au diamètre voulu.

Aux puits de Vicq, l'avancement a été de 2 m. par jour dans la partie non congelée et de quelques décimètres seulement dans la partie congelée. On peut faciliter le creusement au moyen d'un jet de vapeur, mais le travail devient très pénible, parce que les ouvriers ont les pieds dans une boue liquide à 0°.

Dans la partie congelée, on peut employer les explosifs par petites charges de façon à ne pas endommager les tubes.

La température dans le puits se maintient en été aux environs de zéro degré. Le travail n'est pas spécialement pénible. Cependant on donne aux ouvriers des sabots en bois ou des chaussures à semelles de caoutchouc et des gants de cuir. L'éclairage se fait par incandescence ou lampes à acétylène (Bernissart). On travaille par postes de 8 heures.

Pendant le creusement, on établit dans le puits un soutènement provisoire, puis un cuvelage en fonte par segments, avec trousses picotées de distance en distance. On remplit les vides derrière les tronçons, au moyen de béton préparé à l'eau additionnée de carbonate de soude. On peut faire aussi un cuvelage en bois à condition qu'il soit tout à fait sec. On peut même employer, comme cuvelage, la maçonnerie à condition de faire le mortier avec de l'eau salée ou sodique (10 °/₀ de soude calcinée) et du goudron, et d'isoler la maçonnerie au moyen d'une enveloppe en bois.

On continue la congélation pendant toute la durée du creusement et l'on recommande de ne pas dégeler, avant que la liaison du revêtement construit dans la glace soit faite avec une trousse installée dans le bon terrain en dessous de la partie congelée.

On dégèle en introduisant de la vapeur dans les tuyaux, après en avoir extrait la solution frigorifique. On reprend ensuite les tubes et l'on coule du béton dans les trous de sondage.

331. Il y a évidemment une limite de profondeur à laquelle ce procédé n'est plus admissible.

Cette limite dépend de la résistance du mur de glace annulaire qui doit être considéré comme une enveloppe pressée de dehors en dedans. Cette enveloppe est plus épaisse à la partie inférieure, puisque c'est dans cette partie des tubes que le liquide arrive le plus froid.

Pour résister à la pression intérieure, l'épaisseur d'une enveloppe semblable est donnée par (cf. n° 274).

$$e = r \left(\sqrt{\frac{\mathrm{E} - 1}{\mathrm{E} - (1 + 2n)}} - 1 \right)$$

où r représente le rayon intérieur ; n la pression extérieure en atmosphères effectives ; E la résistance en kg. par c² du terrain glacé.

Le nombre d'atmosphères dépend du niveau hydrostatique. Comme poids du mètre cube, il faut prendre une valeur plus élevée que 1000 kg. parce que l'eau est chargée de sable. Si l'on prend 2000 kg. :

$$n = \frac{H. \, 2000 \, k.}{10330}$$

Le coëfficient E dépend de la température.

M. Alby [1] a donné la formule suivante pour de l'eau saturée de sable (165 gr. d'eau pour 1 kil. de sable) :

$$E = \alpha \, (0.153 \, t^2 + 11 \, t + 20)$$

où t est la température centigrade sous zéro et α le coëfficient de sécurité.

La limite de profondeur sera obtenue, en posant $E - (1 + 2n) = 0$; mais le peu de certitude qu'on possède, en ce qui concerne la valeur de E, rend ce calcul peu concluant.

332. Le puits creusé par congélation à la plus grande profondeur est actuellement celui de Bernissart où l'on a atteint la profondeur de $236^m.50$.

A Jessenitz dans le Mecklenbourg, on a eu à 150 m. un insuccès qui a été atribué à la présence de chlorures qui rendaient la congélation difficile.

Un puits de 128 m. de profondeur a été cependant creusé à Ronnenberg (Hanovre) dans des conditions analogues : à 32 m. de profondeur, les eaux contenaient 32 °/₀ de chlorure de sodium; on a résolu cette difficulté par une installation frigorifique plus puissante et une durée plus grande de la congélation.

Les terrains peuvent aussi opposer des difficultés à la congélation, par suite de différences de chaleurs spécifiques et de compacité. C'est ainsi que les sables sont plus faciles à congeler que les argiles ; il est juste d'y avoir égard, surtout aux grandes profondeurs.

Les accidents qui surviennent au cours du travail, résultent généralement de fissures ou de désassemblage des manchons des tubes congélateurs; dans ce cas le meilleur remède consiste à mettre un tube congélateur de moindre diamètre à l'intérieur du premier.

---

[1] *Ann. des ponts et chaussées,* t. VII, 1886.

1l est dangereux de creuser dans le mur de glace pour visiter les tubes défectueux. A Auboué, on a déchaussé les tubes à un certain niveau pour les envelopper de maçonnerie, de crainte qu'ils n'établissent une communication entre deux niveaux aquifères. Cette opération fut suivie d'une irruption d'eau dans le puits, à la suite de laquelle il fallut reprendre la congélation.

333. Le procédé Pœtsch a d'abord été appliqué avec plus ou moins de succès dans les mines de lignite de la Saxe prussienne. La première application à grande profondeur en a été faite au charbonnage de Houssu en Belgique, pour achever un puits commencé à niveau vide où s'était produite, à 59^m73 de profondeur, une irruption de sables boulants.

Il est devenu aujourd'hui d'un usage courant dans les marnes fissurées du Nord et du Pas-de-Calais, à la suite des creusements entrepris à Lens, en 1891 et 1892, à des profondeurs de 80 à 100 m.

On l'a employé depuis lors avec succès dans les calcaires durs et fissurés de Meurthe-et-Moselle.

Le prix de revient des deux puits de Vicq, à Anzin, à 117.50 de profondeur totale, a été de 709.850 francs, y compris l'installation frigorifique qui a coûté près de 250.000 fr.; en déduisant cette dernière, qui peut être réutilisée, cela correspond à une dépense d'environ 2.000 fr. par mètre courant, à 100 m. de profondeur.

PROCÉDÉS A NIVEAU PLEIN.

334. Lorsque les profondeurs sont trop grandes pour permettre l'emploi de l'un des procédés ci-dessus, on doit avoir recours aux procédés à niveau plein proprement dits, c'est-à-dire qu'on laisse les eaux prendre leur niveau naturel et que l'on creuse sous l'eau au moyen d'engins mécaniques que l'on met en mouvement à partir de la surface. Ces engins diffèrent suivant que les terrains sont consistants ou meubles. Dans les premiers, on fait usage, pour le creusement, des procédés du sondage à percussion avec les modifications que comporte leur application aux puits de grande section. Dans les seconds, on emploie le dragage.

Dans le premier cas, les parois se soutiennent verticalement pendant le creusement ; après cette opération, on descend, toujours à niveau plein, un revêtement métallique autour duquel on fait un bétonnage soigné. Dans le second cas, les parois ne se soutenant pas pendant le creusement, il faut avoir recours à des revêtements descendants avec trousse coupante, en même temps que l'on creuse. Il arrive aussi que l'on rencontre, dans un même puits, des alternances ou des successions de terrains consistants et meubles; dans ce cas, on emploie les procédés appliqués en terrains consistants, avec cette différence que l'on crée des parois artificielles, dans les assises de terrains meubles, au moyen de colonnes de tubages en tôles qui restent perdues derrière le revêtement proprement dit.

335. ***Procédé Kind-Chaudron.*** — Le creusement à niveau plein en terrains consistants porte le nom de procédé Kind-Chaudron qui associe les noms de deux ingénieurs auxquels l'art des mines est redevable d'un de ses plus grands progrès.

Kind, sondeur allemand, fut le premier à creuser des puits de grande section par les procédés du sondage à percussion (puits de Stiring en 1841 et de Dahlbusch en 1853), mais il ne parvint pas à y établir un revêtement étanche. Il en fut de même d'un essai fait à Dourges par Mulot, sondeur français, en 1847.

M. Chaudron, ingénieur sorti de l'Ecole de Liége, fut le premier à terminer le creusement de ces puits, en y posant à niveau plein un cuvelage en fonte. M. Chaudron sauva ainsi le puits de Dahlbusch et creusa le puits de Péronne, en Belgique, de 1855 à 1857.

336. Le creusement est basé sur l'emploi du trépan, engin percuteur désagrégeant la roche par le choc (cf. n° 176).

Le travail qu'un trépan est succeptible d'accomplir dépend du poids de sa masse et de sa hauteur de chute. Ce travail doit être en rapport avec la dureté de la roche et le diamètre du puits. Quand la dureté est grande, M. Chaudron fractionne le creusement en deux, ou plus rarement en trois opérations, dans le but de ne pas employer de trépans d'un poids excessif.

Mais depuis les grands progrès réalisés dans la coulée et le forgeage des grosses pièces d'acier, on ne craint plus de fabriquer des trépans de poids considérable et l'on creuse souvent aujourd'hui sur toute la section du puits, ce qui permet de gagner du temps et de mieux assurer la verticalité.

En Allemagne où le procédé Kind-Chaudron est le plus fréquemment employé aujourd'hui pour traverser les marnes qui recouvrent les formations houillère ou salifère, on fait généralement encore le creusement en deux fois.

Le puits de plus grand diamètre qui ait été creusé par le procédé Kind-Chaudron, est le puits Victor, près de Rauxel en Westphalie, qui mesure 5m.04 de diamètre. Les plus grandes profondeurs atteintes sont celles de 324 m. à Ghlin, près de Mons, de 360 m. au puits Victor, de 373 m. au puits n° 1 du charbonnage Preussen II, près de Dortmund; on creuse actuellement par ce procédé, en Thuringe, un puits destiné à atteindre 400 m.

337. *Trépans.* — Lorsqu'on creuse en deux fois, on fait successivement usage d'un petit trépan de 2m.50 et d'un grand trépan de 4m.80. La fig. 227 représente le petit trépan employé à Preussen. Ce petit trépan est en une seule pièce d'acier, de manière à reporter aisément le centre de gravité dans la partie inférieure de la lame; il présente des dents de longueurs différentes, qui forment une succession de gradins. Les dents (non figurées) pèsent de 30 à 50 kg. et sont fixées dans des alvéoles tronconiques au moyen d'un tenon et d'une goupille. Cet assemblage présente l'avantage d'être très simple et de ne pas déforcer le tenon, autant que le ferait un assemblage par clavette. Les dents sont placées symétriquement par rapport à l'axe, afin d'équilibrer le trépan et de mieux assurer la verticalité de la chute.

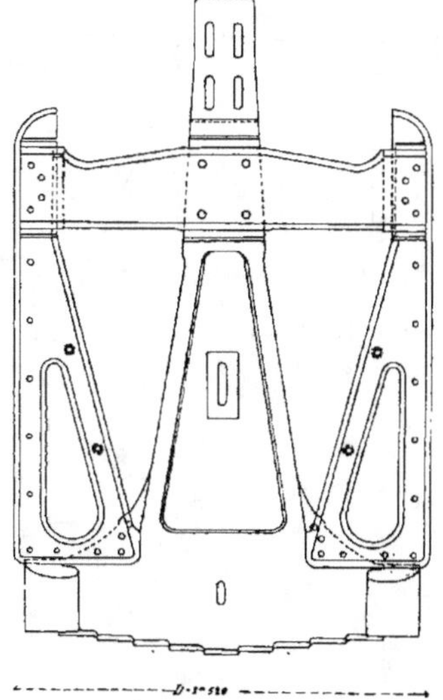

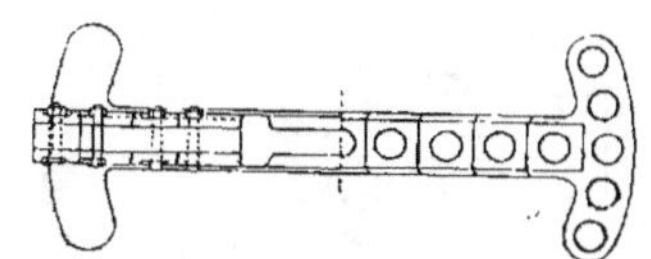

Fig. 227.

La forme de la lame du trépan en projection horizontale montre vers les extrémités un marteau qui permet d'y fixer plusieurs dents de front.

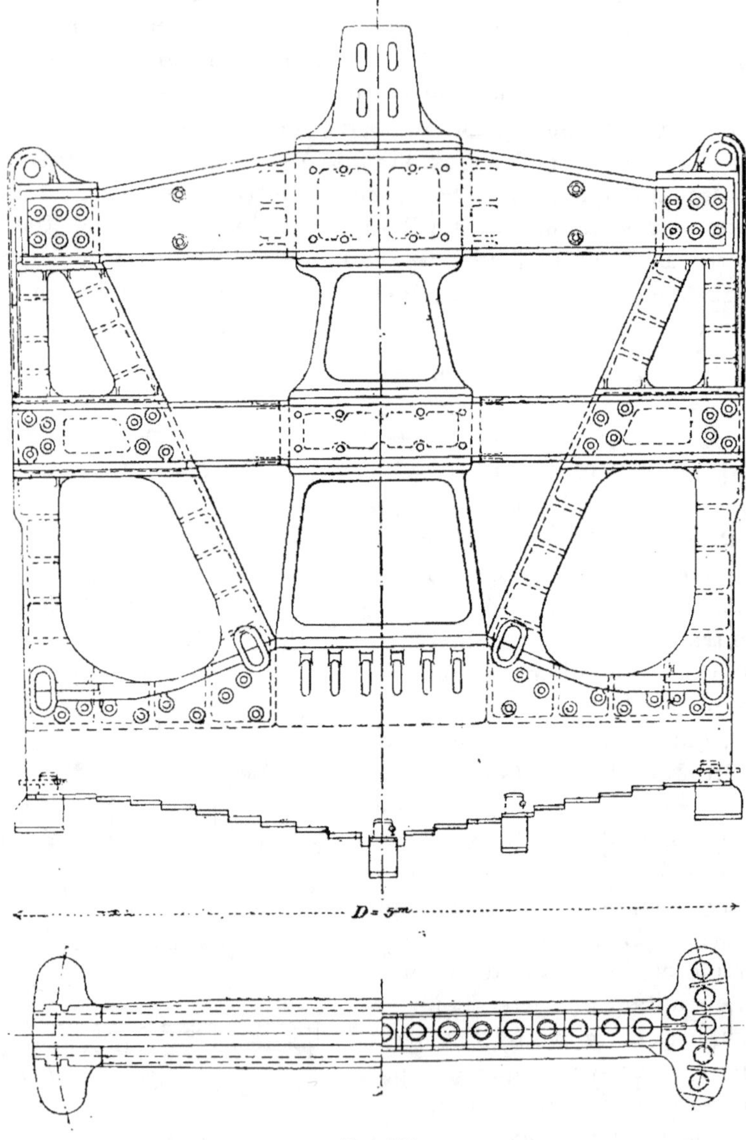

Fig. 228.

Le creusement se fait, en effet, en faisant tourner le trépan d'une fraction de tour après chaque coup ; le déplacement étant plus grand à l'extrémité du rayon, il faut y attaquer la roche sur une plus grande surface, d'où la nécessité d'y augmenter le nombre des dents. Vers le milieu de sa hauteur, la lame du trépan porte quelquefois une pièce clavetée transversale destinée à la ressaisir en cas de rupture.

Un peu plus haut se trouve un allésoir servant en même temps de guide, pièce résistante fixée sur le trépan, destinée à guider verticalement la chute et à abattre les aspérités qui pourraient rester en saillie à la surface de la paroi du puits. Sur la tige qui fait suite immédiatement à la lame et qui est assemblée à celle-ci par clavette, se trouve un second guide en forme de croix.

Le petit trépan de Preussen pesait 8.000 kg. ; on a été, dans d'autres cas, jusque 10.000 et 12.000 kg.

Quand on procède en deux fois, on creuse souvent le petit puits sur toute la profondeur, pour diminuer les pertes de temps dues aux changements de trépan et permettre une reconnaissance complète du terrain. De plus, lors de l'élargissement, la banquette est mieux débarrassée des déblais qui tombent au fond du petit puits.

338. Comme type de grand trépan (fig. 228 et 229), nous décrirons celui qui a servi au siège du Quesnoy du charbonnage du Bois-du-Luc, pour creuser en une fois un puits de 5 m. de diamètre ; ce trépan pesait 31.000 kg. sans compter les dents qui pesaient 1.200 kg. Ce grand trépan est en plusieurs pièces d'acier réunies par clavettes et consolidées par des traverses.

Les fig. 228 et 229 sont à la même échelle que la fig. 227.

Quand on creuse un petit puits, on supprime les dents de la partie du milieu ; quelquefois on les remplace par un étrier en

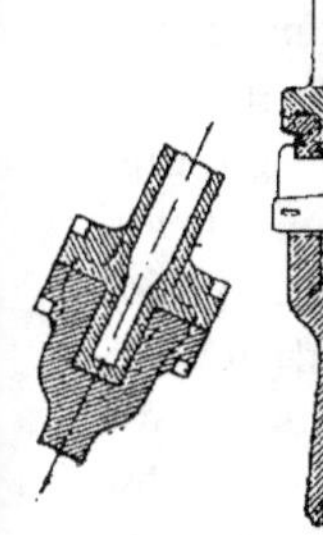

Fig. 229.

fer ou en bois servant de guide, mais ce guide a généralement été supprimé, dans la crainte que le petit puits ne fût pas lui-même rigoureusement vertical.

Le guidage est formé de pièces verticales en acier qui s'élèvent à $4^m.5o$ de hauteur au dessus de la lame et qui sont fortement entretoisées par traverses et diagonales.

Plus haut se trouve quelquefois un second guide composé de deux bras en croix dont l'un présente deux articulations pour lui permettre de franchir l'ouverture rectangulaire du plancher de travail. Ce dernier se compose, en effet, de deux segments fixes et de deux portes roulantes refermant l'ouverture qui a pour longueur le diamètre du grand puits et pour largeur celui du petit puits. Les deux branches articulées sont relevées après le passage du plancher de travail au moyen de cordes qui s'enroulent sur des treuils. Ce guide peut d'ailleurs être supprimé, lorsque le trépan est guidé lui-même sur une hauteur suffisante.

M. Lippmann, qui fut le premier à creuser d'emblée, au grand diamètre, les puits de Rhein-Elbe et de Kœnigsborn, en 1873 et 1875, au moyen d'un trépan unique de 22.300 kg., donnait une forme spéciale à ce dernier (fig. 230).

La lame se divisait en 4 branches et les dents étaient remplacées par des tranchants de toute la longueur de celles-ci.

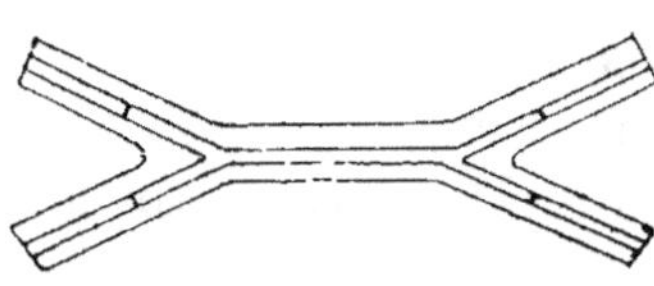

Fig. 230.

Ces branches et la partie médiane étaient reliées à la tige par 5 bras de suspension. Ce trépan avait $4^m.4o$ de diamètre. Il était de construction plus difficile que les trépans Kind-Chaudron et présentait moins de résistance. La division en quatre branches a d'ailleurs le même but que la multiplication des dents aux extrémités de la lame du trépan Kind-Chaudron (¹).

339. *Tiges.* — Les tiges qui relient le trépan au mécanisme de battage, ne doivent avoir d'autre office que de relever l'outil. On les construit ordinairement en bois. M. Lippmann seul a

---

(¹) *Revue universelle des mines*, 2e série, t. V.

employé jusqu'ici des tiges en fer. En bois, elles ont l'avantage de perdre leur poids dans l'eau et comme elles ont plus d'élasticité que les tiges en fer, les effets du refoulement éventuel sont moindres ; elles sont aussi moins coûteuses. On les fait en pitch-pine équarri. Leur longueur dépend de la profondeur à laquelle se trouve le plancher de travail. Lorsque ce dernier est voisin du sol, on leur donne de 18 à 20 m. de longueur, avec section carrée de $0^m.125$ de côté. Mais il y a avantage à leur donner le plus de longueur possible, afin de diminuer le nombre d'assemblages et d'accélérer les manœuvres qui consistent à les assembler et les désassembler.

Au siège du Quesnoy (Bois-du-Luc), grâce à la profondeur du plancher de travail qui se trouvait à 36 m. dans l'avant-puits, on a pu porter à 56 m. la longueur des tiges qui avaient une section de $0^m.250 \times 0^m.250$. Il a suffi ainsi de 4 tiges et de quelques tiges partielles pour atteindre la profondeur de 245 m. où l'on rencontra le terrain houiller. Ces tiges sont formées de plusieurs pièces de bois assemblées à trait de Jupiter.

L'assemblage des tiges se fait par vis et gobelet, au moyen d'armatures en fer, fixées aux extrémités des tiges ; le bout mâle est à l'extrémité supérieure, le bout femelle à l'extrémité inférieure de la tige ; en dessous de la vis formant le bout mâle, se trouve un épaulement pour supporter la tige pendant les manœuvres (fig. 231).

Le seul inconvénient est que les assemblages entre fer et bois se détériorent par les alternances de sécheresse et d'humidité.

L'emploi des tiges métalliques, assure mieux la rigidité des assemblages ; mais comme ces tiges ne perdent pas leur poids dans l'eau, il faut les équilibrer, ce qui complique les attirails.

Ordinairement les tiges partielles seules sont métalliques (fig. 232).

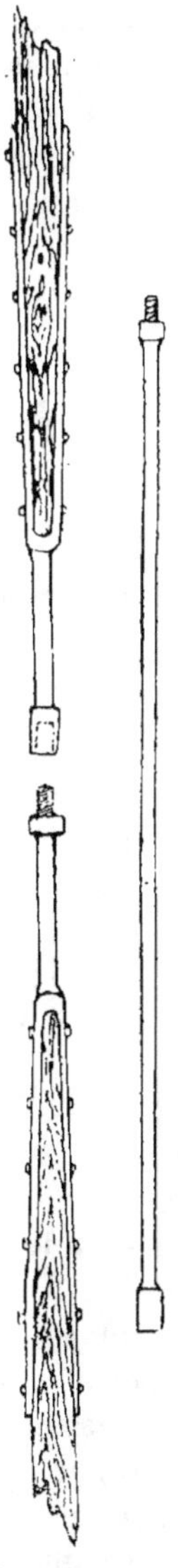

Fig. 231 et 232.

On est cependant obligé de recourir à des contre-poids, même avec les tiges en bois, lorsque le niveau de l'eau est très bas.

340. *Liaison du trépan et des tiges.* — La liaison du trépan et des tiges, doit se faire de telle sorte qu'au moment où le trépan touche le fond du puits, le choc ne produise aucun refoulement sur les tiges. La liaison doit donc être telle que le trépan soit séparé des tiges au moment de la frappe. Ce résultat peut être obtenu au moyen de la coulisse d'Œynhausen ou des appareils à chute libre.

341. *Coulisse d'Œynhausen.* — La coulisse d'Œynhausen ou glissière se compose de deux parties (fig 233). La première qui termine les tiges de suspension, est une boutonnière d'environ $0^m.05$ de large et $0^m.40$ de hauteur. La seconde qui surmonte la tige du trépan est une fourche embrassant la boutonnière et se terminant par un boulon de section rectangulaire qui traverse cette boutonnière de part en part. Le trépan est suspendu aux tiges, par l'intermédiaire de ce boulon ; mais au moment où il touche le sol, il s'en sépare et les tiges continuent à descendre, jusqu'à ce qu'un arrêt élastique se produise dans l'appareil de battage.

Aucun refoulement sur les tiges n'est donc à craindre. La hauteur de chute se règle, dans ce cas, d'après la course du levier de battage ; mais ce système ne permet pas de dépasser 9 à 10 coups par minute aux grandes profondeurs.

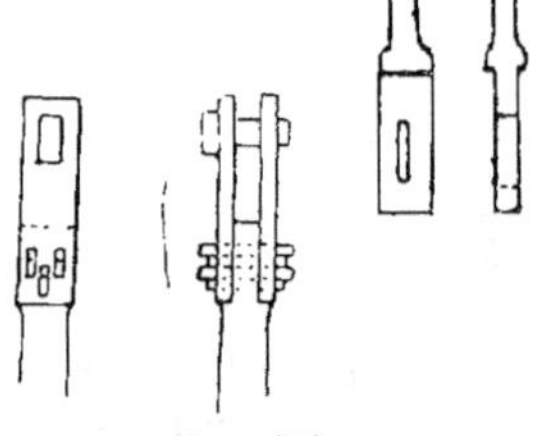

Fig. 233.

Il donne d'autre part plus de sûreté que les outils suivants, au point de vue de la localisation du coup. C'est pourquoi on le conserve généralement pour les trépans de grand poids.

Pour éviter tout refoulement sur les tiges, on peut employer une suspension élastique des tiges au levier de battage, comme l'a fait M. Degueldre, à Bois-du-Luc (fig. 241). Cette suspension élastique se compose de ressorts qui au moment du choc rappellent les tiges soulagées du poids du trépan ; celles-ci ne descendent alors que de 2 à 3 centimètres dans la coulisse, ce qui permet d'augmenter le nombre de coups.

342. *Outils à chute libre.* — Les outils à chute libre lâchent le trépan à l'extrémité supérieure de sa course. Le trépan tombe librement, sans entraîner les tiges à sa suite et il est facile de voir que la vitesse de chute doit être plus grande.

En effet, dans les deux cas, le travail mécanique est égal au poids du trépan P multiplié par la hauteur de chute h. Le poids des tiges n'entre pas en jeu, puisqu'elles sont équilibrées ; mais les masses sont différentes : dans le cas de la coulisse, ces masses se composent de M, masse du trépan, $+ m$, masse des tiges qui font corps avec le trépan au moment de la frappe, tandis que dans le cas de la chute libre, il ne faut tenir compte que de la masse M, puisque le trépan tombe librement sans entraîner les tiges. Si l'on appelle v et v' les vitesses de chute dans l'un et l'autre cas, nous aurons :

1° Dans le cas de la coulisse :

$$Ph = \tfrac{1}{2} (M + m) v^2 ;$$

2° Dans celui de la chute libre :

$$Ph = \tfrac{1}{2} Mv'^2 .$$

On voit donc que v' est $> v$.

Le mécanisme ayant lâché le trépan à l'extrémité de sa course ascendante, les tiges effectuent ensuite leur descente ; le même mécanisme ressaisit le trépan pour le relever et ainsi de suite.

Ce desideratum a été réalisé de différentes manières.

343. M. Chaudron a adopté, en la modifiant, la chute libre de Kind qui n'était appliquée qu'aux appareils de sondage (fig. 234). Cette chute libre se compose d'une pince p dont les axes sont fixés à deux flasques latérales

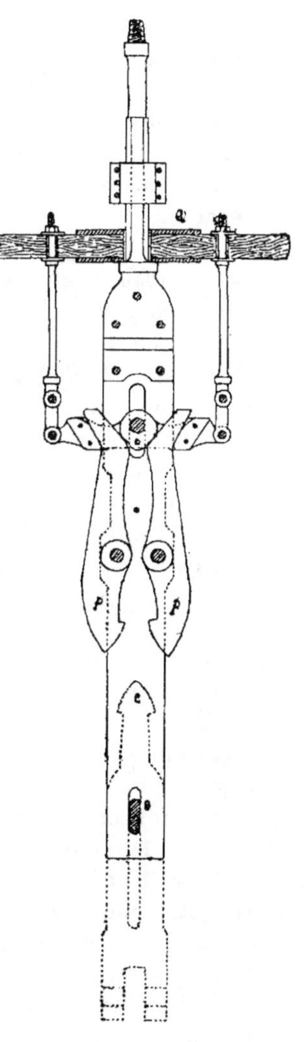

Fig. 234.

et qui saisit, pendant l'ascension, la tige du trépan terminée par un champignon *c* (la tige du trépan est figurée en pointillé).

Cette pince est maintenue serrée par une traverse reliée par deux tringles à un plateau Q qui a presque le diamètre du puits. Cet ensemble glisse librement sur la tige entre deux arrêts. Pendant l'ascension, la réaction de l'eau qui remplit le puits, presse de haut en bas sur le plateau et maintient la traverse au point le plus bas, c'est-à-dire dans la position ou faisant coin entre les branches supérieures de la pince, elle tient celles-ci écartées et produit en conséquence le serrage des branches inférieures sur le champignon du trépan.

Au haut de la course, le mouvement change de sens ; la réaction de l'eau s'exerce de bas en haut sur le plateau qui tend ainsi à occuper sa position la plus haute, le coin qui maintenait écartées les branches supérieures de la pince se relevant, ces branches se rapprochent et les branches inférieures s'écartent, pour lâcher le trépan qui tombe au fond du puits guidé par une traverse G. L'effet de la réaction de l'eau est d'ailleurs secondé par la force vive qui tend à faire poursuivre à la pièce libre sa marche ascendante.

A la descente, la pince vient ressaisir le champignon et ainsi de suite.

On a reproché à la chute libre de Kind, dans ses applications aux sondages, de ne pas être assez sensible pour lâcher le trépan au premier moment de la descente ; si l'on remarquait une certaine paresse dans l'action de ce mécanisme, il serait facile d'y remédier par un choc donné au levier de battage au sommet de la course.

M. Chaudron substitue la chute libre de Kind ainsi modifiée à la coulisse d'Œynhausen, pour des profondeurs atteignant 180 à 200 m., lorsque les terrains sont réguliers et non fissurés ; car une condition essentielle du bon fonctionnement de l'appareil est le maintien de la verticalité du trépan. L'appareil à chute libre peut d'ailleurs s'adapter au lieu de la coulisse et réciproquement, quand on le juge utile.

Aux puits de Ghlin, grâce à cette chute libre, on faisait varier l'amplitude de la course de 0^m.15 à 0^m.75 et la vitesse de battage de 10 à 25 coups pour le petit, et de 10 à 20 coups pour le grand trépan.

344. A Rhein-Elbe et Kœnigsborn, M. Lippmaan a appliqué l'anciene chute libre de Degousée, dite à *tringlage* ou *poids mort* (fig. 235). Dans ce système, le trépan est supporté de même par une pince dont les extrémités supérieures sont maintenues écartées par deux bras de levier en X.

Un tringlage indépendant des tiges et du trépan, repose au fond du puits ; lorsque le trépan arrive au sommet de sa course ascendante, les branches supérieures de l'X butent contre des arrêts, s'ouvrent et les branches inférieures s'écartant ne font plus prise avec les extrémités supérieures de la pince, ce qui permet à celle-ci de s'ouvrir pour lâcher le trépan.

Des ressorts forcent la pince à se refermer sur le champignon, dès qu'à la descente, elle vient buter sur la tête de ce dernier.

Pour que ce système fonctionne d'une manière satisfaisante, il faut que le tringlage s'appuie parfaitement au fond du puits, de manière que les arrêts se présentent à la hauteur voulue ; or la boue qui recouvre le fond, peut être un obstacle.

La hauteur de chute n'est ici susceptible d'aucune variation.

Un grand nombre de systèmes à chute libre, employés dans les sondages, sont trop délicats pour s'appliquer aux forages à grande section. C'est d'ailleurs un reproche général qu'on peut adresser aux appareils à chute libre, auxquels on renonce souvent, surtout aux grandes profondeurs, pour revenir à la coulisse qui est plus robuste et expose à moins d'accidents (puits Victor, Bois-du-Luc, etc.).

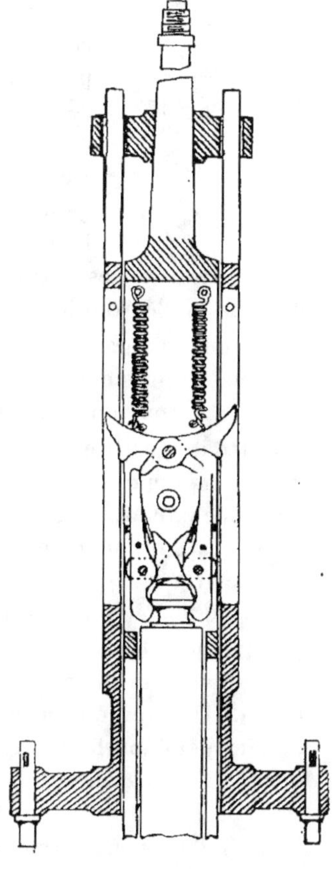

Fig. 235.

345. *Suspension des tiges et tête de sonde.* — Les tiges se rattachent au levier de battage par l'intermédiaire d'une chaîne de Galle ou par la suspension élastique de M. Degueldre (cf. n° 341 et fig. 241); à $1^m.5o$ environ au-dessus du plancher de travail se trouve la *tête de sonde.* Celle-ci se compose (fig. 236) d'une vis d'allongement V qui est fixée, au bout de la chaîne de battage, et dont la longueur de $o^m.55$ à 1 m. correspond à celle d'une tige partielle, d'un écrou E en forme d'étrier, mobile le long de cette vis, d'une pièce T suspendue à l'écrou par un étrier et formant pivot. Cette pièce sert à imprimer, aux tiges et au trépan, un mouvement de rotation après chaque coup. Le mouvement de rotation se donne vers la gauche, afin d'éviter de dévisser les assemblages.

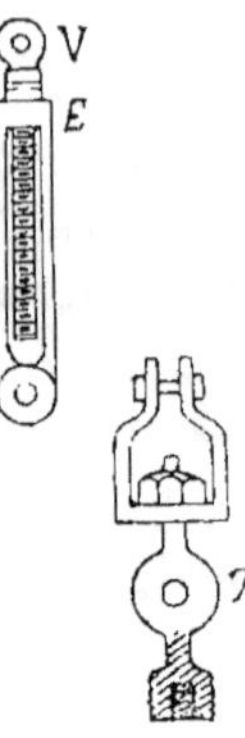

Fig. 236.

La rotation des tiges est, par ce pivot, rendue indépendante de celle de l'écrou de la vis d'allongement.

Le tourne à gauche se compose d'un levier poussé par 4 ou 6 hommes; après chaque demi-tour, on procède à l'allongement, en faisant tourner l'écrou de la vis.

Cette disposition a l'inconvénient de faire varier la hauteur du tourne à gauche au-dessus du plancher du travail. Elle a été modifiée par M. Degueldre, de manière à maintenir le tourne à gauche à hauteur constante. Pour cela l'écrou est fixe et la vis mobile (fig. 237). La vis d'allongement termine alors la tige, tandis que l'étrier qui porte l'écrou, pivote sur une tête de boulon suspendu au levier de battage.

Le levier du tourne à gauche est fixé sur l'écrou qui est hexagonal. Un verrou permet de rendre ce levier solidaire de l'étrier pendant le battage; l'écrou tourne alors avec l'étrier et comme la vis est rendue elle-même solidaire de l'étrier par une traverse, elle tourne aussi et il n'y a pas d'allongement.

Quand le verrou est retiré, le tourne à gauche fait tourner l'écrou, sans l'étrier; la vis restant solidaire de ce dernier ne tourne pas non plus, mais descend dans son écrou, en allongeant la tige.

M. Degueldre emploie des chevaux pour produire la rotation de la sonde.

346. *Bâtiments et moteurs.* — On commence toujours par creuser et maçonner un avant-puits de grand diamètre. Il y a avantage à donner à ce puits une assez grande profondeur, parce que cela permet d'augmenter la longueur des tiges, sans exagérer la hauteur du bâtiment. A Bois-du-Luc, ce puits avait 36 m. de profondeur, ce qui a permis de donner aux tiges la longueur inusitée jusqu'alors de 56 m. (cf. n° 339).

Sa profondeur doit autant que possible être suffisante pour y loger le trépan, afin de ne pas

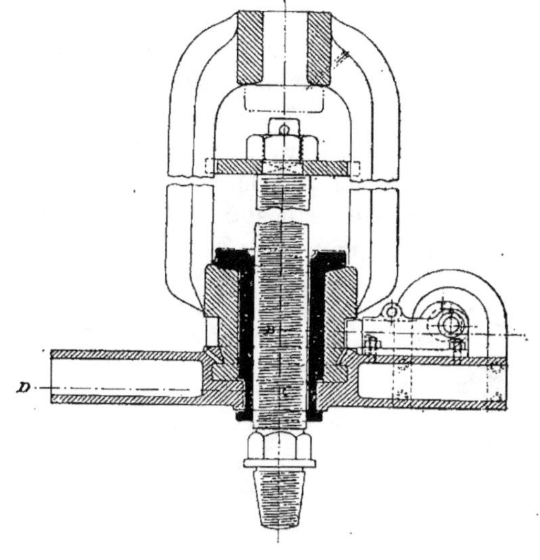
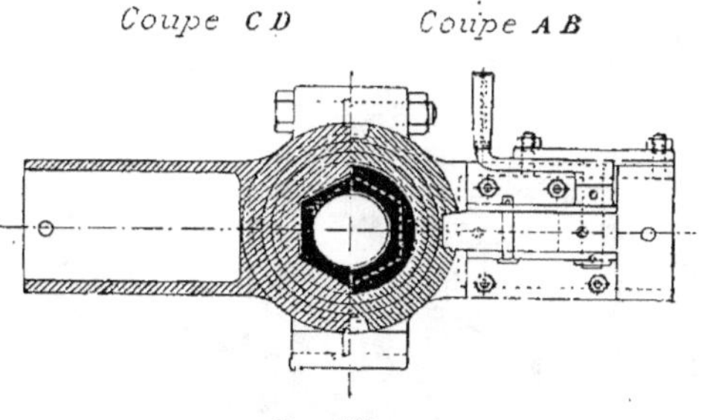

Fig. 237.

avoir à reporter le levier de battage à une trop grande hauteur au-dessus du sol. C'est dans ce puits que l'on établit le plancher de travail au-dessus duquel se trouve la tête de sonde.

Les constructions élevées au-dessus du puits à creuser sont en général provisoires ; quelquefois cependant on a fait des constructions définitives, destinées à servir dans la suite à l'extraction, tours en maçonnerie (l'Hôpital) ou châssis à molettes en fer (Bois-du-Luc). Ces derniers ont reçu la hauteur de 36 m. qui peut paraître exagérée au point de vue de l'extraction future, mais se justifie pour les besoins du forage.

Les charpentes sont en général en forme de pyramide

quadrangulaire surélevée (fig. 238). Elles portent au sommet la molette de la machine d'extraction qui sert à la manœuvre des tiges et du trépan. Cette machine bicylindrique et à une seule bobine est à câble plat en aloès ou en acier, ou encore, comme à Bois-du-Luc, à câble rond en acier, moufflé. Lorsque le curage se fait à la corde, une seconde molette reçoit le câble en acier du cabestan à deux cylindres servant à la manœuvre des engins de curage.

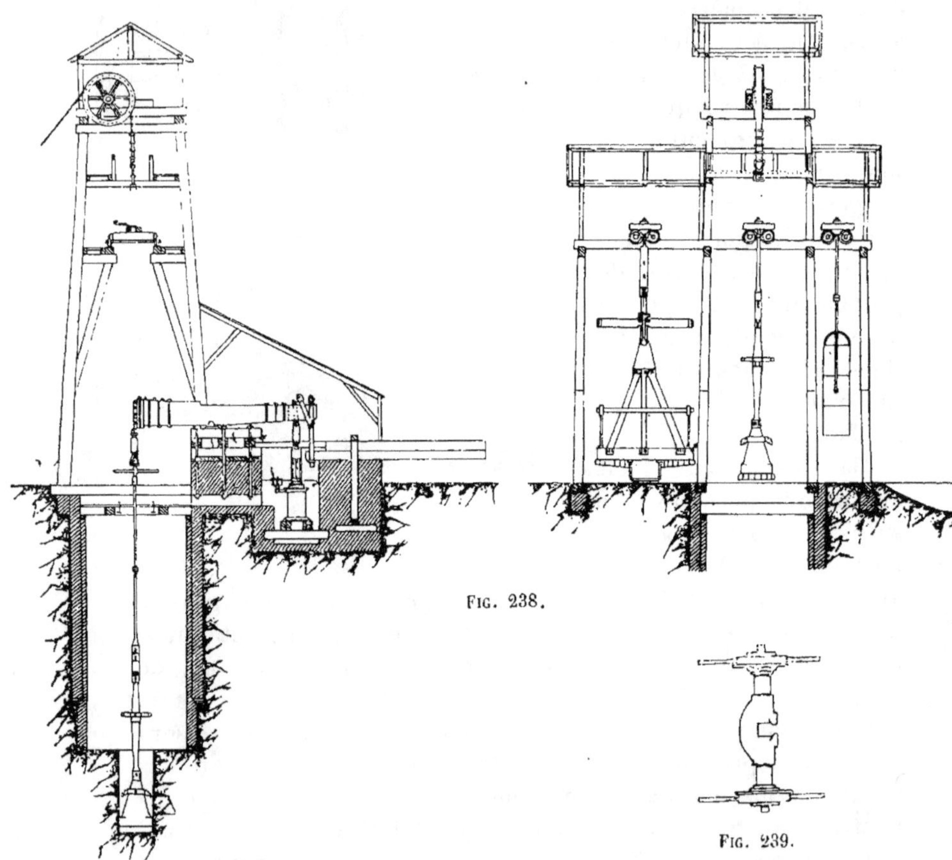

FIG. 238.

FIG. 239.

En dessous du niveau des molettes se trouve un premier plancher servant à supporter les tiges. Quand les tiges ne dépassent pas 20 m. ou les reçoit sur de petits chariots à deux roues (fig. 239) qui les supportent par leur épaulement.

Ces chariots sont refoulés aux extrémités de cette voie pour l'emmagasinement des tiges.

A 2^m.5o ou 5 m. plus bas, se trouve un second plancher portant une voie plus résistante sur laquelle se meuvent des trucs à quatre roues destinés à supporter les trépans où la cloche de curage. Ce plancher et cette voie se prolongent de part et d'autre du puits, de manière à conduire d'une part le trépan dans une chambre qui lui est destinée et où il subit les réparations nécessaires, et d'autre part la cloche au-dessus du point où l'on déverse les déblais du creusement.

Les trépans, de même que la cloche, sont supportés sur ces trucs par l'intermédiaire d'une clef de retenue (fig. 24o) glissée sous l'épaulement.

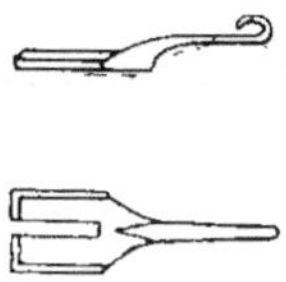

Des toitures recouvrent la charpente et le plancher sur lequel circulent ces trucs.

Lorsque le trépan est très lourd, on l'attire en dehors de l'aplomb du puits, où on le suspend par des amarres à une traverse, pendant qu'il reste encore suspendu au câble de la machine d'extraction (Bois-du-Luc).

Fig. 240.

Perpendiculairement à l'axe de la chambre du trépan et de celle de la cloche de curage, se trouve celui des salles de la machine d'extraction et du cabestan de curage.

La machine de battage est un cylindre vertical à simple effet, d'environ 1 m. de diam., installé dans les fondations.

La distribution de la vapeur s'y fait ordinairement à la main, comme pour un marteau-pilon, de telle sorte que le machiniste règle l'amplitude de la course, ainsi que le nombre de coups, d'après la résistance de la roche. L'émission seule peut être automatique.

La tige du piston est reliée au balancier par une chaîne ou par un système articulé. Le balancier est construit en bois ou en fer; il repose par l'intermédiaire de tourillons dans un demi-coussinet fixé par un palier sur une fondation élastique en bois, ou en pierres de taille. Ce balancier a une longueur de 7 à 10 m.

Au Bois-du-Luc (fig. 241), les demi-coussinets étaient au nombre de 5, espacés de o^m.20, de manière à faire varier les bras de levier du balancier, pour régler en conséquence la hauteur de chute et l'équilibre du balancier, au fur et à mesure de l'allongement des tiges. L'extrémité postérieure du balancier se meut dans un étrier métallique muni de butoirs élastiques qui limitent sa course.

M. Lippmann employait, comme machine de battage, un moteur rotatif attaquant le balancier par bielle et manivelle. Les tiges qui étaient métalliques, étaient équilibrées par un contre-poids suspendu au balancier. Ce dispositif a l'avantage d'économiser la vapeur et de faire servir la même machine au battage et à l'extraction; mais il nécessite l'emploi d'une chute libre, car sinon le trépan frapperait au moment où la manivelle passe au point mort.

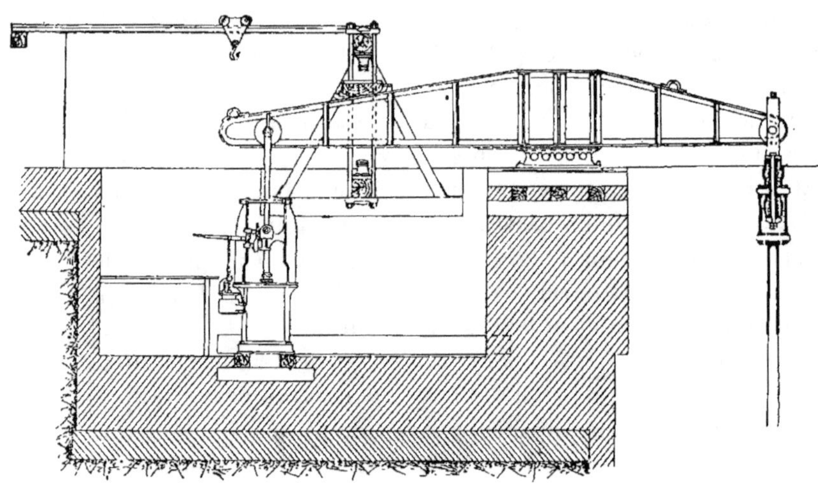

Fig. 241.

347. Les manœuvres consistent à remonter les tiges et le trépan, lorsqu'on doit procéder au curage, puis à les réintroduire dans le puits, lorsque cette opération est terminée.

La présence du balancier de battage au-dessus du puits empêchant ces manœuvres, on doit d'abord en opérer le retrait, ce qui se fait, après avoir démonté la suspension des tiges, en le soulevant de l'avant au moyen du câble de la machine d'extraction et en le reculant d'environ 2 mètres à l'aide d'un cabestan à bras.

Pour la manœuvre des tiges, le câble plat de la machine

d'extraction se termine par un étrier pivotant (fig. 242) qui se visse, sans tordre le câble, sur le bout mâle de la dernière tige, pendant que l'épaulement de la suivante est soutenu au niveau du plancher de travail par une clef de retenue (fig. 240) ; celle-ci maintient la tige inférieure de manière à empêcher sa rotation, pendant qu'on dévisse la tige immédiatement supérieure.

On dévisse successivement chaque tige, jusqu'à ce que l'on arrive au trépan, qu'on soulève enfin au niveau du truc qui le reçoit et le soutient par son épaulement sur une clef de retenue. La manœuvre se fait inversement à la descente.

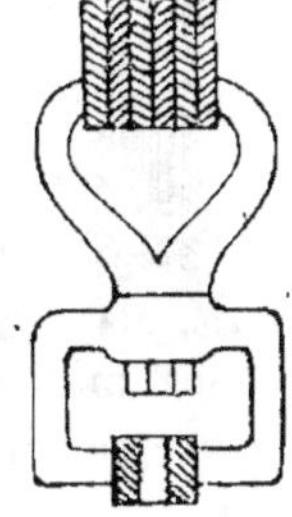

FIG. 242.

348. *Curage.* — Lorsqu'on creuse en deux fois, le curage se fait au moyen d'une *cuiller* ou *cloche à soupapes* qui pénètre dans le petit puits. C'est un cylindre en tôles de grande capacité (fig. 243).

Le fond en est fermé par deux clapets, de telle sorte qu'en faisant battre la cuiller au fond du petit puits, elle se remplit de débris. Sa capacité peut atteindre 12 t. Cette cuiller est suspendue par un étrier en dessous de son centre de gravité. Une anse perpendiculaire à cet étrier est relié à ce dernier d'une manière invariable pendant le battage. Pour la vider, on la fait basculer au-dessus du dépôt de déblais, en séparant les deux anses l'une de l'autre. La cloche bascule par son poids, un cabestan sert à modérer le mouvement et à la relever.

Le curage peut se faire à la tige où à la corde ; on emploie généralement le curage à la corde à cause de la rapidité plus grande des manœuvres. La cloche est ordinairement descendue après 3 heures de battage. Il importe de ne pas retarder l'extraction des débris, parce que les débris peuvent se tasser au fond du petit puits au point de devoir être rebroyés.

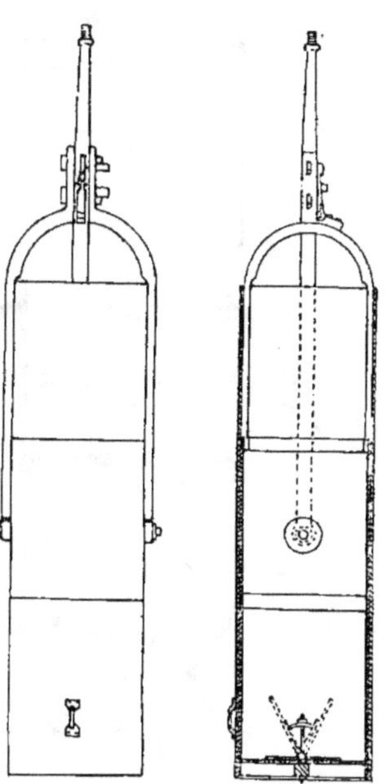

FIG. 243.

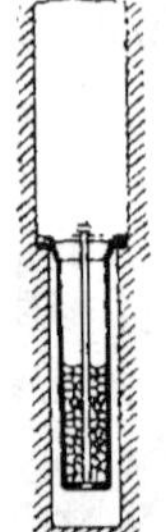

FIG. 244.

Pour éviter cet inconvénient, on a quelquefois fait usage, à faibles profondeurs, d'un récipient spécial (cuiller suspendue ou chapeau de tyrolien, fig. 244) descendu dans le petit puits pour recueillir les débris. Ce récipient s'appuie dans ce cas sur une banquette de 0.^{m}075 que l'on entaille à 10 m. environ en dessous du fond du grand puits, en ajoutant deux dents aux extrémités du petit trépan. On remonte ces récipients après chaque avancement de 0^m.20 à 0^m.25. Une tige qui le traverse dans son axe, est terminée par un bout mâle sur lequel on parvient à visser un écrou muni d'un cône servant de guide.

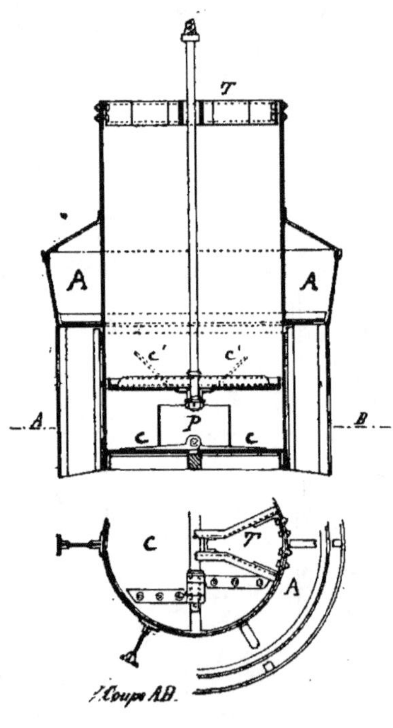

FIG. 245.

Lorsqu'il y a des parties dures à extraire, telles que cailloux ou morceaux de ferraille (Jessenitz, cf. n° 353), M. Chaudron emploie une cuiller à piston (fig. 245), véritable pompe aspirante et soulevante de 1^m.40 de diam., dont le piston est relié aux tiges de battage. Le fond présente deux grands clapets C et le piston quatre clapets C'.

Les gros matériaux traversent les clapets inférieurs et s'arrêtent sur ceux-ci. Les matières plus légères traversent les clapets du piston et sont recueillies dans une auge annulaire A soutenue par des fers double T, disposées suivant des rayons, tandis que les gros matériaux sont retirés par une porte P. Cette cuiller est maintenue suspendue sur la tige du piston, par l'intermédiaire d'une armature T, lorsqu'elle ne repose pas au fond du puits.

Lorsqu'on creuse le puits d'emblée à sa section définitive,

les engins de curage sont différents.

M. Lippmann faisait usage d'une cloche de forme allongée (fig. 246) dont le fond était muni d'un grand nombre de soupapes à tige guidée. Cette cloche était sectionnée en compartiments indépendants, pour le cas où l'une des soupapes ne se refermerait pas. A Rhein-Elbe, les dimensions étaient $4^m.20$ de long sur $1^m.50$ de large; elle était munie de 27 soupapes. Vide elle pesait 5.000 kg. et 18.000 kg., quand elle était pleine de débris.

M. Degueldre a employé à Bois-du-Luc une drague à godets (fig. 247),

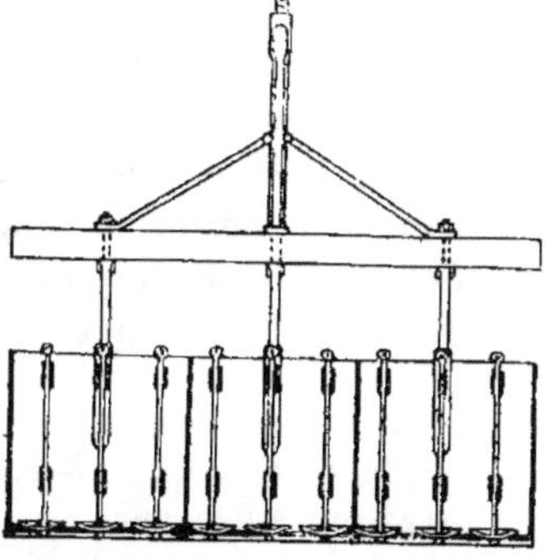
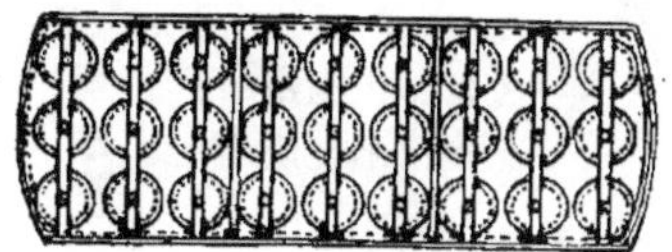

FIG. 246.

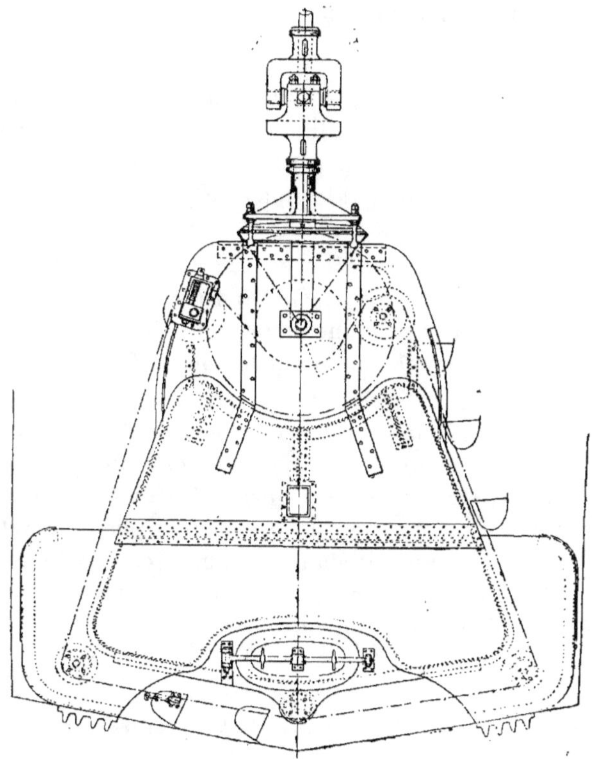

FIG. 247.

mue du plancher de travail par un manége. Cette drague
déverse le contenu de ses godets dans un récipient de 5 mètres
cubes, de forme trapézoïdale. Elle est descendue au moyen des
tiges, ce qui ne présente pas d'inconvénients au point de vue
de la rapidité, lorsque ces tiges ont 56 m., comme au Bois-du-
Luc, et ce qui permet de supprimer la machine spéciale de
curage.

349. *Personnel.* — Le personnel d'un creusement par le
procédé Kind-Chaudron est peu considérable. Il se compose de
10 à 12 ouvriers travaillant par postes de 12 heures :

   1 maître-sondeur ;
   1 machiniste ;
   1 chauffeur ;
   1 menuisier ;
   1 forgeron ;
   4 à 6 ouvriers au plancher de travail (¹) ;
   1 manœuvre.

350. *Appareils de sauvetage.* — Le matériel d'un forage Kind-
Chaudron comprend un certain nombre d'appareils de sauvetage destinés à remédier aux accidents qui se
produisent le plus fréquemment. Ces accidents
sont les suivants :

1° Une tige peut se rompre au-dessus d'un
épaulement. On la ressaisit dans ce cas au
moyen d'une lame courbée en épicycloïde à
laquelle on donne le nom de *Caracole* (fig. 248).

2° Si la rupture se produit en dessous de
l'épaulement, on se sert de la *fanchère
(Fangscheere)*, sorte de pince barbelée à
branches élastiques qui peuvent glisser librement sur la tige, entre deux arrêts, et
pénètrent dans un guide en pavillon de cor

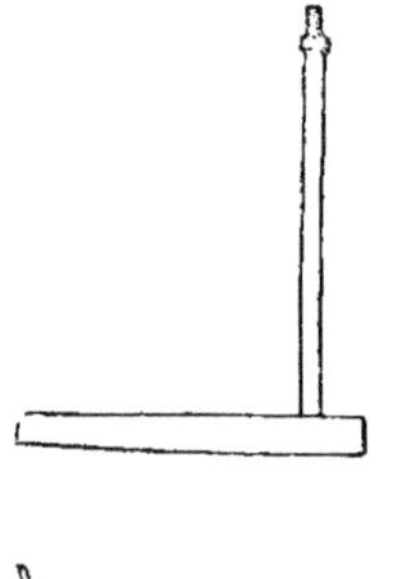

Fig. 248.

(fig. 249). A la descente, elles sont maintenues écartées par
une cale en bois et pénètrent de très peu dans le pavillon.

(¹) Remplacés au Bois-du-Luc par 2 conducteurs de chevaux.

Lorsqu'en sondant à la fauchère, le bout de la tige brisée s'engage dans ce pavillon, elle fait sauter la cale; la pince, en descendant, se referme sur le bout de la tige et la saisit par ses extrémités barbelées.

3° Pour retirer des objets en fer tombés au fond du puits, tels que des dents du trépan, on se sert du *Grapin* (fig. 250), pince articulée en A, B, B' C, lestée par des poids et manœuvrée au moyen d'une corde. Quand on creuse en deux fois, et qu'une pièce reste sur la banquette, on peut quelquefois se contenter de la faire tomber dans le petit puits, où elle est plus facile à saisir ; on peut aussi suspendre au grapin un récipient ou chapeau de tyrolien qui s'engage dans le petit puits et recueille la pièce (¹).

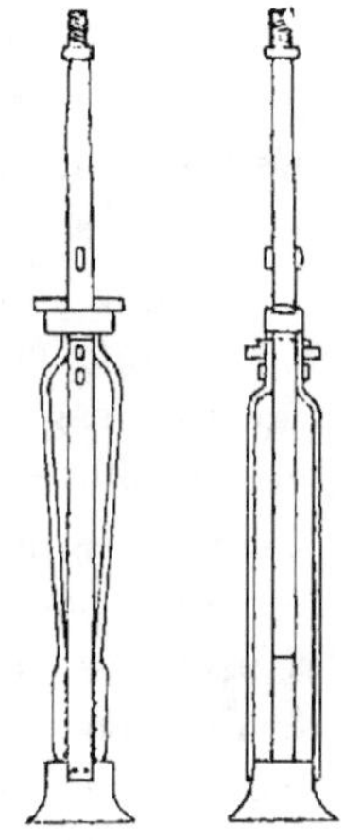

Fig. 249.

4° Si le trépan se détachait des tiges, on emploierait un *double crochet*, de forme spéciale, pour le ressaisir par la traverse perpendiculaire à la lame (cf. n° 337).

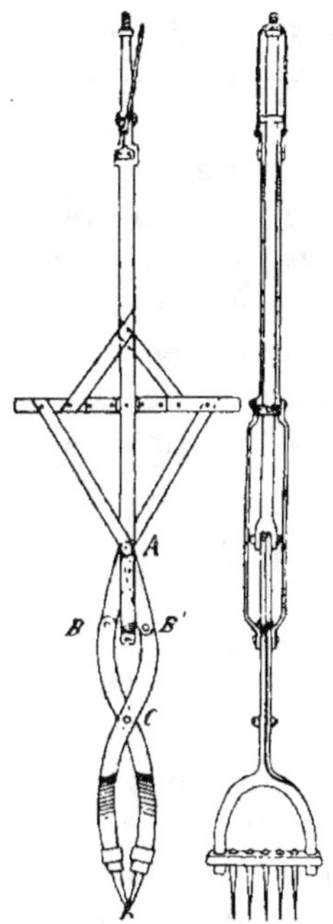

Fig. 250.

5° On a enfin un *crochet simple* pour ressaisir l'anse de la cuiller, si cette dernière venait à se détacher, etc.

(¹) Pour donner une idée de la précision que l'on peut obtenir dans le travail au grapin, nous citerons un accident qui se produisit à l'avaleresse de Whitburn, à 75 m. de profondeur. Une des dents extrêmes du trépan s'était détachée et avait été enterrée par l'action même du battage. On continua le creusement, en enlevant les dents extrêmes, de manière à ménager tout autour du puits une banquette dans laquelle se trouvait la dent détachée. On abattit ensuite cette banquette par parties, en réservant l'endroit où se trouvait la dent. Un coup ou deux de trépan suffirent pour dégager celle-ci et permettre de la saisir au moyen du grapin.

351. *Tubage des parties ébouleuses.* — Le tubage des parties ébouleuses se fait au moyen de colonnes perdues en tôles dépassant de 3 à 4 m. la partie à revêtir. La descente de ces tubages s'effectue au moyen de tiges en fer ou de câbles plats.

Lorsque l'on observe dans le puits des chutes de matières provenant des parois, il est indispensable de tuber, alors même que le forage serait terminé ; car les éboulements pourraient compromettre le revêtement définitif.

Quand la paroi présente des anfractuosités par suite d'éboulements, pour éviter les déformations du tubage, on fait un remplissage de cendres et de pierres concassées derrière ce dernier, ce qui s'exécute en le coiffant d'un chapeau conique ; de crainte que les matériaux de remplissage ne sortent par en bas, on garnit dans ce cas la base extérieure du tubage de pièces à charnières qui n'empêchent pas sa descente, mais retiennent le remplissage.

Le tubage est d'autant plus difficile que la partie ébouleuse se trouve à plus grande profondeur.

Aux puits de Ghlin, par exemple, on rencontra une assise de sables et d'argiles à silex roulés immédiatement au-dessus de la tête du terrain houiller qui se trouvait à environ 300 m.

Au puits n° 1 de Ghlin, un tube de 17 m. de hauteur fut composé de deux doubles de tôles à joints alternatifs de $4^m.36$ de diamètre extérieur et de $4^m.19$ de diamètre intérieur ; il présentait une bague de consolidation en tôle à sa partie supérieure et un tranchant d'acier à sa base. Il pesait 55.600 kg. On le fit descendre au moyen de six tiges à vis pesant 30.000 kg. qu'on allongeait par le haut, au fur et à mesure de sa descente. Lorsque ce tube arriva à la profondeur de 291^m10, il rencontra les débris durcis provenant de l'allésage du trou effectué préalablement à sa descente. Il fallut reprendre le trépan et battre à l'intérieur du tube. Ce dernier pénétra de la sorte jusqu'à 293 m.; mais pour arriver au bon terrain, il fallut descendre une 2ᵉ colonne de 7 m. de hauteur et $4^m.02$ de diamètre qui descendit jusque 297 m., une 3ᵉ colonne de 8 m. de hauteur et $3^m.94$ de diamètre qui descendit jusqu'au terrain houiller à 300 m. et enfin une 4ᵉ colonne qui traversa les têtes altérées des schistes houillers.

Les difficultés ne furent pas moindres au puits n° 2. La couche d'argile à silex roulés rencontrée à 296 m. opposa une telle résistance à la pénétration du premier tube, semblable à celui du puits n° 1, qu'on dut le charger de poids pour provoquer sa descente. On utilisa pour cela les tronçons du cuvelage en fonte qui étaient à pied d'œuvre. On coiffa le tube d'un anneau de fonte A (fig. 251) en plusieurs segments, sur lequel on descendit un premier tronçon au moyen d'un crochet automatique spécial (fig. 252) muni de 6 bras à crochets C, reliés par

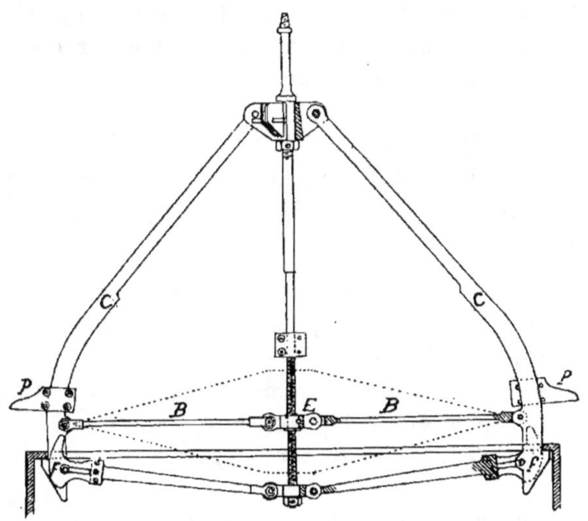

Fig. 252.

6 bielles B à un écrou E se mouvant sur une vis centrale; pour accrocher un tronçon, on fait tourner cette vis jusqu'à ce que l'écrou et les bielles occupent leur position inférieure;

Fig. 251.

les crochets FF rentrent et l'appareil vient reposer, par les pièces P, sur le collet du tronçon. En tournant en sens inverse, l'écrou remonte et le tronçon est soulevé, lorsqu'on remonte l'appareil. Une fois le tronçon mis en place, les bras sont de nouveau ramenés vers le centre pour le décrocher.

Cet outil a trouvé depuis lors des applications sur lesquelles nous aurons à revenir.

Une première surcharge de 48.000 kg. fit descendre le tube jusqu'à 298 m.; en portant la surcharge à 180.000 kg., on descendit jusqu'à 304 m., sans rencontrer le terrain houiller. Ce dernier ne se trouvait à ce puits qu'à 309 m., ce qui était inconnu, aucun sondage n'ayant été fait sur son emplacement. Une 2e colonne de 7 m. de long et de $4^m.20$ de diamètre descendit jusqu'à 309^m05 dans le schiste houiller décomposé. Il fallut encore 5 tubages successifs pour arriver au bon terrain à 320 m. de profondeur.

Au puits de Thiederhall, dans le Hanovre, il ne fallut pas moins de 9 colonnes successives de tubages pour arriver dans le sel gemme à 115 m. de profondeur.

Quand le tubage doit recevoir un poids trop considérable pour les tiges de descente, on s'y prend à deux fois, on descend la première moitié du tubage au moyen de câbles qui servent ensuite de guides à la deuxième moitié (puits Hermann, à Benthe, Hanovre).

352. *Revêtement définitif.* — Le revêtement définitif ou cuvelage se fait au moyen de tronçons en fonte ou en acier moulé pour les grandes profondeurs (Preussen 350 m.). Ces tronçons doivent être coulés rigoureusement sans soufflures, c'est pourquoi l'on ne peut guère dépasser une épaisseur de $0^m.125$. Ils ont $1^m.50$ de hauteur et présentent deux nervures horizontales intérieures.

Lorsque leur diamètre extérieur ne dépasse pas $3^m.65$, le transport peut se faire par chemin de fer. On arrive cependant à transporter des tronçons de $4^m.10$ de diamètre et $1^m.20$ de haut au moyen de wagons spéciaux.

Pour atteindre de plus grandes dimensions, il faut pouvoir profiter d'une voie navigable ou abaisser la voie ferrée au passage des viaducs, qui n'ont pas la section suffisante, comme on l'a fait en Allemagne pour le transport des tronçons de $4^m.40$ destinés aux puits Victor, à Rauxel, et A. Von Hansemann, à Mengede, ou encore ériger une fonderie sur place (Cannock $4^m.57$, Liévin $4^m.268$).

Le diamètre de $3^m.65$ convient pour un forage de 4^m40, de manière à laisser une surface annulaire suffisante pour le bétonnage.

Jusqu'à 5o m., M. Chaudron calcule l'épaisseur par la formule :

$$e = 0^{m}.02 + \frac{HR}{5.000}$$

Au delà de 5o m., il adopte :

$$e = 0^{m}.02 \ \frac{5o}{H} + \frac{HR}{5.000}$$

Pour les grandes profondeurs, on admet aujourd'hui :

$$e = \frac{HR}{8.000}$$

Soit pour 4oo m. et $4^{m}.4o$ de diamètre, $e = 0^{m}.11o$. Si l'on estime que la limite d'épaisseur que l'on puisse atteindre sans soufflure est de $0^{m}.125$, on voit qu'à 4oo m. on en est bien près.

On fait varier l'épaisseur de 10 en 10 tronçons.

Les collets sont soigneusement rabotés pour avoir des joints irréprochables. Ces joints d'au moins 3 mm. sont garnis de feuilles de plomb. Les tronçons sont ébarbés extérieurement pour éviter toute saillie. On les essaie au double de la pression qu'ils auront à supporter. On les entoure pour cela d'une enveloppe et l'on foule de l'eau dans l'espace annulaire au moyen d'une pompe (fig. 253).

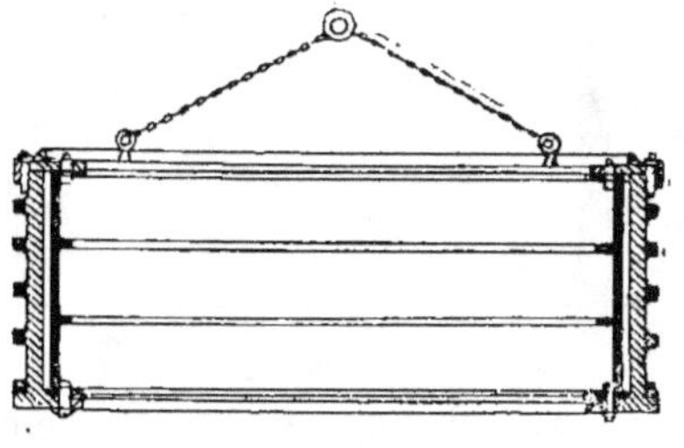

Fig. 253.

La première application des cuvelages du système Chaudron fut faite, comme nous l'avons dit (cf. n° 335), à Péronne en 1855. L'insuccès de Kind à Stiring et de Mulot à Dourges avait eu pour cause l'essai de revêtements en douves de bois. C'est à M. Chaudron que revient exclusivement le mérite d'avoir combiné l'ensemble d'un cuvelage qui puisse se placer à niveau plein et fournir une liaison étanche avec le bon terrain, avant d'épuiser les eaux.

353. La partie inférieure de ce revêtement est constituée par

la *boîte à mousse*, composée de deux tronçons qui s'emboîtent et qui présentent chacun à sa base un collet extérieur et au sommet un collet intérieur de 0ᵐ.40 (fig. 254).

Pour les grands diamètres, le tronçon extérieur de la boîte à mousse est formé de plusieurs segments et le collet inférieur est double ; il présente la forme d'une trousse de cuvelage en fonte à

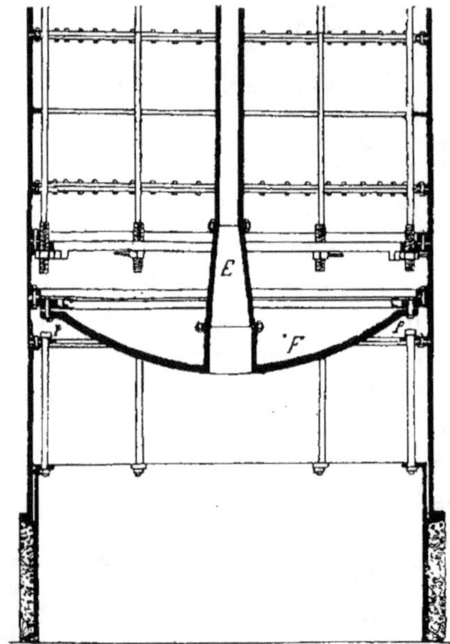

nervures extérieures (cf. n° 267). Sous ce collet se trouve une pièce tronco-nique destinée à faire la liaison au terrain.

Le tronçon inférieur est suspendu par six tringles à des pattes P boulonnées au joint du tronçon ex-térieur et du premier tronçon du cuvelage pro-prement dit.

On suspend aussi quel-quefois le tronçon infé-rieur par une nervure ex-térieure sur une nervure intérieure du second tron-çon (fig. 256).

Entre les deux collets extérieurs, on tasse, dans

FIG. 254

un cylindre en bois qu'on remplace ensuite par un filet, de la mousse ou pour de grandes profondeurs des assises alternatives de cordages et de mousse, pour ne pas avoir une masse trop compressible. Cette masse est destinée à être refoulée contre la paroi, lorsque le tronçon inférieur touche le sol et que le tronçon supérieur coulisse sur lui. Les collets de ces tronçons présentent une certaine conicité pour faciliter le refoulement de la mousse vers les parois.

Le premier tronçon du cuvelage proprement dit présente une surépaisseur et des nervures plus fortes que les tronçons suivants. A la première de ces nervures est fixé, par l'intermé-diaire d'un cercle formé de 3 segments, le *faux fond* F surmonté de la *colonne d'équilibre* E. Le faux fond est une calotte sphérique qui permet au cuvelage de flotter; la colonne d'équilibre empêche l'eau de se comprimer sous le faux fond pendant la descente.

Le faux fond se fixe par l'intermédiaire d'un cercle, afin de pouvoir l'extraire après épuisement sans le briser, ce qui ne serait pas possible, s'il avait des dimensions extérieures plus grandes que les dimensions intérieures des collets.

La colonne d'équilibre s'allonge, comme le revêtement, par tronçons successifs et porte des robinets de 10 en 10 m., de manière à admettre de l'eau dans le faux fond pour lester à volonté le cuvelage.

A Ghlin (puits nº 2), on a pris la précaution de placer, dans le revêtement, deux faux fonds à 75 m. de distance l'un de l'autre, pour parer aux inconvénients d'une rupture du premier, accident qui s'était produit au puits nº 1.

La nervure suivant le faux fond porte un cercle pour l'attache des tiges de suspension. Celles-ci au nombre de six se composent de tringles en fer de 8 m. de long et de section calculée pour le poids à supporter; elles sont assemblées par vis et écrous avec épaulements de retenue, comme les tiges du trépan. On leste le revêtement de manière à ne pas faire porter plus de 2.000 kg. à chaque tige. On les allonge par tiges partielles de 4 m.

Au-dessus du puits est installée une charpente qui porte les appareils de descente des tiges de suspension (fig. 255). Celles-ci se terminent à la partie supérieure par des vis de 4 m. de long, assemblées aux dernières tiges par un étrier avec tourne à gauche, de telle sorte que ces vis puissent tourner sans entraîner les tiges et réciproquement; chaque écrou est solidaire d'une roue dentée actionnée par deux pignons à manivelles. Les ouvriers obéissent à un commandement, pour que la descente des six vis se fasse simultanément d'une quantité égale.

Lorsqu'il s'agit d'allonger le cuvelage,

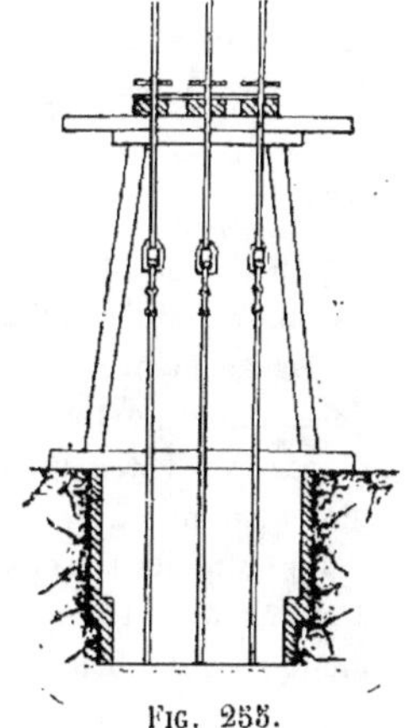

Fig. 255.

on amène au-dessus du puits, au moyen d'un truc, deux tronçons assemblés ; on retient les tiges par leur épaulement au niveau du plancher inférieur de la charpente et l'on enlève les vis, afin de permettre la descente des deux tronçons au contact des précédents. Une fois ces tronçons boulonnés, on réintroduit les vis de suspension et l'on continue la descente.

Avant de procéder à la pose du cuvelage, on a eu soin d'aplanir l'assise sur laquelle doit venir reposer la boîte à mousse ; si cet aplanissement présente des difficultés, comme dans les couches redressées du terrain houiller, on peut couler au fond du puits une assise de béton de 0ᵐ.70 que l'on pilonne, en fixant une poutre en dessous du trépan.

Dès que la pièce inférieure de la boîte à mousse touche le fond, on donne toute la pression, en faisant arriver de l'eau dans le faux fond.

La mousse se comprime et se réduit à 0ᵐ.03 ou 0ᵐ.04 d'épaisseur, de manière à établir, avec le bon terrain, un joint étanche qui fait du revêtement un véritable cuvelage. Il importe que la banquette du fond ait été soigneusement nettoyée avant la descente, pour que l'assise de la boîte à mousse soit bien horizontale, sinon la compression pourrait être inégale et l'étanchéité imparfaite.

On peut alors retirer les tiges de suspension ; l'écrou terminal inférieur de celles-ci porte à cet effet une queue latérale (fig. 254). En faisant tourner les tiges au moyen du tourne à gauche, cette queue bute contre la paroi ; l'écrou étant maintenu fixe, si l'on continue à tourner, il se détache et tombe au fond du puits, ce qui permet de retirer les tiges [1].

---

[1] La descente d'un cuvelage Kind-Chaudron ne se fait pas toujours sans encombre, ni accidents.

Ces accidents peuvent présenter des conséquences graves. C'est ainsi qu'au puits nº 1 Saint-Julien, de Strépy-Bracquegnies, on dut renoncer à placer le revêtement commandé pour le remplacer par un revêtement de diamètre moindre.

Le puits était creusé jusqu'à 221ᵐ.80, on fit descendre un revêtement de 4 m. entre nervures d'après la méthode décrite ; mais à 198 m. ce revêtement s'arrêta brusquement ; on lui rendit du jeu en remontant un peu les

354. *Cuvelages à tête noyée.* — Un tel revêtement présente un poids énorme; à 100 m. pour $3^m.65$ de diamètre, ce poids est de 590 tonnes.

Au puits n° 1 de Ghlin de 310 m. de profondeur, ce poids était de 2.200 tonnes.

Le prix de ces pièces en fonte spéciale ou en acier moulé est très élevé. On peut admettre qu'il ne s'écarte guère de 200 francs par tonne pour la fonte. On voit donc que le revêtement est une très grosse dépense et qu'il y a un grand intérêt à réduire celle-ci autant que possible.

Dans le cas où le niveau d'eau ne se présente qu'à une certaine profondeur, on peut faire l'économie des tronçons de la partie supérieure et réaliser une grande économie de temps et d'argent, en employant un cuvelage à tête noyée. La partie supérieure du puits peut être dans ce cas creusée à niveau vide; il suffit de creuser et de cuveler à niveau plein la partie inférieure à la tête d'eau. Ce cas s'est présenté pour la première fois, en 1884, aux puits du charbonnage Gneisenau que l'on avait pu creuser à niveau vide jusqu'aux profondeurs de 174 et de 200 mètres.

---

tiges de suspension et par une surcharge d'eau dans le faux fond, on parvint à 202 m.; on s'aperçut alors que le cuvelage était hors plomb, le dernier collet présentant une dénivellation de 20 m/m sur la longueur du diamètre. On eut beau agiter le cuvelage, lui donner de nouvelles surcharges, on ne réussit pas à avancer de plus de $0^m.08$ à $0^m.10$.

On le remonta alors de plus de 60 m. dans l'espoir de lui faire reprendre sa verticalité, sans y réussir. On en tira la conclusion que l'axe du puits formait un coude, de sorte que le revêtement se calait par trois points.

On chercha à rectifier la partie convexe du puits, en faisant usage d'un trépan plus large que le trépan primitif. On réussit à rectifier ainsi une partie de la paroi qui présentait une saillie convexe de $0^m.25$ au maximum; mais ce travail fut rendu très difficile, parce que le trépan frappait à vide sur la plus grande partie de sa longueur, ce qui occasionnait, entre autres accidents, de fréquentes ruptures de tiges. Cette opération terminée, on fit redescendre le cuvelage qui se cala de nouveau à 202 m. de profondeur.

On résolut alors de continuer à rectifier la paroi convexe au moyen d'un

Lorsqu'on prévoit le cas, on prend dans le creusement à niveau vide toutes les précautions nécessaires pour ramener rapidement à la surface tout ce qui encombre le puits.

C'est ainsi que les pompes sont remplacées par des pulsomètres suspendus à des chaînes; les échelles sont également suspendues de même que les tuyaux d'aérage, etc.

Grâce aux précautions de ce genre prises à Gneisenau par M. E. Tomson, on réussit en 8 jours à débarrasser le puits de tous ses appareils, pour continuer le travail à niveau plein. Une maçonnerie soigneusement cimentée avait été faite simultanément au creusement, jusqu'à 2 m. de la tête d'eau à 198 m. de profondeur.

Le puits fut ensuite foré à niveau plein, jusqu'au terrain houiller à 242 m.

Le cuvelage se construit à la manière ordinaire, avec boîte à mousse, faux fond et colonne d'équilibre; on le descend au moyen de tiges de suspension.

On surmonte le cuvelage d'un tronçon spécial muni d'un couvercle semblable au faux fond renversé, avec boîte à bourrage centrale pour laisser passer la colonne d'équilibre. (fig. 256).

---

petit trépan courbe de 300 kil. battant dans l'espace annulaire entre le revêtement et la paroi. Ce petit trépan était manœuvré à la sonnette par 20 hommes. Cette opération fut longue et difficile : le trépan se calait, se brisait, se retournait sens dessus dessous, lorsque des excavations existant dans la paroi le lui permettaient.

Le cuvelage prit une certaine aisance, mais ne descendit pas de plus de 1m.90 ; on continua encore à battre dans la partie annulaire, en calant le cuvelage dans le but d'empêcher ses mouvements de coïncer le trépan. On essaya de nouveau de faire descendre le cuvelage surchargé de 50.000 kil., en le faisant tourner sur lui-même; tout fut inutile. On dut se résoudre à le retirer complètement et à commander un nouveau cuvelage de dimensions moindres. On détermina celles-ci, en relevant exactement la forme de l'axe du puits à l'aide d'un gabarit de 4m.15 de diamètre suspendu à une corde en fil de fer, dont les déviations par rapport à l'axe montraient tous les 10 m environ, la déviation de l'axe du creusement. Une épure permit de déterminer les dimensions du nouveau cuvelage qui reçut 3m.65 de diamètre entre nervures, au lieu de 4 m.

Celle-ci s'ouvre au-dessus du couvercle pour donner issue à l'eau, pressée sous le faux fond au moment du fonctionnement de la boîte à mousse. Un robinet qui peut se manœuvrer de la surface, permet de plus d'introduire de l'eau dans le cuvelage pour le lester.

Pour suspendre et couler à fond le cuvelage, on se sert des tiges de suspension ou du crochet automatique (cf. n° 351, fig. 252) suspendu aux tiges du battage. On surmonte pour cela le couvercle de deux ou trois tronçons dont le dernier est saisi par le crochet automatique. La descente verticale est assurée au moyen de guides placés dans la maçonnerie supérieure.

Lorsque la profondeur est très grande, comme à Preussen, on élargit le puits au-dessus de la tête d'eau et l'on y établit un solide plancher sur lequel on monte la boîte à mousse et le faux fond. On les soulève ensuite au moyen de 8 tiges métalliques et l'on supprime le plancher ; on peut alors procéder à la descente, en allongeant le cuvelage par le haut. L'élargissement pratiqué dans le puits permet de mater les joints au plomb par l'extérieur, au fur et à mesure de la descente.

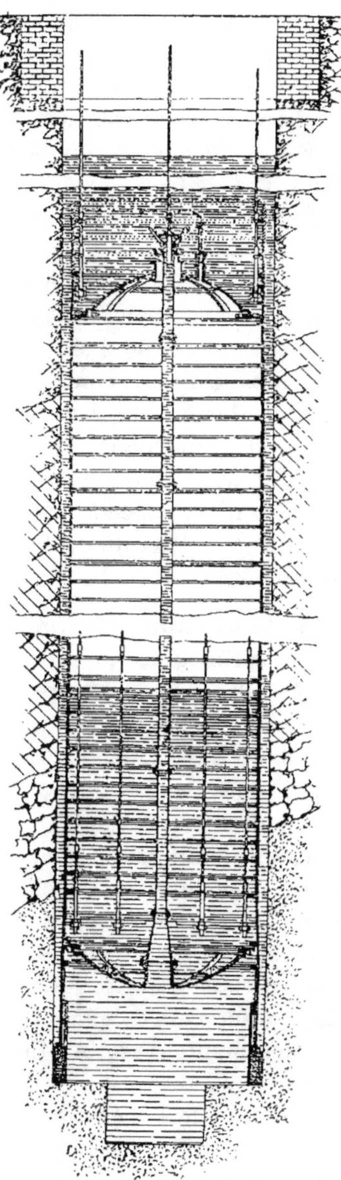

Fig. 256.

Ce procédé a été fréquemment appliqué dans la reprise de puits creusés à niveau vide jusqu'à une certaine profondeur; avant de procéder au forage, on coule une couche de béton de 10 m. au fond du puits, ce qui permet d'épuiser et de débarrasser la partie supérieure de tout ce qui pourrait gêner le fonctionnement du trépan. On continue ensuite à niveau plein.

Le système des cuvelages noyés permet aussi, en cas d'insuccès d'un premier cuvelage, d'approfondir le puits et de descendre une portion de cuvelage noyé de moindre diamètre prenant son assise à une plus grande profondeur. C'est ce qui fut fait au puits de Jessenitz (Mecklenburg) terminé en 1900 dans un banc de sel gemme compact, alors que la boîte à mousse d'un premier cuvelage de $4^m.10$, n'avait pas donné une étanchéité suffisante dans les bancs supérieurs; pour reprendre le forage, il avait fallu bétonner sous le faux fond par le tube d'équilibre, puis démonter ce dernier et forer au nouveau diam. en broyant le faux fond. Le cuvelage noyé reçut un diamètre intérieur de $3^m.25$.

355. *Suppression des tiges de suspension.* — La pose du revêtement définitif a été successivement simplifiée, par la suppression des tiges de suspension, de la boîte à mousse et de la colonne d'équilibre.

C'est à Marles, en 1876, que l'on a pour la première fois supprimé les tiges de suspension, à la suite de la rupture de l'une d'elles, occasionnée par la non étanchéité d'un joint. Le poids de l'eau affluant dans le faux fond avait provoqué cette rupture. On fit descendre le cuvelage par flottaison, en se hâtant de placer les derniers tronçons qui n'étaient plus qu'au nombre de 12 sur 48, et en guidant la descente verticale au moyen de pièces de bois extérieures.

L'avantage est de gagner beaucoup de temps par la suppression des manœuvres. A Marles, on plaça 6 tronçons par jour au lieu de 4.

Le succès de l'opération fut complet et ce système est généralement appliqué aujourd'hui, à partir du moment où le cuvelage flotte.

A partir de ce moment, on retient la descente du cuvelage au moyen de colliers extérieurs. On assure la centralisation exacte du cuvelage au moyen de guides ou de jauges articulées dans l'espace annulaire réservé au bétonnage.

356. *Suppression de la boîte à mousse et de la colonne d'équilibre.* — Au puits Ste-Barbe de Péronne, en 1862, on avait dû établir un tubage en colonne perdue pour traverser 8 m. de sables boulants entre les niveaux de 75^m.65 et 83^m.65. Ce tubage de 16 mm. d'épaisseur s'étant ovalisé, on ne réussit à faire descendre le cuvelage qu'au moyen de vérins à vis d'abord, puis d'une surcharge de plus de 200.000 kg.

L'étanchéité fut obtenue; mais en épuisant, on s'aperçut que le tronçon inférieur de la boîte à mousse s'était rompu sous l'effort. Dès les premières applications du procédé Kind-Chaudron, la confiance dans la boîte à mousse était donc ébranlée et l'on avait reconnu qu'elle n'était pas indispensable pour assurer l'étanchéité.

Dans d'autres circonstances, le filet maintenant la mousse se déchira pendant la descente; à Bruay, la boîte à mousse ne fonctionna pas et cependant le cuvelage réussit.

A l'Escarpelle, à Liévin, des tronçons se fendirent et le bétonnage assura néanmoins une étanchéité parfaite.

L'ingénieur Bourg fut le premier à supprimer la boîte à mousse dans le creusement des trois puits du charbonnage de Havré (Bois-du-Luc); il supprima en même temps la colonne d'équilibre.

Le succès fut complet aux trois puits à 160 m. de profondeur.

Aujourd'hui l'on a foré de nombreux puits, en supprimant la boîte à mousse et la colonne d'équilibre; on se contente dans ce cas de renforcer le tronçon inférieur qui vient reposer au fond du puits par un large collet renforcé par des nervures intérieures et extérieures. C'est ainsi que fut creusé le puits de l'Escarpelle à 95 m. de profondeur, en 1885, celui de Liévin à 102 m., en 1891, ceux des Produits à Jemappes, à 165 m. en 1898, ceux de Bois-du-Luc, en 1900.

En Allemagne, on reste en général fidèle à la boîte à mousse que l'on considère comme un moyen d'obtenir une étanchéité provisoire qui est ensuite rendue parfaite par le bétonnage.

357. A Bois-du-Luc, M. Degueldre a profité de la suppression de la boîte à mousse pour accélérer la descente du cuvelage, en le suspendant par l'extérieur jusqu'au moment de la flottaison.

Le tronçon inférieur présente une nervure horizontale extérieure avec 6 échancrures en queue d'hironde dans lesquelles passent les tiges de suspension, terminées par une partie de section trapézoïdale et un marteau (fig. 257). Ces tiges au nombre de 6 sont de section carrée, puis circulaire ; elles ont $21^m.50$ de longueur.

Elles étaient suspendues chacune à un treuil par l'intermédiaire d'une poulie mouflée ; ces treuils sont manœuvrés par deux hommes obéissant à un commandement. La descente s'opère donc simplement, en déroulant les câbles et en superposant les tronçons.

L'intérieur du revêtement étant entièrement dégagé, l'opération ne subit pas d'arrêts. Dès que le cuvelage flotte, on lâche de la corde aux treuils, jusqu'à ce qu'on puisse retirer latéralement les tiges. Ce procédé dépasse tous les autres en rapidité : à Bois-du-Luc, on a placé régulièrement 20 tronçons par jour et même jusqu'à 26 tronçons, quand le cuvelage flottait ; de tels résultats ne sont possibles que par une organisation parfaite du travail.

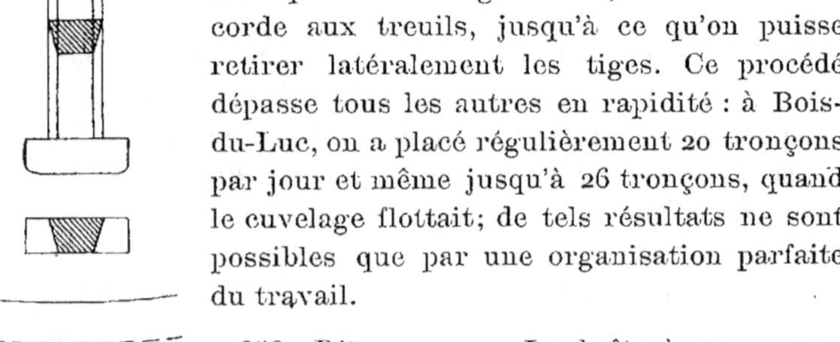

Fig. 257.

358. *Bétonnage.* — La boîte à mousse ne suffit en aucun cas pour assurer l'étanchéité définitive du revêtement ; ce rôle est dévolu au bétonnage. Cette opération isole de plus les différents niveaux aquifères et consolide le revêtement. Lorsque ce dernier est placé, il reste un espace annulaire de $0^m.20$ à $0^m.35$ de large entre la fonte et la paroi. On remplit cet espace annulaire d'un béton composé de ciment et de sable par parties égales, ou de 1 de ciment pour 2 de sable ou débris de briques, schistes calcinés, etc.

On diminue la proportion de ciment au fur et à mesure que le bétonnage s'élève ; à la base on met quelquefois quelques assises de ciment pur et dans le cas des cuvelages à tête noyée, on augmente de nouveau la proportion de ciment dans les dernières couches, pour servir d'assise à une trousse picotée par laquelle on relie le béton à la maçonnerie supérieure.

Il importe que le bétonnage se fasse rapidement, pour qu'il n'y ait pas de solution de continuité dans la masse : on dispose pour cela symétriquement deux ou trois treuils à vapeur (fig. 258). Chacun d'eux commande le mouvement de deux bétonnières dont l'une monte pendant que l'autre descend. Chaque bétonnière est guidée par deux cordes en fil de fer qui ont été fixées à l'extérieur de la boîte à mousse et qui s'en-

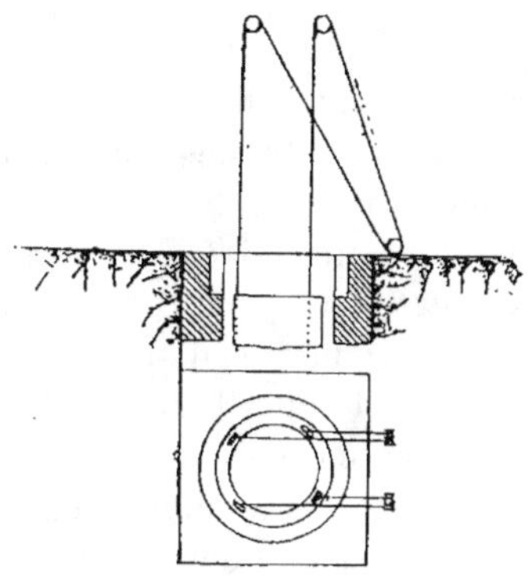

Fig. 258.

roulent sur des treuils de manière à être maintenues sous tension.

On peut aussi se servir pour le bétonnage de la machine d'extraction sur les tambours de laquelle on enroule les câbles des bétonnières dans des rainures spéciales.

Les câbles des bétonnières sont ramenés par des molettes à l'aplomb du point où le bétonnage doit se faire.

Les bétonnières doivent être étanches, pour ne déposer le béton qu'au point même où il doit prendre place, et non le déverser dans l'eau, ce qui séparerait ses éléments par ordre de densité. Ce sont des boîtes en forme de segment annulaire de 0^m.60 de long sur 0^m.10 de large (fig. 259) dont le fond est fermé par deux clapets reliés par une corde à une pince qui s'ouvre par la chute d'un contrepoids, quand on donne du lâche au câble.

Pour accélérer le bétonnage, on peut le rendre continu, au moyen de tuyaux à gaz de 0^{m}125 qui descendent dans l'espace annulaire. On coule le béton par ces tuyaux que l'on relève au fur et à mesure, mais ce procédé exige l'emploi d'un béton liquide dont la prise est plus lente (Rhein-Elbe, puits

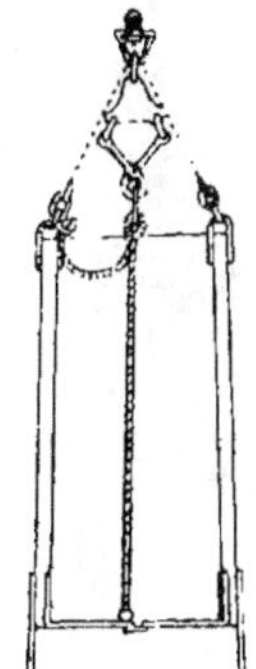

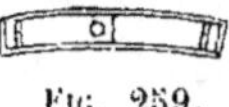

Fig. 259.

artésien de la Butte-aux-Cailles, à Paris.) On peut ainsi bétonner jusque 20 m. par jour, tandis que par le procédé ordinaire on ne dépasse guère 10 m.

359. *Liaison définitive avec le bon terrain.* — Après avoir laissé prendre le béton pendant 15 jours à un mois, on épuise les eaux contenues au dessus du faux-fond et l'on peut enfin descendre dans le puits. On juge de l'étanchéité obtenue, en enlevant un boulon du faux-fond. Si l'étanchéité n'est pas complète, on peut déterminer l'importance de la venue d'eau qui se produit et disposer les engins d'épuisement nécessaires. Lorsque le faux-fond est enlevé, on creuse sans poudre jusqu'à 3 ou 4 m. en dessous de la boîte à mousse et l'on établit, à cette profondeur, une ou plusieurs trousses picotées qu'on rejoint au cuvelage par quelques tronçons composés de segments bou-

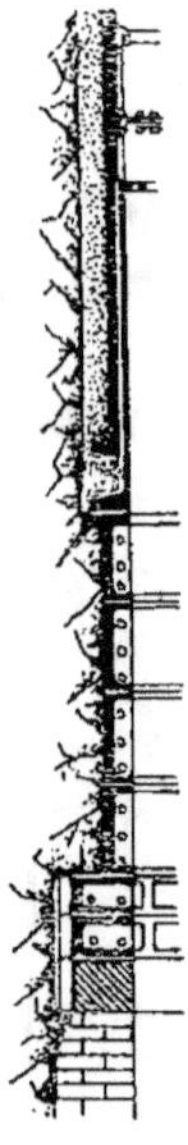

lonnés. On picote soigneusement le joint horizontal de l'assise-clef et du cuvelage (fig. 260). C'est ce que M. Chaudron appelle le *faux-cuvelage* qui, d'ailleurs, n'est pas toujours nécessaire, pour établir l'étanchéité complète.

360. *Vitesse d'avancement.* — Le procédé Kind-Chaudron ne donne pas de grandes vitesses d'avancement. Dans 13 forages, en Allemagne, on a obtenu des avancements mensuels de 13^m.48 (Dahlbusch n° 3) à 2^m.99 (Preussen 1 n° 1). L'avancement dépend surtout de la nature des terrains, du diamètre du puits et des arrêts du travail. La grande vitesse obtenue au puits n° 3 de Dahlbusch doit être considérée comme exceptionnelle ; elle est due surtout à ce que les terrains étaient tendres (marnes grises), la profondeur faible (moins de 100 m.) et le diamètre relativement modéré (3^m.65). Les avancements sont en général en raison inverse des diamètres. Il semble, d'après les résultats

Fig. 260.

obtenus en Allemagne, qu'on puisse admettre une moyenne de 12 m. pour le petit puits, de 5^m.50 pour le grand puits et de 3^m.50 pour l'ensemble d'un forage.

L'influence de la nature du terrain est très sensible; on peut admettre les moyennes suivantes, suivant la nature des morts terrains :

	Petit puits	Grand puits
grès vert	20^m.	9^m.
marne grise	15^m.	7^m.50
marne blanche	10^m.	4^m.50

Si l'on considère la durée totale, cuvelage compris, c'est à dire du commencement du forage à la reprise du fonçage à niveau vide, on a obtenu des avancements de 8^m.50 (Dahlbusch n° 3) à 1^m.66 (Scharnhorst n° 1) par mois ; si l'on élimine les puits de Dahlbusch à cause de leurs conditions exceptionnellement favorables, on trouve une moyenne mensuelle de 2^m.26.

361. *Prix de revient.* — Les prix de revient sont aussi très variables. Si l'on considère cette même série de 13 puits creusés en Allemagne, ces prix ont varié par mètre de fr. 1.680 (Dahlbusch, puits d'aérage de 1^m.90 de diamètre) à fr. 20.800 (Scharnhorst n° 1).

Mais ces extrêmes doivent être considérés comme des exceptions. Le prix très bas du puits d'aérage de Dahlbusch est dû à son petit diamètre ; le prix très élevé du n° 1 de Scharnhorst, à la faible hauteur de la partie forée (21^m.80) et à la grande influence des frais fixes sur le prix par mètre. C'est à cette même raison qu'était dû l'avancement très lent du travail à ce puits, constaté ci-dessus. Les arrêts du travail exercent naturellement une influence d'autant plus grande que la profondeur est plus faible.

Le prix des matériaux et notamment des cuvelages a aussi une grande influence. On peut admettre, en tenant compte de toutes ces considérations, que le prix moyen des puits creusés par le procédé Kind-Chaudron dans les dix dernières années, en Westphalie, a légèrement dépassé 10.000 fr. par m. ([1])

362. *Limite de profondeur.* — On admet en Allemagne que la profondeur de 400 m. pourra difficilement être dépassée, à cause de l'épaisseur des tronçons de cuvelage.

([1]) Hoffman, *loc. cit.*

Pour des profondeurs plus grandes, M. E. Tomson a proposé de placer, dans un puits de 5^m.80 de diamètre, deux cuvelages de 2^m.5o pour l'extraction et deux cuvelages de 1^m.65 pour les services accessoires, puis de bétonner les intervalles. Grâce à la réduction d'épaisseur qui en résulterait, le prix ne serait pas beaucoup plus élevé que celui d'un cuvelage unique, en supposant même qu'il puisse être exécuté. La différence serait d'environ 125o fr. par m. en plus et porterait exclusivement sur l'augmentation du diamètre de forage et sur le bétonnage plus important.

M. Riemer a proposé dans le même but l'emploi de deux cuvelages concentriques dont l'intervalle serait rempli d'air comprimé à une pression égale à la moitié de la pression extérieure. Il est facile de voir que chaque enveloppe ne doit résister dans ce cas qu'à la moitié de cette pression et son épaisseur peut être réduite en conséquence.

Ce procédé exige toutefois que la tête d'eau soit à une profondeur suffisante pour pouvoir ériger à sec toute la colonne du double cuvelage, afin de mettre l'espace annulaire sous pression d'air comprimé avant de l'immerger. Lorsque le cuvelage aurait pris son assise au fond du puits, on remplacerait l'air comprimé par de l'eau ou du béton ([1]).

363. *Creusement des puits par dragage*. — Lorsque les terrains aquifères à traverser sont sans consistance sur toute leur hauteur, on substitue le principe du rodage à celui du battage, en employant le dragage à niveau plein. Ce procédé suppose l'emploi simultané d'un revêtement descendant avec trousse coupante, tour en maçonnerie en général dans les niveaux supérieurs, suivie d'un ou plusieurs revêtements métalliques.

Ces revêtements doivent être très résistants, car ils sont exposés à recevoir des chocs violents, notamment dans les terrains composés d'alternances de sables plus ou moins argileux. Les irruptions de sables qui se produisent sous la trousse, provoquent en effet des vides à l'extérieur de la tour; ces vides

---

([1]) RIEMER, *Uber die Neuesten Fortschritte im Schachtabteufen*, Dortmund, 1901.

s'arrêtent en hauteur à une assise plus résistante. Or il arrive que des masses de terrains se détachant de leur toit, tombent et exercent à l'extérieur du revêtement des efforts dynamiques qui ne se manifestent souvent que par une élévation du niveau d'eau dans le puits, mais qui ont d'autres fois pour effet la déformation du revêtement et la propagation de l'effondrement jusqu'à la surface.

Il est donc très important d'éviter les irruptions de sable sous la trousse, en soumettant celle-ci à des pressions suffisamment énergiques pour que le revêtement précède toujours le creusement. C'est pourquoi l'on a généralement recours à des vérins hydrauliques avec guides fixés dans la tour en maçonnerie (cf. n° 297), pour enfoncer à niveau plein les tours métalliques qui sont l'accessoire obligé de tout dragage à grande profondeur.

364. *Dragage à la main.* — Lorsque la profondeur à traverser est très faible et que le diamètre n'est pas considérable, on peut opérer au moyen de dragues à la main. Elles sont composées (fig. 261) d'une perche en sapin munie d'une pointe ou d'une tarière en fer et d'un tranchant en demi cercle auquel s'adapte une poche en toile à voile ou en cuir d'un hectolitre environ de contenance. Ces dragues sont manœuvrées à bras par 4 ou 8 hommes, à partir d'un plancher de travail établi au dessus de la tête d'eau et muni de trappes à charnières.

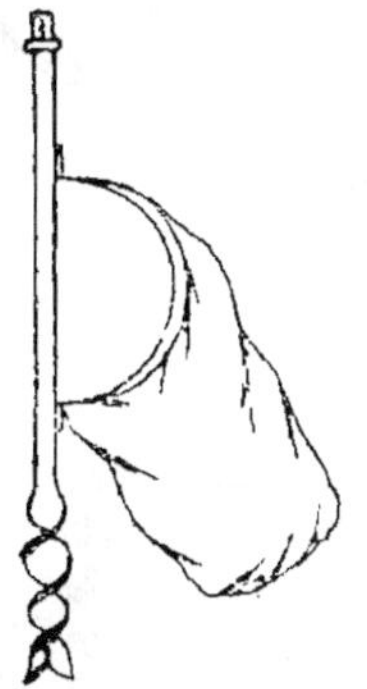

Fig. 261.

Chaque fois qu'une drague est pleine, on l'attache au câble d'un treuil qui la remonte à la surface pour la vider. Cette manœuvre cause de grandes pertes de temps. Pour peu que le diamètre soit considérable, il faut multiplier le nombre de dragues et il en résulte un grand encombrement. On organise le travail, de telle sorte que la moitié des dragues soit en opération, pendant que l'autre moitié est en vidange. L'avancement est en général très faible et la main-d'œuvre considérable. Ce procédé est donc très limité et inapplicable à une profondeur de plus de 25 m. Au puits de Ruhr-et-Rhin, on a atteint ainsi la profondeur de 23 m. 44 dans une tour en maçonnerie. Au puits n° 1 de Rhein-Preussen, on a atteint de même 12 m. 56 sous le plancher de travail. Pour de telles profondeurs, il vaut mieux avoir recours au dragage mécanique qui est plus uniforme et favorise moins la formation de vides derrière le revêtement.

365. *Dragage mécanique.* — La drague est dans ce cas formée d'une tige centrale portant un plan de charpente rectangulaire en fer terminé par deux ouvertures triangulaires ou trapézoïdales, limitées par des tranchants et donnant accès à deux sacs de grande capacité (fig. 262).

A Ruhr-et-Rhin, le diam. était de $3^m.80$ et la contenance des sacs de $1^{m3}.3$.

A Rhein-Preussen, » $3^m.98$ » de $2^{m3}.53$.
A Deutscher Kaiser n° 1, » $4^m.67$ » de $1^{m3}.53$.

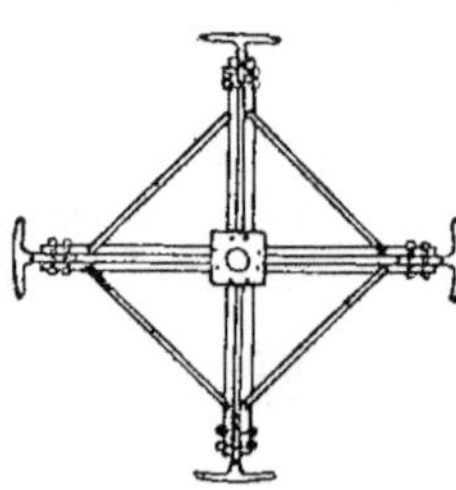

Quand les terrains sont argileux, ils sont parfois trop compacts pour être entamés par la drague ; on peut dans ce cas armer celle-ci de couteaux formés d'une lame d'acier de $0^m.026$ d'épaisseur recourbée en étrier. Ces couteaux sont fixés à la charpente de la drague devant l'ouverture du sac (fig. 263) et peuvent être déplacés, de manière à atteindre tous les points de la section (Rhein-Preussen, Deutscher Kaiser).

L'argile est même quelquefois assez compacte, pour opposer une résistance à la trousse coupante ; il faut dans ce cas creuser sous celle-ci, au moyen de couteaux élargisseurs fixés à la charpente de la drague et mus par des cordes à partir de la surface. A Rhein-Preussen, on a également employé dans le même but une lame d'acier en étrier, fixée au bout d'une tige élastique attachée à la charpente de la drague (fig. 263).

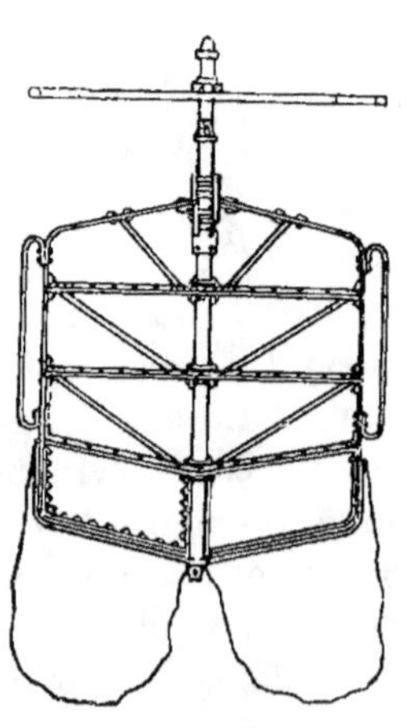

Fig. 262.

Cette tige est maintenue infléchie pendant la descente au moyen d'une cale en bois que l'on retire au moyen d'une corde, quand la drague est à la profondeur voulue, de manière à faire saillir le couteau sous la trousse coupante.

Quand les terrains contiennent des rognons de pyrite ou des cailloux roulés, on fixe de même à la charpente des fourches recourbées en fer pour les déchausser.

Bref, suivant la nature des terrains à traverser, les appareils d'attaque doivent être modifiés de différentes manières et tous ceux qui se sont occupés de travaux de l'espèce, ont

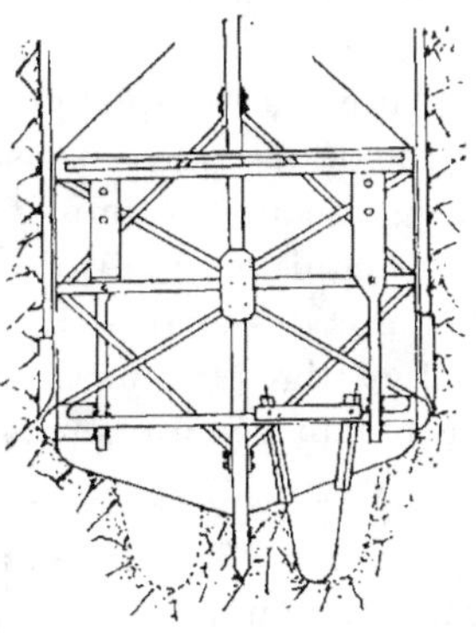

Fig. 263.

enrichi ce matériel d'outils spécialement appropriés à des circonstances très diverses que l'on ne saurait prévoir d'une manière générale.

366. Les tiges sont en fer; elles sont pleines ou creuses. Les tiges pleines sont de section rectangulaire et s'assemblent par parties de 14 à 15 m. de longueur au moyen de bouts mâle et femelle et de clavettes à angles arrondis. On ne peut recourir ici à un assemblage à vis, comme dans le procédé Kind-Chaudron, à cause de la torsion qui aurait pour effet de dévisser les assemblages.

Un épaulement est pratiqué en dessous du bout mâle pour retenir les tiges au niveau du plancher de travail, pendant le montage ou le démontage de la tige précédente. On allonge, au fur et à mesure de l'avancement, au moyen de tiges partielles.

Malgré la forte section donnée aux tiges pleines (0^m112 de côté à Rhein-Preussen), ces tiges se tordent et se rompent fréquemment. Pour remédier à cet inconvénient, on emploie des tiges creuses en tôles rivées de 10 mm. formant un tube de $0^m.320$ de diamètre intérieur. Ces tiges sont formées de tubes partiels assemblés par manchons extérieurs et clavettes en croix (fig. 264).

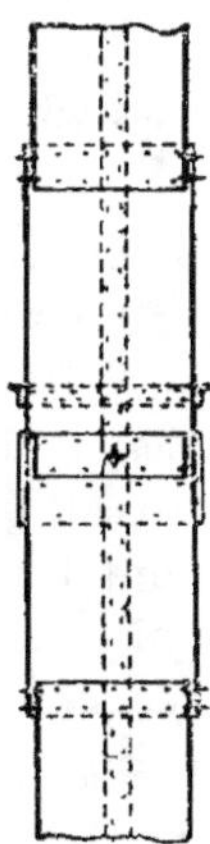

Fig. 264.

Un fer d'angle rivé un peu au-dessous de l'extrémité supérieure de chaque tige forme collet de retenue, pour le montage et le démontage.

Au puits Adolphe de la Société d'Eschweiler, près de Herzogenrath, les tiges creuses sont fermées aux deux extrémités par des plateaux et simplement boulonnées entre elles, de manière à les équilibrer par flottaison, ce qui se justifie dans ce cas par le poids des engins fixés à ces tiges (cf. n° 369).

Les tiges creuses résistent parfaitement à la torsion et reçoivent généralement aujourd'hui la préférence.

367. A peu de distance au-dessus de la drague se place un guide (fig. 262) présentant au besoin des parties à charnières, afin de pouvoir passer par l'ouverture longitudinale d'un plancher de travail établi comme dans le procédé Kind-Chaudron.

On échelonne quelquefois plusieurs guides semblables tous les 20 à 25 m. le long de la tige. Ils sont parfois munis, aux extrémités des bras, de galets verticaux dont la hauteur embrasse au moins deux nervures du revêtement.

Les manœuvres de descente et de remonte des tiges se font au moyen d'une machine à vapeur qui peut être la future machine d'extraction. Les tiges pleines sont suspendues au câble par l'intermédiaire d'une pièce spéciale clavetée dite *éteignoir*. Pour les tiges creuses, l'éteignoir est remplacé par un manchon qui se clavette de même sur l'extrémité de la dernière tige. (fig. 265).

368. Le moteur du dragage est un manége à chevaux, à bœufs ou une machine à vapeur.

Dans le premier cas, lorsque la dernière tige est descendue, on y fixe le manége qui est suspendu au câble par un étrier. L'axe du manége est guidé au niveau du sol ou du plancher de travail par un disque qui tourne dans une boîte carrée en fonte dont il arrase les parois intérieures. On emploie les moteurs animaux, chevaux ou bœufs, parce qu'ils s'arrêtent en cas de résistance; on a soin d'ailleurs de fixer à l'attelage un pieux oblique muni d'une pointe, piquet de retenue qu'ils traînent derrière eux et qui les empêche de reculer en cas d'arrêt brusque.

Lorsqu'on emploie la vapeur, on obtient de même l'arrêt de la drague, en cas de résistance subite, au moyen d'une trans-

mission par cônes de friction ou par courroie (fig. 265). Un
chariot roulant sur une voie placée au-dessus du puits porte les
transmissions.

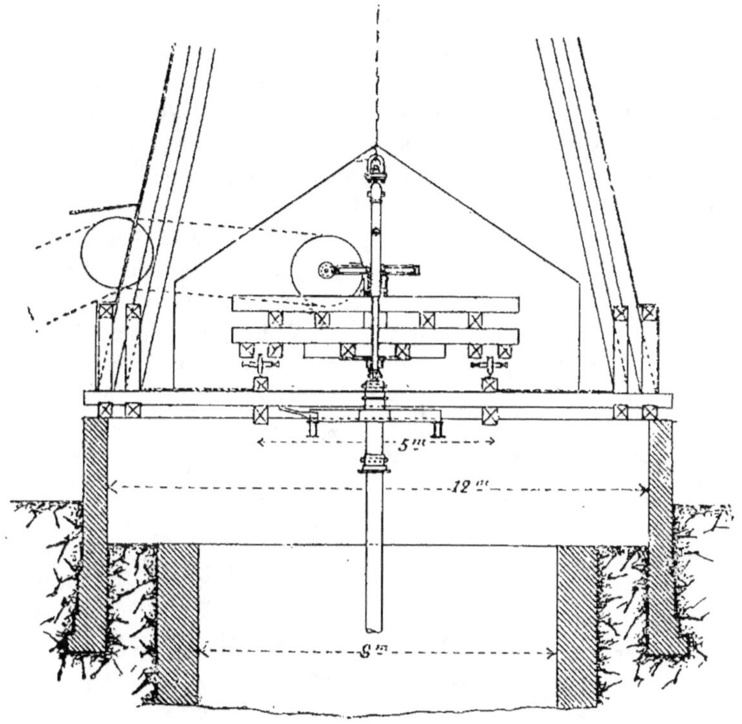

Fig. 265.

La poulie motrice actionne une vis sans fin qui engrène une
roue à endenture hélicoïdale. La partie de la tige traversant
cette roue est de section carrée et d'une longueur suffisante
pour que la drague puisse descendre librement jusqu'à ce qu'on
intercale une fraction de tige. Pour procéder à cette opération,
on fait tomber la courroie et l'on recule le chariot portant les
transmissions.

Pour diminuer le frottement, on intercale souvent une voie
de billes entre les surfaces frottantes de l'étrier de suspension.

369. L'inconvénient le plus grave du creusement par dragage, tel qu'il vient d'être décrit, est sa lenteur, résultant de

24

la nécessité du démontage et du remontage des tiges pour extraire les débris et remettre la drague en mouvement.

On emploie aujourd'hui différentes dispositions spéciales dans le but d'accélérer l'extraction des déblais.

Dans le procédé Sassenberg et Clermont, appliqué au puits Adolphe de la Société d'Eschweiler, les sacs sont indépendants des tiges et de la charpente de la drague. Les tiges portent de part et d'autre des rails verticaux G G' le long desquels montent et descendent, à l'aide de câbles d'extraction, des cadres métalliques C C' guidés portant les sacs (fig. 266).

Ces cadres sont saisis par une pince spéciale fixée à l'extrémité du câble, qui les accroche automatiquement, pour les remonter, et se décroche

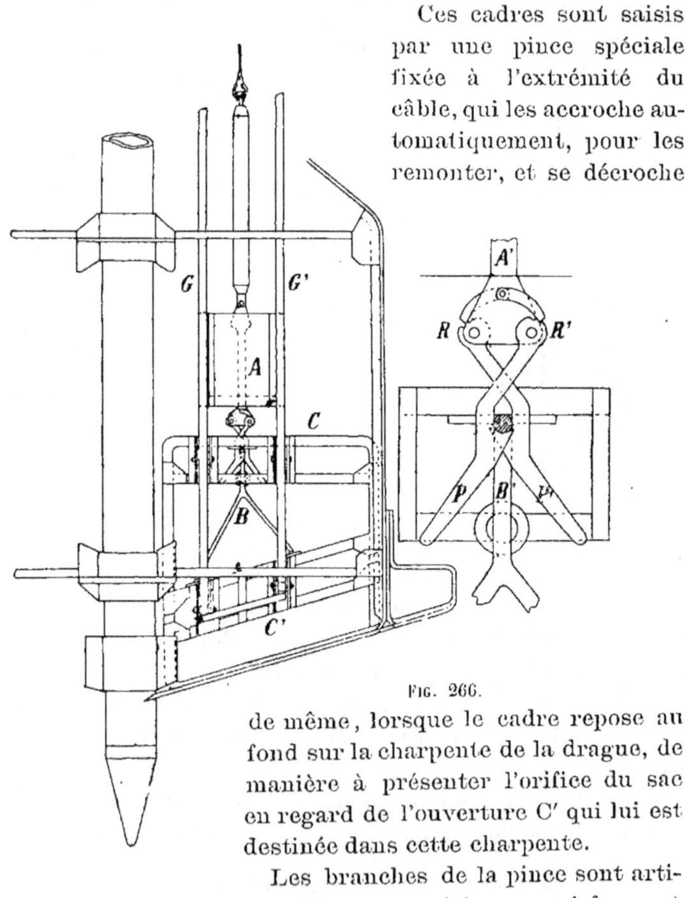

Fig. 266.

de même, lorsque le cadre repose au fond sur la charpente de la drague, de manière à présenter l'orifice du sac en regard de l'ouverture C' qui lui est destinée dans cette charpente.

Les branches de la pince sont articulées en A à leurs seules extrémités supérieures qui forment rochet en R R'. Des cliquets empêchent cette pince de se fermer, lorsqu'ils sont en prise, mais ne l'empêchent en aucun cas de s'ouvrir. (Voir cette pince à plus grande échelle à côté de la fig.)

En descendant, la pince vient buter par sa fourche sur une pièce cylindrique horizontale B qui fait saillie en avant du cadre mobile. Cette pièce écarte les branches PP' de la pince, mais pas assez pour que le cliquet entre en prise. Ces branches retombant, après le passage de la pièce B, accrochent la partie horizontale de celle-ci.

Après la vidange du sac, on redescend le cadre, la pince restant dans la même position. Quand il repose au fond, sur la charpente de la drague, la corde continue à descendre ; la partie horizontale de la pièce B s'engage plus avant entre les branches de la pince ; celle-ci s'ouvre d'avantage et les cliquets pénétrant entre les dents du rochet, l'empêchent de se refermer, ce qui permet de faire remonter le câble sans le cadre. A la surface, on remet les cliquets au premier cran du rochet, pour permettre de nouveau l'accrochage et ainsi de suite.

On n'arrête le dragage que pendant quelques minutes, pour extraire, tous les quarts d'heure, un sac contenant 1 à 1 $\frac{1}{2}$ mètre cube de déblais. On en extrait donc, par 24 h., 48 à 50 m³, ce qui correspond, dans un puits de 5 m., à environ 1 m. d'avancement. Ce puits aura 160 m. de sables à traverser.

370. Lorsque les sables sont meubles et sans consistance, on peut remplacer l'appareil à tiges par un excavateur à double godet manœuvré à la corde ; ces excavateurs, très employés dans les dragages superficiels et dans les appareils de déchargement, se composent de deux godets descendus ouverts à la surface de la matière à extraire. Ces godets se refermant au sein de cette matière, se remplissent et permettent d'en extraire un volume correspondant à 1 $\frac{1}{2}$ ou 2 tonnes.

Le mécanisme qui règle la fermeture et l'ouverture de ces godets est variable.

Le plus souvent ce mécanisme est commandé par deux treuils et deux câbles ou deux chaînes A et B (fig. 267) dont la mise en tension alternative provoque l'ouverture et la fermeture des godets. La chaîne A est fixée au bâti même de l'appareil, de telle sorte que quand elle est tendue et l'autre lâche, les godets s'ouvrent. C'est le cas dans la descente de l'appareil.

L'autre chaîne B est en relation avec un mouflage différentiel appliqué à la charnière de fermeture des godets ; en tendant cette chaîne, le brin 1 du mouflage se déroule, le brin 2 s'enroule sur un plus grand diamètre, comme le montrent les flèches ; la charnière est soulevée et les godets se referment. On les amène ainsi à la surface où la vidange

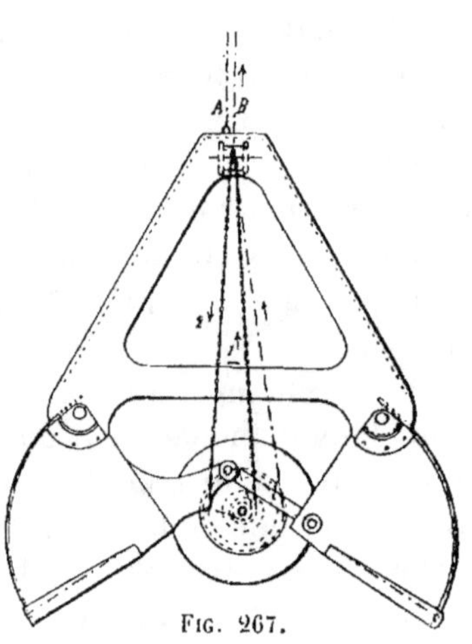

Fig. 267.

s'opère, en donnant du lâche à la chaîne qui commande le mouflage.

D'autres appareils de ce genre sont basés sur l'emploi d'une chaîne unique et d'un déclic qui rend la charnière solidaire ou indépendante de cette chaîne. Ces appareils sont plus délicats. Les fig. 268 à 271 représentent l'appareil de ce genre qui a été employé à Deutscher Kaiser.

La fig. 268 représente l'appareil ouvert dans sa position de descente ; la chaîne de suspension est tendue et le déclic est ouvert, comme on le voit dans le haut de la figure. Quand les godets reposent sur la matière à extraire, la chaîne de suspension prend du lâche et le déclic se referme (fig. 269). La fig. 270 montre l'appareil fermé dans sa position de remonte. En tendant de nouveau la chaîne, le déclic ne peut en effet s'ouvrir que lorsqu'il ne peut plus empêcher la charnière d'être soulevée (fig. 271).

Quand le terrain s'y prête, ces appareils permettent de faire des avancements très rapides.

371. On a aussi pensé à extraire les déblais désagrégés, par l'intérieur de la tige creuse, au moyen d'une cuiller à soupapes. Un appareil de ce genre a été construit par M. Jacobi pour le puits Hugo, près de Sterkrade, mais n'a pas fonctionné, parce que le terrain se prêtait spécialement à l'emploi de l'excavateur à godets, sans désagrégation mécanique.

Guibal avait déjà fait usage d'un moyen analogue en 1859, au puits de Saint-Vaast qu'il creusa à travers 105 m. de mort-terrain dont 25 m. de sables boulants, sans parvenir toutefois à faire la liaison avec le terrain houiller.

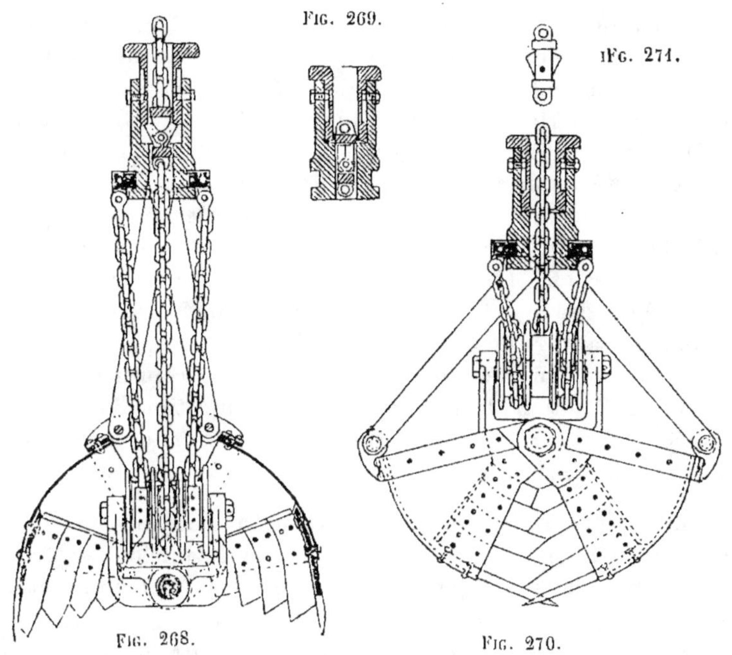

L'appareil Guibal est d'autant plus intéressant qu'il est le précurseur des boucliers à avancement télescopique, si souvent employés aujourd'hui dans le percement des tunnels en terrains meubles (cf. n° 220).

Ce procédé consistait dans l'emploi d'un bouclier, enfoncé au moyen de vérins hydrauliques avec tube central par où se faisait l'extraction des déblais au moyen d'une cuiller à soupapes. Lorsque le terrain était trop consistant, on introduisait par le tube central un appareil à rodage qui se dilatait à la manière d'un parapluie qui s'ouvre, et creusait le terrain en forme de cône. C'est à cet outil que fut généralement attribué l'insuccès de Guibal. Le revêtement soutenu sur le bouclier par des vérins hydrauliques était en bois et polygonal, tandis que l'appareil ci-dessus creusait suivant le cercle circonscrit, laissant ainsi des vides qui favorisèrent les irruptions d'eau et de sable.

On a aussi fait usage de dragues à chaînes à godets, analogues à celle de M. Degueldre (Cf. n° 348).

372. Enfin on a employé des pompes dites à émulsion. En insufflant de l'air comprimé dans un tuyau par un tube central, on y crée une colonne d'eau de densité moindre qui monte à un niveau supérieur au niveau hydrostatique et ramène à la surface les déblais désagrégés sous forme d'eau boueuse. Ce procédé a été appliqué aux puits 4 et 5 de Rhein-Preussen, au moyen de deux tubes à émulsion, descendant le long de la tige centrale de l'appareil chargé d'opérer la désagrégation, et se mouvant avec elle. Ce moyen est combiné au battage à l'aide d'un trépan léger. M. Pattberg, l'auteur de ce système, lui attribue l'avantage de donner moins de déviations, par rapport à la verticale, que les appareils de dragage proprement dits. Il combine l'action de ce trépan à une injection d'eau sous pression faite par la tige centrale, dans le but de mettre les sables en suspension.

373. *Procédé Honigmann.* — L'extraction des eaux boueuses par émulsion a été appliquée depuis plusieurs années par M. F. Honigmann dans les puits qu'il a creusés à Heerlen et à Schaesberg (Limbourg hollandais).

Les puits de Heerlen de $3^m.30$ et $2^m.80$ ont atteint le terrain houiller à 97 m.; ceux de Schaesberg de 4 m. l'ont atteint à 130 m.; un puits de $5^m.70$ a été foncé, par ce procédé, à la mine Nordstern, près d'Aix-la-Chapelle, à 77 m. de profondeur. Pour traverser la partie meuble, M. Honigmann se sert d'un outil à rodage qui désagrège et met en suspension les matières sableuses (fig. 272).

La tige est formée de tuyaux de fonte de $0^m.135$ de diamètre, reliés par collets, le dernier est ouvert au fond. C'est par ce tube que sont extraits les débris, sous forme d'eau boueuse, au moyen d'une injection d'air comprimé par un tube central à 30 m. de profondeur. L'expulsion des déblais se règle automatiquement ; en effet lorsqu'ils sont abondants, la vitesse ascensionnelle diminue ; mais la proportion d'air comprimé devenant plus considérable rétablit la différence de densité, en vertu de laquelle s'opère l'expulsion par la tige centrale. La colonne d'eau chargée de sable est rejetée dans des bassins de clarification.

A Schaesberg, pour éviter les déviations de la verticale, M. Honigmann a procédé en creusant, comme ci-dessus, un petit puits de $1^m.20$, en même temps qu'un appareil élargisseur chaussé à 20 m. plus haut sur la même tige portait ce diamètre à 4 m. L'appareil du fond était surmonté d'un cylindre guide de 5 m. de haut.

L'appareil élargisseur est un cône armé extérieurement, suivant deux génératrices de rouleaux en acier à tranchants circulaires; cet outil convient surtout dans les marnes dures et présente par sa forme l'avantage de retenir tous les objets qui pourraient tomber dans le puits.

Ce cône élargisseur est monté sur un tube de section carrée qui est entraîné, par un carré fixé sur la tige, dans le mouvement de rotation de celle-ci.

Il peut en outre se mouvoir longitudinalement sur cette tige et être par conséquent remonté à la surface sans démonter les tiges.

Les déblais provenant du creusement et de l'élargissement

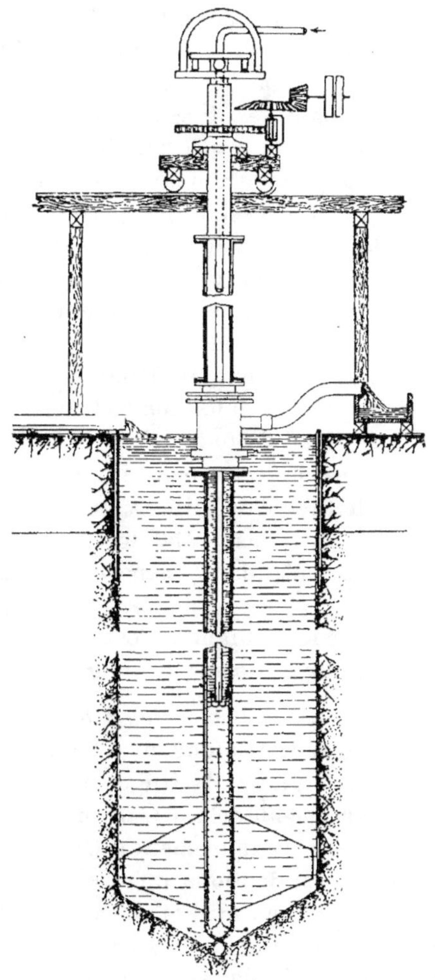

Fig. 272.

pénètrent dans la tige creuse à sa base, pour être entraînés par le courant produit par émulsion.

374. La caractéristique du procédé Honigmann est surtout la suppression de tout revêtement pendant le creusement, grâce à une contrepression d'eau boueuse, maintenue dans le puits en y ramenant l'eau des bassins de clarification, que l'on charge d'argile de manière à obtenir une densité de 1.2. A Schaesberg, la tête d'eau se trouvait à 15 m. de profondeur; en maintenant le niveau intérieur jusqu'à la surface, il en résultait une contrepression de 15 m. + la colonne correspondante à l'augmentation de densité soit de 15 m. + $h \times 0.2$. Grâce à cette contrepression, les parois se maintiennent sans revêtement; la cimentation des sables qui résulte de la pénétration de l'argile dans la paroi, a pour effet d'autre part d'empêcher la nappe aquifère qu'ils contiennent d'être suralimentée en vertu de cette contrepression.

Après creusement, M. Honigmann procède à la descente d'un revêtement avec faux fond et tube d'équilibre qui diffère du cuvelage Kind-Chaudron, en ce qu'il est en tôles renforcées de fers ⊏ (c'est la tige creuse qui, placée sur ce faux fond, remplit l'office de tube d'équilibre). Le faux fond est en bois renforcé par des poutrelles et la descente s'opère par flottaison. On bétonne ensuite dans l'espace annulaire, pour assurer l'étanchéité.

Le procédé Honigmann est économique, mais il n'a jusqu'ici fait ses preuves qu'aux profondeurs indiquées.

375. *Limite de profondeur des creusements par dragage.* — La plus grande profondeur à laquelle on ait poussé le dragage est de 175 m., au puits Hugo, près de Holten, qui d'ailleurs n'a pu être creusé au delà, parce que le revêtement s'est écrasé.

La vitesse d'avancement a fait de grands progrès depuis les premières applications du procédé, à Ruhr-et-Rhin et Rhein-Preussen n° 1, en 1856 et 1857. Tandis que cette vitesse n'a été que de $0^m.51$ à Rhein-Preussen n° 1 et de $0^m.87$ à Ruhr-et-Rhin, elle s'est élevée dans les autres puits creusés en Westphalie, à une moyenne de $2^m.33$, très voisine de celle du procédé Kind-Chaudron. Elle diminue beaucoup avec la profondeur, si bien que l'on doit conclure que le procédé de dragage à niveau plein est moins économique que la congélation qui peut être appliquée dans les mêmes limites de profondeur et même au delà, comme le prouve l'exemple de Bernissart (cf. n° 332).

376. *Prix de revient.* — Les prix des puits exécutés par dragage à niveau plein sont très variables avec la durée et les péripéties du creusement; sans parler des puits de Ruhr-et-Rhin et de Rhein-Preussen n° 1 où ils ont été extraordinairement élevés, on doit noter qu'ils augmentent très rapidement avec la profondeur; on les a évalués à 4.375 fr., par mètre de 25 à 50 m., à 25.000 fr. par mètre de 250 à 300 m., profondeurs qui d'ailleurs n'ont pas encore été atteintes par ces procédés ([1]).

377. *Liaison du revêtement descendant avec le bon terrain.* — La plus grande difficulté dans les creusements par dragage est d'obtenir une liaison étanche à niveau plein entre la trousse coupante et le bon terrain. Il arrive que cette liaison soit simplement obtenue par pénétration de la trousse dans le terrain non aquifère. Lorsqu'on ne parvient pas à obtenir la liaison de cette manière, il faut recourir au bétonnage du fond du puits, procédé employé pour la première fois, vers 1850, par Wolski, ingénieur des mines dans la Loire inférieure, au puits de St-Germain-des-Prés. Un revêtement en bois avait été descendu de 3 m. dans le terrain houiller, à travers 17 m. de gravier; Wolski obtint l'étanchéité, en remplissant de béton le fond du puits, puis en enfonçant dans ce béton encore frais un *tube-clef*, guidé à $0^m.10$ du revêtement par des jauges élastiques.

Quand l'assise de béton a fait prise, on procède à l'épuisement et l'on creuse à l'intérieur du tube-clef; on picote alors le joint entre ce tube et le revêtement. On établit plus bas une trousse à picoter que l'on rejoint au tube-clef par quelques tronçons de cuvelages. Ce procédé présente toutefois plusieurs inconvénients dont les principaux sont le rétrécissement du diamètre et la nécessité de creuser dans le béton solidifié.

Ce dernier inconvénient a été supprimé en faisant descendre le tube-clef coiffé d'un cône avant le bétonnage.

([1]) L. Hoffmann. *Loc. cit.*

Le béton se déverse alors, au moyen de bétonnières, dans l'espace annulaire entre le tube-clef et le revêtement. Il suffit donc après épuisement d'enlever la toiture conique, pour avoir accès à l'intérieur du tube. Ce dernier procédé a parfaitement réussi à Alsdorf, dans un puits de 2ᵐ.07 de diamètre, avec un tube-clef de 4ᵐ.70 de haut. La trousse coupante du revêtement descendant en fonte avait pénétré de 2 m. dans le terrain houiller.

378. A Ruhr-et-Rhin, il était très important de ne pas rétrécir le puits qui, après avoir reçu plusieurs revêtements descendants de diamètre de plus en plus réduits, n'avait plus que 3ᵐ.80 de diamètre et devait recevoir tous les services de la mine. Ce puits avait coûté 2.000.000 de francs pour arriver en 8 ans à la profondeur de 76ᵐ.75. On était dans les marnes compactes du terrain crétacé. On creusa à niveau plein dans ces marnes sur un diamètre un peu moindre, en ménageant une console de 0ᵐ.30 de hauteur sous la trousse coupante ; puis on reprit le creusement au diamètre de 4ᵐ.16 sur 1ᵐ.75 de hauteur au moyen de couteaux élargisseurs (cf. n° 365). On bétonna jusqu'à la console ; on enleva rapidement celle-ci et l'on chargea le revêtement d'un poids de 75 tonnes pour en provoquer la descente dans le béton.

Cette application très hardie du procédé Wolski réussit complètement. Après épuisement on établit une trousse à picoter provisoire dans les marnes et une trousse définitive dans le terrain houiller à 81ᵐ.33 de profondeur (¹).

379. Le bétonnage est d'ailleurs d'un emploi général, lorsque la descente d'un revêtement est arrêtée, sans que l'on parvienne à épuiser. En bétonnant sur une certaine hauteur, on peut épuiser et reprendre ensuite le puits sur un diamètre moindre, en traversant le béton au moyen du trépan. C'est d'ailleurs le procédé que l'on suit toujours pour la reprise d'un ancien puits abandonné à la suite d'une irruption d'eau qu'il a été impossible de maîtriser.

(¹) *Annales des travaux publics*, tome 22.

XVI. — SERREMENTS ET PLATES-CUVES.

38o. Les *serrements* et les *plates-cuves* sont des constructions destinées à empêcher l'envahissement des mines par les eaux ; à ce titre elles trouveraient mieux leur place dans la Section de l'Epuisement. Cependant les procédés de construction présentent de si grandes analogies avec ceux des cuvelages, que nous croyons devoir les étudier ici en annexe.

Les *serrements* A (fig. 273) sont des barrages établis dans une galerie de manière à isoler une partie de la mine que l'on peut sacrifier pour préserver le reste.

Les *plates-cuves* sont des barrages analogues établis dans des puits. On distingue les plates-cuves *portantes* B destinées à empêcher des eaux venant du dessus de faire irruption dans la mine, et les plates-cuves *foulantes* C des-

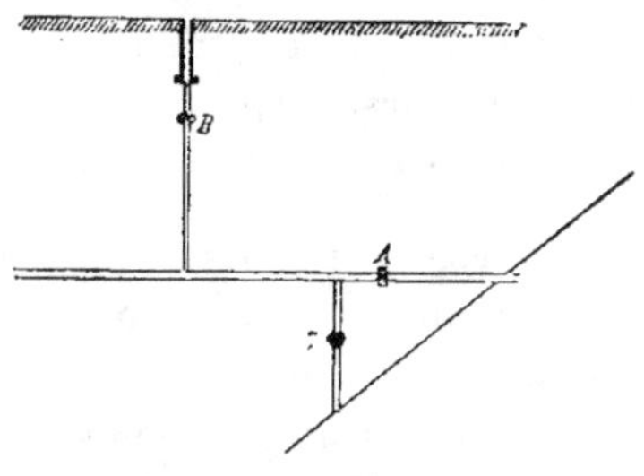

Fig. 273.

tinées à refouler des eaux venant du dessous.

Ces constructions présentent moins d'importance aujourd'hui, par suite de l'emploi de moyens d'épuisement de plus en plus énergiques.

Les serrements et les plates-cuves se construisent en bois, en maçonnerie ou en fonte.

SERREMENTS.

381. **Serrements en bois.** — Parmi les serrements en bois, on distingue :

1° Les serrements *droits à plan d'assise oblique à l'axe de la galerie*; ces serrements ont l'inconvénient de nécessiter un picotage en sens inverse de la pression pour établir la liaison avec la paroi de la roche, mais l'obliquité de cette paroi est très favorable à la résistance (fig. 275).

2° Les serrements *droits à plan d'assise perpendiculaire à l'axe de la galerie*. Ces serrements peuvent être picotés dans le sens de la pression, mais ils s'appuient contre un angle de roche exposé à céder facilement (fig. 276).

3° Les serrements *busqués*; ces serrements ne présentent d'avantages que dans des galeries très larges et pour de faibles pressions, car il est difficile d'obtenir un picotage étanche (anciens serrements de la Chartreuse, à Liége) (fig. 274).

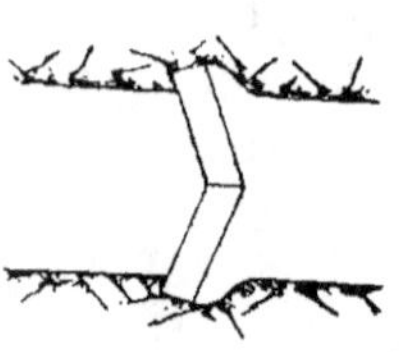

4° Les serrements *en forme de voûte cylindrique* qui présentent le même inconvénient.

5° Les serrements *sphériques* ou *saxons* qui conviennent à de grandes pressions. Ce sont les seuls serrements en bois qui puissent être construits à de grandes profondeurs, lorsque pour des raisons spéciales on est obligé de renoncer aux constructions en maçonnerie (fig. 277).

Fig. 274.

382. Les serrements en bois sont altérables et difficiles à relier d'une manière étanche aux parois rocheuses. On les construit en hêtre ou en chêne.

Le choix de l'emplacement d'un serrement doit être l'objet de soins méticuleux. Il faut une roche saine, résistante, imperméable, non compressible, non fissurée, facile à tailler au pic sans explosif et fournissant des surfaces bien régulières. Ce sont à peu près les mêmes conditions que celles que l'on exige de l'assise d'un cuvelage, mais le choix est moins limité que dans un puits où la hauteur est une considération importante. Les schistes sont, comme toujours, les roches les plus favorables; les roches dures, telles que les grès et certains calcaires, sont souvent fissurées et difficiles à tailler.

Lorsque l'emplacement est choisi, il faut empêcher les eaux de l'envahir, en contruisant à l'amont un batardeau qui communique par un chenal avec une petite digue d'argile élevée à l'aval; cette dernière empêche les eaux de refluer vers l'emplacement du serrement (fig. 275).

383. *Serrements droits à plan d'assise oblique.* — Les serrements droits à plan d'assise oblique ont été très employés autrefois dans le bassin de Liége. Il n'en existait pas moins de 13 aux charbonnages de la Chartreuse dont plusieurs ont tenu pendant de très longues années, sous des pressions qui ne

dépassaient pas, à vrai dire, 60 à 70 m. d'eau. Ils ne peuvent guère être employés pour des pressions plus grandes.

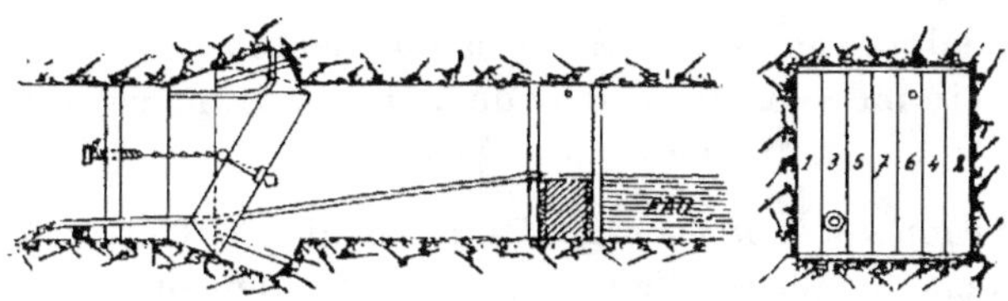

FIG. 275.

Les entailles se font au toit et au mur sous un angle de 20° par rapport à l'axe de la galerie (fig. 275). Les parois latérales sont simplement dressées verticalement. On choisit autant que possible une partie basse de la galerie pour diminuer la portée des pièces. On pourrait au surplus disposer les pièces horizontalement, si les parois latérales présentaient plus de garanties de résistance que le toit et le mur.

Les pièces, taillées aux extrémités suivant la même inclinaison, sont exactement répérées sur une épure. Elles ne sont pas rabotées, mais simplement dressées à la hache, de telle sorte que leurs aspérités favorisent la liaison avec la roche. Celle-ci se fait au moyen de mousse ou de toiles enduites de mastic.

Les pièces de bois sont successivement redressées verticalement et mises en place au moyen de leviers et de crics; on les maintient au moyen de cales et d'étais, pour qu'elles ne reculent pas sous l'action du picotage. On les place alternativement, en partant des deux parois vers l'axe de la galerie.

La pièce du milieu est un peu plus large que les autres; on l'attire dans l'espace qui lui est réservé, au moyen d'une chaîne et d'une vis, après que les ouvriers sont sortis de derrière le serrement.

Dans l'une des pièces, on a soin de ménager un trou pour le passage du chenal et, dans une autre pièce, un trou avec tuyau pour l'évacuation de l'air qui pourrait se comprimer à la partie supérieure derrière le serrement et occasionner des fissures dans le calfatage maintenu à sec.

Le calfatage se fait entre les pièces au moyen de mousse; puis on procède au picotage qui se fait d'abord sur les faces latérales pour resserrer le calfatage, puis sur les extrémités, de manière à ne pas déranger le picotage précédent.

Pour terminer, on bouche le trou du chenal au moyen d'une broche à tête picotée. On bouche de la même manière le tuyau d'air, aussitôt qu'il donne issue à l'eau.

384. *Serrements droits à plan d'assise droite.* — Dans ce genre de serrement, les pièces s'empilent horizontalement. L'entaille se fait régulièrement et également sur les quatre faces et doit être assez large pour permettre le picotage. Un type classique de cette construction est l'ancien serrement d'Huelgoat, en Bretagne, qui fut établi à 250 m. (fig. 276). On ne construirait plus dans ces conditions de serrement de ce genre.

Un trou rectangulaire de $0^m.44$ sur $0^m.30$ est ménagé dans deux pièces du milieu, pour la sortie des hommes. On ménage également des trous pour e passage de l'eau et de l'air. Au contact de la roche, on place des toiles enduites d'un mastic formé d'huile de lin siccative, de chaux éteinte et tamisée

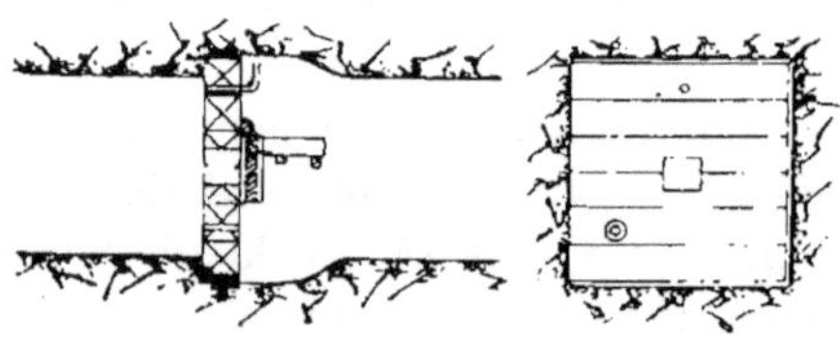

Fig. 276.

et de chanvre haché. Avant d'élever le serrement, on étend la toile sur le sol et on la replie sur les parois verticales. On met, au contact, des lambourdes de $0^m.025$. Les pièces du serrement sont empilées par dessus et picotées à l'un des bouts seulement. Pendant ce picotage, on maintient ces pièces au moyen d'étais verticaux. On continue à revêtir les parois verticales de toiles mastiquées et de lambourdes; ces toiles sont fixées au moyen de broches; avant de placer les dernières pièces, on tapisse de même le toit de l'excavation. La dernière pièce laisse un peu de jeu et pour finir, on picote ce joint à son tour.

On peut recouvrir de toile mastiquée tout l'extérieur du serrement. Le trou d'homme se ferme au moyen d'un fort clapet garni de caoutchouc qui permet au besoin de rentrer derrière le serrement.

385. *Serrements sphériques.* — Les serrements sphériques ou

saxons (fig. 277) présentent une résistance incomparablement plus grande que les serrements droits. Les pièces de bois en forme de voussoirs étant placées dans le sens des fibres, on peut donner au serrement une grande épaisseur et une grande surface de contact avec la roche.

En Saxe d'où ces serrements sont originaires, on les construisait en sapin pour la facilité du picotage; on les construit

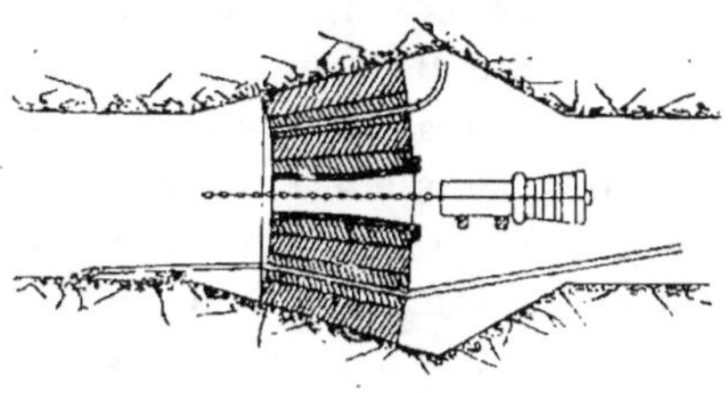

Fig. 277.

généralement aujourd'hui en hêtre ou en chêne.

L'entaille se fait en tronc de pyramide et doit recevoir un grand développement longitudinal, pour tenir compte de ce que le serrement se lamine et avance sous l'influence de la pression.

Pour tracer l'entaille, on se guide au moyen d'une ficelle attachée à un poteau au centre de la section de la galerie. La roche doit être parfaitement dressée; on peut appliquer du ciment sur la paroi inférieure pour obtenir une surface plus unie.

Les pièces du serrement sont répérées sur deux épures où on les empile de manière à édifier chacune des moitiés du serrement. Les différentes pièces d'une assise ont une même hauteur, mais la largeur des pièces peut varier.

Au contact du terrain et sur le sol, on place des matières compressibles, telles que deux doubles de toiles mastiquées ou goudronnées. On pose ces toiles sur le sol et on les replie sur les parois verticales jusqu'au tiers de la hauteur.

Les assises s'empilent les unes sur les autres, en ayant soin d'alterner les joints verticaux. La pièce de clef de chaque assise est un peu plus grande que l'espace libre, de manière à n'entrer qu'à coups de maillet. Quand on arrive au tiers de la hauteur, on applique des toiles mastiquées contre le toit, en les faisant tenir au moyen de broches pénétrant dans des trous de mine, et on les replie verticalement jusqu'à rejoindre les premières. La dernière assise se place d'abord contre ces toiles, pour ne pas les enlever par frottement. L'avant dernière assise présente un trou pour le tuyau d'évacuation de l'air.

La 2e ou la 3e assise est munie d'un tuyau pour le passage du chenal.

Le serrage s'opère en battant successivement chaque assise jusqu'à refus, au moyen d'un mouton installé derrière le serrement. On calfate ensuite les joints avec de la mousse, puis on picote à outrance tous les joints de haut en bas, en commençant par des coins lenticulaires graissés de $0^m.64$ de long; on passe ensuite à des coins plus petits et l'on termine par des coins en fer chassés dans les coins en bois et dans les pièces elles-mêmes. La place des derniers coins doit être ouverte au moyen d'une agrafe à picoter.

Quand les coins ne pénètrent plus, on remplit de ciment le fond de l'excavation et l'on peut même appliquer du ciment sur toute la face postérieure, sinon l'on recouvre simplement cette surface d'un enduit de vieux oing, chanvre et goudron.

On a ménagé au milieu du serrement, pour la sortie des ouvriers, un tuyau cylindro-conique en fonte de $0^m.40$ de diamètre dans la partie cylindrique, avec rebord et bride en caoutchouc, enveloppé de toile mastiquée ou de mousse. Après le passage des ouvriers, on ferme cette ouverture centrale au moyen d'un bouchon en bois cerclé ou en fonte. Si le bouchon est en bois, on prend la précaution de le faire bouillir dans de la graisse et on l'enveloppe de toile grossière maintenue par des clous à tête noyée. S'il est en fonte, on l'enveloppe de caoutchouc et l'on fait, à la petite base de la partie conique, un bourrelet de cuir ou de crin. On attire ce bouchon en place à l'aide d'une chaîne et d'un crochet. On ménage quelquefois un robinet de vidange pour le cas où l'on aurait à reconstruire le serrement.

386. Un exemple classique de ce genre de serrement est celui qui fut établi autrefois au Harz pour résister à 240 m. de pression. Il avait un rayon intérieur de 7 m. et $1^m.70$ d'épaisseur.

Après sa construction, ce serrement s'est avancé dans son entaille

de $0^m.071$, en 7 à 8 minutes,
$0^m.32$, après 12 heures,
$0^m.60$, après 10 jours,

puis il s'est arrêté. Il était en partie sorti de l'entaille. Le picotage, en effet, ne s'étend que sur une zône restreinte à la longueur des plus grands picots et par suite insuffisante, ce qui favorise le laminage, la résistance transversale du bois étant moindre que dans le sens des fibres.

La forme sphérique est rationnelle pour les grandes pressions. En cas d'épaisseur insuffisante, on ne peut y remédier en accolant un second serrement au premier, parce qu'il est impossible d'établir une solidarité entre eux et que la pression se transmet dans son entièreté par la moindre fissure.

La disposition des fibres du bois favorise d'autre part le suintement.

Ces serrements sont coûteux ; ils sont altérables, bien que le bois se conserve assez bien sous pression d'eau.

387. *Calcul de l'épaisseur*. — L'épaisseur des serrements en bois se calcule sans tenir compte des variations intérieures de pression.

La pression P qui s'exerce sur la tête d'un voussoir à base

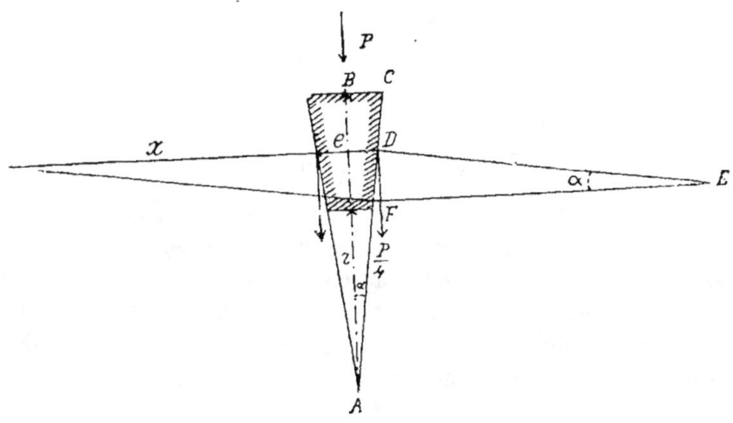

Fig. 278.

carrée de côté C, (fig. 278) est égale à C^2 1000 H, H étant la hauteur du niveau. Cette pression se décompose en 4 forces égales, appliquées au centre de gravité des faces latérales du voussoir ; en vertu de la similitude des triangles ABC et DEF, on peut écrire :

$$x : \frac{P}{4} = R : \frac{C}{2}$$

x étant la composante qui tend à écraser la pièce et R le rayon extérieur. En remplaçant P par sa valeur,

$$x = \frac{C\, 1000\, HR}{2}$$

D'autre part, en appelant c le côté de la petite base, e l'épaisseur et E le coefficient de résistance par m² :

$$x = \frac{C + c}{2}\, e \times E$$

d'où

$$\frac{C + c}{2}\, e \times E = \frac{C\, 1000\, HR}{2}$$

En posant $\dfrac{C}{2} = R\, tg\ \alpha,\ \dfrac{c}{2} = r\, tg\ \alpha,$

il vient : $(R + r)\, eE = R^2\, 1000H$. Mais $e = R - r$,

d'où $\qquad (R^2 - r^2)\, E = R^2\, 1000H.$

$$R = \sqrt{\frac{r^2 E}{E - 1000H}}$$

et comme $R = r + e$, on a

$$e = r\left(\sqrt{\frac{E}{E - 1000H}} - 1\right)$$

L'épaisseur est proportionnelle au rayon intérieur et indépendante des dimensions de la section du voussoir.

Si nous appliquons cette formule à l'exemple du serrement du Harz, en faisant E = 450.000 kg. on trouve $e = 3$ m., tandis que ce serrement n'avait que $1^{m}.70$, ce qui explique sa progression après son achèvement.

388. *Serrements en maçonnerie*. — La maçonnerie permet d'obtenir de grandes épaisseurs, avec des matériaux maniables et inaltérables. La construction est plus facile, parce qu'on n'est pas astreint à la faire d'arrière en avant : on peut procéder dans l'un ou l'autre sens, selon l'issue qu'on a à sa disposition. La liaison avec la roche se fait au moyen du mortier et cette liaison est plus parfaite que toute autre.

Dans de mauvais terrains, on peut créer des parois artificielles, en creusant, latéralement à l'emplacement choisi, des galeries perpendiculaires qu'on remplit entièrement de maçonneries de manière à obliger les eaux à faire un grand détour pour contourner le serrement, à condition que le mur et le toit de la galerie soient suffisamment étanches.

Le seul inconvénient des serrements en maçonnerie est de ne pas résister aux dislocations de terrains et c'est pourquoi l'on donne quelquefois encore la préférence aux serrements sphériques en bois.

389. *Calcul de l'épaisseur.* — Les serrements en maçonnerie sont cylindriques ou sphériques. Leur épaisseur se calcule en tenant compte des variations intérieures de la pression entre les deux faces du serrement.

Pour les serrements cylindriques, la formule déduite des équations de Lamé est :

$$e = r \left(\sqrt{\dfrac{E - 1}{E - 1 - 2n}} - 1 \right)$$

et pour les serrements sphériques :

$$e = r \left(\sqrt[3]{\dfrac{E - 1}{E - 1 - \dfrac{3}{2} n}} - 1 \right)$$

Dans ces formules, E représente la résistance limite de la matière par centim. carré et n la pression en atmosphères.

Pour une maçonnerie très soignée, $E = 24$.

Il faut de plus tenir compte du cisaillement. En désignant par p le périmètre moyen du serrement, par S sa surface extérieure et par P la pression en kg. par m², on aura $peE' = SP$, formule où E' représente la résistance au cisaillement par mètre carré; il est prudent de ne prendre pour E' que le 1/9 de la résistance au cisaillement de la maçonnerie qui est égale à 60.000 kg. par m².

L'épaisseur du serrement en maçonnerie doit satisfaire à ces deux formules. Dans le cas de mauvais terrains, on forcera la valeur trouvée.

390. *Construction.* — Pour procéder à la construction d'un serrement en maçonnerie, on creuse l'entaille sans explosif sous forme de deux troncs de pyramides. L'entaille peut être plus

profonde dans le sens de la largeur que de la hauteur, si l'axe du serrement cylindrique est vertical, ou réciproquement s'il est horizontal (fig. 279). La longueur de l'entaille dépend de l'épaisseur du serrement qui est entièrement compris dans la partie antérieure de l'entaille.

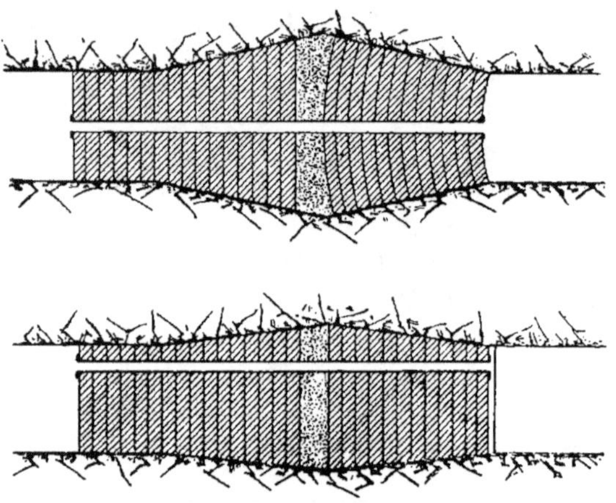

Fig. 279.

On construit le serrement par rouleaux d'une brique que l'on peut faire alterner avec des rouleaux d'une demi brique.

On peut serrer la maçonnerie, en chassant des ardoises contre les parois. Ces rouleaux remplissent la première partie de l'entaille; à la partie la plus large de celle-ci, on fait un remplissage de $0^m.50$ de béton à la suite duquel on construit de la maçonnerie droite jusqu'à une plus ou moins grande distance dans la galerie.

Pour l'écoulement des eaux pendant la construction, on ménage, dans l'épaisseur de la maçonnerie, un tuyau de fonte qu'on allonge par tronçons successifs. A la partie supérieure, on ménage de même un tuyau d'évacuation pour l'air.

Le tuyau à eau est muni d'une soupape que l'on charge progressivement pour établir peu à peu la pression. Ce tuyau peut être au besoin d'assez grand diamètre pour le passage des hommes.

391. La forme de l'entaille en double tronc de pyramide n'est

pas rationnelle, car si la pression resserre les joints dans un sens, elle les desserre dans l'autre. Cette entaille est d'ailleurs très coûteuse à cause de sa profondeur. On y substitue souvent une entaille dentelée qui demande moins de déblais et augmente le trajet des eaux d'infiltration. Dans chaque dentelure, on installe des voûtes que l'on relie par des massifs de béton ou d'argile. Comme type de ce genre de construction, nous citerons un serrement établi aux mines de Marles pour 177 m. de pression (fig. 280).

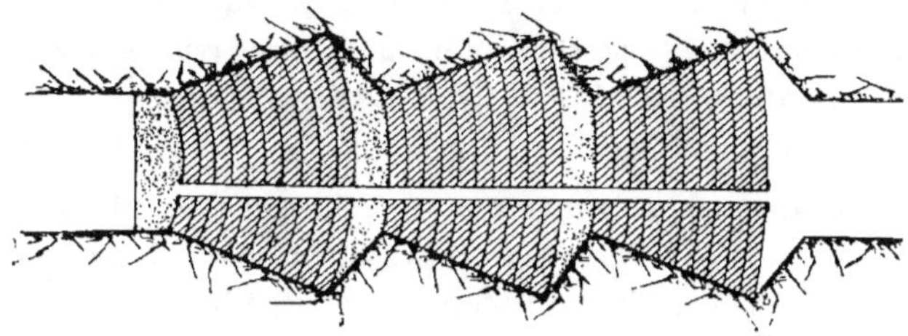

FIG. 280.

La construction s'est faite de l'arrière à l'avant. Sur 9 m. d'épaisseur, ce serrement se compose de trois voûtes sphériques, de rayons intérieur et extérieur égaux à 2^m.50 et 5 m. Chaque voûte se compose de dix rouleaux. Entre les deux premières on a fait un remplissage de 0^m.50 d'argile et entre les deux dernières un remplissage de 0^m.50 de béton. On a ménagé un tuyau de 0^m.10 pour l'eau et un tube de 0^m.12 pour l'air. On a fermé le tuyau à eau après un mois : l'eau passant en grande abondance à travers le serrement, on fit à l'avant un bloc de ciment de 0^m.75, qui n'a d'ailleurs pas empêché les infiltrations. Celles-ci n'ont cessé qu'après avoir laissé couler l'eau pendant 5 mois, durée de la prise complète du mortier [1].

En tenant compte de toutes les dépenses, entailles et fournitures diverses, un serrement de ce genre a coûté 156 francs par mètre carré, aux mines de Bruay.

Si l'on était limité par l'épaisseur, on pourrait employer au lieu de briques, la pierre de taille ou les moëllons.

---

[1] *Bulletin de la Société de l'Industrie minérale*, 1re série, t. X. Voir aussi même recueil, 2° série, t. XIV, le serrement en voûtes multiples construit à Bruay.

3g2. *Serrements en béton de ciment comprimé*. — On construit aussi des serrements en béton de ciment comprimé (Société Cockerill, Przibram). L'avantage du béton est la moindre épaisseur pour une même résistance, E étant égal à 33 kg. par mètre carré, d'après les expériences faites sur les bétons des forts de la Meuse; la construction est aussi plus facile. L'entaille se fait comme pour un serrement en maçonnerie. On construit un mur ou une voûte à l'arrière et à l'avant, pour retenir le béton; on dame le béton verticalement d'abord, horizontalement à la fin, en élevant successivement les murs ou les voûtes. Le béton entre dans toutes les anfractuosités et fissures, d'où une étanchéité plus grande.

3g3. *Serrements à porte ou serrements métalliques*.— Quand on s'approche d'anciens travaux ou de régions aquifères et que l'on peut craindre une venue d'eau subite, on a recours aux serrements à porte métallique qui sont d'un usage fréquent en Allemagne (fig. 281).

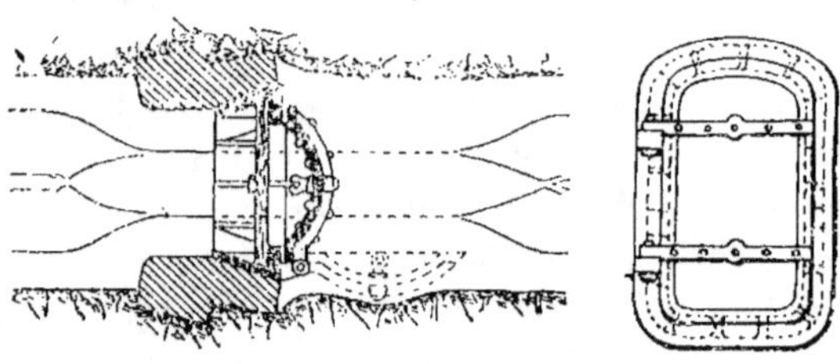

FIG. 281.

Ces serrements se composent d'une solide porte en fer, qui permet la circulation des wagonnets et des hommes jusqu'au moment où la venue d'eau se déclare. Cette porte s'installe dans un bloc de maçonnerie relié à la roche par des endentures. L'ouverture est garnie d'un cadre en fonte muni d'une nervure sur laquelle s'applique la porte par l'intermédiaire d'un bourrelet en caoutchouc. La porte est maintenue fermée par des vis. Un tuyau avec robinet permet l'écoulement des eaux à concurrence de ce que peut extraire la machine d'épuisement. Si l'on parvient ainsi à vider le bain, on peut dans la suite ouvrir la porte. Si au contraire la galerie doit être abandonnée, on remplit l'ouverture de maçonnerie.

PLATES-CUVES.

394. *Plates-cuves en bois*. — Les plates cuves en bois sont coûteuses, altérables, peu résistantes et exposées à fléchir. On ne peut leur donner une grande épaisseur. Aussi ne peuvent-elles être employées qu'à de très faibles profondeurs.

395. *Plates-cuves portantes en bois.* — Les plates-cuves portantes en bois étaient d'un usage général dans l'ancienne exploitation liégeoise. L'exploitation étant à faible profondeur, on n'hésitait pas à sacrifier un puits, lorsqu'il amenait de trop grandes quantités d'eau dans la mine. Les plates-cuves en bois étaient plus difficiles à réussir que les serrements, car les conditions d'exécution étaient très défavorables.

On faisait dans le puits supposé rectangulaire, une entaille analogue à celle d'un cuvelage, destinée à supporter la plate cuve. Celle-ci était composée de pièces de bois jointives placées dans le sens des courtes parois, pour mieux résister à la flexion et étayées contre le haut de l'entaille. Une des pièces était percées de trous pour laisser s'écouler les eaux pendant la construction. On ménageait latéralement et sur les abouts des pièces un jeu de $0^m.04$ pour le picotage qui se faisait comme pour une trousse de cuvelage en mettant contre la roche de la mousse et une lambourde. Avant le picotage, on calfatait avec de la mousse et l'on calait latéralement les pièces extrêmes.

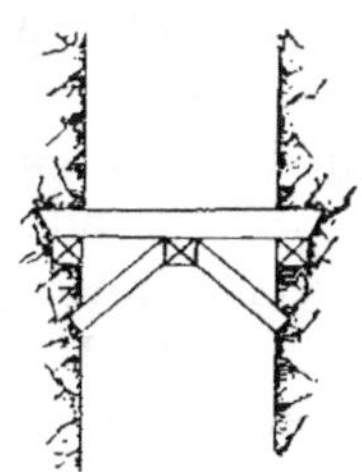

Fig. 282.

On picotait ensuite sur les courts côtés pour serrer le calfatage, puis simultanément aux deux extrémités de chaque pièce.

Pour prévenir la flexion, on encastrait parfois les extrémités des pièces (fig. 282). On consolidait aussi la plate-cuve par une traverse inférieure étayée contre les parois.

396. *Plates-cuves foulantes en bois.* — Les plates-cuves foulantes en bois sont encore plus difficiles à réussir. L'entaille se fait de telle sorte que les extrémités des pièces taillées obliquement s'appuient vers le haut sur des faces correspon-

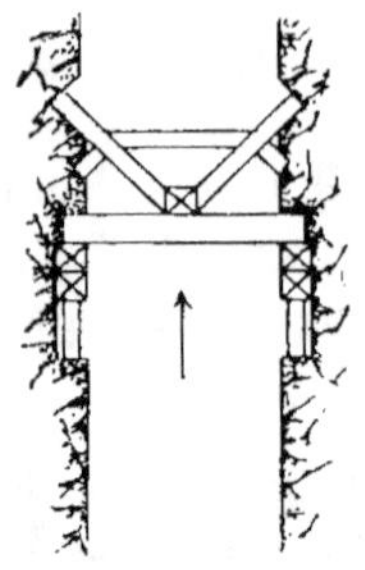

dantes avec joint picoté; mais le picotage a l'inconvénient de devoir se faire en sens inverse de la pression.

On consolide au moyen d'une traverse étayée contre les parois. Une pompe à bras sert à maintenir les eaux pendant le travail, en attendant la pose de la dernière pièce (fig. 283).

Fig. 283.

397. *Plates-cuves en maçonnerie*. — La maçonnerie permet au contraire de donner aux plates-cuves de grandes épaisseurs. Rappellons que la maçonnerie fait corps avec la roche sans picotage, qu'elle est économique, homogène, inaltérable et peu exposée à fléchir.

398. *Plates-cuves portantes en maçonnerie*. — Les plates cuves portantes sont cylindriques ou sphériques. Les premières conviennent aux puits rectangulaires (fig. 284), les secondes aux puits circulaires.

L'entaille se fait en forme de tronc de pyramide ou de cône. L'inclinaison peut être différente dans les deux sens perpendiculaires. La voûte constituant la plate-cuve se fait pas rouleaux.

On superpose souvent, à une première voûte cylindrique, une seconde voûte semblable, d'axe perpendiculaire à celui de la première. Les deux voûtes sont reliées par une maçonnerie droite; au dessus de la plate-cuve, on charge du béton ou des cendres sur une certaine hauteur. Un tuyau ménagé dans la maçonnerie laisse s'écouler les eaux pendant la construction.

399. *Plates cuves foulantes en maçonnerie*. — Les plates-cuves foulantes en maçonnerie sont en voûte renversée, ce qui en rend la construction difficile. On commence ordinairement par construire une première voûte cylindrique ou sphérique de peu d'épaisseur qui n'a d'autre office que de porter la seconde pendant la construction (fig. 285). On fait par dessus un remplissage en béton sur lequel on construit la voûte renversée.

Pendant cette construction, il faut maintenir l'eau au moyen d'une pompe passant à travers un tuyau ménagé dans la plate-cuve. Ce tuyau doit être assez large pour donner passage au tuyau de pompe sans contact, de manière à éviter les chocs qui nuiraient à la maçonnerie On retire la pompe après la construction. On peut faire un remplissage par dessus la voûte renversée pour soulager cette dernière.

400. *Plates-cuves en béton et en ciment.* — Le béton peut être substitué avec avantage à la maçonnerie à cause de la facilité d'exécution que présente l'emploi de cette matière.

Le ciment liquide se prête spécialement à certaines applications. C'est

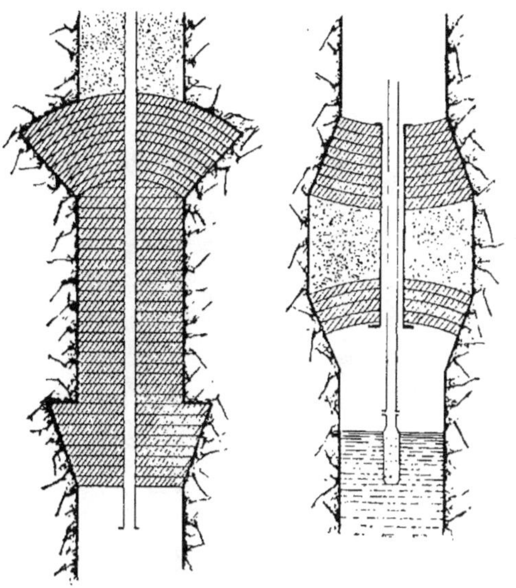

Fig. 284.   Fig. 285.

ainsi que M. Reumeaux a exécuté à Lens (Douvrin) une plate-cuve foulante en béton à niveau plein, dans des circonstances très spéciales.

La mine avait été noyée par un coup d'eau provenant de la rencontre d'une faille, dans des travaux de recherche exécutés à 300 m. de profondeur par un puits intérieur. On exécuta, au fond de ce puits, une plate-cuve foulante en ciment de 20 m. d'épaisseur, en introduisant le ciment liquide par un trou de sonde tubé de 213 m. de profondeur, que l'on a percé, en partant de la surface, dans l'axe même du puits intérieur. Avant d'introduire le ciment, on a dû débarrasser ce puits de tous les obstacles, au moyen de charges de dynamite descendues à l'endroit voulu, à travers le sondage. Un tel travail nécessite évidemment des plans d'une exactitude rigoureuse.

401. *Plates-cuves métalliques.* — On a exécuté à Varangeville une plate-cuve en voussoirs de fonte à double courbure. La difficulté provenait ici de maintenir cette plate-cuve dans la roche salifère. Pour empêcher cette roche d'être dissoute par les eaux surmontant la plate cuve, on a surchargé cette dernière d'une masse de sel, dans le but de saturer ces eaux.

SECTION II.

Transport et Extraction.

----

402. Nous réunirons en une seule section ces deux chapitres, parce qu'ils se rapportent à un même ordre d'idées. L'extraction est en effet un transport vertical qui se fait par des puits verticaux ou inclinés; le transport se fait d'autre part sur des voies horizontales ou inclinées. Il n'y a donc pas de démarcation nette qui oblige à traiter séparément ces deux cas. Cette démarcation est devenue d'autant plus confuse que les procédés de transport mécanique se sont développés davantage.

Nous conserverons toutefois les titres de *Transport* et *Extraction* comme subdivisions. Dans la première, nous considérerons surtout le transport au moyen de véhicules pourvus de roues, et dans la seconde, le transport au moyen de véhicules ou de vases d'extraction qui ne sont pas nécessairement pourvus de roues.

A. — **Transport.**

403. Nous examinerons successivement :

1° Le matériel fixe ou la voie ;

2° Le matériel mobile ou le véhicule ;

3° Le moteur.

Le problème à résoudre étant de transporter une certaine charge à une distance donnée, l'unité qui sert de base au prix de revient, est le produit de l'unité de poids par l'unité de distance, soit la *tonne-kilomètre* ou le *quintal-hectomètre*. Ce prix de revient est surtout influencé par les dépenses qui se renouvellent constamment : main d'œuvre, consommations diverses, charbon, huiles, graisses, etc. La question du moteur joue ici un rôle capital, notamment au point de vue de la substitution de la force mécanique à la force humaine. Mais les installations ne participent au prix de revient que par l'intérêt et l'amortissement des capitaux immobilisés, soit pour un chiffre d'autant plus faible que le transport est plus actif.

I. — MATÉRIEL FIXE OU VOIE.

404. *Perfectionnements successifs des voies de transport.* — Les perfectionnements successifs des voies ont eu pour but la réduction de leurs résistances, c'est-à-dire l'abaissement du rapport de l'effort à la charge. C'est ce que montre le tableau suivant :

	Rapport de l'effort à la charge.	Charge pour 1 d'effort.
Terrain naturel non battu :		
» argileux sec	0.250	4
» siliceux.	0.165	6
» battu (chemin vicinal)	0.040	25
Chaussée en cailloutis	0.125	8
» empierrée (entretien ordinaire). . .	0.080	12.5
» » (bien entretenue)	0.033	30
» pavée (voiture au pas).	0.030	33
» » (» au trot).	0.070	14
» à ornières dallées.	0.010	100
Chemin de fer à rails saillants (petite section) .	0.067	143
» à grande section (petite vitesse).	0.004	250
» » (voyageurs). .	0.077	130
» » (grande vitesse)	0.010	100
Canaux à grande section	0.001	1000

On voit que la vitesse joue un certain rôle dans la valeur de ce rapport. La résistance est en effet proportionnelle au carré de la vitesse; mais cet élément est peu à considérer dans les transports de mine.

405. Dans l'enfance de l'exploitation, on se servait des voies naturelles, les ouvriers *portaient* la matière exploitée, ce qu'attestent les hautes galeries étroites taillées à la pointerolle que l'on rencontre dans des mines très anciennes (Transylvanie). Les porteurs sont encore employés dans les ardoisières ardennaises et certaines mines de soufre (Sicile).

Dans les pays rigoureux, le transport sur les voies naturelles est facilité par la neige et la gelée qui permettent le trainage. Certains minerais de fer sont exploités de préférence en Russie pendant l'hiver, pour permettre leur transport par traineaux à de grandes distances. Le schlittage des bois dans les Vosges n'est autre chose qu'un trainage sur voies inclinées qui se fait dans la belle saison, sur des traverses posées sur le sol et espacées de telle sorte que les patins du traineau (*Schlitte*) en embrassent un nombre suffisant. Le traineau suit cette voie, livré à l'action de la pesanteur.

L'emploi de la roue substituant le frottement de roulement au frottement de glissement fut un progrès très marquant ; ce n'est cependant qu'au milieu du XVIIe siècle que l'emploi de la brouette se répandit dans les mines. Dans ce cas toutefois, la charge portait sur de très petites surfaces. Il fallait une voie dure, pavée ou dallée, pour empêcher le véhicule de s'enfoncer.

406. **Rails.** — Dans les mines, on a fait usage de rails en bois dès le moyen-âge, comme en témoigne le traité d'Agricola (*De re metallica*, 1657).

Les rails en bois sont encore en usage dans certains pays où le bois est bon marché (Styrie, Carinthie, Hongrie). Les rails en bois sont toutefois soumis à une grande usure et doivent être fréquemment renouvelés.

C'est pour cette raison que dès le commencement du XVIIIe siècle, on a recouvert, au Harz, les rails en bois de feuilles de tôle, ce qui peut être considéré comme une des premières applications des voies métalliques.

En 1733, on appliquait dans les mines en Angleterre les premiers rails métalliques qui étaient en fonte et en forme d'équerre (fig. 286). Ces rails étaient de faible longueur et se fixaient sur traverses au moyen de vis à tête noyée. Le roulement se faisait sur la partie plate du rail, au moyen de roues à biseau. On emploie encore quelquefois à la surface (par exemple à la Société Cockerill, à Seraing) des rails en fer d'angle, sur les petites voies sur lesquelles se font des transports à bras, pour donner une grande mobilité du véhicule. Les

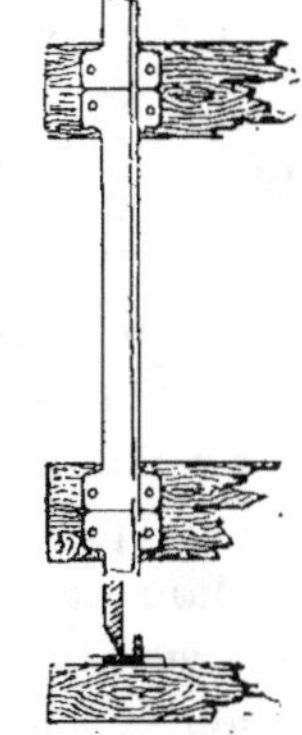

Fig. 286.

rails plats ont l'inconvénient de s'encrasser et de se creuser en ornières. Pour échapper à cet inconvénient on a eu recours aux rails saillants (inventés en 1810 en Angleterre).

Ces rails peuvent être de simples bandes de fer fixées de champ (fig. 287), système qui rend de grands services dans les installations provisoires, parce qu'il se prête à toutes les conditions locales par la facilité de donner à la voie la courbure voulue; mais cette voie manque de rigidité latérale, lorsque les supports ne sont pas assez rapprochés; elle s'use rapidement et creuse les roues des véhicules.

C'est pour remédier à ces inconvénients que l'on emploie le rail à bourrelet (fig. 288), qui est plus rigide et présente une plus large surface de roulement. On emploie aussi le rail à double bourrelet (fig. 289), dans le but de pouvoir le retourner; mais l'économie qui en résulte n'est pas bien importante, tout au moins dans les mines, et ce rail exige des attaches plus compliquées. Pour simplifier ces dernières, le système le plus simple est le rail Vignole ou à patte (fig. 290), très généralement employé aujourd'hui dans les mines.

Il existe d'autres rails de forme spéciale, peu en usage d'ailleurs; tels sont les rails à pont fixés sur longrines que l'on emploie quelquefois en Angleterre, notamment sur les voies de transports mécaniques (fig. 291).

Aujourd'hui les rails en fer disparaissent des mines, comme des voies ferrées en général, pour être remplacés par des rails d'acier dont la durée est au moins trois fois aussi grande et dont le prix n'est pas plus élevé.

Les supports ordinaires des rails métalliques sont des traverses en bois, en fer ou en acier.

407. **Traverses en bois.** — Les traverses en bois sont en pièces de chêne ou de sapin équarries, de 0^m.08 à 0^m.12 de côté.

Les rails en bandes de fer à simple bourrelet s'encastrent dans les traverses, au moyen d'un coin en bois chassé à l'extérieur de la voie, pour ne pas être rencontré par le bourrelet de la roue, et dans le sens du roulement à charge (fig. 287). L'entaille déforce toutefois la traverse, surtout lorsqu'un talon empêche le soulèvement du rail (fig. 288).

Pour les rails à double bourrelet, il est indispensable d'employer des coussinets épousant la forme inférieure du rail qui s'y fixe au moyen d'un coin, enfoncé comme ci-dessus contre l'âme du rail (fig. 289).

Le rail Vignole, au contraire, se pose directement sur la traverse et s'y fixe par deux crampons (fig. 290) ou deux tire-

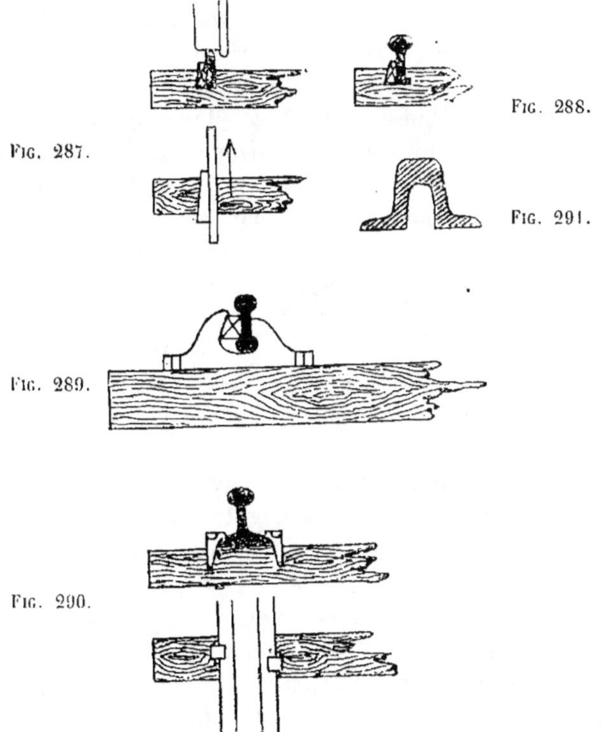

Fig. 287.

Fig. 288.

Fig. 291.

Fig. 289.

Fig. 290.

fonds que l'on a soin de ne pas placer en regard l'un de l'autre, pour de ne pas déforcer les mêmes fibres du bois.

Les traverses en bois s'usent rapidement surtout sous les pieds des chevaux; elles sont altérables et sujettes par suite à des renouvellements fréquents, c'est pourquoi l'on y substitue fréquemment des traverses métalliques en fer ou acier.

408. _Traverses métalliques_. — Les premières traverses métalliques de mines ont été posées à Mariemont en 1860. Ce système a été très lent à se répandre, à cause de la difficulté de trouver un mode d'attache convenable.

Dès 1862, on essayait aux charbonnages d'Ougrée une traverse composée d'un fer plat avec coussinet en fonte coulé sur la traverse, dans une région percée de trous qui retenaient le coussinet. G. Arnould imagina ensuite de substituer, aux coussinets en fonte, des coussinets formés d'un fer plat refoulé sur lui-même et rivé sur la traverse.

De là à former ce coussinet, en refoulant directement la traverse sur elle-même à ses deux extrémités, il n'y avait qu'un pas; ce pas fut franchi par Achille Legrand qui inventa l'une des traverses métalliques de mine les plus employées (fig. 292). Le fer dont elle est composée, à la forme d'un ⊓ qui lui donne la rigidité nécessaire. On peut donner au coussinet une forme quelconque, propre même à supporter un rail Vignole. On a

Fig. 292.

même fabriqué pour cet usage des rails Vignole spéciaux à patte épaisse. La traverse A. Legrand présente l'avantage d'être simple et légère; mais une détérioration à l'un des coussinets entraîne la mise hors de service de toute la traverse.

On a construit de nombreuses traverses en fer ⊓ dont les extrémités formant rebord sont relevées d'équerre.

Le rail y est fixé par l'intermédiaire d'un coin ou directement entre ce rebord et une patte rivée. A. Legrand a appliqué ce système de pattes rivées, à la fixation de rails Vignole sur traverses droites en fer ⊓ qui portent alternativement ces pattes à l'extérieur et à l'intérieur de la voie (fig. 293).

Il en résulte une grande rapidité d'installation. Les traverses de rang impair dont les pattes sont extérieures se posent définitivement, en même temps que les rails. Les autres à pattes intérieures sont simplement glissées obliquement sous les rails. Il suffit de les redresser perpendiculairement à ces derniers par quelques coups de marteau pour donner à la voie toute la rigidité et la solidité désirables, car les rails sont saisis alternativement à l'extérieur et à l'intérieur de la voie par les traverses de rang pair et impair. Ce système se prête à la construction de chemins de fer portatifs dans le genre des voies Decauville et autres.

Les deux systèmes de traverses Legrand sont les plus répandus dans les mines belges. En Angleterre et en Allemagne, on rencontre un grand nombre d'autres systèmes qui présentent souvent des modes d'attache assez compliqués.

409. Voies. — Les voies de mine sont formées de rails éclissés ou non. Dans ce dernier cas, on réunit simplement les extrémités des deux rails sur une même traverse. L'inconvénient est que les rails venant à fléchir, leurs abouts se relèvent et donnent lieu à un ressaut qui occasionne des chocs pendant le transport.

Pour les voies qui doivent durer longtemps ou qui doivent supporter un roulage très actif, il est nécessaire

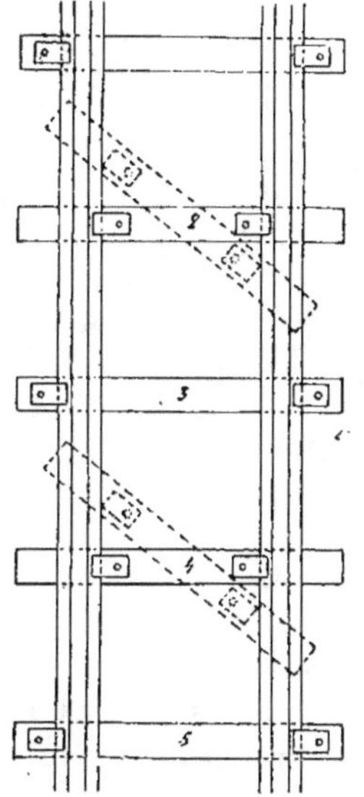

Fig. 293.

d'éclisser; on ménage dans ce cas, entre les abouts, un petit espace pour permettre la dilatation ; cet espace est moindre dans la mine qu'à la surface, parce que la température y est plus égale.

Le milieu des voies parcourues par les chevaux doit être bien damé, surchargé de cendres ou même garni d'un pavage en briques ou en bois, comme on l'a fait avec succès, en Allemagne, en utilisant de vieux bois de mine.

L'écartement des traverses dépend de la rigidité du rail. Il est de 0^m.60 à 1 m. suivant le plus ou moins de résistance du profil, c'est-à-dire suivant le poids du rail par mètre courant.

La section de la voie dépend de la largeur du véhicule ou réciproquement. Les voies de mine ont une section variant de 0^m.50 à 0^m.70.

Le poids des rails doit être en rapport avec le poids du véhicule et avec sa charge. Il varie de 6 à 10 kg. par m. courant. Les profils trop faibles ne sont pas économiques, parce qu'ils exigent un trop grand nombre de traverses.

26

Le problème de la voie est d'ailleurs absolument différent de ce qu'il est dans les chemins de fer à grande section, car les conditions de sécurité et de vitesse y sont autres.

410. Le prix de revient d'une voie dépend du prix des matériaux. Il se chiffre comme suit par m. courant, dans le bassin de Liége, pour des rails de 8 kg par m. :

16 kg. rails Vignole à fr. 13.50 % kg. . . . . fr.	2.16
1 1/4 traverse en bois à fr. 0.60. . . . . . . »	0.75
Crampons 2/3 kg. à fr. 0.40 . . . . »	0.26
Éclisses 1 6 kg. » . . . . »	0.06
Pose . . . . »	0.15

Fr. 3.36

411. *Évitements, branchements, croisements.* — Lorsque le transport est très actif, on établit une double voie sur tout le parcours, sinon il faut des évitements pour permettre le croisement. L'évitement se fait parfois par simple renversement du wagon vide sur des fascines, pour laisser passer le wagon plein; mais ce système est naturellement nuisible à la conservation du matériel. Quand le transport se fait par traîneurs, on place à l'évitement une taque de fonte munie de saillies directrices et assez large pour porter les deux wagonnets de front. Ce système ne peut convenir, quand le transport se fait par chevaux, parce qu'il faut les diriger et que leurs pieds glissent sur la fonte. Dans ce dernier cas, on dédouble la voie et, aux extrémités de la bifurcation, on établit des aiguilles mobiles semblables à celles des branchements.

Pour ces derniers, on peut à vrai dire aussi se passer d'aiguilles quand le roulage se fait par traîneurs, et se servir de plaques de fonte à saillies directrices (fig. 294). Ces saillies font suite aux rails et l'on peut même les employer avec chevaux, lorsqu'il ne peut y avoir aucun doute sur la voie à suivre, comme c'est le cas dans les croisements.

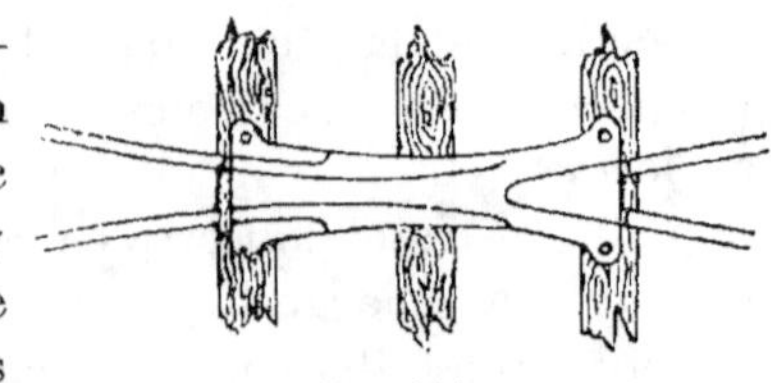

Fig. 294.

Les aiguilles sont *fixes* ou *mobiles*. Les aiguilles *fixes* font suite aux rails, en laissant passage au bourrelet de la roue (fig. 295). On place en regard des *contre-guides*, pour éviter les déraillements. Les aiguilles fixes ne s'emploient guère que sur les voies parcourues par des traîneurs et non par des chevaux, parce que les wagonnets doivent être guidés pour les franchir dans la direction voulue.

Les aiguilles *mobiles* sont à *la main* ou *automatiques*. Pour les premières, le conducteur marchant en avant du train, fait l'aiguillage sans arrêt. Les secondes sont à contrepoids (fig. 296) et disposées de telle sorte que la voie soit toujours ouverte dans le sens où elles sont prises en pointe. Lorsqu'elles sont prises en sens contraire, le bourrelet des

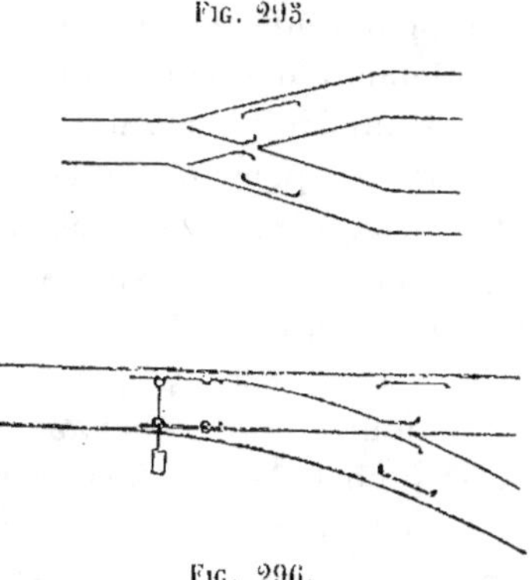

Fig. 295.

Fig. 296.

roues les écarte, de manière à ouvrir la voie. Après le passage du véhicule ou du train, un contrepoids les ramène dans la première position; mais ce système n'est applicable que dans des transports suivant invariablement la même voie, par exemple dans les évitements.

Les signaux à distance sont rarement employés dans les mines, à moins de transports très actifs qui pourraient faire craindre des rencontres, par exemple à la bifurcation d'une voie latérale sur une voie principale (Lens).

On emploie quelquefois dans les mines de petites plaques tournantes sur pivot, très légères, pour les changements de voie. Mais ce système doit être évité autant que possible, à cause de l'encrassement du pivot.

Les transbordeurs qui font passer les véhicules d'une voie sur une voie parallèle, ne s'emploient qu'exceptionnellement sur les grandes voies de surface, par exemple dans les scieries mécaniques, pour présenter les blocs à l'armure qui doit les débiter en tranches, ou dans les triages, quand tous les wagons arrivent et partent par une voie unique, tandis que le chargement des différentes catégories de charbons se fait sur des voies

— 404 —

latérales et parallèles. Les transbordeurs permettent dans ce
cas d'économiser l'espace et d'accélérer les manœuvres ([1]).

412. *Inclinaison des voies*. — Les voies dites horizontales ou de niveau présentent toujours une certaine inclinaison,
ne fût-ce que pour l'écoulement des eaux. En leur donnant une
pente dans le sens des transports à charge, ceux-ci sont aidés
par la pesanteur et il en résulte une économie de force motrice.

On peut généralement concilier cette condition avec celle de
l'écoulement des eaux; mais si cette conciliation était impossible, il faudrait sacrifier les conditions favorables au transport
à celles indispensables à l'écoulement.

La résistance à la traction se décompose en un frottement
de glissement sur l'essieu et en un frottement de roulement sur
la jante de la roue. Elle comprend aussi la résistance de l'air ;
cette dernière est négligeable, tout au moins dans les transports
par hommes ou par chevaux, à cause de leur faible vitesse.

Le rapport F de l'effort parallèle à la voie, à la charge normale
à la surface de roulement, peut être considéré comme un
coefficient spécial de résistance à la traction, résumant la
somme des frottements de glissement et de roulement. On a
trouvé par expérience que F est voisin de 0^m01 ([2]) sur une voie
de mine ordinaire.

Au point de vue de la détermination de la pente la plus convenable, il y a deux cas à considérer.

413. *Roulage spontané*. — Dans le premier, *le wagonnet
descend la pente sous la seule action de la pesanteur*. C'est ce
que M. Haton de la Goupillière appelle le *roulage spontané*.
Tout l'effort, dans ce cas, est employé à faire remonter le
wagonnet suivant la pente. C'est le cas du transport par traîneurs : l'homme ne travaille qu'à la remonte, à la descente il
suit le wagon. Cette pente n'est pas convenable au roulage par
chevaux, car ceux-ci ne sentant pas de résistance à la descente
cesseraient de tirer.

([1]) Voir *Revue Universelle des mines*, 3e série, t. XXIII, 1893, l'application de ce système au triage de Monceau-Fontaine.

([2]) A. EVRARD *Revue universelle des mines*, 2e série, t. VI.

Soit α l'angle de pente, P le poids mort, P' la charge utile.
L'effort à produire à la descente est :

$$F (P + P') \cos \alpha - (P + P') \sin \alpha.$$

L'effort à la remonte est :

$$FP \cos \alpha + P \sin \alpha.$$

Si l'on pose l'effort à la descente $= 0$, on trouve $\operatorname{tg} \alpha = F$
$= 0.01$.

Une pente de $1\,\%$ convient en général pour établir le roulage spontané.

α est assez petit pour permettre de poser approximativement :

$$\cos \alpha = 1 \text{ et } \sin \alpha = \operatorname{tg} \alpha = F.$$

L'effort à la remonte devient alors approximativement $2\,FP$.

414. **Roulage égalisé.** — Dans le second cas, *l'effort à la descente est égal à l'effort à la remonte.* C'est ce que M. Haton de la Goupillière appelle le *roulage égalisé.* C'est celui qui donne la pente la plus convenable pour le traînage par chevaux.

On a dans ce cas :

$$F (P + P') \cos \alpha - (P + P') \sin \alpha = FP \cos \alpha + P \sin \alpha$$

d'où :
$$\operatorname{tg} \alpha = F \frac{P}{2\,P + P'}.$$

On voit que la pente dépend du rapport du poids mort P à la charge utile P'.

En posant $P = 0.5\,P'$, condition qui, comme nous le verrons, est souvent réalisée, on a :

$$\operatorname{tg} \alpha = \frac{F}{2} = 0.005.$$

Dans ce cas, on aura approximativement, pour la valeur de l'effort :

$$\frac{3}{2}\,FP.$$

L'effort est donc inférieur à $25\,\%$ à ce qu'il serait dans le cas du roulage spontané ; mais il est continu.

4i5. *Pentes obligées.* — Indépendamment des voies dites de niveau, il existe dans les mines des *pentes obligées* qui doivent être descendues ou remontées à charge. Ce sont ces voies que l'on désigne plus particulièrement sous le nom de *plans inclinés.* Lorsqu'ils servent à la descente des produits, la pesanteur est utilisée comme force motrice et le plan incliné peut être *automoteur.* Le transport devient dans ce cas un véritable transport mécanique utilisant une force inanimée. Nous nous en occuperons en traitant de ces transports.

Si la pente est suffisante et si l'on ne craint pas de détériorer la matière utile, on peut la faire descendre par son poids, en la faisant glisser dans un couloir à partir de 20 % ou dans une cheminée.

Si la descente est verticale, on peut aussi utiliser la pesanteur au moyen d'une balance sèche.

Lorsque les plans inclinés servent à la remonte des produits, on arrive rapidement à la limite de pente où l'on peut utiliser les traîneurs. Les chevaux peuvent être employés jusque 10 à 12 % ; mais quand la rampe est forte, il faut les faire agir, par l'intermédiaire d'un câble et d'une poulie, en descendant ou sur une voie de niveau.

En faisant descendre le cheval, on utilise son poids ; mais la pente doit être relativement faible. Dès qu'elle présente une certaine importance, on résout plus économiquement le problème au moyen d'un manège ou d'une machine fixe, à condition toutefois que le trafic soit assez considérable. Ce cas rentre alors dans la catégorie des transports mécaniques ou même de l'extraction.

4i6. *Voies navigables.* — Il existe exceptionnellement des exemples de voies navigables établies dans les mines. Aux mines de Worsley en Angleterre, il existait il y a plus d'un siècle, trois étages de canaux dont l'intermédiaire correspondait au niveau du canal de Manchester à Liverpool.

Au Harz, la navigation souterraine a pendant longtemps été utilisée de même au niveau de la galerie d'écoulement Ernest Auguste. Les transports de minerai se faisaient au moyen de caisses spéciales de 1 m³, chargées sur bateau. Chaque bateau recevait 4 caisses que l'on amenait par trains de 8 bateaux sous un puits d'extraction ; on enlevait les caisses au jour, en les attachant au câble. Le halage se faisait à bras sur un câble fixé au toit de la galerie.

Une navigation souterraine analogue existait, il y a peu de temps encore, au charbonnage d'Orbo (Palencia), en Espagne.

II. — MATÉRIEL MOBILE OU VÉHICULE.

417. Le véhicule le plus simple est le *traîneau* ou *bac* qui joue un certain rôle en Belgique dans l'exploitation de la houille ; c'est une caisse en bois montée sur patins, d'une contenance de 60 à 120 kg. Bien que le poids mort soit très faible, la résistance à la traction est assez grande ; ce système n'est d'ailleurs appliqué que pour faire le boutage à la descente sur le mur de couches présentant des inclinaisons de 8 à 20 %. A Bessèges, on emploie de même des paniers en bois de chataigner, montés sur patins. Le poids mort descend ainsi à $^1/_{10}$, soit à 30 kg. pour 300 kg. de charge.

Quand la surface est rugueuse ou l'inclinaison trop faible, on garnit de tôles le mur de la couche.

La plupart des véhicules de mines sont montés sur roues, d'où le nom de *matériel roulant* que l'on donne généralement aux véhicules de transport.

Pour rouler sur le sol naturel ou sur un plancher, on emploie la brouette à une ou deux roues.

Avec la brouette à une roue, le poids de la charge pèse sur les bras du conducteur, tandis qu'avec la brouette à deux roues, le centre de gravité de la charge se trouve au-dessus de l'essieu et la fatigue de l'homme est beaucoup moindre.

418. **Wagonnets.** — Les *wagonnets* sont montés sur quatre roues. D'après Agricola, on employait déjà au moyen-âge, dans les mines métalliques d'Allemagne, des wagonnets longs et étroits de faible capacité, où les deux roues d'avant avaient un diamètre moindre que les roues d'arrière. L'ouvrier conduisait ce wagonnet, en pesant sur l'arrière, de manière à relever les roues antérieures pour le passage des courbes. Les rails étaient en bois ; sur le devant du wagon un galet à axe

vertical servait de guide entre les deux rails qui étaient très rapprochés ([1]).

Les wagonnets modernes sont à quatre roues égales. Nous les étudierons à trois points de vue différents : la matière, la forme et la capacité.

419. *Matière des wagonnets.* — Les wagonnets de mine sont en bois, en tôle de fer ou d'acier, quelquefois en bois et fer.

Le bois a l'avantage du faible poids mort, mais ce dernier est variable avec l'humidité dont le bois est imprégné. Le poids mort d'un wagonnet en bois peut descendre à 36 % de la charge. Le bois à l'avantage de rendre les réparations faciles ; c'est pourquoi l'on préfère souvent les wagonnets en bois à tout autre système, dans les mines où les véhicules sont exposés à de fréquentes détériorations, par exemple par suite d'un grand nombre de plans automoteurs.

Pour consolider les wagonnets en bois, on applique des ferrures aux bords de la caisse et aux arêtes les plus exposées.

Les wagonnets en bois sont moins coûteux, mais aussi moins durables que les wagonnets métalliques.

La tôle se prête aux formes les plus contournées. L'épaisseur des parois étant moindre, la capacité intérieure du wagonnet est plus grande, pour une même capacité extérieure ; mais les wagonnets en tôles ont un poids mort supérieur et les réparations sont plus coûteuses. Dans les grandes exploitations, on construit les wagonnets au moyen de pièces interchangeables, pour faciliter les réparations.

Le poids mort des wagonnets en tôle de fer est en général de près de 50 %. On peut diminuer ce poids, en employant la tôle d'acier. En employant également l'acier pour les essieux et les roues (ou la fonte malléable pour ces dernières), on peut réduire le poids mort à celui d'un wagonnet en bois et même en dessous

---

([1]) On donne en Allemagne à ces wagonnets le nom de *Hunt* (du slovaque *hyntow*, voiture), dont on a fait *Hund* en allemand et *Chien de mine* en français. O. HOPPE. *Die Bergwerke, Aufbereitungs-Anstalten und Hütten im Ober-und Unter- Harz.* Clausthal, 1883.

(32 °/₀ à Courrière) ; mais il y a un certain danger à trop réduire le poids mort, parce qu'il peut en résulter un accroissement de frais d'entretien. En Westphalie, on ne descend guère en conséquence en dessous de 60 °/₀.

On emploie quelquefois la tôle zinguée, dans le but d'augmenter la durée des wagonnets.

420. *Forme des wagonnets.*—La matière a naturellement une influence prépondérante sur la forme du wagonnet. Quelle que soit la matière, la forme du wagonnet doit satisfaire à la condition que *la projection horizontale de la caisse recouvre les roues.*

C'est ce qu'on réalise dans les wagonnets en bois, en donnant à la section transversale de la caisse la forme d'un trapèze dont la largeur est déterminée par celle de la galerie, tandis que la longueur dépend des dimensions de la cage d'extraction (fig. 297).

Dans le Pas-de-Calais, on ne donne la forme trapézoïdale qu'à la partie inférieure de la caisse (fig. 298) ; les parois sont droites à la partie supérieure, ce qui augmente la capacité intérieure.

On peut aussi surélever la caisse sur des longerons assez hauts pour placer les roues par dessous (fig. 299).

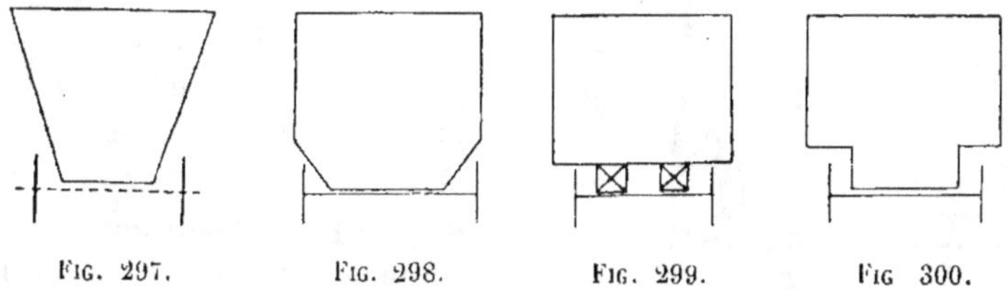

Fig. 297.   Fig. 298.   Fig. 299.   Fig. 300.

Ces longerons prolongés forment butoirs de choc. Cette disposition ne peut être employée dans les mines ou les voies présentent des courbes nombreuses, parce que les butoirs s'usent très inégalement.

Cette construction l'emporte par sa solidité; mais elle a l'inconvénient de surélever le centre de gravité du wagonnet, à moins toutefois d'employer des roues de trop petit diamètre.

La fig. 301 représente un wagon de ce genre à caisse rectangulaire du bassin de Saarbruck ; on remarquera sa grande longueur qui facilite, en cas de déraillement, sa remise sur rails. La grande longueur des wagons allemands dérive sans doute de la forme ancienne (cf. n° 418).

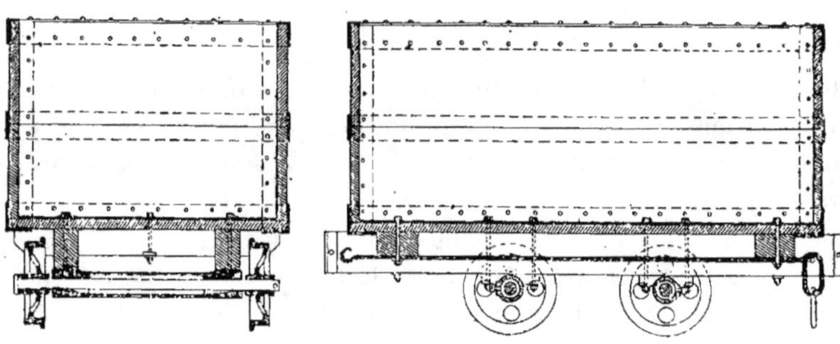

Fig. 301.

Dans le nord de l'Espagne, on emploie de même des wagons en bois, à caisse surélevée de section trapézoïdale, afin de mieux épouser la forme des galeries (fig. 302). Ce wagon est porté sur un train formé de doubles longerons qui surélèvent encore plus son centre de gravité.

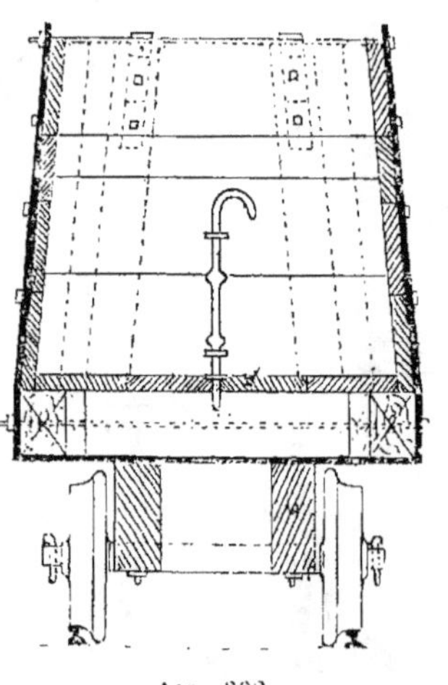

Fig. 302.

On a aussi construit des wagonnets en bois dont le fond présente des angles rentrants (fig. 300), de manière à loger les roues sous la caisse, sans surélever celle-ci ; mais ce genre de construction n'est pas à conseiller, parce que les angles rentrants produisent des arêtes saillantes exposées à l'usure et que le fond de la caisse présente des parties étroites qui restent pleines de menus humides.

La tôle se prête à des formes courbes dont le type le plus accentué se rencontre dans l'ancienne *berlaine* (*berline*) liégeoise (fig. 303).

La berlaine primitive servait à l'extraction, en même temps qu'au transport. On l'accrochait simplement au câble ; de là les parois bombées dans le but de supporter les chocs contre les filières dont étaient garnis les compartiments d'extraction (Cf. n° 233). Aujourd'hui que l'extraction se fait au moyen de cages, les parois de la berlaine sont verticales. La berlaine a l'avantage d'une grande capacité pour peu de hauteur ; elle est par suite très stable, mais elle présente l'inconvénient

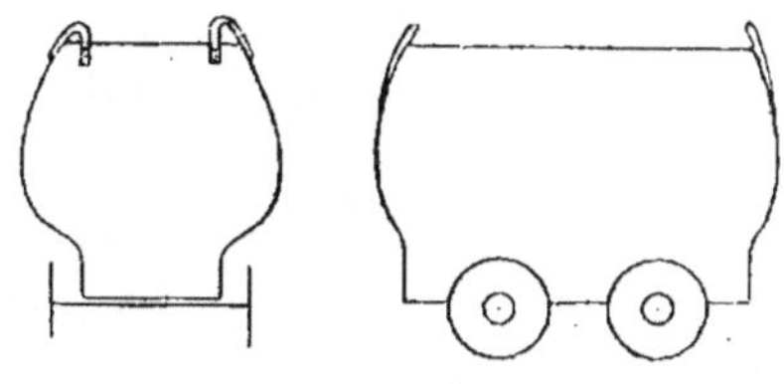

FIG. 303.

d'une usure rapide des parties qui font saillie dans la caisse et reçoivent des chocs inévitables pendant le chargement. Le fond de la berlaine est étroit et se vide incomplètement, si le charbon est menu et humide. Enfin l'attache de l'essieu, fer contre fer, est sujette à une usure qui donne lieu à une filtration de menu charbon le long de la voie. Une traverse en bois fixée à une certaine hauteur au devant de la caisse peut servir de butoir. La fig. 3o4 représente le wagonnet en acier à pièces interchangeables des Charbonnages du Centre de Gilly ([1]).

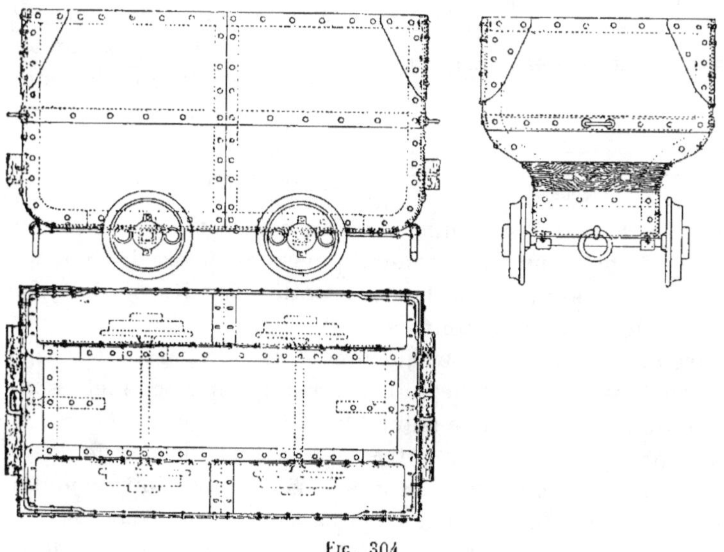

FIG. 304.

([1]) *Revue Universelle des Mines*, 3e série, t. XVII.

Pour remédier à ces inconvénients, on emploie, à la Société Cockerill et dans plusieurs charbonnages du bassin, des wagonnets en tôle dont la caisse est cylindrique à la partie inférieure et repose sur deux longerons en bois reliés par des traverses au-dessus des essieux (fig. 3o5). Cette construction supprime les inconvénients signalés, mais surélève le centre de gravité, de manière à nuire à la stabilité, quand la voie n'est pas suffisamment large.

En dehors des types décrits, on rencontre parfois des wagonnets de forme peu rationnelle, tels sont ceux usités souvent dans le centre de la France, en forme de cylindre elliptique, imitation sans doute de la tonne d'extraction montée sur roues. Cette forme ne présente aucun avantage.

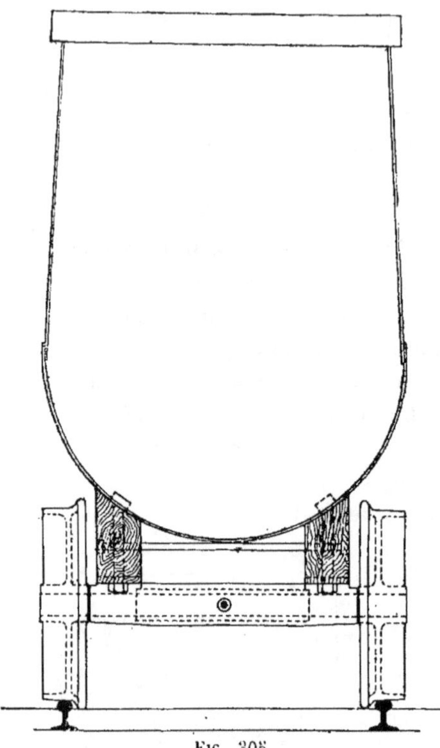

Fig. 305.

421. *Capacité des wagonnets.* — La capacité des wagonnets doit être telle qu'un seul homme puisse remettre le véhicule sur la voie en cas de déraillement. Cette capacité ne doit pas pour cela dépasser 5 hectolitres.

Autrefois on employait fréquemment dans le bassin de Liége des berlaines de 6 à 8 hectolitres, mais ces wagonnets sont trop volumineux pour être maniables.

La capacité dépend en outre de l'inclinaison et de l'état d'entretien de la voie. Dans les mines où l'homme doit remonter les wagons vides sur de fortes inclinaisons, on ne peut souvent dépasser 3 hectolitres. La capacité peut aussi dépendre de la section des galeries.

422. *Roues et essieux.* — On employait autrefois des roues à gorge, mais ce système avait l'inconvénient d'occasionner de grands frottements, surtout dans les courbes. C'est pourquoi l'on a adopté d'une manière générale les roues à bourrelet et à jante conique. Ces roues sont en fonte, fer, acier ou fonte malléable.

Les premières sont pleines ou pourvues d'évidements, dans le but de leur donner de la légèreté. Elles présentent souvent des rayons venus de fonte, auxquels on donne une forme courbe pour permettre la dilatation.

Les roues en acier ou en fonte malléable ont les mêmes formes, mais sont plus légères.

Les essieux sont en fer ou en acier. Les roues peuvent tourner librement sur des essieux fixes (roues *folles*) ou être *calées* sur des essieux tournants.

Lorsque les voies de mines présentent des courbes de faible rayon, il est nécessaire de recourir au premier système, parce que les deux roues d'un même essieu peuvent prendre des vitesses différentes ; or dans les courbes, la roue extérieure doit recevoir une plus grande vitesse que la roue intérieure, pour qu'il n'y ait pas glissement ou patinage.

Lorsque les deux roues sont calées, le patinage de la roue extérieure peut être partiellement évité par la conicité de la jante qui fait porter cette roue sur une plus grande circonférence que la roue intérieure. C'est ce déplacement latéral des roues qui se traduit par le mouvement de lacet qu'on éprouve en wagon de chemin de fer. Pour remédier à l'inconvénient du patinage sur les voies à courbes de petit rayon, on cale quelquefois l'une des deux roues, en laissant l'autre roue folle. Seulement dans ce cas, l'usure au contact de l'essieu est plus grande, puisque l'essieu tourne en même temps que la roue. C'est cependant la solution qui prévaut aujourd'hui.

L'avantage des roues calées est une plus grande stabilité du véhicule et l'on préfère ce système chaque fois que les courbes sont peu importantes ou peu fréquentes. Les roues sont calées ordinairement au moyen d'une clavette, mais ce système a l'inconvénient de déforcer l'essieu. Il est préférable de faire le calage à la presse hydraulique dont on se sert aussi pour le décalage. Le piston de la presse exerce une pression sur la roue pour la caler sur l'essieu, ou sur l'essieu pour décaler la roue.

L'écartement des essieux d'un wagonnet de mine doit être aussi faible que possible, afin d'éviter les frottements sur les bourrelets ; mais un écartement trop faible présente l'inconvénient de nuire à la stabilité.

423. **Diamètre des essieux.** — Le diamètre des essieux dépend de leur charge et de leur longueur. Pour les essieux en fer, on donne la formule :

$$D^3 = \frac{pc}{700000}$$

p charge par essieu,

c longueur du bras de levier compté du milieu de l'essieu à l'axe de la fusée.

Les essieux en acier peuvent être plus légers que ne l'indique cette formule. En général $D = 0^m.03$ à $0^m.04$.

Dans le but d'augmenter la légèreté des essieux, on en a fait en tubes d'acier.

424. **Diamètre des roues.** — Il y a avantage à donner aux roues d'aussi grands diamètres que possible, à condition de ne pas nuire à la stabilité par surélévation du centre de gravité.

En effet, soit (fig. 306) x l'effort de traction transporté à la circonférence de la roue et soit R le rayon de celle-ci. Le travail moteur pour un tour, $2 \pi R x$, doit être égal au travail des résistances. Soit p le poids de la caisse du véhicule et p' le poids du train de roues, f et f' les coefficients de frottement de glissement et de roulement, on aura :

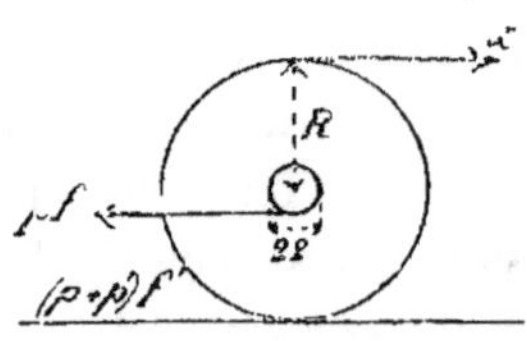

Fig. 306.

$$2 \pi R x = pf \, 2 \pi r + (p + p') f' \, 2 \pi R.$$

f' est égal à 0.001 ; on peut en conséquence négliger le dernier terme et écrire approximativement :

$$x = pf \frac{r}{R}.$$

On voit donc que l'effort de traction est en raison inverse du rayon des roues.

On prend généralement le rapport $\dfrac{r}{R} = \dfrac{1}{10}$. Le diamètre des roues de wagonnets varie donc de $0^m.30$ à $0^m.40$; si l'on descend en dessous du premier chiffre, ce ne doit être qu'en raison de la hauteur des galeries, car on se place dans de mauvaises conditions au point de vue de l'effort de traction.

L'effort que nous venons de considérer, est l'effort en pleine marche, qui est moindre que l'effort au démarrage. Pour diminuer ce dernier, on a fait des attelages à ressort spiral (wagonnet du Hasard) (fig. 307). On peut ainsi faire trainer un plus grand nombre de wagonnets par un seul cheval, mais on augmente beaucoup le poids mort.

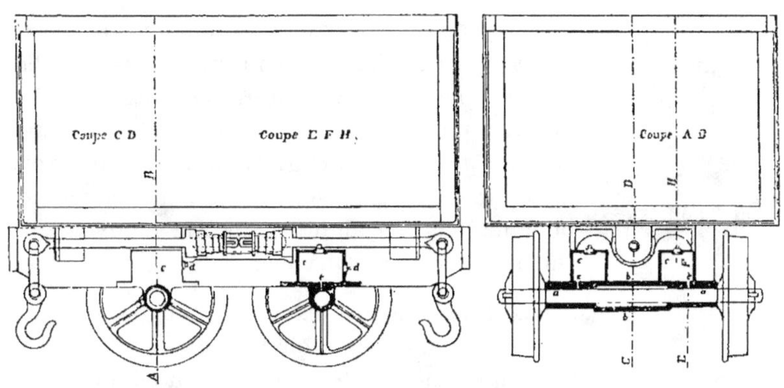

Fig. 307.

425. Graissage. — Le graissage est intermittent ou continu. Dans le premier cas, on graisse les surfaces en contact à chaque voyage, en versant de l'huile ou en introduisant de la graisse entre les surfaces frottantes. Il faut pour cela renverser le wagon sur le flanc; on profite souvent du moment où le wagon se trouve sur un culbuteur à mouvement latéral. Les systèmes intermittents sont coûteux comme main-d'œuvre et occasionnent une grande consommation de matière lubrifiante. C'est pourquoi on leur préfère les systèmes continus.

Ceux-ci sont extrêmement nombreux. Ils diffèrent essentiellement suivant que les roues sont folles ou calées. Quand les roues sont toutes deux folles sur un essieu de section pleine, on ne peut guère appliquer que le système connu sous le nom de graissage *patent* (fig. 3o8). Une boîte à graisse pratiquée dans

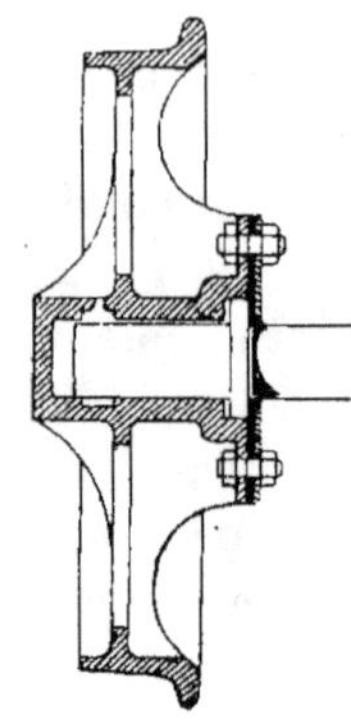

FIG. 3o8.

l'épaisseur du moyeu de la roue (ou quelquefois entre deux rayons de celle-ci) amène le lubrifiant au contact de la fusée de l'essieu ; la graisse s'introduit par un petit canal fermé par une vis ; elle est retenue par un disque de cuir fixé par une plaque métallique et des boulons et formant bourrage derrière la roue.

La fermeture à vis souffre par les chocs ; c'est pourquoi l'on remplace parfois celle-ci par un couvercle vissé (Anzin) ou boulonné (Mariemont) antérieurement sur le moyeu de la roue.

L'emploi des essieux creux fournit une autre solution du graissage des roues folles, car la graisse peut être introduite à l'intérieur de l'essieu pour se répandre par un canal au contact de la fusée (fig. 3o9). Pour modérer la sortie de la graisse, ce canal est en partie bouché par une aiguille dont le mouvement est libre (système Olivier).

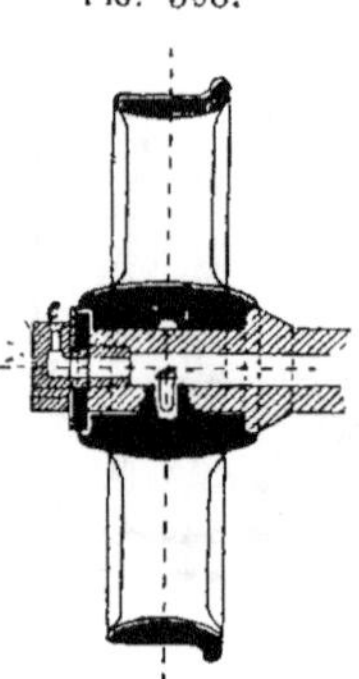

FIG. 3o9.

426. Pour graisser les essieux tournants avec roues calées, on emploie des boîtes à graisse fixes qui amènent le lubrifiant au contact des crapaudines. Sur les grands chemins de fer, les boîtes à graisse sont fixées à l'avant des roues, mais ce système présente trop de saillie pour la plupart des wagonnets de mine.

Le système le plus employé dans les mines est le *canon graisseur* dont les extrémités formant crapaudine, enveloppent l'essieu. Le canon contient une certaine quantité de graisse introduite par un canal fermé par une vis (fig. 3o1 et 3o5).

Pour maintenir la graisse et racheter l'usure, on termine quelquefois le canon par des buselures excentriques en bronze dont la plus grande épaisseur est au-dessus (fig. 31o). Ailleurs (Batterie), on a placé aux extrémités du canon des boîtes à bourrage pour diminuer la perte de lubrifiant ; ce dernier est alors entraîné dans une rainure hélicoïdale ; mais cette adjonction ôte au système son caractère de simplicité.

Au charbonnage du Hasard on a pour la même raison remplacé le canon par une boîte parallèle à l'essieu servant d'assise à la caisse et amenant le lubrifiant au contact de la crapaudine par des conduits capillaires (système Léonard, fig. 310). Ce système diminue la consommation de graisse, mais a l'inconvénient de surélever beaucoup le centre de gravité du wagon.

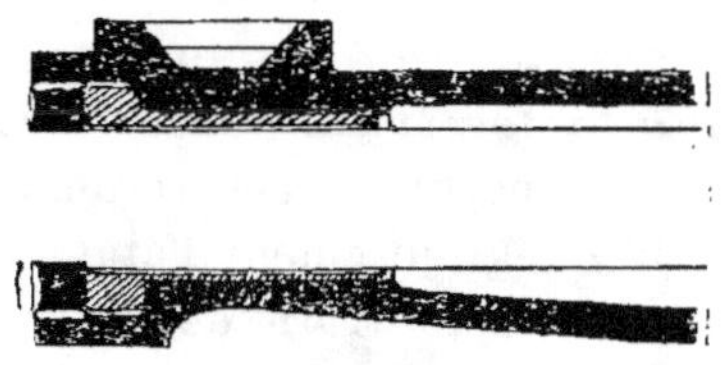

Fig. 310.

Le système du canon graisseur se prête à l'emploi d'une roue calée et d'une roue folle.

Quand on a un grand nombre de wagonnets à graisser au même point, comme par exemple à l'extrémité d'une voie de transport mécanique, on peut y installer un système de graissage automatique.

Une pression d'air comprimé admise à la surface d'un réservoir d'huile amène cette dernière par un tuyau et un ajutage à l'intérieur du canon graisseur. Il suffit de tourner un robinet pour fournir à chaque essieu la dose de lubrifiant qui lui est nécessaire.

427. Un bon système de graissage continu doit permettre au wagonnet de fournir le parcours le plus long possible.

Avec des canons graisseurs contenant ol.9 de graisse de bonne qualité, les wagonnets roulent près de deux mois sans renouvellement.

Le lubrifiant est consistant ou liquide ; les produits dérivés des pétroles jouent aujourd'hui un rôle prépondérant parmi ces matières ; mais les falsifications sont nombreuses et, dans les grandes exploitations, il est bon de faire usage de machines à essayer les huiles, pour juger de la qualité des produits. Ces machines sont basées sur l'entraînement d'un plateau par un autre en contact. Le lubrifiant se place entre deux et l'on juge de sa qualité par le degré d'entraînement. Une lame de ressort et un crayon permettent de prendre des diagrammes.

27

On a cherché à supprimer le graissage, en faisant rouler la roue sur l'essieu au moyen de billes ou de galets; mais cette innovation ne s'est guère répandue.

428. *Résumé des circonstances qui influent sur l'économie des transports.* — Ces circonstances sont :

1° La nature et l'entretien de la voie. A Lens et à Anzin, on vérifie régulièrement l'état des voies, en intercalant entre le moteur et le train de wagonnets un chariot dynamomètre. L'effort de traction se communique à un ressort et un crayon trace un diagramme dont le déroulement est commandé par un des essieux du truc, de manière à donner comme abcisses les chemins parcourus; il est donc toujours possible de retrouver les points où s'est produit un effort anormal.

2° L'inclinaison de la voie, qui doit être conforme aux règles exposées et qui doit de plus être régulière. Car s'il y a irrégularité, le moteur devra être capable de l'effort maximum et pendant une partie du temps, il travaillera dans de mauvaises conditions.

3° La section des galeries, qui a une influence sur la capacité des wagons et sur la nature du moteur. Une section suffisante étant de plus une des conditions les plus importantes d'un bon aérage, il en résulte qu'au moins dans les mines à grisou, la section des galeries est souvent plus favorable au transport que dans d'autres mines.

4° Le rapport du poids mort à la charge, qui doit être aussi réduit que possible. Nous avons vu qu'avec des wagons en bois ou en acier, on peut descendre à 36 % et même en dessous, mais que les conditions de résistance du véhicule obligent souvent à augmenter ce chiffre.

5° Le rapport du rayon de l'essieu au rayon de la roue, qui ne doit pas être en dessous de $1/10$.

6° Le graissage, qui influe sur la résistance.

7° Enfin la longueur du parcours, qui décide en général du choix du moteur. Ce dernier doit, en effet, effectuer son travail maximum pour être économique. C'est ainsi que toutes choses égales, on peut admettre que l'homme convient pour des parcours de moins de 3oo m.; le cheval de 3oo à 1ooo m. et les machines au delà de 1ooo m.

III. — MOTEUR.

429. *Moteurs animés*. — Les moteurs employés au transport sont *animés* ou *inanimés*.

Les premiers sont en général l'homme ou le cheval.

L'*homme* est employé comme *porteur* ou comme *traîneur*. On l'utilise comme porteur dans des exploitations où les galeries ne sont pas pourvues de rails : par exemple, dans certaines ardoisières où l'on transporte les blocs d'ardoises jusqu'à la galerie principale. Dans les mines de soufre de la Sicile, le transport et l'extraction se font à dos de gamins par des galeries montantes tortueuses; c'était aussi le mode de transport usité dans certaines mines de fer de faibles productions, exploitées dans le midi de l'Europe à l'époque des forges catalanes. Ce procédé ne peut s'expliquer que par l'extrême bon marché de la main-d'œuvre.

430. *Emploi de l'homme comme traîneur*. — L'homme est plus souvent employé comme traîneur ou rouleur (*hiercheur* dans le pays wallon).

Lorsque la section des galeries est faible, c'est souvent le seul moteur qui puisse convenir. L'homme tire le wagonnet à l'aide de bretelles ou le pousse devant lui, en faisant frein dans les pentes.

Dans l'un et l'autre cas, il marche courbé, ce qui lui permet de circuler dans des galeries de faible hauteur.

Au Mansfeld, où l'on exploite une couche de schiste cuivreux de $0^m.30$ d'ouverture, on emploie dans cette couche des gamins qui rampent et traînent un petit wagonnet attaché au pied. Ce procédé primitif est heureusement exceptionnel et ne se justifie que par la minceur de la couche.

L'effet utile d'un traîneur dépend de l'état d'entretien de la voie, de la pente, de la longueur du parcours, des services accessoires que l'on exige de lui (chargement, etc.).

On estime qu'un traîneur peut soutenir un effort de 12 kg. pendant 8 heures avec $0^m.60$ de vitesse par seconde, ce qui correspond à un travail de 207.000 kilogrammètres.

On admet que l'homme peut faire dans la mine 20.000 m. par jour dont 10.000 m. à charge. Il ne fait ainsi que 120.000 kilogrammètres, ce qui, comme on le voit, ne correspond pas à une bonne utilisation de sa force.

Si l'on admet un rapport de l'effort à la charge de 0.01, la charge correspondant à l'effort de 12 kg. est de 1.200 kg. En supposant que le poids mort soit de 50 % de la charge, celle-ci sera donc de 800 kg.

En donnant au traîneur à manœuvrer un wagon de 500 kg. de charge utile, on reste donc fort en dessous de la force disponible.

Dans ces conditions, l'homme transporte 500 kg. à 10.000 m., soit 500 quintaux à 100 m. ou 5 tonnes-kilomètres.

Cette donnée peut servir de criterium.

On pourrait évidemment aller à 8 t. kilomètres, si l'on ne craignait pas d'augmenter la capacité des wagons par suite des inconvénients signalés plus haut.

Si l'on emploie en même temps l'homme comme chargeur, l'effet utile peut descendre à 100 quintaux à 100 m.

431. *Emploi du cheval.* — Il faut distinguer, au point de vue de l'effet utile, les grands et les petits chevaux de mine. La nourriture des premiers coûte 2 fr. 90 par jour, lorsque celle des petits chevaux ne coûte que 1 fr. 44. Pour les uns comme pour les autres, il faut un conducteur dont le salaire est constant.

Un grand cheval peut fournir un effort de 100 kg. et même plus, alors qu'un petit cheval ne peut donner qu'un effort de 50 kg., l'un et l'autre pendant 12 heures, avec une vitesse de $0^m.60$ par seconde ([1]). Dans le premier cas, le travail est de 2.592.000 kilogrammètres; dans le second, il n'est que de moitié.

On admet que dans la mine, un grand cheval peut faire 30.000 m. par jour dont 15.000 à charge, et un petit cheval 20.000 m. dont 10.000 m. à charge. A un effort de 100 kg., avec rapport de 0,01, correspondra pour le premier une charge totale de 10.000 kg., soit avec 50 % de poids mort, une charge utile de 6.666 kg. On pourra donner au grand cheval au moins 12 wagon-

---

([1]) M. R. Baron donne, pour calculer l'effort d'un cheval, la formule $\dfrac{30\,C^2}{H}$, C étant le tour de la poitrine au garrot et H la hauteur du cheval au garrot. Sa vitesse serait donnée par 0.75 H. (*Bulletin de la Société de l'Industrie minérale*, 3e série, t. X.)

nets de 5oo kg. à traîner, tandis que le petit cheval qui ne fait que 5o kg. d'effort, ne pourra traîner que 6 wagonnets.

Dans le premier cas, l'effet utile sera de 6.666 kg. à 15.000 m., ce qui correspond à près de 100 t.-kilom. Dans le second, l'effet utile ne sera que de 3.333 kg. à 10.000 m. soit 33 t.-kilom. seulement.

Le prix de revient du transport se composant du salaire du conducteur, de l'entretien et de l'amortissement du cheval, n'est pas loin de 10 francs par jour. La t.-kilom. revient donc dans le premier cas à fr. 0.10, dans le second à fr. 0.33.

Mais on ne peut toujours employer de forts chevaux dans la mine, par suite de la section des galeries. C'est notamment le cas en Belgique et en Westphalie où les terrains ne permettent pas partout de maintenir des galeries de grande section.

Il en est autrement dans le Pas-de-Calais. A Lens un grand cheval traîne jusque 18 berlaines de 45o kg., ce qui avec 4o %/o de poids mort correspond à 63o kg. de charge totale. Il transporte donc en tout $63o \times 18 = 11.34o$ kg., ce qui, avec un rapport de 0.01, correspond à un effort de 113 kg., supérieur à la moyenne. La distance moyenne étant de 1.825 m., le cheval fait 8 voyages par jour, soit 14.600 m. à charge sur 29.200 m. de parcours total. Il transporte 7.900 kg. de charge utile à 14.600 m., ce qui correspond à 115 t.-kilom.

On ne peut enregistrer des transports aussi favorables en Belgique. Au Hasard, un cheval moyen transporte 12 berlaines de 73o kg. de poids total et 5oo kg. de charge utile; ce qui suppose, avec un rapport de 0.01, un effort de 87 kg. 6. Il fait par jour 11 voyages à 900 m. soit 9.900 m. à charge. La charge utile étant de 6.000 k., cela correspond à $9.9 \times 6 = 59.4$ t.-kilom.

Les dimensions des galeries peuvent être un obstacle à l'emploi des chevaux; c'est pourquoi en Angleterre, on a quelquefois recours à des poneys circulant dans les galeries de $1^m.25$ de hauteur qui relient les tailles à la tête d'un transport mécanique. En Espagne, on emploie de même les mulets. On a essayé sans succès les ânes et même les chiens.

Lorsque l'aérage est bon, les animaux supportent bien le séjour dans la mine : leur poil devient luisant, mais l'animal perd quelquefois la vue.

432, On descend les chevaux, en les suspendant dans la cage au moyen d'une large sous-ventière et en leur liant les pieds, ou au moyen de sacs spéciaux en cuir.

Dans le bassin de Charleroi, on a construit des cages spéciales, plus larges que le puits et à parois articulées, dont on diminue la largeur, en inclinant le plancher et le toit après que le cheval y a été introduit (fig. 3io) ([1]).

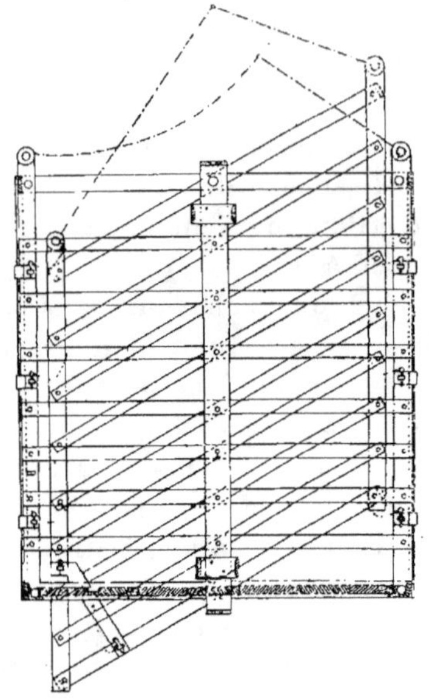

Fig. 311.

433. **Moteurs inanimés.**— En outre de leur force illimitée, les moteurs inanimés présentent sur les moteurs animés le grand avantage de ne consommer que pendant qu'on les utilise, de se prêter par suite à des productions très variables et même de permettre le chômage sans surcroît de dépense. Ils se divisent en *machines locomotives* et en *machines fixes*.

434. **Locomotives.** — Les locomotives employées dans les mines sont à vapeur, à air comprimé, à benzine ou électriques. Elles ont l'avantage de se prêter à des transports sur voies sinueuses.

435. *Locomotive à vapeur.* — La locomotive à vapeur n'est guère employée qu'à la surface, à moins de galeries spacieuses, comme on en rencontre dans certaines mines de fer de la Lorraine. Mais la fumée qui rend l'air irrespirable et la décharge de la vapeur qui entretient de l'humidité au toit des galeries, sont de graves inconvénients qui rendent difficile leur emploi, sans même tenir compte du danger des incendies. Dans les mines grisouteuses, cet emploi est absolument impossible.

([1]) *Revue universelle des mines*, 2e série, t. VIII.

Des locomotives à vapeur ont été employées en Belgique au charbonnage du Carabinier, dans un tunnel de 1.100 m. de $1^m.75$ sur $1^m.20$ de section. C'étaient de petites locomotives pesant à vide 2.500 kg., circulant sur une voie de $0^m.48$. Malgré la présence de 3 puits d'aérage avec foyers le long de cette galerie, le danger d'asphyxie était tel que ce transport a dû être supprimé.

436. *Locomotives sans feu.* — Pour remédier à l'inconvénient des fumées, on a essayé des locomotives dites *sans feu*, à eau chaude ou à soude caustique. La locomotive à eau chaude (système Lamm-Francq) s'alimente d'eau à une température supérieure à 100 degrés, de sorte que cette eau émet des vapeurs à une pression correspondante à sa température (à 200 degrés la pression est de près de 16 atmosphères). L'emploi de ce système ne se prête pas aux transports souterrains, à cause des grandes dimensions du réservoir et de la nécessité de créer une station d'alimentation, après un parcours dépendant de la capacité du réservoir à eau chaude.

Pour obvier à cet inconvénient, la maison Krauss de Munich a construit, pour l'usage des galeries à flanc de coteau, des locomotives portant elles-mêmes leur station d'alimentation. Lorsque la locomotive est au jour, on active le feu pour produire de l'eau à la température voulue; à l'entrée dans le tunnel, on ferme un registre et on laisse dormir le feu. La chaudière est construite pour résister à 15 atmosphères.

Au tunnel de l'Arlberg, on a employé deux types de 10 et 14.5 tonnes, correspondant à 45 et 60 chevaux. Pendant le voyage, la pression tombait de 15 à 8 ou 10 atmosphères. Quand la pression baissait trop rapidement, on pouvait au besoin raviver le feu en pleine marche, même à l'intérieur du tunnel.

On a fait un essai de ces machines, en Belgique, aux mines de fer de Bas-Oha (Couthuin), mais sans succès, parce que la longueur du trajet obligeait à raviver le feu en route, au détriment de l'aérage.

M. Honigmann d'Aix-la-Chapelle a proposé une locomotive à soude basée sur le principe suivant. Si l'on fait absorber à la soude caustique de la vapeur d'eau, il y a élévation de température jusqu'à ce que la saturation soit obtenue; la solution entre alors en ébullition. Le foyer de la locomotive se compose d'un réservoir à soude dans lequel on amène la vapeur de décharge ; mais quand la saturation est obtenue, il faut concentrer la solution, d'où la nécessité d'une station de concentration correspondant à la station d'alimentation du système précédent.

437. — *Locomotive à air comprimé.* — Les locomotives à air comprimé nécessitent une station de compresseurs à haute pression. Il faut en effet réduire le réservoir d'air comprimé à un volume aussi restreint que possible. M. Mekarski a construit quelques stations de ce genre, pour production d'air comprimé de 3o à 8o atmosphères, pour tramways et locomotives de mines. Ces dernières sont employées aux mines de Graissessac. La locomotive en service pèse 4 tonnes et circule sur une voie de o^m.6o.

L'air comprimé à 3o atmosphères est saturé d'eau au moyen d'une bouillotte à vapeur, afin de pouvoir être employé à détente. Avant d'arriver aux cylindres, l'air passe par un détendeur qui permet de régler sa pression d'admission.

On consomme 1 kil. d'air comprimé par tonne-kil. Cette donnée permet de calculer la distance à laquelle le transport peut se faire sans recharger le réservoir.

Aux Etats-Unis, on emploie, dans un assez grand nombre de mines, des locomotives compound de 10 tonnes avec réservoir d'air comprimé à 4o atmosphères et détendeur à 15 atmosphères.

Les locomotives à air comprimé ont en général un poids trop considérable pour leur effet utile, et de plus la consommation de vapeur pour produire l'air comprimé à haute pression est excessive. Le défaut principal de ces systèmes, comme des précédents, est qu'ils sont dépendants d'une station de charge où ils doivent se rendre, quand leur provision d'énergie est épuisée.

438. *Locomotive à benzine.* — La locomotive Otto à benzine a fourni depuis peu une solution plus satisfaisante pour les mines, parce que la station de charge ne demande pas d'installations spéciales, que les gaz brûlés sont peu gênants et en faible quantité. D'après des expériences faites en Allemagne,

la viciation de l'air en anhydride carbonique par cheval-heure serait moins grande que celle provenant de la respiration d'un cheval. Le réservoir à benzine, en fer très résistant et à fermeture hermétique, est amovible : il peut être chargé à la surface. Le moteur est à quatre temps, ce qui nécessite l'emploi d'un volant; l'allumage se fait par l'électricité; la force ne dépasse pas 8 chevaux à l'intérieur et 12 chevaux à la surface (Mechernich). Moyennant certaines précautions, la locomotive à benzine peut être appliquée, même dans les mines à grisou : la décharge se fait alors dans des réservoirs qui communiquent à l'extérieur par des tôles perforées. Il en résulte un refroidissement des gaz, qui sortent à 25° au maximum.

L'emploi de ces locomotives a été autorisé en Belgique dans le tunnel de 1200 m. qui relie, à 80 m. de profondeur, le charbonnage du Bois-d'Avroy à la vallée de la Meuse, ainsi que dans une bacnure à 480 m. du siège des Artistes et Xhorré (charbonnages des Kessales); ce sont des mines grisouteuses. Au Bois-d'Avroy, 3 locomotives Otto de 8 chevaux dont une de réserve, ont remplacé 14 chevaux. Elles font la traction par rames de 25 wagonnets de 514 kg. de charge utile en charbon (276 de poids mort) et à la vitesse de 2 m. par seconde. La consommation de benzine est de 40 à 43 kg. par jour. L'ancien transport par chevaux coûtait fr. 0.181 par t. kilom., tandis que par ces locomotives le prix est descendu (amortissement compris) à fr. 0.154; mais les deux locomotives qui transportent par jour 332 t. à 1200 m., pourraient en transporter 600, ce qui ramènerait le prix de la t. kil. à fr. 0,109.

439. *Locomotives électriques.* — Le problème de la locomotion mécanique dans les mines est mieux résolu par l'électricité ; mais cette transmission ne peut en général être utilisée que dans les mines sans grisou.

Les locomotives électriques de mines sont à trolley ou à accumulateurs.

Dans les transports électriques par trolley, la station génératrice est à la surface. Les conducteurs descendant dans le puits aboutissent à un conducteur spécial, fixé au toit de la galerie. Le retour se fait par les rails ou par un conducteur spécial.

Les locomotives à trolley des mines américaines ont une forme spéciale de carapace, symétrique à l'avant et à l'arrière, qui recouvre et protège les organes délicats, tandis que les locomotives à trolley, employées en Europe, rappellent sans raison, par leurs formes, les locomotives à vapeur. L'inconvénient est que le mécanicien, de sa place, ne peut voir la voie que dans un sens, tandis que la forme symétrique du type américain permet au mécanicien de voir la voie dans le sens de la marche en avant, comme dans celui de la marche en arrière.

A Marles où ce système a reçu un grand développement, les deux conducteurs spéciaux d'aller et de retour en poutrelles de 9 kg. par m., isolées par une traverse en bois, sont fixés au toit de la galerie avec interposition de caoutchouc (fig. 311). La locomotive est à deux trolleys ; l'un pour recueillir, l'autre pour rendre le courant. Ces trolleys sont à 3 galets dont deux roulent sur la poutrelle et un sous la poutrelle. Ce dernier est maintenu en contact par un ressort.

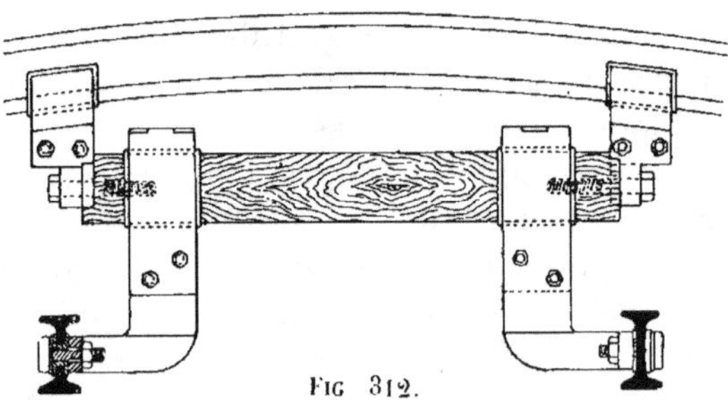

Fig. 312.

La locomotive pèse 3.200 kg. pour 15 chevaux utiles ; le train se compose de 30 wagonnets chargeant 500 kg. et la vitesse moyenne est de 15 kilom. par heure (max. 16 kilom.).

La voie de 2.000 m., sur laquelle circulent ces locomotives, est construite en rails de 16 kg.

D'après M. Kersten, le coût du transport serait de 11 cent. par t. kil., en y comprenant l'amortissement de l'installation en 15 ans (¹).

Ce système est également appliqué dans les mines de fer du Luxembourg et de la Lorraine. A Godbrange, on emploie des

<hr>

(¹) *Annales des mines de Belgique*, t. IV, 1899.

locomotives pesant 6.000 kg., avec une vitesse de marche de 10 kilom. à l'heure correspondant à 30 chevaux utiles.

Dans les mines grisouteuses, on ne peut, en aucun cas, songer à employer les locomotives à trolley, à cause du haut voltage nécessaire et des étincelles jaillissant aux contacts.

440. Les locomotives à accumulateurs sont employées, en Belgique, au charbonnage d'Amercœur, sur une voie de 1.650 m. reliant deux puits d'extraction. Les transports se font par trains de 25 wagonnets de 500 kg. à raison de 7 kilom. à l'heure. La locomotive fait 60 kilom. aller et retour, sans recharger les accumulateurs.

Il y a 2 locomotives en service et une en réserve. Le chargement des accumulateurs se fait dans la mine.

La locomotive pèse 3.850 kg. dont 1.400 kg d'accumulateurs pour 5 kilowatts, soit 600 kg. par cheval; sa force est donc de 6.8 chevaux.

Le prix de revient, d'après M. Kersten, serait de 10 centimes par t. kil., amortissement compris.

Aux mines de Nœux, les accumulateurs contenus dans une caisse étanche sont portés par un tender spécial; il était impossible de les loger sur la locomotive, à cause du poids, de l'encombrement et des manœuvres nécessaires. La locomotive de Nœux est de 20 chevaux et pèse 2.850 kg. Le truck chargé, en ordre de marche, pèse 3.030 kg. Cette locomotive remorque 20 à 25 wagonnets vides, sur rampe de 8 mm. avec vitesse de 11 à 12 kilom. à l'heure, et le même nombre de wagonnets pleins à la descente, avec la même vitesse.

L'inconvénient est le poids mort considérable des accumulateurs. On en jugera par la comparaison suivante :

	Poids par cheval utile.
Locomotives à accumulateurs Amercœur . .	600 kg.
» . » Nœux. . . .	344 »
Petites locomotives allemandes	320 »
Locomotive de Marles.	213 »
» Godbrange	200 »
Fortes locomotives américaines	135 »

Dans les mines grisouteuses, la locomotive à accumulateurs

est la seule admissible (Nœux). La station de charge qui se trouve dans la mine, est ventilée par un courant d'air spécial venant du puits d'entrée et passant directement au puits de sortie, sans communication avec les travaux.

L'ensemble du moteur est enfermé dans une caisse en acier absolument étanche, alimentée d'air comprimé contenu dans un petit réservoir, de manière à empêcher tout contact avec l'air de la mine.

L'emploi des accumulateurs nécessite une voie avec pentes uniformes et un excellent matériel, afin de réduire les résistances. Dans ces conditions, ce système peut être économique.

441. L'avantage des transports électriques dans les mines est de ne nécessiter qu'une seule voie sur laquelle la locomotive peut au besoin être remplacée par des chevaux. Ils s'appliquent spécialement aux transports principaux, les chevaux continuant à faire les transports secondaires. Dans certains cas, les locomotives électriques peuvent être utilisées avantageusement pour transporter rapidement un nombreux personnel ouvrier à de grandes distances du puits.

442. **Transports par machines fixes.** — Le moteur peut être quelconque : eau, vapeur, air comprimé ou électricité.

Les systèmes de transports rentrant dans cette catégorie sont *continus* ou *discontinus*.

Les premiers comprennent les transports par chaîne et câble sans fin, parmi lesquels nous distinguerons :

1° les transports *par chaîne sans fin*, flottante ou traînante ;

2° les transports *par câble sans fin*, flottant ou traînant.

Les transports discontinus sont ceux *par corde-tête et corde-queue.*

443. 1° **Transports par chaîne sans fin.** — a) *Chaîne flottante.* — Ce système qui est le plus répandu aujourd'hui sur le continent, est originaire du district de Burnley (Lancashire) dont les houillères sont pour la plupart reliées par chaîne aux voies de transports de la surface. La chaîne se prête aisément aux accidents de terrain qui sont fréquents dans cette région.

Le transport par chaîne flottante nécessite deux voies, l'une pour les wagons pleins, l'autre pour les wagons vides. A une extrémité du parcours, la chaîne passe sur une *poulie motrice* et à l'autre extrémité sur une *poulie de renvoi*.

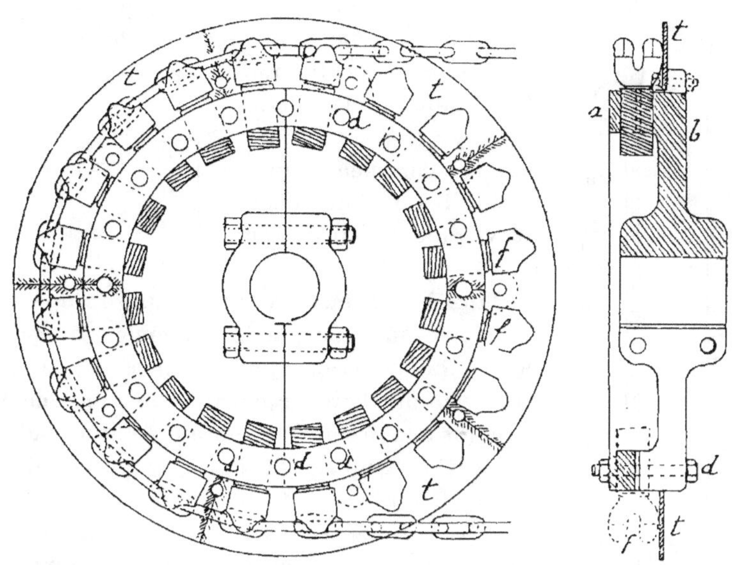

Fig. 313.

444. La poulie motrice doit présenter une grande adhérence qui peut être obtenue de différentes manières. On peut employer une poulie à gorges multiples sur lesquelles la chaîne fait plusieurs tours, mais il en résulte toujours des frottements et de l'usure. On peut aussi faire usage de poulies à empreintes ou de poulies à jante extensible permettant de racheter l'usure, en augmentant le rayon d'enroulement au moyen de pièces *f* fixées sur des vis (Poulie Briart, fig. 312). On pourrait aussi appliquer la poulie de Bovet à adhérence magnétique, dont la jante est un électro-aimant ; cette poulie n'a reçu jusqu'ici d'applications que dans le touage.

445. On se sert d'une chaîne ordinaire ou d'une chaîne dite sans soudure. Aux extrémités du parcours, la voie présente des pentes d'engagement et de dégagement (fig. 313). Un wagonnet livré à l'action de la pesanteur sur la pente d'engagement, va se placer de lui-même sous la chaîne et est entraîné par celle-ci.

Si la voie est horizontale, le poids de la chaîne suffit pour l'entraîner; sur les rampes, le wagonnet porte une pièce d'accrochage dans laquelle la chaîne s'engage (fig. 314). Si la rampe est peu importante, il suffit du rebord du wagonnet pour l'accrocher.

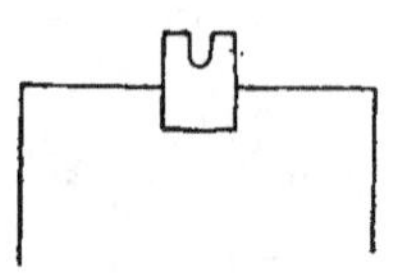

Fig. 315.

Dans le cas où il y aurait une rampe un peu forte sur une partie seulement du parcours, on pourrait ajouter sur cette rampe une seconde chaîne, apportant un supplément de poids à la première, pour augmenter l'adhérence (Charbonnage de Townley, puits Julius III, à Brux).

Arrivé à l'autre extrémité, le wagonnet quitte de même la chaîne qui est relevée à l'endroit où le wagonnet arrive sur la pente de dégagement.

Les wagons se suivent à des distances réglementaires de 10 à 35 mètres, de manière que la chaîne ne puisse jamais traîner sur le sol. C'est là une condition essentielle; car si le trafic n'était pas suffisant, il serait nécessaire de faire circuler sous la chaîne des wagonnets vides, uniquement pour la supporter.

La distance à laquelle se suivent les wagonnets, est réglée de différentes manières. Le wagonnet peut en passant actionner une sonnette qui donne le signal de l'engagement du wagonnet suivant sur la pente.

Dans la mine, ce signal pourrait ne pas être entendu; on peut le remplacer par une lampe éclairant fortement le wagonnet, au moment où un autre wagonnet doit suivre.

Enfin l'on peut avoir recours à un appareil automatique. Le wagonnet en route bute contre un levier qui, en s'abaissant, abaisse à son tour, par un renvoi de mouvement, un second levier semblable au premier qui retenait le wagonnet suivant au sommet de la pente d'engagement (Amercœur, fig. 3i3).

446. Le caractère de ce mode de transport est la continuité du débit. La vitesse est faible : $0^m.75$ à $1^m.5o$ par seconde. Mais ce système peut suffire à un trafic considérable, en raison même de sa continuité et du grand nombre de wagons circulant en même temps sur la voie.

Quelques formules très simples relient entre eux les différents éléments du système.

Soit N le nombre de wagons débité par heure; l'intervalle de temps séparant l'arrivée de deux wagons sera en secondes :

$$t = \frac{3.6oo}{N}.$$

Si d est la distance de deux wagons, la vitesse :

$$v = \frac{d}{t}.$$

Soit l la longueur du parcours, le nombre n de wagons pleins en circulation sera :

$$n = \frac{l}{d}.$$

L'effort de traction E dépend du rapport de l'effort à la charge.

En appelant p le poids mort d'un wagon, p' sa charge, p'' le poids de chaîne compris entre deux wagons, on a sur une voie horizontale :

$$E = f\,(2pn + np' + 2np'').$$

Le travail utile $= \dfrac{E\,v}{75}$ chevaux.

Si la voie présente des pentes et des contrepentes, il faut en tenir compte, parce que la pesanteur agit sur les pentes en faveur de l'effort et sur les rampes en sens contraire.

Soit n wagons pleins en mouvement sur une rampe α, l'effort sur cette rampe sera :

$$n\,(p + p' + p'')\,(\sin\alpha + f\cos\alpha) + n\,(p + p'')\,(-\sin\alpha + f\cos\alpha \quad (1).$$

Soit n' wagons pleins en mouvement sur une pente β, l'effort sur cette pente sera :

$$n'\,(p + p' + p'')\,(-\sin\beta + f\cos\beta) + n'\,(p + p'')\,(\sin\beta + f\cos\beta \quad (2).$$

Si l'on a plusieurs rampes et pentes le long du parcours, on aura une somme algébrique de termes de la forme (1), plus une somme de termes de la forme (2). La somme totale sera positive ou négative; dans ce dernier cas, le transport est automoteur.

447. Le système du transport par chaîne flottante se prête peu au passage des courbes et surtout des courbes de petit rayon. Le wagonnet doit en effet quitter la chaîne au passage de la courbe. La chaîne est en conséquence surélevée et passe sur une poulie fixée au sommet de l'angle des deux tangentes aux extrémités de la courbe (fig. 315).

La courbe est de plus établie en pente, de telle sorte que le wagonnet, quittant la chaîne, la reprenne, après avoir franchi la courbe; pour cela la voie présente, avant la courbe, une petite rampe au sommet de laquelle le wagonnet est livré à lui-même. Les voies des wagonnets pleins et des wagonnets vides présentent naturellement des inclinaisons inverses l'une de l'autre. Il est toujours nécessaire d'avoir en ces points un surveillant pour éviter les déraillements.

448. Comme nous l'avons vu, le profil peut être plus ou moins accidenté.

Les parties concaves ne doivent jamais présenter un rayon de courbure plus petit que celui de la chaînette, sinon les wagons quitteraient la chaîne qui, sous tension, affecterait la forme de cette courbe.

449. Les transports par chaîne flottante ont l'avantage d'une grande simplicité et d'une grande régularité. La faible vitesse est une garantie de continuité, de durée et d'entretien facile. Les inconvénients sont le poids mort considérable à mettre en mouvement et le prix d'installation, qui ne peut se concilier qu'avec un débit considérable.

Ce système se prête à de nombreuses combinaisons. Comme exemple de celles-ci, nous citerons les transports par chaîne flottante des carrières de Quenast, des charbonnages de Mariemont, etc.

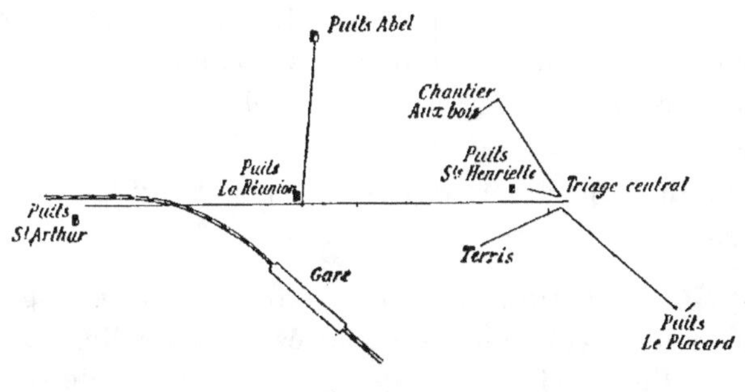

Fig. 347.

A Mariemont (fig. 317), une première chaîne de 920 m. part du puits Saint-Arthur jusqu'au puits de la Réunion. A ce dernier aboutit une chaîne de 598 m. venant du puits Abel. Au puits de la Réunion se trouve la machine motrice qui commande ces deux chaînes.

Du puits de la Réunion part une ligne très accidentée, de

1190 m., jusqu'au Triage central. A ce dernier aboutissent les chaînes venant du puits Ste-Henriette (140 m.), du puits du Placard (820 m.), du chantier au bois (480 m.), et des ateliers et magasins ; une autre chaîne conduit au terris, Une seule machine motrice de 80 chevaux au Triage central commande cet ensemble. Ce réseau comprend des pentes qui varient de 2 à 170 mm. (¹).

Dans la mine, les combinaisons peuvent être plus variées encore ; ce système se prête en effet à desservir plusieurs directions d'une seule station de force motrice commune. Il en existe de nombreux exemples en Angleterre. Nous citerons celui de la mine Bankhall (Lancashire) où une machine verticale commande quatre chaines au moyen de transmissions par engrenages, montées sur poutrelles au toit de la galerie ; une partie de ces chaînes sont automotrices et aident la machine.

Les transmissions se font, pour chaque chaîne, par des pièces à friction, afin d'en commander l'arrêt en cas de résistance trop grande. Chaque embranchement est en outre relié à la transmission par un embrayage spécial qui permet de supprimer son mouvement, sans agir sur les autres.

Dans d'autres cas, la chaîne elle même sert de moyen de transmission. Nous citerons comme exemple le transport de Townley où une chaîne partant du puits va actionner successivement, par l'intermédiaire d'engrenages, 3 plans inclinés situés à 1080 m., 1350 m. et 1590 m. du puits.

Ces combinaisons diverses n'ont pas peu contribué à la vogue de ce système.

450. b) *Chaîne traînante.* — La chaîne traînante exige également une double voie aux extrémités de laquelle sont d'une part une poulie motrice et d'autre part une poulie de renvoi.

La chaîne est conduite sur le sol, dans l'axe de la voie, par des galets guides. L'accrochage des wagons se fait de différentes manières. Lorsque le mouvement est très lent, on peut accro-

---

(¹) *Revue universelle*, 2ᵉ série, t. III. — Voir aussi 3ᵉ série, t. IV, les transports par chaîne flottante de Bilbao.

cher les wagons un à un ou par petites rames, au moyen d'un bout de chaîne terminé par un crochet (Pays de Galles).

La chaîne peut également présenter des maillons spéciaux, à

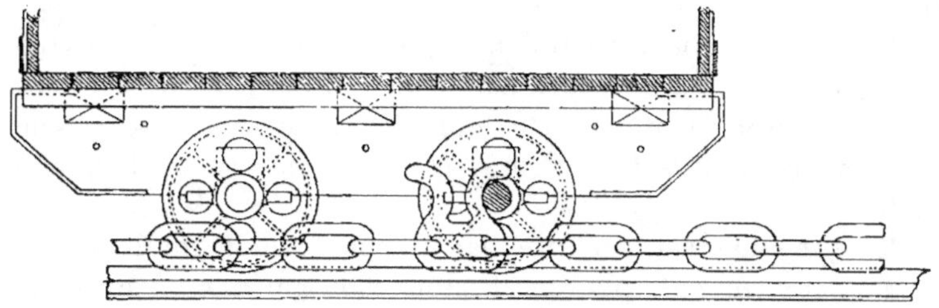

Fig. 318.

deux ergots de courbure inverse, entraînant le wagonnet dans un sens ou dans l'autre en butant contre l'un de ses essieux (Amercœur, Bois-du-Luc, fig. 318). Les wagonnets doivent être dans ce cas à roues folles sur essieux fixes.

En Allemagne sont intercalés de distance en distance, sur la chaîne, de petits chariots accrocheurs roulant sur une voie spéciale composée de fers en ⊏ et posée à l'intérieur de la voie ordinaire (mine Bonifacius, fig. 319).

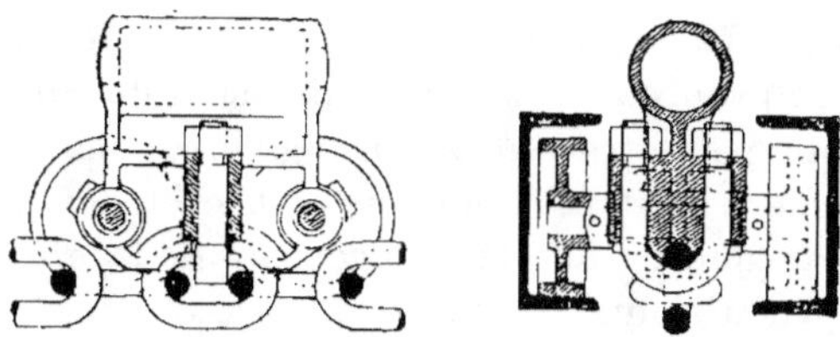

Fig. 319.

La chaîne est tendue et les poulies sont disposées de manière à laisser passer les maillons spéciaux ou les petits chariots qui sont guidés au passage.

La chaîne traînante n'est employée qu'à la surface où elle présente l'avantage de ne pas créer, comme la chaîne flottante, une barrière à la circulation. La vitesse doit être très réduite, afin qu'il n'y ait pas de chocs au moment de l'entraînement du wagonnet, sinon il faudrait y remédier au moyen de butoirs à ressorts sur le wagonnet accrocheur de la disposition allemande.

451. 2° ***Transports par câble sans fin.***— La substitution d'un câble d'acier sans fin à la chaîne donne lieu à deux systèmes analogues aux précédents par *câble flottant* et par *câble traînant.*

Comme la chaîne sans fin, le câble est conduit à une extrémité par une poulie de commande et passe à l'autre extrémité sur une poulie de renvoi ; le câble devant être maintenu sous tension, la poulie de renvoi sert en même temps de poulie de tension.

Cette tension est produite par un contrepoids qui déplace le chariot sur lequel la poulie est montée, ou par une vis exerçant une traction sur un cadre à glissières qui porte cette poulie. Le tendeur se place rarement sur la poulie motrice, parce que celle-ci étant inamovible, la transmission devrait suivre dans ce cas les mouvements du tendeur, ce qui entraînerait des complications.

L'adhérence de la poulie de commande peut s'obtenir de diverses manières :

1° La poulie reçoit 2 à 4 ¹/₂ tours de câble (Angleterre) ; l'inconvénient de cette disposition est le frottement du câble sur lui-même et l'usure qui en résulte. On réduit cette usure en faisant usage de poulies à gorges multiples.

2° La gorge de la poulie peut être garnie de bois ou d'un alliage tendre propre à recevoir l'impression du câble.

3° La poulie peut être à gorge triangulaire ; mais cette gorge s'use rapidement et alors le fond se creuse et devient concave, de telle sorte que l'effet de coincement de la gorge triangulaire ne se produit plus.

4° La poulie Champigny remédie à cet inconvénient. La gorge triangulaire de cette poulie est formée de deux pièces tenues à la distance voulue par une cale. Le câble ne porte pas au fond de la gorge, mais sur deux parois d'acier dont on peut racheter l'usure en changeant la cale (fig. 320). Cette poulie est employée sur un grand nombre de plans inclinés.

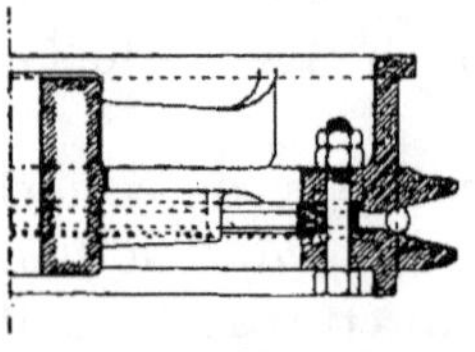

Fɪɢ. 320.

5° La poulie Fowler présente une gorge à mâchoires multiples et articulées qui serrent le câble d'autant plus que l'effort de traction est plus grand (fig. 321). Cette poulie donne une adhérence parfaite, mais est coûteuse d'entretien et sujette à l'usure.

6° La poulie Heckel présente une gorge formée de lames de cuir serrées par un câble métallique tendu sur les rayons de la poulie (fig. 322).

Quelle qu'elle soit, la poulie de commande reçoit son mouvement par un embrayage à friction, afin que le câble s'arrête, s'il survient sur la voie une résistance extraordinaire.

Pour certains transports souterrains, la machine motrice et la poulie de commande sont installées à la surface. Le câble est dans ce cas contenu dans une gaîne et l'on a soin d'arrêter le câble, quand on transporte des hommes dans le puits. A l'entrée de la galerie, se trouvent alors des poulies sur lesquels s'infléchissent les deux brins du câble.

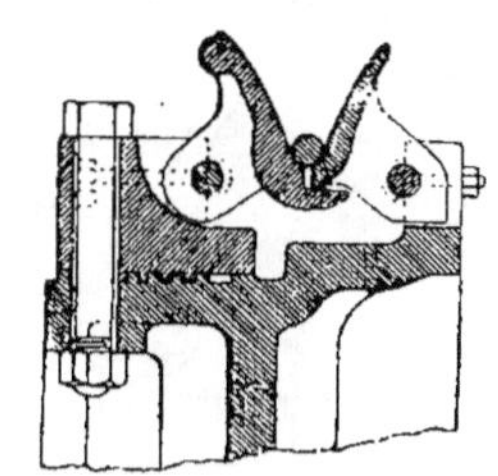

FIG. 321.

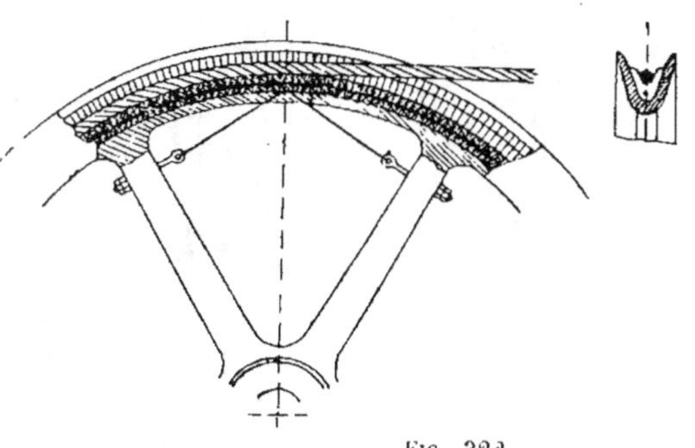

FIG. 322.

452. a) *Câble flottant.* — Les wagonnets se suivent isolément sous le câble à des distances de 15 à 20 mètres, comme dans le système de la chaîne flottante ; mais le poids du câble ne suffit pas, comme celui de la chaîne, pour produire l'entraînement : il faut une attache spéciale.

La plus simple est un support en forme de fourche à dents écartées, tournant sur un axe excentré de $0^m.10$ à $0^m.15$ dont les crapaudines sont fixées sur la face postérieure du wagonnet. Par l'effet de l'excentricité, la fourche se place obliquement au câble, qui par le fait même, est coincé. Ce système est originaire d'Angleterre. Il a été perfectionné en Allemagne par la firme Heckel. La fourche repose sur un plan incliné, afin de se placer toujours normalement au câble, lorsque celui-ci n'est pas engagé entre ses branches (fig. 323).

On ne peut employer ce système sur de fortes pentes. Le maximum est de 7 à 8°, pente atteinte aux fours à coke Rœchling,

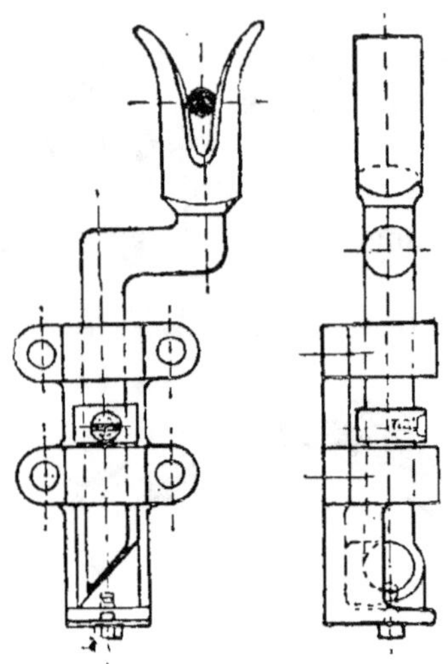

FIG. 323.

à Saarbrück. Lorsque la pente est plus forte, certains constructeurs fixent des manchons d'acier de 10 en 10 m. sur le câble pour entraîner la fourche ; mais ces manchons se détériorent rapidement et font souffrir le câble, de sorte que l'on préfère souvent recourir à des systèmes de pinces spéciales coinçant le câble fortement (fig. 324). L'inconvénient de ces attaches fixes est que, le câble tournant sur lui-même, le wagonnet peut être soulevé et dérailler.

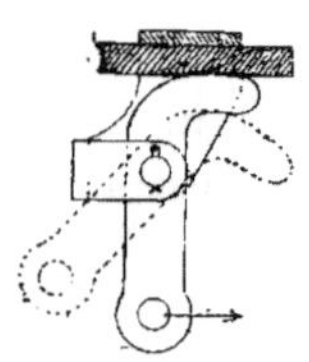

FIG. 324.

Le câble est maintenu à 0^m.30 au-dessus du wagonnet, ce qui permet de surcharger ce dernier, comme c'est l'usage dans plusieurs mines d'Angleterre. Au lieu d'employer des fourches aussi hautes, on préfère quelquefois munir le wagonnet de deux fourches maintenant le câble latéralement; mais il en résulte un effort de traction oblique qui non seulement est nuisible au câble et au matériel, mais encore susceptible de produire des déraillements; aussi marche-t-on généralement dans ce cas à des vitesses qui ne dépassent pas 0^m.80, au lieu de 1^m.50 à 2 m.

Les wagons viennent se placer sous le câble, en descendant le long d'une pente d'engagement. A l'autre extrémité du parcours, les wagonnets se détachent de même sur une pente de dégagement; en s'accélérant sur cette pente, le wagonnet gagne de vitesse et la fourche se plaçant perpendiculairement, le câble cesse d'être coincé, en même temps qu'il est soulevé par un galet, de manière à quitter la fourche.

Il faut naturellement que le câble soit toujours porté par un nombre de wagons suffisant pour ne pas traîner sur le sol.

Cependant on peut y disposer des rouleaux destinés à recevoir le câble, si cette condition n'était pas remplie.

453. Le système du câble flottant permet, plus facilement que la chaîne flottante, de franchir des courbes, soit par le détachement automatique du wagon avec pentes appropriées, comme avec la chaîne flottante ; soit en guidant le câble dans l'axe de la voie au moyen de galets étoilés dont la surface conique retient le câble, tandis que les fourches passent entre les rayons des étoiles (système Dinnendahl, fig. 325). L'axe de ces galets est incliné dans les parties droites et vertical dans les courbes.

On peut aussi guider le câble au moyen d'une poulie de grand rayon fixée au toit de la galerie et sous laquelle passent les wagonnets. Pour éviter les déraillements on établit dans l'entre-voie un taquage en fonte sur lequel roulent les roues extérieures du wagonnet (système Fœrster, fig. 326) ou bien l'on remplace les rails par de larges rigoles en fers **⊔** (système Heckel, fig. 327).

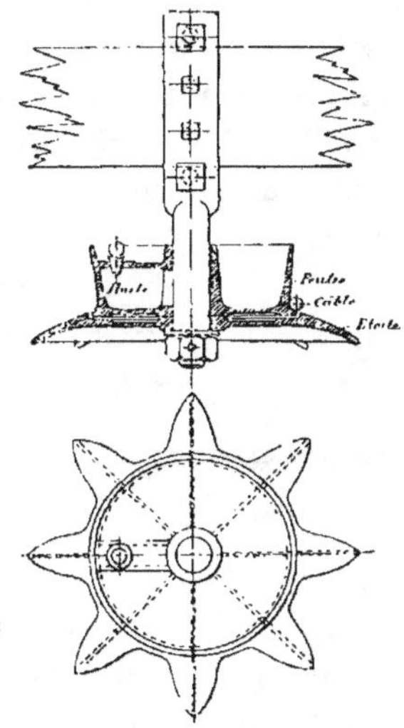

Fig. 325.

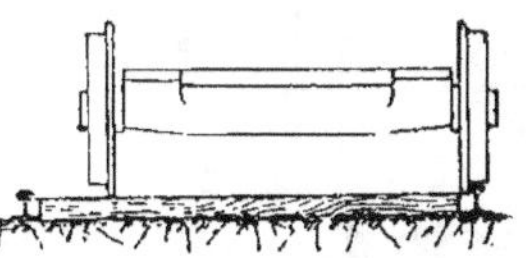

Fig. 326.

Lorsque les courbes sont nombreuses, il est bon de graisser le câble en un point de son parcours, en le faisant passer dans une boîte à huile.

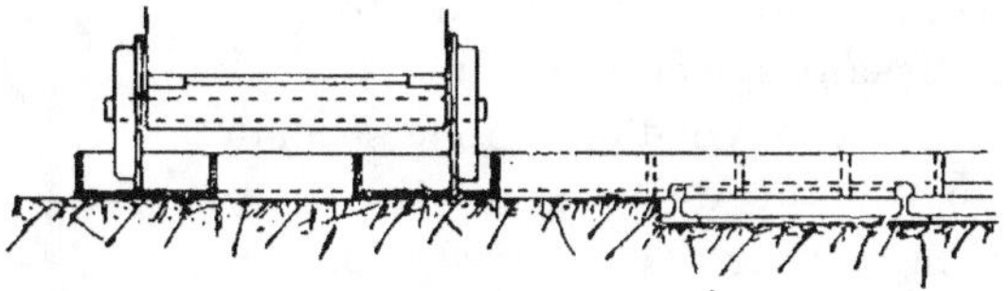

Fig. 327.

454. b) *Câble traînant.* — Les transports par câbles traînants sont assez souvent employés en Angleterre, notamment dans les galeries de faible hauteur.

Dans ce cas, le câble est guidé au niveau du sol dans l'axe de la voie par des galets, horizontaux dans les voies en ligne droite, inclinés dans les courbes. Ces galets sont en acier fondu et fixés sur les traverses de la voie ou mieux sur des traverses spéciales (système Heckel, fig. 328). Ils sont souvent enveloppés de manière à ne laisser libre que la surface courbe sur laquelle passe le câble (fig. 329).

Dans ce système, les wagonnets s'attachent isolément ou par rames.

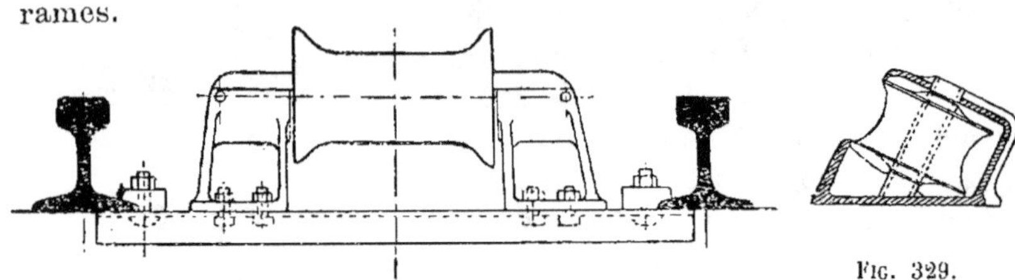

FIG. 329.

FIG. 328.

L'attache isolée se fait le plus simplement par une fourche excentrique inférieure au wagon (fig. 330). Ce système a été adopté à Skelton et Lumpsey (mines de fer du Cleveland) dans le but de pouvoir surcharger les wagons qui portent 1.500 kg.

A Skelton, le détachement se fait automatiquement par l'abaissement d'un levier sur lequel passent les roues du wagonnet. L'abaissement de ce levier provoque le soulèvement d'un rouleau conique et du

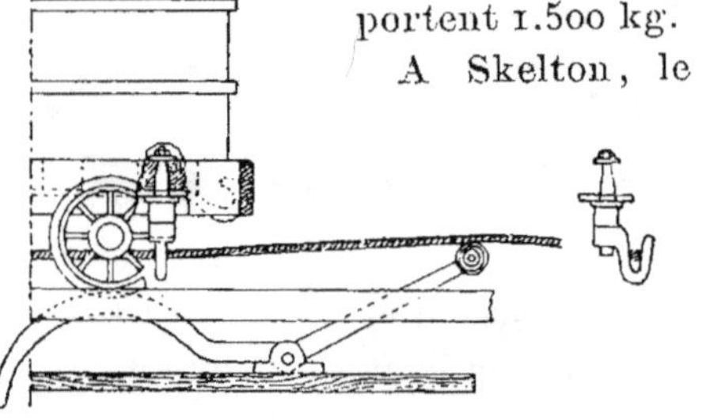

FIG. 330.

câble qui sort obliquement de la fourche (fig. 330) en glissant sur ce rouleau.

On peut aussi se servir d'une pince spéciale accrochée au devant du wagon. Les deux branches de cette pince sont serrées par un anneau. Le détachement automatique se produit par le soulèvement de cet anneau, au moyen de deux plans inclinés entre lesquels s'engage la pince (Bent Colliery, fig. 331).

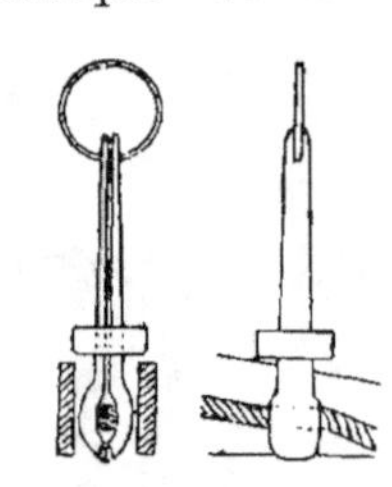

FIG. 331.

455. Le câble sans fin traînant se prête aux transports par rames qui peuvent se faire avec une vitesse de 3 m.

Dans ce cas un wagon conducteur avec pince se place en tête du train (South-Durham, Earnock) et quelquefois un second wagon semblable se met en queue. La rame se compose de 15 à 35 wagonnets. La pince doit pouvoir passer sans choc sur les galets-guides dans les courbes.

La pince la plus simple est serrée par une vis à double filet manœuvrée par le conducteur du train qui se tient sur le premier wagon et desserre la pince à l'arrivée (fig. 332).

On a également construit des pinces à détachement automatique, provoqué par un choc contre un arrêt fixe à l'arrivée.

456. Tandis que dans les transports par wagons isolés, la voie est toujours double, dans les transports par rames, on peut adopter différentes combinaisons qui permettent de

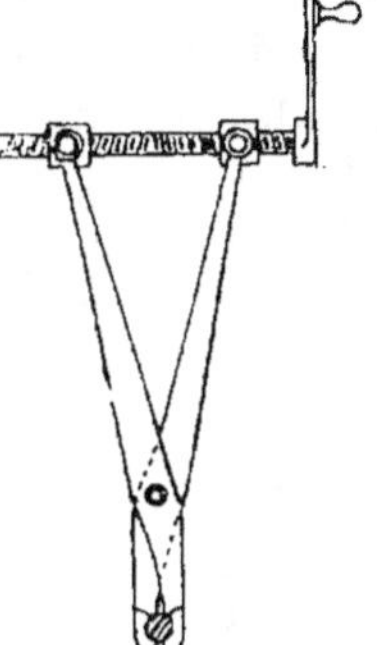

Fig. 332.

réduire la largeur des galeries, ce qui présente une certaine importance, lorsque les terrains ne sont pas résistants.

On adopte pour cela en Angleterre l'une ou l'autre des trois combinaisons suivantes :

1° La voie peut être composée de 3 rails avec évitements

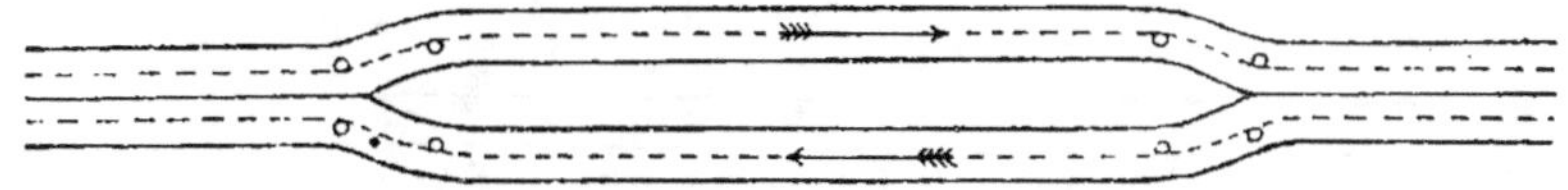

Fig. 333.

(Harton, fig. 333). Les trains se rencontrant aux évitements doivent strictement rester à la même distance les uns des autres. L'attache ne doit donc donner lieu à aucun glissement du câble. Il est à remarquer que chaque fois que les trains arrivent aux évitements, on arrête la machine, parce qu'en cet instant même un train de wagons pleins et un train de wagons vides arrivent aux stations extrêmes.

2° La voie peut être simple avec évitements (Tredegar,

Bedwellty, fig. 334). Dans ce cas, il faut des aiguilles mobiles aux extrémités de chaque évitement. Les deux câbles sont conduits par des rouleaux dans l'axe de la voie unique, à $0^m.15$ l'un de l'autre. L'un des câbles s'infléchit deux fois pour suivre l'évitement, guidé par des galets et des rouleaux. Les rames de wagonnets doivent nécessairement franchir l'un des deux câbles à l'entrée de l'évitement. L'aiguille doit en conséquence passer par dessus l'un des deux câbles. L'aiguillage est fait par le conducteur du train.

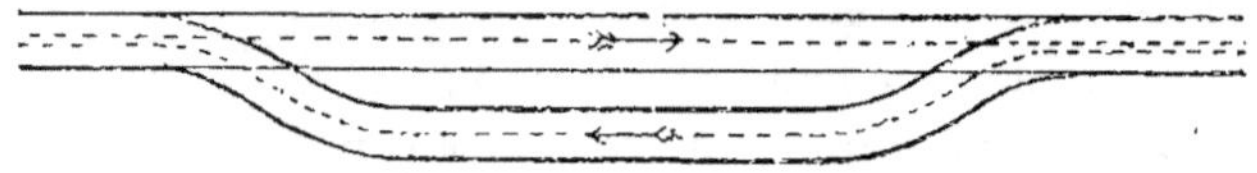

Fig. 334.

3° Il existe toutefois un moyen de supprimer cet aiguillage ; il consiste à renverser le mouvement de la machine motrice, en faisant usage d'un embrayage à friction.

Dans ce système, un seul des câbles est dans l'axe de la voie, l'autre est conduit latéralement (Moresby, fig. 335). Chaque fois que les trains se rencontrent aux évitements, on arrête le transport. On attache alors le train des wagons pleins au câble qui a amené les wagons vides et vice-versa, et l'on repart après que la marche a été renversée.

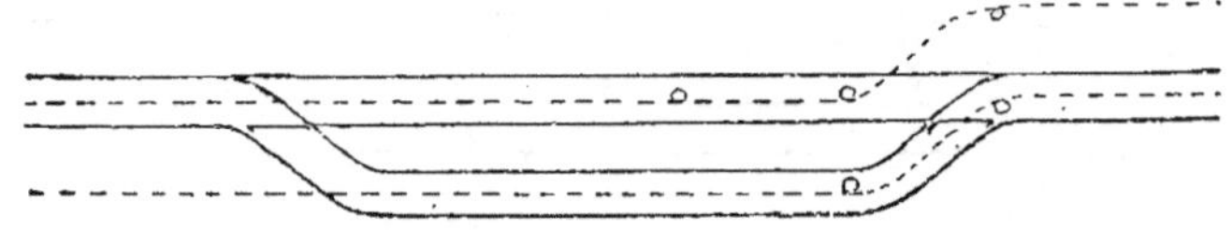

Fig. 335.

457. Les transports souterrains par câbles sans fin se sont énormément développés en Angleterre et en Allemagne.

En Angleterre, ils ont presque complètement remplacé dans le fond les transports par chaîne. Ils commencent aussi à s'introduire en Belgique (Monceau-Fontaine).

La raison de cette vogue est la réduction des frais d'installation et d'exploitation par rapport aux transports par chaîne sans fin, par suite de la réduction du poids mort. Un câble métallique d'acier n'a en effet que le 1/6 du poids d'une chaîne de même résistance. Les transports par câbles sans fin présentent d'ailleurs les mêmes avantages de régularité et les mêmes facilités de transmission, lorsqu'il s'agit de desservir différentes directions.

Le câble flottant s'emploie dans les mêmes conditions que la chaîne flottante, mais le câble traînant se prête à des applications plus étendues que la chaîne traînante. Les transports par câbles présentent plus de facilité que les transports par chaîne pour le passage des courbes. La durée des câbles est toutefois inférieure à celle des chaînes ; cette durée est variable suivant l'activité du transport et la multiplicité des courbes. On s'aperçoit aisément de leur détérioration en temps utile pour y faire une épissure.

En résumé, si le coût d'installation d'un transport par câble est moindre, les frais d'exploitation peuvent être plus élevés.

458. *Transport par corde-tête et corde-queue.* — Le système de transport par corde-tête et par corde-queue qui n'est employé qu'en Angleterre, ne comporte en général qu'une seule voie ; c'est un transport alternatif intermittent qui se fait par rames de 5o à 1oo wagons entre deux stations extrêmes. A la houillère de Harton, la distance est de 6.5oo m. mais le transport se fait au-delà de cette distance par trois embranchements.

La machine est en conséquence à mouvement alternatif, obtenu au moyen d'un embrayage à griffes qui actionne alternativement l'un ou l'autre des tambours. Sur les tambours s'enroulent deux câbles d'acier : la *corde-tête* qui est destinée à tirer le train de wagons chargés et la *corde-queue* qui ramène le train de wagons vides à la station extrême. La corde-tête s'attache, comme son nom l'indique, en tête du train, la corde-queue s'attache en queue, passe sur une poulie de renvoi et revient au tambour qui lui est propre (fig. 336).

La corde-tête est conduite dans l'axe de la voie, la corde-queue est conduite latéralement, ordinairement au toit de la galerie ; quand l'une de ces cordes tire, l'autre se déroule.

La voie est souvent accidentée et pour éviter que le déroulement ne se produise avec trop de vitesse, par exemple dans le cas d'une pente, chaque tambour est muni d'un frein qui permet de maintenir le câble tendu. La corde-tête a 1/3 et la corde-queue 2/3 du parcours total (aller et retour). Cette dernière n'ayant à exercer son effort que sur le train de wagons vides, a une section égale à 1/2 ou 3/4 de celle de la corde-tête.

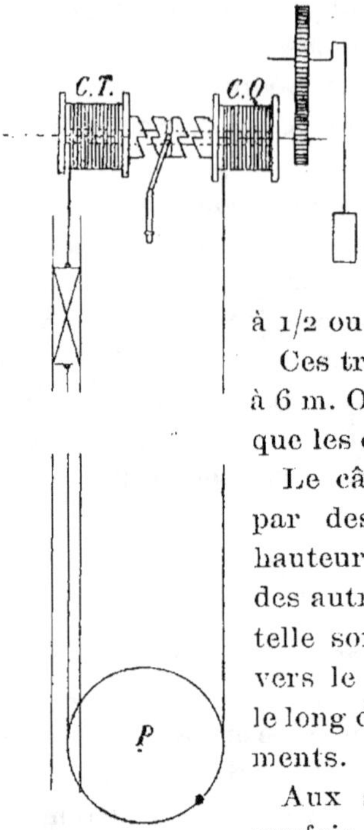

Ces transports se font à des vitesses de 4 à 6 m. On passe facilement les courbes, parce que les câbles sont en général peu tendus.

Le câble-tête est guidé, dans les courbes, par des rouleaux verticaux de 0^m.50 de hauteur, disposés à 1 m. de distance les uns des autres le long de la paroi de la galerie, de telle sorte que le câble ne puisse glisser, ni vers le haut, ni vers le bas. Un contre-rail, le long du rail extérieur, empêche les déraillements.

Aux stations extrêmes, on dispose quelquefois un système d'arrêt pour détacher automatiquement le câble et faire parvenir le train à destination par une pente appropriée ou en vertu de sa force vive.

Ce système se prête à faire des transports sur des embranchements latéraux. Il suffit d'intercaler le circuit de cet embranchement sur le circuit général au moyen d'un câble intermédiaire et d'une poulie de renvoi (fig. 337). Des aiguilles relient les rails de ces embranchements à ceux de la voie principale.

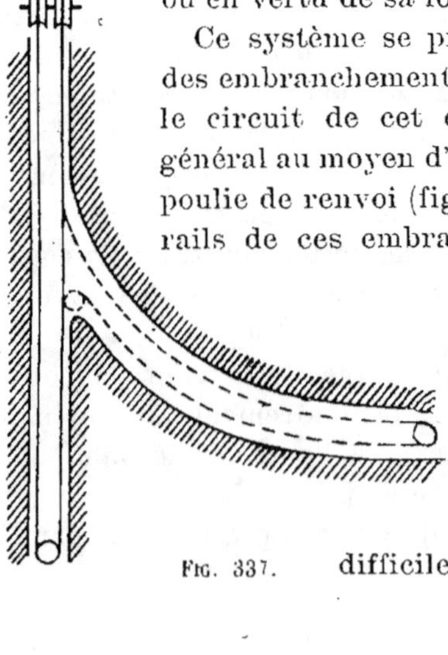

459. L'inconvénient des systèmes qui comportent de longs trains de wagons, est la nécessité d'avoir un grand développement des gares extrêmes, ce qui est souvent difficile dans les travaux souterrains.

Fig. 336.

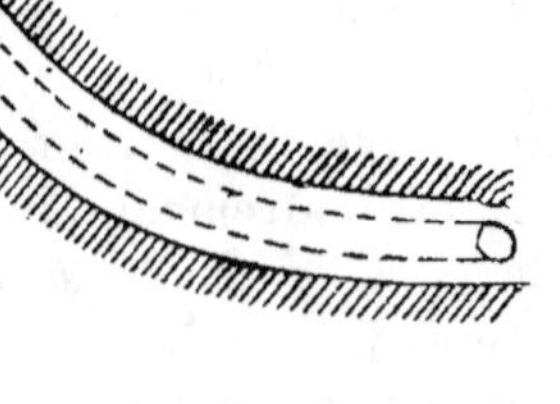

Fig. 337.

L'avantage principal du système par corde-tête et corde-queue est la grande vitesse qui permet de bien utiliser le matériel roulant et par suite de le réduire, tout en n'ayant qu'une galerie à simple voie. Il se prête spécialement à faire une extraction sur voie en rampe. Mais l'usure rapide des câbles et les accidents résultant de la vitesse viennent contrebalancer en partie ces avantages.

On a quelquefois appliqué le système avec deux voies ; il y a dans ce cas deux cordes-têtes et une corde-queue.

A Saarbrück on l'a appliqué, avec une machine à chaque extrémité de la voie, commandant alternativement le mouvement.

460. ***Transports aériens.*** — Dans les pays accidentés, il peut se faire que les voies établies sur le sol deviennent très longues et très coûteuses. Il peut même arriver qu'elles soient impossibles à établir par suite des accidents du sol. Dans les cas où la propriété est très divisée, la construction d'une voie sur le sol peut en outre être très coûteuse, alors qu'une voie aérienne se présente dans des conditions plus économiques.

Enfin dans certains districts miniers, les transports sur sol pourraient empêcher l'exploitation des concessions voisines, tandis qu'une voie aérienne passe par dessus celles-ci. Cette dernière difficulté s'ajoute fréquemment aux précédentes dans le district des mines de fer de Somorrostro (Bilbao).

Les transports aériens sont des cas particuliers du système par câble sans fin. Ils se divisent en deux catégories.

Dans la première, le système comporte *un seul câble à la fois porteur et moteur*. Dans la seconde, il y a *deux câbles : un porteur et un moteur*.

461. 1° *Transport aérien à câble unique.* — Ce système porte le nom de son inventeur, Ch. Hodgson, qui l'appliqua à Bilbao dès 1868. Il est encore d'un emploi courant dans ce district. Comme tout transport par câble sans fin, il comporte une poulie motrice à une extrémité du parcours et une poulie de tension à l'autre extrémité. Lorsqu'il y a une pente, cette dernière poulie est installée à la station inférieure pour diminuer l'effort de tension nécessaire.

Les poulies motrices et de renvoi sont souvent verticales.
Une poulie horizontale complète le système et reçoit dans ce cas
le tendeur (fig. 338).

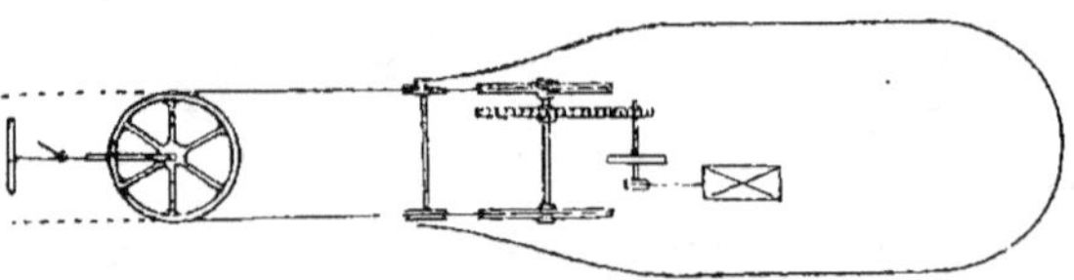

FIG. 338.

Le câble qui doit présenter une grande résistance avec beaucoup de souplesse, est en acier de 25 à 3o mm. de diamètre.
Il se meut avec une vitesse de $1^m.10$ à $1^m.8o$ par seconde et
entraîne des bennes fixées par une ligature ou plus généralement par adhérence,
au moyen d'un coussinet
de construction spéciale
(fig. 339).

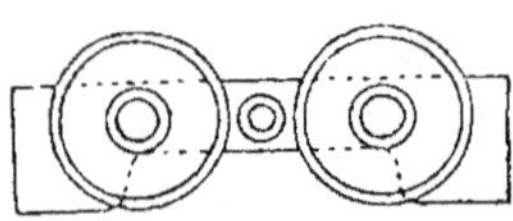

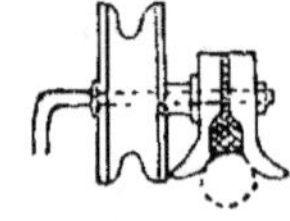

FIG. 339.

De distance en distance,
le câble est supporté par des poulies de $o^m.65$ à gorge profonde
dont la forme doit permettre le passage des coussinets. Ces
poulies sont fixées en porte à faux sur des pylones en bois ou
en fer (fig. 340).

Les pylones peuvent être disposés de manière à porter jusque

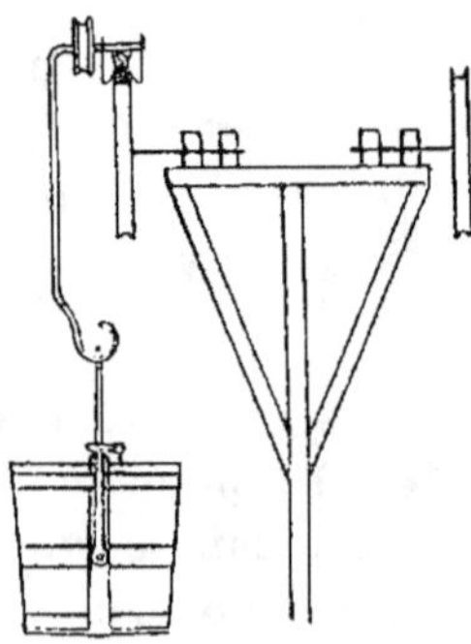

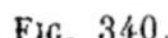

FIG. 340.

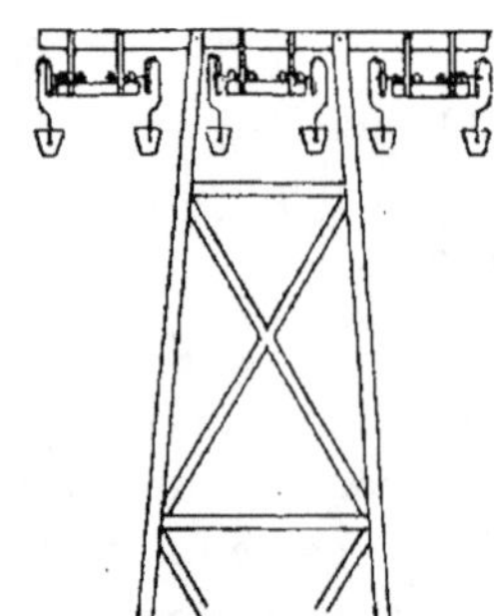

FIG. 341.

deux et même trois voies Hodgson. On voit plusieurs exemples
de cette disposition dans le district de Bilbao (fig. 341).

Il y a avantage à donner une grande hauteur aux pylones pour éviter les changements brusques d'inclinaison du câble. La hauteur et l'écartement des pylones doivent être tels que les bennes ne touchent jamais le sol. Dans le système Hodgson, leur distance ne dépasse guère 180 m., leur hauteur atteint souvent 50 m.

L'inclinaison du câble est limitée par l'adhérence du coussinet qui ne doit pas glisser; mais cette adhérence dépend beaucoup de l'état atmosphérique. On peut considérer comme maximum une pente de 30 % dans le sens des transports à charge et 23 % en sens contraire.

Les poulies simples ont l'inconvénient de donner une faible surface d'appui. C'est pourquoi MM. Roe et Bedlington, qui ont beaucoup perfectionné ce système, ont substitué à la poulie de support unique, un ensemble de deux ou plusieurs poulies fixées deux à deux à l'extrémité de petits balanciers (fig. 342), de manière à répartir la charge sur plusieurs points d'appui doués d'une grande mobilité, qui suivent l'infléchissement du câble, lorsque

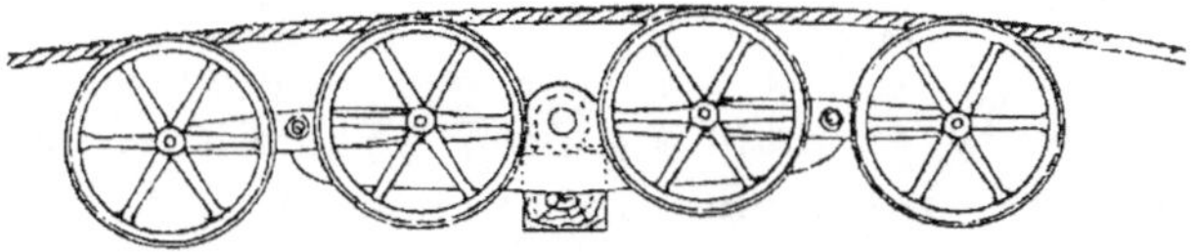

Fig. 342.

la benne approche du support. Cette modification, tout en diminuant l'usure des câbles, permet de leur donner de plus longues portées. Celles-ci peuvent atteindre 4 à 600 m. au lieu de 180 m. ce qui a pour conséquence la réduction du nombre de supports et l'augmentation des charges qui peuvent être de 500 kg., alors qu'elles n'étaient que de 200 kg. dans le système primitif. L'infléchissement étant moindre aux approches des poulies, on peut aussi, par ce système, réduire la hauteur des pylones.

462. Les bennes sont en fer et de forme tronconique; elles sont suspendues à un cadre en fer, infléchi de manière à mettre l'axe des tourillons de suspension de la benne, à peu près dans l'axe vertical du coussinet (fig. 340).

Le coussinet présente une gorge revêtue de caoutchouc. Cette gorge est assez longue pour assurer l'adhérence. Dans le système

Roe et Bedlington, le coussinet est remplacé par une double griffe métallique (fig. 343), dont la gorge présente une petite saillie, d'obliquité correspondante à celle des torons du câble. Cette saillie se plaçant entre deux torons assure l'entraînement.

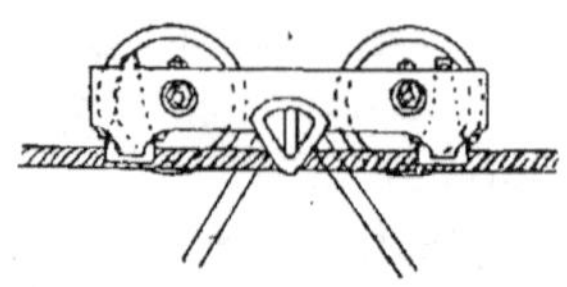

Fig. 343.

A côté du coussinet, se trouvent deux galets destinés à soutenir la benne dans les garages. Ceux-ci sont formés d'un rail contournant le câble et disposés de manière à conduire les bennes au quai de chargement ou au-dessus des points de déchargement (fig. 344) ; les bennes sont suspendues en dessous de leur centre de gravité et empêchées, par un

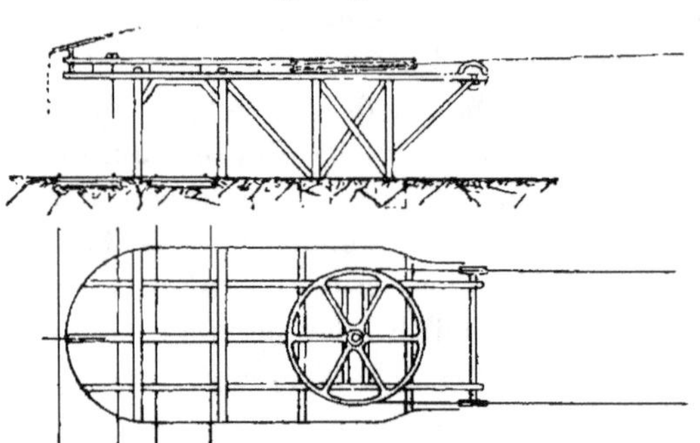

Fig. 344.

arrêt, de basculer en route (fig. 340). Aux stations, on retire l'arrêt et on les fait basculer par l'action de la pesanteur.

Les garages permettent de diriger les bennes à volonté au moyen d'aiguilles mobiles.

Dans les courbes (fig. 345) et aux changements d'inclinaison (fig. 346), la benne quitte de même le câble et roule sur un rail, tandis que le câble est guidé par des galets. En ces points, il faut

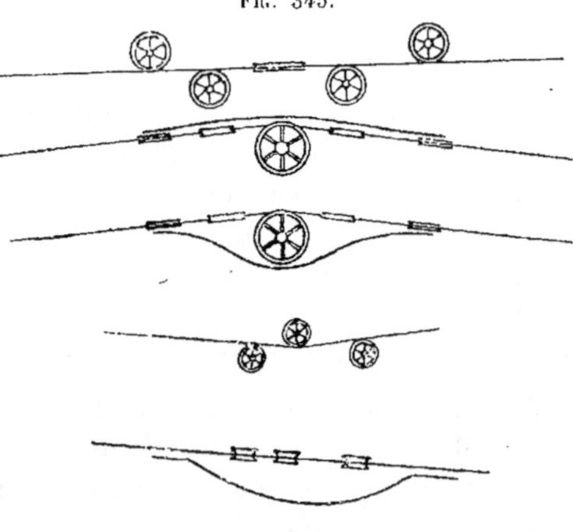

Fig. 345.

Fig. 346.

nécessairement un ouvrier pour engager la benne sur le rail.

Aux points de jonction du câble et du rail, l'un ou l'autre se dérobe, selon le sens du mouvement, pour que le véhicule passe sans effort et sans choc du câble sur le rail ou réciproquement.

Le graissage du câble se fait très aisément, en le faisant passer dans une boîte à huile en un point de son parcours. L'usure est très uniforme.

Le système Hodgson est économique d'installation. A Bilbao, on estime celle-ci à environ 65.000 fr. par kilomètre. Les câbles Hodgson de Bilbao transportent 250 à 300 tonnes en 11 heures au moyen de bennes de 145 à 170 kg. dont le poids mort varie de 32 à 67 kg. Le prix de revient moyen du transport est de fr. 0,86 par tonne sur une ligne de 1250 m. Il était de fr. 1,30 à 1,50 par chars à bœufs avant l'établissement des transports aériens.

463. 2° *Transport aérien à double câble.*— Ce système comporte un câble porteur et un câble moteur. Il est fréquemment appliqué dans les pays de montagnes sous forme de plan automoteur aérien. On peut aussi y rattacher le mode d'extraction en usage, sous le nom de *Blondin*, dans certaines ardoisières d'Ecosse et du Pays de Galles, où il permet, à l'aide d'une poulie moufflée, d'enlever la charge d'un point quelconque du fond de l'excavation (fig. 347).

Appliqué avec câble sans fin moteur, où lui donne souvent le nom de système Bleichert-Otto, d'après celui de deux firmes saxonnes qui ont le plus contribué à le répandre.

464. Les câbles porteurs formant la voie proprement dite n'ont pas besoin d'une grande flexibilité. Ils sont souvent composés d'un seul toron en gros fil d'acier, ou mieux d'un câble lisse à petits fers profilés, enchevêtrés à la surface de manière à empêcher toute saillie d'un des fils intérieurs (fig. 348). Ils sont amarrés à une extrémité de la ligne et tendus à l'autre

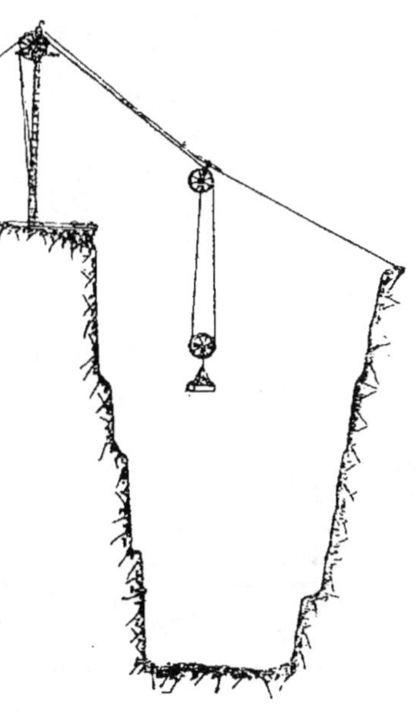

Fig. 347.

extrémité, par contrepoids ou par vis pour les petites longueurs. Ces câbles sont soutenus sur des poteaux ou pylones, en bois ou

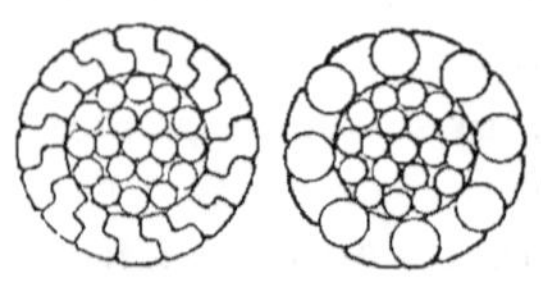

Fig. 348.

en fer, espacés à des distances qui ne dépassent pas ordinairement 25 à 60 m., mais qui exceptionnellement peuvent atteindre beaucoup plus : on cite une portée de 1100 mètres au Val-Gabbio, à Premosello (Italie). Le câble sur lequel circulent les wagons pleins, a une section plus forte que celui des vides. Cette section dépend évidemment de la distance des supports. On emploie de préférence le métal pour la construction des pylones très élevés. On donne d'ailleurs rarement à ceux-ci une hauteur de plus de 30 m.

Le câble est supporté ordinairement sur les pylones par une pièce à surface courbe graissée, présentant un développement

Fig. 349.

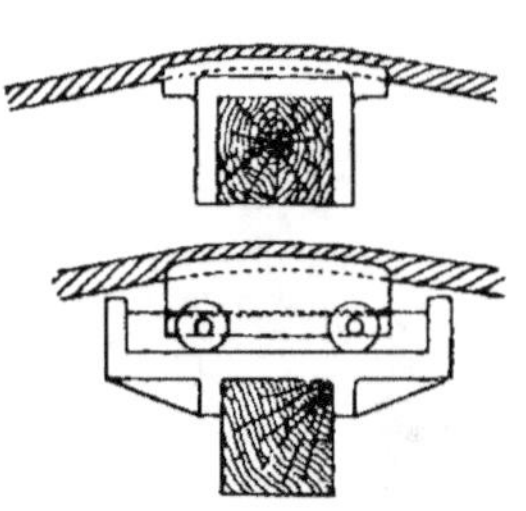

Fig. 350.

au moins égal à l'écartement des roues du chariot portant les bennes (fig. 349). Au moment où la benne s'approche ou s'éloigne du support, il se produit, en effet, un glissement qui serait nuisible au câble, si ce dernier n'était supporté sur une certaine longueur. Pour réduire ce glissement, on a quelquefois placé cette pièce courbe sur galets, de manière à lui faire suivre les mouvements du câble (fig. 350); mais ces galets s'encrassent facilement et alors le chariot se cale. Dans les transports aériens construits par la maison Beer, le câble est supporté par un petit balancier qui en tournant sur son axe suit les mouvements longitudinaux du câble (fig. 351).

A 2 m. en dessous du sommet du pylone se trouve un rouleau pour recueillir le câble moteur, lorsqu'il fléchit (fig. 352).

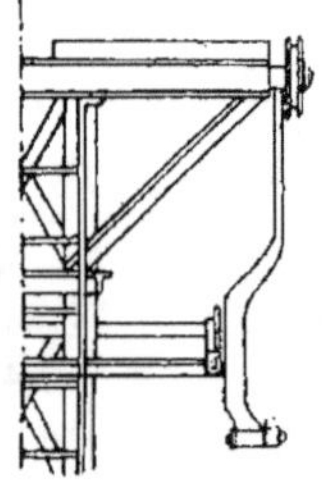

Fig. 351.

465. Le câble moteur est plus mince que le câble porteur. Il s'enroule à une extrémité sur une ou plusieurs poulies motrices de grand diamètre ($1^m.60$) avec frein, disposées

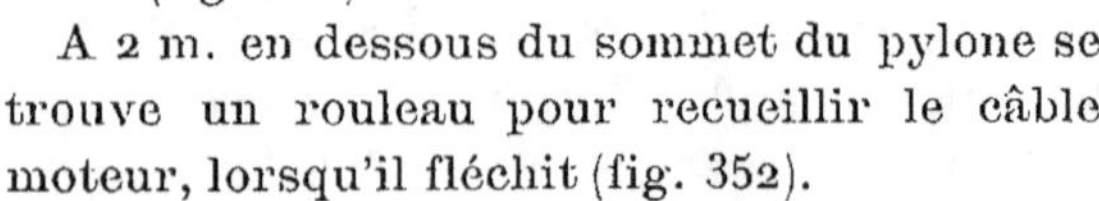

de manière à produire une grande adhérence, et à l'autre extrémité sur une poulie de tension à contrepoids. Lorsque le transport se fait en pente, la poulie motrice est généralement à la station supérieure et la poulie de tension à la station inférieure. La vitesse du transport est ordinairement de $1^m.5o$ par seconde.

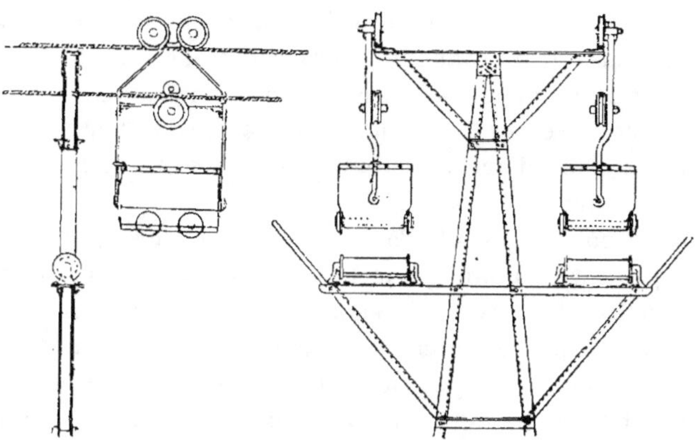

Fig. 352.

466. Le matériel roulant se compose d'un châssis à deux galets qui porte, soit des bennes de 1,5 à 5 hectolitres, soit le matériel ordinaire de la mine muni de tourillons (fig. 352). Ceux-ci sont fixés en dessous du centre de gravité du wagonnet ou de la benne pleine, qui pendant le transport est réunie au châssis par une agrafe qu'il suffit de soulever pour faire basculer la benne.

Les châssis roulants se fixent de distance en distance sur le câble moteur par un mode d'attache qui diffère suivant les constructeurs. Cette attache est à friction ou à griffes avec manchons sur le câble.

Les premières ne peuvent s'employer que sur des voies horizontales ou faiblement inclinées. Le câble y est coincé entre un galet et un secteur qui se relève ou s'abaisse par l'intermédiaire d'un excentrique à manivelle. Le desserrage se produit automatiquement, lorsque la manivelle vient buter à l'arrivée contre un obstacle fixe. Les attaches à friction ont l'inconvénient d'user les câbles et sont pour cela peu employées. On a construit des attaches à friction qui saisissent le câble sur une certaine longueur entre deux mors. Ces attaches usent moins le câble que les précédentes. L'usure est d'ailleurs d'autant plus grande que la voie est plus inclinée.

Lorsque la pente est forte, il faut recourir à une attache par griffes et manchons d'acier fixés de distance en distance sur le câble, sur lequel ils forment des nœuds; ceux-ci s'engagent entre deux griffes G G', dont l'une G', montée sur ressort, est soulevée au passage du manchon pour retomber ensuite (fig. 353).

Pendant le transport, la griffe est maintenue en place de diverses manières et le détachement se produit automatiquement à la station d'arrivée par l'action d'un butoir fixe ou d'un plan incliné qui rend aux griffes leur liberté.

La figure 353 représente l'attache de ce genre employée depuis longtemps au charbonnage de Patience et Beaujonc. La double griffe peut basculer, dans le sens de la flèche, autour d'un axe horizontal A A. Pendant le transport elle est maintenue en place par un étrier E qui est soulevé à l'arrivée par un butoir; le câble étant en même temps dévié latéralement, se dégage.

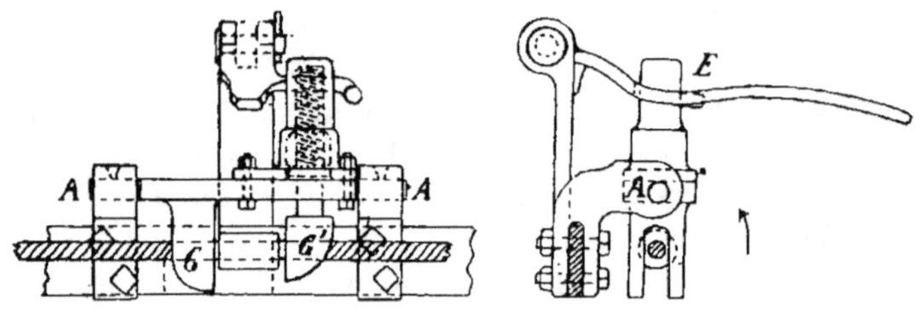

FIG. 353.

Les gares sont disposées comme dans le système Hodgson, avec cette seule différence que le rail fixe s'embranche directement sur le câble porteur, de sorte que les chassis roulants, au moment où le détachement se produit automatiquement, passent sur le rail fixe où ils sont ensuite poussés à la main (fig. 354).

467. Le système Bleichert-Otto est plus coûteux d'installation que le système Hodgson. En Belgique ce prix est de 30.000 à 40.000 francs, suivant que la distance est grande ou petite. Lorsque les transports sont en pente de plus de 8 à 9 %, ce

système est souvent automoteur ou partiellement automoteur. On peut l'appliquer avec des pentes limites de 34 %.

A Somorrostro, le débit de ces câbles est de 4 à 600 tonnes de minerai par 10 heures et le prix de revient moyen de fr. 0.60 à 0.75 par tonne kg. pour des parcours de 1850 à 500 m.

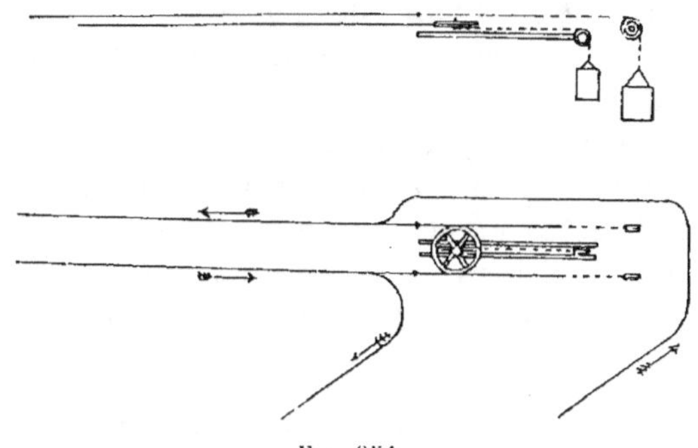

Fig. 354.

Les installations de ce genre en Belgique sont très nombreuses. Au charbonnage de Patience et Beaujonc, à Glain, on transporte ainsi les wagonnets du fond qui, venant du puits, roulent sur des taques inclinées de manière à venir se suspendre automatiquement aux châssis roulants. Ces wagonnets pèsent 865 kg. Le câble porteur a 25 mm. pour la voie des pleins et 22 mm. pour la voie des vides.

Au charbonnage du Bois-Planty, à Floreffe, il existe une voie de ce genre qui franchit la Sambre à 16 m. au-dessus du rivage, mais présente une station intermédiaire pour le chargement des bateaux au moyen d'un appareil descenseur.

Aux mines de manganèse de la Lindener Mark, à Giessen, les stations de chargement suivent le front de taille de l'exploitation à ciel ouvert et se déplacent suivant l'avancement des chantiers.

Au charbonnage d'Aiseau-Presles, à Farciennes, les rails de la station de déchargement se prolongent, suspendus à des chevalets en bois qui se déplacent suivant les besoins de l'emmagasinage des charbons.

Ce système se prête, comme on le voit, à une foule de combinaisons; mais le prix de revient du transport reste toujours assez élevé, à cause des frais qu'entraîne l'entretien et le remplacement des câbles, qui constituent à eux seuls en moyenne 15 °/₀ du prix de l'installation. On peut admettre qu'en moyenne la durée d'un câble moteur ne dépasse pas 3 ou 4 ans. Les frais d'installation s'accroissent par suite des mesures de précaution nécessaires pour franchir les voies de communication, au-dessus desquelles il faut construire des ponts.

L'un des transports de ce genre présentant·le plus grand trafic est celui d'Oberhausen qui transporte 1000 t. de houille par jour à 400 m. Le plus long est celui de Gyalar et Vadu-Dobri, à Vayda-Hunyad, en Transylvanie, qui a un développement de 30542 m. en 8 sections, avec 4 machines motrices dont chacune commande deux sections (¹). C'est la disposition la plus avantageuse, lorsque le transport comprend des sections multiples.

468. Le système Brunot-Heuschen de transports aériens à double câble dont il existe quelques spécimens en Algérie, se distingue par le fractionnement du câble porteur en plusieurs sections de résistance correspondante à leur longueur (fig. 355). Ces sections sont formées chacune d'un câble porteur amarré en E à une extrémité et tendu, comme en E', à l'autre. La fig. 355

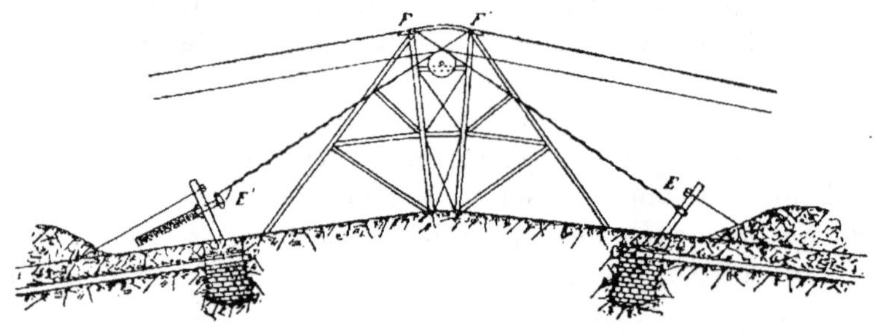

Fig. 355.

représente la jonction de deux sections sur un même pylone. Le raccordement des sections se fait par des fers en ⌐ F F' que traversent les câbles porteurs. Les galets des châssis sont à trois

---

(¹) *Ann. des mines*, 8ᵉ série. t. IX, 1886.

gorges dont les deux extérieures roulent sur les rebords du fer 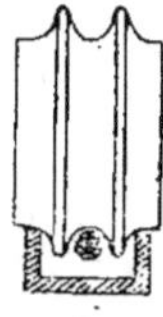 dans les raccordements (fig. 356). Ces raccordements peuvent être en courbe, de sorte que la voie n'est plus astreinte à suivre une ligne droite, comme les systèmes précédents.

Fig. 356.

469. **Plans automoteurs.** — Un plan automoteur est un système de transport mécanique où la force motrice est la pesanteur. Celle-ci peut d'ailleurs agir, dans une grande partie des systèmes précédents, pour aider un autre moteur; nous étudierons spécialement dans ce chapitre les transports organisés de telle sorte que la descente des wagons pleins fasse remonter au point de départ les wagons vides, par l'intermédiaire d'un câble et d'une poulie.

A la surface, il existe des plans automoteurs atteignant 1000 mètres et plus de longueur (plan incliné de l'Orconera, à Bilbao). Dans l'intérieur des mines, on dépasse rarement la longueur de 100 mètres.

Les plans inclinés automoteurs sont généralement en ligne droite. Cependant celui de l'Orconera présente deux courbes de grand rayon, en sens inverse l'une de l'autre, où le câble est guidé par des poulies horizontales à large gorge.

Les plans automoteurs peuvent être sur sol ou aériens. Les plans aériens sont fréquemment employés dans les pays de montagne pour descendre des charges à un niveau inférieur. Les dispositions des transports aériens à câble porteur et moteur s'appliquent à ce cas spécial, mais le câble moteur n'est plus nécessairement sans fin.

Les plans automoteurs établis sur sol sont ordinairement à deux voies (fig. 357); dans certains cas, il est nécessaire de réduire la largeur du plan pour occuper moins de surface. Cette nécessité se présente souvent dans les mines où les conditions de soutènement ne permettent pas toujours de maintenir ouvertes des galeries à double voie.

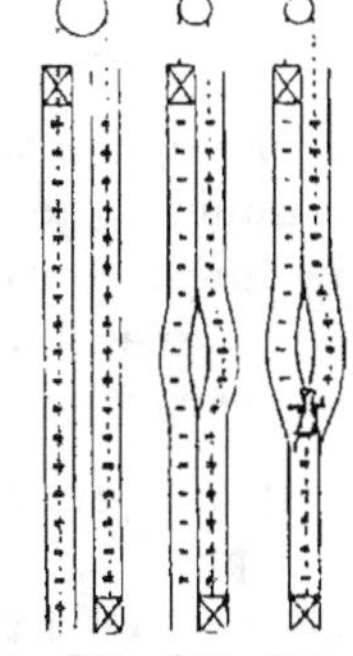

Fig. 357. 358. 359.

Dans ce cas, on peut établir un plan à 3 rails avec évitement (fig. 358); on peut même réduire le nombre de rails à 2 en dessous de l'évitement (fig. 359), en disposant d'un système d'aiguilles qui sont déplacées par les bourrelets des roues, de telle sorte que le wagon plein descendant ouvre lui-même la voie par où il remontera à vide. Il s'ensuit naturellement une économie d'installation. Dans l'axe des voies, sont des rouleaux guides qui empêchent le câble de frotter sur le sol. Dans la dernière disposition, les rouleaux de la partie inférieure du plan sont alternativement animés de mouvements en sens inverse et il peut arriver que le mouvement de rotation imprimé aux rouleaux pendant la descente des wagons pleins, n'ait pas cessé lors de la remonte des wagons vides. Il en résulte un excès de frottement et d'usure.

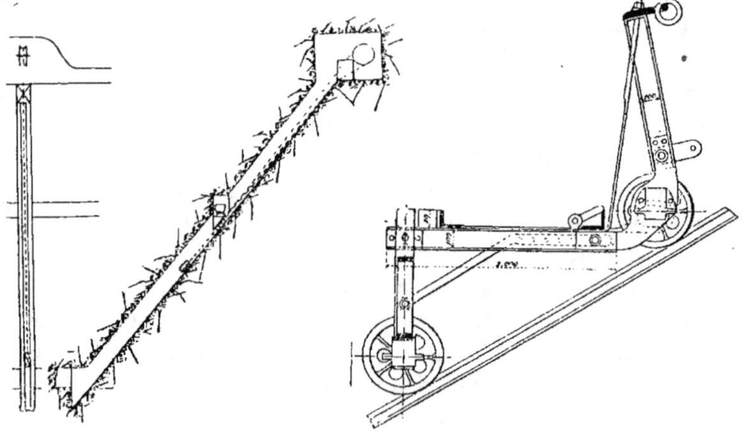

<table>
<tr><td>Fig. 360.</td><td>Fig. 361.</td></tr>
</table>

Lorsqu'on veut réduire la largeur du plan à celle d'une voie unique, il ne reste comme ressource qu'à construire un plan incliné à contrepoids roulant sur deux rails placés à l'intérieur de la voie (fig. 360). Le wagonnet est ordinairement placé dans ce cas sur un *chariot-porteur* de section triangulaire.

470. Il peut arriver, dans certaines mines, que l'on ait souvent à déplacer les plans inclinés avec des conditions de pente qui peuvent être différentes. Les trucs employés doivent dans ce cas pouvoir s'adapter aux différentes inclinaisons prévues tout en maintenant la plate-forme horizontale. On emploie pour cela des trucs à charnière (fig. 361, Courrière) ou à berceau (fig. 362).

Le contrepoids passe sous le chariot dont les rails sont au besoin surélevés au point de rencontre. Le contrepoids est remonté par la descente du wagon plein et par sa descente, il fait remonter le wagon vide.

Dans les mines, ce système est fréquemment employé, non seulement dans le but de réduire la largeur du plan, mais parce que ce système rend la voie accessible de part et d'autre. Le plan peut donc recevoir des wagonnets provenant de galeries transversales ou des différents gradins d'une carrière à ciel ouvert, tandis que, quand le plan est à deux voies, les wagons pleins à accrocher à un niveau intermédiaire peuvent se trouver du côté de la charge montante, ce qui exige une manœuvre que l'on évite sur les plans à contrepoids.

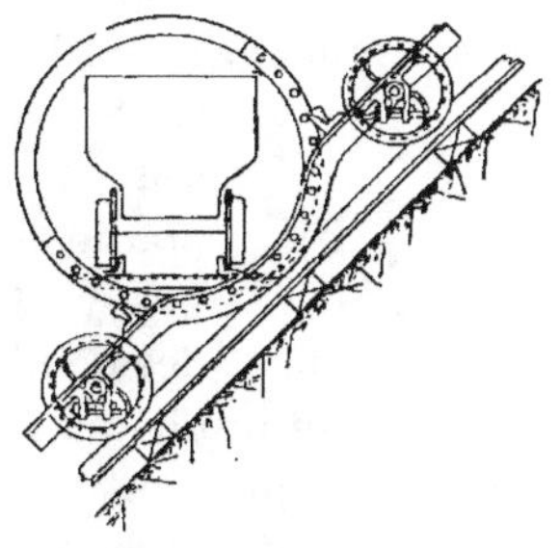

Fig. 362.

471. Les câbles sont en fer, en acier ou en bronze phosphoreux; les chaînes ont l'inconvénient d'être trop lourdes et moins sûres que les câbles.

Du côté des wagons pleins, le câble se déroule et son poids augmente constamment la puissance, tandis que de l'autre côté le câble s'enroulant, la résistance diminue. On dit dans ce cas que le système n'est pas équilibré.

Pour obtenir l'équilibre, on peut employer les moyens que nous étudierons dans l'extraction où se pose un problème analogue; mais les plans inclinés fournissent une solution qui leur est propre. On peut, en effet, faire varier l'angle d'inclinaison du plan, de telle sorte que la force $P \sin x$ qui sollicite le wagonnet plein à descendre, soit constante, malgré les variations de la puissance et de la résistance.

Le problème est difficile à mettre en équation, mais on démontre aisément que dans ce cas la courbe du plan doit être une cycloïde ([1]). Ce n'est pas toutefois une solution pratique, parce que la forme du plan est généralement donnée par la configuration du terrain.

La corde s'enroule au sommet du plan sur une poulie ou sur

---

[1] *Annales des mines*, 8e série, t. III.

un tambour. Dans le premier cas, il faut une adhérence suffisante, ce qui s'obtient en faisant faire plusieurs
tours au câble sur la poulie ou en employant des
poulies à grande adhérence (Fowler ou Champigny). On emploie souvent aussi dans le même but
des poulies doubles (fig. 363, Bilbao).

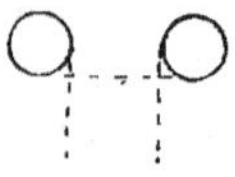

Fig. 363.

Sur un tambour, les deux brins sont isolés. L'un s'enroule
pendant que l'autre se déroule ; mais il y a un déplacement latéral que l'on a quelquefois combattu, en
faisant passer le câble sur un galet mobile le long
d'un axe transversal.

472. Quel que soit le soin avec
lequel l'équilibre des câbles a pu
être réalisé, il y a accélération
et il faut la détruire au moyen
d'un frein. Ce frein est à sabot ou a
bande. Il est placé sur une poulie solidaire de celle du plan, ou sur une poulie verticale
placée sur l'axe des tambours.

Fig. 364.

Le frein est à vis (fig. 364) ou a contrepoids
(fig. 365) ; la règle est qu'il soit toujours fermé en
temps de repos : en Belgique, les règlements de
police des mines l'exigent. Pour que le mouvement commence, il faut desserrer la vis
ou soulever le contrepoids à l'aide d'un
levier. Ce dernier système est préférable
au point de vue de la rapidité et de la

Fig. 365.

sûreté. Pour que la sécurité soit complète, il faut que le levier
du contrepoids ou de la vis puisse être actionné de chaque
côté du plan, afin que l'ouvrier n'ait jamais à enjamber les
câbles.

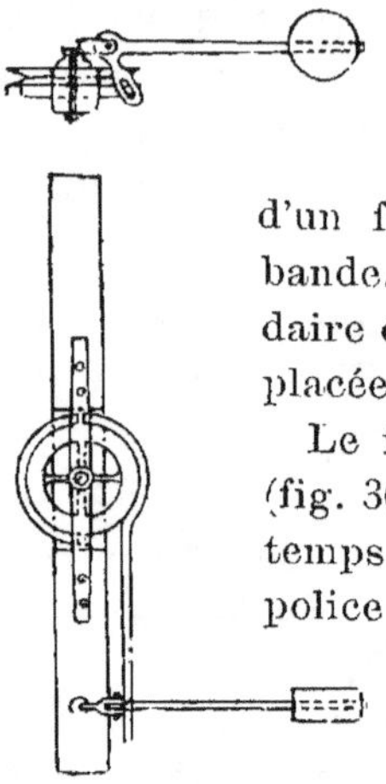

Il existe plusieurs dispositifs réalisant ce desideratum (¹).

Dans la poulie Cauvain, le frein est fixe et la poulie mobile ;
elle retombe sur le frein par son poids et doit être soulevée par
un levier pour que le mouvement commence (fig. 366).

(¹) Poulie Van Hassel, *Revue universelle des mines*, 8º série, t. XXXI.
Poulie Préat, id., t. XLIX.

Si la charge est considérable, les freins à friction ne suffisent plus. On emploie dans ce cas, comme frein supplémentaire, un régulateur à ailettes tournant dans l'air. La résistance produite par ce régulateur est proportionnelle au carré de la vitesse; il constitue donc un frein très énergi-

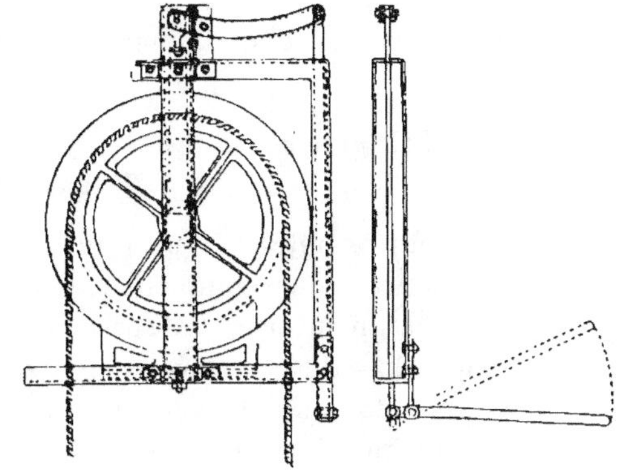

Fig. 366.

que qui vient aider l'action des freins ordinaires mis à la disposition du machiniste. On fait souvent tourner ces régulateurs dans de l'eau ou dans de l'huile, dans le but de réduire leur diamètre (1). L'application en a été faite sur les grands plans inclinés de la Société Franco-belge à Bilbao, où l'on descend des trains de 12 wagons chargés chacun de 2000 kg. de minerai de fer, sur une pente maxima de 36 %.

473. *Conditions dans lesquelles un plan incliné peut être automoteur.* — Le problème de l'établissement d'un plan automoteur se pose ordinairement comme suit : on se trouve en présence d'une pente donnée par le profil du terrain ou par l'inclinaison de la couche. Il faut rechercher si cette pente est convenable pour l'établissement d'un plan automoteur. Si elle est inférieure à 8°, on doit y renoncer à priori.

Soit, fig. 367, α la pente, P le poids mort du wagon, P' le poids de la charge, P'' le poids de câble correspondant à la longueur du plan, f le coefficient de résistance à la traction du véhicule, f' le coeffi-

Fig. 367.

cient de frottement du câble sur le sol et sur les rouleaux guides.

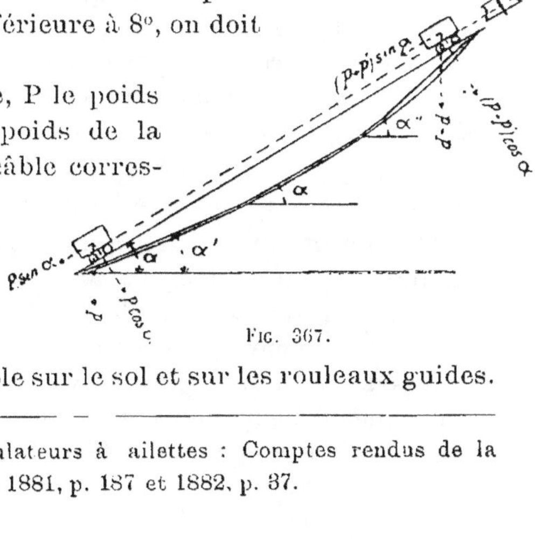

---

(1) Voir le calcul des régulateurs à ailettes : Comptes rendus de la Société de l'industrie minérale 1881, p. 187 et 1882, p. 37.

Le mouvement commencera si l'inégalité suivante est satisfaite :

$$(P + P') \sin \alpha > P \sin \alpha + f (2 P + P') \cos \alpha + P'' \sin \alpha \\ + f' P'' \cos \alpha. \qquad (1).$$

On peut prendre $f = 0.01$ et $f' = 0.1$.

Le mouvement commencé continuera, car la puissance ne cesse d'augmenter et la résistance de diminuer, par suite du passage du câble de la voie montante sur la voie descendante. Il y aura donc une accélération que le frein devra détruire.

Si l'inégalité (1) n'est pas satisfaite, on peut agir sur divers éléments pour rendre le plan automoteur :

1° On peut augmenter le nombre de wagons, en les faisant descendre par rames. On peut ainsi rétablir l'inégalité cherchée, puisque les termes relatifs au câble restent constants. n étant le nombre de wagons dont se compose la rame, il faut que l'inégalité suivante se vérifie :

$$n (P + P') \sin \alpha > n P \sin \alpha + f n (2 P + P') \cos \alpha + P'' \sin \alpha \\ + f' P'' \cos \alpha, \cdot$$

Il faut remarquer que dans ce cas le frottement du câble a une tendance à diminuer, parce que le câble est plus tendu.

2° On peut diminuer la résistance au roulement f, en plaçant les wagons sur un *chariot porteur*, ce qui d'ailleurs est indispensable si la pente est un peu forte, de manière à réduire le nombre des essieux ; on peut diminuer en même temps la résistance au frottement du câble f', en multipliant les rouleaux guides ; mais l'emploi d'un chariot porteur a l'inconvénient d'augmenter le poids mort.

3° On peut équilibrer le câble, en employant par exemple un câble sans fin, de manière à supprimer le terme $P'' \sin \alpha$.

4° On peut faire un *lancé* d'inclinaison $\alpha' > \alpha$ (fig. 367). On diminue en même temps l'inclinaison de la partie inférieure $\alpha'' < \alpha$, de manière à obtenir un ralentissement dans la dernière partie du parcours, par la diminution de la puissance des wagons pleins descendants qui se trouvent sur une inclinaison moindre, au moment même où la résistance augmente, parce que les wagons vides remontant se trouvent sur une pente plus forte.

En supposant que le câble au départ soit tout entier sur la pente moyenne α, l'inégalité à vérifier deviendra :

$$(P + P') \sin \alpha' > P \sin \alpha'' + f (P + P') \cos \alpha' + f P \cos \alpha''$$
$$+ P'' \sin \alpha + f' P'' \cos \alpha.$$

Comme les sinus augmentent plus vite que les cosinus ne diminuent, les termes relatifs au frottement changent peu, tandis que les fonctions de sinus augmentent et diminuent rapidement.

On pourrait en outre chercher à déterminer le profil du plan, en s'imposant comme condition que la vitesse soit nulle à l'arrivée. Il faudrait pour cela que la vitesse maxima fût telle que la force vive due aux masses en mouvement fût égale au travail restant à accomplir, après le point de vitesse maxima.

La vitesse ne doit en aucun cas dépasser 4 m. par seconde, à moins d'avoir un régulateur à ailettes, auquel cas la vitesse peut sans inconvénient être portée à 5 m.

474. Dans le cas d'un plan incliné à contrepoids, la pente doit être plus grande que pour un plan incliné ordinaire.

En appelant r le rapport $\dfrac{P}{P'}$ et en faisant abstraction des termes relatifs au câble, l'inégalité (1) peut s'écrire :

$$tg\ \alpha > f (1 + 2r).$$

La pente limite sera donnée par :

$$tg\ \alpha = f (1 + 2r).$$

Soit C le poids du contrepoids, l'équation d'équilibre sur un plan d'inclinaison α' sera, abstraction faite des termes relatifs au câble :

1° A la descente des wagons pleins :

$$(P + P') \sin \alpha' = f (P + P') \cos \alpha' + C \sin \alpha' + f C \cos \alpha';$$

2° A l'ascension des wagons vides :

$$C \sin \alpha' = f C \cos \alpha' + P \sin \alpha' + f P \cos \alpha'.$$

En éliminant C entre ces deux équations, on trouve :

$$tg\ \alpha' = f \frac{\sqrt{1 + r} + \sqrt{r}}{\sqrt{1 + r} - \sqrt{r}} = f \frac{1 + r + \sqrt{1 + r}\sqrt{r}}{1 + r - \sqrt{1 + r}\sqrt{r}},$$

d'où l'on déduit que l'angle α' est plus grand que α, car le numérateur est plus grand que $1 + 2r$ et le dénominateur plus petit que 1.

Il est facile de voir que le contrepoids C est moyenne proportionnelle entre les poids P et P'. Pour que le mouvement soit régulier, c'est-à-dire d'égale vitesse à la descente et à la remonte; il faut en effet que les forces soient entre elles comme les poids qu'elles entraînent, on aura donc :

$$\frac{(P+P')\sin\alpha' - f(P+P')\cos\alpha' - C\sin\alpha' - fC\cos\alpha'}{C\sin\alpha' - fC\cos\alpha' - P\sin\alpha' - fP\cos\alpha'} = \frac{P+P'+C}{P+C},$$

d'où l'on tire :

$$C^2 = P\,(P + P').$$

On voit, d'après ce qui précède, que les calculs qui se rapportent à l'établissement des plans inclinés automoteurs ne sont que des tâtonnements dont la conclusion doit être la meilleure utilisation possible d'une situation donnée.

475. *Utilisation d'un excès de force motrice.* — L'excès de puissance d'un plan incliné automoteur, au lieu d'être détruit à l'aide d'un frein, peut dans cértains cas être utilisé.

Comme exemple de cette utilisation, nous citerons l'exemple classique des plans *bisautomoteurs* autrefois établis par l'ingénieur Bourdaloue aux charbonnages de la Grand'Combe et souvent imités en pays de montagnes.

L'excès de force motrice développé sur le plan automoteur est utilisé à faire remonter les wagons vides, à un niveau supérieur à celui du départ des wagons pleins.

Une charge P' descendant d'une hauteur verticale H est en effet capable de faire remonter un poids mort P à une hauteur h donnée par l'équation :

$$P'H = Ph.$$

Un tambour T à sections différentielles, proportionnelles à la longueur de chaque plan est au niveau le plus élevé et commande les câbles des deux plans (fig. 368).

Sur le plan inférieur, 4 wagons pleins font remonter 4 wagons vides; ils font de plus remonter 5 wagons vides sur le plan

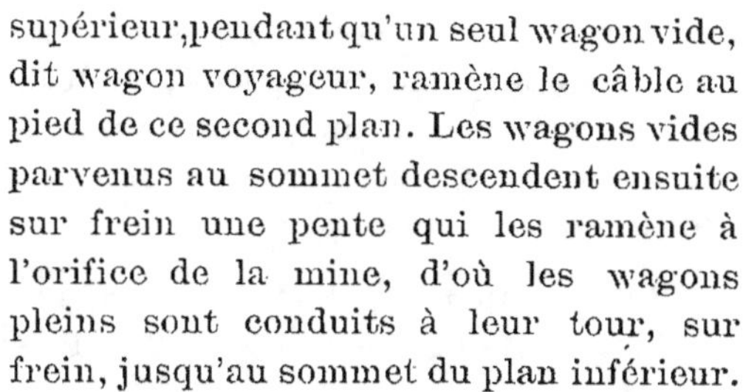

Fig. 368.

supérieur, pendant qu'un seul wagon vide, dit wagon voyageur, ramène le câble au pied de ce second plan. Les wagons vides parvenus au sommet descendent ensuite sur frein une pente qui les ramène à l'orifice de la mine, d'où les wagons pleins sont conduits à leur tour, sur frein, jusqu'au sommet du plan inférieur.

476. On peut encore citer une application faite à Saarbrück sur un plan incliné souterrain auquel faisait suite une vallée. En faisant descendre 2 wagons vides sur le plan automoteur, on faisait remonter un wagon plein du fond de la vallée jusqu'au pied du plan et l'on y descendait en même temps un wagon vide.

On a dans ce cas, pour déterminer la hauteur verticale de la vallée h, l'équation :

$$2\mathrm{P'H} = \mathrm{P'}h$$

On voit que les hauteurs verticales sont en raison inverses des charges qui les parcourent.

477. Au centre de Gilly, on a appliqué l'excès de force d'un plan automoteur, pour faire le transport sur un bouveau montant de 10° d'inclinaison aboutissant à la tête de ce plan (fig. 369).

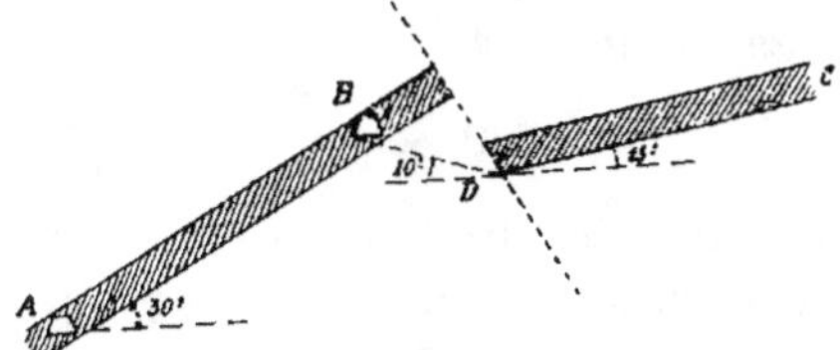

Fig. 369.

Dans ces exemples, les rayons d'enroulement étant différents, il faut vérifier si la somme des moments positifs est plus grande ou égale à la somme des moments négatifs ; en désignant par α et α' les inclinaisons du plan principal et du plan sur lequel l'excès de force est utilisée, par R et r les rayons correspondants, cette condition est exprimée par :

$$[(P + P') \sin \alpha - f (P + P') \cos \alpha] R + (P \sin \alpha' - f P \cos \alpha') r$$
$$\geqq [P' \sin \alpha + f P \cos \alpha] R + [(P + P') \sin \alpha' - f (P + P') \cos \alpha'] r$$

478. Comme dernier exemple de ce genre d'utilisation de la pesanteur, il faut citer l'application qu'en a faite A. Briart au charbonnage de Bascoup où il créa des plans automoteurs pour se procurer la force motrice d'un transport horizontal par chaîne flottante (fig. 370). Pour commander le transport horizontal de l'étage de 165 m., on a approfondi le puits jusqu'au niveau de 246 m., niveau auquel on a fait aboutir les plans automoteurs. Les wagons pleins sont descendus par ceux-ci à ce niveau, où les prend la machine d'extraction pour les élever au jour.

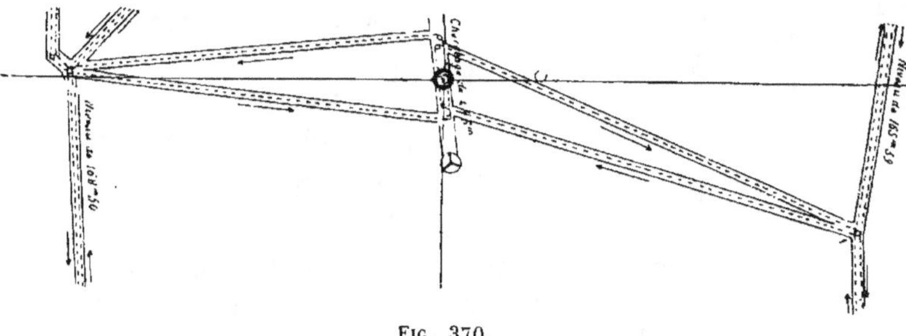

FIG. 370.

Pour calculer la longueur x sur laquelle le transport horizontal par chaîne flottante d'une charge P' peut être obtenu par un mètre de descente verticale d'une charge égale, on écrira l'égalité des travaux :

$$P' \times 1 \text{ m} = x f (P' + 2 P + 2 C),$$

f étant le coefficient de résistance au roulement, P le poids mort d'un wagon, C le poids de chaîne correspondant à un wagon.

Dans les conditions du charbonnage de Bascoup, P' = 500 kg.
P = 250 kg.

La chaîne pèse 5 kg. par mètre. En supposant les wagons distants de 20 m., on a C = 100 kg.

En posant f = 0.02 (valeur exagérée), on aura x = environ 20 m. La hauteur verticale des plans automoteurs étant de 81 m., le transport horizontal peut se faire sur 1620 m. Le plan incliné se compose de deux galeries inclinées desservies par chaîne flottante, de telle sorte que les wagons pleins descendent par l'une et les wagons vides remontent par l'autre. La poulie placée à la bifurcation de ces deux galeries transmet en même temps le mouvement à la chaîne horizontale qui dessert l'étage et se ramifie dans différentes directions. Comme on le voit par la figure, le système est double : deux plans automoteurs desservent les niveaux de 165^{m}.39 et de 168^{m}.60. Les wagons pleins étant descendus à un niveau inférieur à celui de l'étage, c'est en dernière analyse la machine d'extraction qui fait le travail correspondant au transport horizontal.

479. *Appareils et mesures de sécurité.* — Les plans inclinés automoteurs donnent souvent lieu à des accidents.

Les causes en sont diverses. En premier lieu, il faut citer les ruptures de câbles qui heureusement sont les accidents les moins fréquents et qui peuvent être évités par l'emploi de câbles de qualité supérieure et par une surveillance assidue. Dans certains cas, notamment sur les plans inclinés de surface, on munit les wagonnets d'un appareil d'arrêt en forme de double piqueron destiné à retenir le véhicule en cas de rupture du câble (fig. 371, Courrière).

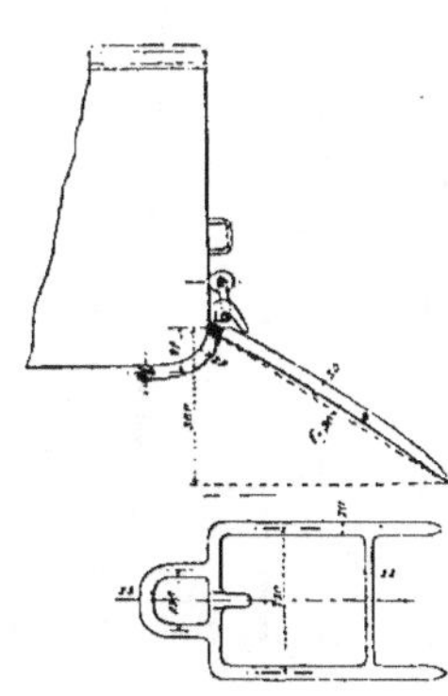

Fig. 371.

Des accidents plus fréquents proviennent de la précipitation sur le plan d'un wagonnet non accroché au câble, soit à partir d'une voie intermédiaire, soit à partir de la tête du plan.

Dans le cas des voies intermédiaires, cet accident peut être évité par des barrières; mais les chaînes, cordes, bois transversaux ou barrières pouvant rester ouvertes par négligence, ne suppriment pas entièrement ce danger.

En Westphalie où cet accident est rendu plus fréquent par la multiplicité des voies intermédiaires résultant du système d'exploitation, on a imaginé des barrières automatiques qui ne peuvent être ouvertes que si le chariot porteur se trouve au niveau de la voie. Les choses peuvent être disposées de telle sorte que ce chariot ne puisse monter ni descendre que quand la barrière est refermée. Plusieurs dispositifs permettent de réaliser ce desideratum.

A Courrière, on a rendu un arrêt *a* (fig. 372) qui ferme la voie d'accès, solidaire d'un autre arrêt *b* (fig. 373) placé sur le plan de telle sorte que quand la voie d'accès est ouverte pour accrocher un wagonnet, la voie du plan est fermée et réciproquement. L'arrêt *b* est équilibré dans sa position verticale, comme dans sa position horizontale, de sorte qu'il ne puisse s'arrêter dans une position intermédiaire.

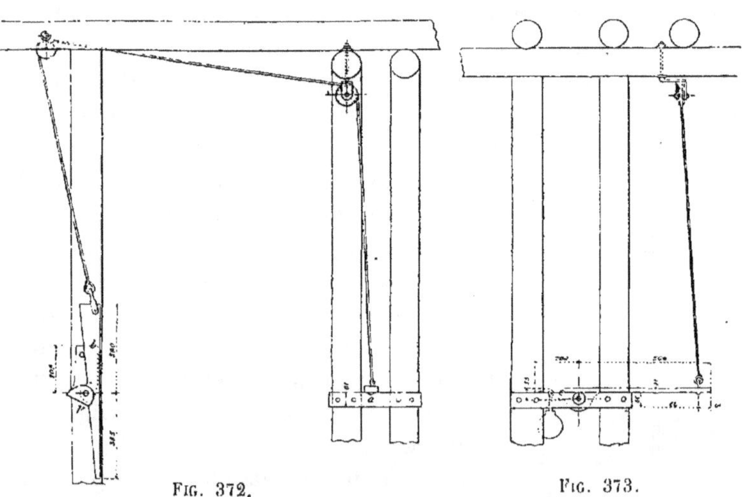

FIG. 372.

FIG. 373.

Les accidents de ce genre qui se produisent au sommet des plans inclinés, sont plus fréquents en Belgique que les précédents. On y remédie, d'une manière générale, en ne ménageant pas l'espace à la tête des plans inclinés. On emploie souvent des obstacles qui empêchent le wagon de descendre, avant d'être accroché ou d'être placé sur le tablier du chariot porteur. Ces obstacles écartés à la main sont remis en place automatiquement par le wagon plein descendant ou par le wagon vide montant.

Il existe un grand nombre de systèmes de ce genre basés sur l'emploi de barrières ou de simples cliches ne pouvant osciller que dans un sens. L'un des plus simples est la cliche Leclercq, employée à Courcelles-Nord (fig. 374), qui peut glisser sur une barre de manière à fermer alternativement chaque voie du plan.

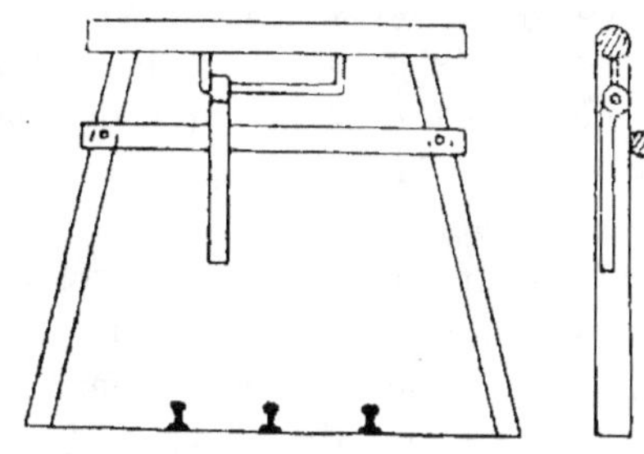

Fig. 374.

On reproche aux cliches en général de ne pas fermer suffisamment le plan et de ne pas empêcher un wagonnet déraillé de dévaler le long du plan, en passant à côté de la cliche.

Comme exemple de barrières, nous citerons celle du Hasard (fig. 375 et 376). Cette barrière B en forme d'étrier est relevée horizontalement et suspendue à un crochet C pour laisser

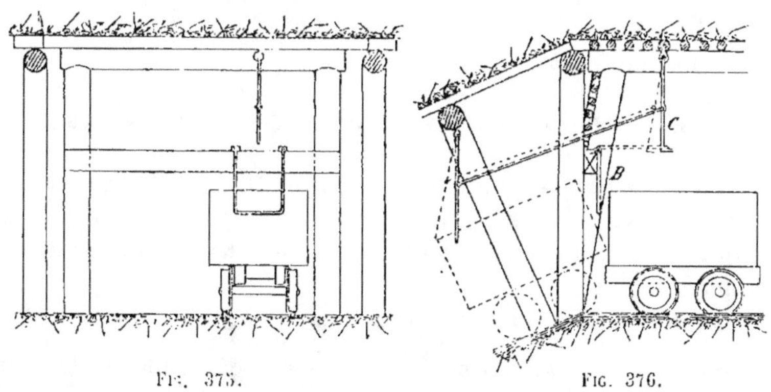

Fig. 375.

Fig. 376.

passer le wagon plein descendant. Ce wagon bute à la descente contre un levier qui dégage le crochet à l'aide d'une tringle.

On a aussi appliqué des systèmes entièrement automatiques. Telle est la barrière Jaumain qui arrête le wagon plein, lorsqu'il est déjà engagé sur le plan, et ne s'ouvre que par un renvoi de mouvement commandé par le wagon vide, dès qu'il commence à monter. L'inconvénient est que cette barrière ne peut être placée en tête du plan, mais seulement sur sa pente, à une certaine distance du sommet. Elle est employée sur les longs plans inclinés du charbonnage de Marcinelle.

En Westphalie, on exige des voies spéciales pour la circulation des hommes, à côté des plans inclinés, pour supprimer toute circulation sur ceux-ci. A Courrière, quand quelqu'un s'engage sur un plan, il attache le bout du câble à un crochet, au pied du plan, de manière à rendre tout mouvement impossible.

En cas de déraillement, la remise sur rails d'un wagonnet n'est pas sans présenter certain danger. On recommande l'emploi d'une chaîne terminée par un crochet plat, qui permet d'attacher le wagonnet sur une traverse de la voie, avant de le remettre sur rails.

B. — **Extraction.**

Nous étudierons successivement dans ce chapitre :

1° Les appareils servant à contenir ou a supporter la matière extraite;

2° Les câbles transmettant le mouvement du moteur à ces appareils ;

3° Les moteurs.

III. — APPAREILS D'EXTRACTION ET LEURS ACCESSOIRES.

480. *Tonnes.* — La matière utile était autrefois transportée dans les puits au moyen de *tonnes* qui portaient le nom de *cuffats*. Ce système est encore appliqué dans certaines circonstances.

Les tonnes sont en bois ou en tôle.

481. Les anciennes tonnes en bois présentaient une capacité qui atteignait souvent 25 à 30 hectolitres. En hauteur, leurs dimensions n'étaient limitées que par la difficulté des manœuvres; en diamètre, elles l'étaient par les dimensions des compartiments d'extraction, de manière à laisser 0^{m}.10 de jeu entre elles et les parois. On leur donnait une forme bombée, pour leur permettre de supporter les chocs ; elles étaient solidement

cerclées et munies de quatre anneaux et de chaînettes qui les rattachaient au câble.

Les tonnes en bois présentent un grand avantage sur tout autre appareil d'extraction : c'est leur faible poids mort, qui n'est que de 17 à 20 °/₀ du poids total. La réduction du poids mort, dans les appareils d'extraction, n'a pas la même importance, au point de vue de l'utilisation de la force motrice, que la réduction du poids des véhicules de roulage, parce que le poids de la charge montante est équilibré par celui de la charge descendante; mais la réduction du poids mort à une certaine importance, au point de vue de la résistance des câbles, qui doivent supporter leur propre poids augmenté de celui du poids mort et de la charge utile. Si, aux profondeurs de plus de 1090 mètres aujourd'hui réalisées, on n'est pas arrivé à l'extrême limite de la résistance des câbles, on peut prévoir une profondeur à laquelle cette limite sera atteinte, et alors s'imposera la réduction du poids mort des appareils portant la matière extraite.

Il ne serait donc pas impossible qu'on revînt un jour aux tonnes, dans le seul but de réduire le poids mort, qui atteint généralement aujourd'hui, comme nous le verrons, 100 °/₀ de la charge.

D'autre part l'inconvénient des tonnes est leur faible vitesse. En effet, les anciennes tonnes en bois n'étaient pas guidées et l'on ne pouvait dépasser une vitesse de 1 m. à 1ᵐ.50 par seconde.

482. Les tonnes en tôles rivées ont un poids mort plus considérable; elles sont généralement de moindre capacité. Leur usage est restreint aux avaleresses et à certaines mines métalliques. Dans les avaleresses, on s'en sert souvent pour extraire l'eau et les déblais.

Un inconvénient des tonnes est de devoir transvaser la matière utile. Cet inconvénient est surtout grave, lorsque cette dernière est friable, comme c'est le cas pour le charbon dont le transvasement est toujours accompagné d'une production de menu. Lorsqu'il s'agit de minerais métalliques, cet inconvénient est moins sensible; la production est d'ailleurs moindre que dans les houillères et l'inconvénient de la faible vitesse d'extraction est par suite moins sensible.

483. Le chargement des tonnes se fait de la manière suivante : la tonne repose au fond du puits sur un plancher, dit *pas du cuffat*, de telle sorte que son ouverture se présente au niveau de la galerie de transport. On charge la tonne au moyen de wagonnets à bec circulant dans cette galerie. S'il fallait charger à un étage intermédiaire, le pas du cuffat serait établi dans une niche creusée dans la paroi du puits, immédiatement en dessous du sol de la galerie. On y attire la tonne à charger à l'aide d'un crochet.

La manœuvre du déchargement à l'orifice du puits se fait par renversement de la tonne. Pour faciliter cette manœuvre, on donne à l'une des parois du puits une légère inclinaison de manière à mettre cette paroi en surplomb. La tonne venant buter contre elle, prend un mouvement d'oscillation qui permet de l'attirer sur un sommier glissé sur le rebord du puits et retenu par des chaînes. On la fait ensuite basculer, en donnant du lâche au câble. Dans le cas où l'emmagasinage est situé à une certaine distance du puits, on peut recevoir la tonne sur un truc muni de roues qui permet de la conduire à destination. Ces manœuvres sont naturellement d'autant plus difficiles que les tonnes sont de plus grande capacité ; elles ont en tout cas l'inconvénient d'engendrer de grandes pertes de temps.

484. **Skips**. — Pour remédier aux inconvénients de la faible vitesse et du temps perdu au déchargement, on emploie, au Transvaal et en Amérique, les *skips* qui s'appliquent aux puits inclinés, aussi bien qu'aux puits verticaux, et même aux puits raccordés par une courbe, dans un plan vertical, à une galerie horizontale (Transvaal). Ces appareils sont des caisses métalliques guidées par des roues et basculant autour de leurs roues d'arrière, quand ils arrivent à la surface.

Les rails qui servent de guides, sont divisés en deux suivant leur longueur, à la sortie du puits ; les rails intérieurs s'infléchissent de manière que les roues d'avant moins larges que celles d'arrière s'engageant sur ces rails, font basculer le skip, attaché au câble par une traverse d'arrière (fig. 377).

Au fond, le skip descend au-dessous du

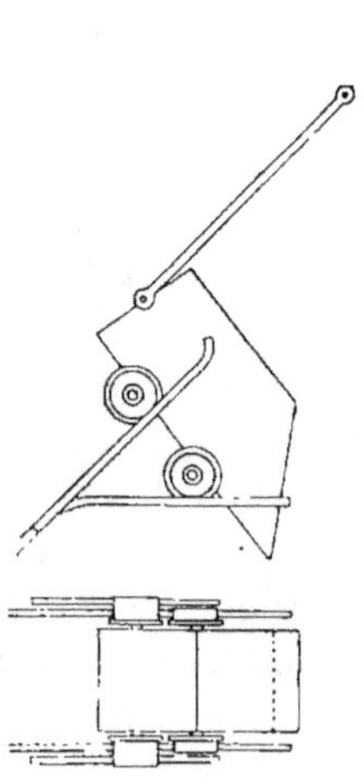

Fig. 377.

niveau de la galerie de roulage et se charge au-dessous d'une trémie fixe.

Ce système supprimant toute manœuvre, permet de faire très rapidement des extractions considérables, lorsqu'il n'y a pas d'inconvénient à transvaser et à mélanger tous les produits de la mine, sans distinction des chantiers d'où ils proviennent, comme c'est le cas dans les mines d'or du Transvaal où l'on extrait tout le minerai abattu sans triage préalable.

485. ***Berlaines attachées au câble.*** — Pour remédier aux inconvénients du transvasement, on a accroché directement au câble les berlaines par des chaînettes. C'est dans le but de les utiliser comme appareils d'extraction que l'on donnait, aux anciennes berlaines liégeoises, des dimensions exagérées et qu'on faisait leurs parois bombées, afin de résister aux chocs qui pouvaient se produire dans les puits. Les manœuvres se faisaient alors simplement par accrochage et décrochage de la berlaine. A la surface, on attirait pour cela la berlaine sur le rebord du puits légèrement en surplomb ; cette manœuvre prenait beaucoup de temps ; de plus on ne pouvait extraire ainsi que de faibles charges utiles. On suspendait quelquefois au câble deux ou trois berlaines en chapelet ; mais ce procédé n'était employé que pour de petites productions, car la vitesse d'extraction ne pouvait encore dépasser 2 m. par seconde, de crainte de chocs contre les parois ou de collision des berlaines. La section du puits était d'ailleurs mal utilisée, car il fallait ménager assez de jeu autour de la berlaine, pour lui permettre de tourner sur elle-même.

Pour empêcher tout choc à la rencontre, on munissait quelquefois la berlaine vide descendante, d'une traverse en bois, de longueur correspondante à la distance des câbles. Au point de rencontre, cette traverse était reprise par la berlaine montante qui la ramenait à la surface. Pour augmenter la vitesse d'extraction, on cherchait à guider les berlaines, d'abord au moyen de filières, en donnant au compartiment d'extraction une section très peu supérieure à celle de la berlaine, puis au moyen de guides en câbles métalliques de faible section, tendus de haut en bas du puits, et saisis par une traverse munie de galets ou d'anneaux (fig. 378). Ce système manquant de rigidité, ne permettait pas de dépasser beaucoup la vitesse ordinaire. Il rendait plus lente et plus difficile la manœuvre du décrochage, car on ne pouvait plus attirer la berlaine sur la margelle du puits. Il fallait fermer le puits et recevoir la berlaine sur cette fermeture. Ceci se faisait au moyen d'un pont roulant relié par une chaîne à la barrière du puits ; ce pont roulait sur une pente et venait fermer l'orifice, lorsqu'on soulevait la barrière. D'autres fois on employait des portes à contrepoids qui se rabattaient sur le puits pour recevoir la berlaine. Ces manœuvres péchaient toujours par leur trop longue durée.

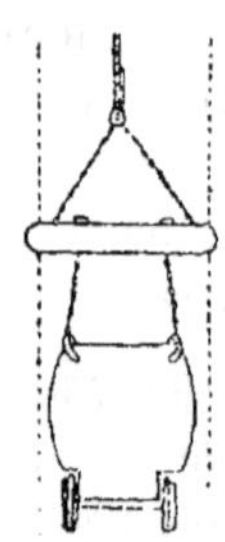

Fig. 378.

486. *Cages guidées.* — Des cages guidées furent employées dès 1830 à la houillère Collard, à Seraing. Elles sont devenues d'un emploi général, depuis que la profondeur exige de grandes productions et par suite de grandes vitesses d'extraction, pour couvrir les frais de premier établissement. Elles remédient à tous les inconvénients relatifs aux manœuvres.

Les cages se composent d'une ou plusieurs plates-formes superposées, réunies par des montants en fers plats et profilés rivés, de manière à présenter une grande rigidité sans exclure toutefois une certaine élasticité.

La manœuvre de l'encagement et du décagement des wagonnets est rapide. Les cages permettent d'extraire à la fois des charges utiles considérables, à condition de multiplier le nombre de wagonnets encagés. On a été jusqu'à 12 étages avec un wagonnet par étage à Marchienne n° 2, à 8 étages avec un wagonnet par étage à Marchienne n° 1 (puits de 1.025 m.). On a installé des cages à 5 étages et 2 wagonnets par étage au puits St-Arthur de Mariemont (683 m.).

La cage pouvant être parfaitement guidée, on peut marcher à des vitesses qui atteignent 8 à 12 m. en moyenne par seconde, et 20 à 25 m. au maximum, avec une sécurité qu'on ne pouvait obtenir autrefois, au prix d'une marche beaucoup plus lente.

Le seul inconvénient des cages est d'augmenter considérablement le poids mort suspendu au câble, ce qui pourra rendre ce système impossible à de très grandes profondeurs, à moins de réduire considérablement ce poids. L'emploi exclusif de l'acier dans la construction des cages et du matériel roulant a déjà permis d'obtenir une réduction sensible du poids mort total ; mais ce dernier reste néanmoins en général voisin de celui de la charge utile. L'emploi de l'aluminium permettrait peut-être de le réduire à des limites jusqu'ici inconnues, si le prix de ce métal s'abaissait encore dans de fortes proportions.

487. Voici quelques exemples des rapports entre le poids utile et le poids total réalisés dans différentes installations :

Puits Marie du charbonnage Collard : Cage en acier à 2 étages ; 2 wagonnets par étage.

<pre>
        Cage et 4 wagonnets   .   2.000 kg. soit 48 %.
        Charbon . . . .   2.160 »   »   52 %.
                                 ───────
                        Total 4.160 »
</pre>

Lens : Cage à 2 étages ; 4 wagonnets de 425 kg. par étage.

<pre>
        Cage . . . .   2.600 kg., soit 35 % ⎰ 53 %.
        8 wagonnets . . . .   1.280 »   »   18 % ⎱
        Charbon . . . . .   3.400 »   »   47 %.
                              ───────
                     Total 7.280 »
</pre>

Harpen (Preussen 1) : Cage à 4 étages ; 2 wagonnets de 550 kg. par étage.

<pre>
        Cage . . . .   4.000 kg. soit 35 % ⎰ 60 %.
        8 wagonnets . . . .   2.800 »   »   25 % ⎱
        Charge utile . . . . 4.400 »   »   40 %.
                             ───────
                    Total 11.200 »
</pre>

sans compter les chaînettes, crochet de sûreté et vis de réglage qui ajoutent un poids de 1.200 kg.

Anzin (puits d'Arenberg) : Cages à 3 étages ; 4 chariots par étage.

<pre>
        Cage . . . .   5.000 kg., ⎰
        12 wagonnets . . . . 3.000 »   ⎱ soit 53,3 %.
        Charbon . . . . . . 7.000 »   » 46,7 %.
                             ───────
                    Total 12.000 »
</pre>

Marchienne (puits Providence) : Cage à 12 étages ; 1 wagonnet de 500 kg. par étage (hauteur de la cage 15 m.).

$$
\begin{array}{llll}
\text{Cage} & 4.000 \text{ kg. soit} & 30\ \% & \\
\text{12 wagonnets} & 3.000\ \ » & » \ 23\ \% & \Big\} \ 53\ \%. \\
\text{Charbon} & 6.000\ \ » & » \ 47\ \%. &
\end{array}
$$

Total 13.000 »

En moyenne, on peut admettre la répartition suivante :

$$
\begin{array}{ll}
\text{Cage} & 30\ \%. \\
\text{Wagonnets} & 20\ \%. \\
\text{Charge utile} & 50\ \%. \\
\hline
& 100\ \%.
\end{array}
$$

488. L'avantage de multiplier le nombre de wagonnets encagés est que l'on peut produire des extractions considérables, sans dépasser des vitesses moyennes de 5 à 6 m. qui assurent une grande sécurité, notamment dans les puits profonds déviés (Marchienne).

Il est préférable en général de diminuer le nombre d'étages et d'augmenter le nombre de wagonnets par étage, que de multiplier le nombre de plates-formes.

A ce point de vue, les cages à 2 étages et à 4 wagonnets par étage, employées dans le Pas-de-Calais, paraissent le type le plus avantageux, à condition de ne pas être limité dans les dimensions à donner à la section des compartiments d'extraction. En Westphalie où l'on établit généralement deux machines sur un même puits, on n'encage pas plus de deux wagonnets par étage.

Il est préférable aussi de donner aux cages un nombre pair d'étages pour ne pas compliquer les manœuvres aux recettes.

Les wagonnets peuvent être encagés parallèlement ou de file. Au point de vue de la rapidité, il est avantageux d'adopter cette dernière disposition pour pouvoir décager d'un côté et encager de l'autre ; au fond, les wagons vides sont dans ce cas décagés par le choc des wagons pleins qu'on encage. Les dimensions des puits ne permettent pas toujours de placer les wagonnets de file.

Les wagonnets doivent être maintenus immobiles après l'encagement. Ceci s'obtient au moyen d'un arrêt à charnière se rabattant sur les rails, d'une simple saillie sur ceux-ci (fig. 379) ou de barrières, dont les systèmes les plus simples se composent d'une cliche pendante, d'un étrier ou d'une barre, que l'on soulève pour encager le wagonnet et qui retombe ensuite. L'appareil d'arrêt peut aussi saisir le wagonnet par ses essieux. La fig. 380 représente un appareil de ce genre. Il suffit, pour décager, d'effacer l'arrêt au moyen de la pédale.

On incline quelquefois les rails sur lesquels les wagon-

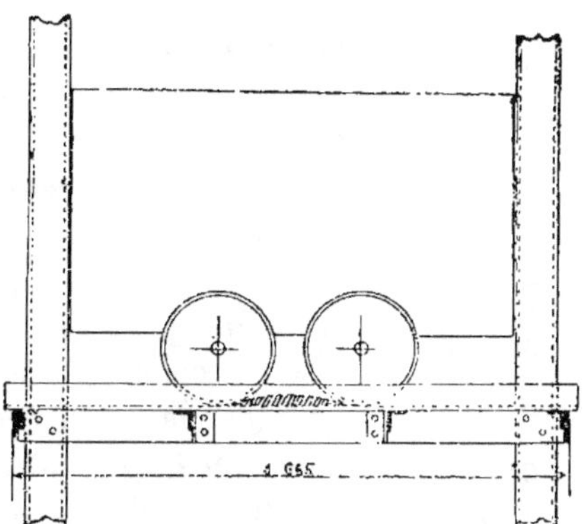

Fig. 379.

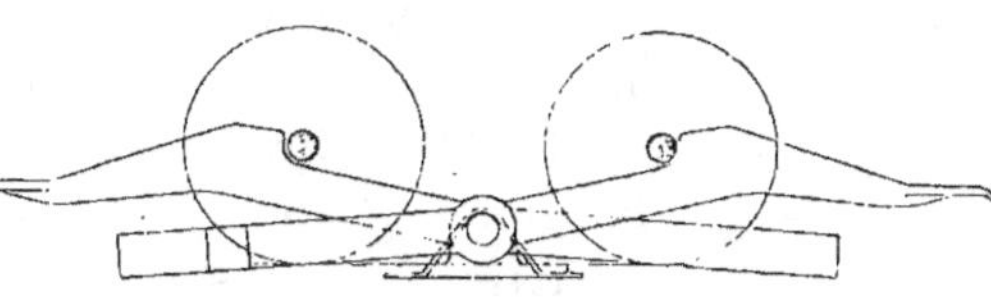

Fig 380.

nets sont maintenus dans la cage, pour accélérer les manœuvres ; mais il faut alors des arrêts d'autant plus efficaces pour les maintenir encagés. Au siège Preussen I, où le décagement se fait simultanément aux 4 étages de la cage, on emploie des arrêts qui s'ouvrent et se ferment simultanément par la manœuvre d'un seul levier. Quand les rails sont inclinés, les wagonnets ne doivent être maintenus de l'arrière que pour le cas de chocs exceptionnels : un simple arrêt à charnière suffit dans ce cas.

489. **Guidages**. — Les guides sont *rigides* ou *flexibles*.

Les guides rigides sont en bois, en fer ou acier. Les guides flexibles en câbles métalliques.

490. *Guides en bois*. — Les guides en bois sont en pièces de chêne ou de sapin d'Amérique de 15 à 20 m. de longueur et de section rectangulaire. La saillie des guides ne doit pas dépasser $0^m.10$ à $0^m.15$ et leur largeur doit atteindre $0^m.15$ à $0^m.20$ pour qu'ils présentent une rigidité suffisante.

Les guides en bois sont embrassés par des mains courantes de peu de hauteur, fixées au toit et au plancher de la cage. Ils sont reliés aux partibures du puits au moyen de vis à bois ou de

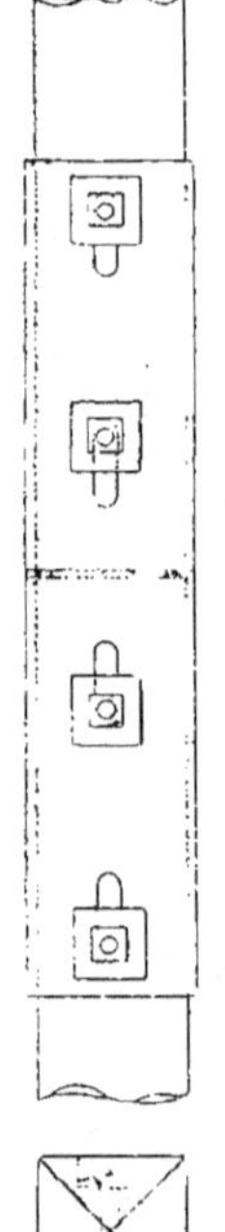

FIG. 381.

boulons. Dans le premier cas, on réunit parfois les abouts de deux pièces sur une même partibure, en entaillant légèrement le guide ; mais ce mode d'attache ne présente pas les garanties de solidité nécessaires.

Il est de beaucoup préférable de fixer les guides en bois sur les partibures, au moyen de boulons à tête noyée, et de réunir les abouts des pièces en contact, par derrière, au moyen d'éclisses en bois ou en fer ⌐⌐, également fixées par des boulons à tête noyée. Pour permettre le déplacement vertical des guides, résultant des tassements, les trous des boulons percés dans ces éclisses sont allongés et on laisse un certain jeu au joint des pièces réunies par l'éclisse (fig. 381, Montrambert). Ce mode de fixation des guides exige que l'on ait accès derrière la partibure pour serrer les boulons ; il en résulte que deux guides ne peuvent être fixés dos à dos sur la même partibure et que l'on est obligé de doubler le nombre de celles-ci, ce qui est coûteux et diminue la section utile du puits (fig. 382).

Pour y remédier, M. Ch. Lambert a imaginé de boulonner les deux guides sur une même partibure dans des plans verticaux différents (fig. 383). On réalise ainsi une économie de partibures et celles-ci sont mieux consolidées ; mais les deux compartiments du puits ne sont plus symétriques ; il en est de même des axes des

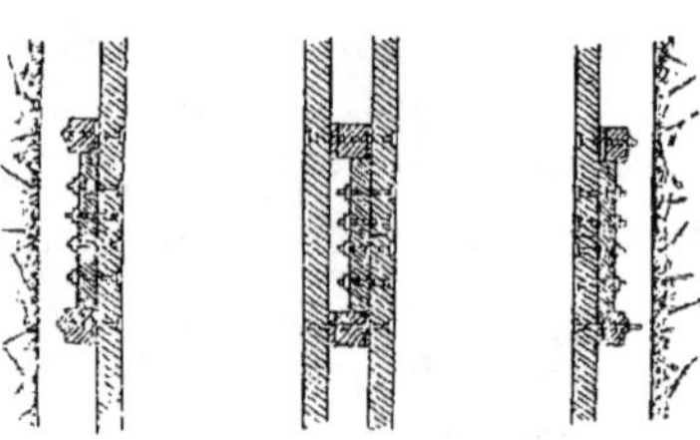

FIG. 382.

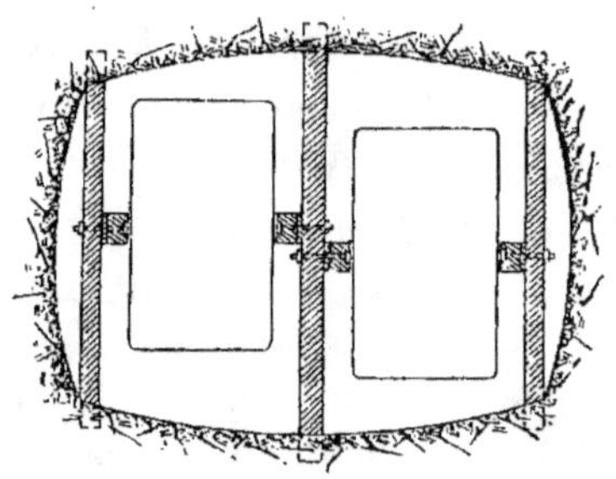

FIG. 383.

molettes. Il s'ensuit que ce système ne peut être appliqué que dans une installation nouvelle (¹).

491. Les guides en bois peuvent être placés latéralement aux cages ou sur le front de celles-ci. La disposition latérale est la meilleure, mais la disposition sur front présente l'avantage de pouvoir supprimer la rangée centrale de partibures, ce qui est désirable dans les puits maçonnés.

Lorsque les guides sont installés sur le front des cages, il faut les interrompre aux recettes et aux chargeages pour pouvoir encager et décager. On établit dans ce cas des contre-guides dans les angles, pour que la cage ne cesse pas d'être guidée.

Les guides en bois présentent l'avantage d'être suffisamment élastiques pour donner lieu à un mouvement très doux. Ils ne demandent pas de graissage, mais nécessitent beaucoup d'entretien et ont l'inconvénient de réduire la section des puits.

492. *Guides en fer ou acier.* — Les guides métalliques présentent une plus grande rigidité et se prêtent par suite, mieux que les guides en bois, aux grandes vitesses. Ils demandent moins d'entretien et conviennent spécialement aux grandes profondeurs.

Les guides en fer ou acier sont formés de rails Vignole éclissés. Sur le bourrelet du rail glissent deux mains courantes en acier dur formant griffes, auxquelles on donne souvent une hauteur de $0^m.40$ à $0^m.60$, fixées en haut et en bas de la cage. Ces mains ne pouvant se séparer du guide, ce système permet de guider la cage unilatéralement et dispense par conséquent d'une cloison de partibures au milieu du puits; elle s'applique spécialement aux puits déviés ou sujets à des mouvements. Dans ceux-ci, on peut donner une certaine mobilité à la main courante, en la munissant d'un ressort, pour lui permettre de suivre le rail dans toutes ses positions.

La main courante devant embrasser le guide est construite en deux pièces, afin de pouvoir se démonter aisément pour changer les cages, opération qui dans certaines mines doit se

----

(¹) *Revue universelle des mines*, 1re série, t. 33.

faire très fréquemment, par exemple pour substituer, pendant le poste de nuit, une cage à eau à la cage d'extraction. On peut aussi employer dans le même but (fig. 384) des portions de rails B pivotant sur des gonds P et maintenus par des cales A.

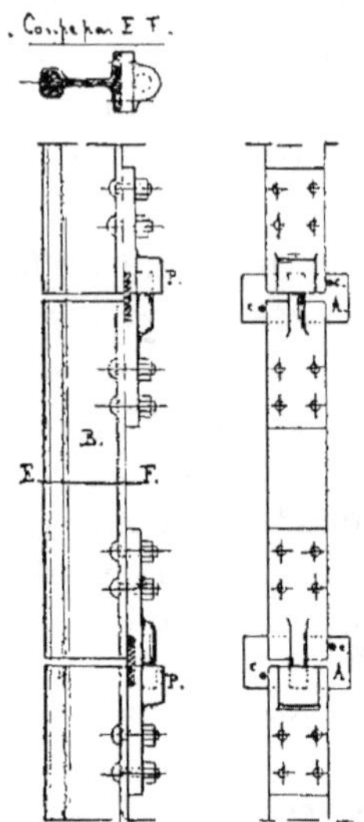

Fig. 384.

493. La construction la plus ordinaire est celle du guidonnage Briart, généralement employé aujourd'hui dans les puits circulaires maçonnés, dont il permet d'utiliser la plus grande partie de la section pour les cages.

Dans le guidonnage Briart (fig. 385), les partibures sont formées de poutrelles double T placées de champ. Chaque cage est guidée par deux rails. Chaque file de rails est dans le même plan vertical que la file de rails correspondante du compartiment voisin. Le patin des rails entame légèrement la poutrelle sur laquelle les deux rails opposés sont fixés par l'intermédiaire d'un bloc de fonte ou de bois, et de deux griffes en acier réunies par un boulon unique à travers ce bloc. Ces griffes sont souvent doubles et placées au-dessus et en dessous de la poutrelle, comme le montre la figure.

Le guidonnage Briart peut être établi au moyen de rails de grande ou de petite section. Avec des rails de 36 à 38 kg. par mètre et de 9 m. de long, on emploie des poutrelles double T de $0^m.25$ entaillées de $0^m.01$, pour loger le patin du rail, et espacées de $4^m.50$. Ces poutrelles pèsent 45 kg. par m. courant. Les rails se placent, avec joints de $0^m.02$ à $0^m.03$, pour permettre la dilatation et le tassement. Le joint se fait sur une poutrelle; en plaçant celles-ci à $4^m.50$, on peut donc alterner les joints des deux files de rails.

Dans ces conditions, on arrive à placer 14 m. de guidonnage par jour avec 2 ouvriers.

Au charbonnage Preussen I, près de Dortmund, on a construit

ce guidonnage en rails de 42 kg. de 12 m. de long, avec poutrelles de 0ᵐ.32 de hauteur distantes de 6 m.

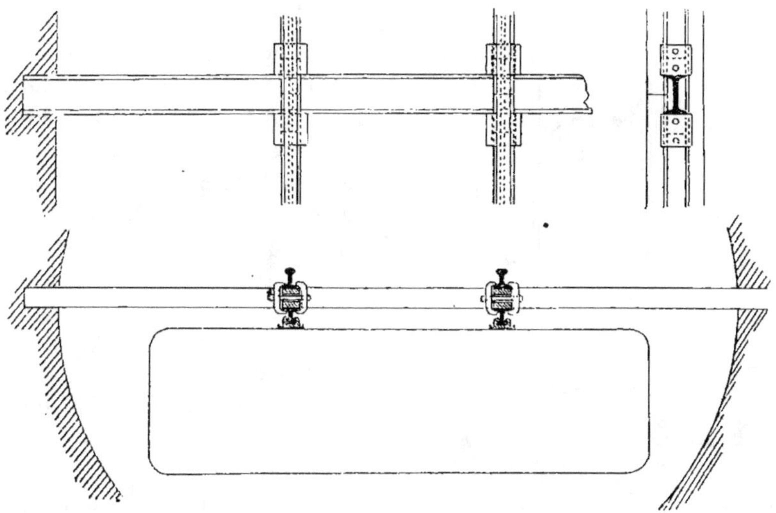

Fig. 385.

En employant des rails légers, il faut rapprocher davantage les partibures, de sorte qu'il n'y a pas grande économie. Ce guidonnage demande d'ailleurs une grande stabilité, en raison même du porte-à-faux des cages.

L'espacement des poutrelles doit en tous cas être calculé de manière qu'en cas de rupture, le rail reste en place. Il doit donc être au moins de la moitié de la longueur du rail.

Dans le cas où l'on n'aurait à placer les rails guides que d'un côté de la partibure, on fixerait de l'autre côté une pièce en fer simple T pour donner prise à la griffe, avec mentonnet retenu sur celle-ci pour empêcher la pièce de glisser (Preussen I).

494. Cette construction a été modifiée au charbonnage de Patience et Beaujonc, en couchant horizontalement l'âme des poutrelles double T (fig. 386). Les rails se fixent alors contre les pattes de la poutrelle au moyen de 4 boulons-crapauds. Les rails sont de 21 kg. par m. et éclissés; les poutrelles sont espacées de 3 en 3 m. Cette construction est plus économique

et les deux guides opposés sont indépendants, ce qui est avantageux en cas de réparation; mais elle comprend un plus grand nombre de pièces.

Le guidonnage peut de même s'établir sur partibures en bois; on garnit, dans ce cas, de plaques en fer les deux faces latérales de la partibure et l'on fixe les rails sur ces plaques comme sur les poutrelles (Patience et Beaujonc).

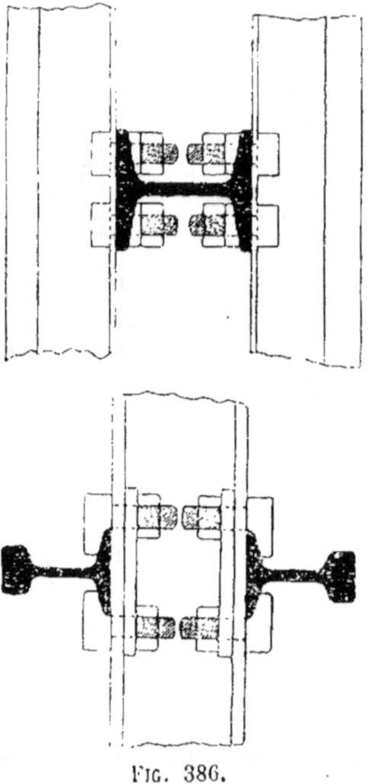

Fig. 386.

495. Dans les cuvelages, la partibure en poutrelles ne peut s'encastrer dans la paroi : on peut l'asseoir sur des moises clouées aux parois du cuvelage, quand ce dernier est en bois (Lens), ou dans le picotage en bois des joints du cuvelage, quand il est en fonte (Preussen).

Dans certains cas, il est impossible de cloisonner le puits : au charbonnage du Bois d'Avroy, on a placé les rails guides contre les parois en les fixant par des griffes, à la manière du guidonnage Briart, sur des tasseaux en fonte boulonnés aux anneaux en fer ⌴ du revêtement, ou venus de fonte avec les pièces du cuvelage en fonte (fig. 387. Cf. n° 273, fig. 194.)

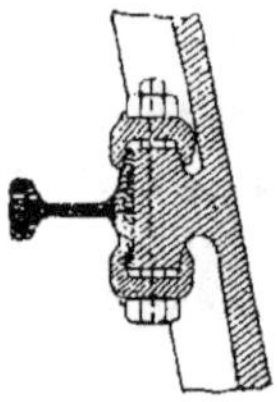

496. Le grand avantage du guidonnage Briart est de donner lieu à très peu d'entretien, lorsqu'il est monté avec précision. Ce guidonnage doit simplement être graissé, ce qui se fait souvent au moyen d'une boîte à graisse portée par la cage.

Fig. 387.

En Allemagne, on emploie quelquefois comme guides, au lieu de rails, des poutrelles double ou simple **T**, avec mains courantes de forme appropriée.

Dans les puits déviés, il arrive que l'emploi d'une main courante donne lieu à trop de frottements. On a remédié à cet inconvénient par l'emploi de mains roulantes à ressort (Marchienne, Monceau-Fontaine, Forchies). Ce système réduit le frottement et atténue en même temps le ballottement des cages dans les puits déviés. A Forchies, il a permis de réduire de plus d'un tiers les frais d'entretien du guidonnage.

497. *Guides flexibles*. — Les guides flexibles sont en câbles de fil de fer ou d'acier, amarrés au chassis à molettes et tendus par un poids de 1.000 à 4.000 kg. suspendu à leur extrémité inférieure. Ces câbles sont en gros fils de 3 à 10 mm. ; ils ont 30 à 50 mm. de diamètre et pèsent de 2 kg. 60 à 4 kg. par mètre.

Ces câbles assez rigides doivent présenter une grande résistance à l'usure. Chaque câble est guidé à la partie inférieure pour atténuer l'effet des ballottements.

La cage porte des anneaux en bronze en deux pièces, formant main courante d'assez grande hauteur, que l'on graisse pour éviter l'oxydation, surtout en présence d'eaux corrosives.

Ce système présente l'avantage d'être entièrement indépendant des parois du puits et par conséquent de leurs mouvements. Il est très économique d'installation, dans les puits muraillés ou sans revêtement, et permet d'économiser l'espace. Le placement d'un guidonnage de ce genre est extrêmement rapide, mais sa flexibilité oblige à laisser beaucoup de jeu entre la cage et les parois, de même qu'entre les guides, afin d'éviter toute rencontre des cages. Ce jeu doit être d'autant plus grand que le nombre de guides est moindre. On peut guider chaque cage au moyen de deux, trois ou quatre câbles (fig. 388 à 390). Ces guides sont nécessairement latéraux; ils ne sauraient être placés sur le front des cages, puisqu'on ne peut les interrompre aux recettes.

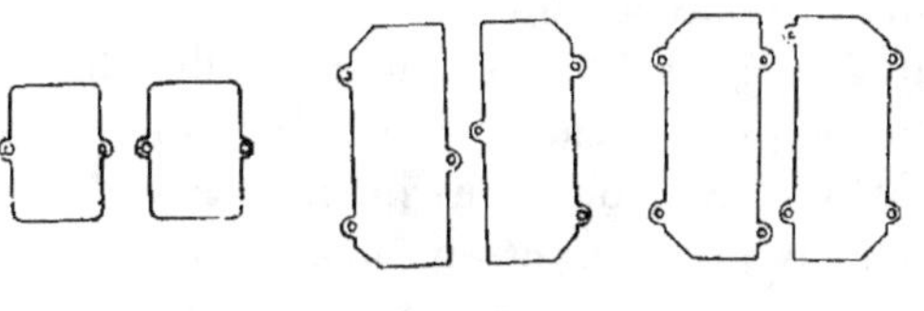

Fig. 388.   Fig. 389.   Fig. 390.

Un grave inconvénient du système est la surcharge qui en résulte pour la charpente des molettes. Cet inconvénient, comme celui de la flexibilité, croît avec la profondeur. C'est pourquoi ce système n'est guère convenable pour les puits très profonds.

Soit par exemple un guidage par 4 câbles de 4 kg. par mètre, pour 600 m. de profondeur. Avec un poids tendeur de 1000 kg. par câble, on aura sur la charpente une surcharge de 27.200 kg. qui obligera à la construire en conséquence.

On peut encore signaler, parmi les inconvénients du système, le manque de parachutes efficaces et la gravité que peut présenter une rupture d'un câble-guide.

Un guidonnage de ce genre à trois câbles par cage a été établi au charbonnage de Wérister. Ce guidonnage n'a coûté que 20 fr. par mètre et sa pose a duré 36 heures, à 218 m. Il fonctionne encore aujourd'hui à l'un des puits de Wérister approfondi à 360 m.

498. *Appareils de recettes de la surface et du fond*. — Les cages sont reçues à la surface et au fond sur des taquets à levier dont l'ensemble est désigné sous le nom de *clichage*.

Les taquets sont mobiles sur leurs axes de manière à pouvoir être soulevés par le choc des cages, puis à retomber par leur poids. Dans leur position normale, les taquets restent donc abaissés; il faut les ouvrir pour la descente des cages, en agissant sur un levier qui les soulève ou les abaisse; d'où deux systèmes de taquets : *à soulèvement* et *à abaissement*.

499. *Taquets à soulèvement*. — Pour pouvoir soulever les taquets, lorsqu'ils supportent la cage, il faut d'abord soulever celle-ci par une manœuvre du câble. C'est dans cette manœuvre que réside l'inconvénient de ce système. En effet, ce soulèvement de la cage oblige à donner au câble une tension brusque, un *à-coup* qui lui est nuisible; de plus cette manœuvre prend du temps et occasionne une consommation de vapeur.

Un renvoi de mouvement permet de relever simultanément en sens inverse, les doubles paires de taquets placées de part et d'autre du compartiment d'extraction.

Ces taquets reçoivent la cage par la plate forme inférieure ou par l'une des plates formes supérieures. Dans le premier cas, les organes de la cage reposant sur taquets sont soumis à la compression. C'est pourquoi l'on préfère souvent le second système par lequel la charpente de la cage reste soumise à la traction (fig. 391).

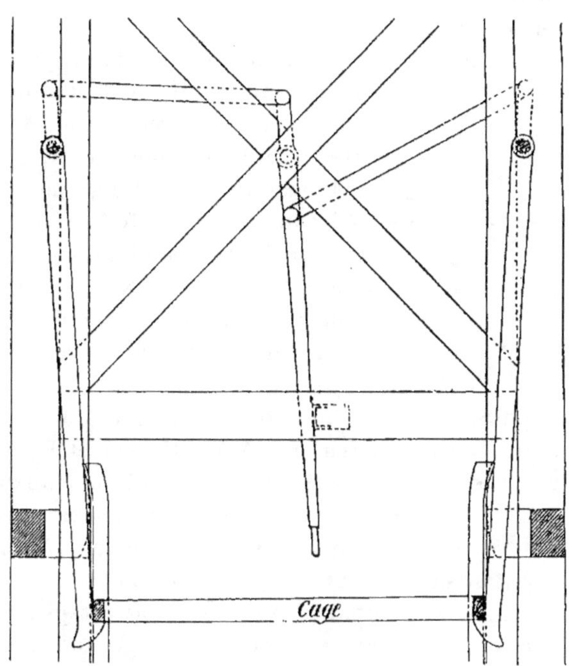

Fig. 391.

5oo. ***Taquets à abaissement***. — Les premiers taquets à abaissement furent établis en 188o dans le bassin de Saarbruck : c'étaient les taquets hydrauliques du système Frantz.

Les taquets proprement dits étaient fixés à l'extrémité de pistons plongeurs obliques dont les cylindres étaient en communication avec un accumulateur. Le liquide était de l'huile de vaseline qui ne se solidifie qu'à — 26°. Pour abaisser les taquets, il suffisait d'ouvrir un robinet qui mettait l'accumulateur en communication avec les cylindres. Les taquets s'effaçaient alors sous le poids de la cage chargée de wagons vides, qui l'emportait sur la charge de l'accumulateur. Dès que la cage a passé, les taquets remontent sous l'action de cette charge.

Les extrémités des taquets articulées à charnière, s'écartent au passage de la cage montante, puis retombent par l'action d'un contrepoids. Ces parties articulées peuvent d'ailleurs être manœuvrées à la main en cas de besoin, à la manière des taquets à soulèvement.

Ce système coûteux et compliqué a été remplacé par diverses combinaisons de leviers dont le type primordial est celui de M. Stauss (fig. 392) [1] fréquemment appliqué en Allemagne et en Belgique (Bascoup, Aiseau-Presles, etc.). Par l'intercalation d'un second point fixe A, les taquets se retirent et s'effacent, en glissant sur un plan incliné, lorsqu'il s'agit de faire descendre la cage. Ce mouvement est aidé par le poids de celle-ci.

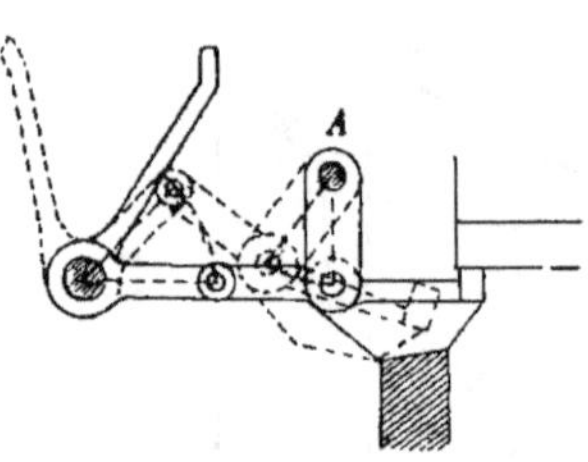
Fig. 392.

Le système Stauss a été modifié et perfectionné par divers constructeurs, entre autres par MM. Haniel et Lueg dont le système est très répandu en Westphalie. M. Reumeaux a réalisé à Lens l'effacement des taquets à abaissement par un simple jeu d'excentrique (fig. 399); mais ce système très simple a l'inconvénient de donner beaucoup de frottement.

Les taquets à abaissement présentent les avantages suivants : accélération des manœuvres, durée plus grande des câbles, économie de vapeur, entretien plus facile de la machine par suppression des changements de marche répétés ; mais ils exigent une attention plus soutenue de la part des machinistes qui doivent éviter que les câbles prennent du lâche, ce qui occasionne des chocs, lorsqu'on les remet en tension. Pour maintenir les câbles sous tension, il faut que leur longueur soit parfaitement réglée. C'est pourquoi l'on emploie souvent, avec ces taquets, des tendeurs à vis comme intermédiaires entre les cages et le câble, pour le réglage de ce dernier. Ce système est moins convenable avec câbles végétaux qu'avec câbles métalliques, parce que les premiers ont plus de tendance à l'allongement.

---

[1] *Revue Universelle des Mines*, 2e série, t. XXI.

Ils peuvent donner lieu à des accidents, si l'on ne prend la précaution de fixer le levier à manotte qui sert à la manœuvre, et de mettre le frein à la machine, pendant les arrêts de l'extraction.

Enfin, ils sont plus coûteux d'installation que les taquets à soulèvement et exigent plus d'entretien, à cause du plus grand nombre d'articulations qu'ils présentent.

501. Disposition des recettes. — Les manœuvres aux recettes de la surface et à celles du fond diffèrent, en ce que les communications avec le machiniste se font plus facilement de la surface que du fond. Le machiniste voit de plus la cage ou tout au moins des marques tracées sur le cable, ou sinon il a sous les yeux un cadran indicateur, tandis qu'il ne peut recevoir du fond que des signaux auditifs et ces signaux peuvent se confondre avec ceux qu'il reçoit de la surface.

502. Recettes de la surface. — Si l'on a une cage à deux étages avec un seul niveau de recette, la manœuvre amène successivement chaque étage de la cage au niveau de cette recette unique ; mais cela est lent et pour accélérer l'encagement et le décagement, on installe généralement deux niveaux de recettes communiquant entre eux par une pente douce, un plan automoteur ou une balance sèche, pour ramener tous les wagonnets au niveau inférieur qui est celui de la recette principale.

L'accélération des manœuvres est ainsi obtenue au prix d'un personnel double.

Lorsque le nombre d'étages est plus grand et pair, on établit ordinairement plusieurs niveaux de recettes et l'on fait une ou plusieurs manœuvres de câble, suivant le nombre d'étages et de recettes.

Avec un nombre d'étages impair, les manœuvres se font alternativement pour 1 étage ou pour 2 étages.

503. Recettes du fond. — Les chargeages du fond peuvent être disposés de même et l'on fait les manœuvres du fond après celles de la surface ; à faible profondeur, on peut même les faire simultanément ; mais il faut pour cela que les cages décrivent le même chemin pour une même fraction de tour de la machine, c'est-à-dire que les câbles s'enroulent sur des tambours cylindriques et non sur des bobines.

Quelquefois on supprime même les taquets au fond et à la surface, afin de maintenir les câbles sous tension (Westphalie).

504. A de grandes profondeurs, et surtout avec bobines, il faut éviter autant que possible de manœuvrer les cages au fond, parce qu'il en résulte une grande perte de temps et même des accidents, car les signaux du fond se transmettent lentement à la surface et peuvent être mal compris. On peut recourir à deux moyens :

1° Multiplier les niveaux de recettes ; 2° rendre les manœuvres automatiques.

505. Si l'on a une cage à deux étages, il est facile d'installer de part et d'autre du puits deux niveaux de recettes reliés par une galerie, contournant le puits en pente douce, de telle sorte qu'un homme puisse y remonter aisément les wagons vides.

Pour une cage à quatre étages, on peut établir de même (fig. 393) au pied du puits 4 niveaux de recettes dont les deux supérieurs, nᵒˢ 1 et 2, sont en communication par une galerie de contour ou un plan automoteur P (fig. 393); le nᵒ 1 communique avec le nᵒ 3, de même que le nᵒ 2 communique avec le nᵒ 4, par des balances sèches (BB). On peut parfois installer ces balances dans le puits même, en utilisant des compartiments latéraux.

Pour une cage à 12 étages (Marchienne, nᵒ 2), on a établi au fond 4 niveaux de recettes et l'on fait 2 manœuvres, qui dans ce cas sont inévitables.

Ces niveaux de recettes multiples exigent un grand personnel, travaillant dans de mauvaises conditions; ils obligent en outre à creuser de grandes excavations au pied des puits, ce qui est coûteux et ce que les terrains ne permettent pas toujours. Ce sont là de nouvelles raisons pour multiplier le nombre de wagonnets par étage, plutôt que de multiplier le nombre d'étages de la cage, notamment à grande profondeur, quand la section du puits le permet.

506. L'automaticité des manœuvres au fond peut être obtenue au moyen d'une plate-forme à contrepoids recouverte de vieux

câbles sur lesquels la cage vient reposer (Bascoup). Soit une cage à deux étages, descendant chargée de wagons vides, et supposons que reçue sur cette plate-forme, elle présente son étage inférieur au niveau de recettes. Le poids du contrepoids

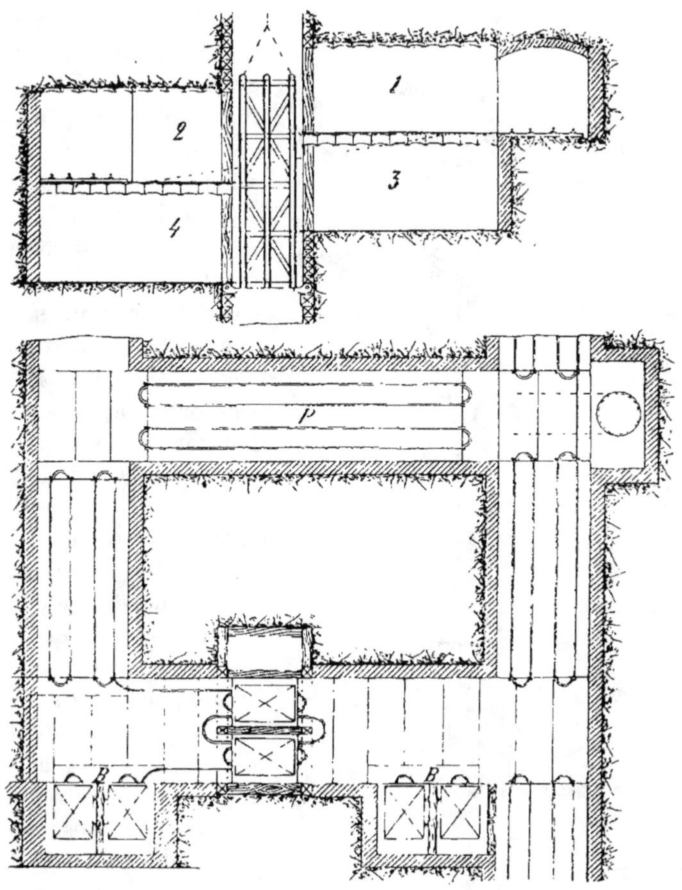

Fig. 393.

l'emporte sur celui de la cage chargée de wagons vides; mais lorsque les wagons vides sont remplacés par des pleins, le poids de la cage l'emporte au contraire sur celui du contrepoids et la plate-forme s'abaisse pour présenter son second étage au niveau de recette. Quand la cage chargée est ensuite enlevée par la machine, il faut faire agir un frein sur l'arbre des poulies du contrepoids pour empêcher l'action trop brusque de ce dernier et le choc qui en résulterait.

Lorsque le nombre d'étages de la cage est supérieur à deux, on emploie des contrepoids multiples qui entrent successivement en charge, au fur et à mesure du chargement des étages. C'est ainsi que pour une cage à 4 étages, il faut 3 contrepoids entrant successivement en charge (fig. 394).

Ces contrepoids se meuvent sous le sol du chargeage. Au repos, ils sont supportés par des poutres. Ils sont guidés par des tiges G. Le contrepoids inférieur P_1 reçoit l'attache des chaînes, il entre le premier en charge et enlève successivement les contrepoids P_2 et P_3, au fur et à mesure que les étages successifs de la cage se présentent au niveau du chargeage. En F se voit le frein destiné à modérer la descente.

Le chargement d'une cage à 4 étages se fait

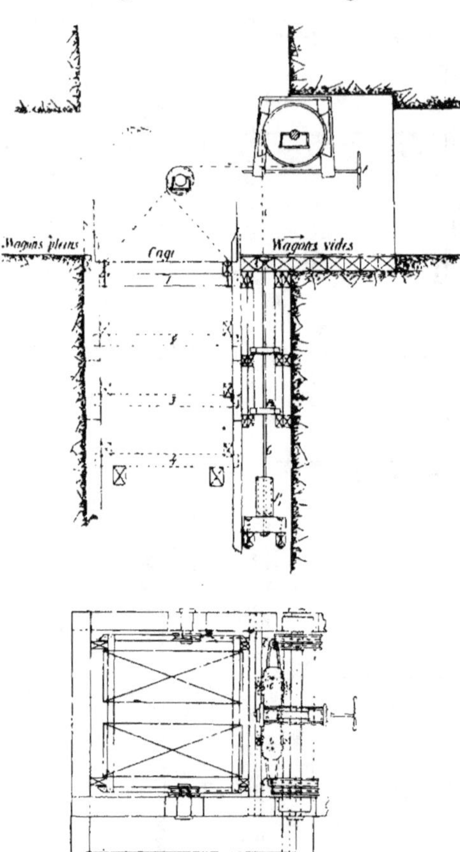

Fig. 394.

ainsi, à Bascoup, en 28 secondes.

Au puits Saint-Arthur de Mariemont, on a établi une balance semblable à 4 contrepoids pour une cage à 5 étages. Ces contrepoids se meuvent dans un faux puits placé à 23ᵐ.5o du puits d'extraction.

Ces systèmes automatiques, sont très avantageux au point

de vue de la rapidité des manœuvres et permettent de très grandes extractions, mais ils obligent à donner du lâche à la corde du fond, ce qui a l'inconvénient de nuire aux câbles par suite du choc qui se produit lors de la remise en tension.

Pour ne pas donner trop de fausse corde, on fait à la surface les manœuvres en remontant, alors qu'on les fait en bas en descendant, mais on ne peut alors employer à la surface des taquets à abaissement.

Ce système a de plus l'inconvénient de rendre le bougnou difficilement accessible. Il est impossible de l'installer à un étage intermédiaire.

507. Au lieu de plate-forme à contrepoids, on peut aussi employer au fond des taquets hydrauliques. Ces taquets sont portés par deux traverses montées sur pistons hydrauliques, dont la descente peut être réglée par un robinet servant de frein (fig. 395). La pression hydraulique agit ici de la même manière que les contrepoids du système précédent.

Le tuyau qui amène la pression hydraulique est recourbé sur lui-même pour la dilatation et porte une boîte à casser, pour le cas de coup de bélier.

S'il s'agit d'un étage intermédiaire, les taquets s'effacent par le jeu d'un contrepoids, dès que la cage ne repose plus Un arrêt maintient le taquet en saillie, lorsque le piston arrive au niveau supérieur de sa course, pour recevoir la cage. Ce système originaire de Lens a été adopté dans un grand nombre de mines françaises et belges (Courrière, Anzin, Grand-Hornu, Fontaine-l'Evêque, etc.)

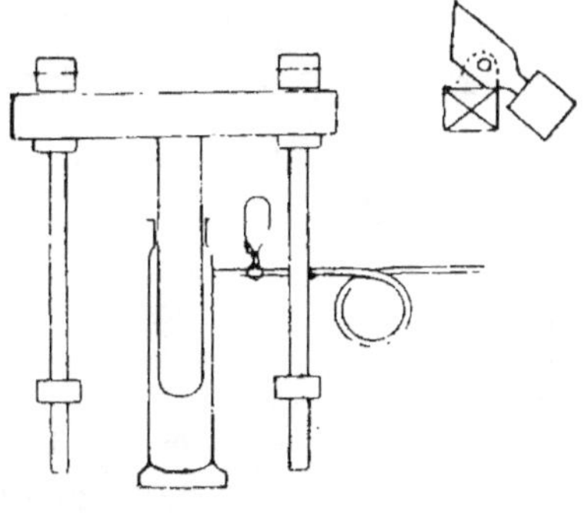

Fig. 395.

508. **_Encagement et décagement automatiques._** — Pour activer les manœuvres, on emploie quelquefois des procédés d'encagement et de décagement automatiques. Ces procédés consistent soit dans l'emploi d'un piston hydraulique ou à air

comprimé, actionnant une chaîne traînante qui pousse les wagonnets pleins dans la cage et en fait sortir les vides, soit dans l'emploi de cages à plates-formes articulées prenant simultanément, pour la sortie des wagonnets, l'inclinaison voulue, dès qu'un butoir vient reposer sur les taquets ; des arrêts permettent d'écluser automatiquement les wagonnets pleins qui vont prendre position dans la cage, à mesure que les wagonnets vides en sortent (Dourges, Anzin : puits d'Arenberg).

Les chargeages et les recettes sont disposés dans ce cas de manière que les wagonnets pleins arrivent par une pente convenable d'un côté de la cage et que les wagonnets vides sortent de l'autre côté par une pente semblable ou vice-versa ; mais comme, dans ces systèmes, la différence entre les niveaux d'encagement et de décagement est assez grande, il faut une force motrice pour ramener les wagons au point de départ : on peut employer pour cela des chaînes flottantes (La Haye) ou traînantes (Preussen).

C'est pourquoi l'on renonce parfois à l'automatisme complet, en faisant le décagement par la pesanteur et l'encagement à bras, de manière à se passer de force motrice (Dourges).

509. Au niveau du tunnel du Laveu (La Haye) qui se trouve à 66 m. de profondeur par rapport à l'orifice des puits, il existe un exemple remarquable de disposition de ce genre.

L'extraction par les puits n° 1, 2 et 4 (aérage) se fait jusqu'au niveau de ce tunnel, par où les charbons se rendent à la paire du Laveu. Une chaîne flottante dont la machine motrice se trouve à l'orifice du tunnel, prend les berlaines chargées de charbon au point K (fig. 396) et ramène en ce point les wagons vides ou chargés de pierres ou de déchets, provenant

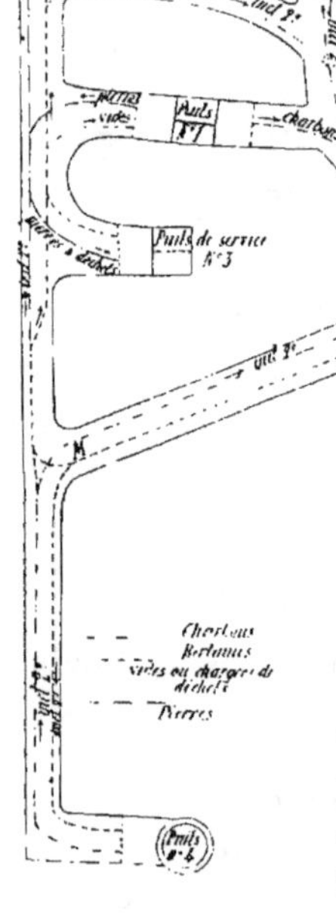

Fig. 396.

du triage ou de la laverie, pour être extraits à la surface par le puits de service n° 3. Les pierres provenant de la mine vont de même des puits n°s 1 et 2 au puits n° 3. Les berlaines vides, après déchargement à la surface des pierres ou des déchets de laverie, redescendent par ce même puits n° 3 aux étages inférieurs. Les bois entrent dans la mine sur wagonnets spéciaux par la chaîne flottante et sont déposés dans la bacnure B pour être descendus aux étages inférieurs, pendant la nuit, par les différents puits.

Indépendamment de la chaîne principale, une chaîne secondaire commandée par la première fait remonter les wagonnets vides en M, d'où ils se rendent aux puits par des pentes de 2°. De même la voie qui amène en M les berlaines pleines provenant du puits n° 4, et celles qui reçoivent les berlaines pleines provenant des puits 1 et 3, présentent la même inclinaison vers le sommet K de la chaîne principale. On voit que dans ce chargeage, toutes les manœuvres se font à partir du point K sans taques de manœuvre et par des pentes appropriées, grâce à la chaîne KM qui ramène les wagons vides à un niveau supérieur à celui du départ des wagons pleins.

510. ***Recettes mobiles.*** — L'accélération de l'encagement et du décagement acquiert une importance d'autant plus grande que l'extraction doit être plus intensive et se faire à plus grande profondeur.

En rendant mobiles, au moyen d'ascenseurs, l'ensemble des paliers de recette, à la surface et au fond, on peut supprimer toute manœuvre de la cage, c'est-à-dire décager et encager simultanément à tous les étages. Les recettes mobiles sont ensuite manœuvrées pendant le trait suivant, de manière à les décharger et à les recharger respectivement.

M. Fowler a réalisé ce desideratum à Cinderhill, en Angleterre, en montant les paliers de recettes sur des pistons hydrauliques reliés à un accumulateur. Les recettes mobiles sont placées à l'avant et à l'arrière de chaque cage. Il y a autant de paliers de recettes que la cage a d'étages.

Pendant le trait suivant, les recettes de la surface s'abaissent par la manœuvre des pistons hydrauliques, pour distribuer les wagons pleins successivement au niveau de la recette générale,

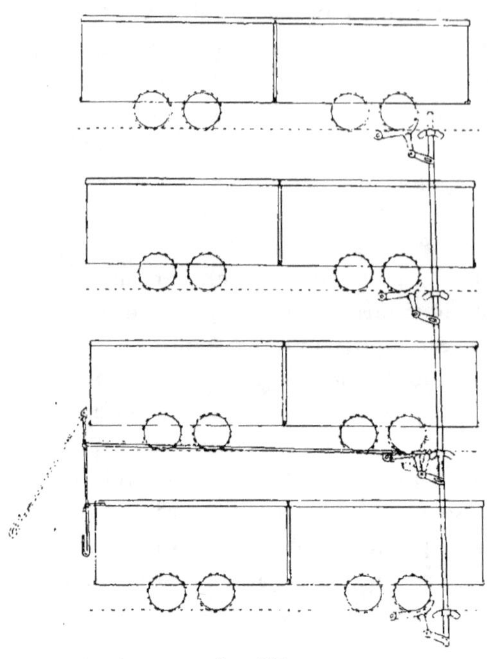

Fig. 397.

tandis que les wagons vides sont amenés aux différents étages de la plate-forme opposée, qui viennent également se présenter successivement au niveau voulu. Au fond ces manœuvres sont inverses. La durée de l'arrêt de la cage, au fond et au jour, ne dépasse pas 12 à 15 secondes, quelque soit le nombre d'étages.

M. Tomson a réalisé le même problème à Preussen sans force motrice, en conjuguant deux à deux les recettes mobiles de telle sorte que le poids des wagons pleins qui viennent d'être décagés fassent monter les wagons vides qui seront encagés au trait suivant (fig. 398).

Pour cela les deux recettes mobiles A et B placées du même côté du puits sont rendues solidaires par une chaîne passant sur une poulie P. Il en est de même des deux recettes mobiles A' et B'; chacune de ces recettes est en outre reliée par une conduite hydraulique avec celle qui ne lui est pas symétrique, de l'autre côté du puits. A est ainsi relié avec A', B avec B'.

Quand A se meut dans un sens, B et A' se meuvent en sens inverse et B' se meut dans le même sens que A.

Si nous considérons la surface, le palier inférieur de la cage et des recettes A et B' se présente, au moment de l'arrêt, au niveau de la recette générale; les wagons pleins passent simultanément sur l'ascenseur B', grâce à l'inclinaison des rails de la cage et à l'effacement simultané des arrêts qui les maintenaient en place (fig. 397), tandis que les wagons vides qui chargeaient l'ascenseur de gauche, sont encagés de même. Ces deux ascenseurs se trouvent au niveau le plus élevé ; leurs voisins conjugués par câble B et A' sont donc au point le plus bas.

Pendant le trait, le surcroît de charge porté par l'ascenseur B' fera descendre progressivement chacun de ses paliers au niveau général de recette et fera remonter l'ascenseur A' qui est vide et l'ascenseur B dont chaque palier reçoit un wagon vide, en passant au niveau de recette.

Les ascenseurs B et A' remontant, l'ascenseur A qui vient d'être déchargé, redescend. A la fin de cette manœuvre tout est donc prêt pour le décagement des wagons pleins et l'encagement des wagons vides dans la cage qui va arriver au jour.

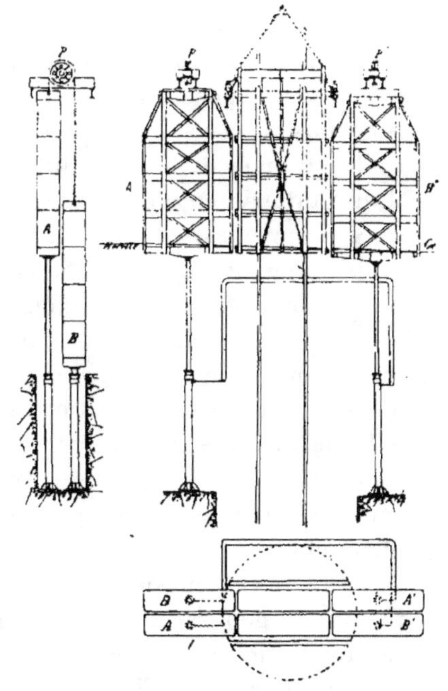

Fig. 398.

Il en est de même au fond, en remarquant qu'ici c'est le plancher supérieur de la cage qui se présente au niveau de recette générale, quand la cage est arrêtée. La manœuvre de distribution des wagons vides au niveau général de recette se fait donc en descendant.

Les manœuvres des ascenseurs sont automatiques, mais on dispose d'une distribution d'eau sous pression qui permet d'agir isolément sur chacun d'eux pour corriger les irrégularités qui pourraient se produire dans la manœuvre automatique, pour rendre au besoin la manœuvre des ascenseurs indépendante de la charge de l'un deux et pour permettre l'accès du puits, lors des changements de cages, etc.

La durée de l'arrêt d'une cage à 8 wagonnets (deux par étage) est réduite à 10 secondes et le personnel se compose de 2 hommes à la recette et d'un mécanicien. Ce système ne permet pas toutefois la descente des bois, ni l'épuisement par caisse, etc., parce qu'il encombre les abords du puits.

Le système Tomson exige une grande précision de mouvements peu compatible avec l'allongement des chaînes qui relient les ascenseurs deux à deux et avec les fuites auxquelles est exposé tout système hydraulique. C'est pourquoi M. Fowler a adopté le système hydraulique de M. Tomson, à Hickleton Main Colliery, en n'établissant la solidarité par câble que pour deux ascenseurs, les deux autres étant équilibrés par contre-poids d'une manière indépendante.

M. Poussigue a également appliqué le système Fowler-Tomson, à Ronchamp, en supprimant les ascenseurs du côté des wagons vides. Les cages sont à deux étages seulement. Du côté des wagons vides se trouvent deux plates formes fixes dont celle de dessus est desservie par un petit traînage mécanique. Du côté des wagons pleins se trouvent deux ascenseurs hydrauliques conjugués, mais pouvant être mus isolément par un accumulateur.

Au fur et à mesure de la descente des wagonnets pleins au niveau général de recette, ils sont enlevés par un traînage mécanique mu par l'électricité. Au fond il y a simplement deux niveaux de recettes fixes, avec balances sèches.

511. **Signalisation**. — Les signaux par lesquels on communique entre le fond et la surface, sont en général produits par des sonneries ou des timbres, actionnés par un cordon en fil de fer équilibré. Pour de petites profondeurs, on fait usage aussi de porte-voix, sifflets à air comprimé, etc.

Ces signaux sont souvent peu distincts au milieu du bruit qui règne au chargeage. Quand les manœuvres se font successivement au jour et au fond, on fait quelquefois communiquer le fond avec la recette et celle-ci seulement avec le machiniste.

On emploie souvent des sonneries électriques actionnées par une dérivation de courant ou par de petites machines magnéto-électriques à la main (Siemens et Halske). Quelquefois on dispose de deux genres de sonneries, dont la différence de timbre permet de varier davantage les signaux.

C'est ainsi qu'à la Société Cockerill, la translation des hommes est annoncée par la sonnette ordinaire, tandis que la sonnerie électrique annonce le charbon ou les pierres.

Sinon la distinction des signaux se fait par le nombre de

coups. Le signal convenu pour remonter une charge d'ouvriers porte, dans le pays de Liége, le nom d'*abarin* (du wallon *n'abatt' rin*).

On fait aussi quelquefois usage de téléphones de construction spéciale (Siemens et Halske). Le fond peut de même être relié au bureau de la mine pour pouvoir téléphoner en cas d'accident.

Dans d'autres cas, on peut employer un téléphone relié au fil des signaux électriques, pour communiquer entre la surface et le fond, en cas de signaux douteux ou mal compris. C'est ainsi qu'à un moment donné, on avait au puits Cécile du siège Collard, à Cockerill, sept étages en exploitation. Le téléphone y a rendu des services pour faire répéter par le machiniste un signal mal compris. Cependant les signaux téléphoniques peuvent difficilement être employés d'une manière courante à cause du bruit.

Les signaux électriques peuvent être doubles, de manière à communiquer un signal du fond à la surface et de la surface au fond : un signal optique par incandescence peut par exemple annoncer au fond que le signal a été reçu à la surface et a été bien compris.

Le manque d'uniformité des signaux, dans l'étendue d'un même bassin, peut donner lieu à des interprétations différentes et être une cause de danger. C'est pourquoi en Westphalie l'on a réglementé la signalisation.

Indépendamment de ces moyens, le fonctionnement même de la machine peut fournir des signaux au machiniste, soit au moyen d'une corde sans fin sur laquelle sont fixés deux curseurs dont la position, pendant la marche, représente celle des cages dans le puits, ou au moyen d'une vis sur laquelle un écrou curseur représente de même la position de la cage montante, ou encore au moyen d'un cadran à deux aiguilles dont l'une fait un tour par tour de la machine et renseigne par suite à chaque instant sur la position des pistons à vapeur, tandis que l'autre avance d'une division par tour et renseigne sur la position des cages dans le puits.

Ces appareils sont accompagnés de sonneries mises en mouvement par les curseurs ou par l'aiguille à l'arrivée de la cage au jour.

512. *Fermetures des puits*. — Les compartiments d'extraction sont fermés aux recettes par des portes à charnières ou par des barrières. Ces barrières sont disposées de manière à ne pouvoir ouvrir un des deux compartiments sans maintenir l'autre fermé.

En France, on exige que les barrières soient munies de dispositifs tels que la fermeture soit assurée aussi longtemps que la cage n'est pas à la recette.

Ce résultat peut être obtenu de trois manières :

1° En rendant la fermeture de la barrière du fond solidaire de la sonnerie et la manœuvre des taquets du jour, solidaire de la sonnerie. On ne peut alors donner le signal pour enlever la cage, sans que la barrière du fond soit refermée, ni manœuvrer les taquets du jour, sans que le signal ait été donné. La fig. 399 montre les détails de cette disposition appliquée depuis longtemps à Lens par M. Reumeaux. On voit que le cordon de sonnette C ne peut être abaissé au moyen de la manotte M que quand les deux portes du fond sont fermées et qu'une fois ce cordon abaissé pour donner le signal, les charnières des portes sont enclenchées en *e* de manière à ne pouvoir les ouvrir. De même à la surface le cordon de sonnette enclenche l'arbre des taquets *t*, de manière à ne permettre à cet arbre de tourner que quand ce cordon est abaissé.

Le seul reproche adressé à ce système est que les taquets du jour étant

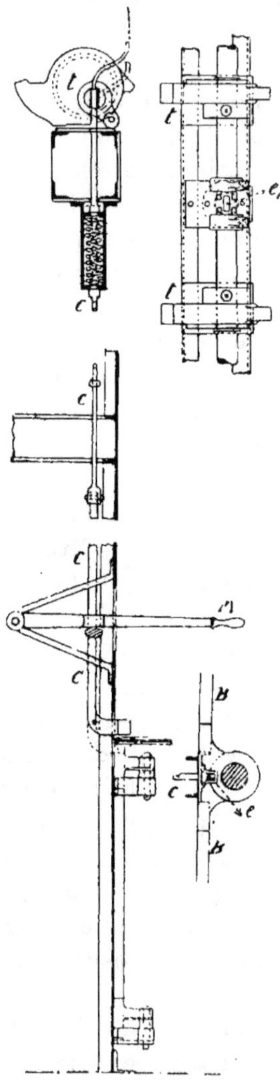

FIG. 399.

enclenchés par la sonnerie ne sont plus indépendants et ne peuvent être utilisés en toutes circonstances.

2° En rendant automatiques l'ouverture et la fermeture, ou simplement la fermeture de la barrière, lorsque la cage quitte le niveau de recette.

Dans ce dernier ordre d'idées, on emploie souvent à la surface des barrières à guillotine soulevées et abaissées par la cage elle-même. On peut aussi les employer dans le fond au moyen d'un renvoi de mouvement et de contrepoids. L'inconvénient des barrières à guillotine est d'occasionner un choc nuisible au câble. Ce système est dans tous les cas inapplicable aux recettes intermédiaires.

3° En faisant agir la cage sur une pièce dont le déplacement permet l'ouverture à la main de la barrière, celle-ci se refermant d'elle-même, dès que la cage quitte la recette. Dans d'autres systèmes du même genre, la cage est immobilisée par un verrou, dès qu'on ouvre la barrière; celle-ci ne peut s'ouvrir qu'au moment où la cage est à la recette et il faut la refermer pour que la cage puisse quitter la recette.

IV. — TRANSMISSION.

513. La transmission du mouvement de la machine aux cages se fait par l'intermédiaire de câbles. Les chaînes en fer ou bois employées autrefois dans le bassin de Liége ont complètement disparu.

Les câbles se divisent en câbles végétaux et en câbles métalliques.

514. *Câbles végétaux*. — Les premiers sont en *chanvre* ou en *aloès*.

On désigne sous ce nom la fibre d'un bananier (*Abaca, Musa textilis*) qui croît aux Iles Philippines, d'où le nom de chanvre de Manille, souvent donné erronément à ce textile, qui ne provient ni du chanvre, ni de l'aloès.

Le fibre d'abaca a une résistance de 10 % plus grande que celle du chanvre; il en résulte qu'à égalité de résistance, l'aloès pèse 10 % de moins que le chanvre; l'aloès est moins altérable, notamment à l'humidité; il présente même l'inconvénient de devenir trop sec et dans certains puits, on doit arroser ces câbles pendant l'été.

Dans les pays rigoureux, le froid peut avoir la même influence néfaste, et l'on réchauffe quelquefois les câbles, en les faisant passer au-dessus d'un foyer.

Le chanvre, au contraire, s'imbibe d'humidité et peut ainsi s'alourdir de 3o %. On y obvie, en graissant les câbles au moyen de suif bouillant.

Le goudron sert à préserver les câbles végétaux et à leur donner de l'élasticité. Le chanvre en absorbe 17 %, l'aloès 13 à 15 %. Il est bon de laisser le câble en magasin pendant six mois ou un an après goudronnage, avant de le mettre en service.

L'emploi des câbles en aloès a complètement remplacé aujourd'hui celui des câbles en chanvre.

515. *Câbles ronds.* — Pour former un câble, les fibres reçoivent plusieurs torsions successives. Le premier élément est le *fil de caret* formé par la torsion en hélice d'un certain nombre de fibres végétales. Le second est le *toron*, formé par la torsion de plusieurs fils de caret. La torsion de plusieurs torons forme enfin un câble rond qui prend le nom d'*aussière*.

La torsion réduit de $^1/_4$ à $^1/_6$ la longueur de la fibre ; il en résulte une décomposition oblique de l'effort qui réduit de 5 % environ la tension à laquelle la fibre est soumise.

La corde soumise à une charge s'allonge, parce que les hélices tendent à se redresser. En service, les câbles en aloès s'allongent de 4 à 6 % dans les 8 à 10 premiers jours. Au moment de la rupture, le câble s'allonge subitement et cet allongement peut atteindre 2 % en un jour. Avant cela, on voit le câble s'effilocher, ce qui annonce qu'une rupture est proche.

La torsion accroit l'élasticité du câble ; mais les effets de détorsion et de retorsion produits par la tension verticale engendrent une rotation du câble dans un sens, puis dans un autre, qui oblige ceux qui s'en servent pour circuler dans un puits, un pied dans le crochet, à se guider contre les parois à l'aide de l'autre pied.

Les câbles végétaux ronds présentent l'inconvénient d'arriver très rapidement à une section telle que la flexibilité est insuffisante pour leur permettre de s'enrouler sur les diamètres ordinaires des tambours et des molettes. Au delà de 5o m., ces câbles ne peuvent plus être employés à l'extraction.

516. *Câbles plats.* — Dans le but d'augmenter la section sans produire de la raideur, John Curr imagina en 1798 de former un câble plat par la juxtaposition de plusieurs aussières réunies par une couture. Cette dernière se fait au moyen de deux cordelettes serpentant en sens inverse le long du câble; la couture écarte simplement les torons sans arracher les fils; elle doit se faire en soumettant le câble à la tension pour laquelle il est fabriqué; on fait ensuite passer le câble sous des rouleaux pour l'aplatir et lui donner une section uniforme. Il en résulte une striction de 20 %. Les câbles plats ainsi formés ont l'avantage de réunir plusieurs éléments indépendants et de donner par conséquent une plus grande sécurité, puisqu'un de ces éléments venant à faire défaut, les autres présentent encore leur résistance propre. Ces câbles étant composés d'aussières en nombre pair juxtaposées et tordues en sens inverse l'une de l'autre, les efforts de torsion se neutralisent, ce qui supprime les effets de détorsion et de retorsion que l'on observe avec les câbles ronds. Enfin ces câbles s'enroulant sur eux-mêmes permettent d'utiliser la variation du rayon d'enroulement pour les équilibrer.

Les aussières sont toujours à 3 torons, pour obtenir le maximum de résistance et une bonne couture.

Les premiers câbles plats étaient à 4 aussières; on les fait aujourd'hui de 6 aussières pour des largeurs de $0^m.16$ à $0^m.30$, de 8 aussières pour plus de $0^m.30$ et de 10 aussières pour plus de $0^m.40$.

517. **Câbles métalliques.** — Les câbles métalliques sont en fer au bois, en acier, quelquefois en bronze phosphoreux.

Le fer est très généralement remplacé aujourd'hui par l'acier, depuis que l'on produit des aciers très homogènes qui ne laissent rien à désirer. En Angleterre, on emploie souvent, pour la fabrication des câbles, un acier spécial fondu au creuset, sous le nom de *plough steel* (acier de charrue). Le fer et l'acier sont quelquefois galvanisés pour remédier à l'oxydation. Le bronze phosphoreux constituerait une matière première de qualité supérieure pour la fabrication des câbles, par sa résistance, sa flexibilité et son inaltérabilité; mais le prix en est trop élevé pour employer les câbles en bronze phosphoreux, comme câbles d'extraction proprement dits. On s'en sert quelquefois comme câbles de plans inclinés.

518. *Câbles ronds*. — Les câbles ronds métalliques présentent une torsion de moins que les câbles végétaux. Le fil métallique remplace ici le fil de caret. En Belgique, on emploie presque exclusivement du fil de 1,8 à 2 mm., afin d'avoir une flexibilité suffisante. Le toron se compose de 6 à 12 fils métalliques tordus en hélice autour d'une âme en fil de fer ou en chanvre. L'âme en chanvre donne de la flexibilité au toron et présente l'avantage de retenir la matière lubrifiante. Cette dernière doit être parfaitement neutre (goudron mélangé de résine par parties égales, appliqué une fois par semaine ou par quinzaine, à la brosse et à chaud sur le câble montant). L'aussière se compose de 5 à 9 torons, tordus à leur tour sur une âme en chanvre.

Pour augmenter la flexibilité des câbles, on peut les composer de fils plus minces dont on forme de petites aussières dites *grelins* que l'on tord autour d'une âme en chanvre, d'où le nom de *câbles grelins* ou de *câbles grelinés*, donné à ce genre de câbles. Mais lorsqu'on descend, pour les fils, en dessous de 2 mill. de diam., la diminution de résistance par oxydation ou rupture de fils devient plus rapide. Ces câbles sont en général abandonnés pour l'extraction.

519. *Câbles plats*. — On peut aussi augmenter la section des câbles métalliques, en composant des câbles plats par juxtaposition et couture de plusieurs aussières en nombre pair, 6 à 10 ordinairement, au moyen d'une cordelette en fils recuits, moins dure que les torons. On ne fait souvent qu'une couture simple pour éviter les surépaisseurs qui seraient dues à deux coutures recroisées. L'espacement des coutures dépend du pas de l'hélice des torons. Les câbles plats métalliques sont moins serrés et par conséquent moins solides que les câbles ronds ; le nombre des torons par aussière est limité à 4, par la nécessité de laisser le même nombre de torons de chaque côté de la couture, et parce que le pas de l'hélice est très allongé. Les torons eux-mêmes ne pouvant être composés que de 6 à 8 fils, l'épaisseur du câble plat métallique est limitée, ce qui donne une moindre variation du rayon d'enroulement. Néanmoins les câbles plats métalliques

sont d'un emploi plus fréquent que les câbles ronds en Belgique, dans les mines profondes.

Les câbles plats métalliques s'allongent de 4 pour 1000 et de $^1/_{1000}$ à la fin du temps de service.

On a essayé en Allemagne, comme câbles d'extraction, les câbles à surface lisse composés de couches concentriques de fils profilés s'emboîtant les uns dans les autres (cf. n° 464) ; mais le succès est encore douteux.

Pour augmenter l'épaisseur, en même temps que la souplesse des câbles métalliques plats, on peut avoir recours à la juxta-position de câbles grelinés (ascenseur Edoux de la tour Eifel); mais ces câbles sont trop coûteux pour la pratique ordinaire des mines.

520. Le *choix entre les câbles végétaux et metalliques* dépend beaucoup des fabriques dont on a les produits à sa disposi-tion. C'est ainsi que s'explique la prédominance des câbles végétaux en Belgique et en France, et celle des câbles métal-liques en Angleterre et en Allemagne où le câble végétal n'existe plus.

La question de l'équilibre a une grande influence sur ce choix.

On est arrivé à calculer des câbles légers en aloès, qui per-mettront d'atteindre 1500 m. On a adopté les câbles en aloès pour le puits n° 18 du charbonnage des Produits de 1150 m. de profondeur, ainsi qu'au n° 10 de l'Agrappe de 1050 m. Il n'en est pas moins évident que ces câbles pèsent beaucoup plus que des câbles en acier de même résistance et par conséquent coûtent plus cher, car le prix du kilog. d'aloès est aujourd'hui presque double de celui du kilog. d'acier de qualité supérieure. On a souvent donné la préférence aux câbles végétaux, en se basant sur la possibilité de prévoir leur rupture, parce que les détério-rations du câble sont visibles extérieurement, tandis que la résistance des câbles métalliques peut diminuer par suite de modifications moléculaires qui ne se trahiraient pas à l'extérieur. Cette allégation peut être vraie, si l'on n'exerce sur le câble qu'une surveillance visuelle. Mais un câble métallique doit être soumis périodiquement à des essais de résistance sur des bouts coupés à la patte : ces essais permettent de prévoir la rupture des câbles métalliques avec autant de précision que la simple inspection pour les câbles en aloès.

521. Les câbles végétaux sont quelquefois soumis à des falsifications qui les rendent dangereux, par l'emploi de fibres d'aloès de qualités différentes, de fils de jute, d'étoupes, de vieux câbles, etc. Il faut avoir l'œil ouvert sur ces falsifications qui sont de nature à nuire à la sécurité. La première garantie est de ne s'adresser qu'à des maisons dont la réputation est établie et de ne jamais chercher à réaliser d'économies du chef des câbles. Au surplus, il faut exiger des garanties de durée et de tonnage extrait.

Les prix des câbles sont soumis à d'assez grandes fluctuations. On peut compter actuellement sur les prix moyens suivants :

Aloès. . . . fr. 0,95 à 1,80 par kilog.

Acier. . . . fr. 0,70 à 1,00, suivant la résistance et le diamètre du câble.

522. **Câbles décroissants.** — Aux grandes profondeurs, on emploie des câbles décroissants, dans le but de diminuer leur poids. La décroissance de la section est facile à obtenir suivant une loi quelconque, dans la fabrication des câbles végétaux, car il suffit, pour la réaliser, de supprimer ou d'ajouter à des intervalles déterminés un ou plusieurs fils de caret à chaque toron, suivant que l'on commence la fabrication par le gros ou le petit bout.

Pour les câbles métalliques, la décroissance continue est plus difficile à obtenir. A Przibram, on a obtenu la décroissance du câble, en réunissant par soudure des fils de section différente et en ayant soin de n'avoir qu'une soudure dans une même section transversale.

On peut aussi supprimer un fil à chaque toron de 100 en 100 mètres, dans des sections transversales différentes ; on diminue chaque fois de 400 kg. environ la résistance du toron (Marchienne). Cela revient à faire décroître le câble par mises successives d'environ 100 m., la transition entre deux mises se faisant sur quelques mètres de longueur.

523. **Tension et Poids des câbles.**—La charge de rupture d'un câble en aloès varie de 8 à 900 kg. par cent. carré de section apparente, d'après les essais faits à Malines. On admet généralement un coefficient de sécurité de 8 à 9, ce qui correspond à

admettre une tension de 100 kg. environ par c^2 de section apparente. Les essais de rupture effectués sur des bouts coupés à la patte, montrent une grande réduction de résistance, après un certain temps de fonctionnement et notamment au moment de la mise hors de service. Les cordiers belges ne garantissent pas plus de 650 kg. à la patte et de 600 kg. à l'enlevage, comme charges de rupture.

Il est difficile d'apprécier la résistance à la rupture d'un câble, d'après celle des fils de caret qui le composent. D'après des expériences faites en Belgique, celle-ci varierait de 770 à 1350 kg. par c^2.; mais il est difficile de préciser la réduction que le cablage apporte à cette résistance, car celle-ci dépend des soins de la fabrication. Les essais sur fils de caret peuvent toutefois renseigner d'une manière efficace sur l'état de conservation des câbles.

Pour le métal, on ne peut tenir compte que de la résistance des fils, c'est-à-dire des parties pleines du câble qui peut être plus ou moins serré.

Pour le fer, on admettait une charge de rupture de 7000 à 7500 kg. par cent. carré.

Pour l'acier, la charge de rupture varie de 12.000 à 18.000 kg. par cent. carré. Autrefois, on n'employait que des aciers doux et en Belgique, on n'emploie guère encore que des aciers à 140 kg. par mill. carré au maximum, avec 2 $^\circ/_0$ d'allongement à la rupture, 11 à 18 flexions de 180° sur 5 mm. de rayon, 20 à 40 torsions de 360 sur $0^m.15$ de long entre mâchoires, tandis qu'en Allemagne et en France, on emploie couramment des aciers à 180 kg. par mill. carré. Cette grande résistance est compensée par une flexibilité moindre. Ces chiffres exprimant la résistance du fil à la rupture, on réduit cette résistance de $^1/_8$ pour le câblage et l'on admet comme ci-dessus un coefficient de sécurité de 8 à 9.

Le poids du cent. cube de câble végétal varie avec la densité du câble. Pour l'aloès, on admet 0 gr. 940 par cent. cube apparent. On prend souvent 1 gr. par cent. cube.

Quant aux câbles métalliques, leur poids se calcule en considérant la section utile et le poids du m^3. Ce poids est pour l'acier de 7,800 kg. Si l'on redresse les fils, ils s'allongent de 15 $^\circ/_0$ dans un câble rond, de 37 $^\circ/_0$ dans un câble plat, de sorte que le poids d'un mètre courant de câble rond de section S est donné par

$$S \times 1,15 \times 7,800 = 9000 \, S.$$

Le poids d'un mètre courant de câble plat est donné de même par $S \times 1,37 \times 7,800 = 10,700 \, S.$, ce qui équivaut à écrire que le poids du mètre cube de câble métallique, calculé d'après la section réelle des fils après allongement, est de 10000 kg. et le poids du cent. cube de 0 kg. 010.

524. **Calcul des câbles végétaux**. — On distingue la partie supérieure du câble dite *enlevage (élevage)* et la partie inférieure dite *patte (cowette)*.

525. *Câble de section uniforme.* — Soit t la tension admise par cent. carré ;

γ le poids du centimètre cube ;

l la longueur du câble en centimètres ;

S la section du câble en cent. carrés.

Cette section devant résister à la charge Q (comprenant charge utile et poids mort) et au poids du câble P, on a :

$$St = Q + P = Q + Sl\gamma$$
$$\text{d'où } S = \frac{Q}{t - l\gamma}$$

Soient : $Q = 2,200$ kg. ;

$\quad\quad\quad t = 85$ kg. (aloès) par cent. carré ;

$\quad\quad\quad \gamma = 0$ kg. 001 par cent. cube ;

$\quad\quad\quad l = 50000$ cent. ;

on trouve $S = 62, 9$ cent. carré ;

$\quad\quad\quad P = Sl\gamma = 3145$ kg.

On admet qu'il existe un rapport constant, entre l'épaisseur a et la largeur b du câble, dépendant de la compression latérale. Si n est le nombre d'aussières, on admet que

$$\frac{a}{b} = \frac{10}{7.5 \, n},$$
$$\text{soit pour } n = 6, \, b = 4.5 \, a$$
$$n = 8, \, b = 6 \, a.$$

Connaissant la section $S = a \times b$, on peut donc calculer l'épaisseur et la largeur du câble.

526. *Câble logarithmique*. — A partir de 200 m. de profondeur, il convient de recourir aux câbles végétaux décroissants. Si l'on donne au câble la forme du solide d'égale résistance, on obtient le câble dit logarithmique; soient S et S_1 les sections extrêmes de ce câble (fig. 400).

L'augmentation de résistance, pour un accroissement de section ds, est égale au poids d'un élément du câble de hauteur dx. On peut écrire en conséquence :

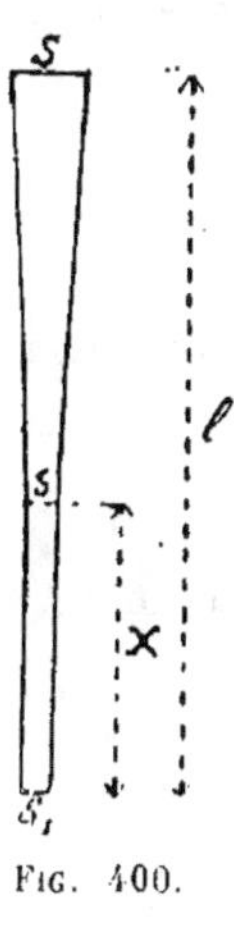

Fig. 400.

$$lds = s\gamma dx$$

$$\text{d'où} \quad \int_{S_1}^{S} \frac{ds}{s} = \frac{\gamma}{t} \int_{o}^{l} dx$$

$$S_1 = \frac{Q}{t}$$

une section quelconque s prise à une distance x de la patte sera :

$$s = \frac{Q}{t}\, e^{\frac{\gamma x}{t}}$$

$$\text{et } S = \frac{Q}{t}\, e^{\frac{\gamma l}{t}}.$$

Le poids d'un élément du câble $s\gamma dx$, pris à une distance x de la patte, est égal à $\gamma \dfrac{Q}{t} e^{\frac{\gamma.x}{t}} dx$.

Le poids total P du câble $= \gamma \dfrac{Q}{t} \displaystyle\int_{o}^{l} e^{\frac{\gamma.x}{t}} dx$,

intégrale de la forme $\displaystyle\int e^z\, dz = e^z$

$$\text{d'où} \quad P = Q\left(e^{\frac{\gamma l}{t}} - 1. \right)$$

En prenant les mêmes données que ci-dessus, on trouve :

$$S_1 = 25.88 \text{ c}^2.$$
$$S = 46.59 \text{ c}^2.$$
$$P = 1760 \text{ kg}.$$

527. *Câble conique.* — Au lieu de la décroissance théorique, on se contente souvent de faire décroître le câble, en supprimant un fil de caret à chaque toron à intervalles égaux. On obtient ainsi le câble dit *conique*.

On peut calculer ce dernier, en le supposant d'épaisseur constante, alors son volume est celui d'un prisme trapézoïdal :

$$S l = Q + \frac{S + S_1}{2}\, l\gamma$$

et comme

$$S_1 = \frac{Q}{l}$$

$$S = \frac{Q\left(1 + \frac{l\gamma}{2\,l}\right)}{l - \frac{l\gamma}{2}}$$

$$P = \frac{S + S_1}{2}\, l\gamma.$$

En prenant les mêmes données que ci-dessus :

$$S_1 = \quad 25{,}88 \ c^2$$
$$S = \quad 49{,}50 \ c^2$$
$$P = \ 1882{,}50 \ kg.$$

Pour tenir compte de la diminution d'épaisseur, on prendrait :

$$P = \frac{1}{3}\,(S + S_1 + \sqrt{SS_1})\, l\gamma\,;$$

cette formule donnerait, pour le poids du câble, 1850 kg. au lieu de 1882.5 kg., ce qui constitue une faible différence.

528. *Câble décroissant par mises.* — On réalise parfois la décroissance, en composant le câble de mises successives et uniformes.

Soit un câble composé de mises de l mètres chacune, on aura à calculer les sections S^I, S^{II}, S^{III}, S^{IV}, etc. de chacune de ces mises, comme appartenant à un câble uniforme :

$$S^I = \frac{Q}{l - l\gamma}$$

$$S^{II} = \frac{Q + S\gamma l}{l - l\gamma}$$

et ainsi de suite.

Soit le câble composé de 10 mises de 50 m. chacune.

On aura :

$$\begin{aligned}
S^I &= 27,5 \ c^2 & P^I &= 137,5 \ k. \\
S^{II} &= 29,2 & P^{II} &= 146 \\
S^{III} &= 31 & P^{III} &= 155 \\
S^{IV} &= 33 & P^{IV} &= 165 \\
S^V &= 35 & P^V &= 175 \\
S^{VI} &= 37,2 & P^{VI} &= 186 \\
S^{VII} &= 39,6 & P^{VII} &= 198 \\
S^{VIII} &= 42 & P^{VIII} &= 310 \\
S^{IX} &= 44,7 & P^{IX} &= 223,5 \\
S^X &= 47,5 & P^X &= 237,5 \\
 & & P &= 1833,5
\end{aligned}$$

On voit par cet exemple numérique que le câble décroissant par mises est intermédiaire entre le câble logarithmique et le câble conique.

Les fortes décroissances ont pour conséquence une réduction de la largeur du câble qui n'est plus guidé entre les bras de la bobine ; il peut en résulter des glissements, notamment avec les câbles métalliques qui sont graissés.

529. *Câble décroissant de résistance variable.* — Dans les câbles plats décroissants, on remarque que l'enlevage souffre plus que la patte, ce qui se traduit par une détériorations plus rapide. L'enlevage correspond en effet à la partie la plus épaisse du câble ; or c'est celle qui s'enroule sur le plus petit rayon des bobines ; l'enlevage est de plus soumis, au départ, à des chocs ou à des efforts dynamiques dont la patte souffre moins. M. Vertongen en a conclu avec raison qu'il était rationnel de calculer le câble pour des tensions allant en augmentant de haut en bas et non pour une tension uniforme.

La tension admise étant t à la partie supérieure, cette tension peut devenir sans inconvénient $t + b$ à la partie inférieure.

Cela revient à réduire le coefficient de sécurité à la patte ; en effet, si l'on admet 90 kg. pour l'aloës à l'enlevage et 125 à la patte, 900 étant la charge de rupture, cela revient à prendre, comme charges de sécurité $^1/_{10}$ à l'enlevage et $^1/_{7.2}$ à la patte.

Entre ces deux tensions extrêmes, on peut admettre des intermédiaires proportionnels, de sorte que pour une section s, située à une distance x de la patte, la tension sera $t + b\,\dfrac{l-x}{l}$.

$$— 508 —$$

On calcule ainsi des câbles dits *légers* qui peuvent être employés à des profondeurs auxquelles se romperaient sous leur poids des câbles uniformes, calculés pour la tension t.

La résistance de la section s sera $s\left(t + b\,\dfrac{l-x}{l}\right)$.

Nous écrirons que la différentielle de cette résistance prise par rapport à s et à x est égale au poids de l'élément de hauteur dx.

$$ds\left(t + b\,\frac{l-x}{l}\right) - s\,\frac{b\,dx}{l} = \gamma s\,dx$$

d'où

$$\int_{S_1}^{S} \frac{ds}{s} = \int_{o}^{l} dx.\frac{\gamma + \dfrac{b}{l}}{t + b\,\dfrac{l-x}{l}}.$$

$$S_1 = \frac{Q}{t + b}$$

$$S = \frac{Q}{(t+b)\left[1 - \dfrac{bx}{(t+b)\,l}\right]^{\frac{\gamma l}{b}+1}}$$

$$P = \int_{o}^{l} \gamma s\,dx = \gamma\,\frac{Q}{t+b}\int_{o}^{l}\frac{dx}{\left[1 - \dfrac{bx}{(t+b)\,l}\right]^{\frac{\gamma l}{b}+1}}$$

$$= Q\left[\left(1 + \frac{b}{t}\right)^{\frac{\gamma l}{b}} - 1\right] \quad ^{(1)}.$$

Soit $Q = 6000$ kg.;

$\quad l = 1000$ m.;

$\quad \gamma = 0$ k. 00094 par cent. cube;

$\quad n = 8$ aussières.

En prenant $t = 80$ à l'enlevage et $t + b = 110$ kg. à la patte, on trouve :

$$S = 0.350 \times 0.058$$
$$S_1 = 0.181 \times 0.030$$
$$P = 10255 \text{ kg.};$$

---

(1) *Bulletin de la Société de l'industrie minérale*, 2e série, t. XIII, 1884.

tandis que pour un câble logarithmique calculé pour $t = 90$, on aurait :

$$S = 0.338 \times 0.056$$
$$S_1 = 0.200 \times 0.0333$$
$$P = 17040 \text{ kg.}$$

On voit que ces poids sont dans la proportion d'un peu plus de 3 à 2.

Le câble du puits Sainte-Henriette des Produits a été calculé de cette manière pour extraire 6500 kg. de 1200 m.

$$S = 0.42 \times 0.049$$
$$S_1 = 0.23 \times 0.029$$
$$P = 13200 \text{ kg.}$$

530. M. Vertongen a modifié récemment le tracé de ses câbles légers, en renforçant la patte sur une longueur de 100 à 150 m. pour tenir compte des causes de détériorations locales, telles que repliements, à-coups, chocs, grandes vitesses à la fin de l'enroulement, manœuvres, etc.

Il compose en conséquence ses câbles :

1° d'une patte de longueur l de section uniforme ;

2° d'une partie décroissante de longueur $L - l$ avec tensions variables de t à $t + b$;

3° d'un enlevage de section uniforme et de longueur correspondante à la distance de l'orifice du puits à la bobine, augmentée de la réserve de câble fixée sur cette dernière.

On trouvera les formules relatives au calcul de ces nouveaux câbles dans le mémoire de M. Vertongen, publié en 1901 dans la *Revue universelle des mines* [1].

531. **Calcul des câbles métalliques**. — On déterminera comme ci-dessus la section des câbles métalliques uniformes, c'est-à-dire la section nette des fils et le poids du câble. La formule qui donne la section du câble uniforme en centimètres carrés étant :

$$S = \frac{Q}{t - l\gamma} \quad (1) \quad (\text{cf. } 523),$$

---

[1] 3e série. Tome LIV.

si l'on prend pour poids du cent. cube $\gamma = 0.^k010$ et si l'on prend l en mètres, la formule devient numériquement :

$$S = \frac{Q}{t - l}.$$

Il est facile de voir que cette formule donne en même temps le poids du câble en kg. par mètre ; car $P = S\,l\,\gamma = S\,l$, S étant exprimé en centimètres et l en mètres.

532. Le nombre de fils par toron et le diamètre des fils étant déterminés au moyen de la formule (1), on en déduit le diamètre du toron et du câble par des formules empiriques. Soit d le diamètre d'un toron composé de n fils de diamètre δ (fig. 401).

$$d = 2\,\overline{OB} + \delta.$$

$$\text{L'angle } \varphi = \frac{\pi}{n}$$

On a donc :
$$\overline{BC} = \frac{\delta}{2} = \overline{OB} \sin \frac{\pi}{n}$$

d'où
$$\overline{OB} = \frac{\dfrac{\delta}{2}}{\sin \dfrac{\pi}{n}}$$

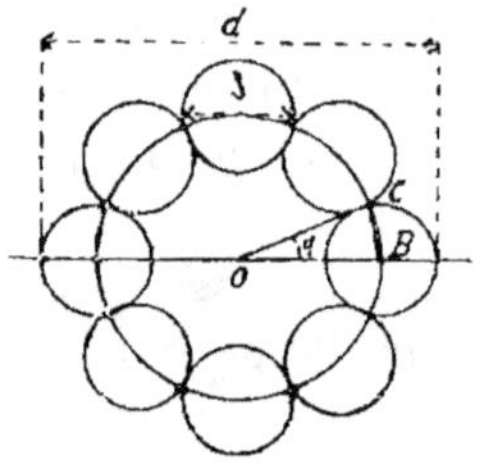

Fig. 401.

$$d = \delta \left(1 + \frac{1}{\sin \dfrac{\pi}{n}} \right).$$

Le diamètre d'un câble rond composé de n' torons de diam. d' sera de même :

$$D = d' \left(1 + \frac{1}{\sin \dfrac{\pi}{n'}} \right)$$

533. On calcule également les câbles métalliques destinés aux mines profondes, en admettant des tensions croissantes ou ce qui revient au même en diminuant le coefficient de sécurité, de l'enlevage à la patte.

Au puits de Marchienne les cages à 12 étages chargées pèsent 12.500 kg. La profondeur est de 950 m. Dans ces conditions, un câble en aloès aurait mesuré jusque 0^m62 de large à l'enlevage et on lui a préféré le câble plat en acier, qui reste dans des limites de dimensions normales, en faisant varier le coefficient de sécurité de 12 à 7 au puits n° 1 et de 9 à 6 au puits n° 2.

Les différences de poids entre les câbles métalliques uniformes et décroissants par mises sont moins accusées que dans les câbles végétaux ; on admet généralement que la décroissance ne devient nécessaire qu'à partir de 600 m. de profondeur.

On peut rechercher pour quelle profondeur un câble en acier uniforme atteint le même poids qu'un câble Vertongen, en posant l'égalité des poids de ces câbles, t' et γ' représentant la tension par c^2 et le poids par c^3 du câble métallique :

$$Q\left[\left(1 + \frac{b}{l}\right)^{\frac{\gamma\, l}{b}} - 1\right] = \frac{Q}{t' - l\,\gamma'}\; l\,\gamma'.$$

En prenant l comme inconnue, on trouve que l'égalité est obtenue vers 700 m. ; mais à cette profondeur le câble en acier décroissant par mises serait plus léger que le câble Vertongen. Il en est surtout ainsi, quand on emploie les câbles d'acier à charge de rupture de 150 et 180 kg. par mm^2, ce qui, avec un coefficient de sécurité de 8, correspond à des tensions de 1875 à 2250 kg. par c^2, chiffres que l'on admet aujourd'hui en Allemagne.

534. ***Attaches des cages***. — Les cages sont reliées au câble par un bout de chaîne, quelquefois double, directement fixé au câble, et par 4 ou 6 chaînettes de sûreté. Cet ensemble de chaînes et chaînettes doit être assez long pour empêcher le câble de se replier sur le toit de la cage, lorsque cette dernière repose sur les taquets.

La liaison de la chaîne avec le câble se fait différemment, selon que le câble est rond ou plat.

S'il ne s'agit que de faibles efforts, on replie simplement le bout du câble rond sur lui-même sur $0^m.30$ à $0^m.50$ de hauteur ; on fait reposer la boucle ainsi formée dans une *cosse*, gorge métallique intérieure, et l'on réunit les deux brins par une forte ligature ou une agrafe métallique. Pour les grandes extractions, on emploie en Allemagne une cosse métallique de forme ovale

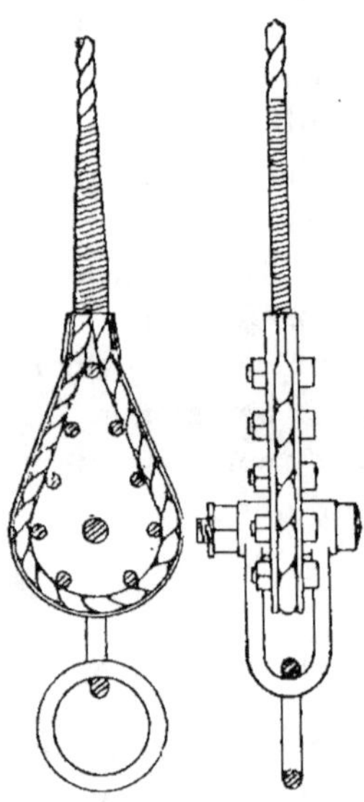

FIG. 402.

avec deux joues latérales en fer, réunies par boulons (fig. 402). Les deux brins du câble sont reliés entre eux par une agrafe boulonnée. Pour éviter la flexion qui amène des tensions inégales dans les deux brins, on emploie aussi, en Allemagne, une douille conique où l'on fixe l'extrémité du câble détordue, au moyen d'un alliage métallique à base de plomb antimonieux qui fait coin. Cette douille se termine par un étrier.

Les câbles plats peuvent également se replier dans un anneau de forme spéciale. Les deux brins sont alors réunis par des clames rivées à froid (fig. 403). Pour les puits profonds, on replie le câble sur une fourrure métallique traversée par un boulon auquel est suspendu l'étrier recevant le premier anneau des chaînettes,

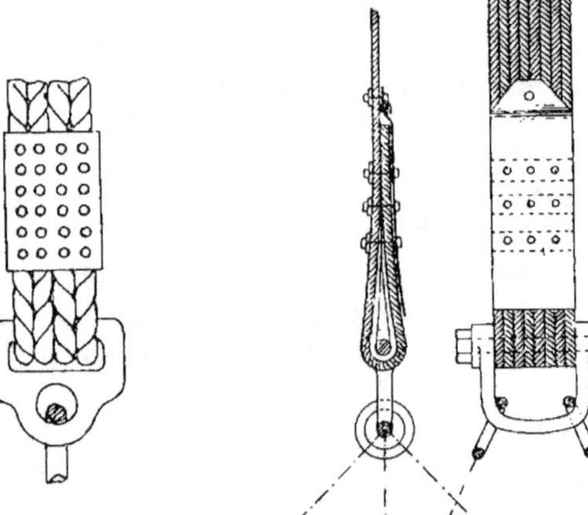

FIG. 403.

FIG. 404.

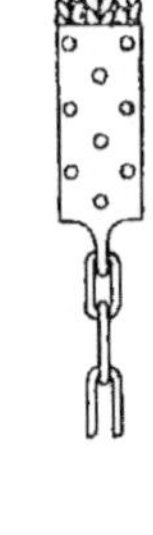

FIG. 405.

les deux bouts sont réunis d'une part par une garde en tôle, rivée d'autre part sur de petites clames (fig. 404). On fait aussi quelquefois pénétrer l'extrémité du câble dans un *manche* (fig. 405) terminé par un anneau et également rivé à froid.

Quand on emploie les taquets à abaissement, on réunit généralement les chaînettes au câble, par l'intermédiaire de vis qui permettent de régler exactement sa longueur (fig. 406). C'est un mode d'attache fréquemment appliqué en Allemagne avec les câbles ronds.

535. Influences agissant sur la durée des câbles. — Ces influences sont très diverses. Nous les résumerons comme suit :

1° La matière et la fabrication.

2° La forme du câble; comme nous l'avons vu, la forme plate convient seule pour les câbles végétaux ; la forme ronde est la meilleure pour les câbles métalliques.

3° Le diamètre d'enroulement ; ce diamètre doit être aussi grand que possible pour assurer la conservation

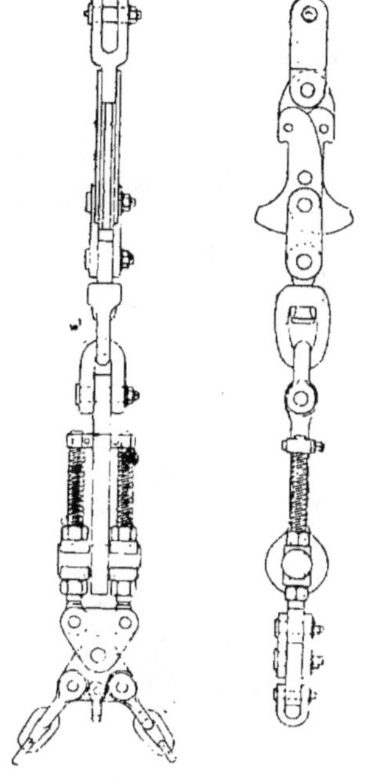

Fig. 406.

du câble. Cette considération est surtout importante pour les câbles métalliques ; elle l'est d'autant plus que la résistance à la traction du métal est plus grande, parce que sa flexibilité est moindre.

La fatigue à l'enroulement des câbles métalliques dépend du diamètre des fils qui le composent et de la raideur du câble qui est d'autant plus grande que son diamètre est lui-même plus grand. On admet généralement que le diamètre d'enroulement doit être 1500 fois le diamètre du fil ; mais aux grandes profondeurs, on se contente souvent, en Belgique, de 1250 fois ce diamètre, pour les bobines, et l'on prend 2000 fois le diamètre du fil, pour les molettes, soit 4 m. pour un câble composé de fils de 2 mm. Mais il faut aussi tenir compte du diamètre du câble. On recommande de n'enrouler en aucun cas un câble métallique sur un diamètre de moins de 50 fois celui de ce câble.

4° Le mode d'enroulement ; l'un des câbles s'enroule par

dessus, l'autre par dessous (fig. 407). Le premier est dit, en wallonie, le *haut chife*, le second le *bas chife*. Ce dernier s'use plus vite que l'autre, parce que les deux enroulements successifs sont en sens inverse; on y remédie quelquefois en employant un câble plus fort que l'autre. Il y a souvent, entre les deux câbles, une différence de durée qui varie de 10 à 33 %, notamment avec les câbles plats métalliques. Avec les câbles ronds, l'effet des deux enroulements successifs en sens inverse est presque nul, parce que le câble tourne sur lui-même.

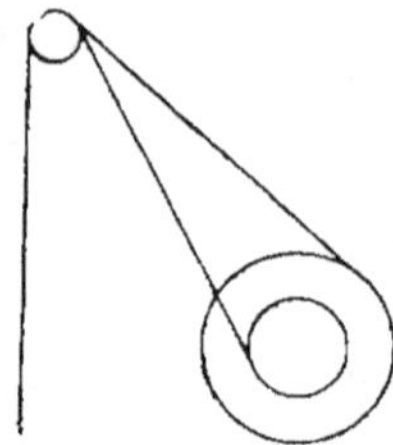

FIG. 407.

Pour y remédier, on peut changer les câbles de molette, de manière à les fatiguer également. A l'aide d'un engrenage (fig. 408), on peut obtenir l'enroulement en haut chîfe de l'un et l'autre câble; mais les engrenages ne peuvent convenir que pour des machines de faible vitesse. On obtient le même résultat, avec les puits jumeaux quelquefois usités en Angleterre, en faisant circuler une cage dans chaque puits; la machine est placée dans ce cas entre les deux puits.

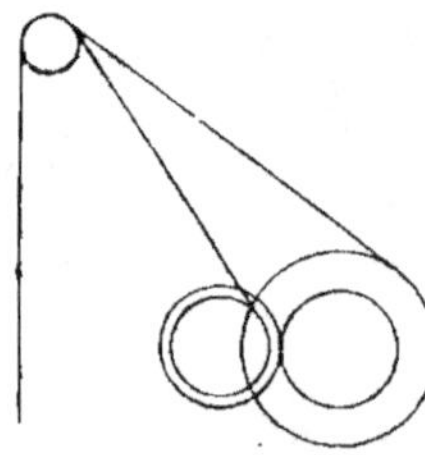

FIG. 408.

5° L'angle des deux brins du câble sur la molette; cet angle a peu d'influence. Pour les câbles métalliques, on admet qu'il ne faut pas dépasser 50°.

6° L'obliquité du câble par rapport au plan de la molette. Quand on emploie des tambours, le câble subit, en s'enroulant, un déplacement latéral par rapport à ce plan; de là peuvent naître des frottements (fig. 409). Cette obliquité diminue avec la distance à laquelle se trouvent les tambours des molettes, mais on ne peut exagérer cette distance, de crainte d'augmenter les ballottements du câble.

Dans les cas ordinaires, on cherche à diminuer autant que possible les frottements résultant de

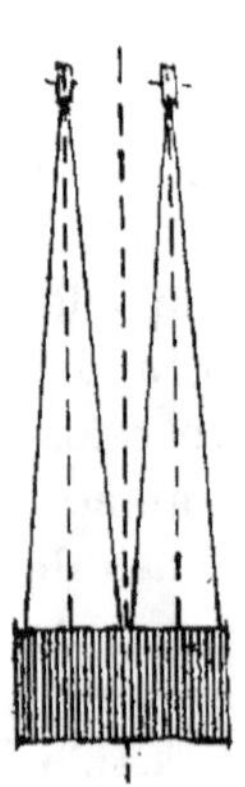

FIG. 409.

cette obliquité, en donnant une largeur convenable aux molettes, de même que l'on cherche à éviter le frottement des spires les unes sur les autres, en donnant des soins spéciaux au cintrage du tambour et en creusant dans ce dernier des rainures où se dépose le câble.

L'usure des fils métalliques au contact de la molette est plus grande que sur la face opposée ; de là la pratique consistant à retourner les câbles plats métalliques de temps à autre, pour changer la face en contact.

7° La profondeur du puits n'augmente pas la fatigue des câbles ; car à grande profondeur, si l'on élève une charge plus grande, on fait un moins grand nombre de traits.

M. Vertongen donne les chiffres suivants pour les tensions admissibles par c², dans le calcul des câbles en aloès :

à moins de 400 m.	60 à 75 kg.
de 400 à 600 m.	75 à 80 »
de 600 à 800 m.	80 à 90 »
de 800 à 1000 m.	90 à 100 »
à plus de 1000 m. . . . , .	102 m.

Cela revient à diminuer le coefficient de sécurité pour les profondeurs croissantes.

8° L'état hygrométrique du puits a peu d'influence sur les câbles en aloès ; mais les câbles métalliques s'oxydent dans les puits humides, surtout lorsque les eaux sont corrosives et que l'extraction chôme ou est peu active. La galvanisation a dans ce cas une influence favorable.

9° La température du puits et la pureté de l'air qui y circule. L'air chauffé de 30 à 50° dans les puits aérés par foyers exclut la possibilité d'y employer les câbles végétaux. L'air vicié les altère même à basse température.

10° Le défaut de verticalité des puits et du guidage engendre des frottements et des chocs qui sont surtout dangereux avec les câbles métalliques.

11° Les taquets à abaissement ont pour but, comme nous l'avons vu, la suppression des à-coups nuisibles aux câbles, lorsqu'on emploie les taquets à soulèvement. On peut toutefois amortir le choc au démarrage, en intercalant un ressort entre le câble et la cage. A Mariemont, ce ressort est relié à une 5ᵉ chaînette qui entre en tension avant les autres. Le ressort du parachute suffit d'ailleurs pour jouer ce rôle.

12° La vitesse n'a d'influence qu'à l'arrivée. Si le ralentissement est trop brusque, la cage animée d'une force vive considérable continue son ascension, jusqu'à ce que cette force vive s'éteigne; il se produit alors une chute de la cage et un choc. On a attribué diverses ruptures de câbles à cette circonstance.

13° Les câbles doivent en tous cas être l'objet d'une surveillance et d'un entretien continus. Pour les câbles métalliques notamment, il faut procéder à des essais fréquents qui se font périodiquement sur un tronçon de 2 m. que l'on coupe pour rafraîchir la patte.

Plus ordinairement on opère des essais de traction, flexion et torsion, sur les fils isolés de ce bout de câble ou d'échantillons prélevés en plein câble, dans les parties fatiguées ou avariées, en remplaçant le toron enlevé par un toron neuf. On mesure aussi la diminution de section des fils, par suite d'usure ou d'oxydation, ainsi que la diminution de flexibilité du câble qui se décèle par la diminution de l'épaisseur du câble et par la moindre variation de longueur du câble chargé ou non chargé.

On calcule la résistance du câble, en ne tenant pas compte des fils qui offrent une résistance de 20 % en dessous de la moyenne.

A Marchienne, on impose aux câbles plâts métalliques neufs les conditions d'essai suivantes :

Résistance à la traction de 13o kg. par mm. carré ;

17 flexions à 18o° sur 5 mm. de rayon ;

3o torsions sur un échantillon de 0ᵐ.15 entre mâchoires.

Avec les câbles végétaux, on peut faire des essais plus ou moins analogues, mesurer la résistance à la rupture des fils de caret dans les pattes coupées, etc.

Dans quelques mines allemandes, il existe des machines spéciales destinées à essayer à la traction le câble entier. On opère sur la partie supérieure des bouts que l'on coupe périodiquement pour rafraîchir la patte du câble. Ces machines exercent des efforts de 75,000 à 9o,000 kg. au moyen de presses hydrauliques.

536. En Belgique, les câbles sont visités chaque semaine par un employé du cordier, par un agent du charbonnage, ou concurremment par les deux, indépendamment de la visite journalière qui doit être faite par le personnel de la mine. Les procès-verbaux de ces visites sont inscrits dans un registre *ad hoc*. Ce registre doit contenir tous les renseignements propres à reconstituer l'histoire de chaque câble ; date du placement et de la mise hors service, quantités de charbon, pierres et eau extraites, coupures de patte, etc.

On constate chaque semaine l'épaisseur à l'enlevage, la longueur du repliement du câble sur le toit de la cage, lorsqu'elle repose sur les taquets du fond, les allongements du câble, etc.

En Westphalie, l'administration des mines dresse depuis 1872 une statistique des ruptures de câbles. En 1877, le même système a été adopté à Saarbruck et en 1882 en Silésie. Cette mesure a réduit, en Westphalie, les ruptures qui affectaient, en 1872, 19.30 % des câbles mis hors de service, à n'être plus qu'un accident relativement rare (0.52 % en 1899, 1.45 % en 1900).

En Belgique, les fabricants donnent en général, pour les câbles en aloès, une garantie de 30 mois de durée ou de 175.000 t. extraites. Si les câbles ne satisfont pas aux garanties de durée, les fabricants encourent, à titre d'amende, $^1/_{12}$ à $^1/_{24}$ de la valeur du câble par mois de durée en moins. Pour les câbles métalliques plats à grande profondeur, la garantie est en général, en Belgique, de 16 mois, sans spécification de tonnage.

Quand on a un puits de service servant à la translation des hommes, on y fait usage de câbles neufs qui passent ensuite au puits d'extraction.

537. ***Moyens d'équilibrer les câbles.*** — Supposons que les câbles d'extraction s'enroulent sur des tambours cylindriques de rayon R.

Soient Q la charge, q le poids mort, P le poids par m. du câble supposé de section uniforme et L la longueur du câble.

Les moments résistants sont les suivants :

Au départ : $\qquad (Q + q + PL - q)\, R = (Q + PL)R.$

À la rencontre : $\left(Q + q - q + P\, \dfrac{L}{2} - P\, \dfrac{L}{2} \right) R = QR.$

À l'arrivée : $\qquad (Q + q - q - PL)\, R = (Q - PL)R.$

On voit donc que l'écart maximum entre les moments, au départ et à l'arrivée, est égal au double du moment du poids du câble. La machine aura donc à effectuer un effort variable, qui pourra passer par zéro à une certaine profondeur donnée par L $= \dfrac{Q}{P}$ et devenir négatif au delà. En effet, le poids du câble passant du côté de la cage descendante qui ne porte que des wagons vides, la résistance diminue progressivement, la machine tend à s'accélérer et la puissance peut même l'emporter sur la résistance : il faut dans ce cas marcher à contre-vapeur, ce qui est peu économique et toujours nuisible à la machine. L'idéal à atteindre serait que le moteur fît toujours un effort constant correspondant au moment moyen QR. Lorsque cet idéal est atteint où même quand on parvient à s'en approcher, on dit que les câbles sont *équilibrés*.

On peut parvenir à ce résultat par différentes dispositions qui sont indépendantes du moteur.

Lorsqu'on néglige d'employer ces moyens, ou lorsqu'ils ne le sont qu'incomplètement, on peut à vrai dire remédier au défaut d'équilibre, en agissant sur le modérateur ou sur la détente de la machine, et l'on considère quelquefois ce procédé comme un moyen d'équilibrer le poids des câbles. Nous le considérerons simplement comme un moyen de remédier à l'insuffisance de l'équilibre et nous ne nous en occuperons qu'en traitant des moteurs.

538. Les moyens d'équilibrer les câbles sont les suivants :

1° L'emploi d'un *câble d'équilibre*.

2° L'emploi d'une *chaîne* ou de *câbles contrepoids*.

3° La *variation du rayon d'enroulement*.

539. 1° **Câble d'équilibre.** — Ce moyen peut s'appliquer :

a. Avec des tambours cylindriques;

b. Avec une poulie (système Kœpe).

540. a. *Tambour cylindrique.* — On attache sous les cages un contre-câble (*Gegenseil*), équilibrant à chaque instant le câble d'extraction; pour éviter tout choc sur la cage, le câble d'équilibre est attaché au fond de la cage par l'intermédiaire d'un

ressort, ou directement au câble d'extraction, au-dessus de la cage, par l'intermédiaire d'un étrier. Pour éviter les effets de la torsion du contre-câble, on le suspend quelquefois par l'intermédiaire d'une boîte à billes. Ce contre-câble va passer au fond du puits sur une poulie dont l'axe est mobile le long de glissières ou plus simplement autour de deux pièces de bois, pour séparer les brins et éviter leur entortillement. Il faut, bien entendu, que le niveau des eaux dans le puisard soit tel que le câble d'équilibre n'y plonge jamais.

On peut utiliser comme câble d'équilibre un câble moins coûteux que le câble d'extraction, pourvu que les poids soient les mêmes. On peut employer dans ce but un câble en fer ou même un vieux câble. Il faut dans tous les cas que sa souplesse soit en rapport avec l'écartement des molettes et c'est souvent une raison pour recourir à un câble plat.

Ce système est fréquemment appliqué en Allemagne avec tambours cylindriques, pour des profondeurs moyennes qui ne nécessitent pas de grandes vitesses; car il faut éviter que le câble d'équilibre ballotte et fouette les parois du puits.

On a remarqué que la régularité de l'effort était dans ce cas favorable à la conservation du câble d'extraction; mais d'autre part on reproche à ce système d'augmenter la masse en mouvement.

Cette augmentation de masse et par suite de force vive peut rendre plus problématique l'action des parachutes. D'un autre côté, le câble d'extraction étant toujours soumis à sa charge maximum, fatigue davantage.

Le contre-câble, tel qu'il est décrit ci-dessus, ne permet pas de régler les câbles pour extraire successivement à différents étages, car la longueur du contre-câble ne peut subir de variations.

Pour extraire à différents étages, on peut lui substituer un câble sans fin qui traverse la cage dans une colonne creuse et le long duquel on peut changer la position des cages au moyen d'une attache spéciale (système Baumann). Cette attache se compose de trois coins en métal blanc à la fois tendre et résistant, présentant des impressions correspon-

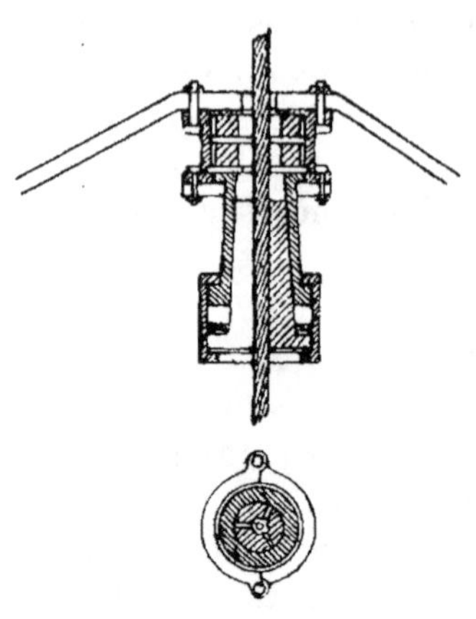

Fig. 410.

dantes aux saillies des torons (fig. 410). Ces coins sont insérés à l'intérieur d'une boîte conique sur laquelle est suspendue la cage; une fermeture à charnière réunit ces différentes pièces. Ce système est originaire du bassin de Saarbrück.

541. *b. Système Kœpe ou Lemielle.* — L'application du câble d'équilibre avec une simple poulie d'adhérence au lieu de tambours d'enroulement, a été réalisée, en 1878, en Allemagne, par M. Kœpe. Elle est généralement connue sous le nom de ce dernier, bien qu'elle ait été décrite, en 1862, par Lemielle [1] et qu'elle ait été appliquée, dès 1858, à Montrambert (St-Etienne) pour la descente des remblais.

Le système Kœpe est fréquemment appliqué aujourd'hui en Westphalie [2]. Dans ce système, le tambour est remplacé par une poulie à gorge de 5 à 8 m. de diamètre, embrassée par le câble sur 1/2 à 3/4 de circonférence. La gorge de cette poulie est garnie de bois de hêtre. Pour augmenter l'adhérence, on y creuse parfois une rainure. Le câble passe de là sur des molettes, situées soit dans le même plan que celui de la poulie motrice, mais à des hauteurs différentes (fig. 411), soit dans des plans convergents vers la poulie motrice et à la même hauteur (fig. 412).

On a plus rarement installé

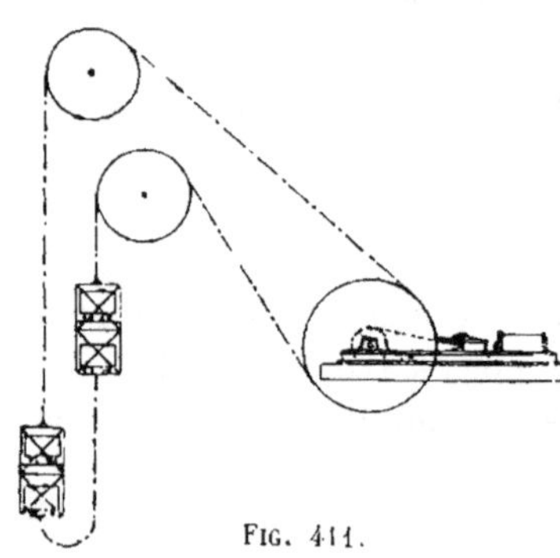

Fig. 411.

---

[1] *Revue universelle des mines*, 1re série, t. XI, p. 524.

[2] *Revue universelle des mines*, 2e série, t. V, 3e série, t. XLI.

Fig. 412.

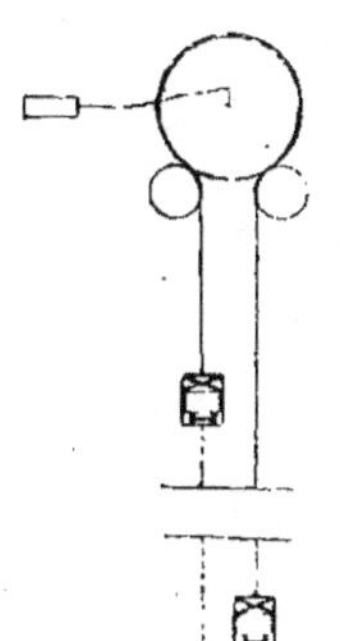

Fig. 413.

la poulie motrice directement au-dessus du puits (fig. 413); mais par suite de son grand diamètre, les deux brins du câble doivent dans ce cas être ramenés par des galets dans l'axe des compartiments d'extraction.

542. Dans le système Koepe, la poulie motrice entraîne le câble par adhérence. Soit P et P′ les tensions des brins conducteur et conduit, P est > que P′ et l'on a la relation bien connue :

$$\frac{P}{P'} \leq e^{f\alpha}$$

où e représente la base des logarithmes népériens;

f le coefficient de frottement;

α l'arc embrassé.

Soit α égal à une demi-circonférence, la formule devient :

$$\frac{P}{P'} = e^{f\pi}.$$

Pour une gorge en chêne et un câble d'acier, on prend :

$$f = 0.158$$
$$e^{f\pi} = 1.642.$$

M. E. Tomson donne $f = 0.30$ pour une jante de forme spéciale. Il est à remarquer que le graissage du câble diminuant ce coefficient, on pourrait être tenté de négliger ce graissage, aux dépens de la sécurité.

Dans le système Kœpe, P est la tension du câble portant la charge; P′ est la tension de l'autre brin :

$$P = Q + q + p\,L$$
$$P' = q + p\,L.$$

On a donc :

$$\frac{Q + q + p\,L}{q + p\,L} = e^{f\alpha}.$$

Connaissant f, on peut en déduire l'arc embrassé α. Pour toute valeur plus grande que e'^α, il n'y aura plus adhérence et le câble glissera sur la poulie. On voit que l'adhérence est indépendante du diamètre de la poulie qui ne dépend que de la flexibilité du câble.

$$
\begin{array}{lr}
\text{Soit le poids de la cage.} \ldots \ldots & 2.940 \text{ kg.} \\
\text{le poids de 6 wagons vides.} \ldots & 1.800 \quad » \\
\text{le poids du câble } pL \ldots \ldots & 2.716 \quad » \\
\hline
P' = q + pL \ldots \ldots \ldots = & 7.456 \text{ kg.} \\
\text{Soit la charge Q des 6 wagons} \ldots & 3.000 \quad » \\
\hline
P = Q + q + Pl \ldots \ldots \ldots = & 10.456 \text{ kg.}
\end{array}
$$

L'arc embrassé étant d'une demi-circonférence, la condition $\dfrac{P}{P'} = \; < e'^\alpha$ est satisfaite.

On voit que théoriquement l'adhérence est d'autant plus grande que la profondeur est elle-même plus grande. Mais à grande profondeur on pourrait craindre le ballottement du câble d'équilibre; cependant il existe en Westphalie des applications du système Kœpe à plus de 700 m. de profondeur (Rhein-Elbe n° III).

Jusqu'à une certaine profondeur, le système peut même se passer de câble d'équilibre.

Il suffit pour cela que :

$$
\frac{Q + q + pL}{q} \text{ soit } < e'^\alpha.
$$

On tire de l'égalité la valeur de L, profondeur maxima où il sera possible de marcher par adhérence sans contre-câble.

543. Les avantages du système Kœpe sont les suivants :

1° L'équilibre des câbles est parfait, ce qui entraîne la constance de l'effort moteur, quelle que soit la profondeur, abstraction faite de certaines résistances qui augmentent avec le poids du câble. Il s'ensuit que l'on peut employer un moteur très économique, tel qu'une machine à détente fixe ou compound. On voit en Westphalie un grand nombre de machines ainsi transformées pour atteindre de plus grandes profondeurs.

2° La vitesse est uniforme et le câble éprouve en conséquence peu de fatigue, à condition toutefois de donner un diamètre suffisant à la poulie motrice.

3° Le câble ne subit pas d'*à-coups* au démarrage.

4° Quand la cage vide repose sur les taquets du fond, le terme P' se réduit au poids du câble $\mathrm{P}l$ et il peut arriver que $\dfrac{\mathrm{P}}{\mathrm{P}'}$ soit $> e^{\cdot\tau}$, c'est-à-dire que l'adhérence ne soit pas suffisante pour soulever l'autre cage; d'autre part, il en résulte une garantie de sécurité; car la cage pleine, arrivant au jour, au moment où l'autre est sur les taquets du fond, ne peut jamais aller aux molettes.

Lorsque, dans ce cas, la condition $\dfrac{\mathrm{P}}{\mathrm{P}'} \overline{<}\, e^{\cdot\tau}$ n'est plus satisfaite, on peut donner au câble descendant un supplément de tension, en intercalant un ressort entre la cage et le câble.

Dans des installations de ce genre, on a souvent supprimé les taquets, afin de maintenir toujours les câbles sous tension, ce qui exige toutefois une habileté spéciale de la part du machiniste.

544. Dans le principe, on a fait au système Kœpe de nombreuses objections dont une partie au moins a disparu dans la pratique. On doit cependant encore signaler les inconvénients suivants :

1° En cas de rupture du câble, les deux cages tombent dans le puits : l'accident est donc plus grave qu'une rupture de câble dans le système ordinaire; mais les chances de rupture sont d'autant moindres qu'en cas de résistance anormale, il y a glissement du câble sur la poulie et arrêt des cages.

2° On ne peut employer, dans ce système, le câble décroissant; car tous les points du câble passent successivement par celui de tension maximum, où le câble chargé quitte la poulie motrice. C'est un écueil au point de vue de l'emploi du système Kœpe aux grandes profondeurs; mais les câbles ronds métalliques uniformes suffisent actuellement aux plus grandes profondeurs atteintes.

3° Le câble d'équilibre, bien que fatiguant moins que le câble supérieur, exige une surveillance et un entretien suivis.

4° Les câbles doivent être de longueur rigoureusement exacte pour que les manœuvres se fassent avec précision. Il en résulte qu'on ne peut jamais recouper la patte. Pour maintenir exactement cette longueur, on relie la cage au câble par vis de rappel.

5° En cas de réparations ou d'accidents, on ne peut marcher avec une seule cage. Il faut donc une machine auxiliaire ou un cabestan de secours.

6° La course étant absolument limitée, on ne peut faire l'épuisement par bennes, puisqu'on ne peut faire descendre celles-ci dans le puisard.

7° On ne peut régler les câbles pour extraire à plusieurs étages, à moins d'employer un câble sans fin et la pince Baumann. C'est une des raisons pour lesquelles le système Kœpe ne s'est pas répandu en Belgique.

545. 2° *Chaînes et câbles contrepoids*.— En Angleterre, on a souvent employé, avec tambours cylindriques, de lourdes chaînes contrepoids plongeant dans un puits spécial (fig. 414). La chaîne contrepoids est attachée à un tambour de rayon r fixé sur l'arbre des tambours d'extraction de rayon R.

Au départ, la chaîne est entièrement déroulée et il y a égalité entre le moment du câble et le moment de la chaîne contrepoids.

En désignant par p et P le poids par m. du câble et de la chaîne et par L et l leurs longueurs respectives, on a

$$pLR = Plr. \qquad (1).$$

Au fur et à mesure que la cage chargée s'élève, la chaîne contrepoids se dépose au fond du puits spécial. Au moment de la rencontre des cages, elle s'est entièrement déposée ; à partir de ce moment, elle se relève jusqu'à se trouver de nouveau entièrement déroulée, au moment de l'arrivée au jour.

Si l'on s'impose que le moment de la variation du poids suspendu de la chaîne soit égal, pour chaque tour, au moment de la variation du poids des câbles, on aura :

$$2\,p.\,2\,\pi\,R^2 = P.\,2\,\pi\,r^2 \qquad (2)$$

$2\,p.\,2\,\pi\,R$ et $P.\,2\,\pi\,r$ étant les variations de poids de part et d'autre pour un tour.

Si l'on se donne la profondeur du puits l, on pourra calculer P et r au moyen des deux équations (1) et (2).

C'est le creusement de ce puits et l'épuisement des eaux d'infiltration qui sont les inconvénients principaux du système.

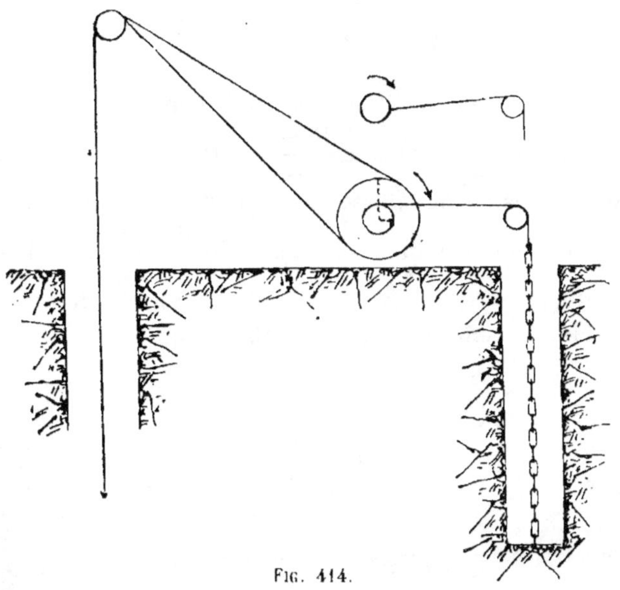

Fig. 414.

Pour l'éviter, on a quelquefois remplacé ce puits par un plan incliné avec wagon contrepoids. La variation de l'angle du plan peut, à chaque instant, déterminer l'équilibre ; mais ce système à l'inconvénient d'être encombrant et il faut que les conditions locales s'y prêtent.

546. Au puits Camphausen de Saarbrück, on a imaginé une solution analogue avec contrepoids fixe P dont le moment varie par la variation de ses rayons d'enroulement (fig. 415).

Un double tambour spiraloïde est accouplé au tambour d'extraction et reçoit les câbles du contrepoids qui monte et descend dans un puits spécial, suspendu à une poulie mouflée.

Le puits Camphausen extrait à 568 m. de profondeur, au moyen de câbles uniformes s'enroulant sur un tambour cylindrique de 4 m. de rayon.

Dans ces conditions, il suffit d'un puits de 5o m. avec un tambour spiraloïde de 1^m.5o et 4 m. de rayons extrêmes r et R', muni de 22 spires.

En égalant les variations des moments de part et d'autre pour un tour on a :

$$2\,p.\,2\,\pi\,R^2 = 2\,\frac{P}{2}\,.\,\frac{R'-r}{22.}$$

En effet le rayon de l'une des cordes qui soutient le contrepoids, augmente par tour de $\dfrac{R'-r}{22}$ et l'autre diminue d'autant ; chacune de ces cordes porte la moitié du contrepoids : la variation du moment est donc égale à $2\,\dfrac{P}{2}\,.\,\dfrac{R'-r}{22}$. En choisissant convenablement R' et r, on en déduira la valeur du contrepoids P qui, dans l'exemple cité, est de 16.000 kg.

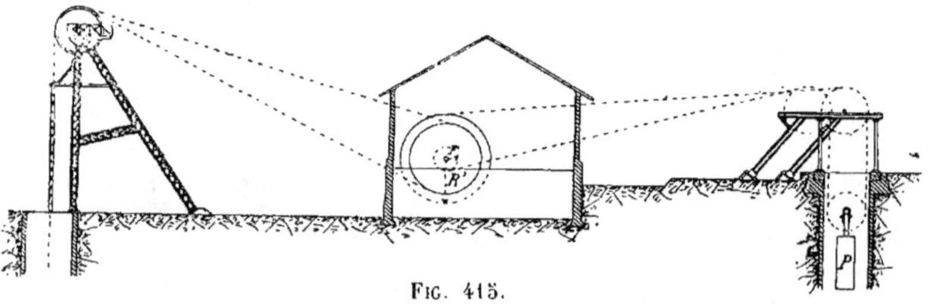

Fig. 415.

Après 20 ans de fonctionnement, cette installation a été renouvelée.

547. On a fait en Westphalie plusieurs applications de câbles contrepoids, circulant dans des compartiments spéciaux du puits d'extraction. Ces applications ont été faites par l'ingénieur Lindenberg aux différents puits du charbonnage *Monopole*.

Le câble d'équilibre de poids P se rattachait à ses extrémités à une cordelette (fig. 416) de poids p qui s'enroulait deux fois sur le tambour, entre les câbles d'extraction, et circulait dans deux compartiments du puits où

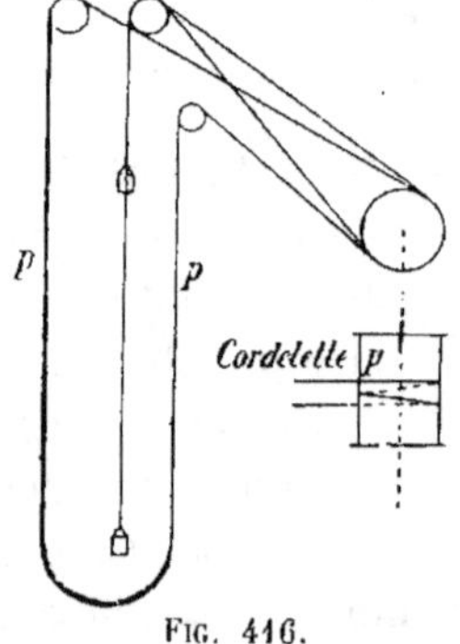

Fig. 416.

elle était guidée par des coulisseaux (puits Monopole I). Au départ le câble d'équilibre était déroulé et le poids P — p équilibrait le câble montant ; ce contrepoids allait ensuite en diminuant jusqu'à s'annuler à la rencontre. Cette installation entraînant une assez grande complication de poulies et de câbles a été supprimée.

548. 3° *Variation du rayon d'enroulement*. — On peut obtenir, dans une mesure que nous allons déterminer, l'équilibre des câbles, en faisant varier le rayon d'enroulement de telle sorte que le câble montant dont le poids diminue, s'enroule sur un rayon qui va en grandissant, tandis que le câble descendant dont le poids augmente, s'enroule sur un rayon qui va en diminuant.

La variation du rayon résulte de l'enroulement du câble sur lui-même.

Soient des câbles plats s'enroulant sur bobines.

Recherchons dans quelle mesure on peut obtenir l'équilibre de cette manière.

549. *Longueur enroulée entre deux rayons extrêmes*.

Soit un câble plat d'épaisseur uniforme e s'enroulant sur lui-même (fig. 417).

Soit r et R les rayons extrêmes.

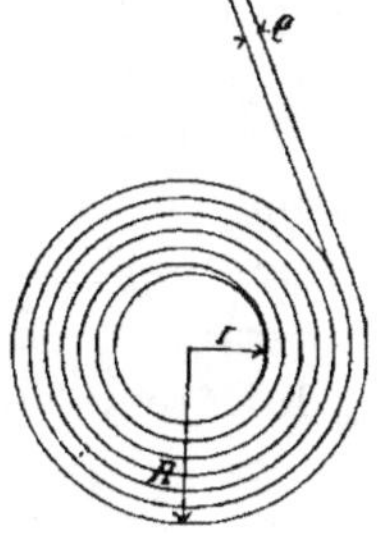

Fig. 417.

En supposant que l'enroulement se fasse en un nombre de tours n, on a : $R = r + ne$.

La surface latérale du câble enroulé peut être considérée comme annulaire et égale à $\pi (R^2 - r^2)$. Cette surface étant aussi égale à la longueur du câble enroulé, multipliée par son épaisseur, on a :

$$\pi (R^2 - r^2) = Le$$
$$\pi (R + r) (R - r) = Le$$

et en représentant par ρ le rayon moyen $\dfrac{R + r}{2}$, on a

$$2\pi \rho n e = Le \text{ ou } 2\pi \rho n = L.$$

La longueur enroulée entre deux rayons extrêmes, en un nombre de tours n, est donc égale à n fois la circonférence de rayon moyen. Nous ferons usage de cette propriété dans ce qui va suivre.

55o. Le point de rencontre des cages d'enroulement qui correspond au rayon moyen, est inférieur à la demi-profondeur du puits.

A l'instant de la rencontre des cages, on a déroulé et enroulé le même nombre de tours, soit $\frac{n}{2}$, n étant le nombre total. Mais les rayons initiaux étant différents, la longueur déroulée est plus grande que la longueur enroulée.

Soit Q la charge, q le poids mort (cage et wagonnets vides).

Le moment de la charge au point de rencontre des cages est $Q\rho$; c'est le moment moyen. Si le moment effectif restait constant et égal à $Q\rho$, les câbles seraient rigoureusement équilibrés.

Cherchons dans quelles limites on peut s'approcher de cet idéal.

Soit S la longueur des câbles suspendus dans le puits au moment de la rencontre ; n' tours après cette rencontre, le câble montant aura diminué de la longueur enroulée entre les rayons ρ et $\rho + n'e$ et la longueur suspendue à cet instant dans le puits du côté de l'enroulement sera :

$$S - 2\pi \frac{\rho + \rho + n'e}{2} n' = S - \pi n' (2\rho + n'e).$$

De même la longueur du câble descendant sera devenue :

$$S + 2\pi \left(\frac{\rho + \rho - n'e}{2} \right) n' = S + \pi n' (2\rho - n'e).$$

Cherchons le moment effectif M, n' tours après la rencontre.

Soit p le poids de l'unité de longueur du câble ; le moment M sera égal au moment de la cage montante moins le moment de la cage descendante :

$$M = \left\{ Q + q + p \left[S - \pi n' (2\rho + n'e) \right] \right\} (\rho + n'e)$$

$$- \left\{ q + p \left[S + \pi n' (2\rho - n'e) \right] \right\} (\rho - n'e)$$

d'où l'on déduit :

$$M - Q\rho = n' \left[(Q + 2q + 2pS) e - 4\pi p\rho^2 - 2\pi pe^2 n'^2) \right] \quad (1)$$

M sera égal à $Q\rho$, dans deux hypothèses :

1° pour $n' = 0$, c'est-à-dire à l'instant de la rencontre ;

2° pour deux valeurs de n' égales et de signes contraires, obtenues en posant :

$$(Q + 2q + 2pS)\, e - 4\pi p\rho^2 - 2\pi pe^2 n'^2 = 0 \quad (2)$$

d'où
$$n' = \pm \sqrt{\frac{(Q + 2q + 2pS)\, e - 4\pi p\rho^2}{2\pi pe^2}}$$

Indépendamment du point de rencontre, il est donc possible d'obtenir un moment effectif, égal au moment moyen, dans deux positions, symétriques au point de rencontre, par rapport au nombre de tours n'.

551. L'équation (1) est de la forme :

$$x = y\,(a - by^2).$$

On a $x = 0$, pour $y = 0$; l'origine est donc un point de la courbe que cette équation représente (fig. 418). Cette courbe a deux autres points sur l'axe des y, donnés par $y = \pm\sqrt{\dfrac{a}{b}}$, à condition toutefois que a soit positif ; car si a était négatif, les racines seraient imaginaires et la courbe s'écarterait de plus en plus de l'axe des y à partir de l'origine ; il n'y aurait alors équilibre qu'à la rencontre.

Soit a positif, la forme de la courbe est parfaitement indiquée, si l'on observe que pour toute valeur positive de $y < +\sqrt{\dfrac{a}{b}}$, x est positif et que pour toute valeur négative de $y > -\sqrt{\dfrac{a}{b}}$, x est négatif.

Le maximum de x positif ou négatif correspond au plus grand écart entre M et Qρ, c'est-à-dire au moment maximum.

552. On dispose ordinairement des deux points d'équilibre ainsi trouvés, en calculant les rayons r et R de telle sorte que M soit égal au moment moyen, au départ et à l'arrivée.

Il pourrait y avoir avantage à choisir, non pas exactement ces points, mais des points voisins du départ et de l'arrivée, de manière à

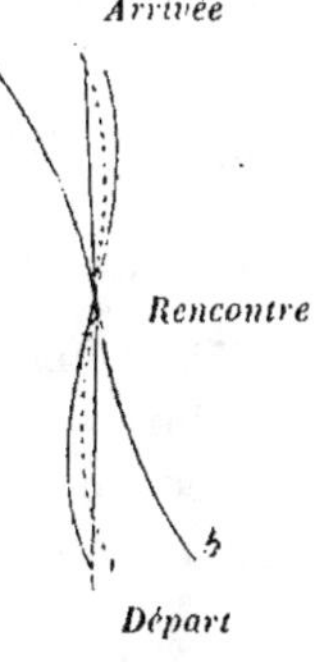

Fig. 418.

34

diminuer le maximum de l'écart, comme le montre la courbe pointillée que l'on obtiendrait dans ce cas.

Cherchons la valeur de ρ, en nous posant la condition que M soit égal à $Q\rho$ au départ et à l'arrivée. Il suffira pour cela de faire $n' = \dfrac{n}{2}$ dans nos équations. Dans ce cas,

$$S = 2\pi \frac{\left(\rho + \rho + \dfrac{n}{2}\, e\right)}{2}\, \frac{n}{2} = 2\pi \left(\rho + \frac{ne}{4}\right)\frac{n}{2}$$

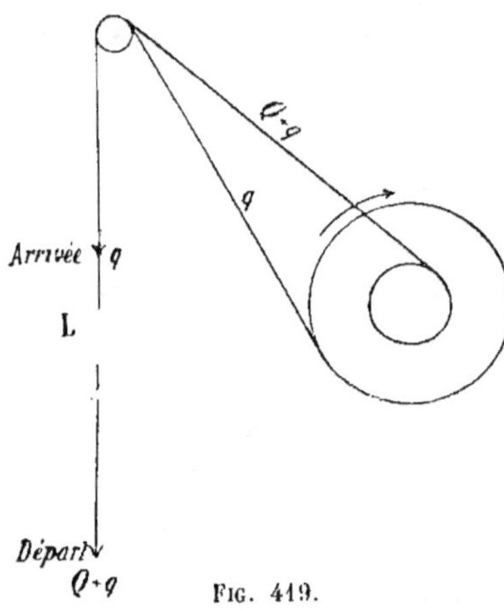

Fig. 419.

Rappelons que $L = 2\pi\rho n$ représente la longueur utile du câble, comptée à partir de l'orifice; la longueur totale est plus grande, mais il faut en supposer retranchée la partie qui ne s'enroule pas depuis la bobine jusqu'à l'orifice du puits (fig. 419).

En remplaçant ρ par sa valeur, on obtient :

$$S = \frac{L}{2} + \frac{\pi n^2 e}{4} \quad (3).$$

En portant les valeurs de n' et de S dans l'équation (2), il vient :

$$\left\{ Q + 2q + 2p\left(\frac{L}{2} + \frac{\pi n^2 e}{L}\right)\right\} e - 4\pi p\rho^2 - 2\pi p\,\frac{e^2 n^2}{4} = o$$

$$(Q + 2q + pL)\, e - 4\pi p\rho^2 = o$$

d'où

$$\rho = \pm\,\frac{1}{2}\,\sqrt{\frac{(Q + 2q + pL)\, e}{\pi p}}$$

Connaissant ρ, on en déduit r et R.

553. Cherchons quel est alors le maximum des écarts intermédiaires.

Reprenons l'équation (1) sous la forme $x = y\,(a - by^2)$, en égalant à o la dérivée de x, il vient $a - 3by^2 = o$;

d'où

$$y = \sqrt{\frac{a}{3b}}$$

et en remplaçant a et b par leurs valeurs, on trouve $y = \dfrac{n}{2\sqrt{3}}$

et x ou $M - Q\rho = 0.3\, pe^2n^3$.

L'irrégularité est égale à deux fois cet écart maximum.

554. Nous avons établi les calculs précédents, parce qu'il était nécessaire de démontrer que la variation constante du rayon d'enroulement ne permet d'obtenir que trois points d'équilibre ; mais il n'est pas besoin de passer par ces calculs pour rechercher la valeur de ρ.

Il suffit en effet d'écrire directement que les moments à l'arrivée et au départ sont égaux au moment moyen, et par conséquent égaux entre eux.

On écrira donc :

$$(Q + q + pL)\, r - qR = Q\, \frac{R + r}{2} \qquad (1)$$

$$(Q + q)\, R - (q + pL)\, r = Q\, \frac{R + r}{2} \qquad (2)$$

En combinant ces équations avec

$$\pi (R^2 - r^2) = Le, \qquad (3)$$

on trouve :

$$r = \frac{Q + 2q}{2} \sqrt{\frac{e}{\pi p\, (Q + 2q + pL)}} \qquad (4)$$

et en posant :

$$R = \rho + \frac{n}{2}\, e,$$

$$r = \rho - \frac{n}{2}\, e,$$

$$L = 2\pi\rho n,$$

on trouve comme ci-dessus la valeur du rayon moyen :

$$\rho = + \frac{1}{2} \sqrt{\frac{(Q + 2q + pL)e}{\pi p}}.$$

555. Si nous considérons la valeur (4) de r, nous voyons qu'elle est d'autant plus petite que L est plus grand. Or le câble étant d'autant plus épais que la profondeur est plus grande, ne peut s'enrouler sur un trop petit rayon ; on en conclut qu'il existe

certaines profondeurs pour lesquelles le rayon initial ainsi calculé sera trop petit pour permettre l'enroulement sans fatigue exagérée du câble.

Avec les câbles en aloès, cette profondeur limite est toutefois très grande; car on admet que le rayon initial est encore suffisant, quand il atteint 19 à 20 fois l'épaisseur du câble, condition qui sera toujours réalisée aux profondeurs actuelles.

Mais pour les câbles métalliques, la question est beaucoup plus importante, et en général le calcul conduit à des rayons initiaux inadmissibles.

La flexibilité d'un câble métallique dépend, en partie au moins, du diamètre des fils qui le composent. Cherchons le rayon d'enroulement compatible avec la flexibilité d'un fil de diamètre δ.

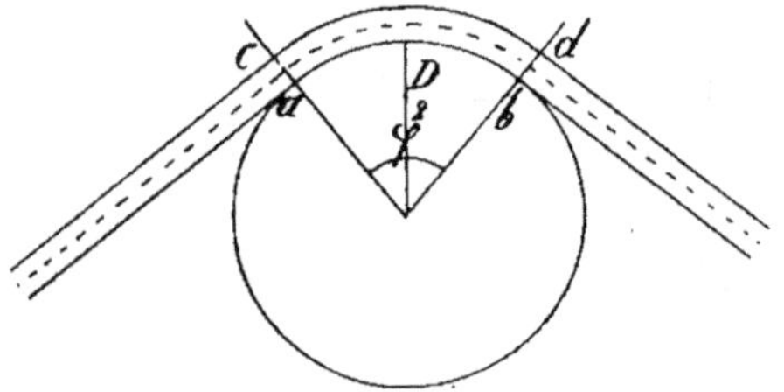

FIG. 420.

Soit r le rayon d'enroulement mesuré jusqu'à l'axe du fil métallique (fig. 420) et φ l'arc embrassé.

La longueur de la fibre axiale est φr.

La longueur de la fibre allongée est

$$\varphi\left(r + \frac{\delta}{2}\right);$$

l'allongement est donc $\varphi \dfrac{\delta}{2}$.

On aura

$$\varphi \frac{\delta}{2} = \varphi\, r\, \frac{t}{E}$$

t étant la tension admise et E le coefficient d'élasticité longitudinale, soit pour le fer 2.000.000 kg. par centimètre carré et pour l'acier 2.750.000 à 3.000.000 kg.; la tension admise est comprise entre 1.000 et 1.420 kg. par cent. carré.

Cette équation donnera comme valeur du rayon minimum admissible :

$$r = \frac{E}{2}\,\frac{\delta}{t}.$$

On admet souvent que le rayon d'enroulement doit être égal à 2.000 fois le diamètre du fil d'acier.

C'est pourquoi aux grandes profondeurs, il sera impossible d'obtenir un équilibre satisfaisant par la variation du rayon d'enroulement des câbles métalliques.

556. Tout ce qui précède suppose que l'épaisseur du câble est uniforme. Lorsqu'on essaie de résoudre le problème général pour un câble décroissant, on se heurte à de grandes difficultés de calcul.

Dans le cas des câbles décroissants, on s'impose ordinairement l'égalité des moments au départ et à l'arrivée; mais ces moments ne sont plus égaux dans ce cas à celui de la rencontre.

On tracera par points la courbe des moments tour par tour et l'on tâtonnera sur les valeurs de r et de R jusqu'à ce que l'on obtienne la courbe la plus favorable.

Le calcul de r et R se fera de la manière suivante.

On écrira comme ci-dessus :

$$(Q + q + P)\, r - qR = (Q + q)\, R - (q + P)r \qquad (1)$$

et
$$\pi\,(R^2 - r^2) = A, \qquad (2)$$

A étant la surface latérale du câble enroulé, qui varie suivant la loi de décroissance admise dans la fabrication.

557. Dans le cas du câble logarithmique, soit $2x$ la largeur du câble à une distance y de la patte et soit K le rapport de l'épaisseur à la largeur.

L'épaisseur est donc $2Kx$.

La section est $4\,Kx^2$; or dans un câble logarithmique, on a :

$$4\,Kx^2 = \frac{Q}{t}\, e^{\frac{\gamma y}{t}} \quad (\text{cf. n}^\circ\ 525).$$

On obtient pour surface latérale :

$$A = \int_0^L 2\,Kx\, dy = \int_0^L K \sqrt{\frac{Q}{Kt}}\, e^{\frac{\gamma y}{2t}}\, dy$$

$$= \frac{2}{\gamma}\, \sqrt{QKt}\,\left(e^{\frac{\gamma L}{2t}} - 1 \right).$$

Le nombre de tours se déduit de l'épaisseur moyenne

$$e_m = \frac{A}{L}.$$

558. Pour le cas du câble Vertongen (cf. n° 529), on trouverait de même :

$$A = 2\sqrt{QK(t+b)}\,\frac{L}{L\gamma - b}\left\{\left(\frac{1}{1+\dfrac{b}{t}}\right)^{\frac{1}{2}}\left(1+\frac{b}{t}\right)^{\frac{L\gamma}{2b}} - 1.\right\}$$

559. La figure 421 représente le résultat graphique d'une étude de ce genre faite sur un câble Vertongen calculé pour les données suivantes :

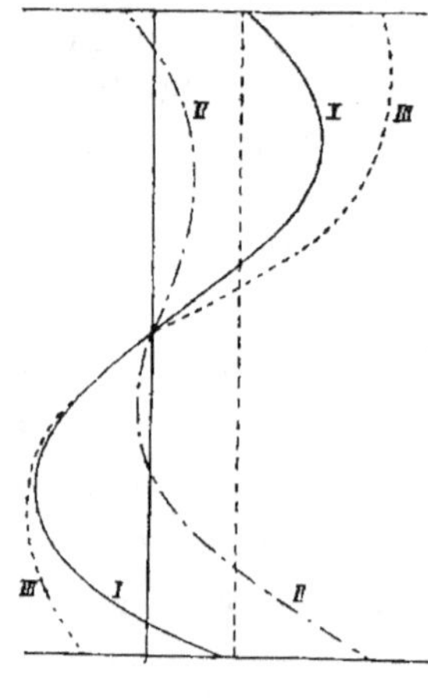

$$t = 80$$
$$t + b = 110$$

Poids mort de la cage . 2.400 kg.

4 wagons vides . . . . 1.200 »

$$q = 3.600 \text{ »}$$

Q charge de 4 wagons = 2.400 »

L = ... 700 m.

A = ... 27 m². 3

Poids du câble . . . 6.098,4 kg.

L'égalité des moments au départ et à l'arrivée donne :

$$r = 1^{m}.45 \text{ et } R = 3^{m}.29$$
$$\rho = 2^{m}.48$$

Cette dernière valeur a été obtenue, en calculant les rayons tour par tour.

La courbe I tracée par points montre la variation des moments obtenus pour les rayons calculés.

Moment départ 5.698

» rencontre 6.048

» arrivée . . . . . 5.678 [1]

» maximum 6.500

» minimum 5.396

Ecart maximum 1.104

---

[1] Les moments du départ et de l'arrivée ne sont pas rigoureusement égaux, parce que les calculs ont été faits à la règle et qu'il n'a pas été tenu compte des troisièmes décimales.

La courbe II a été tracée en prenant $r = 1^m.40$, R $= 3^m.26$ et $\rho = 2^m.45$. L'origine des coordonnées n'est pas la même que pour la courbe I, mais ces courbes ont été rapportées à leur point d'intersection pour rendre la comparaison plus facile.

Moment départ	5.101
» rencontre	5.880
» arrivée	5.983
» maximum	5.983
» minimum	5.101
Ecart maximum	883

La courbe III a été tracée de même pour $r = 1^m.50$, R $= 3^m.30$, $\rho = 2^m.52$.

Moment départ	6.267
» rencontre	5.988
» arrivée	5.253

L'écart maximum est plus grand que pour la courbe n° I. Les conditions d'équilibre les meilleures correspondent donc à une courbe intermédiaire entre I et II.

On voit que de faibles variations des rayons conduisent à des courbes très différentes.

560. Le tracé de ces courbes peut se faire plus rapidement par la méthode graphique dont M. H. Dechamps a exposé les principes dans un mémoire récent [1]. Les épures sont compliquées, mais se prêtent d'une manière remarquable à une étude complète des différentes circonstances de l'extraction et des modifications qu'on peut y apporter, par exemple, en changeant le niveau de départ ou en prenant par moitié le chargement des cages à deux niveaux différents.

561. **Bobines**. — La variation du rayon d'enroulement des câbles plats s'obtient au moyen de *bobines*, où les câbles s'enroulent sur eux-mêmes (fig. 422).

---

[1] Application de la méthode graphique à l'étude de l'équilibre des câbles d'extraction, par H. DECHAMPS. *Rev. univ. des mines*, 3e série, t. LVIII, 1902.

Une bobine se compose d'un estomac en fonte, fixé sur un arbre en acier, sur lequel s'enroule une réserve de câble, nécessaire pour permettre de recouper la patte, et de bras destinés à maintenir le câble latéralement. La réserve de câble délimite le rayon initial.

On est souvent dans le cas de devoir modifier la longueur utile des câbles, soit par suite de leur allongement inégal, soit pour extraire successivement à deux étages différents. Il faut pour cela pouvoir modifier les longueurs relatives enroulées sur les bobines au moment du départ.

C'est pourquoi une des bobines,

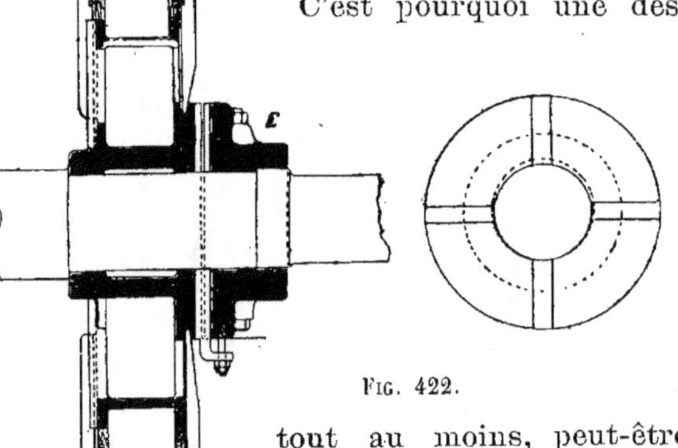

Fig. 422.

tout au moins, peut-être décalée, rendue libre sur l'estomac E et recalée au moyen d'un boulon ou d'une clavette (fig. 422), quand les câbles ont été mis à la longueur voulue. Lorsque les deux bobines sont décalables, cette opération peut-être faite avec une grande précision.

Il y a des cas où elle doit se faire tous les jours, notamment lorsque l'on épuise les eaux à la tonne pendant quelques heures de la journée. On recherche en conséquence les dispositifs qui permettent de la faire rapidement.

562. A faible profondeur, on a quelquefois enroulé sur eux-mêmes les câbles ronds uniformes, au moyen d'une bobine spéciale présentant une gorge étroite et profonde, limitée par

des segments en fonte (mines d'oligistes de Wartet, houillère de Radcliff, Lancashire).

Le fond de la gorge est garni de bois pour recevoir le premier tour de câble. Il faut une grande précision de montage, afin de réduire le jeu au minimum.

Cette solution a été adoptée dans le but d'avoir un rayon initial d'enroulement convenable, en raison de l'épaisseur du câble rond qui est plus grande que celle d'un câble plat; mais à grandes profondeurs, on pourrait craindre l'écrasement du câble.

563. ***Tambours coniques***.—La variation du rayon d'enroulement des câbles ronds est ordinairement réalisée au moyen de tambours *coniques* à enroulement par spires juxtaposées ou à *rainure spiraloïde*.

Soit un tambour conique sur lequel le câble s'enroule par spires juxtaposées (fig. 423); soit α l'inclinaison de la génératrice du cône sur son axe et soit d le diamètre du câble.

Le rayon d'enroulement augmente à chaque tour d'une quantité $d \sin \alpha$; nous pouvons donc appliquer à ce cas le calcul des rayons des bobines, en faisant $e = d \sin \alpha$. Mais cette variation est insuffisante pour obtenir un rayon initial convenable, parce que l'on est très limité dans la valeur à donner à α.

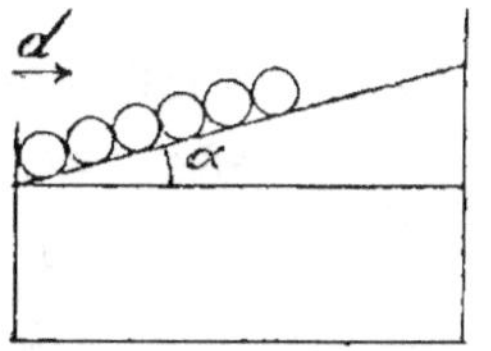

Fig. 423.

On ne peut en effet dépasser 15 à 16° à cause du glissement. Ce moyen n'est donc applicable qu'aux mines de faible profondeur où la question de l'équilibre des câbles est de peu d'importance.

564. En prenant le rayon comme variable, on peut rechercher quelle forme il faudrait donner au tambour pour obtenir un équilibre parfait. Le calcul et le raisonnement démontrent que dans ce cas la génératrice du tambour est une courbe présentant un point d'inflexion.

M. Haton de la Goupillière en a fourni une démonstration géométrique élégante [1]; M. Dwelshauvers-Dery a donné

---

[1] *Annales des mines*, 1882, 8e série, t. 1.

l'équation de cette courbe pour le cas du câble uniforme [1]. Dans le cas du câble décroissant, M. Haton de la Goupillière a montré qu'on arrivait à une équation différentielle qu'on ne peut résoudre, mais qui peut être transformée en une équation aux différences finies permettant de calculer les rayons pour chaque tour. Ces recherches ont en somme un intérêt exclusivement scientifique.

565. *Tambours coniques à rainure spiraloïde.* — On fait varier à volonté les rayons d'enroulement, en disposant des rainures spiraloïdes à la surface d'un tambour généralement conique, formé d'une charpente en fer et construit aussi légèrement que possible.

Les rayons extrêmes d'un tambour de ce genre se calculent de la manière suivante.

Le rayon initial est déterminé, d'après la flexibilité du câble, par l'équation :

$$r = \frac{E\,\delta}{2t} \quad \text{(cf. n}^{o}\ 555) \qquad (1).$$

Pour déterminer le grand rayon, on suppose que le moment au départ est égal au moment moyen :

$$(Q + q + P)\,r - q\,R = Q\,\frac{R + r}{2} \qquad (2).$$

Dans ce cas le moment de l'arrivée ne sera pas égal au moment du départ, mais on obtiendra en général des conditions d'équilibre relativement satisfaisantes.

Si l'on emploie des câbles décroissants, on arrive à une approximation suffisante, en prenant le poids moyen par mètre pour calculer P.

566. Appliquons ces équations au calcul du tambour conique à rainures spiraloïdes du siège Collard à Seraing (fig. 424).

Le plus gros fil d'acier entrant dans la composition du câble ayant $0^{m}.0022$ de diamètre, on a en prenant $E = 2.750.000$ kg. et $t = 1300$ kg.

$$r = \frac{27500}{2} \cdot \frac{0.0022}{13} = 2^{m}.33.$$

---

[1] *Revue universelle des mines*, t. XXXI, 1re série.

On a fait $r = 2^{m}.50$.

$$
\begin{aligned}
Q &= && 2160 \text{ kg.} \\
q &= && 2000 \\
P &= && 3791 \\
R &= 3.3r = && 7^{m}.69.
\end{aligned}
$$

On a admis $R = 5$ m. pour ne pas avoir des dimensions trop considérables.

Le moment au départ est . 9877.5
A la rencontre 7500
A l'arrivée 6322.5

L'équilibre est loin d'être parfait, mais le moment ne cesse pas d'être positif.

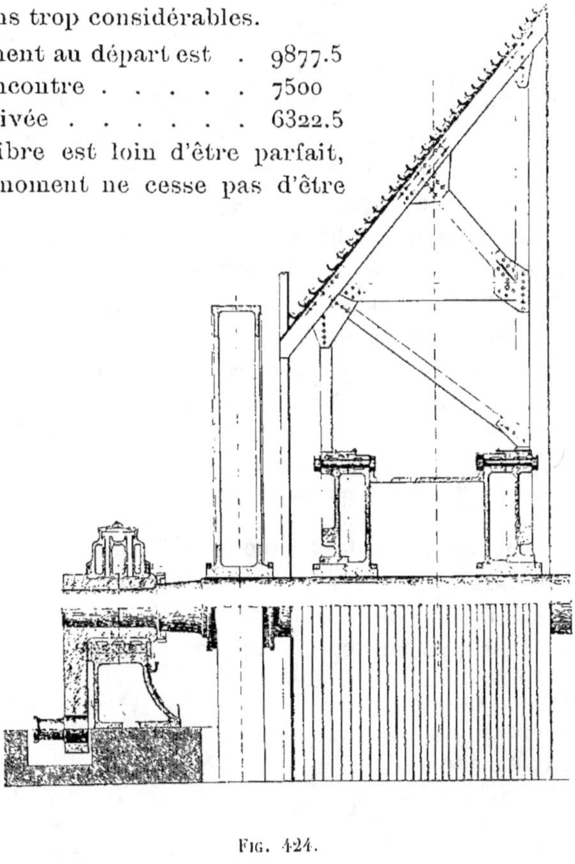

Fig. 424.

On termine quelquefois le tambour par une partie cylindrique, afin de ne pas dépasser 10 m. de diamètre. Cette disposition permet en outre de diminuer un peu la largeur du tambour, parce que les spires enroulées sur la partie cylindrique sont jointives.

La largeur du tambour est donnée par la considération du nombre de tours à enrouler. Ce nombre n est égal à la profondeur L divisée par la circonférence de rayon moyen $2\pi\rho$. La profondeur prévue au siége Collard étant de 700 m. et $2\pi\rho$ étant égal à $23^m.55$, on trouve $n = 30$; on a ajouté deux spires au petit bout pour avoir une certaine réserve de câble sur le tambour.

Le diamètre du câble décroissant varie de 40 à 50 mm.

Les rainures sont formées de gorges en fer rivées sur l'ossature du tambour. Le profil de chaque spire varie avec l'obliquité que doit prendre le câble, pour aboutir aux molettes dont l'écartement est de $1^m.86$ d'axe en axe. Pour déterminer la largeur du tambour, il faut tenir compte de ce profil et d'un jeu d'au moins 13 mm.; on donna au tambour une largeur de $1^m.75$.

L'obliquité maximum du câble correspond en conséquence à un écart de $1^m.12$; on en a atténué l'effet, en plaçant le tambour aussi loin que possible de l'axe du puits. Une obliquité trop grande pourrait avoir pour effet de nuire à la solidité du câble ou de le faire quitter la rainure; mais on ne peut dépasser 50 m. de distance, de crainte d'augmenter les ballottements du câble. Pour permettre le réglage des câbles, un des tambours au moins doit pouvoir être décalé.

567. Un inconvénient des tambours spiraloïdes est en premier lieu leur poids qui nécessite des arbres de fort diamètre; à Seraing, les poids pour lesquels l'arbre a été calculé, sont les suivants; ils supposent le puits approfondi à 1000 m.

Tambour	35.000 kg.
Poulie-frein	10.000 »
Moyeux et manivelles.	12.000 »
1000 m. de câbles.	12.000 »
	Total 69.000 »

L'arbre en acier a dans ces conditions $0^m.50$ de diamètre.

Un autre inconvénient des tambours à rainure spiraloïde est la grande précision qui est nécessaire dans le montage et le grand entretien qu'ils réclament, pour éviter des accidents.

Le prix de ces tambours pour de grandes profondeurs peut compenser l'économie que l'on fait en remplaçant les câbles d'aloès par des câbles d'acier et leur diamètre final oblige à élever les molettes à une grande hauteur.

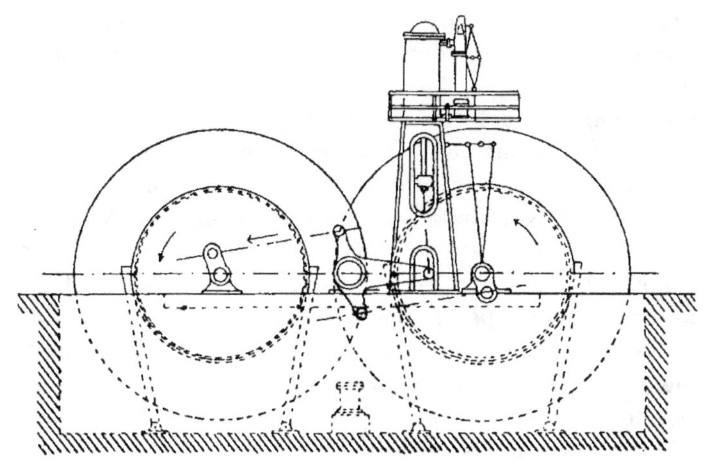

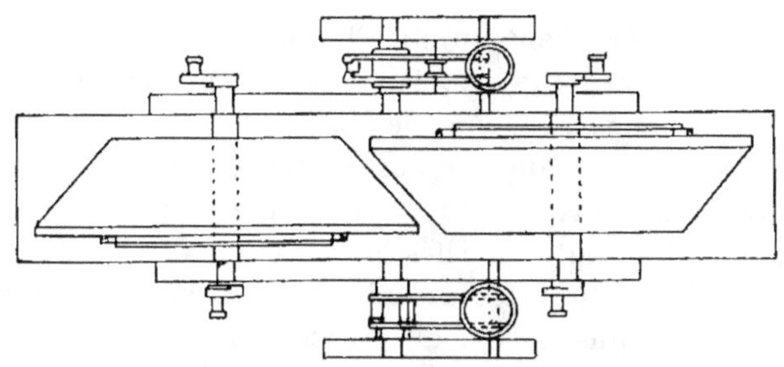

Fig. 425.

568. L'inconvénient de devoir recourir, pour de grandes profondeurs, à des arbres forgés aussi considérables est tel qu'aux charbonnages Preussen, M. E. Tomson a préféré diviser le tambour, de manière à avoir deux arbres au lieu d'un, ce qui introduit des transformations profondes dans le type de la machine à Preussen II, elle pourra extraire 2200 kg. de charbon de 1200 mètres de profondeur (fig. 425). Chacun des axes de cette machine a 0^m.65 de diamètre.

569. ***Molettes***. — Les molettes qui ramènent le câble dans l'axe du puits, permettent d'éviter le déplacement latéral du câble qui se produirait en plaçant les bobines ou les tambours directement au-dessus du puits. Il existe cependant des exemples de cette disposition avec bobines (charbonnage du Poirier, à Charleroi) ; mais dans ce dernier cas la recette s'effectue à une certaine profondeur.

La hauteur des molettes doit permettre au moins une révolution complète de plus que le nombre strictement calculé.

Les molettes du siège Collard de Seraing sont à 33 m. au-dessus de l'orifice du puits soit à $19^m.50$ au-dessus de la recette supérieure qui correspond à peu de choses près à l'axe du tambour. Celles du siège du Quesnoy, à Bois-du-Luc sont à 36 m. de hauteur. Il n'est pas rare de rencontrer en Westphalie des hauteurs de 30 m. et plus au-dessus de l'axe du tambour qui est lui-même souvent à 5 m. au-dessus du sol.

Autrefois on pouvait se contenter d'une hauteur beaucoup moindre, parce que les machines d'extraction étaient à engrenages et qu'un tour de manivelle ne correspondait qu'à une faible levée.

Les molettes reçoivent aujourd'hui de grands diamètres pour éviter la détérioration des câbles, notamment lorsqu'on emploie des câbles en acier. Elles ont de 3 à 6 m.

Autrefois c'étaient de simples poulies en fonte; on les construit souvent aujourd'hui au moyen d'une jante et d'un moyeu en fonte ou acier coulés sur des bras obliques en fer ou en acier (fig. 427 et 428). Pour les grands diamètres, on les construit entièrement en pièces d'acier rivées (molettes de Gneisenau de 6 m. de diam. fig. 426).

570. ***Châssis à molettes***. — Les molettes sont portées par un châssis que l'on désigne, dans le bassin de Liége, sous le nom de *Belle-fleur*.

Ce châssis se compose de deux parties : 1° Un avant-carré qui maintient les guides et supporte les taquets des recettes supérieures à l'orifice du puits, ainsi que les taquets de sûreté; dans le cas d'un guidonnage unilatéral, l'avant-carré peut être réduit à un seul pan de charpente maintenant les guides, quand il n'y a qu'un seul niveau de recette.

2° Un chevalement servant de support aux molettes : il est essentiellement composé de deux pans de charpente dont l'un est vertical et l'autre incliné sur le premier. Celui-ci se compose de deux *montants* verticaux ou inclinés l'un vers l'autre, pour augmenter la stabilité; le second se compose de deux *poussarts* obliques que l'on entretoise souvent pour donner de la rigidité

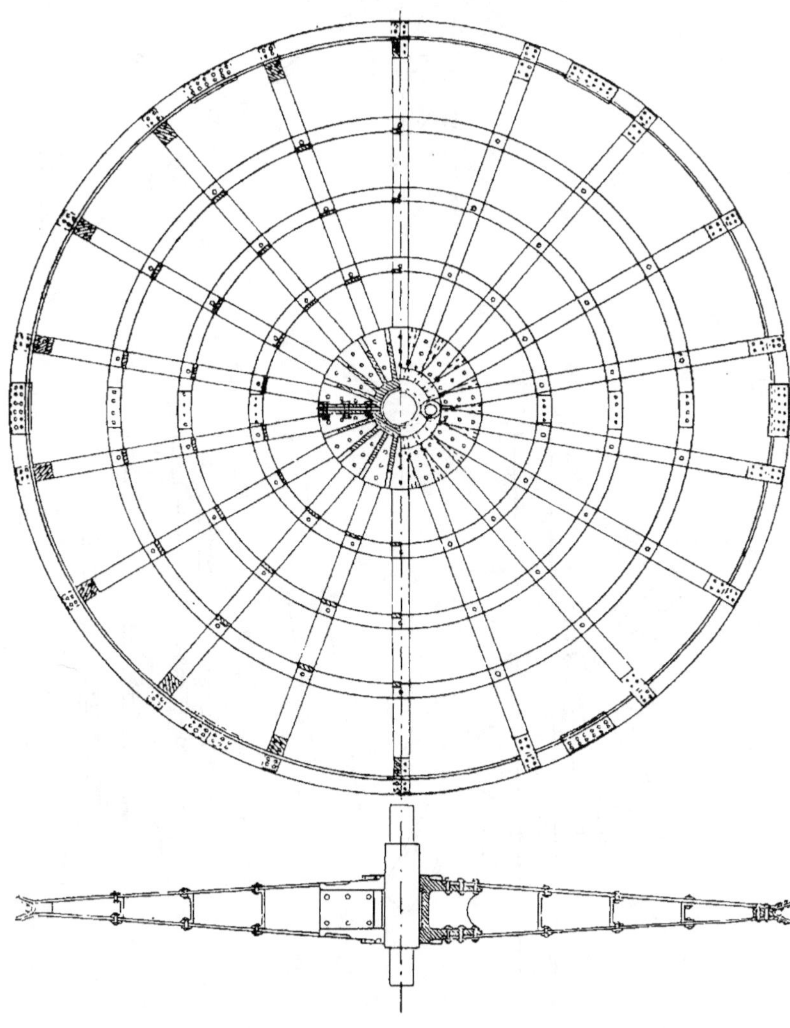

Fig. 426.

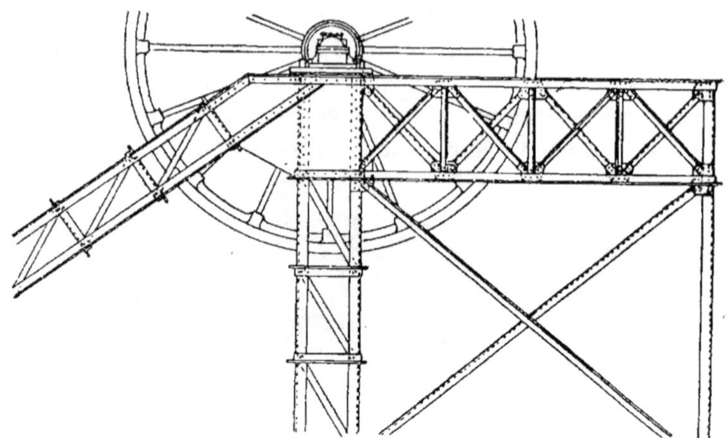

Fig. 427.

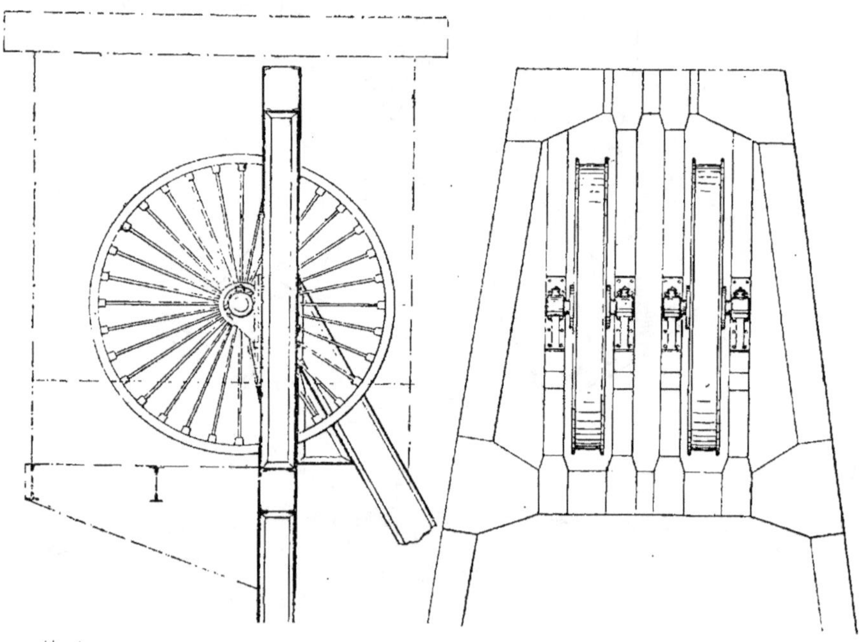

Fig. 428.

à l'ensemble. Les montants et les poussarts sont souvent eux-mêmes entretoisés. Ils doivent être calculés pour résister exclusivement par compression, en tenant compte des conditions de stabilité très spéciales de l'ensemble (fig. 429). Dans cette figure, l'avant-carré se confond avec les montants du chevalement, comme c'est souvent le cas en tout ou en partie.

Les paliers des molettes sont portés sur trois poutres tubulaires horizontales qui relient la tête du chevalement à l'avant-carré (fig. 427, Société Cockerill) ou sur trois poutrelles verticales supportées par deux traverses horizontales (fig. 428, Ateliers de la Meuse), conformément à un mode de construction d'origine anglaise.

Les tensions égales qui s'exercent sur les brins du câble passant sur chaque molette, donnent lieu à une résultante dirigée suivant la bissectrice de l'angle des deux brins. Cet angle n'étant pas le même pour chaque molette, les deux résultantes correspondant au départ présentent des obliquités différentes (fig. 429) et ces résultantes se composent entre elles pour en donner une nouvelle. Pour que les montants et les poussarts soient toujours soumis à la compression, cette nouvelle résultante doit tomber dans l'angle du montant et du poussart.

On construit les châssis de molettes en bois ou en métal.

Les châssis en bois disparaissent de plus en plus. Ils sont massifs et encombrants; leur durée est insuffisante, surtout aux puits d'aérage aménagés pour l'extraction, et ils ont l'inconvénient d'être combustibles. On leur substitue partout aujourd'hui les châssis métalliques qui se combinant avec les recettes et les triages, permettent de placer les molettes à de grandes hauteurs, tout en donnant une grande légèreté à la construction.

Cette dernière se complique, lorsque les châssis à molettes doivent servir pour deux machines d'extraction, comme c'est généralement le cas en Westphalie, et même quelquefois pour trois machines (mine Prosper II); elle varie alors suivant la disposition des machines par rapport au puits et la construction représente la combinaison de deux ou plusieurs châssis en un seul.

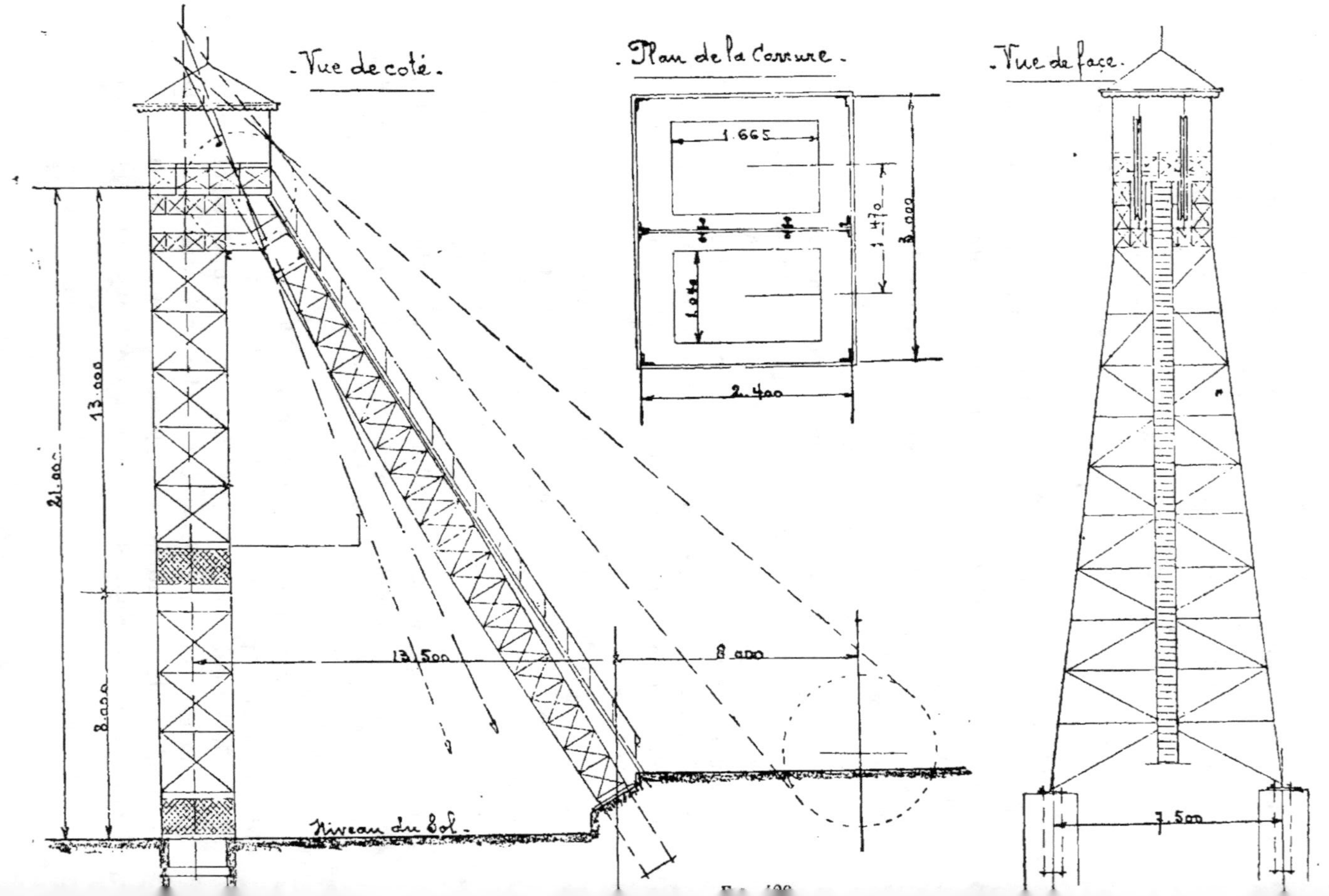
Vue de coté.
Plan de la toiture.
Vue de face.
1.665
1.070
1.070
3.000
2.400
21.000
13.000
8.000
13.500
8.000
Niveau du Sol.
7.5m
— 546 —

En ce qui concerne le calcul de ces constructions, il est plutôt du ressort de l'architecture industrielle que de l'exploitation des mines et nous ne pouvons que renvoyer à l'ouvrage de notre collègue M. H. Dechamps : *Principes de la construction des charpentes métalliques* (2ᵉ édition, Baudry et Cⁱᵉ, 1898).

571. L'orifice des puits peut être découvert ou abrité. Avec les châssis en bois, on se contentait souvent de recouvrir de planches les pans extérieurs du châssis. On surmonte les molettes d'une guérite dont les montants doivent être assez résistants pour porter les engins nécessaires pour le placement ou le changement des molettes. Les câbles peuvent être à découvert ou préservés par une toiture légère. D'autres fois on continue le bâtiment qui contient la machine d'extraction, jusqu'à une certaine hauteur au dessus du puits et le châssis à molettes fait saillie au-dessus de ce bâtiment.

Quelquefois aussi on a remplacé le châssis par une tour en maçonnerie, au sommet de laquelle sont encastrées les poutres horizontales supportant les molettes. Il existe en Westphalie de nombreux exemples de ce genre de construction (tours Malakow) qui est abandonné depuis que la profondeur des puits a augmenté. L'orifice du puits est dans ce cas très bien dégagé.

On supprime autant que possible toute matière combustible dans les bâtiments qui entourent ou recouvrent les puits ; on les munit quelquefois d'une distribution d'eau commandée par l'alimentation des chaudières.

VI. — MOTEUR.

572. Les installations d'extraction diffèrent suivant le moteur que l'on emploie. On peut recourir aux moteurs *animés* ou *inanimés*.

573. **Emploi de l'homme.** — L'*homme* est employé comme porteur dans les puits sinueux de mines rudimentaires ou de certaines exploitations souterraines (mines de soufre en Sicile).

L'effort qu'il exerce est d'environ 65 kg. avec une vitesse de 0ᵐ.04 par seconde pendant 6 heures, ce qui correspond à 56.160

kilogrammètres. Agissant sur une corde par l'intermédiaire d'une poulie, l'homme fait un effort de 18 kg. avec une vitesse de $0^m.20$, ce qui corrrespond, en 6 heures, à un travail de 77.760 kilogrammètres. Sur la manivelle d'un treuil, l'homme n'exerce que 8 kg. d'effort avec une vitesse de $0^m.75$, ce qui fait, en 8 heures, un travail de 172.800 kilogrammètres.

C'est ce moyen qui est le plus économique et qui est par suite fréquemment employé, dans les minières en général (phosphates, minerais de fer, etc.), dans les puits de recherches et dans les avaleresses jusqu'à une profondeur de 60 m. environ. L'homme servant de moteur fait en même temps, dans ce cas, la recette.

L'axe du treuil doit se trouver à $0^m.85$ au-dessus du sol. Le rayon de la manivelle est de $0^m.36$ à $0^m.55$, de manière qu'elle ne descende pas en dessous de la hauteur des hanches.

Le treuil peut être muni de une ou de deux manivelles. Dans ce dernier cas, il est actionné par 2 ou 4 hommes.

Le treuil présente toujours l'inconvénient du déplacement latéral de la corde auquel on ne peut remédier qu'en augmentant le rayon du tambour; dans ce cas, il faut attaquer ce dernier par pignon et engrenage.

L'homme peut aussi être employé comme moteur d'une roue à chevilles où il agit par son poids. L'effort est alors de 60 kg. environ, la vitesse de $0^m.15$, ce qui, pour 8 heures, donne 259.200 kilogrammètres. Ce système est quelquefois employé pour un travail intermittent, comme par exemple dans les sondages au pétrole (Galicie).

En somme, l'homme est un moteur d'extraction coûteux et limité. On ne peut y songer que pour de petites installations, dans des pays où le prix de la main-d'œuvre est très peu élevé, comparativement à celui des machines.

574. **Emploi du cheval.**—Le *cheval* s'emploie fréquemment au moyen d'un *baritel à molettes* auquel on attelle un ou deux chevaux à l'extrémité d'un bras de levier qui atteint parfois 5 à 6 m. (fig. 430).

L'effort développé par un cheval est ainsi de 45 kg. avec une vitesse de 0^m90, ce qui, pour 8 heures, donne 1.166.400 kilogrammètres.

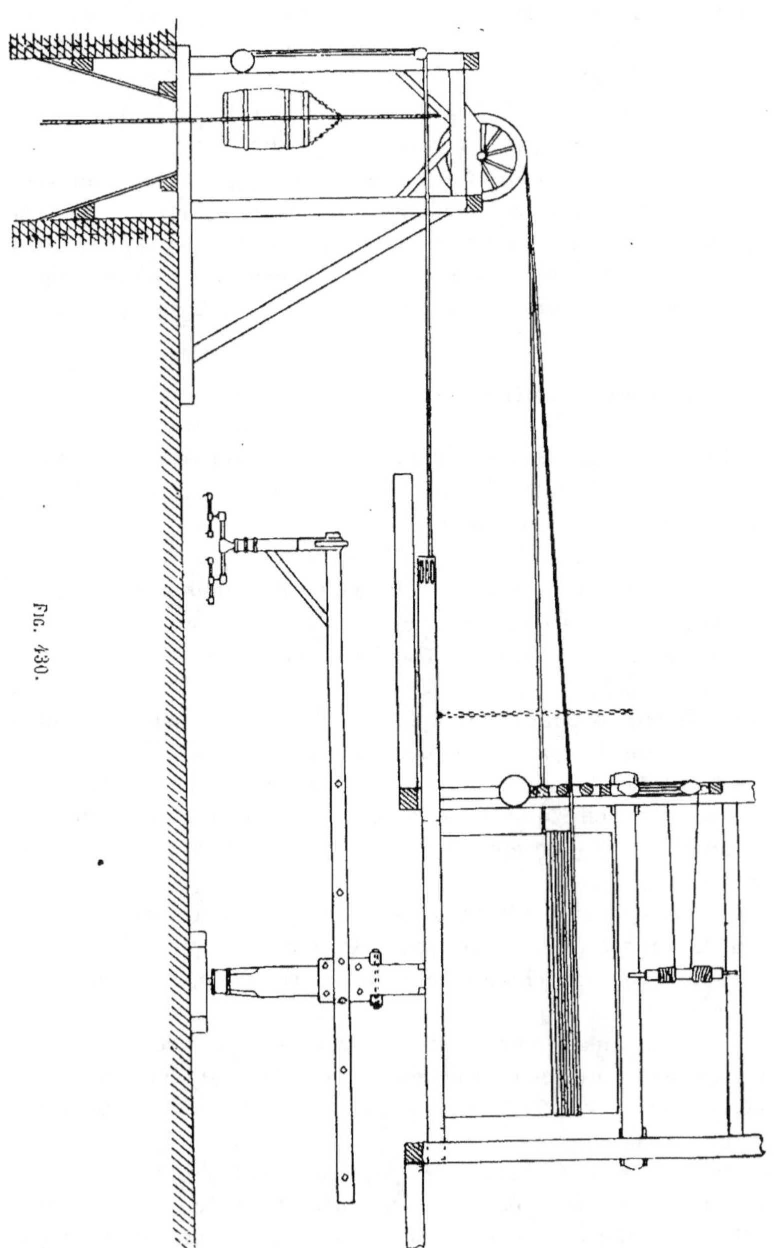

Fig. 430.

Ce système rend de grands services dans les pays où l'eau est rare (Midi de la Russie, de l'Espagne, etc.), notamment à titre d'installation provisoire à faible profondeur. Le baritel représenté fig. 430 est muni, à la partie supérieure, d'une disposition destinée à favoriser l'enroulement régulier du câble, dont les brins sont guidés dans de petits cadres à galets qui montent et descendent verticalement au-devant du tambour. Il est également muni, à la partie inférieure du tambour, d'un frein horizontal à machoires, soutenu par des chaînes et actionné par une corde s'enroulant sur un petit treuil à bras près de la recette.

575. **_Moteurs hydrauliques._**—Parmi les moteurs inanimés, nous considérerons d'abord les moteurs hydrauliques.

Si l'on a un moyen d'écoulement ou d'épuisement économique à sa disposition, on peut employer, pour de petites profondeurs, une balance d'eau simple ou différentielle.

Les _roues_ hydrauliques ont été d'un emploi général au Harz, grâce aux réservoirs d'eau étagés, établis dans cette région montagneuse, qui mettaient ces installations de force motrice à l'abri des conséquences de la sécheresse.

Les roues hydrauliques d'extraction sont à double aubage, pour obtenir le changement de marche par un jeu de vannes. Ces roues ont jusqu'à $12^m.50$ de diamètre. La vitesse d'extraction n'est pas de plus de $0^m.50$ à 1 m. par seconde et encore cette vitesse n'est-elle que très lentement acquise. C'est donc un système qui ne peut convenir que pour des extractions très peu actives.

Pour des vitesses plus grandes, il faut recourir aux _turbines_, dont la vitesse doit au contraire être réduite par engrenages (Kongsberg). Le changement de marche s'opère alors par embrayage.

On peut aussi employer les _machines à colonne d'eau_, notamment pour des extractions sur des puits intérieurs ou sur des plans inclinés. Un exemple de grande installation de ce genre est la machine à colonne d'eau établie au puits Kaiser Wilhelm II, à Clausthal (Harz), pour extraire le minerai jusqu'au niveau de la galerie d'écoulement Ernest-Auguste. Cette machine utilise une chute de 350 m. ; elle extrait, du niveau de 850 m. à

celui de 35o m., une charge utile de 75o kg. à une vitesse moyenne
de 6 m. par seconde. Elle est à 3 cylindres dont 2 peuvent être
arrêtés en pleine marche, de façon à diminuer la dépense d'eau
motrice, quand la résistance diminue.

576. **Moteurs à vapeur**. — En général, on utilise comme
moteurs d'extraction les machines à vapeur à changement de
marche. Ces machines répondent, en effet, à toutes les conditions
actuelles et permettent d'obtenir couramment et sans danger
des vitesses moyennes de 10 à 15 m.

577. La première machine à vapeur employée à l'extraction
fut la machine à balancier
de Watt, à basse pression
et à condensation (fig.
431). L'arbre des bobines
y était attaqué par des
engrenages, avec rapport
des rayons de 1/3 à 1/4.
La vitesse ne dépassait
pas 5 m. par seconde,
mais ces machines don-
naient une grande sécu-
rité et une grande préci-
sion dans les manœuvres,
par suite de la présence
des engrenages. Ceux-ci
avaient l'inconvénient
d'absorber beaucoup de
force et de présenter du
danger en cas de rupture.
Ces machines étaient à

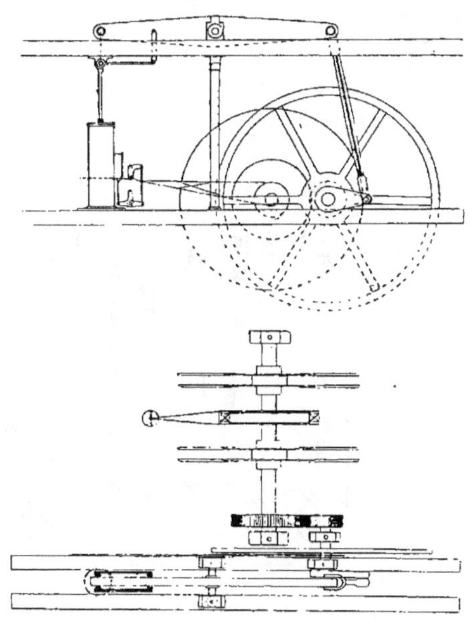

Fig. 431.

un seul cylindre avec volant pour le passage du point mort.

578. Dans un but de simplification, on a supprimé le
balancier, en conservant les engrenages. Les machines horizontales à engrenages, à un ou deux cylindres, sont encore fort
employées, quand une grande vitesse n'est pas nécessaire et
qu'il importe d'obtenir de la précision dans les manœuvres,
comme c'est le cas dans les avaleresses où il faut pouvoir arrêter
le cuffat en un point quelconque.

579. Pour des vitesses de plus de 6 m., on supprime les engrenages et l'on attaque directement, par bielle et manivelle, l'arbre des bobines. Ces machines sont toujours alors à deux cylindres, avec manivelles calées à angle droit, afin de pouvoir arrêter la machine en toute position et repartir de celle-ci.

Deux dispositifs peuvent être adoptés : la machine est verticale ou horizontale.

580. Dans la machine verticale, les cylindres peuvent être inférieurs et l'arbre des bobines porté sur un bâti ou inversement.

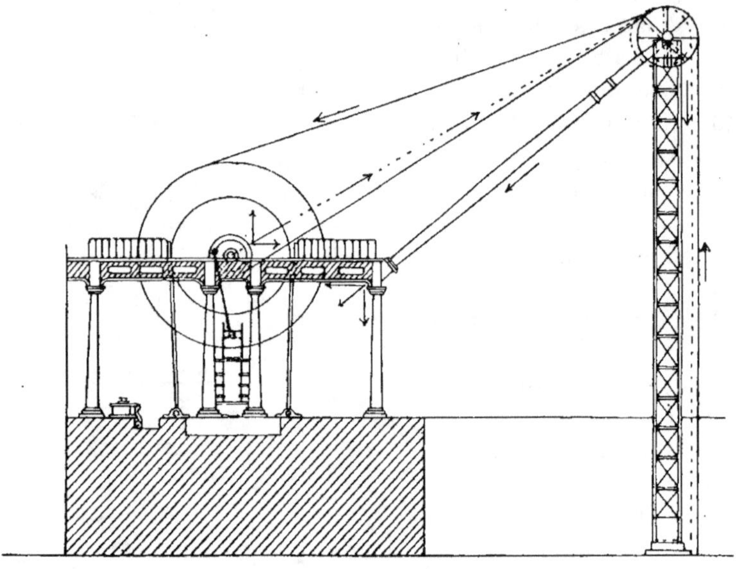

Fig. 432.

Dans la première disposition, le bâti de l'arbre des bobines se compose d'une architrave appuyée sur des maçonneries ou soutenue par des colonnes. L'axe des bobines est ainsi rapproché de l'axe des molettes et l'obliquité des câbles est réduite. De plus les poussarts du châssis à molettes peuvent venir s'appuyer sur le bâti, ce qui établit une solidarité entre le châssis à molettes et les fondations de la machine (fig. 432). Les opinions sont toutefois partagées à cet égard et certains ingénieurs considèrent que les chocs ainsi transmis au bâti sont plutôt nuisibles.

Dans la disposition inverse, les cylindres sont portés par des bâtis en forme de cloche, dits à *crinoline* (fig. 433). L'axe des bobines repose directement sur les fondations, ce qui diminue l'importance de celles-ci et donne plus de stabilité à la machine ; mais pour conserver la même obliquité des câbles que dans le cas précédent, il faut éloigner la machine du puits. Ce système a été moins fréquemment adopté que le précédent. Signalons cependant son application récente dans la machine E. Tomson (fig. 425).

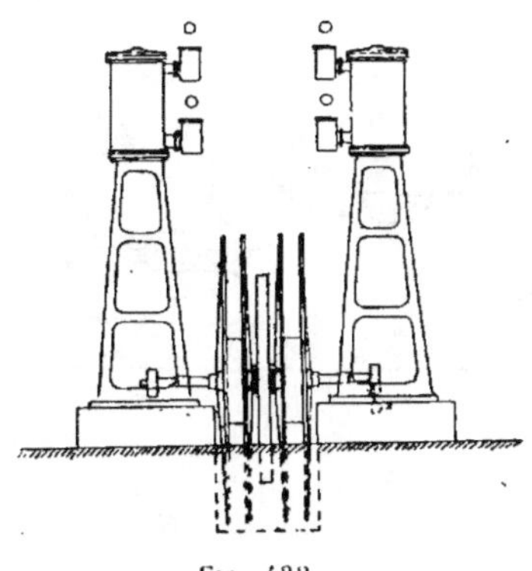

Fig. 433.

Les machines verticales présentent l'inconvénient d'être d'un entretien plus difficile que les machines horizontales, parce que le machiniste, qui se trouve au niveau de l'arbre des bobines, n'a pas la machine sous les yeux. Elles nécessitent des bâtiments plus élevés, mais occupent moins de place que les machines horizontales. C'est à cette dernière considération qu'a été due, sans doute, la vogue momentanée des machines verticales en Belgique.

581. La machine horizontale présente plus de stabilité et se trouve toute entière sous les yeux du machiniste. On lui reprochait autrefois de donner lieu à une ovalisation des boîtes à bourrage et des cylindres, mais l'expérience démontre que celle-ci n'est guère sensible avec des cylindres de grandes dimensions.

Aujourd'hui l'on peut considérer la machine horizontale à deux cylindres, avec petit volant pour recevoir l'action du frein, comme le type le plus général de la machine d'extraction. La fig. 434 montre l'application de ce type au système Kœpe.

582. Dans cette disposition, le machiniste peut-être placé dans l'axe de la machine ou latéralement. Cette dernière situation est préférable, parce qu'elle ne met pas le machiniste en danger, en cas de rupture de câble.

Le machiniste doit voir directement le puits ou se trouver en

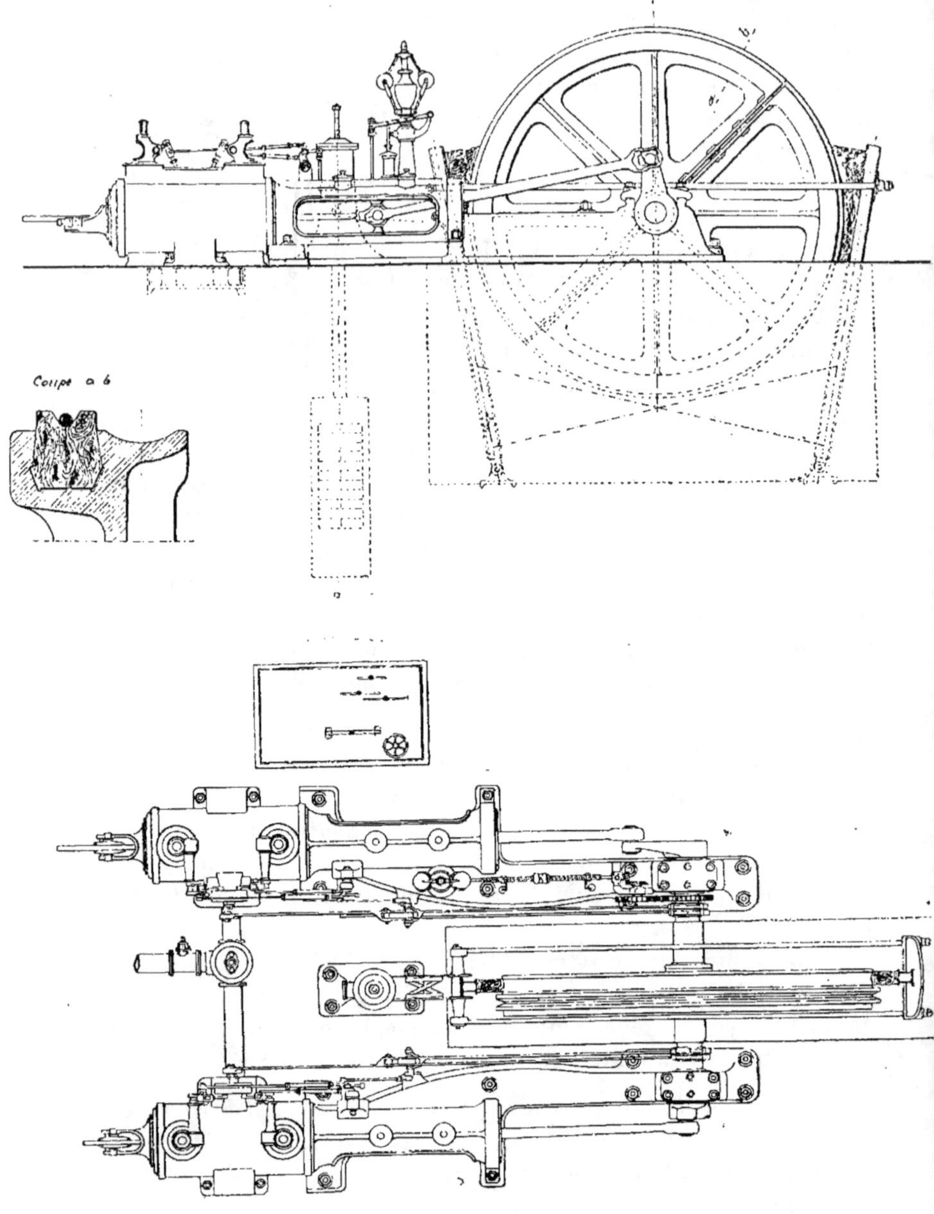

Fig. 434.

face d'un indicateur de la marche des cages, ce qui paraît même préférable pour éviter les distractions qui peuvent se produire, lorsqu'il doit obéir à des signaux multiples.

Dans certains cas exceptionnels, le manque absolu de place oblige à recourir à des dispositions analogues à celles des machines de bateau, telles que machines à cylindres obliques (siége Fanny de Marihaye fig. 435), machines à trois cylindres verticaux (GossonLagasse), etc.

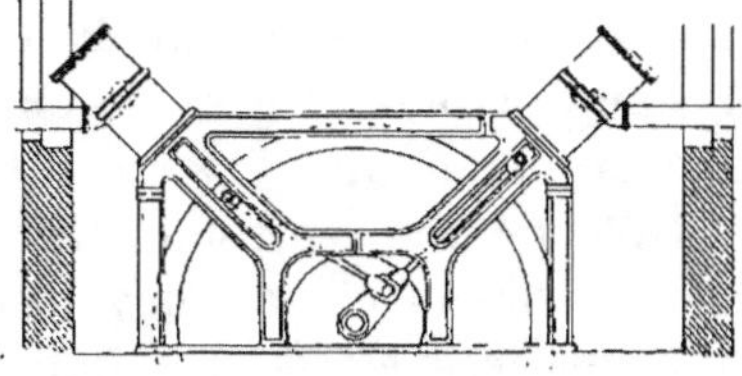

Fig. 435.

583. La distribution des machines d'extraction se fait par tiroirs, soupapes ou robinets.

Les tiroirs qui se polissent par l'usure, sont les meilleurs distributeurs pour les machines de faible et de moyenne puissance. Dans les machines de grande puissance, ils présentent une trop grande résistance pour pouvoir être manœuvrés à la main. On est obligé dans ce cas de recourir au servo-moteur imaginé par Farcot pour les machines marines et appliqué par M. Ch. Beer aux machines d'extraction à tiroir.

Dans la disposition des Ateliers de la Meuse (fig. 436), le premier mouvement du levier de changement de marche déplace le point c en sens inverse du point b et ouvre l'admission de la vapeur au cylindre du servo-moteur, dont le piston aide le bras du machiniste pour la manœuvre du coulisseau. Un ressort $r\,r'$ ferme l'admission au cylindre du servo-moteur, dès que cesse l'action du machiniste. Ce dernier manœuvre donc comme à l'ordinaire, sans se préoccuper de l'existence du servo-moteur dont la puissance doit être insuffisante pour accomplir seul la manœuvre. Le machiniste conserve ainsi entièrement en main la manœuvre du coulisseau de changement de marche.

Le servo-moteur est souvent accompagné d'une cataracte placée dans le même axe, de manière à modérer à volonté l'action trop brusque de la vapeur.

L'emploi d'un servo-moteur permet de conserver l'emploi des tiroirs pour de grandes machines d'extraction. Néanmoins, on leur préfère généralement aujourd'hui les soupapes en métal

dur, acier ou bronze, qui demandent une construction très
soignée pour assurer leur étanchéité. On les munit d'un ressort
pour vaincre le frottement du bourrage qui pourrait retarder
leur chute et leur vitesse de chute est quelquefois réglée par
une cataracte à air.

En Westphalie, les 4 soupapes d'admission sont généralement
placées au même niveau, devant le cylindre, ce qui engendre de
grands espaces morts. En Belgique, les soupapes d'admission
sont placées au-dessus des cylindres, celles d'émission en
dessous, ce qui réduit les espaces nuisibles et facilite la purge
des cylindres.

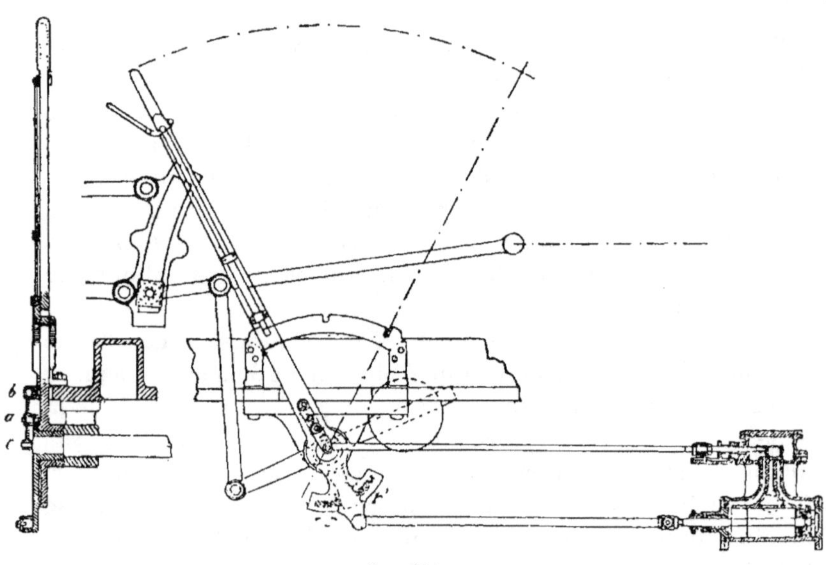

Fig. 436.

Les soupapes s'ouvrent brusquement et donnent lieu à un
étirage de la vapeur moindre que les tiroirs ; étant équilibrées,
elles présentent, en général, une faible résistance dans les
manœuvres et, par suite, ne nécessitent l'emploi de servo-
moteurs que dans les machines de très grandes dimensions.

Les robinets sont aussi des distributeurs très sûrs, très faciles
à manœuvrer, mais leur étanchéité est plus difficile à maintenir.
Ils font en général partie de systèmes de distribution trop
délicats pour les machines d'extraction dont tous les organes

doivent être robustes et résistants. C'est pourquoi ils sont rarement employés.

Le machiniste a au moins trois leviers à sa disposition. Le premier commande le modérateur ; le second, le changement de marche et le troisième, le frein à vapeur. Un quatrième levier commande souvent la purge des cylindres.

584. **Frein**. — Le frein doit arrêter la machine en cas de rupture d'une pièce ou d'élévation d'une cage au-dessus du niveau des recettes. Ce frein agit ordinairement sur une poulie au moyen de mâchoires ; les freins à bande ne sont employés que sur les machines de faible puissance. L'énergie du frein est en raison du rayon de la poulie, c'est-à-dire du bras de levier de la résistance. L'action du frein est commandée par un cylindre à vapeur (fig. 437).

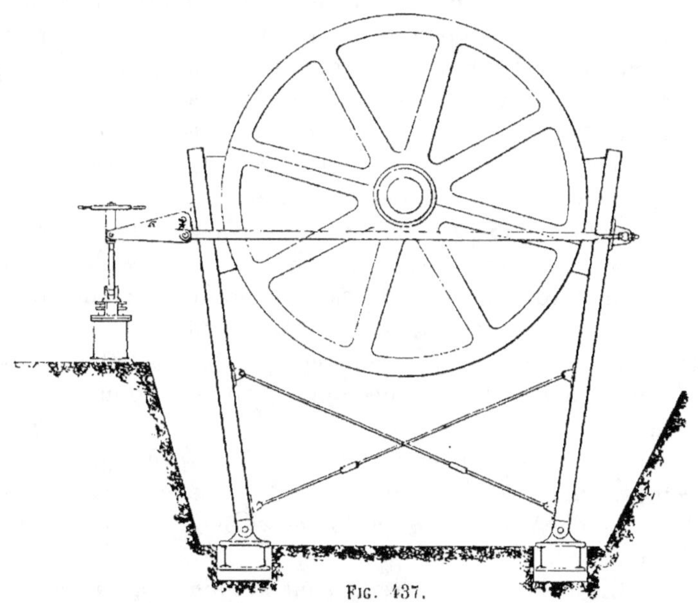

FIG. 437.

Abandonné à lui-même, le frein est supposé ouvert ; il se ferme par l'admission de la vapeur au cylindre. Soit un frein à mâchoires agissant sur une poulie de rayon R_1, par l'intermédiaire des bras de leviers b et a. Le moment du frein sera

$$2\,K\,S\,p\,\frac{a}{b}\,R_1$$

où S égale la surface du piston du frein, p la pression de vapeur qui agit sur ce piston, K un coefficient égal à 0,85. Ce moment devra être égal au moment maximum de la machine pour la marche à un seul câble, soit au départ à $(Q + q + P)\,r$, ou à l'arrivée à $(Q + q)\,R$; on prendra le plus grand de ces deux moments pour calculer R_1.

Le frein est muni d'une vis de calage qui permet de maintenir le piston dans une position déterminée, après que la vapeur a agi.

On reproche parfois aux freins à vapeur d'ébranler les machines. Ces freins sont en effet calculés pour fonctionner à une pression p minimum ; mais si la pression est supérieure à ce minimum, au moment du fonctionnement, l'action est trop énergique et pourrait même être assez brusque, pour provoquer la rupture d'un organe de la machine ou du câble. De plus en cas de rupture d'une conduite de vapeur, le frein à vapeur ne fonctionne plus ; c'est pour ces raisons que l'on a quelquefois soin de munir la machine d'un frein à main ou à pédale, indépendamment du frein à vapeur. Pour les machines de grande puissance, ce frein supplémentaire peut être actionné par le déroulement d'une chaîne, sous l'action d'un contrepoids que l'on décroche au moyen d'une pédale.

Pour obvier à l'inconvénient d'une rupture de conduite de vapeur, on construit souvent aujourd'hui des freins à vapeur qui sont habituellement fermés sous l'action d'un contrepoids et que l'on ouvre pendant la marche, en admettant la vapeur sous le piston qui relève ce contrepoids (fig. 434). Dans ce cas, toute rupture de conduite de vapeur fait fonctionner le frein automatiquement.

Un autre moyen consiste à prendre la vapeur qui alimente le frein, sur une chaudière indépendante de celles qui alimentent la machine d'extraction, ou à alimenter le frein au moyen de l'air comprimé.

Aux mines de Lens, les freins sont actionnés à vapeur ou à air comprimé, selon que la pression de l'un ou de l'autre fluide est prépondérante. Une conduite d'air comprimé est raccordée à la conduite de vapeur qui se rend au cylindre du frein, par une soupape de retenue disposée de manière à intercepter l'arrivée de celui des deux fluides dont la pression est la moindre.

On a aussi fait dépendre l'action du frein d'un petit réservoir d'air comprimé ou de vapeur dont la capacité est suffisante pour caler le frein, en cas de rupture d'un tuyau de conduite.

585. **Condensation.** — Les machines d'extraction donnent lieu à des consommations de vapeur évaluées de 40 à 80 k. de vapeur par cheval effectif et par heure. Les expériences précises sont peu nombreuses et difficiles à instituer. Celles qui ont été faites à Saarbrück, sur deux machines bicylindriques, ont donné 42 à 58 kg. La consommation moyenne de toutes les machines du bassin de Saarbrück a été évaluée à 84 kg.

Pour réduire la consommation, on peut chercher à diminuer la contrepression qui est ordinairement de 1.10 à 1.20 atmosphère. Les machines à engrenages qui font plusieurs tours pour un seul tour des bobines, peuvent marcher sans difficulté à condensation ; mais la machine d'extraction à action directe, par sa marche intermittente et peu prolongée, s'y prête mal. Avec pompe à air, la condensation serait de plus très imparfaite pendant les manœuvres, où l'on arrête souvent la machine en pleine course.

Une autre difficulté provient de ce que la puissance n'est pas constante ; il faut la proportionner à la résistance, en faisant varier la pression de la vapeur au moyen de la valve du modérateur ou en faisant varier l'admission de vapeur. Dans l'un et l'autre cas, la conséquence est que le volume de vapeur à condenser étant variable, le volume de l'eau de condensation doit varier en conséquence. On a imaginé des appareils destinés à faire varier la dépense d'eau de condensation proportionnellement à la dépense de vapeur, mais ces appareils introduisent des complications dans la machine.

Le meilleur système consiste à recourir à une condensation centrale qui abaisse d'une manière permanente la contrepression de toutes les machines du siège. Ces installations, avec refroidisseurs d'eau de condensation, sont d'un usage général en Westphalie, où l'on estime qu'elles permettent de réduire jusqu'à 10 à 12 % la consommation effective des machines d'extraction.

586. **Détente.** — Un autre moyen de diminuer la consommation de vapeur consiste dans l'emploi de la détente.

Les expériences de Hallauer ont démontré qu'il existe, pour

toute machine, un degré de détente qui, toutes choses égales, correspond au minimum de consommation par cheval effectif. Ce degré de détente correspond en général à 1/4 d'admission, sans condensation, et à 1/6 d'admission, avec condensation.

On peut calibrer les cylindres de manière à s'approcher de ce degré d'admission pour le travail résistant maximum; mais comme nous venons de le dire, le travail résistant est essentiellement variable et l'on est obligé de faire varier la puissance de la machine proportionnellement aux variations de la résistance, qui peuvent même se traduire par un effort négatif à partir d'un certain point, si les câbles ne sont pas suffisamment équilibrés. Dans ce cas, il faut en ce moment créer un excès de résistance par la marche à contre-vapeur, qui est toujours nuisible à la machine. Si même l'équilibre des câbles est satisfaisant, les variations de résistance seront assez grandes, pour chercher à les équilibrer par des variations de puissance. Celles-ci s'obtiennent soit en faisant varier la pression par étranglement de la vapeur, si la machine est à pleine pression ou à détente fixe, soit en faisant varier la détente en pleine marche.

Pour comparer ces deux moyens, il faut tenir compte de l'économie de vapeur et de la sécurité de marche. En ce qui concerne l'économie de vapeur, on sait que si l'on diminue la puissance d'un moteur réglé pour le degré d'admission le plus favorable, on constate toujours une augmentation de consommation par cheval effectif; cette augmentation est à peu près la même, si l'on étrangle la vapeur ou si l'on réduit l'admission, aussi longtemps que les variations du travail résistant ne dépassent pas 40 %. Ce n'est donc que pour des variations de résistance de plus de 40 % que l'avantage s'établit franchement en faveur de la variation de la détente.

Ces considérations indiquent dans quels cas on devra recourir à l'un de ces systèmes, de préférence à l'autre, au point de vue de l'économie.

Quant à la sécurité de la marche, il faut distinguer le cas où la variation de la puissance est laissée au soin du mécanicien; c'est le plus ordinaire, lorsqu'on fait varier la pression au moyen du modérateur; ce peut être aussi le cas, lorsqu'on fait varier la détente, mais peu de machinistes savent manier la détente comme ils manient la valve du modérateur.

On peut aussi faire varier la détente en pleine marche, au moyen d'organes automatiques qui mettent à l'abri des distractions ou des inadvertances des machinistes, particulièrement dangereuses quand les écarts sont considérables. Il convient donc surtout d'avoir recours à ces organes pour les grandes profondeurs; mais leurs avantages sont tels qu'on les emploie souvent aussi pour des profondeurs moyennes, où en ne considérant que l'économie, il suffirait de recourir à l'emploi du modérateur.

587. *Suppression de la détente pendant les manœuvres.* — Une des conditions essentielles de l'emploi de la détente fixe ou variable, dans les machines d'extraction, est de pouvoir supprimer cette détente au moment des manœuvres : 1° parce qu'en ce moment, l'effort dépasse souvent l'effort maximum en pleine marche; 2° parce qu'il faut pouvoir arrêter la machine d'extraction dans une position quelconque du piston et repartir de cette position. On cherche autant que possible à réaliser cette condition sans l'addition d'un levier spécial et même au moyen d'organes automatiques.

Les machines d'extraction que l'on calculait autrefois pour extraire à une corde, permettaient de faire l'extraction, en ne prolongeant l'admission que jusqu'aux 0.7 à 0.8 de la course, et les manœuvres pouvaient en général s'effectuer, sans supprimer cette faible détente. Le machiniste faisait varier la puissance de la machine au moyen du modérateur.

Ces machines étaient simples et pratiques, mais consommaient beaucoup de vapeur. Si les câbles sont équilibrés, la variation de puissance n'atteint pas 40% : l'emploi du modérateur ne présente donc pas d'inconvénients, au point de vue de la consommation de vapeur et peut s'appliquer, par suite, comme dans toute machine à détente fixe. Mais quand la détente est importante, il faut nécessairement la supprimer pendant les manœuvres.

588. Ceci peut se faire, sans organes spéciaux, dans les machines à changement de marche par coulisse, en amenant le coulisseau dans une position qui rétablit la pleine pression.

Dans une machine à tiroir simple, le levier de changement de marche se manœuvre sur un secteur à 5 crans. Celui du milieu correspond au point mort, les crans extrêmes donnent l'admission maxima et les crans intermédiaires correspondent à l'admission normale.

. Ce système très simple ne permet pas toutefois de descendre en dessous de o.4 d'admission normale.

Le même système peut être appliqué avec détente Meyer. La détente normale correspond alors aux crans extrêmes. L'admission augmente, lorsqu'on rapproche le levier du milieu du secteur, et peut être assez prolongée pour permettre les manœuvres.

Pour se rendre compte des effets obtenus par la manœuvre du levier de changement de marche, il faut recourir au diagramme de Zeuner.

L'inconvénient de la suppression de la détente au moyen de la coulisse est qu'en rapprochant ainsi le coulisseau de sa position médiane, la course du tiroir est très réduite, les lumières s'ouvrent peu et la vapeur est étranglée ; mais comme la machine peut marcher très lentement au moment des manœuvres, il n'en résulte pas d'inconvénient bien sérieux, pourvu que la pression reste suffisante.

589. Plusieurs distributions spéciales permettent de rétablir la pleine pression à la fin de chaque course, à l'aide d'un levier spécial à la disposition du machiniste, ou automatiquement. Telle est, par exemple, la distribution Maroquin à tiroirs superposés (fig. 438).

Dans ce système, le degré de détente dépend de l'écartement de deux tuiles de détente B et B', coulissant sur le dos du tiroir de distribution A. Cet écartement est réglé par un petit balancier à trois branches CC'C" oscillant sur un pivot guidé D auquel est fixé la barre d'excentrique.

La pleine pression est obtenue par le rapprochement des deux tuiles de détente, en agissant sur ce balancier au moyen d'un levier spécial à manotte, ou automatiquement au moyen d'un levier E actionné aux extrémités de la course par le coursier G de l'indicateur à sonnerie (fig. 439).

Ce coursier muni de galets K K' rencontre, à la fin de chaque course, un petit plan incliné sur lequel agissent les galets, pour abaisser un système de leviers articulés dont les points fixes sont en F'F'. L'abaissement de ce système de leviers agit sur le balancier $CC'C''$, en faisant remonter un contrepoids qui ramène ensuite le tout en place.

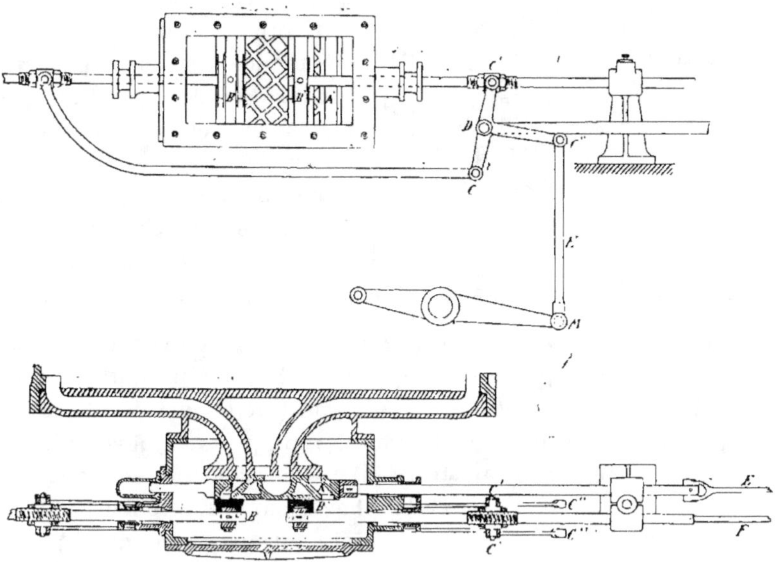

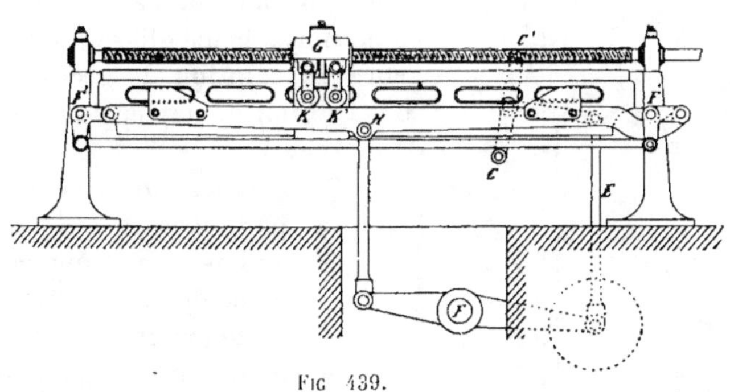

Fig. 438.

Fig 439.

De tels systèmes échappent entièrement aux critiques adressées aux précédents.

590. Dans d'autres dispositifs, la suppression de la détente dépend d'un organe spécial ajouté au système de distribution.

Dans le système Scohy et Crespin (fig. 440), appliqué en 1868 au charbonnage de Monceau-Fontaine, la distribution est à double tiroir fonctionnant dans une double chapelle. L'organe

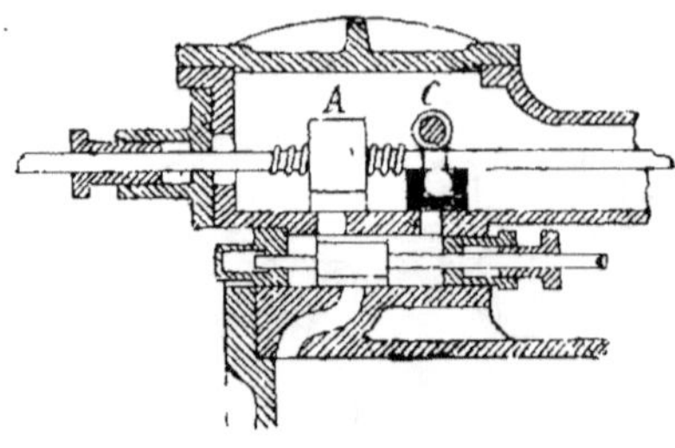

FIG. 440.

spécial est dans ce cas un 3e tiroir C, qui, au moment des manœuvres, découvre une lumière entre les deux chapelles et rend inopérant le tiroir de détente A. Ce système qui a été appliqué à de nombreuses machines dans le bassin de Charleroi, présente l'inconvénient d'augmenter les espaces nuisibles de la machine.

591. Il n'est pas en principe, sans analogie avec le système Audemar, appliqué à Blanzy vers 1870 et au puits Fanny (Marihaye) en 1871, et qui a été le point de départ des distributions à cames le plus fréquemment appliquées aujourd'hui.

Le système Audemar (fig. 441) consiste en une soupape spéciale placée sur l'arrivée de vapeur d'une distribution quelconque à pleine pression. Cette soupape est manœuvrée au moyen d'un manchon à double came qui, pour la marche en avant et en arrière, peut glisser le long d'un arbre de rotation de section carrée, sous l'action du levier de changement de marche L.

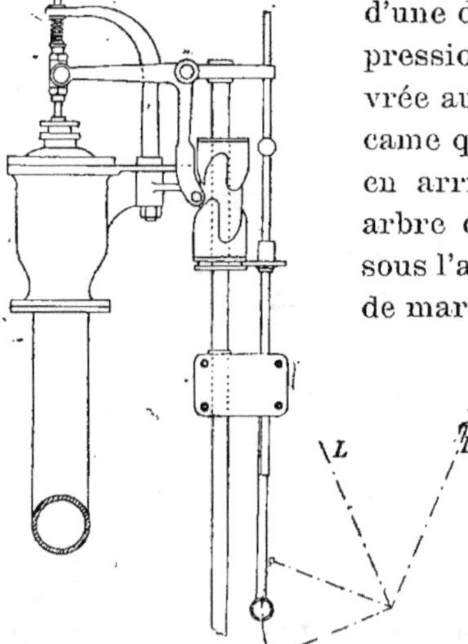

FIG. 441.

Selon le niveau occupé par la came en regard du levier qui commande la levée de la soupape, celle-ci reste ouverte pendant toute la course ou pendant une partie seulement de cette dernière. Dans le premier cas, la machine marche à pleine pression; dans le second, l'admission de vapeur est coupée plus ou moins tôt, de manière à produire le degré de détente que l'on veut obtenir.

Dans l'application faite au puits Fanny, la distribution est à soupapes. Chaque cylindre est à cinq soupapes, dont quatre soupapes d'admission et d'émission, plus la soupape Audemar à levée variable.

592. Dans un but de simplification, la Société Cockerill a supprimé la soupape Audemar, en adoptant, pour les deux soupapes d'admission, le dispositif du manchon à cames variables et, pour les deux soupapes d'émission, celui d'un manchon à cames constantes. Dans les premières machines de ce genre (puits Cécile de la Société Cockerill), il y avait un manchon double par soupape, soit quatre manchons doubles par cylindre.

On a ensuite simplifié davantage, en faisant agir successivement, en un même tour, chaque came sur les leviers réglant l'admission ou l'émission à chaque extrémité du cylindre, de manière à réduire à deux, pour chaque cylindre (fig. 442), le nombre des manchons doubles. La came C agit successivement sur les leviers correspondant aux arbres A et A', qui commandent les soupapes d'admission G et G', en même temps que la came D agit sur les leviers correspondant aux arbres B' et B qui commandent les soupapes d'émission E' et E. Les manchons C D sont manœuvrés, pour le changement de marche, par le levier L et les renvois de mouvement équilibrés M M', H H'. Ils glissent sur l'arbre K qui les entraîne dans son mouvement de rotation, à raison d'un tour par tour de la machine. En poussant le levier à fond, on réalise la pleine admission, pour l'une ou l'autre marche; en l'arrêtant en un point intermédiaire déterminé, on obtiendra le degré de détente voulu. C'est cette disposition qui constitue la distribution Brialmont et Kraft, l'une des plus en vogue dans les machines d'extraction modernes. Cette vogue se justifie par sa grande simplicité et la facilité de son maniement qui dépend exclusivement du levier de changement de marche.

593. *Détente variable en pleine marche.*—Nous avons supposé jusqu'ici la détente fixe, avec étirage de la vapeur au moyen du modérateur. Si la variation de la résistance dépasse 40 %, nous avons vu qu'il est préférable de recourir à la variation de la détente pour équilibrer la puissance et la résistance.

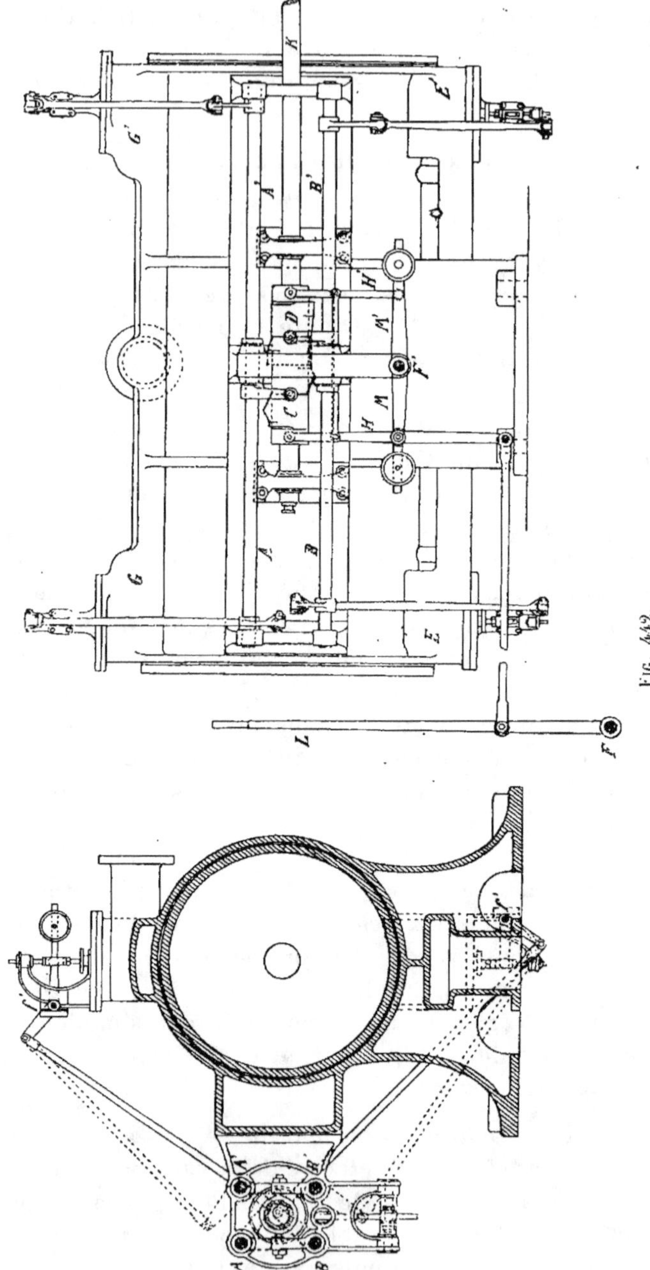

FIG. 442.

La plupart des systèmes qui permettent de supprimer la détente au moment des manœuvres, permettent aussi de la faire varier en pleine marche.

Il en est ainsi de la détente obtenue au moyen du levier de changement de marche, en faisant varier la position du coulisseau. Ce système a été appliqué à Przibram sur une machine à tambours cylindriques de 6 m. de diamètre, pour l'extraction à 1000 m., avec tiroir simple pour l'admission et tiroirs spéciaux pour l'émission.

Il en est encore de même de la distribution Maroquin, du système Audemar, de la distribution Brialmont et Kraft, etc.

La distribution Guinotte (1866) fournit un moyen élégant et simple de faire varier la détente à la main.

La variation de la détente y est déterminée par celles du rayon et de l'angle de calage de l'excentrique qui conduit le tiroir de détente. Ce dernier est simple et fixé d'une manière invariable sur sa tige. On sait qu'un excentrique peut toujours être remplacé par une coulisse manœuvrée par deux excentriques. Le degré de détente est réglé, dans ce cas, par la position du coulisseau.

En général, les machinistes n'ont pas l'habitude de se servir de la détente variable et préfèrent marcher à pleine pression ou à détente fixe, en agissant sur le modérateur.

Pour les grandes profondeurs où il arrive fréquemment que la variation de la résistance atteint 40 %, la détente variable automatique présente par suite de grands avantages.

594. *Variation automatique de la détente.* — M. Guinotte l'a réalisée, en 1873, au moyen d'organes spéciaux dénommés *sabres*, sur lesquels agissent les coursiers de l'indicateur à sonnerie, de manière à déterminer pour chaque tour le degré de détente voulu (fig. 443).

Les coursiers E et E' de la sonnerie abaissent successivement chacun des sabres L et L', dont le mouvement se communique, par une série de leviers, à la tige A réglant la position du coulisseau d'une détente Guinotte. La courbure du sabre a été déterminée par points, en calculant, pour chaque tour, le moment résultant et le degré de détente correspondant; un contrepoids T relève le

sabre à la fin du trait, de manière à rétablir automatiquement la pleine pression.

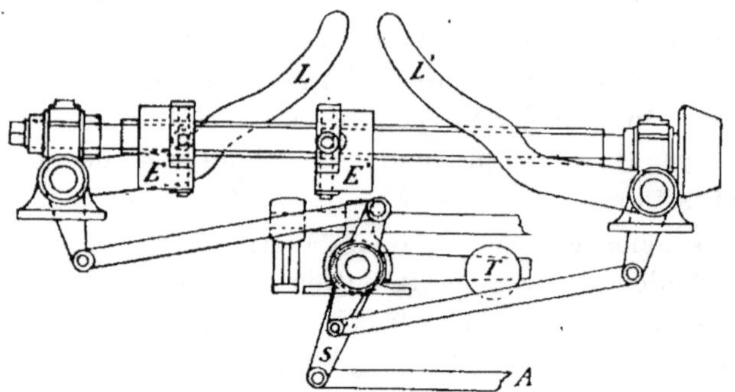

Fig. 443.

Ce système ingénieux a reçu quelques applications dans
le Hainaut et le Nord de la France. On lui reproche de ne pas
se prêter à l'extraction de différents niveaux, ni aux variations
de charge, charbons, pierres, hommes; la courbure des sabres
ne peut être, en effet, calculée que pour une profondeur et pour
une charge déterminée.

595. Un système d'un emploi plus général est l'application du
régulateur qui a été faite, en 1871, aux machines d'extraction
par M. Ch. Beer.

M. Ch. Beer faisait agir le régulateur sur la vis d'une détente
Meyer; comme il est désirable de donner à vaincre au régulateur le moins possible de résistance, le régulateur est plus
généralement employé aujourd'hui avec les distributions à
déclic qui présentent une résistance très faible.

. Par l'emploi du régulateur, la machine fonctionne toujours à
la détente la plus convenable, quelles que soient les variations
de la résistance; mais il faut que l'accélération soit suffisante
pour que le régulateur ait le temps d'agir, car la détente ne
s'établit pas immédiatement. Il en résulte que ce système
devient illusoire aux faibles profondeurs.

La détente se supprime d'elle-même au moment des manœuvres, parce que la vitesse est insuffisante pour la maintenir. Il en est de même pour la translation des hommes qui se fait toujours à faible vitesse.

596. *Machine compound.* — On a eu fréquemment recours, en Westphalie, à la machine compound dans le but d'obtenir une économie de vapeur.

Ce système se prête spécialement à l'emploi des hautes pressions de 8 à 12 atm., qui sont devenues courantes dans les installations modernes à grande profondeur.

La machine est ordinairement bicylindrique et horizontale, avec manivelles calées à 90°.

La machine compound atténue un des graves inconvénients de la marche à contre-vapeur ou de la marche à modérateur fermé à la fin du trait. Dans une machine ordinaire, le cylindre aspire dans ce cas de l'air et se refroidit, tandis que dans la machine compound, le cylindre à basse pression seul aspire de l'air; car le cylindre à haute pression ne pourrait faire cette aspiration qu'à travers le grand cylindre et le receiver.

Le cylindre à basse pression est toujours muni d'une enveloppe de vapeur.

Ces machines donnent, par rapport aux autres, de grandes économies de vapeur; M. E. Tomson cite les chiffres de consommation suivants, relevés dans le bassin de Saarbrück :

Machine compound du puits Skalley I :   24 k. 84,
     Id.   Skalley III : 22 k. 36,

au lieu de 42 à 58 kg. consommés aux machines bicylindriques de Heinitz et de Skalley II. On admet en Westphalie, sans expériences précises toutefois, que la machine compound, combinée à la condensation centrale, donne des consommations de 25 à 30 kg. M. E. Tomson a appliqué le système compound aux machines bicylindriques verticales à double tambour spiraloïde qu'il a appliquées à Preussen 1 et II (fig. 425).

597. Les difficultés de l'emploi du système compound sont la mise en train, dans certaines positions des manivelles, aux manœuvres, au démarrage, et lors de la visite des puits pour réparations. On y remédie au moyen d'une soupape de mise en marche qui permet à volonté d'augmenter la pression du

receiver, lorsque la pression est insuffisante au cylindre à basse pression, ou de la diminuer, lorsqu'il y a trop de contrepression au cylindre à haute pression ; mais, en outre du temps qu'elle fait perdre et du retard qu'elle apporte au fonctionnement compound, la manœuvre de cette soupape demande une habileté spéciale, pour donner, exactement et sans tâtonnements, la quantité de vapeur nécessaire pour effectuer les petits mouvements de la cage. Il faut en tous cas un levier de plus. Enfin la machine compound bicylindrique manque de docilité, par suite de la répartition inégale des efforts entre les deux cylindres et de la lenteur de la mise en marche, résultant de l'abaissement de pression et du refroidissement du receiver pendant l'arrêt.

Les inconvénients signalés diminuent pour une machine à engrenages, mais on ne peut réaliser ainsi de grandes puissances.

598. *Machine compound-tandem à quatre cylindres.* — Ils disparaissent, en grande partie, en employant la machine compound-tandem à 4 cylindres, où l'arbre des bobines est actionné par deux unités de force égale, avec tous les avantages du système compound (Llanbradach en 1894). Toute difficulté de mise en train disparait, puisque la machine utilise toujours le travail d'un des cylindres à haute pression.

La disposition compound-tandem à 4 cylindres a été adoptée en 1899 à la mine de Scharnhorst en Westphalie (fig. 444), en même temps qu'à Anzin (puits d'Arenberg). Elle a été également appliquée, avec le système des doubles tambours spiraloïdes de M. E. Tomson, à Ronchamp. A Scharnhorst et dans d'autres machines construites en Allemagne, une grande simplification a été introduite par l'emploi d'une soupape spéciale dont l'ouverture et la fermeture sont rendues solidaires de celles du modérateur, ce qui permet de supprimer le levier spécial de mise en marche. Cette soupape c (fig. 444) se trouve entre le receiver et les cylindres à basse pression. Les connexions avec le levier du modérateur sont telles que cette soupape se ferme un peu avant ce dernier. Elle se ferme donc avant la fin du trait, alors que le modérateur est presque fermé, et maintient la pression dans le receiver pendant l'arrêt, ce qui permet de remettre en marche sans envoyer à ce dernier de la vapeur vive. Cette sou-

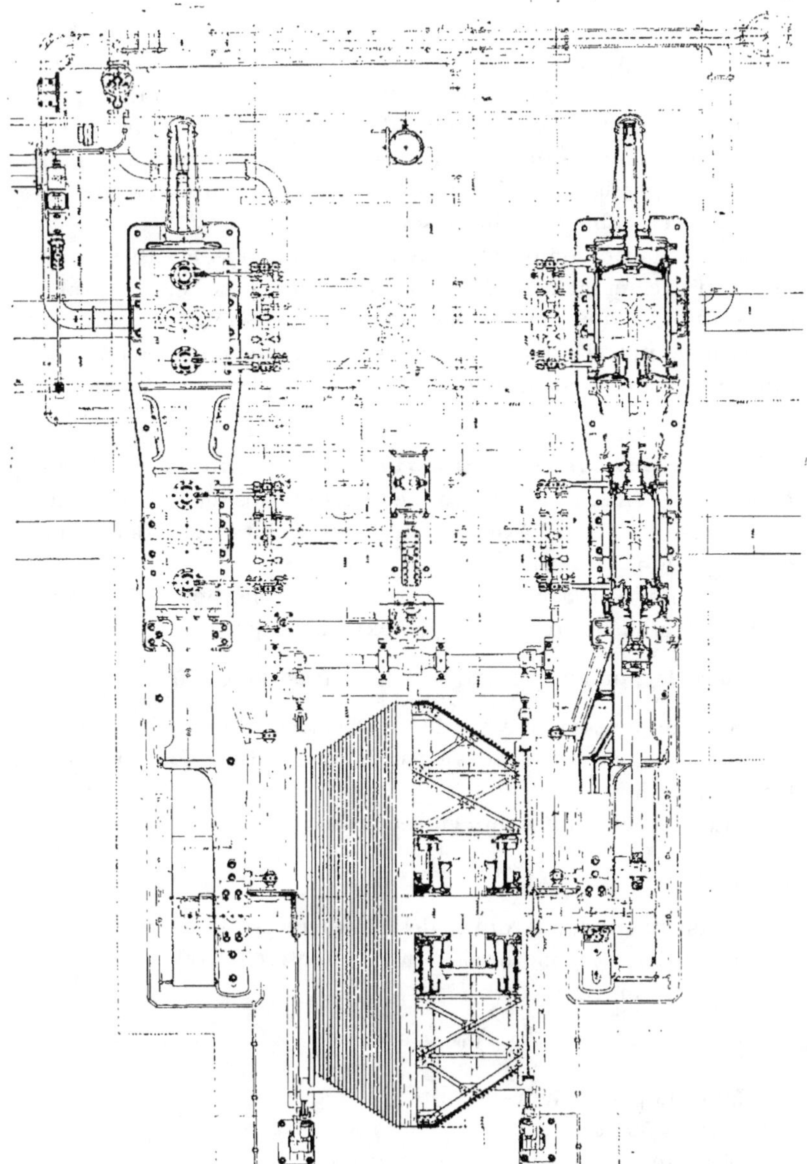

Fig. 444.

pape s'ouvre au contraire un peu avant le modérateur. Les dimensions du receiver sont déterminées de manière que la pression ne tombe pas en dessous d'une certaine limite et la machine fonctionne en compound dès le premier tour. Cette marche persiste jusqu'à la fin et comme la pression monte dans le receiver pendant les derniers tours, il en résulte une contre-pression favorable au ralentissement.

La distribution dans cette machine est du système Brialmont et Kraft ; les manchons de distribution du petit et du grand cylindre de chaque tandem sont manœuvrés solidairement.

Les machines d'extraction compound, à quelque type qu'elles appartiennent, sont beaucoup plus coûteuses que les machines ordinaire.

599. ***Calcul de la puissance d'une machine d'extraction***. — Recherchons les éléments sur lesquels il convient de se mettre d'accord avec le constructeur, lors de la commande d'une machine d'extraction.

Le premier est la vitesse moyenne du câble. Soit T l'extraction à effectuer en 10 heures, Q l'extraction par trait.

$\dfrac{T}{Q}$ sera le nombre de traits nécessaires pour effectuer l'ex-traction. Supposons que sa durée effective soit de 8 heures, le reste du temps étant absorbé par la translation des hommes, les repos, etc.

La durée d'un trait t sera en secondes :

$$t = \frac{8 \times 3600\,Q}{T}$$

Si l'on en retranche la durée des manœuvres qui est de 15 à 60 secondes par trait, on aura t_1, durée effective du trait.

La vitesse moyenne sera :

$$V_m = \frac{L}{t_1},$$

L étant la profondeur du puits.

Soit T = 500 tonnes ;

Q (4 wagonnets de 600 kg.) = 2.400 kg.

$$\frac{T}{Q} = \frac{500}{2.4} = 208 \text{ traits} ;$$

$t = 138''.$

Si l'on compte 60″ pour les manœuvres, il reste $t_1 = 78''$.

Soit $L = 600$ m., $V_m = \dfrac{600}{78} = 7^m.17$. On vérifiera ainsi si la vitesse moyenne reste dans des limites convenables; on peut admettre 6 à 10 m. pour des profondeurs moyennes et 15 m. pour les grandes profondeurs.

Connaissant la vitesse moyenne V_m, on peut en déduire le nombre de chevaux utiles. Le travail en chevaux utiles est

$$\frac{Q\,V_m}{75} = \frac{2400^{kg} \times 7^m17}{75} = 229 \text{ chevaux.}$$

On jugera, par les coefficients d'effet utile généralement admis, de la force motrice de la machine à commander.

600. ***Calcul des dimensions des cylindres.*** — Les dimensions de la machine se déduisent du moment maximum qu'elle est appelée à vaincre.

Autrefois, on commandait généralement les machines pour pouvoir au besoin extraire à une corde, en prenant, avec bobines, comme moments : au départ $(Q + q + P)\,r$ et à l'arrivée $(Q + q)\,R$. Mais pour les grandes profondeurs, cette méthode conduit à des machines de dimensions exagérées.

On atténue cet inconvénient, en admettant une pression de vapeur plus forte d'une demi-atm. que celle des chaudières, pour le cas de la marche à un câble, qui ne peut-être qu'accidentelle. Il est préférable de calculer la machine, en comptant sur la marche à deux câbles et en tenant compte du moment maximum qu'elle aura à vaincre.

On calcule d'abord les moments remarquables suivants :

1° Moment des manœuvres de la cage chargée de wagons vides au départ : $m_1 = q\,R - P\,r$.

2° Moment au départ : $m_2 = (Q + q + P)\,r - q\,R$.

3° Moment maximum en marche : ce moment m_3 résulte de l'équilibre plus ou moins parfait des câbles.

4° Moment à l'arrivée : $m_4 = (Q + q)\,R - (q + P)\,r$.

5° Manœuvre de la cage chargée à l'arrivée (moment d'avant-manœuvres) : $m_5 = (Q + q)\,R - P\,r$.

Ces moments de manœuvres supposent l'emploi de taquets à soulèvement.

On choisira le plus grand de ces moments ; ce sera en général le dernier, si r et R ont été calculés de manière à équilibrer les câbles aussi bien que possible.

Le moment de la puissance qui doit vaincre ce moment résistant, en supposant que l'une des manivelles soit un point mort, sera :

$$K\ (p_0 - p_1)\ \frac{\pi\,D^2}{4}\ r_m$$

où K est le coefficient d'effet utile ;

p_0 et p_1 la pression de la vapeur et la contrepression ;

D le diamètre du cylindre et r_m le rayon de la manivelle.

Ce dernier étant connu, D peut être calculé. On peut prendre empiriquement $r_m = 0,75$ D à D, et vérifier si la vitesse au piston V ne dépasse pas 1^m50 à 2 m. ; ou bien l'on peut calculer la valeur de r_m pour que cette vitesse ne sorte pas de ces limites.

Soient pour cela N le nombre de tours par minute, n le nombre de tours correspondant à la durée effective d'un trait t_1, e_m l'épaisseur moyenne du câble.

Le nombre de tours $n = \dfrac{L}{2\pi\rho} = \dfrac{R-r}{e_m}$

On a N : $n = 60 : t_1$

d'où $N = \dfrac{n.\,60}{t_1}$.

La vitesse $V = \dfrac{N}{60}\ 4\ r_m$. En posant $V = 1,50$ à 2 m., on calcule r_m d'après cette dernière équation.

Le coefficient d'effet utile $K = 0,68$ à $0,70$ pour les machines puissantes ; $0,60$ à $0,65$ pour les machines moyennes ; $0,50$ à $0,55$ pour les machines à engrenages.

601. *Calcul du degré de détente correspondant à la marche normale*. — Si la machine est à détente, elle se calcule de même, car les manœuvres se font toujours à pleine pression ; mais il est intéressant de déterminer la pression moyenne et par suite le degré de détente correspondant à la marche normale.

On détermine dans ce cas la pression moyenne corespondant au moment moyen en pleine marche, si les câbles sont équilibrés, ou au moment maximum, s'ils ne le sont pas.

Soit Q_ρ le moment moyen et P_m la pression moyenne.

Le travail moteur normal pour un tour sera dans une machine à 2 cylindres :

$$T_m = 2\,K\,(P_m - p_1)\,\frac{\pi\,D^2}{4}\,4\,r_m.$$

Le travail résistant moyen étant $Q\,2\pi\rho$. En égalant ces deux valeurs, on trouve :

$$1.273\,K\,(P_m - p_1)\,\frac{\pi D^2}{4}\,r_m = Q\rho.$$

En prenant les valeurs de D et de r_m déterminées ci-dessus, on en déduit P_m et de là le degré de détente qui pour une valeur donnée de p_0, pression initiale, correspondra à cette pression moyenne ; on calculera :

$$P_m = \frac{p^0}{n}\,(1 + \log\text{nép. } n),$$

si l'on ne préfère avoir recours à une table des pressions moyennes.

602. **Moteurs électriques.** — L'emploi de l'électricité commence à se répandre dans les machines d'extraction. L'électricité est produite dans une station centrale ordinairement à vapeur. Les forces hydrauliques servent plus rarement à la production de l'électricité dans les mines. On transforme cependant aujourd'hui en électricité une partie des forces hydrauliques du Harz, au moyen de roues Pelton appliquées directement sur l'axe d'une dynamo.

Les grandes machines d'extraction électriques sont encore rares, parce que l'électricité se prête plus difficilement que la vapeur aux variations de puissance nécessaire. C'est ainsi que dans les mines où l'on a adopté l'électricité pour la plupart des services mécaniques, on fait souvent encore exception, en ce qui concerne la machine d'extraction.

603. L'emploi de l'électricité ne présente pas de difficultés très spéciales dans les petites machines à engrenages où la vitesse de la dynamo peut être réduite par un double jeu d'engrenages, soit, par exemple, de 485 à 16 tours par des engrenages dans le rapport de 5 à 1 et de 6 à 1. La mise en marche se fait au moyen d'un commutateur qui commande en même temps le changement de marche, comme sur les tramways électriques. Il y a ordinairement deux freins, l'un à pédale, l'autre à contrepoids

maintenu soulevé par un électro-aimant. En coupant le courant, le frein agit en vertu de la chute de ce contrepoids.

Des machines de ce genre sont fréquemment appliquées à la tête de plans inclinés ou de puits intérieurs dans les mines où l'on dispose d'un transport de force électrique.

604. La première machine d'extraction électrique à action directe a été établie par la firme Siemens et Halske à la mine de sel de Thiederhall (Brunswick), en 1899. C'était encore une machine souterraine branchée sur un transport de force par courant continu; les constructeurs y mirent à profit l'expérience qu'ils avaient acquise dans l'établissement des tramways électriques, notamment par l'emploi d'une batterie d'accumulateurs-tampon, qui pendant les arrêts de la machine d'extraction absorbe l'électricité produite et vient en aide à la génératrice, au moment où la machine d'extraction doit dépenser un excès de puissance, comme, par exemple, au départ ou pendant les manœuvres. La conséquence en est qu'on peut se contenter, comme génératrice, d'une machine de puissance moyenne.

Cette disposition a été appliquée également dans une grande machine d'extraction destinée à la mine Zollern II de la Société de Gelsenkirchen. C'est la première machine d'extraction électrique de cette importance qui ait été construite. Elle est destinée à élever 4200 kg. de charge utile de 500 m. de profondeur avec 20 m. de vitesse maxima. L'arbre d'une poulie Kœpe y est attaqué par deux dynamos pouvant être réunies à volonté en série ou en quantité.

605. L'intérêt d'essais de ce genre résulte des économies de vapeur qu'ils permettraient de réaliser. Nous avons vu que les meilleures machines compound d'extraction ne consomment pas moins de 25 à 30 kg. de vapeur par cheval utile et par heure. Or, la garantie donnée par les constructeurs pour la machine de Zollern II est de 15 kg. La machine motrice de la station centrale peut en effet être établie dans des conditions telles qu'elle ne dépasse pas 7 à 8 kg., grâce à la constance du travail établie par la batterie-tampon, et l'on estime, toutefois sans en avoir l'expérience, que la marge est suffisante pour permettre cette garantie. Il ne faut pas perdre de vue que le problème

relatif aux machines d'extraction établies à la surface est très différent de celui des machines souterraines qui ne sont en général qu'un élément dans un transport de force.

Les générateurs de vapeur peuvent toujours être établis à proximité des machines de surface et l'économie de vapeur n'est pas ici le seul point à considérer. Il faut aussi tenir compte des dépenses occasionnées par une complication d'organes beaucoup plus grande et par la conduite de deux machines au lieu d'une seule. Cette complication provient de tous les appareils accessoires qu'entraîne l'emploi de l'électricité : commutateur, rhéostat de démarrage, appareils d'enclenchement des accumulateurs par groupes, compresseur d'air pour l'alimentation du servo-moteur et du frein. Dans ces fortes machines, en effet, on doit renoncer à l'emploi exclusif des freins électriques à contrepoids, dont l'action est trop brusque.

L'expérience ne tardera pas à prononcer sur les résultats qu'on peut attendre d'installations de ce genre.

606. Les courants alternatifs permettront peut-être de résoudre la question plus simplement, sinon plus économiquement, comme le montre un projet de machine d'extraction électrique destinée à la mine Preussen II (Société de Harpen). Cependant, la solution donnée par les courants alternatifs est souvent considérée comme moins favorable à l'extraction ; ces courants ne se prêtent pas, en effet, aux actions chimiques et l'on ne peut, par suite, recourir à la batterie-tampon. On se propose de faire usage, pour la mise en marche, de résistances liquides mises en circulation à l'aide d'une pompe, pour combattre leur échauffement, à l'instar de ce qui s'est fait sur des chemins de fer électriques (Berlin-Zossen).

La question est en somme trop peu avancée pour pouvoir considérer la machine d'extraction électrique à action directe, comme définitivement entrée dans la pratique.

607. Un point paraît toutefois acquis : c'est que jusqu'à présent, le système Kœpe paraît se prêter le mieux à l'emploi de l'électricité, afin de diminuer d'une part les masses en mouvement ainsi que le prix des installations, et d'autre part, de permettre d'attaquer directement l'arbre de la poulie à un grand nombre de tours. L'attaque directe par dynamo est en effet

d'autant plus avantageuse que le nombre de tours est plus grand. La poulie Kœpe donne une fatigue moindre des câbles et par conséquent des diamètres moindres qu'un tambour ou une bobine, à condition d'avoir des câbles très flexibles.

A Zollern II, pour un câble en acier de 55 mill., le diamètre de la poulie sera de 6 m., ce qui correspond à 63 tours, pour 20 m. de vitesse maximum, tandis qu'avec un tambour de 8 m. de diamètre, la vitesse ne serait que de 48 tours.

A la mine Friedrich Franz, à Lubtheen (Mecklenburg), on a même ramené à 3 m. le diamètre des poulies Kœpe avec un câble plat très flexible, en adoptant une succession de trois poulies dans un même plan. Les deux poulies motrices sur lesquelles agissent directement deux dynamos, sont au même niveau et la poulie intermédiaire à un niveau plus élevé.

On a aussi proposé d'employer deux câbles ronds parallèles de moindre diamètre, et par conséquent plus flexibles, en y suspendant la cage au moyen d'une poulie, comme cela s'est fait autrefois au Charbonnage des Viviers Réunis à Gilly, pour extraire à 790 m. de profondeur.

608. *Suppression éventuelle des câbles*. — On peut prévoir le moment où les profondeurs seront telles que les câbles ne pourront plus être employés. Ce moment est encore loin, car les câbles actuels permettent d'extraire aux plus grandes profondeurs atteintes et même probables dans un avenir éloigné. On a proposé différents systèmes d'extraction, dans le but de supprimer les câbles :

1° Les machines à vis, le long desquelles montent et descendent des écrous portant les cages.

2° Les machines à tiges parallèles analogues aux fahrkunst; ces tiges portent des crochets articulés qui accrochent les bennes ou s'effacent à leur passage, suivant le sens de la marche; ce système a fonctionné, dès 1694, à Fahlun [1] en Suède, et a été installé par l'ingénieur Méhu, en 1849, à Anzin.

3° Les chaînes sans fin employées autrefois au Harz et en Angleterre.

4° Le système atmosphérique de Z. Blanchet monté à Epinac

---

[1] Voir *Revue universelle*, 1re série, t. VI.

en 1878, qui résout le problème d'une manière plus complète. Ce système a fonctionné pendant plusieurs années à 600 m. de profondeur. Un tube en tôle allésé à l'intérieur était installé dans le puits. Une cage à 9 étages, comprise entre deux pistons, se mouvait dans ce tube sous l'action de la pression atmosphérique (fig. 445).

La cage chargée pesait :

Poids mort. . . . . 4.125 kg.

Charge utile : un wagon de 600 kg. par étage. . . . . 5.400 »

Total. . . . . . 9.525 »

En ajoutant 5 % pour le frottement, . 475 »

on a en tout à soulever . . . . . . 10.000 kg.

La section du tube étant de 2 m², il suffisait, pour faire équilibre à cette charge, de créer au-dessus du piston un vide de 1/2 atm., au moyen d'une machine pneumatique. L'ascension de la charge se faisait alors sous l'action de la pression atmosphérique avec une vitesse de 6ᵐ.38 par seconde.

A la descente, la charge est réduite au poids mort, soit 4.125 kg., d'où il faut soustraire le frottement, soit 475 kg., qui agit ici en sens inverse de la pesanteur. Il reste donc 3.650 kg. à équilibrer.

Le piston ayant 2 m² de surface, il suffit de maintenir au-dessus de ce piston une pression de 20.000—3.650 kg. = 16.350 kg., soit de 8.175 kg. par m², ce qui équivaut à 0.20 atm. de moins que la pression atmosphérique.

Une telle installation est toutefois très coûteuse et demande un entretien soigné ; elle ne dispense pas d'une machine auxiliaire à câbles, en cas d'accident ou de réparation.

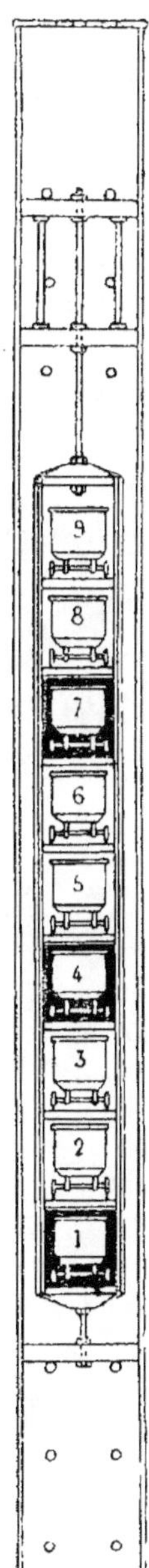

Fig. 445.

SECTION II.

Transport et Extraction 395

A. – Transport.

I. — MATÉRIEL FIXE OU VOIE. 396